中国过渡带油菜种植

李　英　白桂萍　刘道敏
程　辉　王志荣　常海滨　主编

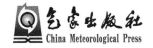
气象出版社
China Meteorological Press

内 容 简 介

中国过渡带在农业生产上是由二熟制向多熟制的过渡地带。本书以河南省南部的信阳地区、安徽省的六安地区、湖北省的襄阳地区、陕西省的安康地区以及汉中地区为代表，全面论述了过渡带油菜种植的理论与技术。全书由 5 章组成。第一章全面论述了油菜的生产布局和种质资源；第二章系统论述了油菜种植的生物学基础(包括生育进程，环境条件和栽培措施对生长发育的影响；油菜生育过程中的碳、氮代谢及其产物，水分代谢及其作用)；第三章以豫南、皖西、襄阳、安康、汉中地区为例，结合各地区实际，理论与实践有机结合，具体撰述了各地区油菜的实用栽培技术；第四章分别介绍了病、虫、草害的防治和防除，以水分胁迫、温度胁迫、盐碱胁迫、灾害性天气为代表的非生物胁迫及其防治措施；第五章分别详细论述了油菜的营养成分及其作用，油菜的加工和利用。

图书在版编目（CＩP）数据

中国过渡带油菜种植 / 李英等主编. -- 北京 ： 气象出版社，2022.2
ISBN 978-7-5029-7667-5

Ⅰ. ①中… Ⅱ. ①李… Ⅲ. ①油菜－种植制度－中国
Ⅳ. ①S634.3

中国版本图书馆CIP数据核字(2022)第024623号

中国过渡带油菜种植
Zhongguo Guodudai Youcai Zhongzhi

出版发行：气象出版社

地　　址： 北京市海淀区中关村南大街 46 号		**邮政编码：** 100081	

电　　话： 010—68407112(总编室)　　010—68408042(发行部)

网　　址： http://www.qxcbs.com　　**E - m a i l：** qxcbs@cma.gov.cn

责任编辑： 王元庆　　　　　　　　　**终　　审：** 吴晓鹏

责任校对： 张硕杰　　　　　　　　　**责任技编：** 赵相宁

封面设计： 地大彩印设计中心

印　　刷： 北京中石油彩色印刷有限责任公司

开　　本： 787 mm×1092 mm　 1/16　　　　　**印　　张：** 24

字　　数： 614 千字

版　　次： 2022 年 2 月第 1 版　　　　　　　**印　　次：** 2022 年 2 月第 1 次印刷

定　　价： 128.00 元

本书编委会

策　划：曹广才（中国农业科学院作物科学研究所）

主　编：李　英（汉中市农业科学研究所）

白桂萍（襄阳市农业科学院）

刘道敏（六安市农业科学研究院）

程　辉（信阳市农业科学院）

王志荣（安康市农业技术推广中心）

常海滨（黄冈市农业科学院）

副主编（按作者姓名的汉语拼音排序）：

陈　乔（汉中职业技术学院）

方玉川（榆林市农业科学研究院）

冯　鹏（襄阳市农业科学院）

郝兴顺（汉中市农业科学研究所）

黄　威（黄冈市农业科学院）

黄勇华（六安市农业科学研究院）

金开美（信阳市农业科学院）

李成军（安康市农业技术推广中心）

李　宁（黄冈市农业科学院）

罗敬东（襄阳市农业科学院）

石守设（信阳市农业科学院）

孙云开（六安市农业科学研究院）

王军威（信阳市农业科学院）

王胜宝（汉中市农业科学研究所）

吴　佳（六安市农业科学研究院）

谢雄泽（襄阳市农业科学院）

薛　艳（汉中市农业科学研究所）

朱庭强（安康市农业技术推广中心）

编　委（按作者姓名的汉语拼音排序）：

毕冰峰（六安市农业科学研究院）

陈　军(六安市农业科学研究院)

陈丽娟(榆林市农业科学研究院)

谌国鹏(汉中市农业科学研究所)

褚乾梅(襄阳市农业科学院)

付华娟(襄阳市农业科学院)

高玉彪(榆林市现代农业培训中心)

郝　睿(六安市农业科学研究院)

何　金(六安市农业科学研究院)

胡海珍(黄冈市农业科学院)

江　勇(舒城县农业技术推广中心)

李虎林(榆林市农业科学研究院)

李齐干(信阳市农业科学院)

柳　菁(信阳市农业科学院)

蒙天竣(汉中市农业科学研究所)

孙晓敏(汉中市农业科学研究所)

王　辉(中国农业科学院油料作物研究所)

王国军(汉中市农业科学研究所)

王文君(六安市农业科学研究院)

文　锴(六安市农业科学研究院)

习广清(汉中市农业科学研究所)

谢　捷(襄阳市农业科学院)

辛　恬(汉中职业技术学院)

邢丽红(汉中市农业科学研究所)

徐留辉(山东登海先锋种业有限公司)

徐明妍(安康市农业技术推广中心)

徐学明(襄阳市植物保护站)

许　伟(勉县良种场)

尹羽丰(襄阳市农业科学院)

张　雷(六安市农业科学研究院)

张清伟(襄阳市农业科学院)

甄才红(信阳市农业科学院)

朱建东(来安县农业技术推广中心)

作者分工

前　言

　　中国过渡带的地理位置是指中纬度地区,大体上在秦岭—淮河沿线。它不仅在气候带上具有从暖温带向南亚热带的过渡性,在农作物熟制上也具有从二熟制向多熟制的过渡性。

　　中国幅员辽阔,气候类型复杂多样。1958年,竺可桢用日均气温≥10 ℃的积温为主要指标,第一次科学地划分了中国的温度带,将亚热带与暖温带的界线(4500 ℃·d积温等值线)划在秦岭—淮河一带。自此,秦岭—淮河一线成为公认的一条极为重要的南北地理分界线。从气候特点看,秦岭—淮河一线以北是典型的温带季风气候,以南则是典型的亚热带季风气候。从农业生产及生活习俗来看,南北的差异就更显著。北方耕地为旱地,主要作物是小麦、玉米和杂粮,一年两熟或两年三熟;南方主要是水田,农作物主要是水稻、油菜等亚热带作物,一年两熟或三熟。过渡带内则属水旱轮作,农作物以水稻、小麦、玉米、油菜等为主,一年两熟。"北麦南稻,南船北马"是中国南北差异的真实写照。中国南北过渡带也是中国农业众多作物广为种植且较集中的特殊区域,主要涉及四川、甘肃、陕西、河南、湖北、安徽、江苏7个省份,总面积约145 500.74 km²,占全国农作物总播种面积的35.21%,在全国农业生产中也具有举足轻重的作用。

　　油菜是中国最为重要的油料作物,同时具备多种功能和价值,在中国农业生产中一直占据着重要地位。随着自然条件和社会经济环境的变化,中国油菜生产面临严峻的形势。2019年油菜籽播种面积为658.309万hm²,较2018年增加了3.248万hm²。但由于2020年国产油菜籽总体上减产,导致2020年新季油菜籽上市后高开高走。同时,由于加拿大油菜籽价格跟随美国大豆价格大幅上涨,导致中国油菜籽进口成本不断提高,使得国内油菜籽价格逐渐走高。中国既是油菜籽生产大国,也是油菜籽与菜籽油进口大国和消费大国,发展油菜生产对维护国家食用油供给安全具有重要的战略意义。

　　近年来,中国南北过渡带的油菜生产在品种培育、种植栽培技术方面发生了巨大变化,在多功能利用等方面也得到了广泛的应用,但仍有一些成果未得到及时总结与推广。因此,全面、系统地总结过渡带区域油菜生产和科研工作,编写一部能反映南北过渡带油菜科研成果和生产实践经验的科学理论著作,是油菜科技工作和产业发展的迫切需求,对于指导油菜生产,加速实现油菜产业现代化都具有重要意义。

本书在中国农业科学院作物科学研究所曹广才老师的组织策划下,汉中市农业科学研究所、襄阳市农业科学院、六安市农业科学研究院、信阳市农业科学院、汉中职业技术学院、黄冈市农业科学院及安康市农业技术推广中心等分布在南北过渡带不同区域从事油菜育种、栽培、推广等一线技术人员共同撰写,本书得到了国家油菜产业技术体系的大力支持。本书系统介绍了南北过渡带油菜的生产布局、种质资源、生长发育与相关代谢、实用栽培技术、环境胁迫及油菜品质与利用等。

参考文献按章编排,以作者姓名的汉语拼音排序,同一作者的则按发表年代先后为序。英文文献排在中文文献之后,编排顺序同中文文献。未公开发表或正式出版的,不作为参考文献引用。在撰写过程中虽几经认真讨论及谨慎修改,但不足之处在所难免,敬请同行专家和广大读者批评指正。

李英

2021 年 11 月

目　录

第一章　过渡带油菜生产布局和种质资源

第一节　自然条件和油菜生产布局

一、自然条件

关于中国南北过渡带的范围，长期以来并没有严格的定义。一般系指沿秦岭—淮河一线附近的区域。此区域范围大体上在中纬度地区。不仅在气候上具有从暖温带向南亚热带的过渡性，而且在农作物熟制上也有从二熟制向多熟制的过渡性。

（一）南北过渡带的位置及地形地貌

关于中国南北过渡带的范围，长期以来并没有严格的定义。1901 年德国植物学家 Diels 首次提出将秦岭作为中国南北植物分界线（亚热带与暖温带的分界线）。1908 年，中国地理学会发起人张相文提出以"秦岭—淮河一线"划分中国南北。之后又有许多学者对秦岭—淮河一线作为中国南北分界线进行了讨论与研究，这些研究都有一定的定性描述，但都存在一定的局限性，主要是现实中人们逐渐发现，秦岭不是东西向一字排列的山脉，而是南北纵横数十、数百千米的庞大山系，跨越陕西、甘肃、河南、湖北等省，主峰太白山位于陕西省境内，海拔 3767.7 m，是青藏高原以东大陆东部的最高山地；水平方向，秦岭具有从一种自然地理条件、一种地质构造单元向另一种自然地理条件、另一种地质构造单元演变的过渡性质。淮河发源于桐柏山，分为上、中、下游三段，分别指它在河南、安徽与江苏境内的各部分，贯穿河南南部与安徽北部，流入江苏洪泽湖，然后分流入海，尤其到下游，很难找到主流，现在能见到的只有南北数十千米的水网。郑度等（1980）主张，南北分界线应划在秦岭的脊线上，这样可以保持山两边垂直自然带的完整性。刘胤汉（2000）认为，由于山地海拔逐渐升高，气温逐渐下降，在海拔 800 m 等高线的位置，亚热带就已经结束了，橘、竹、柚等热带性的指示性植物已经不见了，他主张南北分界线应该划在秦岭南坡 800 m 等高线处。地表上的地带景观是连续的、稳定的，很难找到一条线，使得两边的地理、气候、植被、土壤等自然景观截然不同。

当代学者多认为，"秦岭—淮河"不单纯是"中国南北地理分界线"，而是"中国南北地理气候分界带"（简称"中国南北分界带"）。中国南北自然分界以秦岭—淮河一线为界，但中国南北自然分界是"带"而不是"线"。中国南北自然分界线，实际上首先是气候分界线。就热量带说是北方暖温带和南方亚热带的分界；在水分区划中则是北方干旱、半湿润气候和南方湿润气候的分界；在雨旱季节类型区划中则是北方春旱、夏雨气候和南方春雨、梅雨及伏旱气候的分界。然而，这个过渡和变化是通过相当宽的一个带来完成的。在淮河两岸，由于主要是平原地区，南北冷暖气流畅通无阻，相隔一二十千米甚至更宽，并看不出气候、农业、自然景观等方面有什么变化。南北分界带的西段秦岭,冬季阻挡了北方冷空气,因而在岭北形成典型的暖温带气候,而在岭南形成典型的亚热带气候,但是,秦岭分界也并非一条线,因为秦岭南坡约千米海拔以下才是亚热带,而秦岭山脉两坡千米等高线间的宽度,也就是分界带的宽度也有 90～110 km。而且,在历史上,南北分界带是随气候变化而南北移动的,如果全球持续变暖,亚热带北界将来甚至有可能要北推到黄河的中下游地区。

(二)南北过渡带的气候特征

中国南北过渡带的气候特征可从秦岭山地南北的气候差异和淮河流域南北的气候差异来看。秦岭既是北方温带季风气候和南方亚热带季风气候的分界线,也是中国 1 月 0 ℃等温线和 800 mm 等降水线的通过地,秦岭两侧在气候上有较大差异。秦岭北侧为暖温带气候,1 月平均气温低于 0 ℃,年降水量在 400～800 mm,雨季比较短,降水多集中在夏季,总体上属于半湿润地区;秦岭南侧比较缓陡,以丘陵地形为主,气候上属于亚热带气候,1 月平均气温高于0 ℃,年降水量在 800 mm 之上,雨季比较长,降水多,降水季节变化比较小,总体上属于湿润地区(张养才等,1991)。而在霜期长短上,秦岭北侧较南侧短,例如位于秦岭北侧的西安从 10月下旬就开始下霜,直至翌年 3 月末才结束。无霜期约有 210 d。而位于秦岭南侧的南郑初霜期于 11 月中旬开始,到翌年 3 月初就结束了,无霜期长约 260 d。另外,位于秦岭北侧的主峰太白山是中国最高耸的少数山峰之一,随着秦岭海拔的升高,可以明显观察到气候的垂直分布情况。总体上来讲,气温随着秦岭海拔高度的增加而降低,而气候类型由山下至山顶呈过渡带状分布,形成垂直气候带带谱,俗称“一山有四季,十里不同天”。秦岭主峰太白山山体由下而上依次可分为:暖温带、温带、寒湿带、亚寒带 4 个气候带。其中,秦岭山地暖温带主要分布在秦岭北坡 1300 m 和南坡 1400 m 以下,主要气候特征为:年均温 8.7～12.7 ℃,最冷月均温－7～2 ℃,最热月均温 20～23 ℃,霜期为 10 月上旬至翌年 3 月下旬,生长期 150～180 d,土壤冻结期 1～2 个月,年降水量 650～800 mm。总之,此山地暖温带气候温和湿润,干湿季分明,蒸发量小于降水量。热量充足、降水集中,冬季寒冷、夏季炎热、四季分明。秦岭山地温带主要分布在秦岭北坡 1300～2600 m 和南坡 1400～2700 m。主要气候特征为:年均温 1.7～8.7℃,0 ℃低温日数为 140～150 d,极端低温－12～－25 ℃,霜期为 9 月下旬至翌年 5 月上旬,生长期 130～140 d,年降水量 900～1000 mm。温带气候温凉湿润,冬长夏短,晚霜频繁,蒸发量小于降水量,降水主要集中在夏季,冬季较易发生雪灾霜冻。秦岭山地寒温带主要分布在秦岭北坡 2600～3350 m 和南坡 2700～3350 m。主要气候特征为:年均温 1.8～2.1 ℃,0 ℃低温日数为 150～200 d,极端低温－25～－20 ℃,霜期为 9 月中旬至翌年 5 月下旬,生长期 100 d左右,年降水量 800～900 mm。寒温带气候寒冷湿润,风大雾多,日温差大,蒸发量小于降水量,冬季漫长,长达 9 个多月。秦岭山地亚寒带主要分布在秦岭 3350 m 以上的地区。主要气候特征为:年均温－2.1～4.4 ℃,土壤冻结期为 9～10 个月,极端低温约－30 ℃,霜期为 8 月下旬至翌年 6 月下旬,年降水量 750～800 mm。亚寒带气候寒冷半湿润,冬长而无夏,风大雾雪多,蒸发量小于降水量,降雪从 9 月开始一直持续到翌年 5 月份。

淮河流域的气候特点明显带有暖温带和北亚热带过渡带的特色,属于湿润和半湿润季风气候区。总体来讲,淮河流域气候温和、四季分明、雨量充沛、光照充足、无霜期长、光热水资源都比较丰富,非常适宜农作物的生长。淮河流域年平均温度为 11～16 ℃,极端最高气温达到44.5 ℃,极端最低气温低至－24.1 ℃,气温变化趋势由淮河流域南部向北部、由内陆向沿海递减;年平均蒸发量为 900～1500 mm,淮河流域南岸的蒸发量一般小于北岸的蒸发量;无霜期为 200～240 d;年平均日照时数为 1990～2650 h。淮河流域内气温变化的特点是春、秋两季气温升降变化较大,冬、夏季较小。在春、秋两季之间,秋温略高于春温,分别以 10 月及 4 月为代表。由于淮河流域位于中国中纬度季风气候区域内,降水呈明显的季节性变化。春末和夏初,西太平洋副亚热带高压及南海高压移近淮河流域,水汽随季风源源不断地输入,这是一年中降水最多的时段。冬季由于西风带南移,西太平洋副热带高压、南海高压等也随之南迁并减弱,为蒙古高压所控制,形成干冷的气候,是一年中降水最少的季节。淮河流域降水量的空间分布有明显的南多北少、山区多于平原的特点。降水量 800 mm 等值线西起伏牛山北部,经叶县—周口—亳州—徐州到沂蒙山地北坡,此线以南地区降水量大于 800 mm,属湿润带。以北地区降水量小于 800 mm,属半干旱半湿润带。而淮河流域平均初霜出现在 10 月下旬到 11 月下旬,平均终霜期在 3 月中旬到 4 月中旬,均有南迟北早、山地早于平原的特点,全流域无霜期南长北短,南部为 220～240 d,北部在 200 d 左右,并且无霜期的年际变化也较大。

(三)南北过渡带的土壤特征

南北过渡带的土壤特征可从秦岭山地和淮河流域的土壤特征来分析。秦岭山区的土壤特征首先呈现南北土壤过渡的特性。在秦岭南坡主要分布的是黄褐土(党坤良等,1991),其表层土壤为黄棕色,表现为中性至微碱性反应,几乎没有石灰反应。在秦岭北侧太白山山麓垦殖带所观察到的就为褐色土。其表层(45 cm 以上)土层中存在植物根系和坡积小砾石,为团粒结构,呈暗褐色。中层(45～85 cm)土层中有白色粉末状石灰斑点和水分循环的痕迹,为柱状结构,呈深棕色。底层(80 cm 以下)结构较紧,为钙质层,颜色较淡,石灰反应最为强烈。其次,秦岭山地土壤最主要的特色是垂直分布特性,秦岭南侧以伏牛山区为代表,秦岭北侧以太白山区为代表。伏牛山山区在海拔 550 m 以下的山麓地区主要为贡褐土,其属于中国土壤系统分类类型标准中的淋溶土。土壤湿润黏磐铁质含量饱和,土壤表层淡薄,黄土岩性,淀积层盐基饱和,土壤温度为温性;海拔 550～950 m 主要是黄棕壤,其也属于中国土壤系统分类类型标准中的淋溶土。土壤湿润铁质含量一般,土壤表层为黏化层,准石质接触面,淀积层盐基饱和,土壤温度为温性;海拔 950～1900 m 分布的主要是棕壤,其属于中国土壤系统分类类型标准中的润淋溶土和润雏形土中间类型。土壤湿润铁质活化度低,土壤表层为黏化层到雏化层过渡态,准石质接触面,淀积层盐基不饱和,土壤温度为温性;海拔 1900 m 以上的山顶地区土壤主要是暗棕壤或者山地草甸土,其属于中国土壤系统分类类型标准中的润雏形土,土壤凉湿,土壤表层为暗沃表层,准石质接触面,淀积层盐基不饱和,土壤温度为冷性。而秦岭南侧的太白山其土壤形成过程和发生特性具有明显的垂直变化规律,主体趋势是随着海拔的升高,太白山北坡土壤的黏化作用逐渐减弱,黏粒含量也逐渐减少,土壤质地也由壤质黏土变为沙质壤土。pH 值也随着海拔的升高逐渐减少。盐基饱和度也逐渐下降,土壤溶液从微碱性转变为酸性。淋溶作用逐渐加强,盐基离子淋失较多。游离铁含量较低,活化程度比较高,铁铝富集不明显,土壤风化发育程度比较差,依旧处于脱盐基的硅铝化发育阶段。

淮河流域正好处于中国南北气候分界带上,淮河流域以北属于暖温带区,土壤类型主要以棕壤和褐土为主;淮河流域以南属于亚热带地区,土壤类型主要以黄棕壤和黄褐土为主。淮河流域耕地面积大于山区,平原地区土壤类型为潮土、砂姜黑土和水稻土。其中,淮北平原北部和淮河两岸黄泛区土壤类型主要是石灰性淡潮土,沂沭平原等平原的土壤类型主要为淡潮土;淮北平原南部的河间地带多为砂姜黑土;淮河南岸平原和丘陵主要分布的土壤为水稻土。淮河流域伏牛山山地土壤类型为黄棕壤和黄褐土;大别山—桐柏山山地土壤类型主要为黄棕壤,河谷地区为水稻土。江苏里下河湖荡平原主要为沼泽土。滨河平原前缘、黄河背河洼地主要是盐土。河南南部、山东西部和安徽北部主要是风沙土。淮河流域的地形和土壤岩性较为复杂,且由于人口密度非常大,而耕地资源相对较少,陡坡开荒和乱砍滥伐现象比较严重,最终导致了土壤侵蚀加剧,水土流失严重。应该加强淮河流域土壤的保育工作,坡地采取退耕还田、多施有机肥、培肥保土以提高土壤抗侵蚀的内在能力。

(四)南北过渡带植被差异

秦岭—淮河一线南北气候的差异也引起了南北过渡带的植被差异。秦岭—淮河一线以北的植被是在温带季风气候条件下形成的,是以温带落叶阔叶林、银阔叶混交林为主的植被类型;秦岭—淮河一线以南的植被是在亚热带季风气候条件下形成的,是以亚热带常绿阔叶林为主的植被类型。通过大量考察数据得知,秦岭大部分山区植被为暖温带落叶常绿阔叶混交林,秦岭南坡存在较少的亚热带常绿阔叶林。由于秦岭山地环境和气候条件复杂多样,秦岭山地的植物种类也就异常丰富,被誉为天然的植物宝库。秦岭北坡落叶阔叶林中常见的植物种类为落叶栎、榆树、槐树、侧柏、华山松、黄连木、香椿等。秦岭南坡植被为常绿阔叶林和落叶阔叶林混交林,常见的植物种类有栎树、枫树、乌桕、油桐、棕榈、女贞、马尾松、毛竹、枫香等。由于南北坡气候的差异,南北坡共同分布的植物种类在海拔高度分布上存在差异。随着秦岭山区气候和土壤类型随着海拔升高的变化,秦岭山地植被也随着海拔的升高而呈现出不同的带状分布。总体上可以分为山麓带、山地森林带和高山无林带。在海拔 1000 m 以下的植被可以划分为山麓带。秦岭山地北坡山麓带植被主要由落叶阔叶林组成;南坡山麓带植被主要由常绿阔叶林和落叶阔叶林混交林组成。山地森林带主要分布在海拔 1000~3200 m,主要由针阔叶混交林和高山针叶林组成。3200 m 以上的是高山草地组成的高山无林带。由于较高的海拔造成温度常年较低不适宜树木生长,且高海拔地区一般风速较大和土壤常为石质较为贫瘠,所以高山无林带内没有树木生长,只有较低矮的灌木林和草类生存。

淮河流域介于中国南北气候分界带上,在植被类型上属于落叶阔叶林、常绿和针叶混交林植被带。由于淮河流域人口稠密,开垦耕种过度,森林植被已消失殆尽,目前除野生草丛植被外,都是人工栽培的植被。正因为淮河流域的气候条件和地理环境的过渡性,在植物区系上本区为中国南方植物区系的北界,又是某些北方植物区系的南界,反映了南北植物区系交汇的特点。淮河流域土石山天然植被的组成及类型分布具有明显的地带性特点。沂蒙山及伏牛山区主要为落叶阳叶松混交林;中部低山丘陵区一般为落叶阔叶—常绿阔叶混交林;大别山区主要为常绿阔叶落叶松混交林,并夹有竹林;山区腹部有部分原始森林。平原地区除苹果、梨、桃等果树林外,主要为刺槐、泡桐、白杨等树木。滨海沼泽地有芦苇、蒲草等植物。

(五)南北过渡带的农作物种类和熟制差异

秦岭—淮河中国南北分界线不仅在地形、气候、土壤和植被上各自不同,而且在农作物种类上也存在着差别。总体来讲,在秦岭—淮河以北,中国北方主要以旱地为主,粮食作物以小麦和玉米为主;油料作物以花生为主;糖料作物以甜菜为主。耕作制度多是两年三熟至一年二熟。秦岭—淮河以南,中国南方主要以水田为主,粮食作物以水稻为主;油料作物以油菜为主;糖料作物以甘蔗为主。耕作制度多是一年二熟至一年三熟。而淮河流域及秦岭地区则属暖温带季风气候,长期以来形成了两年三熟的基本熟制,复种指数平均为 150%,愈北愈接近100%,愈南愈接近 200%。这样,把喜凉与喜温作物的秋播、春播和夏播分配在两年不同季节中,不但能充分地利用气候资源,而且也能有效地防避气象灾害。就淮河流域的气候条件来说,一年二熟不但降水量不够,生长季也嫌过紧。一年二熟需水 800～1000 mm,而本地区的年降水量只有 600～900 mm。冬小麦的生育期约为 8 个月,即使把农耗时间缩至最短,剩下给夏播作物的时间也只有 4 个月。如果实行一年一熟,则会大量浪费光水等资源。因此,在本地区内应以两年三熟为主,适当搭配一年二熟和一年一熟及多种熟制并行,使各地块得以不同熟制轮换。小麦、水稻、玉米、高粱、谷子、棉花、大豆、花生、芝麻等都是淮河流域和秦岭地区的适生作物。从气候条件来看,不但这些作物能获得较高的产量,而且有可能获得较优的质量。落叶果树是淮河流域的适生果树,砀山酥梨、怀远石榴等都中外驰名。淮河流域及秦岭地区属半湿润气候,全年降水不敷蒸发,又过分集中于夏季,有一部分不能利用的雨水。因此,要大力发展流域的节水农业,以减轻农业对水资源的过分依赖。对于一些不能灌溉的地区,要发展抗旱作物,如谷子、棉花。同时还要调整熟制,减少水田面积,改为水旱轮作或是改变种植方法,如改水稻水播为旱种,可节约用水 1/3～1/2。

二、油菜生产布局

(一)油菜生产布局理论研究

农业是自然再生产和经济再生产相统一的产业,农业生产布局会同时受到自然条件因素、经济社会发展状况以及要素投入条件等的影响。而油菜生产布局的变化则与农业区位选择有密切关系。传统的农业区位理论研究(杜能,1986)指出,即使相同的自然条件下也能够产生农业在空间上的分异现象。自 20 世纪 80 年代以来,有关农业生产布局的研究不断丰富,农业生产布局时空演变研究已逐渐从二维平面布局转向三维立体空间。对生产布局时空演变驱动因素的分析也已趋于全面,评估方法也逐渐从单纯的定性研究发展到定性、定量相结合的研究。众多学者对于中国油菜生产布局的研究主要集中于油菜生产布局测度,通过计算生产集中度指数、生产规模指数、产地集中度系数、规模比较优势指数、效率比较优势指数、综合比较优势指数、油菜生产布局关联因素等各指标来分析油菜生产布局变化特点,并从多个角度解析了影响油菜生产布局变化的相关因素。

1. 生产集中度指数　生产集中度指数通常是用某一区域内某种农作物产量占全国该种农作物总产量的比重进行衡量,反映了该地农作物产量对全国总产量的贡献大小以及贡献的变化趋势。该指标可以减少其他因素产生的系统性影响,在比较不同地区农作物产量的增长速度时更具客观性。伍山林(2000)对生产集中度指数的计算方法在研究中为大多数学者所接受。计算公式为:

$$I_{it} = \frac{Y_{it}}{Y_t}$$

式中,i 表示 i 省(区、市),t 表示年份,I_{it} 表示 i 省 t 年的生产集中度指数,Y_{it} 表示 i 省 t 年某

种农作物的产量，Y_t 表示 t 年全国该种农作物总产量。

2. 生产规模指数 生产规模指数是衡量某地某种农作物生产规模的变化情况。计算公式为：

$$\mathrm{PSI}_{it} = \frac{S_{it}}{S_t}$$

式中，i 表示 i 省（区、市），t 表示年份，PSI_{it} 表示 i 省 t 年的生产规模指数，S_{it} 表示 i 省 t 年的农作物播种面积，S_t 表示 t 年的全国农作物播种面积。

3. 产地集中度系数 产地集中度系数主要用以考察农作物的生产聚集程度的变动。刘雪等(2002)在研究中应用了产地集中度系数考察中国蔬菜产地整体格局的变化。借鉴其研究方法，应用到油菜研究中，其计算过程如下：

(1)将全国各省（区、市）某年的油菜生产规模指数按从大到小排序并分成 6 组。

(2)计算每组中省（区、市）个数占全国总省（区、市）个数的比例，记为 P_k。

(3)将每组内各个省（区、市）生产规模指数相加，得到每组油菜播种面积占全国油菜播种面积的比重，记为 Y_k。

(4)计算各组油菜播种面积的累加比重，得到 U_k。

(5)临近两组的 U_k 相加，第一组不变，得到 V_k。

(6)产地集中度系数用 G 表示。计算公式如下：

$$G = \frac{S}{10000} - 1 \quad S = \sum_{k=1}^{6} S_k = \sum_{k=1}^{6} P_k \cdot V_k$$

4. 规模比较优势指数 规模比较优势指数是用来衡量某一区域农作物种植专业化、规模化程度。油菜规模比较优势指数是用某一区域油菜种植面积占该地油料作物种植面积的比值与同期全国油菜种植面积占全国油料作物种植面积的之比。计算公式为：

$$\mathrm{SAI}_{it} = \frac{GS_{it}/OS_{it}}{GS_t/OS_t}$$

式中，i 表示 i 省（区、市），t 表示年份，SAI_{it} 表示 i 省 t 年的规模比较优势指数，GS_{it}/OS_{it} 表示 i 省 t 年油菜种植面积占其油料作物种植面积的比重，GS_{it}/OS_{it} 表示 t 年全国油菜种植面积占其油料作物种植面积的比重。SAI>2 属于显著规模比较优势地区，1<SAI<2 属于较强规模比较优势地区，0.5<SAI<1 为较弱规模比较优势地区，0<SAI<0.5 为劣势规模比较优势地区。

5. 效率比较优势指数 效率比较优势指数反映了某一区域农作物产出效率。计算公式如下，若比值大于 1，说明该地区具有油菜生产效率比较优势；若比值小于 1，则该地油菜生产效率处于劣势。

$$\mathrm{EAT}_{it} = \frac{AP_{it}/AP_i}{AP_t/AP}$$

式中，i 表示 i 省（区、市），t 表示年份，EAI_{it} 表示 i 省 t 年的效率比较优势指数，AP_{it}/AP_i 表示 i 省 t 年油菜单产与油料作物单产比值，AP_t/AP 表示 t 年全国油菜单产与油料作物单产比值。

6. 综合比较优势指数 综合比较优势指数是将效率和规模两方面综合起来衡量某一区域农作物生产优势情况。计算公式：

$$AAI_{it} = \sqrt{EAI_{it} \cdot SAI_{it}}$$

式中,i 表示 i 省(区、市),t 表示年份,EAI_{it} 表示 i 省 t 年的效率比较优势指数,SAI_{it} 表示 i 省 t 年的规模比较优势指数,AAI_{it} 表示 i 省 t 年的综合比较优势指数,该指数大于1,则说明该地区综合比较越具优势,反之则越具劣势。

7. 油菜生产布局关联因素　部分学者通过对各种测算指标与不同影响因素之间的相关性分析,得出的结论不尽相同,但也从不同角度说明了可能影响油菜生产布局变化的诸多关联因素。章胜勇(2005)认为,独特的地理气候条件造就了长江流域地区在油菜生产上的季节优势;殷艳等(2010)认为,中国长江流域优势区、北方春油菜优势区区域格局的形成,除了气候、耕地制度、种植习惯和与粮食作物的关系等因素外,科技创新和国家优势区域布局的双重推动起到了至关重要的作用;吴春彭(2011)研究了长江流域油菜产业布局演变及其影响因素,认为对油菜布局影响最大的几个因素依次是油菜的比较效益、人均耕地面积和地区科研力量。

(二)中国油菜生产布局

据《中国统计年鉴》数据显示,自1978年开始实行家庭联产承包责任制以来,中国油菜生产总体呈现出明显的增长趋势。具体表现为:1978—2018年40年间油菜的种植面积、总产、单产总体呈现出增长的趋势,分别由1978年的260万 hm^2、186.8万 t、718 kg/hm^2 发展到2018年的655.1万 hm^2、1328.1万 t、2027 kg/hm^2,分别增长了2.5倍、7.1倍、2.8倍。而在油菜生产布局上,各地区则表现出不同的规律,现从中国各省(区、市)、油菜主产区、全国等多个方面对中国油菜生产布局变化进行介绍。

1. 各省(区、市)油菜生产布局变化　相关研究表明,近30年来,中国油菜种植面积的扩大主要集中在以湖北、湖南、安徽、江西、江苏、四川为代表的长江流域,基本形成了以长江流域为中心的油菜产业带;此外,西北部的陕西、甘肃、青海和内蒙古的油菜种植面积也有大幅度的增加,而其他区域的油菜种植规模则呈下降趋势。程沅孜(2016)对1993—2013年中国油菜生产空间布局的演变进行了研究分析,结果表明:自1993年以来中国油菜主产省变化不大,但部分省份在主产省中的位次发生了变动,其中西南地区、华中地区油菜主产省的位次上升明显;西北地区、华东地区部分油菜主产省的位次则有不同程度的下滑。其根据不同省份油菜生产在全国的位次变化特征将各油菜主产省划分为5种类型:一是波动下降型,包括安徽、江苏、江西、浙江、青海、新疆、广西;二是波动上升型,包括湖北、湖南和内蒙古;三是平稳上升型,包括四川、河南和云南;四是波动平稳型,包括贵州、陕西和甘肃;五是其他类型,包括上海、广西。

2. 油菜主产区生产布局变化　根据农业部发展计划司2009年《新一轮优势农产品区域布局规划汇编》中关于2008—2015年油菜优势区域布局规划的描述,中国油菜种植主要包括长江流域冬油菜区、北方春油菜区和黄淮流域冬油菜区三大主产区。

(1)长江流域冬油菜区　长江流域冬油菜区主要包括上游四川、贵州、云南、重庆,中游湖北、湖南、江西、安徽,下游浙江、江苏10个省(市)。根据中国种植业信息网农作物数据库统计显示:长江流域冬油菜区历来是中国油菜生产的主要区域,在全国油菜生产中处于主导地位,且一直处于上升趋势。长江流域油菜种植面积、总产、单产分别从1950年的106.8万 hm^2、52.9万 t、493.5 kg/hm^2 提高到2017年的549.4万 hm^2、1103.4万 t、2008.6 kg/hm^2,增长幅度在三大油菜产区中最高,分别增长了4.1倍、19.9倍、3.1倍。长江流域产区的油菜面积、总产占全国油菜的比例分别从1950年的75.1%、77.5%提高到2017年的84.6%、85.4%。目前长江流域冬油菜区既是国内最大的油菜产区,也是世界上规模最大的油菜生产带;种植面积占中国油菜面积的80%以上,占世界四分之一以上。

(2)北方春油菜区 北方春油菜区包括青海、甘肃、内蒙古、新疆。据中国种植业信息网农作物数据库统计,北方春油菜区油菜的播种面积由1950年的10.5万 hm² 增长到2017年的66.2万 hm²,占比由7.4%提高到9.7%;总产由6.3万 t 上升到108.4万 t,在全国的占比由9.2%下降到8.2%;单产由586.5 kg/hm² 上升到1638.2 kg/hm²,增长了1.8倍。

(3)黄淮流域冬油菜区 黄淮流域冬油菜区主要包括陕西、河南(不包括汉中和信阳)。据中国种植业信息网农作物数据库统计,黄淮流域油菜的种植面积、总产、单产分别由1950年的15.2万 hm²、5.9万 t、384.0 kg/hm² 增长到2017年的33.5万 hm²、80.3万 t、2394.9 kg/hm²,分别增长了1.2倍、12.6倍、5.2倍,面积和总产占全国的比例均下降,分别由1950年的10.7%、8.6%下降到2017年的5.0%、6.0%。该区域目前是我国单产最高的区域。

(4)其他区域 1950—2017年,其他区域的油菜种植面积由9.8万 hm² 上升到16.2万 hm²,涨幅为65.3%,但占全国的比例由1950年的6.8%下降到2017年的2.4%,降幅明显;总产占全国的比例也由1950年的4.7%下降到2017年的2.7%。

3. 全国油菜生产布局变化趋势 程沅孜(2016)利用农业生产布局数据模型对近20年全国油菜生产数据进行分析,从三大空间尺度(东部、中部、西部)、两大优势区(北方春油菜优势区、南方冬油菜优势区)的油菜籽生产规模指数变化情况指出,中国油菜籽生产布局总体呈现"东减、西移、北扩"的特征。并从生产布局相关测度指标总结了各地区油菜生产布局的变化特征:从生产规模指数看,南北方生产规模指数变化相对稳定;东部油菜籽生产规模指数下降明显,中部油菜籽生产规模指数变化趋势相对稳定,西部生产规模指数则明显上升;东北、华东、华南油菜籽生产规模指数明显下降,而华北、华中、西南油菜籽生产规模指数上升明显,西北生产规模指数变化较小,长江流域优势区油菜籽生产规模指数有所下降,而北方春油菜优势区上升明显。从油菜产地集中度系数的上升趋势表明,中国油菜产地越来越集中。通过测算效率比较优势指数、规模比较优势指数和综合比较优势指数发现,大部分油菜主产省长期以来具有十分稳定的效率比较优势、规模比较优势和综合比较优势,长江流域冬油菜区、北方春油菜区等传统油菜生产区域始终具备稳定的比较优势。黄杰(2019)对1978—2016年全国油菜布局的变化进行了研究,结果表明:中国油菜生产布局存在向北部转移、向西部扩展的趋势;油菜生产布局存在空间集聚现象且具有动态性,冬油菜产区生产集中度高于春油菜产区,油菜生产布局在空间相关性上经历了由聚集到分散又重新聚集的变化。

(三)过渡带油菜生产布局

1. 湖北省油菜生产布局 湖北省地势呈三面高起、中间低平、向南敞开、北有缺口的不完整盆地。地貌类型多样,山地、丘陵、岗地和平原兼备。山地、丘陵和岗地、平原湖区各占湖北省总面积的56%、24%、20%。湖北省西、北、东三面被武陵山、巫山、大巴山、武当山、桐柏山、大别山、幕阜山等山地环绕,山前丘陵岗地广布,中南部为江汉平原,与湖南省洞庭湖平原连成一片,地势平坦,土壤肥沃,除平原边缘岗地外,海拔多在35 m以下,略呈由西北向东南倾斜的趋势。湖北省地处中国地势第二级阶梯向第三级阶梯过渡地带,位于典型的亚热带季风区内,全省除高山地区外,大部分为亚热带季风性湿润气候,光能充足,热量丰富,无霜期长,降水充沛,雨热同季。独特的地理优势为湖北省油菜生产打下了较好的基础。

(1)湖北省油菜生产条件　湖北省位于世界上最大的油菜生产带长江流域中游区,作为长江流域油菜主要种植省份,现已形成了江汉平原、鄂东南、鄂中北三大优势双低油菜种植区域,三大优势区油菜面积和产量占全省的 85%。近年来,湖北省油菜生产发展稳定,油菜籽质量改善明显,单产水平持续增长,总产不断提高。作为传统农业大省,湖北省油菜生产硕果累累,向来就有"世界油菜看中国,中国油菜看湖北"的美谈。油菜是作为湖北省最主要的油料作物之一,近 5 年播种面积均维持在 100 万 hm² 左右,居全国前列。同时,因地理位置优越,湖北省也是全国主要的冬油菜制种区。在种子生产上,湖北省依托中国农业科学院油料作物研究所和华中农业大学等科研育种单位,建立了从品种筛选、亲本繁殖、杂交制种、高产栽培、杂种鉴定到示范推广的育、繁、推一体化的服务体系,实行了油菜统一种子供应、统一质量检测、统一技术指导、统一市场管理、统一收购加工的生产经营模式。目前,湖北生产的油菜种子在本省市场占有率为 90%,在长江流域市场占有率达 40%,已成为全国油菜种子生产供应中心。自 20 世纪 90 年代以来,华中农业大学、中国农业科学院油料作物研究所育成优质油菜常规品种和杂交品种 50 多个,累计推广面积超过 3000 万 hm²。

(2)湖北省油菜种植区划分　湖北省在 1983 年和 1986 年先后进行了农业气候资源评定和油菜种植区划,并制定了《湖北省种植业区划》,将湖北省油菜分为三大种植区,即最适宜区、一般适宜区、不适宜区。

闵程程等(2010)利用湖北省 81 个气象站的气候数据推算全省无测站区的气候要素空间分布,采用基于 GIS 的气候资源小网格推算方法,以县为单位对气候要素和油菜单位面积产量作相关分析发现:苗期降水量和蕾薹期平均气温与油菜单位面积产量的相关性较大,按照苗期总降水量≤275 mm 并且蕾薹期平均气温≥6.83 ℃的地区适宜种植油菜,为最适宜区,分布在江汉平原和鄂东丘陵地区;苗期总降水量>275 mm 并且蕾薹期平均气温<6.83 ℃的地区不适宜种植油菜,为不适宜区,不适宜区多在鄂西山地海拔较高地区;其余地区为一般适宜种植油菜区,一般适宜区处在最适宜区和不适宜区的过渡地带,主要为鄂西山地地势较低区、鄂北较干旱地区和鄂东南降雨较多地区。具体如下:

① 油菜种植最适宜区　其地貌类型多为平原,海拔低,地势平坦,土壤肥沃,农业生产条件优越,包括荆州市、荆门市、黄冈市、武汉市、襄阳市、仙桃市、潜江市、天门市、孝感市、随州市、鄂州市和黄石市的大部分地区。本区油菜苗期(9 月下旬至次年 2 月中旬)平均降水量 265 mm,多年平均降水量为 1339 mm,油菜蕾薹期(2—3 月)平均气温 7.8 ℃,年平均气温 16.6 ℃,气候条件适宜油菜生长,该区的苗期降水量和蕾薹期平均气温等因子均能保证油菜单产>1800 kg/hm²;现已形成多个优质规模化油菜生产基地。

② 油菜种植一般适宜区　位于山地向平原的过渡带,多低山和丘陵,受地形限制,油菜的生产规模不大,包括郧西县、竹山县、竹溪县、房县、保康县、兴山县、秭归县、长阳县、宣恩县、咸丰县、来凤县、通城县、通山县和崇阳县。本区气候条件的差异性较大,年平均气温 16~17 ℃,多年平均降水量 784~1733 mm,2—3 月平均气温最低 5.5 ℃,最高 10.1 ℃,本区油菜苗期(9 月下旬至次年 2 月中旬)总降水量最低 239 mm、最高 491 mm,雨热组合不均衡,降水和温度两个气候因素中总有一个条件不适宜油菜生长,如兴山县的降水条件适宜油菜生长,但热量不足,蕾薹期温度过低,不利于油菜生长;而通城县热量条件适宜油菜生长,但苗期降水过多,不利于油菜发芽和壮苗,该区的苗期降水量和蕾薹期平均气温等部分因子能保证油菜单产>1800 kg/hm²。

③ 油菜种植不适宜区　主要是神农架林区、巴东县、建始县、利川市、鹤峰县和五峰土家自治县,本区的热量和降水条件都不适宜油菜生长,该区油菜蕾薹期平均气温均在 5.78 ℃以下,气温不稳定,不利于油菜顺利通过春化阶段,并且本区油菜苗期多为阴雨天气,降水量达 580 mm 以上,该区的苗期降水量和蕾薹期平均气温等因子不利于幼苗生长,油菜单产<1800 kg/hm^2。

此区划结果与 1986 年《湖北省种植业区划》中结果基本相符,不仅提高了区划的客观性和准确性,还提高了区划的空间定位精度,并与湖北省多年油菜种植实际情况基本相符。此外,根据地理位置来分,主要种植区域则分为长江流域沿线、汉江流域、鄂北三大块。长江流域沿线是湖北省最大油菜产区,包括武汉市、黄石市、咸宁市、鄂州市、恩施自治州、武穴市、洪湖市、松滋市、石首市、当阳市、宜都市、枝江市、蕲春县、浠水县、监利县、黄梅县、公安县、五峰县、秭归县、兴山县、长阳县、远安县、江陵县。总种植油菜面积 67 万 hm^2,在全省油菜种植面积中占比 56%。汉江流域是湖北省第二大油菜种植区,包括十堰市、天门市、仙桃市、潜江市、宜城市、枣阳市、老河口市、汉川市、京山县、沙洋县、南漳县、襄州区、保康县,总种植油菜面积有 40 万 hm^2,在全省油菜种植面积中占比 34%。鄂北是湖北省第三大油菜种植区,包括随州市、应城市、安陆市、云梦县、大悟县、孝昌县,总种植油菜面积有 12.5 万 hm^2,在全省油菜种植面积中占比 10%。

(3)湖北省油菜生产变化　据国家统计年鉴和相关文献资料显示,1978 年至 2019 年,湖北省油菜基本呈稳定快速增长状态,主要分为 5 个阶段:

1978—1991 年为湖北省油菜迅速发展阶段。期间,在播种面积和总产量基数较小的情况下,总产量年均增长 17.1%,单产年均增长 5.9%。就具体年份而言,1978 年湖北省的油菜总产量为 10.27 万 t,播种面积为 16.527 万 hm^2,单产为 645 kg/hm^2。1991 年油菜总产量为 83.75 万 t,播种面积为 74.431 万 hm^2,但是单产达到 1290 kg/hm^2,在播种面积较上年增加 65%的情况下,总产同比减少 18.12%,单产同比减少 18.1%。这主要是因为在该年份油菜成熟的关键时期普降持续性的大到暴雨,造成大面积油菜绝收。

1992—2004 年为稳定增长阶段。单产年均增长 3.4%,总产年均增长 10.5%。到 2004 年,油菜总产量为 235.12 万 t,播种面积为 117.463 万 hm^2,单产达 1982.3 kg/hm^2。

2005—2007 年为停滞期。期间,受劳动力转移带来的农业就业人口老龄化和生产效益低等因素综合影响,油菜播种面积年均减少 11.3%,油菜总产也年均减少 6.1%。然而,油菜单产仍保持增长势头,实现年均增长 5.9%,这源于华中农业大学和中国农业科学院油料作物研究所对新品种开发以及对适合本省品种的推广。2007 年湖北省油菜播种面积仅为 92.71 万 hm^2,总产量达 193.3 万 t。

2008—2014 年为恢复期。作为湖北省传统的优势农作物品种,油菜产业受到湖北省各级政府的大力扶持,油菜播种面积大幅回升。期间,油菜总产量、播种面积分别实现年均增长 19.7%、9.8%,使得湖北省保持多年油菜总产量全国第一。2011 年湖北省油菜总播种面积达到 124.87 万 hm^2,油菜总产量为 257.2 万 t。

2015—2019 年为停滞期。自 2015 年油菜临储收购政策取消以后,国内油菜籽价格持续下跌,油菜种植户种植意愿降低,油菜种植面积减少 24.9%,油菜总产也减少 17.8%。然而,油菜单产仍呈增长趋势,单产由 2015 年的 2059 kg/hm^2 上升为 2019 年的 2252 kg/hm^2。这与华中农业大学和中国农业科学院油料作物研究所对新品种开发以及对适合本省品种的推广密切相关。

自 1978 年以来,受要素投入增加、科技水平发展、政府扶持政策等多种因素的作用,除自然灾害影响严重的 1990 年和 2002 年以外,湖北省油菜单产持续增长。油菜投入的加大主要体现在生产资料和科技投入两个方面,特别显著的是氮肥等化肥使用量增加,高产栽培技术、病虫草害防治技术的广泛应用。此外,华中农业大学、中国农业科学院油料作物研究所等单位研发的新品种被逐步推广,既提高了油菜单产,又降低了油菜的芥酸、硫代葡萄糖苷的含量,显著改善了湖北地区油菜籽的品质。在人口持续增长的情况下,有力保障了湖北食用油的供给和安全。

2. 陕西省油菜生产布局　陕西省地处中国过渡带秦岭—淮河一线的北端,地势呈南北高、中间低,由高原、山地、平原和盆地等多种地貌构成,其中黄土高原占全省土地面积的40%,且横跨 3 个气候带,南北气候差异较大。陕南属北亚热带气候,关中及陕北大部属暖温带气候,陕北北部长城沿线属中温带气候。气候特点表现为:春暖干燥,降水较少,气温回升快而不稳定,多风沙天气;夏季炎热多雨,间有伏旱;秋季凉爽,较湿润,气温下降快;冬季寒冷干燥,气温低,雨雪稀少。全省年平均气温 9～16 ℃,自南向北、自东向西递减;陕北年平均气温7～12 ℃,关中年平均气温 12～14 ℃,陕南年平均气温 14～16 ℃。年平均降水量 340～1240 mm。降水南多北少,陕南为湿润区,关中为半湿润区,陕北为半干旱区。由于秦岭南北的温度、气候、地形均呈现明显的差异性变化,对油菜生产影响较大,作为陕西省第一大油料作物、广泛分布于秦岭两侧以及关中平原与陕南地区的油菜,在生产中呈现出较大的差异性。

(1)陕西省油菜生产条件　陕西省油菜主产区的汉中和安康地处温带和亚热带过渡带,也是中国的南北气候过渡带,具有独特、优越、温暖湿润的气候条件,同时是中国油菜优势生产区,还是南水北调的水源地涵养区,发展绿色优质油菜产业具有良好的自然优势。另外,陕西渭北及陕北具有大面积夏闲地,饲用、菜用等油菜多用途综合开发具有潜力。陕西省是“一带一路”的桥头堡,“一带一路”建设为陕西省油菜产业发展提供了广阔的空间,为陕西省油菜加工业和种业走出去、实现国际发展创造了条件。《粮油加工业“十三五”发展规划》《“中国好粮油”行动计划实施方案》《陕西省优质粮油产业项目融资补助办法》等支持产业结构调整,支持三产融合,支持绿色可持续发展政策的出台,为陕西省油菜生产创造了新的机遇。

(2)陕西省油菜种植区划分　在 20 世纪 80 年代,陕西省气象部门曾对油菜进行过农业气候区划,但是随着气候变化、油菜栽培技术的进步和新品种的推出,油菜种植区域随之发生了新的变化。梁轶等(2013)利用陕西省 96 个气象站 1981—2010 年油菜生长阶段气象资料和地理信息数据,综合分析陕西省各地油菜气候适宜性特点,并参考全国油菜种植气候区划指标及影响油菜产量的关键气象因子,选取 1 月的日最低平均气温、蕾薹期平均气温、生育期平均气温、生育期≥0 ℃积温和生育期降水量 5 项作为陕西省油菜生态气候适宜性区划指标,应用GIS 技术推算出陕西省无测站区域 100 m×100 m 网格点上的气候要素值,采用综合评判的方法得到陕西省油菜精细化气候适宜性区划图,并进行分区评述。结果表明,最适宜种植区主要分布在陕南汉江及其支流沿岸海拔 600 m 以下的川道、平坝地区,以及关中渭河及其支流沿岸海拔 700 m 以下的平原地区;适宜区主要分布在秦岭北麓海拔 850 m 以下的河谷、浅山丘陵区,秦岭南麓、巴山北麓海拔 750 m 以下的浅山丘陵地带,以及渭河北岸最适区以北海拔800 m 以下的台塬地区,制定陕西油菜精细化气候适宜性区划图,此区划更科学地将陕西省油菜区划为最适宜区、适宜区、次适宜区、不适宜区 4 个区域。

① 油菜种植最适宜区　包括陕南汉江及其支流沿岸海拔 600 m 以下的川道、平坝区。其中又分东部和西部两大区域：东部地区包括石泉、汉阴、汉滨 3 县（区）境内月河、恒河流域平原、川道及凤凰山以南的汉江河谷，紫阳任河、岚皋大道河、岚河、平利黄洋河、坝河流域的河谷、川道、旬阳、镇安境内的旬河河谷，白河境内汉江及其支流冷水河、白石河流域的川道、河谷，商洛金钱河流域、丹凤、商南境内莽岭与新开岭之间丹江流域的河谷、平原。西部地区包括宁强沿嘉陵江的河谷、勉县、汉台、城固、洋县、南郑 5 县（区）境内的汉中盆地，西乡汉江、牧马河等流域的西乡盆地。还有关中平原渭河及其支流沿岸海拔 700 m 以下的川道、平原区。本区包括：北部以渭北—道源边为界，西起宝鸡峡水库，东至大荔渭河阶地，南部以秦岭海拔 600 m 以下的山前阶地为南界。以上区域降水、热量条件均优越，是油菜生长最佳区域。

② 油菜种植适宜区　该区地形多为浅山丘陵。主要分布在秦岭北麓海拔 850 m 以下的河谷、浅山丘陵区，秦岭南麓、巴山北麓的浅山丘陵地带，主要包括汉中盆地，西乡盆地，月河、恒河盆地及安康盆地最适区周边海拔 750 m 以下的浅山丘陵区，以及商南川道最适区周边海拔 700 m 以下的浅山丘陵地带。关中台塬适宜区主要分布在渭河北岸最适区以北海拔 800 m 以下的旱塬区，南起渭北塬区，北至北山 800 m 以下的地区，该区域总体上气象条件适宜油菜生长，这与陕西省油菜种植现状基本一致。

③ 油菜种植次适宜区　多为秦巴山区。主要分布在汉中、安康、商洛种植适宜区周边海拔 1150 m 以下的秦巴浅山区，秦岭北麓海拔 1000 m 以下的浅山区，以及宁强县青木川镇—大安镇的河谷地带，凤县嘉陵江和褒河两岸海拔 1200 m 以下的区域。还有渭北旱塬次适宜区。主要分布在渭河北岸适宜区以北海拔 1000 m 以下的旱塬区。该区水热条件基本能满足油菜生长，但海拔较高，土薄、地瘠，越冬冻害时有发生，为油菜种植次适宜区。

④ 油菜种植不适宜区　该区域大部位于秦岭和巴山海拔 1200 m 以上的深山区，是以林牧为主的非农业区，气温低、积温小、油菜冻害严重，不适宜油菜种植。还有陕北黄土高原不适宜区。该区域主要位于渭北次适宜区北界以北的黄土高原地区。本区塬峁起伏，沟壑纵横，不同地形气候差异大。总的来说，该地区水热条件差，油菜生育期降水不足，1 月气温低，越冬死苗严重，无法满足油菜生长需要。

陕西省油菜生产与国内油菜主产区相比，优质油菜品种种植面积偏小、种植较分散，产业化程度较低。陕南川道、平坝最适区，是陕西油菜生长最佳区域，应充分利用当地水热气候资源优势，培肥地力，提高栽培技术水平，加快优质油菜产业化生产步伐；关中平原最适区，土地肥沃，灌溉条件好，冬季无严寒，应大力推广优质油菜品种集中连片种植，推广优质高产栽培技术，主攻单产，增加效益；秦巴浅山丘陵适宜区雨量充沛，个别地区存在越冬冻害，但山多，地薄，质地差，水土流失严重，如能加强水土保持，改善耕作，抓好以施肥为主的春季及中后期管理，基本能满足油菜正常生长需要；关中台塬适宜区，大部降水条件尚可，加之灌溉条件优越，土质好，蓄水保肥能力强，如能加强越冬和春季管理，总体上气象条件适宜油菜生长；秦巴山区次适宜区，水热条件尚好，但海拔较高，土薄、地瘠，杂交油菜越冬冻害时有发生，为油菜种植次适宜区；渭北旱塬发展油菜生产，热量和水分资源均处于油菜生长下限水平，东部地区可在引黄灌溉区适当发展优质甘蓝型油菜；西部地区应加强越冬管理，选择半冬性中迟熟抗冻性较强的品种，利用背风有利的地形小气候条件，油菜也能勉强正常生长。

（3）陕西省油菜产区分布　油菜是陕西省第四大粮油作物，全省油菜生产横跨长江流域冬油菜产区、黄淮流域冬油菜产区和北方春油菜产区，常年种植面积 20 万 hm² 左右，年产量约

40万 t。油菜种植面积仅次于玉米、小麦、马铃薯,油菜总产和面积占全省油料作物的 70% 以上。陕南的汉中、安康两市是陕西省油菜的主产区,两市油菜产量和播种面积分别占全省的66% 和 70% 左右,稻油轮作是其主要种植模式。其余主要零散分布于陕西省关中地区,油菜一年一熟为主要种植模式,少量为油菜复种夏玉米一年两熟模式。陕西省是北方白菜型油菜的重要起源地之一,油菜种植历史悠久,经验丰富。近年来,陕西省根据自然条件、生态条件及油菜生产布局和区域化特点的要求,以汉中、安康地区为重点,积极实施"压麦扩油"战略,扩大油菜种植面积,建立了陕西省优质油菜生产开发带,积极引进和推广最新育成的双低油菜新品种,率先在省内实现油菜双低化生产,进一步带动宝鸡市的双低油菜发展。并以此为依托,辐射关中和渭北,分层次推进,使陕西省油菜生产面积迅速扩大,成为西部地区优质油菜生产基地和出口创汇基地。

3. 安徽省油菜生产布局　安徽省位于暖温带和亚热带过渡地区,气候温和,日照充足,季风明显,四季分明。地势西南高、东北低,按照省内地形地貌的多样性,可以分为 5 个自然区域:淮北平原、江淮丘陵、皖西大别山区、沿江平原和皖南山区。淮北平原地势坦荡辽阔,江淮丘陵岗丘逶迤曲折,沿江平原河湖交错、平畴沃野,皖西、皖南山区层峦叠嶂。安徽省地处长江流域中下游地区,是油菜种植的优势区域,生产基础较好,种植水平较高。长期以来,油菜一直是安徽省最重要的油料作物之一,同时也是种植面积最大的油料作物,常年种植面积占全省油料作物种植面积的 70% 左右。

(1)安徽省油菜生产气象条件　安徽省地理位置优越,同时地跨长江流域和淮河流域。淮河以南地区属于长江流域冬油菜区,油菜种植面积较大,是油菜的集中产区;淮北地区属于黄淮流域冬油菜区,油菜种植面积较小且比较分散。全省境内气候条件优越,农业气候资源丰富,光、温、水同步,较适宜油菜的生长;但也因地形地势多样,天气形势多变,冷暖气团活动频繁,常有低温、阴雨、干旱等灾害性天气出现,给部分地区油菜生产带来不利影响(宋蜜蜂等,2007)。现从热量、水分和光照 3 个方面对安徽省油菜生产的气象要素作简要介绍。

① 热量　从表 1-1 可以看出,安徽省不同月份的温度变化范围完全满足油菜各不同生育期的温度需求。虽然开花期的温度要求为 12～20 ℃,但是省内油菜开花期平均气温最低值7.9 ℃依然高于油菜停止开花或少量开花的 5 ℃低温下限。冬油菜生长要经过在 0～5 ℃和20～40 d 的低温感温期,省内冬季 12 月至次年 2 月平均气温变化范围在 0～6.1 ℃,越冬期天数在 10～60 d,完全满足冬油菜生长的低温感温期需要(表 1-2)。但从表 1-2 也可以看出,淮南各地区的极端最低气温均在 -6.5 ℃以下。冬油菜对低温的要求一般在 0～5 ℃,因此淮南地区的油菜在一定程度上会受极端低温天气影响。而淮北地区在冬季可能受来自西伯利亚高压冷空气迅速南下活动的影响,出现迅速降温及极端最低天气,极端低气温可达 -14 ℃,这种天气将严重影响油菜安全过冬。

② 水分　淮河一线地区为中国 800 mm 等降水量线地区,安徽省淮河以南地区年均降水量 >800 mm,淮北地区年均降水量在 400～800 mm。安徽省为中国湿润地区和半湿润地区,全年降水量在 770～1700 mm。冬油菜从播种到收获,耗水量一般为 300～500 mm。省内油菜主要分布在长江流域湿润地区,油菜全生育期内降水资源总量可满足生长需要(表 1-1)。据安徽气候农业气候区划资料,省内降水主要集中在 5—9 月,避免了降水过多造成洪涝灾害对油菜带来的不利影响。安徽省境内水资源虽较充分,但也存在时间及空间分布不均的问题。淮

河以南地区水资源及水分条件好于淮河以北,春季水分条件好于秋冬季。从表1-1的降水量数据可以看出,油菜种植过程中影响最为明显的是秋旱和早春干旱,而受北方冷空气活动影响是导致秋冬及早春季降水量少的主要原因。据安徽省气象局气候资料,安徽省秋旱发生非常频繁,一定程度影响了油菜的播种、出苗和冬前形成壮苗正常越冬。

表 1-1 安徽省油菜各生育阶段温度及降雨量基本情况表(宋蜜蜂等,2007)

生育期	大致月份(月)	温度要求(℃)	常年月平均温度范围(℃)	常年月降水量范围(mm)
发芽期	9—10	3～37	16～23.5	40～120
苗期	10—2	0～20	2.8～18	13～110
蕾薹期	2—3	≥5	2.8～10.2	20～178
开花期	3—4	12～20	7.9～16	33～200
角果发育期	4—5	15～20	14～21	50～200

表 1-2 安徽省各农业气候区年平均极端最低气温和越冬期天数(宋蜜蜂等,2007)

农业气候区	年平均极端最低气温(℃)	越冬期天数(d)
淮北北部区	−13～−14	50～60
沿淮区	−10～−13	30～50
江淮丘陵区	−8～−10	20～40
大别山区	−10～−12	25～35
沿江区	−7.5～−9.0	15～30
沿江西部区	−6.5～−8.5	10～20
皖南山区	−8.5～−10.5	15～30
新安江上游区	−7.5～−9.0	10～20

③ 光照 据安徽省气候资料,省内全年无霜期在200～250 d,年平均无霜期203 d,光照条件较好。冬油菜生长期大致在9月至次年5月,在10月至次年3月期间,由于安徽省纬度位置较低,光照时间昼长<12 h,但此期间油菜处于苗期,对油菜的发育影响不大。从3月下旬开始,安徽省昼长时间>12 h,此时油菜开始处于发育生长期,符合油菜长日照特性生长的需要。充足的光照和长日照条件对油菜的开花结果有极大的促进作用,有利于油菜高产。但在进入春季之后,天气变化频繁,冷暖空气交替,如果来自太平洋的东南季风势力强,很快向北推进时,会造成安徽地区连绵阴雨的天气。多阴雨的天气会使得光照强度和时间减少,雨量多湿度大,容易造成阴害和湿害,导致油菜结实率下降、植株早衰,病害高发,严重影响产量。

(2)安徽省油菜生产现状 21世纪以来,安徽省油菜播种面积和总产呈现逐年下降的趋势。为稳定油菜产业规模、优化油菜产业结构,安徽省在《安徽省优势农产品区域布局规划(2008—2015)》报告中提出,大力发展江淮和沿江地区34个重点县(市、区),建设双低油菜产业带(表1-3),打造区域布局合理、产业特色鲜明的现代油菜生产体系。但在实际发展过程中,由于受政策执行不到位、进口油料冲击、耕地资源限制、生产成本上涨、农村劳力输出、非农务工成本下降、收益大幅上涨等多方面因素的影响,导致安徽省油菜生产规模下降的趋势未得到明显改善。

表 1-3　安徽省油菜生产优势区(李倩倩,2015)

油菜优势区	县数	市名	县名
江淮"双低"油菜优势产业带	13	六安、合肥、滁州	金安区、裕安区、霍邱县、寿县、舒城县、肥东县、肥西县、长丰县、全椒县、定远县、南谯区、来安县、天长市
沿江"双低"油菜优势产业带	21	巢湖、安庆、池州、宣城、芜湖、铜陵、马鞍山	无为县、庐江县、和县、居巢县、含山县、宿松县、望江县、怀宁县、枞阳县、桐城市、东至县、贵池区、宣州区、郎溪县、广德县、当涂县、芜湖县、繁昌县、太湖县、宁国市、铜陵县

从图 1-1 可以看出,安徽省油菜播种面积全国占比从 2011 年的 8.90％下降到 2019 年的 5.06％,总体降幅43％,年均降幅7.2％;总产全国占比从2011年的9.35％下降到2019年的 6.47％,总体降幅31％,年均降幅5.2％。但同时也可以看出,安徽省近 10 年油菜总产在全国油菜总产中的占比始终高于播种面积在全国油菜播种面积中的占比,且总产的降幅明显小于播种面积的降幅,说明安徽省油菜生产在全国范围内具备明显的单产优势,确系油菜优势产区。

图 1-1　2011—2019 年安徽省油菜播种面积、总产全国占比折线图(冯鹏整理)

播种面积据《安徽统计年鉴 2020》年刊,2019 年安徽省农作物总播种面积为 878.2 万 hm^2,其中油菜播种面积为 36.4 万 hm^2,占农作物总播种面积的 4.14％。省内淮北市、亳州市、宿州市、蚌埠市、阜阳市、淮南市、滁州市、合肥市、六安市、马鞍山市、芜湖市、宣城市、铜陵市、池州市、安庆市、黄山市各地级市油菜播种面积占安徽省油菜总播种面积的比例分别为 0.19％、0.33％、0.97％、0.39％、3.08％、2.21％、2.67％、10.24％、10.83％、6.34％、8.33％、6.67％、5.87％、8.16％、27.95％、5.77％(图 1-2),其中安庆、六安、合肥三市油菜播种面积占比最大,合计占安徽省油菜总播种面积的 49.02％,而淮北、亳州、宿州、蚌埠北部四市油菜播种面积占比最小,均不到安徽省油菜总播种面积的 1％。从地区来看,皖北地区(淮北市、亳州市、宿州市、蚌埠市、阜阳市、淮南市)油菜播种面积占省内油菜总播种面积的 7.17％,皖中地区(滁州市、合肥市、六安市)占比 23.74％,皖南地区(马鞍山市、芜湖市、宣城市、铜陵市、池州市、安庆市、黄山市)占比 69.09％,可见皖南是安徽省油菜主产区,油菜生产规模和发展潜力较大。

安徽省各市油菜总产水平差异较大。从图 1-3 可以看出,淮北市、亳州市、宿州市和蚌埠

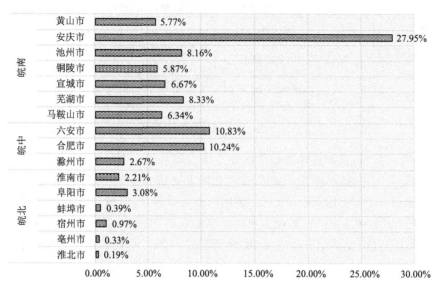

图 1-2　2019 年安徽省各市油菜播种面积占比簇状柱形图（冯鹏整理）

市对安徽省油菜总产的贡献率均在 1％以下，严重不足；阜阳市、淮南市、滁州市和黄山市对安徽省油菜总产的贡献率在 3％左右，相对有限；六安市、马鞍山市、芜湖市、宣城市、铜陵市和池州市对安徽省油菜总产的贡献率在 5％～10％，占比较重；而安庆市和合肥市两市对产量贡献率超过 10％，总和接近 40％，贡献最大。从地区来看，皖北地区油菜总产为 6.40 万 t、皖中地区油菜总产为 20.94 万 t、皖南地区油菜总产为 59.95 万 t，分别占安徽省油菜总产的 7.33％、23.99％、68.68％。

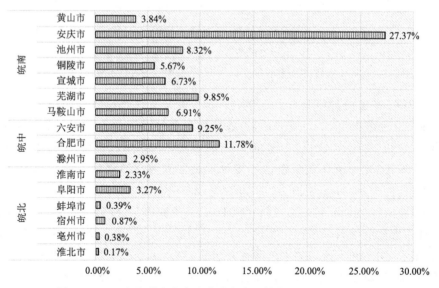

图 1-3　2019 年安徽省各市油菜总产占比簇状柱形图（冯鹏整理）

　　通过对 2017—2019 年安徽省各市油菜单产进行多重比较分析发现，安徽省各市油菜单产水平存在显著差异（表 1-4）。据《安徽统计年鉴（2020）》显示，2019 年安徽省油菜平均单产为 2398.7 kg/hm²，从图 1-4 可以看出，芜湖市、合肥市、滁州市、亳州市和马鞍山市单产明显高于全省平均单产,属于省内油菜优势产区;而黄山市、六安市、蚌埠市和淮北市单产显著低于安徽省平均单产,生产优势不明显;其中单产最高的地市为芜湖市,为 2837.8 kg/hm²;单产最低的地市为黄山市,仅有 1595.2 kg/hm²,两地单产水平相差近一倍。从地区来看,皖北、皖中、皖南三地油菜的总产(7.33%、23.99%、68.68%)与播种面积(7.17%、23.74%、69.09%)的比值均在 1 左右,说明皖北、皖中、皖南三地的油菜生产均具备一定的竞争力。

表 1-4　2017—2019 年安徽省各市油菜平均单产多重比较分析表(白桂萍整理)

地市名称	平均单产(kg/hm²)	地市名称	平均单产(kg/hm²)
亳州市	2858.6 a	宣城市	2392.9 de
芜湖市	2806.7 a	铜陵市	2289.3 ef
合肥市	2741.4 ab	安庆市	2272.5 ef
马鞍山市	2652.6 bc	淮北市	2200.3 f
滁州市	2604.8 c	宿州市	2082.9 g
阜阳市	2524.2 cd	六安市	2012.1 g
淮南市	2512.3 cd	蚌埠市	1845.8 h
池州市	2395.1 de	黄山市	1567.1 i

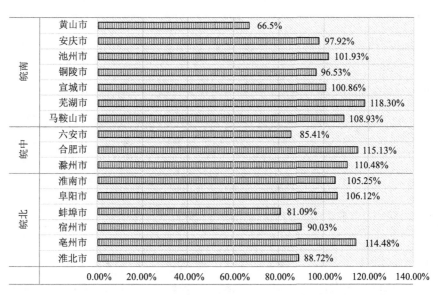

图 1-4　2019 年安徽省各市油菜单产与全省平均产量比值簇状柱形图(白桂萍整理)

(3)安徽省油菜生产布局变化　安徽省油菜的种植历史长达几千年,历史悠久,但获得快速发展还是改革开放后的 30 多年。改革开放后,随着中国科学技术水平的提高和科技的不断创新,安徽省油菜生产的方式逐步发展为集中化种植、集约化管理,"双低"油菜的研制成功和大面积推广,使安徽省的油菜产量及品质稳步提高。但近年来随着中国城镇化进程的快速推进,长三角一体化战略的实施,使得安徽省成长为国内新的能源、原材料和加工制造业基地,二、三产业发展迅猛,反观第一产业却困境重重。单从安徽省油菜产业来看,近十年来生产规模降幅明显,生产布局变迁较大。

① 生产规模变化　据《安徽统计年鉴》年刊,安徽省自 2011—2019 年各市油菜单产均呈现逐年上升的趋势。通过对 2011—2019 年安徽省各市油菜单产数据进行指数趋势计算,发现合肥、淮南两市单产年均增幅最大,分别为 5.15%、3.22%,而铜陵、池州两市的单产年均增幅最小,分别为 0.06%、0.04%;从地区来看,皖北和皖中两地单产年均增幅较大,均为 3.06%,皖南地区单产年均增幅相对较小,仅有 1.15%。在此前提下,进一步对各市油菜的播种面积变化规律进行分析,可为安徽省油菜生产布局变迁提供参考依据。从表 1-5 可以看出,2011—2019 年安徽省各市油菜播种面积普遍呈现下降趋势。根据各市油菜播种面积的变化规律,可将其划分为 3 种类型:快速下降型、平缓下降型、波动上升型。其中快速下降型的地级市有 9 个:亳州市、宿州市、蚌埠市、滁州市、合肥市、六安市、马鞍山市、芜湖市和宣城市,下降幅度最大的为滁州市,年均降幅达到 20.2%;平缓下降型的地级市有 5 个:淮北市、池州市、阜阳市、安庆市和黄山市;而波动上升型的地级市仅有 2 个:淮南市和铜陵市。淮南、铜陵两市油菜播种面积占比较小,难以缓解省内油菜生产规模大幅下降的趋势。

表 1-5　安徽省 2011—2019 年各市油菜播种面积变动表(单位:hm²)(白桂萍整理)

地区		年份								
		2011	2012	2013	2014	2015	2016	2017	2018	2019
皖北	淮北市	715	838	794	747	771	688	655	622	679
	亳州市	4198	3862	1980	1660	1592	950	825	1097	1201
	宿州市	9635	8989	8473	8696	8360	8312	8265	3513	3524
	蚌埠市	4751	4432	3600	2983	2407	1491	1367	1385	1420
	阜阳市	18626	16642	15254	13447	12510	10086	10720	11183	11213
	淮南市	2536	2270	2235	2233	8095	6427	6664	6726	8049
	滁州市	51427	47896	47565	43577	41198	40201	37214	9353	9726
皖中	合肥市	122083	109355	94733	87741	84747	80554	72816	36796	37244
	六安市	76674	72274	67482	65011	59892	58709	54435	39979	39413
	马鞍山市	42094	40158	36898	33415	30298	29054	29771	22250	23083
皖南	芜湖市	60524	57813	46218	48222	43565	38900	31511	30059	30310
	宣城市	46632	44539	42866	41904	41103	38098	35790	23662	24265
	铜陵市	9229	7791	7369	7582	28093	26577	26604	20766	21375
	池州市	37619	37609	36551	36864	35939	31476	28516	28750	29698
	安庆市	127506	129055	130707	131835	109472	104932	104584	100721	101693
	黄山市	26163	26067	25401	25069	24405	24213	22659	20158	20986
总计		640412	609590	568126	550986	532447	500668	472396	357020	363879

② 生产重心变化　从表 1-6 可以看出,2011—2019 年安徽省各市油菜播种面积占比的变化规律表现为亳州市、宿州市、蚌埠市、滁州市、合肥市、六安市、马鞍山市、芜湖市和宣城市呈现逐年下降的趋势;而淮北市、阜阳市、淮南市、铜陵市、池州市、安庆市和黄山市呈现逐年上升

的趋势。其中对安徽省油菜生产布局影响最大的为合肥市和安庆市,合肥市播种面积占比从2011年的19.06%下降到2019年的10.24%,下降8.83%;安庆市播种面积占比从2011年的19.91%上升至2019年的27.95%,上升8.04%。从区域地形来看,省内油菜生产重心一方面逐渐从淮北平原向江淮丘陵山区转移,转移比重较小;另一方面逐渐从沿江平原区向皖西大别山区和皖南丘陵山区转移,转移比重较大。从地区来看,皖北地区油菜播种面积年均降幅为5.5%,皖中地区年均降幅为13.0%,皖南地区年均降幅为4.5%;播种面积占比则表现为皖北地区播种面积占比从2011年的6.32%上升至2019年的7.17%,皖中地区播种面积占比从2011年的39.07%下降至2019年的23.74%,皖南地区播种面积占比从2011年的54.62%上升至2019年的69.09%(表1-6)。省内油菜生产重心表现为皖北地区比重相对稳定,皖中地区比重逐渐缩小,皖南地区比重进一步扩大。

表1-6　安徽省2011—2019年各市油菜播种面积占比变动表(单位:%)(白桂萍整理)

地区		年份								
		2011	2012	2013	2014	2015	2016	2017	2018	2019
皖北	淮北市	0.11	0.14	0.14	0.14	0.14	0.14	0.14	0.17	0.19
	亳州市	0.66	0.63	0.35	0.30	0.30	0.19	0.17	0.31	0.33
	宿州市	1.50	1.47	1.49	1.58	1.57	1.66	1.75	0.98	0.97
	蚌埠市	0.74	0.73	0.63	0.54	0.45	0.30	0.29	0.39	0.39
	阜阳市	2.91	2.73	2.68	2.44	2.35	2.01	2.27	3.13	3.08
	淮南市	0.40	0.37	0.39	0.41	1.52	1.28	1.41	1.88	2.21
皖中	滁州市	8.03	7.86	8.37	7.91	7.74	8.03	7.88	2.62	2.67
	合肥市	19.06	17.94	16.67	15.92	15.92	16.09	15.41	10.31	10.24
	六安市	11.97	11.86	11.88	11.80	11.25	11.73	11.52	11.20	10.83
皖南	马鞍山市	6.57	6.59	6.49	6.06	5.69	5.80	6.30	6.23	6.34
	芜湖市	9.45	9.48	8.14	8.75	8.18	7.77	6.67	8.42	8.33
	宣城市	7.28	7.31	7.55	7.61	7.72	7.61	7.58	6.63	6.67
	铜陵市	1.44	1.28	1.30	1.38	5.28	5.31	5.65	5.82	5.87
	池州市	5.87	6.17	6.43	6.69	6.75	6.29	6.04	8.05	8.16
	安庆市	19.91	21.17	23.01	23.93	20.56	20.96	22.14	28.21	27.95
	黄山市	4.09	4.28	4.47	4.55	4.58	4.84	4.80	5.65	5.77

4. 河南省油菜种植概况　河南省位于华北平原南部的黄河中下游地区,属北亚热带向暖温带过渡的大陆性季风气候,同时还具有自东向西由平原向丘陵山地气候过渡的特征,气候特征表现为四季分明、雨热同期、复杂多样等特点。地表形态复杂,境内山区、丘陵、平原、盆地等多种地貌类型俱全。地势基本上东低西高,豫东平原海拔高度大都在100 m以下,是黄淮海平原的重要组成部分,西部为丘陵山地,海拔高度在500~1000 m。平原面积大于山地丘陵面积,其中山地面积占总面积的26.6%,丘陵占17.7%,平原占55.7%。

(1)河南省油菜生产条件　河南省地跨北亚热带和暖温带两个气候区,气候温和,雨量充沛,光照充足,土质肥沃,光、热资源丰富。全省由南向北年平均气温为10.5~16.7 ℃,年均降水量 407.7～1295.8 mm,降雨以 6—8 月最多,年均日照 1285.7～2292.9 h,全年无霜期 201～285 d,适宜多种农作物生长。河南省以粮食作物种植为主,其中小麦和玉米的播种面积最大,两种作物在全省作物播种面积中的占比为 65%,水稻占比相对较小,约占 4%。油料作物中,花生播种面积较大,占比接近 8%,油菜播种面积占比仅有 2%。河南省位于中国冬油菜产区和春油菜产区的生态交汇处,是国内油菜生产的主要省份之一,以冬油菜种植为主,从作物熟制上看,为一年二熟(油菜—玉米)或一年一熟制冬油菜生产区,发展潜力较大。河南省南部、西南部等地境内有许多四面环山的小盆地,为优质油菜的制种、保纯、防杂提供了得天独厚的天然隔离条件。2000 年河南省信阳市被农业部列入长江流域双低油菜优势区域发展规划,经过多年推广,全省双低油菜占比达到 80% 以上。2018 年,河南省按照农业农村部"两区"划定部署,提前完成了对信阳、南阳两市 20 万 hm² 油菜重要农产品保护区的划定工作,大大提升了油菜生产的基础条件,有利于进一步挖掘油菜单产潜力,为下一步稳定河南省油菜起到了重要的保障作用。

(2)河南省油菜发展阶段　新中国成立后,河南省油菜生产经历了面积由小到大、产量由低到高、品质由非优质到优质的发展过程。其发展过程大体可分为 4 个阶段:

① 恢复发展阶段(1950—1957 年)　与新中国成立前相比,此阶段河南省油菜种植面积扩大,产量较高,生产稳定,年度之间变幅为 3.3 万～6.0 万 hm²,平均 5.3 万 hm²,单产 285.0～502.5 kg/hm²,平均单产 450 kg/hm²,总产 1165 万～2036 万 kg,平均 1915.6 万 kg。与 1949 年相比,单产、总产分别增加 33.3%、8.9%。主要分布在豫东、豫北等地。该时期应用的品种是白菜型地方品种,生产技术水平较低。当时河南省北部种油菜,不但用籽榨油,而且有作为青菜取食的习惯。

② 低潮时期(1958—1968 年)　由于品种落后,生产力水平低下,自然灾害频繁,油菜保种不保收,每年大量油菜田废弃,且生产不受重视。因此,种植面积显著下降,产量低而不稳,为河南省油菜生产的最低谷。年度之间变幅为 0.53 万～2.80 万 hm²,平均 1.51 万 hm²,单产 195.0～412.5 kg/hm²,平均单产 324 kg/hm²,总产 126 万～897 万 kg,平均 451.4 万 kg。单产停留在 1949 年水平,面积、总产比 1949 年分别减少 71.4%、74.3%。该时期应用的品种仍是白菜型地方品种,生产技术水平仍较低。

③ 恢复阶段(1969—1982 年)　由于各级地方政府的重视,以及生产条件的改善,使河南省油菜生产有了较大恢复。1972 年河南省开始引进欧洲甘蓝型油菜"胜利油菜""跃进油菜"品种;期间河南省科研单位也相继选育出一批优良品种,如南阳 41(7041)、郑油 1 号(7110-3-1-1)、开封矮选等甘蓝型品种(系),国内其他地区选育出的中熟、中早熟品种,如华油 5 号、华油 8 号、川油 9 号、矮架早等甘蓝型品种(系),也先后引入河南省,基本满足了生产上对油菜熟期、丰产性、抗寒性的要求。由于甘蓝型油菜生长势强、抗病、抗倒伏、产量高,农民种植油菜积极性很高,导致油菜种植面积迅速扩大。1969—1972 年生产回升,面积为 2.3 万～3.6 万 hm²,1973 年面积首次达 10 万 hm²,超出 1949 年(5.3 万 hm²)89.9%,1976 年达到 13.5 万 hm²,1980 年达 21.3 万 hm²,1981 年 25.6 万 hm²,比 1949 年分别增加 1.6 倍、3.0 倍、3.9 倍。1981 年单产突破 750 kg/hm² 大关,1982 年单产达 1222.5 kg/hm²,与 1949 年相比,单产增加 2.6 倍,超出全国同期单产水平 14%。1982 年油菜籽总产 25209 万 kg,较 1949 年总产增加 1.3 倍,从而改变了河南省油脂品类的比例。

④ 快速发展时期(1982 年至今)　20 世纪 80 年代后,油菜生产迅速发展,1986—1988 年

面积达到高峰,幅度为 26.1 万～31.2 万 hm^2,1988 年达到最高峰,面积为 31.2 万 hm^2。1987 年平均单产首次突破 1500 kg/hm^2 大关,为 1560 kg/hm^2。1995—1998 年单产达到最高,平均 1635～1743 kg/hm^2,为历史最高水平。此期应用的品种有:1986 年前主要是非优质的常规品种,如南阳 41、合油 1 号、兴隆 1 号、靶齿蔓等,1986—1995 年主要品种为优质常规品种豫油 1 号、豫油 2 号,非优质杂交种秦油 2 号和郑杂油 1 号,常规品种南阳 41、合油 1 号等,1995 年后推广的品种主要是优质杂交种豫油 4 号、华杂 4 号,优质品种豫油 2 号、豫油 1 号,还有一部分非优质杂交种郑杂油 1 号、秦油 2 号。此时期油菜作为粮食作物和经济作物最好的前茬作物,对后作提高产量十分有利,同时高产优质新品种的育成和推广,高产、保优栽培技术的推广应用,使油菜面积和单产迅速提高。1996 年以来国家在信阳市投资建设了光山、平桥区、罗山、淮滨 4 个优质油菜基地县,省内及时配套,加快了建设进程,使 4 个基地县优质油菜面积已达到 80% 以上,随着栽培技术水平的不断提高,调整种植结构,发展优质产品,河南省油菜产量及品质得到改善,为优质油菜产业化开发提供了发展契机。

(3)河南省油菜生产布局　河南省油菜优势主产区的划分主要依据农业生态条件、生产优势、科研和技术推广情况等社会、经济、技术指标,采用综合因素评价法来确定河南省的油菜优势主产区和一般生产区。依据综合因素评价,可将河南省的油菜产区划分为两个区,分别是豫南主产区,主要包括信阳、南阳和驻马店市,播种面积占全省的 70% 左右,其中信阳油菜播种面积占比为 42%,南阳占比为 16%,驻马店占比为 12%;豫中(许昌、平顶山)、豫东、豫北和豫西油菜零星种植区,播种面积仅占全省油菜播种面积的 30%。除豫南主产区为优势区外,河南省其他区域也适宜油菜生产,但由于目前生产规模较小,故确定为油菜一般生产区。从河南省油菜生产整体分布来看,油菜种植主要集中在河南省西南部,即信阳市、南阳市、驻马店市、洛阳市和平顶山市,其中又以信阳市、南阳市和驻马店市三市为主。

第二节　过渡带油菜种质资源

一、油菜起源

油菜是十字花科(Cruciferae)芸薹属(*Brassica*)一年生或二年生草本植物。它的栽培种分甘蓝型油菜(*Brassica napus*)、白菜型油菜(*Brassica campestris* 包括北方小油菜 *Brassica campestris* 和南方油白菜 *Brassica. chinensisvar. oleifera* 的油用变种两个种)和芥菜型油菜(*Brassica juncea*)3 种类型,均属十字花科。不同类型的油菜起源各不相同。中国是世界上公认的白菜型油菜起源中心,原产的白菜型油菜资源有 2006 份,从青藏高原亚区、蒙新内陆亚区、东北平原亚区等春油菜区,到华北关中亚区、云贵高原亚区、四川盆地亚区、长江中游亚区、长江下游亚区、华南沿海亚区等冬油菜区均有不同程度的分布。甘蓝型油菜和芥菜型油菜的起源一直存在争议。国内外学者普遍认为,芥菜型油菜起源于亚洲,印度、中国收集的资源最多。芥菜型油菜可以分为中国—东欧类型和中国—印度类型两大类,每一类中均存在较大的遗传变异,在西北许多地方还发现有野生型黑芥。近年来由中国工程院院士官春云团队牵头、联合新疆及中亚多个国家共同参加的"芥菜型油菜地理起源跨区域合作研究"正式启动,以解决国际上 100 多年来关于芥菜型油菜起源地的科学争论。甘蓝型油菜是一个比较年轻的作物,至今未找到甘蓝型油菜的野生种。甘蓝型油菜起源于白菜与甘蓝的自然杂交及异源多倍化过程。早期研究认为,甘蓝型油菜起源于甘蓝和白菜起源中心交汇的欧洲地中海区域,但刘后利(1984)认为,甘蓝型油菜可能为多起源,即通过不同类型的芸薹和甘蓝的自然杂交,在不同地点多次起源。傅廷栋(1989)分析了国内外现有的甘蓝型、芥菜型、白菜型雄性不育三系材料,发现油菜的起源进化与三系选育有密切关系:在起源中心和附近地区分布、进化程度较低的品种类群及原始种中,容易发现不育胞质和恢复基因;在离起源中心较远地区分布、进化程度较高的品种类群中,易找到保持系。An 等(2019)的合作研究成果认为,甘蓝型油菜存在 6 种不同的类型,且都是由欧洲冬油菜演化而来,这些不同的类型之间广泛存在着混合。

(一)白菜型和芥菜型油菜的起源

中国是白菜型和芥菜型油菜起源地之一。考古学家在陕西半坡新石器时代遗址里,发掘出在陶罐中的已经炭化的大量菜籽,其中就有油菜的原始类型——白菜籽和芥菜籽,碳 14 测定距今近 7000 年。湖南长沙马王堆西汉古墓出土的农作物中,有保存完好的芥菜籽,种皮黑褐色,圆球形,直径多在 1.5 mm 左右,有明显的种脐、种蒂和网纹,它和现今栽培的油菜籽完全相同。甘蓝型油菜是中国约 20 世纪 30 年代从日本引进,后来又从欧洲引入原产品种。白菜型油菜和芥菜型油菜在中国有很长的栽培历史。何余堂等(2003)以云南长角(甘蓝型油菜,$B. napus$)、青海牛尾梢(芥菜型油菜,$B. juncea$)、汕头芥蓝($B. alboglabra$)和黑芥($B. nigracygiebra$)为参照品种,对不同地理来源的 82 份白菜型油菜($B. campestrisL.$)资源进行了形态学鉴定和 RAPD 分子标记分析。利用分子进化遗传分析软件(MEGA)构建白菜型油菜的系统发育树,以揭示白菜型油菜在中国的起源与进化。研究认为:北方小油菜的起源早于南方油白菜,冬油菜的起源早于春油菜。因此推测,原始的北方小油菜为冬性,陕西可能是北方小油菜的起源地,后来逐渐分化出广泛种植于甘肃、青海等地的春油菜,而南方油白菜起源于云南、贵州、湖北、四川等地。人类对植物的栽培、驯化较晚,对芸薹属植物的利用是先作为蔬菜后作为油用的。黄河流域的文化发展远远早于长江流域和珠江流域,对栽培植物的驯化比较早。北方白菜逐渐形成原始的北方小油菜,匍匐生长,以后分化为北方冬油菜和春油菜。南方白菜的栽培和驯化较晚,南方油白菜的形成也晚于北方小油菜,但由于南方的地理和气候多样,形成了多种类型的南方油白菜品种。

王建林等(2006)在分析中国栽培油菜主要性状进化趋势的基础上,对中国栽培油菜的分类系统进行了补充完善。并通过油菜野生种分布、特有类型和原始类型分布、外类群分布、古代文化遗址考古及古代文献考证和地质与气候背景资料分析,提出以青藏高原为主体的西部高山、丘陵地区是中国栽培白菜型和芥菜型油菜的起源地,以及芥菜型油菜起源与进化的另一条路径,即芥菜型油菜可能是由新疆毛芥染色体加倍演化而来。罗桂环(2015)通过对中国油菜栽培起源考证,发现山白菜在河南、陕西、山西、福建等地山区仍有分布。山芥菜在四川、甘肃、云南有分布。新疆的昭苏、特克斯等地发现大量野油菜,与栽培黑芥很相似,可能就是野生黑芥。芸薹可能是芥菜型油菜,早期被当作蔬菜。油白菜型源于浙江、福建和江苏一带,可能在宋代上述地区就有油菜栽培。明代开始得到大规模的发展,带动芥菜型油菜(芸薹)也被"发掘"、驯化,从而总结出中国确为白菜型和芥菜型两种油菜的起源地。

白菜型和芥菜型油菜虽然起源于中国,作为蔬菜栽培的历史也很久远,但把它们当作油料作物栽培则是另一回事。在中国古代,白菜型油菜称为"芸薹"或"芸",芥菜型油菜称为"芥"或"芥子"。公元前 3000 年的夏氏历书《夏小正》有"正月采芸,二月荣芸"的记载,芸即后世所栽培的白菜型油菜,这是关于白菜型油菜最早的记载。公元前 3 世纪的《吕氏春秋》记载"菜之美者,阳华之芸"。东汉服虔著《通俗文》:"芸薹谓之胡菜。"公元 6 世纪贾思勰著《齐民要术》中,开始对芥菜型油菜的记述:"种芥子及蜀芥,芸薹取子者,皆二、三月好雨泽时种,旱者畦种水浇,五月熟而收子。"《新唐书》记载吐蕃有芜菁(一种油菜)种植。劳动人民在长期种植和食用过程中,发现油菜籽中含有较多的油分,便逐渐将油菜从菜用转为蔬、油兼用。宋代苏颂等著《图经本草》,开始采用"油菜"的名称,并阐述:"油菜形微似白菜,叶青有微刺……一名胡蔬,始出自陇、氐、胡地。一名芸薹,产地名也。"芸薹原本可能是一种芥菜型油菜,将芸薹指为油菜始于明代李时珍的《本草纲目》。清人吴其濬著《植物名实图考》:"芸薹菜,唐本草始著录,即油菜……然有油辣菜,油青菜二种。辣味味浊而肥,茎有紫皮,多微苦……油青菜同菘菜(即白菜),冬性生薹,味清……"这些古代文献记载表明,中国西部的青海、甘肃、新疆、内蒙古、西藏、四川等地区有悠久的油菜栽培历史。

除了中国以外,印度也是油菜栽培历史久远的国家,是白菜型和芥菜型油菜的起源地之一。

(二)甘蓝型油菜的起源

甘蓝型油菜的起源一直存在争议。韩国植物学家禹长春(1936)基于细胞遗传学和种间人工合成实验提出了著名的"禹氏三角",认为芸薹属栽培种包括白菜($B. rapa$;AA,2n=20)、甘蓝($B. oleracea$;CC,2n=18)和黑芥($B. nigra$;BB,2n=16)3 个二倍体基本种以及甘蓝型油菜($B. napus$;AACC,2n=38)、芥菜型油菜($B. juncea$;AABB,2n=36)和埃塞俄比亚芥($B. carinata$;BBCC,2n=34)3 个四倍体复合种。白菜、甘蓝和黑芥为 3 个基本染色体种,它们通过相互杂交和自然加倍而形成了四倍体种。根据禹氏三角的理解,甘蓝型油菜起源于白菜型油菜与甘蓝的自然杂交及异源多倍化过程。早期研究认为,甘蓝型油菜起源于甘蓝和白菜起源中心交汇的欧洲地中海区域(Schiemann,1932;Sinskaia,1928),在"瑞士湖居"新石器时代遗址中发现它的原始祖先的种子。著名植物学家第康道尔在《农艺植物考源》一书中曾推测,这种原始型甘蓝种子可能是由阿利安的克勒特族人自亚洲带到欧洲去的,长期以来它被栽培在欧洲许多国家的花园里供作蔬用,今天在荷兰、英国以及北欧海岸可以找到它的野生类型。随后有学者认为,甘蓝型油菜可能为多起源,即通过不同类型的芸薹和甘蓝直接的自然杂交,在不同地点多次起源。刘后利(2000)认为,油菜的野生亲本种的交叉地并不能被简单认为是其复合种的起源地。

邹珺(2019)在亚洲甘蓝型油菜起源及其系谱基因组水平遗传传递规律方面取得了新进展。通过研究解析白菜型油菜导入对亚洲双高(高硫苷、高芥酸)甘蓝型油菜经典品种宁油 7号基因组结构及性状改良的深刻影响,同时结合已有亚洲和欧洲油菜群体的重测序数据,揭示了亚洲甘蓝型油菜起源于欧洲,但已与欧洲油菜存在显著的基因组差异,包括大片段的染色体结构变异。亚洲甘蓝型油菜育种历程中,经历两次重要的遗传渐渗过程。该研究发现,第一次大规模遗传渐渗借由种间杂交导入二倍体白菜型油菜,显著扩大了其遗传基础,特别是减少了亚洲油菜的有害突变积累。这是第一次有关作物通过远缘杂交降低有害突变积累的报道。作物驯化和遗传改良过程会导致作物有害突变积累增加,环境适应性下降。有趣的是,亚洲油菜育种历史上第二次遗传渐渗,即导入欧洲甘蓝型油菜双低(低硫苷、低芥酸)性状,使亚洲油菜遗传负荷重新增加。

卢坤等(2019)联合中国农业科学院蔬菜研究所及美国佐治亚大学从全世界选择了588份有代表性的甘蓝型油菜材料,团队的37名研究人员对材料进行了全基因组重测序。团队还结合中国农业科学院蔬菜研究所王晓武团队的199份白菜和119份甘蓝重测序数据,从这些材料的共性、变异性等情况追根溯源,查找甘蓝型油菜的"家庭情况"。经过大量分析研究,团队得出结论,约7000年前,甘蓝型油菜由地中海地区白菜品种里的欧洲芜菁和甘蓝品种里苤蓝、花菜、西兰花、中国芥蓝4种甘蓝的共同"祖先"(已消失)杂交合成。在7000年前形成的冬性甘蓝型油菜,适合在低温地区生长;诞生于400多年前的春性甘蓝型油菜,生长周期最短;适种面积较广的半冬性甘蓝型油菜70多年前诞生于中国。经过多代繁衍,甘蓝型油菜杂交出适应不同生长条件、具有不同特点的多个品种。该研究结果展示了亚洲甘蓝型油菜独特的遗传分化足迹,以及年轻的亚洲甘蓝型油菜在强烈的人工选择、育种渗透、环境适应性进化中,基因组快速分化,形成一支独特的油菜亚群。

An等(2019)最新成果揭示了甘蓝型油菜起源和演化过程。研究人员利用RNA-seq技术获得了372 546个高质量的SNPs,并将其用于群体的遗传多样性和选择研究。群体遗传结构分析表明,甘蓝型油菜存在6种不同的类型,且都是由欧洲冬油菜演化而来。欧洲油菜在演化为3个亚种的过程中,与其祖先种白菜之间也存在着基因渗入,在它们多样化过程中有不同的基因受到了选择。进一步的基因表达分析表明,这些受选择基因导致不同代谢通路的下游基因发生了差异表达,这一系列的变化导致欧洲冬油菜产生了不同生长习性和不同形态类型的亚种。研究特别关注了与春化、根膨大、叶形态相关的基因,研究结果对于探讨油菜种内和种间关系,了解其历史和发展趋势,以及拓展、保存油菜种质资源具有重要意义。

(三)中国油菜的种植历史

中国油菜栽培历史悠久。古代种植的油菜最初主要作为蔬菜,称为芸薹菜。劳动人民在长期种植和食用过程中,发现油菜籽中含有较多的油分,逐渐将油菜从菜用转为蔬、油兼用。11世纪苏颂著《图经本草》才正式称它为油菜,并列入油料作物。说它"出油胜诸子,油入蔬清香,造烛甚明,点灯光亮,涂发黑润,饼饲猪亦肥。上田壅苗堪茂,秦人名菜麻,言子可出油如脂麻也"。说明了菜籽油的多种用途,饼粕还可以作肥料。油菜从蔬用发展为油用的历史,是人类认识和利用自然的过程,并使油菜植株性状朝向人类需要的方向改变。中国油菜栽培是从小面积上"供作蔬茹"逐步发展到"采薹而食"直至"亦得取子"榨油。始种于北方旱作区,尔后逐渐扩展到江南稻区,再后发展形成了中国以黄河流域上游为中心的春油菜区和以长江流域为中心的冬油菜区。

新中国成立以前,中国油菜生产大部分地区以白菜型为主,西南和西北地区有一定面积的芥菜型油菜。甘蓝型油菜栽培种最早于中世纪开始在欧洲栽培,为冬油菜类型,由于其越冬抗寒性强,很快就替代了原来的白菜型油菜,加上第一、二次世界大战时食用油和机械用油的匮乏,欧洲的甘蓝型油菜得到了飞速的发展,其后于20世纪传至世界其他地区。最早在20世纪30年代甘蓝型油菜通过于景让教授从朝鲜(当时被日本占领)引进中国,通称为日本油菜。传入中国后,由中国育种专家将其与中国的白菜型油菜杂交和育种选择,逐渐形成了适合中国环境的半冬性油菜类型,该类型油菜是中国最重要的油料作物,而在北美则通过人工选择形成了适应北美环境的春油菜类型。加拿大作为最迟引进油菜的北美国家,由于其双低油菜 Canala 的种植,在国际贸易中已处于绝对优势,使得加拿大的油菜生产突出,已成为世界最大的油菜出口国。

在 20 世纪 50—70 年代,日本油菜由于其对霜霉病和病毒病表现高抗,对菌核病也有一定的抗性,在中国得到了快速推广,尤其在长江流域,已完全取代了原产的白菜型油菜,这当然也有白菜型油菜不可克服的缺点——抗逆性差。从 20 世纪 80 年代开始,经过全国多个单位的不懈努力,加上国家的高度重视,中国先后培育出一批双低的不同熟期的优质甘蓝型油菜和杂交油菜新品种,并逐渐替代了原有的胜利油菜(也称日本油菜)。至此,中国油菜发生了根本性变化,现已成为世界上杂交甘蓝型油菜推广面积最大的国家(刘后利,2000)。从油菜在中国的育种历史看,中国油菜的发展经历了 3 次重要的变革:甘蓝型油菜替代白菜型油菜的物种变革,双低品种替代双高品种的品质变革及杂交油菜替代常规油菜的品种变革(王汉中,2010),该变革的过程是一个油菜种质资源被挖掘和利用的过程。

品种改良是促进油菜生产发展的主要推动力之一,对提高产量、改善品质、降低成本都能起重要作用。20 世纪 80 年代,中国油菜杂种优势研究和利用以及油菜抗(耐)菌核病育种均获得重大突破,有力地促进了油菜生产的发展。傅廷栋于 1972 年发现的油菜细胞质雄性不育系玻里马 CMS(pol-CMS)在国内和国际上均得以广泛研究和利用,并被公认为国际上第一个具有实用价值的油菜细胞质雄性不育类型。1983 年,李殿荣等育成了国际上第一个大面积推广应用的杂交油菜品种秦油 2 号。秦油 2 号平均产量约 2400 kg/hm^2,比对照增产 24.04%,种植面积由 1987 年的 3.7 万 hm^2 很快发展到 1992 年的 133.3 万 hm^2,占当时全国冬油菜面积的四分之一左右。贺源辉等于 1987 年育成的高产、抗(耐)菌核病油菜品种中油 821,1981—1987 年经全国 55 个点次产量比较试验,产量比对照甘油 5 号平均增产 10.6%~ 18.3%,抗(耐)菌核病性显著提高,迅速覆盖了全国三分之一的油菜种植面积,在 20 世纪 80 年代后期及 90 年代初期常年推广面积在 180 万 hm^2 左右,并作为油菜抗(耐)菌核病亲本被国内外广泛研究和利用。中国农业科学院油料研究所和华中农业大学等单位还相继开展了单、双低油菜育种。一系列高产、多抗、双低品种的育成,显著增强了双低品种的市场竞争力,促进了优质油菜生产的快速发展。据统计,2003 年全国双低品种推广面积已达 519.9 万 hm^2 左右,占全国油菜播种面积的 72%。在油菜质量提升的同时,产量也有较大幅度的提高。

21 世纪以来,为鼓励和支持中国油菜产业发展,国务院办公厅先后出台了一系列促进油菜发展的扶持政策。20 世纪 80 年代末至 90 年代初,受国家食用油紧缺影响,油菜补贴力度较大,范围较广,农户油菜种植积极性较高,种植面积持续扩大。2007 年设立油菜良种补贴项目,即从 2007 年起,在长江流域双低油菜优势区(包括四川、贵州、重庆、云南、湖北、湖南、江西、安徽、河南、江苏、浙江),实施油菜良种补贴,中央财政对农民种植油菜给予每亩* 10 元补贴,鼓励农民利用冬闲田扩大双低油菜种植面积,对于提高农民种植油菜积极性、有效利用冬闲田,发挥了积极作用。2008—2014 年,国家连续 7 年实行了油菜籽临时收储政策,对市场行情起到一定的支撑作用。2015 年提出了油菜新政策,中央财政给江苏、安徽、河南、湖北和湖南 5 省补贴,每 500 g 补贴 0.1 元,同时将油菜收购定价权下放到各省(区、市),补贴方式可以直接补贴给农民,也可以作为加工费用补贴给油厂。这些油菜支持政策的出台,为稳定油菜种

---

   * 1 亩 ≈ 666.67 m^2。

植面积,保证油菜种植收益,促进油菜生产现代化发展起到一定的积极推动作用。

近年来受中国社会劳动力价格的影响,农村劳动力群体结构发生了根本性变化,传统的油菜种植模式用工量大、劳动力成本高、机械化水平较低的状况严重影响了农户种植油菜的积极性,制约了中国油菜产业的发展。因此,油菜生产机械化是提高油菜综合生产力,保障中国食用油安全的必经之路。中国油菜育种和推广的主导方向也积极顺应这一变化,与机械化作业要求相配套的农艺性状成为油菜育种改良的首选目标。目前油菜品种改良目标主要是:在双低高产的基础上,大幅度提高单位面积产油量(含产籽量和含油量),进一步改良油菜籽的品质(如高油酸、低饱和脂肪酸),全面改良现有品种的抗逆性(抗倒性、耐渍性、抗病性、除草剂抗性和抗裂荚性等),实现油菜生产的全程机械化操作的战略目标。油菜全程机械化也引起了政府及相关部门的高度重视和农机科技工作者的广泛关注。中国油菜机械化正处在一个加快发展的历史新起点,既面临着难得的发展机遇,也拥有发展油菜生产机械化良好的环境和条件。

(四)过渡带油菜的种植历史

根据陈全功等(2010)基于 GIS(地理信息系统)对中国南北分界带的研究成果,中国南北分界带涉及四川、甘肃、陕西、湖北、河南、安徽、江苏 7 个省的 130 个县(市),最窄处约 26.42 km,最宽处约 195.41 km,总面积约 145500.74 km²。

尽管中国南北过渡带区域包含的 7 个省份均为中国冬油菜的主要产区,但由于该区域只涉及 7 个省 130 个县(市)左右,而且这个区域又是处于中国冬油菜产区的北缘,加上近年来种植油菜的比较效益不高,造成这个区域的油菜面积不是很大。这些县市主要有:安徽省的临泉县、界首市、亳州市、太和县、阜南县、阜阳市、涡阳县、利辛县、颍上县、霍邱县、萧县、淮北市、濉溪县、蒙城县、凤台县、寿县、宿州市、淮南市、长丰县、灵璧县、怀远县、蚌埠市、泗县、固镇县、五河县、凤阳县、定远县、明光市、滁州市、来安县、天长市;江苏省的铜山县、邳州市、遂宁县、宿豫区、宿迁市、泗洪县、沭阳县、洪泽县、泗阳县、六合区、盱眙县、连云港市、灌云县、灌南县、淮安市、涟水县、宝应县、金湖县、高邮市、响水县、阜宁县、建湖县、盐城市、兴化市、滨海县、射阳县;河南省的卢氏县、淅川县、西峡县、内乡县、南召县、镇平县、邓州市、南阳市、新野县、方城县、社旗县、唐河县、舞钢市、桐柏县、沁阳市、西平县、遂平县、确山县、驻马店市、信阳市、商水县、上蔡县、汝南县、平舆县、新蔡县、正阳县、淮阳县、项城市、郸城县、息县、淮滨县、固始县;四川省的平武县、青川县、广元市;湖北省的郧西县、郧县、丹江口市、谷城县、老河口市、襄阳区、襄樊市、枣阳市、随州市等。

在中国南北过渡带区域中,油菜面积最主要集中在河南的信阳市、陕西省的汉中市、江苏省的淮安市、湖北省的襄阳市,以及安徽省的滁州市,其他省的市、县的油菜种植面积较小或下降较多。各个省(区、市)的油菜面积差异较大。其中,河南省该区域油菜所占比重最大。据 2018 年河南省统计数据显示,全省夏收油菜面积为 14.53 万 hm²,总产量 40 万 t。河南省油菜生产划分为两个区:豫南主产区,主要包括信阳、南阳和驻马店市;豫中(许昌、平顶山)、豫东、豫北和豫西油菜零星种植区。

1. 豫南油菜的种植与发展　豫南种植油菜历史悠久。新中国成立后,豫南油菜生产几经起伏,其发展过程大体可分为 4 个阶段(张书芬,2001;曲奕威,2019)。

(1)恢复发展阶段(1950—1957 年)　与新中国成立前相比,豫南油菜种植面积扩大,产量较高,生产稳定,年种植面积为 3.33 万~6.00 万 hm²,平均 5.27 万 hm²,单产 33.5~

502.5 kg/hm²,平均单产 450 kg/hm²,总产 1165 万～2036 万 kg,平均 1915.6 万 kg。与 1949 年相比,单产、总产分别增加 33.3%、8.9%。豫南地区品种为当地农家种黄油菜,属白菜型矮油菜。

(2)油菜生产的低潮时期(1958—1968 年) 由于品种落后,生产力水平低下,自然灾害频繁,油菜保种不保收,每年大量油菜田废弃,且生产不受重视。因此种植面积显著下降,产量低而不稳,为豫南油菜生产的最低谷。年种植面积为 0.53 万～2.80 万 hm²,平均 1.51 万 hm²,单产 195.0～412.5 kg/hm²,平均单产 324 kg/hm²,总产 126 万～897 万 kg,平均 451.4 万 kg。单产停留在 1949 年的水平,面积、总产比 1949 年分别减少 71.4%、74.3%。该时期应用的品种仍是白菜型地方品种,生产技术水平仍较低。

(3)恢复阶段(1969—1982 年) 由于各级地方政府的重视,以及生产条件的改善,使豫南油菜生产有了较大恢复。1972 年开始引进欧洲甘蓝型油菜"胜利油菜""跃进油菜"品种;其间河南省科研单位也相继选育出一批优良品种,如南阳 41(7041)、郑油 1 号(7110-3-1-1)、开封矮选等甘蓝型品种(系),国内其他地区选育出的中熟、中早熟品种,如华油 5 号、华油 8 号、川油 9 号、矮架早等甘蓝型品种(系),也先后引入河南省,基本满足了生产上对油菜熟期、丰产性、抗寒性的要求。由于甘蓝型油菜生长势强、抗病、抗倒伏、产量高,农民种植油菜的积极性很高,导致油菜种植面积迅速扩大。1969—1972 年生产回升,面积 2.33 万～3.60 万 hm²,1973 年面积首次达 10 万 hm²,超出 1949 年(5.3 万 hm²)的 88.7%,1976 年达到 13.47 万 hm²,1980 年达到 21.31 万 hm²,1981 年 25.62 万 hm²,比 1949 年分别增加 2.5 倍、4.0 倍、4.8 倍。1981 年单产突破 750 kg/hm²(765 kg/hm²),1982 年单产达 1222.5 kg/hm²,与 1949 年相比,单产增加 2.6 倍,超出全国同期单产水平 14%。1982 年菜籽总产 25209 万 kg,较 1949 年总产增加 1.3 倍,从而改变了豫南油脂品类的比例。

(4)优质油菜发展时期(1982—2000 年) 此阶段油菜生产发展呈现 3 个特点:第一,播种面积和单产迅速增长;第二,杂交种替代常规种,杂交种面积不断扩大;第三,双低品种进入大面积生产,油菜品质向优质化方向发展。20 世纪 80 年代后,油菜生产迅速发展,1986—1988 年面积达到高峰,幅度为 26.04 万～31.16 万 hm²,1988 年达到最高峰,面积为 31.16 万 hm²。1987 年平均亩产首次突破 1500 kg/hm² 大关,为 1560 kg/hm²。1995—1998 年单产达到最高,平均 1425～1740 kg/hm²,为历史最高水平。此期应用的品种:1986 年前主要是非优质的常规品种,如南阳 41、合油 1 号、兴隆 1 号、靶齿蔓等,1986—1995 年主要品种为优质常规品种豫油 1 号、豫油 2 号,非优质杂交种秦油 2 号和郑杂油 1 号,常规品种南阳 41、合油 1 号等,1995 年后推广品种主要是优质杂交种豫油 4 号、华杂 4 号,优质品种豫油 2 号、豫油 1 号,还有一部分非优质杂交种郑杂油 1 号、秦油 2 号。此期油菜面积和单产迅速提高的原因:第一,油菜茬口好,对后作提高产量十分有利,是粮食作物和经济作物最好的前茬作物;第二,家庭联产承包责任制的实行,调动了农民的积极性;第三,一批高产优质品种的育成和推广;第四,高产、保优栽培技术的推广应用,使油菜的产量进一步提高;第五,价格和市场因素,种植油菜的经济效益高,促使农民调整农业产业结构。

(5)优质油菜普及和快速发展时期(2001 年至今) 该时期全面普及高产优质油菜品种,产量、面积增加,达到历史最高水平。油菜生产发展呈现 4 个特点,第一,单产水平进一步提高,达到历史最高水平,为 1671～2409 kg/hm²。2008 年豫南单产水平达到历史最高,平均为 2565 kg/hm²;第二,播种面积迅速增长,2001 年为 23.35 万 hm²,2002 年迅速扩大为 33.52 万

hm²,2003—2005 年面积逐年增加,2005 年播种面积达到历史最高水平 40.78 万 hm²,近几年又出现下滑;第三,高产杂交种替代常规种,杂交种面积不断扩大,达到 60% 以上;第四,双低油菜品种为主导品种。

面积和单产迅速提高得益于以下两个方面:第一,育成和推广一批高产优质新品种。河南省油菜科研人员根据国际油菜优质化和杂交化两大发展趋势,采用优质＋杂种优势的技术路线,把品质育种与杂种优势利用相结合。利用游离小孢子培养、分子标记辅助选择等生物技术手段与常规育种相结合,使优质和高产得到较好统一,成功选育出一批适应在豫南推广种植的既优质又高产的油菜新品种。第二,推广应用高产保优栽培技术和高效简化栽培技术。优良栽培技术的推广使油菜的产量进一步提高,经济效益也有了较大提高。

2. 陕南油菜的种植与发展 油菜是陕西省第一大油料作物,常年种植面积约 270 万亩,总产 30 万 t 左右,种植面积和产量均占油料总面积和总产量的 50% 以上。秦岭南麓南北过渡带地区的汉中、安康油菜区是长江流域油菜的最适宜生态区之一,是陕西省油菜的最佳适生区和主产区,面积占全省油菜面积的 70% 以上。汉中油菜种植面积和总产分别占全省油菜的 50% 和 60% 以上,列各地市之首,是陕西省主要的油菜生产基地。自国家在全国油菜主产县区开展油菜高产创建活动以来,汉中油菜生产水平不断提升,到 2014 年连续 5 年位居陕西省油菜高产创建第一位,达长江中上游冬播油菜生产先进水平。油菜是汉中的主要油料作物,是本地主要的食用油来源,在人民的生活中占有重要的地位。纵观汉中油菜的发展历程主要经历了以下 5 次变革(李英等,2010;刘京宝等,2014)。

第一次变革:20 世纪 60 年代中后期由甘蓝型油菜替代白菜型油菜品种。20 世纪 60 年代之前,汉中生产上主要种植的油菜品种为本地的白菜型油菜品种,如汉中矮油菜等,产量很低,抗性差。20 世纪 60 年代中期,引进甘蓝型油菜品种胜利油菜后,因其产量高、抗性好的优点在生产上迅速推广,但其也存在着熟期偏晚的缺点。汉中市农业科学研究所针对胜利油菜熟期偏晚的缺点进行了改良,于 20 世纪 70 年代选育出了一批早熟的甘蓝型油菜品种(早丰一号、早丰二号、早丰三号、早丰四号、早丰五号)迅速成为汉中油菜的主要栽培品种。

第二次变革:20 世纪 80 年代中期由甘蓝型杂交油菜品种替代甘蓝型常规油菜品种。20 世纪 80 年代初期,第一个甘蓝型杂交油菜品种秦油 2 号的选育成功,使油菜的产量水平有了较大的提高,以秦油 2 号为代表的杂交油菜品种逐渐替代常规品种成为汉中油菜的主栽类型。

第三次变革:20 世纪 90 年代中后期由甘蓝型优质油菜品种替代甘蓝型非优质油菜品种。进入 20 世纪 80 年代末至 90 年代初,一批优质油菜品种的育成使油菜优质化成为可能。汉中自 20 世纪 90 年代初引进优质油菜品种示范种植,筛选出了一批优质油菜品种在生产上得到了推广种植,逐步替代了甘蓝型非优质油菜品种。代表品种主要有:川油 18、宁杂 1 号、陕油 6 号、陕油 8 号、秦优 7 号、中油杂 2 号等。至 2005 年左右基本实现了汉中油菜的优质化。

第四次变革:2005 年至 2014 年甘蓝型中早熟优质杂交油菜品种替代甘蓝型中晚熟优质杂交油菜品种。一批中早熟优质杂交油菜品种的引进与选育成功,解决了生产上对中早熟油菜品种的迫切需求。主要代表品种有:中油杂 4 号、中油杂 11、秦优 10 号、沣油 737、汉油 8 号、汉油 9 号等。

第五次变革:2015 年至今油菜机械化技术逐渐替代传统手工生产种植。进入 21 世纪后,随着农村劳动力的大量转移,油菜机械化水平低、用工量大、比较效益低的弊端日益显现,种植面积下降严重,汉中油菜面积也有所下滑,机械化生产已成为中国油菜产业发展的必由之路。

品种、农机、农艺相结合是油菜机械化生产的关键。汉中市农业科学研究所围绕油菜全程机械化生产,通过远缘杂交、杂种优势利用、小孢子培养、分子标记辅助育种、系统选育等常规与现代育种技术相结合的手段,将优质、高产、高油及适合机械化生产等性状聚合在一起,选育出了汉油 6 号、汉油 7 号、汉油 8 号、汉油 9 号、汉油 12 号、汉油 13 号、汉油 14 号、汉油 1618、邡油 777、汉油 28、汉油 1428 等一批优质杂交油菜品种。为了推进汉中市油菜机械化进程,汉中市农业科学研究所与农技、农机、种业等单位一起从品种、机械、配套技术等方面进行研究、试验、示范,选育和引进筛选出了一批适宜机械化的品种、机械,研究配套了适宜本地区的油菜机械化生产配套技术规程在全市推广,从而有力地推动了汉中市油菜的机械化水平。生产上代表性机械化油菜品种有中双 11 号、陕油 28、沣油 737、邡油 777、汉油 1618 等。

3. 苏北油菜的种植与发展　淮安市是江苏省规划的优质油菜种植的优势区域(戚存扣,2010)。其中双低油菜面积达 94.9%。全市获得省级无公害农产品产地认定和无公害农产品整体认定的油菜面积达 4.2 万 hm^2,形成以淮阴区、涟水县、金湖县、盱眙县为核心的双低油菜优势种植基地。

苏北油菜品种经历了 3 次大的更新。一是始于 20 世纪 60 年代中后期的甘蓝型油菜替代白菜型油菜品种;二是始于 20 世纪 80 年代初的优质、双低甘蓝型油菜品种替代非优质甘蓝型油菜品种;三是始于 20 世纪 90 年代中期的杂交油菜替代常规油菜。

(1)早熟性和产量的遗传改良促进了甘蓝型油菜的推广　20 世纪 60 年代,在引进、推广甘蓝型油菜品种"胜利油菜"和"早生朝鲜"过程中,发现这类品种存在生态不适应性。因熟期晚,生长发育及产量形成与当地自然气候不同步,开花结实不正常,导致含油率和产量下降。在甘蓝型油菜种质资源极其缺乏的情况下,开始早熟高产育种研究。一是通过系统选育,以终花期为选择指标,从"胜利油菜"和"早生朝鲜"的群体中分离、筛选早熟变异。如果仅从早开花入手进行选择往往获得的是春性极强的变异类型,形成新的生态不同步,极易遭受冬春的冻害。二是通过杂交育种创造变异。根据生态学原理通过(甘×白)杂交的后代材料"搭桥",进行[甘×(甘×白)]杂交,早熟性育种效果十分显著。育成了宁油 1 号、宁油 3 号、宁油 4 号、宁油 5 号、大花球和宁油 7 号等早中熟甘蓝型油菜品种。早中熟高产品种宁油 7 号是一个"匀长"型品种。该品种以宁油 1 号为母本,川油 2 号选系川 2-1 为父本杂交,F2～F3 代经异地(四川省茂汶羌族自治县)夏播加代选择早熟性状,父本中含有白菜型油菜"成都矮油菜"的早熟基因。宁油 7 号具有良好的早熟性和生态适应性,并保留了甘蓝型油菜的抗病性,在产量形成期与长江下游地区最适温光条件同步,产量构成三因素(角数、粒数和粒重)协调,其中粒重优势尤为明显,容易形成高产结构。该品种在 1974—1976 年华东地区油菜品种试验中产量、产油量名列首位。由于宁油 7 号适应于当时多熟制发展的需要,特别是能够耐迟播,晚茬栽培时较易获得高产。该品种先后通过了苏、浙、皖、沪等省(市)的品种审定,1980 年通过国家审定。宁油 7 号适应性广,西至贵州遵义,东至长三角地区,推广达 15 年之久,为当时中国油菜三大主体品种之一,累计种植面积达 267 万 hm^2。

(2)双低育种　改进了油菜籽的品质。自 1975 年引进加拿大的低芥酸品种 Zephyr 即开始了品质育种。此后引进的一批国外优质品种,主要有 Oro、Regent、Westar、Primor、Marnoo、Wesroona 和 Start 等。油菜品质改良的育种方法以杂交育种为主,辅以系统育种。由于以降低芥酸(≤1%)和硫代葡萄糖苷(脱脂饼粕中硫代葡萄糖苷含量≤30 $\mu mol/g$)含量的目标明确,在引进种质资源的同时建立了相应的检测、分析技术。品质改良的进展是迅速的,但是在品种改良初期,高产与优质的矛盾突出,表现在优质供体亲本的生态型未能得到充分改良。育种目标上经历了从"优质(双低)、高产"到"高产、双低"的转换,在双低的基础上把产量改良提到重要地位。加强了育种亲本的选择,充分利用半成品材料间的互交以及重要目标性状的回交扩大了常规育种的遗传基础,品质改良取得突破性进展。采用两个半成品中间品系互交育成的宁油 10 号,具有黄籽、大粒、抗病、抗倒的特点,该品种于 1998 年通过江苏省审定,于 1998—2000 年长江下游区域试验中在品质与产量方面双超中油 821,2001 年通过国家审定。随后育成了以宁油 12 号为代表的"宁油"系列,以扬油 4 号为代表的"扬油"系列,以苏油 1 号为代表的"苏油"系列等 10 多个品种在生产上应用。这些品种的推广大大推进了江苏油菜生产的双低化进程。

(3)杂种优势利用　提升了油菜生产潜力利用。杂种优势是提高油菜产量的重要途径之一。1976—1984 年采用不同质、核育性结构的品种为亲本通过连续回交育成细胞质雄性不育种质 MICMS,并实现三系配套。1984 年起应用同步转育法将双低基因导入 MICMS 三系,历时 7 年育成了双低 MICMS 三系,即宁 A6、宁 B6 和宁 R1,随后育成第 1 个双低杂交油菜组合宁杂 1 号。宁杂 1 号 1999 年在长江下游和黄淮地区油菜区域试验中分别比对照品种中油 821和秦油 2 号显著增产,2000 年通过国家审定,累计推广 100 万 hm²。其选育方法申请了国家发明专利,核心技术是品质与育性同步筛选法。2001 年获江苏省科技进步一等奖。2001 年被农业部推荐为长江流域双低油菜主推品种。接着宁杂 3 号通过省和国家审定。对宁 A6 进行遗传改良,育成宁 A7 及其三系,用宁 A7 为不育系育成并通过审定的品种有宁杂 15 号和宁杂19 号等。用其他不育系,先后育成淮杂油 1 号、淮杂油 3 号、淮杂油 5 号、扬油杂 1 号等杂交油菜新组合。进入 21 世纪以来,启动油菜细胞核雄性不育性隐性双基因两系配套研究,第 1 个两系双低杂交种宁杂 9 号于 2003 年通过江苏省审定,表现早熟高产,但抗倒性较差。第 2 个是宁杂 11 号,品质性状稳定,抗倒性明显增强,制种纯度高,于 2005—2007 年通过长江上游区域试验,平均产量 2648.25 kg/hm²,比对照增产 13.15%,生产试验中平均产量为 2635.9 kg/hm²,比对照增产 11.95%,芥酸含量 0.05%,硫代葡萄糖苷含量 20.33 μmol/g,含油率 43.54%,矮秆抗倒,适于机械化栽培。2009 年宁杂 11 号被列为农业部跨越计划冬闲田油菜专用品种。本阶段还研究制定了双低杂交油菜种子生产技术规程,确保种子生产的质量,生产的杂交种均符合国家一级标准。在育种的同时开展了 MICMS 育性遗传,恢复基因分子标记,改进杂交种株型结构,提高含油率,抗病、抗倒性以及转基因等基础研究,为今后杂交油菜遗传改良提供理论依据。

4. 鄂北油菜的种植与发展　鄂北位于湖北省西北部,居汉水中游,秦岭余脉,处于中国地势第二阶梯向第三阶梯过渡地带。地势自西北向东南倾斜,可分为西部山地、中部岗地平原及东部低山丘陵 3 个地形区。除武当山脉东端和荆山山脉北段谷城县、南漳县、保康县部分山区地势较高外,其余大部分为海拔 44～500 m 的丘陵岗地和平原。鄂北油菜区包括湖北省北部襄樊、十堰等 16 个县市。油菜生长季节雨量充沛,日照充足,雨热同步,单产高,油菜籽含油量高,病虫害少。地处过渡带区域的襄阳市是湖北省油菜的主产地之一,常年面积 8 万 hm² 左右,最高峰时曾经达到 10 万 hm²,总产量约 22 万 t,主要以冬油菜为主。

新中国成立初期,鄂北通过品种评选推广了一些油菜品种,如宁波油菜、兴华油菜等。20世纪 50 年代中期以后,鄂北开始推广胜利油菜,实现了油菜品种由白菜型向甘蓝型的重大转变。70 年代以后鄂北油菜基本呈稳定快速增长状态,分为 4 个阶段。1978—1991 年为鄂北油菜迅速发展阶段;1992—2004年为稳定增长阶段;2005—2007年为停滞期,期间,受劳动力转移带来的农业就业人口老龄化和生产效益低等因素综合影响,油菜播种面积减少,油菜总产也减少。然而,得益于华中农业大学、中国农业科学院油料作物研究所的新品种开发和适应本省品种的推广,单产保持增长势头,实现年均增长;2008—2011年为恢复期,作为鄂北传统的优势农作物品种,油菜产业受到各级政府的大力扶持,油菜播种面积大幅回升。自1978年以来,受要素投入增加、科技水平发展、政府扶持政策等多种因素作用,除自然灾害影响严重的1990年和2002年以外,油菜单产持续增长。油菜投入的加大主要体现在生产资料和科技投入两个方面,特别显著的是氮肥等化肥使用量增加,高产栽培技术、病虫草害防治技术的广泛应用。此外,华中农业大学、中国农业科学院油料作物研究所等单位研发的新品种推广,既提高了油菜单产,又降低了油菜的芥酸、硫代葡萄糖苷的含量,显著改善了鄂北地区油菜籽品质。2012年至今,在总人口持续增长的情况下,双低油菜覆盖率占99.7%,实现人均油菜籽占有量年均增长,有力保障了湖北食用油安全(湖北省统计局,2012)。

5. 皖西油菜的种植与发展　安徽省油菜的种植历史长达几千年,历史悠久,但获得快速发展还是改革开放以后的30多年。1978年改革开放以后,随着中国科学技术水平的提高和科技的不断创新,安徽省油菜生产的方式由以前的分散种植、粗放式管理逐步变成了集中化种植、集约化管理。特别是双低油菜的研制成功和大面积的推广种植,使安徽省的油菜产量及品质稳步提高。皖西优质油菜生产始于20世纪80年代,发展于90年代,2003年已基本实现双低化,为全国实现油菜双低化目标提供了典型和经验。皖西油菜主推品种基本配套,后备品种资源丰富。"十五"期间,该地区以皖油14、皖油18为代表的皖油系列成为皖西的主推品种,占皖西油菜总面积的30%以上;以华杂4号、华皖油1号、华皖油2号为代表的华杂系列也成为皖北油菜的当家品种;以秦优7号、陕油8号为代表的陕油系列适合皖西丘陵地区种植,发展势头很好;以中油杂2号为代表的中油系列发展前景看好。2004年以后,皖西主推的油菜品种有:秦优10号、秦优7号、秦优11、宁杂11等8个杂交油菜品种和史力佳、宁油16、苏油4号、宁油14、宁油18、扬油6号等10个常规油菜品种。2010—2011年度皖西大力推广油菜全程机械化。采用机械化作业的油菜品种,要求株高适宜,株型紧凑,角果不宜过长,抗倒性好,最关键是要抗裂角。宁油18、宁杂11、宁杂15、宁杂19、宁杂21是经生产证明较适合皖西机械化作业的品种(安徽省统计局,2012)。

二、油菜的植物分类地位和形态特征

(一)分类地位

油菜是十字花科(Cruciferae)芸薹属(*Brassica*)一年生或二年生草本植物。据《中国植物志》介绍,芸薹属约有40个植物分类上的"种",中国有其中的14个栽培种,11个变种,1个变型。

油菜包括甘蓝型(*Brassica napus* L.)、白菜型(*Brassica campestris* L. 或 *Brassica rapa* L.)、芥菜型(*Brassica chinensis* L. 或 *Brassica juncea* L.)。种子中均含油。

生产上以上类型都有。俗称"油菜"是个泛称,不是特指哪个类型。

栽培上有众多的品种。

植株无毛或有单毛;根细或成块状。基生叶常成莲座状,茎生有柄或抱茎。总状花序伞房状,结果时延长;花中等大,黄色,少数白色;萼片近相等,内轮基部囊状;侧蜜腺柱状,中蜜腺近球形、长圆形或丝状。子房有 5～45 个胚珠。长角果线形或长圆形,圆筒状,少有近压扁,常稍扭曲,喙多为锥状,喙部有 1～3 颗种子或无种子;果瓣无毛,有一显明中脉,柱头头状,近 2 裂;隔膜完全,透明。种子每室 1 行,球形或少数卵形,棕色,网孔状;子叶对折。

凡是十字花科芸薹属中栽培作为油用的植物,统称为油菜,所以油菜不是一个单一的物种。

以前,中国栽培的是以白菜型油菜为主,芥菜型油菜次之,甘蓝型油菜的栽培则是 20 世纪 30 年代才开始的。

1. 甘蓝型油菜　学名 *Brassica napus*. 2n＝38,AACC,中国俗称洋油菜、番油菜、黑油菜、欧洲油菜、日本油菜等。原产欧洲,是由原始种(基本种)白菜型油菜(*B. campestris*,n＝10,AA)与甘蓝(*B. oleracea*,n＝9,CC)天然杂交后,进化而来的异源四倍体。在 20 世纪 30—40年代分别由日本和英国引入中国,最早的品种仅胜利油菜和早生朝鲜。甘蓝型油菜自引进中国后迅速替代白菜型和芥菜型油菜,成为生产上的主栽类型。生产上的种植面积也日益扩大,约占油菜总面积的 70% 以上。目前在中国广为种植。中国在 20 世纪 90 年代以前生产上主要以双高非优质品种为主,如胜利油菜、跃进油菜、中油 821、华油 8 号、秦油 2 号、湘杂油 2 号等。随着油菜的品质改良,进入 21 世纪后生产上的品种主要为双低优质品种,如中双 9 号、中双 11 号、中油杂 2 号、秦优 7 号、秦优 10 号、华油杂 12、汉油 8 号等。

2. 白菜型油菜　学名 *Brassica campestris* L. 2n＝20,AA,中国又称小白菜、矮油菜、甜油菜、白油菜、黄油菜等。白菜型油菜主要分布在中国西北、华北各省以及长江流域和南方各省。白菜型油菜栽培历史悠久,不仅是重要的油料作物,而且是极其重要的蔬菜作物。目前,国内外均认同中国大白菜的学名为 *Brassica campestris* 白菜型油菜 ssp. *pekinensis*,小白菜为 *Brassica campestris* ssp. *chinensis*,但对应的命名有所不同。在欧美,白菜型油菜称为芜菁油菜(*Brassica rapa* L. 或 *turnip rape*)。在中国,李家文等(1981)认为小白菜(*B. campestris* ssp. *chinensis*)发生变异产生了白菜型油菜(*B. campestris* ssp. *chinensis* var. *oleifera*)、普通小白菜(*B. campestris* ssp. *chinensis* var. *communis*)等变种。刘后利(1984)将原产于中国北部的北方小油菜称为 *B. campestris*,将原产于中国南部的南方油白菜称为 *B. chinensis* var. *oleifera*,并认为 *B. chinensis* var. *oleifera* 是由白菜转化而来,是中国特有的白菜型油菜类型。为了将油用与菜用白菜型及不同生态类型区分开来,避免出现混乱,将北方小油菜的学名称为 *B. campestris* var. *oleifera*,将南方油白菜称为 *B. chinensis* var. *oleifera*。中国是世界上公认的白菜型油菜起源中心,在长期的自然和栽培条件的选择下,使白菜型油菜具有许多优良特性,如耐瘠薄、耐干旱、抗寒性强等优良性状,特别是生育期短的特点,在西北高原各省份、长江流域各省份水稻与油菜的轮作中,具有甘蓝型油菜所不可替代的作用。同时也筛选出了许多珍贵的材料,如永寿油菜,耐旱性特强,青藏高原的高含油量材料等。

白菜型品种众多。北方小油菜有春油菜和冬油菜两个亚变种。春油菜春性较强,半直立或直立生长,叶片数较少,生育期短,主要品种有门源小油菜、天祝小油菜、永寿油菜和六十黄油菜等。冬油菜冬性强,苗期匍匐生长,主根膨大,抗寒力强,越冬期间生长点下陷,外叶枯死,主要品种有:汉中矮油菜、关油 3 号、汾阳油菜等。南方油白菜主要做冬油菜栽培,其中有冬性、半冬性、春性等类型,分别表现迟熟、中熟和早熟。主要品种有:汉中黄油菜、汉中矮油菜、曲溪油菜、灯笼种、姜黄种、兴化油菜、泰县油菜、洞口甜油菜、浠水油白菜、白果甜油菜、七星剑、拱宸桥油菜、贵阳白油菜、汇川小黑菜子等。市场上主要有安徽地区选育推广的皖油 11 号、皖油 13 号、皖油 7 号、中国第一个白菜型油菜三系杂交品种白杂 1 号、湖南湘乡油菜、四川地区选育的雅油 1 号等、新疆阿克苏油菜、云南文山矮油菜、玉溪油菜等。

3. 芥菜型油菜 学名 *Brassica juncea*. $2n=36$，AABB，中国俗称大油菜、高油菜、苦油菜、辣油菜、蛮油菜等。芥菜型油菜的起源中心为中亚细亚、印度、中国西部等地。中国主要分布在西北、西南各省份，长江流域各省份也有分布。芥菜型油菜又分细叶芥油菜和大叶芥油菜两种。

大叶芥油菜分冬油菜和春油菜。春油菜品种有黄辣芥、新油一号等；冬油菜品种有汉中高油菜、贵州牛耳朵、四川青菜籽等。市场上近年常见的代表品种还有牛尾梢、涟水小油菜、曲溪油菜等。

细叶芥油菜分冬油菜和春油菜。冬油菜又分冬性、半冬性和春性类型。代表品种有汉中黄芥、涟水小菜籽、宁国山油菜、筑 26、湖南辣油菜、昆明高科油菜等。春油菜有牛尾梢、河曲黄芥、三筒油菜等。

除此三大类型油菜以外，还有一类是其他类型油菜，包括芜菁（*B. rapa*）、油萝卜（*Raphanussativus var oleifera* Madino）、白芥（*Sinapsialba* Boiss）等植物。

（二）形态特征

1. 甘蓝型油菜 甘蓝型油菜植株较高大，分枝性中等，分枝较粗壮，基叶具琴状缺刻，薹茎叶半抱茎着生。叶色似甘蓝，叶肉组织较致密，呈蓝绿色或绿色，密被蜡粉或有少量蜡粉，幼苗真叶有的具有刺毛，成长叶一般无刺毛。花瓣大，黄色，开花时两侧重叠，花序中间花蕾位置高于开放花朵，花药向内开裂或半转向开裂，且具自交亲和性，自交结实率一般 60%～70%，自然异交率在 10%～20%，属常异交作物。角果较长，多与果柄呈垂直着生（也有斜生或垂生的）。种子一般较大，千粒重 3～4 g，高的达 5 g 以上，不具辛辣味，种皮黑色或黑褐色。种子含油量 30%～50%，一般 40% 左右，芥酸含量 50% 左右，硫苷含量饼粕 120 μmol/g 左右。进入 21 世纪后种子含油量 40%～50%，一般 45% 左右，芥酸含量 2% 以下，硫苷含量饼粕 40 μmol/g 以下。根系发达主根粗壮。甘蓝型油菜抗霜霉病能力强，耐寒、耐湿、耐肥，产量高且较稳定。而且对病毒病、菌核等的抵抗力比芥菜型和白菜型好。

2. 白菜型油菜 白菜型油菜植株一般比较矮小，上部薹茎叶无柄，叶基部全抱茎。花淡黄至深黄，花瓣圆形、较大，开花时花瓣重叠复瓦状；花序中间花蕾位置低于开放花朵；外向开裂，且具有自交不亲和性，自然异交率 75%～95%，自交率很低，属典型的异花授粉作物。角果较肥大，果喙显著，果柄与果轴夹角中等，角果与角柄着生方向不一致。种子大小不一，千粒重 3 g 左右，无辛辣味，种皮颜色有褐色、黄色或黄褐杂色等。芥酸含量一般为 30%～50%，含油量一般为 35%～45%，高的可达 50%。白菜型油菜在我国又分为北方小油菜和南方油白菜。

3. 北方小油菜 是芸薹的油用变种，分布在中国西北、华北各省（区）。株型矮小，分枝较少，茎秆较纤细，基叶较小，有明显叶柄，具明显琴状缺刻，多刺毛，被有一层薄蜡粉，有春油菜和冬油菜两个亚变种。春油菜春性较强，半直立或直立生长，叶片数较少，生育期短。冬油菜冬性强，苗期匍匐生长，主根膨大，抗寒力强，越冬期间生长点下陷，外叶枯死。

4. 南方油白菜 是小白菜的油用变种。主要分布在中国长江流域和南方各省份。株型中等,茎秆较粗壮,分枝性强,分枝部位较低。基叶发达,半直立、直立或匍匐,叶柄宽,中肋肥厚,叶柄两边多有裙边,全叶呈长椭圆形,全缘或有浅缺刻,叶肉组织疏松,叶面有少量刺毛,微被或不被蜡粉。主要做冬油菜栽培,其中有冬性、半冬性、春性等类型,分别表现迟熟、中熟、早熟。本类型油菜主根不发达,支细根极发达,整个根系呈爪状,耐黏湿性较强。

5. 芥菜型油菜 植株一般较高大,茎较坚硬,叶片皱缩被有蜡粉和刺毛,叶色灰绿,有的紫色,薹茎叶均有短叶柄,不抱茎。花瓣窄小较长,开花时四瓣分离,花色淡黄,花序中间花蕾位置高于开放花朵,花药向内开裂或半转向开裂,且具自交亲和性,自交结实率一般70%～80%,高的90%以上,自然异交率在20%～30%,最高达45%左右,属常异交作物。角果细而短,果柄与花序夹角小。种子一般较小,千粒重2～3 g,辛辣味较强,种皮色有黄、红、褐等色,芥酸含量为30%～50%,含油量低,一般为30%～35%,高的可达50%。抗旱,耐瘠性强。芥菜型油菜在中国又分为细叶芥油菜和大叶芥油菜。

6. 大叶芥油菜 是芥菜的油用变种。主要分布在中国西北、西南各省(区)。植株高大,分枝部位高。主花序明显,一次分枝较少,但较粗壮,二次分枝发达。基叶大,裂叶2～3对,且不再一个平面上。叶片组织肥厚,叶缘多数有锯齿,有刺毛,花色淡黄至深黄。角果密度大。主根发达,侧根不发达。

7. 细叶芥油菜 是中国特有的油菜类型,在南方广为分布。植株较矮,株型松散,分枝性强,分枝部位较低。主花序和分枝花序发育期接近,上部分枝纤细,基叶狭小,具长柄叶,叶面略有皱缩,密被刺毛和蜡粉,叶缘有缺刻,具有明显锯齿,花瓣小,角果密度较稀,抗旱耐瘠性强。

(三)油菜的类型

1. 熟期类型 油菜品种类型还可以从熟期上分为早熟、中早熟、中熟、中晚熟、晚熟和春播品种6种类型。根据《中国南北过渡带油菜栽培》(刘京宝等,2014)介绍,在中国某些特殊地理区域,如南北过渡带,如果油菜生育期过长,会与后茬作物产生季节矛盾,因此,需选育熟期适当早熟的品种。油菜成熟早,可以避免生育后期的高温逼熟或干热风等灾害的危害,或减轻受害程度,且能为后茬作物及早腾地,保证后茬作物的高产稳产,从而提高粮油周年产量。中早熟和中熟品种对低温的要求虽不及晚熟品种严格,但仍需要有一段低温条件才能完成系统发育过程,从营养生长进入生殖生长。冬油菜晚熟和中晚熟品种,对低温要求严格,需要在0～5 ℃的低温下经15～45 d才能进行花芽分化,否则,只长叶不能开花。春播油菜种植面积占全国总面积的10%左右,主要分布在中国西北高原各地,比较集中分布在青海、内蒙古、新疆、甘肃等省(区),东北平原和四川西北部为新中国成立后发展起来的春油菜区。本区的特点是冬季严寒,生长季节短,降水量少,日照时间长,日照强度大,且昼夜温差大。这种气候对油菜种子发育有利,籽粒大,千粒重高。本区1月最低平均气温为－10～－20 ℃或更低些,因此,油菜不能安全越冬,因而只能春播(或夏播)秋收。油菜生长季节短,白菜型油菜品种全生育期一般为60～100 d,其中,甘蓝型油菜生育期虽长,但也只有95～120 d。春油菜品种一般以白菜型、芥菜型油菜为主。如青海、甘肃、内蒙古等省(区)的白菜型小油菜是中国历史上栽培最早的白菜型春油菜;新疆和云南是中国芥菜型油菜最为集中的地方。这两个类型品种春性强,可以在10 ℃左右的温度条件下很快进行发育,因而全生育期短。

早熟品种主要有蓉油 4 号、中油杂 4 号、绵油 11、德油 5 号等；中早熟品种有中油杂 11、沣油 737、秦优 10 号、汉油 8 号、汉油 6 号等；中熟品种主要有中油杂 2 号、汉油 9 号、蓉油 11 号、汉油 1618、郫油 777 等；中晚熟品种代表品种有陕油 8 号、陕油 6 号、秦优 7 号等；晚熟品种代表品种有中油 7819、中双 11 号、宁油 16、陕油 28 等；春播品种主要有青杂系列品种、鸿油 558、华协 1 号等。

2. 温光反应类型

(1)油菜的感温性类型　油菜一生中必须通过一段温度较低的时间才能现蕾开花结实，否则就停留在营养生长阶段，这一特性称为感温性。根据油菜不同感温特性，可分为 3 类：

① 冬性型　冬性型油菜对低温要求严格，需要在 0～5 ℃条件下经 30～40 d 才能进入生殖生长。中国甘蓝型油菜晚熟品种、白菜型冬油菜和芥菜型冬油菜晚熟和中晚熟品种，以及从欧洲等地引入的冬油菜品种均属这一类，如胜利油菜、跃进油菜、秦油 2 号及中双 2 号。

② 半冬性型　半冬性型油菜对低温感应性介于冬性型和春性型之间，对低温要求不如冬性型严格，需要在 5～15 ℃条件下 20～30 d 开始生殖生长，一般为冬油菜中熟和中早熟品种。中国长江流域主产区大多数甘蓝型油菜的中熟、中晚熟品种和长江中下游的白菜型油菜中熟及中晚熟品种都属于这一类，如中油杂 2 号、华杂 2 号、华杂 3 号、中双 9 号、秦优 10 号及汉油 8 号。

③ 春性型　这类品种可在较高温度下通过感温阶段，一般 10～20 ℃条件下经 15～20 d 甚至更短的时间就可开始生殖生长。一般为冬油菜极早熟、早熟和部分早中熟品种，中国西北地区的春油菜，西南地区的白菜型早中熟和早熟品种，华南地区的白菜型油菜品种，欧洲及加拿大的春油菜品种，如青油 131、汉中矮油菜及陇油 1 号。

(2)油菜的日长反应类型　油菜是长日照作物。在生产中，不同品种类型对长日照敏感程度不同。

3. 播期类型或生态类型　油菜品种从播期上可分为两大类型：冬播油菜(冬油菜)和春播油菜(春油菜)；或者根据油菜的生物学特征春化阶段对温度的要求，可将油菜分为冬油菜和春油菜两种类型。以东起山海关，西经黑龙江上游至雅鲁藏布江下游一带为界，以北及以西为春油菜区，以南及以东为冬油菜区。我国种植的油菜 90% 属冬油菜。

(1)冬油菜　我国冬油菜种植面积约占全国油菜总面积的 90%。主要集中在长江流域各省份和黄淮流域部分地区，主要种植类型为甘蓝型油菜，一般为冬性型和半冬性型品种。冬油菜一般在秋季播种次年夏季成熟，全生育期较长，甘蓝型油菜品种均在 200 d 以上，生长发育过程中，需要经过一段较低的温度条件，才能进入生殖生长、花芽分化和开花期。如冬油菜晚熟和中晚熟品种，对低温要求严格，大约需要在 0～5 ℃的低温下，经 30～40 d 才能进行花芽分化，否则，只长叶不能开花。另外，中熟和早中熟品种对低温的要求虽不及晚熟品种严格，但仍需要有一段低温条件才能完成系统发育过程，从营养生长进入生殖生长。起源于高纬度地区冬性特强的品种，通过春化阶段需要的时间更长些。

冬油菜种植形式有：水稻—油菜两熟制；水稻—水稻—油菜三熟制；水作—旱作—油菜三熟制；旱作—油菜两熟制。

(2)春油菜　春油菜系春季播种、秋季收获的一年生油菜，种植面积约占全国总面积的 10% 左右。主要分布在中国西北高原各省(区)，比较集中分布在青海、内蒙古、新疆、甘肃等省(区)，东北平原和四川西北部也有分布。该区域冬季严寒，1 月份最低平均气温为 −10～−20 ℃

或更低,因此油菜不能安全越冬,因而只能春播(或夏播)秋收。春油菜品种一般以白菜型、芥菜型油菜为主,近年来早熟甘蓝型油菜发展迅速,面积增长很快。本区油菜生长季节短,降水量少,日照时间长,日照强度大,且昼夜温差大,这种气候对油菜种子发育有利,油菜籽粒大,千粒重高。春油菜春化作用对温度要求不很严格,可以在 10 ℃左右的温度条件下很快进行发育,因而全生育期短。白菜型油菜品种全生育期一般为 60～100 d,甘蓝型油菜生育虽长,但也只有 95～120 d。春油菜种植制度一般均为一年一熟制,主要和麦类(青稞、春小麦、燕麦)等作物轮作倒茬。内蒙古、新疆地区是我国干旱草区和沙漠气候影响较大的地区,年降水量仅 200 毫米左右,夏季日照时间长,气候炎热干燥,油菜品种大都选用植株高大、抗旱耐瘠性强的芥菜型油菜。

4. 品质类型

根据油菜品质可将油菜分为普通油菜、优质油菜和功能型油菜三大类型。

(1)普通油菜　油菜种子主要含有水分、脂肪、蛋白质、糖类、维生素、矿物质、植物固醇、酶、磷脂和色素等。油菜的主要利用部分,一是作为食用油利用脂肪;二是作为饲料利用饼粕中的蛋白质。

(2)优质油菜

① 双低油菜(低芥酸、低硫苷)　农业部颁布的低芥酸、低硫苷油菜籽标准(NY415—2000)中,规定油菜籽中油的芥酸含量≤5%,硫苷含量≤45.00 $\mu mol/g$(饼)。2006 年颁布的国家标准(GB/T 11762—2006)中,规定双低油菜籽中油的芥酸含量≤3%,硫苷含量≤35.00 $\mu mol/g$(饼)。根据农业部 2009 年发布的双低油菜籽等级规格标准(NY/T1795—2009)规定:优质(低芥酸、低硫苷)油菜籽以含油量、芥酸含量和硫苷含量 3 项质量指标为等级划分依据,以 3 项中最低等级项确定等级,但芥酸含量不得高于 5.0%,硫苷含量不得超过45.0 $\mu mol/g$(饼)。只要符合如上规定等级标准含量的油菜就是双低油菜。

与常规油菜相比,双低油菜在生长发育上的主要特点是:一是苗期生长慢,冬发不足,年前苗势略弱;二是感光性较强,常常由于不能满足其对长日照的需求而使营养生长期延长,现蕾、始花推迟,花期缩短;三是对硼敏感,硼肥不足,造成荫角增加,甚至死苗;四是薹花期硝酸还原酶活性强,叶色深,耐肥性减弱,抗性下降。

进入 21 世纪后,对优质油菜的品质提出了更高的要求,主要提出了 4 个方面的指标:低芥酸(1%以下)、低硫苷(每克菜籽饼含 30 $\mu mol/g$ 以下,不包括吲哚硫苷)、低亚麻酸(3%以下);高油分(45%以上);高蛋白(占种子重的 28%以上,或饼粕重的 48%以上);高油酸(60%以上)。据此,衍生出了品质要求更高的油菜品种,如高油、高油酸、功能型等油菜新品种。

② 高油油菜　油菜种子的含油量既是产量指标,也是品质指标。瑞典 Oisson(1960)选出 18 个甘蓝型冬油菜高油分单株,其含油量达 52%～56%。加拿大曼尼托巴大学报道了近年育成含油量达 54.8%的黑籽油菜新品系。华中农业大学刘后利教授 1985 年育成了含油量达46.69%的黄籽油菜品种"华黄 1 号",20 世纪 90 年代初育成含油量达 50%～55%的高油分株系。近年来,华中农业大学傅廷栋教授育成含油量达 52%～54%的稳定材料;中国农业科学院王汉中院士于 2006 年育成含油量 54.72%的"中油 0361"双低油菜新品系,近年部分材料更是达到 64.8%。江苏农业科学院傅寿仲研究员于 2007 年育成含油量 55.48%的"HOC1"双高油菜新品系。

陕西省杂交油菜研究中心李殿荣研究员从 1994 年开始油菜的高油分育种工作,已成功创造出最高的含油量达 61.4%～61.7% 的株系,2010 年育成了含油量达 50.01% 的双低春性杂交种"秦杂油 4 号",实现了苏联科学家油菜种子的含油量能达到 60% 左右的预言。油菜种子的含油量达到 70% 左右是可能的。

③高油酸油菜　高油酸油菜是指种子中油酸含量＞75% 的油菜品种。高油酸菜油具有和橄榄油、茶籽油相似的油酸含量,饱和脂肪酸含量低、亚油酸和亚麻酸比例合理。油酸可有效降低血浆中低密度脂蛋白,有利于心血管疾病的预防。高油酸(＞75%)菜油在加工、储运和煎炸时对氧化不敏感,热稳定性好,可延长保存和使用时间,是满足中国人烹调习惯的健康食用油。高油酸菜籽油可直接满足食品加工行业的需要,可防止氢化处理过程中产生对人体健康不利的反式脂肪酸。因此,高油酸油菜的研究受到国内外的高度关注,油菜育种专家提出了培育"双低一高"(低芥酸、低硫苷、油酸含量高达 80% 以上)的油菜品种的目标,目前已选育出许多油酸含量在 75% 到接近 90% 的油菜育种材料和品种。在日消费 25 g 植物油脂、1300 mg 亚麻酸的前提下,熊秋芳等(2014)提出菜籽油的合理脂肪酸组成应为饱和脂肪酸 5% 左右(已有研究降低至 3.4%),油酸 70%～80%,亚油酸 10%～12%,亚麻酸 6%～8%,芥酸 0～1%。

世界上第一个高油酸突变体是德国的 Rucker 和 Robbelen1995 年选育出来,高油酸类型油酸含量达 86%,最高油酸品系接近 90%。中国高油酸油菜研究从 21 世纪初开始,与国外相比虽然起步晚但发展速度快。湖南农业大学、华中农业大学及浙江省农业科学院等单位都开展了品种培育及分子机理方面的研究。2006 年,湖南农业大学采用辐射诱变方法得到高油酸突变体;浙江省农业科学院培育出油酸含量接近 80% 的新品系"浙油 20",2015 年选育出"浙油 80",油酸含量高达 84.3%,含油量达 46.1%,是中国继北美后国内第一个目前也是唯一的一个通过审定的高油酸品种。陕西省汉中市农业科学研究所 2016 年选育出最高油酸含量 82.6% 的品系。

国内外对高油酸油菜研究较广泛,其已经成为一种农业商品。随着经济的快速发展和人民生活质量的提高及能源需求的增加,优质的高油酸油的市场需求将非常强劲,油酸的国内外市场状况良好,需求量在稳定中持续增长,世界油料的需求增长也给高油酸菜籽油的生产带来了一个很好的发展机会。因此,高油酸油菜的发展前景非常好,提高油酸含量在最近几年将成为油菜品质改良的重点。

(3)功能型油菜　油菜除油用外,还有菜用、花用、蜜用、饲用和肥用等多种功能。近年来,不同用途品种和多用途兼用型油菜品种的选育与登记均有所加强。"菜油"两用品种要选用早生、快发、长势旺、再生力强、纤维含量低、口感佳、含糖量高且菜籽产量高的双低甘蓝型油菜品种。油菜用作绿肥应选择生长势强、株型大、叶片宽、生物量高的油菜品种。油菜作为绿肥兼蔬菜使用目前推广较少,农民种植的绿肥油菜种子主要是普通油菜品种,专供的绿肥油菜品种较少,因此,绿肥兼蔬菜使用的品种选择需要进一步的研究。观光油菜一般选择花期偏长、花色鲜艳、株高适中、不同熟期的高产稳产品种,种植时将不同熟期、不同花色品种分区域规模化种植,这样既可延长花期,增加旅游收入,也可收获商品菜籽,一举两得,大幅度提高观光油菜种植的经济效益。华中农业大学李再云教授(2015)将板蓝根(菘蓝)与油菜原生质体融合(杂交),获得具有抗病毒成分的"蓝菜一号",经测定该材料抗流感病毒效果十分显著。

5. 生产利用类型　根据生产上的利用不同,将油菜品种分为常规油菜、优质油菜、杂交油菜三大类型。

(1)常规油菜　按常规方法育成的高产油菜。如早丰系列、华双系列、中双 9 号、中双 11、湘油 10 号、湘油 17 等。

(2)优质油菜 按常规方法育成的具有优质特性的油菜,如华双 3 号、湘油 13、中双 4 号、皖油 401 等。

(3)杂交油菜 利用两个遗传基础不同的油菜品种或品系,采取一定的生产杂种的技术措施,如三系、两系育种,化学杀雄、自交不亲和等得到第一代杂交种,如秦油 2 号、蓉油 4 号、皖油 9 号等;如杂种具有优良品质特征则称优质杂交油菜,如秦油 2 号、秦优 7 号、沣油 737、秦优 10 号、蓉油 11、邡油 777、汉油 7 号等。

三、过渡带油菜种质资源

(一)中国油菜种质资源

资源众多。

何余堂等(2003)曾利用 RAPD 标记和 UPGM A 聚类分析,对全国 23 个省(区、市)的 172 份白菜型油菜资源进行了遗传多样性分析。43 个随机引物扩增出 248 条多态性带。聚类分析表明,中国白菜型油菜分为 15 个类群,其中,6 个类群为北方小油菜、8 个类群为南方油白菜及 1 个混合类群。中国白菜型油菜的遗传多样性非常丰富;北方小油菜品种之间的遗传差异很大,春油菜的遗传多样性水平明显高于冬油菜;南方油白菜的遗传变异类型很多,而南方小白菜与其他类型的白菜型油菜关系密切。北方小油菜的遗传多样性与地理分布密切相关,而南方油白菜与地理分布具有一定的相关。在北方小油菜中,来自青海、甘肃和新疆的地方品种的遗传变异较大,比其他地方品种表现出更高的遗传多样性水平;在南方油白菜中,来自云南、贵州和湖北省的地方品种的变异类型较多,比其他地方品种表现出更丰富的遗传多样性。

冯学金等(2011)曾概述了基因工程技术等现代生物技术在油菜种质资源创新中的应用及其发展前景。转基因技术已日趋成熟,广泛应用于油菜品质改良、抗病性和抗虫性的提高、雄性不育系的选育等;小孢子培养技术、原生质融合技术、人工合成等现代生物技术在油菜新品种选育和种质资源创新中的作用也越来越大。

陈碧云等(2012)介绍,以保存于油料作物中期库中的 1962 份白菜型油菜种质为基础材料,按照地理位置、表型性状分组并按比例取样,选择具有代表性的 244 份地方品种,对其 13 个表型性状进行分析。结果显示,来源于山西省的冬油菜生育日数较长,来源于青海、内蒙古、甘肃等省(区)的春油菜生育期较短;来源于四川省的半冬型油菜株高较高;来源于云南、四川省的半冬型油菜全株角果数较多;来源于西藏的材料千粒重较大。多样性指数结果表明,中国白菜型油菜地方种具有丰富的形态多样性,平均多样性指数为 1.709,高于国外材料(1.250);就不同生态类型而言,半冬型油菜多样性指数最高,其次为春油菜,冬油菜最低。聚类分析结果显示,在相似系数为 0204 时,244 份白菜型油菜地方种质划分为四簇,每簇包含的种质数分别为 117 个、38 个、34 个和 55 个;簇Ⅰ以半冬型油菜为主,簇Ⅱ、Ⅲ以春油菜为主,簇Ⅳ以冬油菜为主。主成分分析结果显示,白菜型油菜分为春油菜、半冬型油菜和冬油菜 3 个明显的基因库,其结论与聚类分析结果一致。

李利霞等(2020)介绍,20 世纪 50 年代以来,世界各国对作物种质资源的收集越来越重视,相继制定了有关种质资源保护利用的法规,并成立了相关机构,负责种质资源的搜集、保护、研究和管理。美国国家种质库现保存油菜资源 7403 份;英国华威园艺国际研究中心现保存芥菜、甘蓝型油菜、甘蓝等油菜及其野生近缘种资源 6915 份;德国植物遗传与栽培作物研究所保存油菜及其野生近缘种资源 4284 份;印度国家植物遗传资源局保存芥菜、黑芥、白菜、甘蓝等芸薹属油菜及其野生近缘种资源 4530 份;韩国芸薹属基因组资源库现保存芸薹属野生种、突变体及自交系资源 5507 份;俄罗斯瓦维洛夫研究所现保存芸薹属油菜及其野生近缘种资源 3503 份。截至 2019 年 10 月,中国已搜集保存来自全球 62 个国家(地区)11 个属 28 个种的资源 9681 份,包括甘蓝型油菜 4176 份、白菜 2847 份、芥菜 1827 份以及野生近缘种资源 831 份,这些种质资源已繁殖保存在国家长期库(北京)、国家作物种质备份库(青海)和国家油料作物种质中期库(武汉)中,成为支撑中国油菜科研和产业可持续发展的本底种质资源库。这些资源包括来源于中国 29 个省(区、市)1076 个县(市、区)的原产或原创油菜种质资源 7536 份,是唯一整套安全保存的中国珍稀本土资源,有效防止了中国不可再生的油菜种质资源的流失。原产油菜种质资源是指在中国起源、驯化或选育的野生种和地方种,包括来自全国 28 个省份的白菜型和芥菜型油菜地方种 4204 份,是承载中国数千年农业文明和农民智慧的珍贵遗产,以及在新疆、云南、西藏、青海和湖北神农架等地考察搜集的油菜野生近缘种资源 344 份,这些野生近缘种蕴藏了丰富的主栽品种相对缺乏的抗病、抗逆等关键基因,具有很高的利用价值。原创油菜品种资源是指通过现代育种选育或创制的品种(系)和优异亲本材料,已从头完整收集保存 20 世纪 50 年代以来选育的油菜品种(系)和亲本材料 2988 份,其中,大部分是中国独创的"半冬性"甘蓝型油菜,这部分原创品种资源代表中国油菜现代育种历史和成就,不仅是研究品种选育遗传学、分子生物学和基因组学基础的宝贵材料,也是进一步品种创新的骨干亲本。此外,已搜集引进和保存的 2145 份国外资源来源于全球七大洲 61 个国家(地区),其中,包括 43 个国家的甘蓝型油菜种质资源 1188 份,显著拓展了主栽种甘蓝型油菜的基础资源库,首次引进具有重大育种价值的欧洲原始野生甘蓝 6 种 145 份,其中蕴藏重要的抗菌核病和黑腐病等优异基因,作为甘蓝型油菜的祖先种,在进一步改良甘蓝型油菜中具有重大育种价值。地理来源广泛、遗传变异丰富、各类性状优异的国外种质资源已广泛用于育种和相关基础研究,拓展和改良了中国油菜种质的遗传基础,推进了油菜产量、品质和抗性的持续提升。

　　种质资源是作物遗传育种、生物技术、基础研究等科技创新的物质基础,是国家战略性资源,收集保存特定作物种质资源越多,该作物育种潜力越大,对种质资源性状表型和基因型研究越深入,优异种质发掘利用效率越高,直接决定育种创新进度。中国有近 3000 年油菜栽培利用历史(王建林,2006),广泛种植原产中国的白菜型和芥菜型油菜,本土油菜分布广、适应性强、早熟和抗逆,但产量、抗病性和品质较差。1954 年后逐步由国外引进的高产、优质和抗病甘蓝型油菜所取代,生产上甘蓝型油菜现占 95% 以上。甘蓝型油菜引进推广不到 70 年,且此物种起源时间仅 7500 余年,遗传基础狭窄。甘蓝型油菜遗传基础狭窄导致育种利用的优异基因资源相对其他作物贫乏。近年产量提升速度放缓,根本原因就是育种亲本优异变异已被发掘殆尽。收集保存世界各国优异油菜种质资源,发掘其中蕴藏的优异基因,不断改良油菜遗传基础,是实现品种新突破的关键。伍晓明等(2018)在油菜种质资源收集、保护、评价鉴定、优异种质发掘开展了系统性创新研究,创建全球最大油菜基因资源库,创建油菜高效表型精准鉴定技术体系,发掘具有不同育种目标性状的优异种质 641 份,育种急需关键种质 18 份,建立全球最大的油菜表型信息库,提供多元化关键性种质和信息。①提出利用 C 基因组优异变异改良甘蓝型油菜的新理论;②创建油菜种质资源保真繁殖更新技术规范和 139 个性状的规范表型鉴定技术;③建立油菜高通量优异基因发掘技术;④建立油菜野生种关键基因与推广品种优良遗传背景高效聚合技术。

(二)过渡带油菜种质资源

根据截至 2019 年 10 月收集的油菜地方品种资源鉴定分类统计(李利霞等,2020),湖北地区 1312 份油菜地方品种资源,其中甘蓝型油菜 931 份,占 71.0%;芥菜型油菜 66 份,占5.0%;白菜型油菜 312 份,占 23.8%;其他 3 份,占 0.2%。安徽地区 455 份油菜地方品种资源,其中甘蓝型油菜 171 份,占 37.6%;芥菜型油菜 11 份,占 2.4%;白菜型油菜 273 份,占60%。河南地区 87 份油菜地方品种资源,其中甘蓝型油菜 38 份,占 43.7%;芥菜型油菜 4 份,占 4.6%;白菜型油菜 45 份,占 51.7%。江苏地区 214 份油菜地方品种资源,其中甘蓝型油菜154 份,占 72.0%;芥菜型油菜 5 份,占 2.3%;白菜型油菜 55 份,占 25.7%。

陕西省油菜按生育期可分为陕南秦巴山区及汉江谷地的早熟生态型油菜、关中灌区及渭北旱塬的北方白菜型油菜及南部灌区的甘蓝型油菜和陕北高原的极早熟春播油菜 3 个生态型。根据收集的 626 份陕西油菜地方品种资源鉴定分类统计,其中甘蓝型油菜 343 份,占54.8%;芥菜型油菜 52 份,占 8.3%;白菜型油菜 222 份,占 35.5%;其他 9 份,占 1.4%。汉中地区处于我国亚热带北缘,油菜品种资源十分丰富,不但包括了三大栽培类型油菜,而且还包含了南方白菜型油菜和北方白菜型油菜的中间类型,这是极其珍贵的种质材料。

(三)过渡带油菜品种演替

中国南北过渡带地区,从 20 世纪 70 年代末期开始了优质油菜的引进和品种选育工作(王汉中,2010),并且于 80 年代中期开始了大面积的推广应用。90 年代以来,以秦油 2 号、蓉油 3号为首的杂交油菜也育成和推广。经过多年的努力,优质油菜和杂交油菜的推广有力地促进了中国南北过渡带油菜的高速发展,特别是对过渡带油菜产量的提高起到了重要作用。近几年来,低芥酸、低硫苷优质油菜品种不断涌现,一批较好的品种无论是产量还是抗性等均超过普通油菜,特别是油研、蓉油、川油、蜀杂、渝黄、华杂、中油杂、中双、汉油、华双及湘杂油系列等杂交优质油菜的出现,更是为中国南北过渡带油菜的高产打下了一个良好的基础。中国南北过渡带地区的油菜品种演替和中国油菜产业的品种变革基本一致,可分成以下 5 个阶段:

1. 甘蓝型油菜代替白菜型油菜　新中国成立以前,中国油菜生产大部分地区以白菜型为主,西南和西北地区有一定面积的芥菜型油菜。白菜型油菜产量低,病害严重,但熟期早。20世纪 60 年代中后期引进甘蓝型油菜品种胜利油菜后,因其产量高抗性好的优点,在生产上迅速推广,但其存在熟期偏晚的缺点。油菜育种者于 70 年代选育了一批早熟的甘蓝型油菜品种,开始了白菜型油菜向甘蓝型油菜的演替。截至 1979 年,油菜单产、种植面积和总产迅速发展,分别达到 870.3 kg/km²、276.1 km² 和 240.2 万 t,与从 1950—1963 年 14 年的平均数相比,单产、种植面积和总产分别增长了 103%、60% 和 226%。期间中国选育的许多甘蓝型品种都是它的衍生后代,代表性品种有甘油 3 号、甘油 5 号、湘油 5 号、川油 9 号、门油 9 号、丰收 4号、九二油菜、西南 302、早丰系列等。

2. 常规品种改革为杂交种　20 世纪 80 年代,中国油菜杂种优势研究和利用以及油菜抗

（耐）菌核病育种均获得重大突破。傅廷栋教授于 1972 年发现的油菜细胞质雄性不育系统玻里马 CMS(pol-CMS)在国内和国际上均得以广泛研究和利用，并被公认为国际上第一个具有实用价值的油菜细胞质雄性不育类型。第一个甘蓝型杂交油菜品种秦油 2 号的选育成功，使油菜的产量水平有了较大的提高。自此，开始以该品种为代表的杂交油菜品种逐渐替代常规品种成为生产上的主推类型。至 2000 年，全国油菜单产、种植面积和总产分别达到了 1518.0 kg/km²、749.4 km² 和 1138.1 万 t，比 1979 年分别增长了 74.5%、171% 和 374%。中油 821 和秦油 2 号是推动中国油菜生产由中产向高产转变的代表性品种。由于这些高产、抗（耐）菌核病品种的大面积推广应用，促成了中国油菜生产发展的第二次大的飞跃。

3. 双高品种改革为双低品种 加拿大、澳大利亚及欧洲各国在 20 世纪 80 年代中后期就已普及双低品种。中国油菜的品质育种开展缓慢，1974 年引进加拿大品种 Oro 后又引进 Tower、Wesfar 等单双低品种，于 1980 年前后正式开始单双低育种。1995 年，傅廷栋指出国际上油菜品种面临的两大改革。

（1）非优质品种改为优质品种 降低脂肪酸中芥酸的含量，降低菜籽饼中硫苷葡萄糖（即硫苷）的含量。

（2）常规品种改为杂交种 大幅度提高单位面积产量。进入 21 世纪后一批优质油菜品种的育成和大面积推广应用，加快了中国油菜生产的优质化进程，目前全国油菜主要产区已基本实现了优质化，完成了中国油菜生产由高产到优质高产的跨越。代表品种主要有华杂 4 号、秦优 7 号、中双 9 号、中油杂 2 号、华杂 6 号、中油杂 11 号、秦优 10 号、沣油 737、绵油 11 等。2001 年，涂金星、傅廷栋指出，随着历史的不断发展，油菜的品质改良已不再局限于这 2 个指标。在食用油方面，已将提高油酸、亚油酸含量，降低饱和脂肪酸和亚麻酸含量作为今后的主攻方向，针对高油酸品质改良选用系统育种也有很多报道。Miqul 等用传统的育种技术获得了油酸 80% 以上的材料。Guan 等对高油酸品种 Expander 的自交后代进行了脂肪酸的成分分析，发现该品种油酸的含量变幅很大，高的超过 81%。在工业用油方面，高芥酸和中等长度的脂肪酸改良已逐渐展开。

4. 低油分品种改革为高油分品种 菜油是菜籽的主要加工产品，菜籽的含油量一般在 38%~44%，菜籽大约 80% 的价值是通过榨取菜油来体现的。含油量每提高 1 个百分点，相当于增产 2.3~2.5 个百分点，可为加工企业带来可观的经济效益。中国油菜杂种优势的成功利用使油菜单位面积产量上了一个较高台阶，但继油菜杂种优势成功利用之后，在油菜高产育种和栽培技术研究上的进展却是缓慢的。如能较大幅度提高含油量，就等于提高了产量和效益。2000 年之前，中国油菜种子的含油量一直徘徊在 37%~40%，2005 年之后，中国把历来审定品种使用的单一"产量"指标改为"产量和产油量"并重的指标，促进了油菜含油量的快速提高。2000 年中国参加国家冬油菜区域试验的 28 个新品种平均含油量为 40.09%，至 2009 年参加国家冬油菜区域试验的 149 个新品种含油量提高到 43.16%，9 年平均提高了 3.07 个百分点，为油菜的高产高效迈出了重大一步。1960 年，Olsson 在人工合成的甘蓝型油菜中首次发现黄籽性状，从而在世界上揭开了甘蓝型黄籽油菜研究的序幕，为世界上第一个有应用价值的材料。由华中农业大学油菜研究室选育成功的黄籽甘蓝型油菜品种华黄 1 号，其含油量稳定在 45% 以上。另外，1997 年江苏省农业科学院选育的宁油 10 号是中国第一个甘蓝型油菜低芥酸的黄籽新品种，含油量为 40%~43%。

5. 高秆品种改革为半矮秆、适宜机械化耕作的品种 中国油菜虽然在种植面积和总产上居世界首位,但是由于生产手段落后,生产成本高,油菜生产比较效益低,严重影响了农民的积极性,制约了油菜生产的发展。农民对实现油菜生产机械化的要求已经越来越迫切。因此,必须进一步完善品种筛选、种植技术,通过农机农艺相结合,培育和推广一批适合机械化作业的株型矮、分枝少、结荚集中收获时期更好掌控的品种,从而为农机大面积、大规模作业提供可能。2008年,中国农业科学院油料作物研究所开始研究适宜机械化的油菜品种。2009年选育成功的"阳光2009"具有株型紧凑、抗倒性好、抗裂角性强、花序长、含油量高、抗病性强等特点,适合机械化生产;2010年6月,由中国农业科学院油料作物研究所王汉中为首的育种团队培育而成的中双11号进行了油菜机械化现场观摩,该品种表现出高抗倒伏和菌核病、强抗裂角、株高中等偏矮等特点,有效克服了一般油菜品种机械化收获时因易裂角导致菜籽损失率高、因植株倒伏和植株偏高导致机械收获操作困难等问题,是目前国内最适合于机械化收获的油菜品种。2016年,西北农林科技大学选育出了陕西省第一个适合机械化作业的油菜品种陕油28通过陕西省农作物品种的审定。汉中市农业科学研究所围绕油菜全程机械化生产,通过运用各种育种手段将优质、高产、高油及适合机械化生产等性状聚合在一起,2017—2020年选育出了汉油7号、汉油12号、汉油13号、汉油14号、汉油1618、郃油777、汉油28、汉油1428等一批适宜机械化作业的品种。

(四)过渡带油菜代表性品种选育

1. 汉油8号

选育单位:汉中市农业科学研究所。

审定编号:国审油2012001、陕审油2012001。

特征特性:甘蓝型半冬性细胞质雄性不育三系杂交种。全生育期224.9 d,比对照油研10号早熟2.7 d,比对照南油12号早熟0.2 d。幼苗直立,子叶肾脏形,苗期叶椭圆,有蜡粉,叶色深绿,裂叶2~3对,叶缘呈锯齿状;花瓣黄色、侧叠状;角果斜生,成熟期青紫色,籽粒黑色。株高198.6 cm,匀生分枝类型,一次有效分枝数7.7个,单株有效角果数421.3个,每角粒数20.8粒,千粒重3.2 g。芥酸含量0.10%,饼粕硫苷含量30.37 μmol/g,含油量40.89%。

抗性鉴定:低抗菌核病,抗病毒病,抗倒性较强。

产量水平:经国家长江上游区域试验亩产197.76 kg,比对照增产8.12%;生产试验亩产202.26 kg,比对照南油12号增产14.80%。

适宜种植地区:适宜在四川、重庆、云南、贵州和陕西汉中油菜区种植。

2. 汉油9号

选育单位:汉中市农业科学研究所。

审定编号:陕审油2012002。

特征特性:甘蓝型半冬性细胞核雄性不育两系杂交种。幼苗半直立,子叶肾脏形,苗期叶椭圆,有蜡粉,叶色深绿,顶叶较大,裂叶2~3对,叶缘呈锯齿状;花瓣黄色、侧叠、复瓦状排列。角果斜生,较长较细,成熟期呈枇杷黄色,籽粒黑褐色;株高中等,茎秆青色,生长势强,生长整齐一致,抗倒伏。区域试验结果:全生育期平均227 d,比对照秦优7号短1 d。平均株高186.4 cm,匀生分枝类型,一次有效分枝数12.6个,单株有效角果数458.6个,每角粒数20.2粒,千粒重3.4 g。芥酸0.02%,硫苷30.49 μmol/g,含油量43.35%。

抗性鉴定:中抗菌核病,抗病毒病,抗倒性较强。

产量水平:经陕西省区域试验亩产 185.95 kg,比对照秦优 7 号增产 7.08%,亩产油量 74.23 kg,比对照增产 10.13%;生产试验亩产 206.3 kg,比对照增产 8.10%。

适宜种植地区:适宜在四川、重庆、湖北、湖南、安徽、江苏和陕西汉中、安康地区秋播种植。

3. 邡油 777

选育单位:汉中市农业科学研究所,四川邡牌种业有限公司。

登记编号:GPD 油菜(2019)510073。

特征特性:属甘蓝型半冬性化杀两系杂交种。幼苗半直立,叶色绿,叶缘锯齿状,裂叶 2～3 对,有缺刻,叶面有少量蜡粉,少刺毛;花瓣黄色、侧叠、复瓦状排列;角果平生,长、中宽;籽粒黑色,抗倒性强。在长江上游(四川、重庆、贵州、陕西、云南)生育期平均 209.8 d,株高 193.5 cm,分枝部位 63.7 cm,单株有效角果数 352.2 个,每角粒数 19.0 粒,千粒重 4.35 g。在长江中游(湖北、湖南、江西)生育期平均 215.7 d,株高 171.5 cm,分枝部位 77.8 cm,单株有效角果数 271.7 个,每角粒数 18.5 粒,千粒重 4.37g。在长江下游(安徽、江苏、浙江)生育期平均 224.8 d,株高 161.9 cm,分枝部位 57.2 cm,单株有效角果数 283.8 个,每角粒数 21.7 粒,千粒重 4.60 g。芥酸含量 0.02%,硫苷含量 18.40 μmol/g,含油量 49.56%。

抗性鉴定:低抗菌核病,感病毒病,冻害指数 6.55,抗倒性强。

产量水平:第 1 生长周期亩产 213.5 kg,比对照秦优 10 号增产 4.96%;第 2 生长周期亩产 214.3 kg,比对照秦优 10 号增产 6.21%。

适宜种植地区:适宜在湖北、湖南、江西、安徽、江苏、浙江、四川、重庆、贵州、云南、河南信阳、陕西汉中、安康地区、甘肃陇南作冬油菜秋季种植,新疆、甘肃、青海互助春油菜区春季种植。

4. 秦优 7 号

选育单位:陕西省杂交油菜研究中心。

登记编号:GPD 油菜(2018)610118。

特征特性:甘蓝型、弱冬性。细胞质雄性不育三系杂交种。全生育期在黄淮区 245 d,在长江下游区 226 d。裂叶型,顶裂片圆大,叶色深绿,花色黄,花瓣大而侧叠,匀生分枝,角果浅紫色,直生中长较粗而粒多。在每亩 1.2 万株密度下,株高 164.2～182.7 cm,一次有效分枝 8.1～9.3 个,单株有效角果数 288.5～342.9 个,每角粒数 23.1～25.7 粒,千粒重 3.0～3.2 g。芥酸含量 0.39%,硫苷含量 25.36 μmol/g,含油量 43%。

抗性鉴定:菌核病略高于中油 821,较抗病毒病,耐肥,抗倒性强。

产量水平:第 1 生长周期亩产 192.2 kg,比对照秦油 2 号增产 0.37%;第 2 生长周期亩产 190.26 kg,比对照秦油 2 号增产 4.5%。

适宜种植地区:适宜在黄淮及长江下游地区的陕西、河南、江苏、安徽、浙江、上海油菜产区种植。

5. 秦优 10 号

选育单位:咸阳市农业科学研究院。

审定编号:国审油 2006003、陕审油 2004002。

特征特性:甘蓝型半冬性质不育三系杂交种。全生育期 236 d,熟期与对照秦优 7 号相当。幼苗半直立,叶色绿、色浅,叶大、薄,裂叶 2～3 对,深裂叶,叶缘锯齿状,有蜡粉。花瓣较大、侧叠。花色黄。株高 171.0 cm,分枝部位 40.0 cm,匀生分枝,单株有效分枝数 10.0 个。平均单株有效角果数 455.8 个,每角粒数 21.2 粒,千粒重 3.4 g,籽粒黑色。芥酸 0.24%,硫苷 28.56 μmol/g,含油量 42.76%。

抗性鉴定:低抗菌核病,中抗病毒病,抗倒性较强。

产量水平:经国家长江下游区域试验,亩产 175.47 kg,比对照皖油 14 增产 15.37%,亩产油量 75.25 kg,比对照皖油 14 增产 12.87%;生产试验亩产 170.10 kg,比对照秦优 7 号增产 5.39%。

适宜种植地区:适宜在陕西关中、陕南灌区海拔 700 m 以下地区及长江下游的浙江、上海两省市及江苏、安徽两省淮河以南的油菜主产区种植。

6. 沣油 737

选育单位:湖南省农业科学院作物研究所。

登记编号:GPD 油菜(2017)430090。

特征特性:甘蓝型半冬性细胞质雄性不育三系杂交种。幼苗半直立,子叶肾形,叶色浓绿,叶柄短。花瓣中等黄色。种子黑褐色,圆形。全生育期平均 231.8 d,比对照秦优 7 号早熟 3 d。株高 152.6 cm,一次有效分枝数 7.5 个,单株有效角果数 483.6 个,每角粒数 22.2 粒;千粒重 3.59 g。经农业部油料及制品质量监督检验测试中心检测,芥酸含量 0.05%,硫苷 37.22 μmol/g,含油量 41.59%。

抗性鉴定:中感菌核病,抗病毒病,抗寒性较强,抗倒性较强。

产量水平:第 1 生长周期亩产 180.5 kg,比对照秦优 7 号增产 5.0%;第 2 生长周期亩产 174.9 kg,比对照秦优 7 号增产 16.99%。

适宜种植地区:适宜在陕西汉中、安康地区及湖北、湖南、江西、上海、浙江及安徽和江苏两省淮河以南的冬油菜主产区种植;甘肃省春油菜区春播种植。

7. 华油杂 62

选育单位:湖北国科高新技术有限公司,华中农业大学。

登记编号:GPD 油菜(2018)420200。

特征特性:甘蓝型半冬性波里马细胞质雄性不育系杂交种。苗期长势中等,半直立,叶片缺刻较深,叶色浓绿,叶缘浅锯齿,无缺刻,蜡粉较厚,叶片无刺毛。花瓣大、黄色、侧叠。长江下游区域全生育期 230 d,株高 147.8 cm,一次有效分枝数 7.8 个,单株有效角果数 333.1 个,每角粒数 22.7 粒,千粒重 3.62 g。芥酸含量 0.45%,饼粕硫苷含量 29.68 μmol/g,含油量 41.46%。长江中游区域全生育期平均 219 d,平均株高 177 cm,一次有效分枝数 8 个,单株有效角果数 299.5 个,每角粒数 21.2 粒,千粒重 3.77 g。芥酸含量 0.75%,饼粕硫苷含量 29.00 μmol/g,含油量 40.58%。内蒙古、新疆及甘肃、青海低海拔地区的春油菜主产区全生育期 140.5 d,株高 157.1 cm,一次有效分枝数 5.17 个,单株有效角果数 231.2 个,每角粒数 25.53 粒,千粒重 4.11 g。饼粕硫苷含量 29.64 μmol/g,含油量 43.46%。

抗性鉴定:长江下游区菌核病发病率 20.59%,病情指数 9.35;病毒病发病率 4.86%,病情指数 1.74。低感菌核病,中抗病毒病,抗倒性较强。长江中游区菌核病发病率 10.93%,病情指数 7.07;病毒病发病率 1.25%,病情指数 0.87。春油菜主产区菌核病发病率 17.75%,病情指数 8.52,低抗菌核病,抗倒性强。

产量水平:第 1 生长周期亩产 177.3 kg,比对照秦优 7 号增产 12.5%;第 2 生长周期亩产 168.5 kg,比对照秦优 7 号增产 4.7%。

适宜种植地区:适宜在湖北、湖南、江西、上海、浙江及安徽和江苏两省淮河以南地区冬油菜主产区秋播种植,也适宜在内蒙古、新疆及甘肃、青海两省低海拔地区的春油菜主产区春播种植。

8. 中油杂 11

选育单位:中国农业科学院油料作物研究所。

审定编号:国审油 2005007。

特征特性:甘蓝型半冬性细胞质雄性不育三系杂交种。全生育期长江上游及中游 222 d,长江下游 231 d。子叶长、宽度中等;苗期半直立,叶色深暗绿,顶裂叶片中等大,裂叶 4 对以上,叶片边缘波状;花瓣黄色,花瓣长度中等,宽度较宽,呈侧叠状。株高 175.0 cm,分枝部位 45.0 cm,分枝 11.0 个。单株有效角果数 340.0 个,每角粒数 20.0 粒,千粒重 3.6 g。品质检测结果:长江上游芥酸 0.27%,硫苷 18.38 μmol/g,含油量 44.95%;长江中游芥酸 0.27%,硫苷 18.68 μmol/g,含油量 44.88%,长江下游芥酸 0.27%,硫苷 19.33 μmol/g,含油量 44.20%。

抗性鉴定:中感菌核病,中抗病毒病,抗倒性中等。

产量水平:长江上游区平均亩产 141.8 kg,比对照油研 7 号增产 7.79%;长江中游区平均亩产 168.08 kg,比对照中油杂 2 号增产 6.23%;长江下游区平均亩产 203.28 kg,比对照皖油 14 号增产 10.89%。经国家长江上、中、下游区域试验汇总,亩产 171.05 kg,增产 8.30%。

适宜种植地区:适宜在四川、贵州、云南、重庆、湖南、湖北、江西、浙江、上海及安徽和江苏两省的淮河以南地区、陕西汉中地区的冬油菜主产区种植。生产上注意施用硼肥,注意防治菌核病。

9. 中油杂 2 号

选育单位:中国农业科学院油料作物研究所。

登记编号:国审油 2001004。

特征特性:属半冬性、中熟甘蓝型油菜杂交种。比中油 821 晚熟 1~2 d。半直立,苗期长势较快,生长势强,叶色深绿,叶缘较深裂,顶裂叶较大,植株较高大(175 cm 左右),分枝高度 40 cm 左右,一次有效枝数 8~12 个,单株有效果数 360 个左右。每果粒数 17~21 粒,种子黑褐色,籽粒较大。芥酸含量 0.9%,硫苷含量为 20.7 μmol/g,含油量 40.86%。

抗性鉴定:抗菌核病、病毒病,抗倒性强。

产量水平:1998—2000 年参加全国长江中游区域试验。1998—1999 年平均亩产 143.0 kg,较对照中油 821 增产 13.45%;1999—2000 年平均亩产 166.05 kg,较对照中油 821 增产 14.36%。两年平均较对照中油 821 增产 13.95%。1999—2000 年生产试验,平均亩产 155.30 kg,较对照中油 821 增产 15.25%。

适宜种植地区:适宜在湖北、湖南、江西、安徽省冬油菜区种植。

10. 油研 10 号

选育单位:贵州省农业科学院油料研究所,贵州禾睦福种子有限公司。

审定编号:国审油 2004027。

特征特性:甘蓝型半冬性核不育杂交种。全生育期平均 223 d。幼苗半直立,子叶肾形、心叶微紫、深裂叶,裂叶 3~4 对,顶叶椭圆形,花黄色。平均株高 176 cm,一次分枝 8 个,单株有效角果数 403 个,每角粒数 19 个,千粒重 3.4 g。经农业部油料及制品质量监督检验测试中心区域试验抽样检测,芥酸含量 0.36%,硫苷含量 21.56 μmol/g,含油量 44.45%。

抗性鉴定:低感菌核病,低抗病毒病,抗倒性较强。

产量水平:2002—2003 年度参加长江上、中、下游组油菜品种区域试验,平均亩产分别为 148.21 kg、134.4 kg、130.4 kg,分别比对照中油 821 增产 12.28%、10.0%、3.91%;2003—2004 年度续试,平均亩产分别为 149.15 kg、176.42 kg、166.3 kg,分别比对照中油 821 增产 13.38%、9.58%、5.85%。两年上、中、下游区域试验平均亩产分别为 140.7 kg、155.4 kg、148.4 kg,分别比对照中油 821 增产 12.83%、9.79%、4.98%。2003—2004 年度参加长江上、中、下游三片区生产试验,平均亩产分别为 129.81 kg、170.94 kg、169.6 kg,分别比对照中油 821 增产 4.07%、15.89%、13.34%。

适宜种植地区:适宜在贵州、四川、云南、重庆、湖南、湖北、江西、浙江、上海 9 省(市)和江苏、安徽两省的淮河以南地区的冬油菜主产区种植。

11. 信优 2508

选育单位:信阳市农业科学研究院。

审定编号:豫审油 2009002。

特征特性:属甘蓝型半冬性双低杂交种。生育期 227.1 d,比对照杂 98009 晚熟 1 d。幼茎绿色,花黄色,叶深绿色,琴状裂叶;株高 177.5 cm,一次有效分枝 8.6 个,单株有效角果 346.1 个,角粒数 20.9 个;千粒重 3.9 g,单株产量 20.3 g。不育株率 3.4%。2009 年经农业部油料及制品质量监督检验测试中心(武汉)检测:芥酸 0.5%,硫苷 27.60 μmol/g,含油量 43.30%。

抗性鉴定:受冻率 73.6%,冻害指数 33.8%;菌核病病害率 4.9%,病情指数 3.0%;病毒病病害率 5.7%,病情指数 2.9%,较抗倒伏。

产量水平:2007—2008 年度省区域试验,9 点汇总,9 点增产,平均亩产 216.90 kg,比对照杂 98009 增产 19.52%,差异极显著,居 11 个参试品种第 2 位;2008—2009 年度省区域试验,7 点汇总,7 点增产,平均亩产 208.66 kg,比对照杂 98009 增产 13.27%,差异极显著,居 11 个参试品种第 1 位。2008—2009 年度省生产试验,7 点汇总,5 增 2 减,平均亩产 196.27 kg,比对照杂 98009 增产 4.94%,居 6 个参试品种第 2 位;平均产油量 84.98 kg,比对照杂 98009 增产 10.55%,居 6 个参试品种第 3 位。

适宜种植地区:适宜在河南省黄河以南油菜区种植。

12. 信油杂 2906

选育单位:信阳市农业科学研究院。

审定编号:豫审油 2014008。

特征特性:属甘蓝型半冬性双低杂交品种。生育期 229.3～234.4 d。幼茎绿色,花黄色,琴状裂叶,叶深绿色;株高 155.8～172.4 cm,一次有效分枝 7.6～8.1 个,单株有效角果 272.9～329.1 个,角粒数 22.0～24.1 个,千粒重 3.4～3.6 g。单株产量 15.5～21.8 g,不育株率 1.6～2.5%。2014 年经农业部油料及制品质量监督检验测试中心(武汉)检测:芥酸含量 0.0%,硫苷含量 17.35 μmol/g,含油量 42.92%。

抗性鉴定:对菌核病表现低抗类型(该品种菌核病发病率和病情指数平均为 10.22% 和 6.48%);对病毒病表现抗病类型;霜霉病和白锈病田间未见发病。

产量水平:2012—2013 年度河南省区域试验,8 点汇总,8 点增产,增产点率 100%,平均亩产 240.5 kg,比对照品种杂 98009 增产 16.7%,极显著。2013—2014 年度续试,9 点汇总,7 点增产,2点减产,增产点率77.8%,平均亩产196.6 kg,比对照品种杂98009增产6.6%,极显著;2013—2014年度河南省生产试验,7点汇总,7点增产,平均亩产198.6 kg,比对照品种杂98009增产16.1%。

适宜种植地区:适宜在河南省中南部冬油菜区域种植。

13. 信优2405

选育单位:信阳市农业科学研究院。

审定编号:豫审油2007001。

特征特性:属甘蓝型半冬性双低杂交种,生育期230 d。株型较紧凑,株高194.68 cm,幼茎绿色,花黄色,叶形琴状裂叶,叶浓绿色,分枝部位在79.40 cm处,一次有效分枝数8.57个,主花序有效角果数71.76个,单株有效角果数377.76个,角粒数24.31个,千粒重3.35 g。2006年经农业部油料及制品质量监督检验测试中心(武汉)检测:芥酸含量0.1%,硫苷含量17.02 μmol/g饼,含油量44.95%。

抗性鉴定:菌核病属抗(耐)病类型,病毒病属高抗类型,霜霉病属抗病类型,白锈病属抗病类型。

产量水平:2005年参加河南省油菜品种区域试验,7点汇总,5增2减,平均亩产184.8 kg,比对照杂98009增产14.3%,达极显著水平,居11个参试品种第1位;2006年续试,9点汇总,7增2减,平均亩产231.0 kg,比对照杂98009增产15.4%,达极显著水平,居9个参试品种第1位。2006年参加河南省油菜品种生产试验,7点汇总,6增1减,平均亩产214.9 kg,比对照杂98009增产12.1%,居7个参试品种第1位。

适宜种植地区:适宜在河南省南部冬油菜区种植。

14. 绵油11号

选育单位:四川省绵阳市农业科学研究所。

审定编号:国审油2002004。

特征特性:该品种属甘蓝型中早熟核不育两系组合。苗期长势中等,叶片较小绿色,叶缘钝齿,半直立,弱冬性,有蜡粉,无刺毛。花黄色粉充足。茎绿色,在中等肥力田,每公顷种植10.5万~13.5万株的情况下,株高170~190 cm,匀生分枝,一次分枝8~9个,主花序较短50 cm左右,单株有效果500个左右,每角19.0~21.2粒,角果平生中等长,结角较密。种子黑褐色,千粒重3.15~3.52 g,含油量41.34%~42.82%,芥酸含量42.2%,硫苷含量118.99 μmol/g。生育期:育苗移栽220 d左右,直播210 d左右,比中油821早2~3 d。

抗性鉴定:抗(耐)菌核病、抗病毒病能力与中油821相当,也属抗病类型。

产量水平:1999—2001年参加全国长江上游区区域试验。1999—2000年度平均亩产176.94 kg,较对照中油821增产25.21%。2000—2001年度平均亩产163.14 kg,较对照中油821增产26.73%。两年平均亩产170.04 kg,较对照中油821增产25.93%。2001年全国长江上游区生产试验平均亩产174.48 kg,较对照中油821增产14.97%。

适宜种植地区:适宜在长江上游的四川、重庆、贵州、云南等省(市)种植。

15. 中双11号

选育单位:中国农业科学院油料作物研究所。

登记编号:GPD油菜(2017)420052。

特征特性:甘蓝型半冬性常规种。全生育期平均233.5 d,与对照秦优7号熟期相当。子叶肾脏形,苗期为半直立,叶片形状为缺刻型,叶柄较长,叶肉较厚,叶色深绿,叶缘无锯齿,有蜡粉,无刺毛,裂叶 3 对。花瓣较大、黄色、侧叠。匀生型分枝类型,平均株高 153.4 cm,一次有效分枝平均 8.0 个。抗裂荚性较好,平均单株有效角果数 357.60 个,每角粒数 20.20 粒,千粒重 4.66 g。种子黑色、圆形。茎秆坚硬,抗倒性较强。经农业农村部油料及制品质量监督检验测试中心测试,芥酸含量 0,饼粕确苷含量 18.84 μmol/g,含油量 49.04%。

抗性鉴定:低抗菌核病、抗病毒病。

产量水平:第 1 生长周期亩产 177.92 kg,比对照秦优 7 号减产 2.37%;第 2 生长周期亩产 156.54 kg,比对照秦优 7 号增产 0.64%。

适宜种植地区:适宜在江苏淮河以南、安徽淮河以南、浙江、上海、湖北、湖南、江西、四川、云南、贵州、重庆、陕西汉中和安康冬油菜区种植,秋播。

16. 扬油 4 号

选育单位:江苏省里下河地区农业科学研究所。

审定编号:苏审油 200101。

特征特性:甘蓝型偏冬性常规种。株高 176.3 cm,一次分枝 8.54 个,二次分枝 5.8 个,单株有效角果数 435.8 个,每角粒数 21 粒,千粒重 3.22 g。全生育期 240 d,株型紧凑,中生分枝,抗倒性中等;籽粒芥酸含量 0.80%～1.33%,硫苷含量 46 μmol/g,含油量 39.07%。

抗性鉴定:菌核病发病率 12.11%、病情指数 6.77,病毒病发病率 4.08%、病情指数 2.19。

产量水平:1998—2000 年度参加江苏省油菜区域试验,平均亩产 196.1 kg,比对照宁油 10 号增产 4.41%;2000 年生产试验,平均亩产 161.5 kg,比宁油 10 号增产 6.72%。

适宜种植地区:适宜在江苏省淮河以南地区种植。

17. 宁杂 11 号

选育单位:江苏省农业科学院经济作物研究所。

审定编号:国审油 2007007。

特征特性:属甘蓝型半冬性核不育两系杂交种。全生育期 220 d 左右。幼苗半直立,叶色深绿,叶片宽大,叶缘锯齿状,有蜡粉,无刺毛。花瓣较大、黄色、侧叠。平均株高 194.6 cm,匀生分枝类型,一次有效分枝数 9.4 个,单株有效角果数 457.4 个,每角粒数 19.76 粒,千粒重 3.34 g。经农业部油料及制品质量监督检验测试中心检测,平均芥酸含量 0.05%,硫苷含量 20.33 μmol/g,含油量 43.34%。

抗性鉴定:低抗菌核病,高抗病毒病,抗倒性较强。

产量水平:2005—2006 年度参加长江上游区油菜品种区域试验,平均亩产 166.95 kg,比对照油研 10 号增产 6.46%;2006—2007 年度续试,平均亩产 186.14 kg,比对照油研 10 号增产 19.90%;两年区域试验 24 个试点,18 个点增产,6 个点减产,平均亩产 176.55 kg,比对照油研 10 号增产 13.15%。2006—2007 年度生产试验,平均亩产 175.72 kg,比对照油研 10 号增产 11.95%。

适宜种植地区:适宜在四川、重庆、贵州、云南、陕西汉中及安康的冬油菜主产区推广种植。

18. 宁杂 1818

选育单位:江苏省农业科学院经济作物研究所。

审定编号:国审油 2013016。

特征特性:甘蓝型半冬性化学诱导雄性不育两系杂交品种。全生育期 229 d,比对照秦优

10 号晚熟 2 d。子叶肾形,叶片淡绿色,蜡粉少,叶缘波状,裂片 3~4 对,裂刻较深;花瓣黄色、重叠;籽粒黑褐色。株高 178.7 cm,中生分枝类型,一次有效分枝数 6.48 个,单株有效角果数 257.6 个,每角粒数 22.1 粒,千粒重 4.09 g。籽粒含油量 45.54%,芥酸含量 0.50%,饼粕硫苷含量 23.44 μmol/g。

抗性鉴定:菌核病发病率 18.82%,病情指数 7.43;病毒病发病率 0.81%,病情指数 0.45,低感菌核病;抗倒性较强。

产量水平:2011—2012 年度参加长江下游油菜品种区域试验,平均亩产油量 91.16 kg,比对照秦优 10 号增产 10.1%;2012—2013 年度续试,平均亩产油量 97.68 kg,比对照秦优 10 号增产 4.5%;两年平均亩产油量 94.42 kg,比对照秦优 10 号增产 7.3%。2012—2013 年度生产试验,平均亩产油量 93.69 kg,比对照秦优 10 号增产 6.9%。

适宜种植地区:适宜在上海、浙江及江苏和安徽两省淮河以南的冬油菜区种植。

19. 宁杂 19 号

选育单位:江苏省农业科学院经济作物研究所。

审定编号:国审油 2010033。

特征特性:甘蓝型半冬性细胞质雄性不育三系杂交种。幼苗半直立,叶片宽大,叶色浅绿,叶缘锯齿状。花瓣较大、黄色、侧叠。区域试验结果:全生育期平均 235 d,与对照秦优 7 号相当。平均株高 163.1 cm,匀生分枝类型,一次有效分枝数 8.5 个,单株有效角果数 422 个,每角粒数 23 粒,千粒重 3.82 g。经农业部油料及制品质量监督检验测试中心检测,平均芥酸含量 0.05%,饼粕硫苷含量 21.97 μmol/g,含油量 45.09%。

抗性鉴定:菌核病发病率 14.15%,病情指数 6.39;病毒病发病率 2.88%,病情指数 1.12。抗病鉴定综合评价为低抗菌核病。抗倒性较强。

产量水平:2007—2008 年度参加长江下游区油菜品种区域试验,平均亩产 191.6 kg,比对照秦优 7 号增产 11.4%;2008—2009 年度续试,平均亩产 159.2 kg,比对照秦优 7 号增产 6.5%;两年平均亩产 175.4 kg,比对照秦优 7 号增产 9.2%。2008—2009 年度生产试验,平均亩产 162.8 kg,比对照秦优 7 号增产 2.1%。

适宜种植地区:适宜在上海、浙江及安徽和江苏两省淮河以南的冬油菜主产区种植。

20. 德油 8 号

选育单位(个人):李厚英、王华。

审定编号:国审油 2004021、国审油 2003025。

特征特性:甘蓝型半冬性核不育杂交种。全生育期在长江上游地区平均 214 d,长江中下游地区平均 223 d。叶色微浅绿,裂叶 3 对,顶叶无明显缺刻,苗期半匍匐,花瓣较大呈覆瓦状,花瓣黄色。平均株高 193 cm,分枝高 56~70 cm,分枝数 10 个,主花序长度 63 cm,单株有效角 450 个,每角粒数 17 粒,千粒重 3.7 g。经农业部油料及制品质量监督检验测试中心区试抽样检测,芥酸含量 0.25%,硫苷含量 23.71 μmol/g,含油量 42%。

抗性鉴定:低感菌核病,低抗病毒病,抗倒性较好。

产量水平:2001—2002 年度参加长江上游组油菜品种区域试验,平均亩产 139.83 kg,比对照中油 821 增产 7.15%;2002—2003 年度续试,平均亩产 128.38 kg,比对照中油 821 增产 9.03%;两年区域试验平均亩产 134.1 kg,比对照中油 821 增产 8.0%。2002—2003 年度参加长江上游组生产试验,平均亩产 138.7 kg,比对照中油 821 增产 0.47%。2002—2004 年度参加长江中游组油菜品种区域试验,两年区域试验平均亩产 127 kg,比对照中油 821 增产 10.84%;2003—2004 年度参加长江中游组生产试验,平均亩产 165.41 kg,比对照中油 821 增产 12.51%。2002—2004 年度参加长江下游组油菜品种区域试验,两年区域试验平均亩产 123.8 kg,比对照中油 821 增产 9%;2003—2004 年度参加长江下游组生产试验,平均亩产 156.20 kg,比对照中油 821 增产 8.95%。

适宜种植地区:适宜在长江流域的贵州、四川、重庆、云南、湖南、湖北、江西、浙江、上海 9 省(市)及江苏、安徽两省的淮河以南地区的冬油菜主产区种植。

参考文献

安徽省统计局,2012.安徽统计年鉴[M].北京:中国统计出版社.

白桂萍,李英,贾东海,等,2019.中国油菜种植[M].北京:中国农业科学技术出版社.

蔡榕,钟甫宁,1999.世贸组织框架下中国油菜产业发展的战略思考[J].粮食问题研究(1):3-5.

陈碧云,许鲲,高桂珍,等,2012.中国白菜型油菜种质表型多样性分析[J].中国油料作物学报,34(1):8.

陈全功,谭忠厚,九次力,2010."南北分界"与"农牧交错"一席谈[J].草业科学,27(6):6-12.

程沉孜,李谷成,李欠男,2016.中国油菜生产空间布局演变及其影响因素分析[J].湖南农业大学学报(社会科学版),17(2):9-15.

邓根生,宋建荣,2015.秦岭西段南北麓主要作物种植[M].北京:中国农业科学技术出版社.

党坤良,吴定坤,1991.秦岭火地塘林区不同林分对降雪的分配影响[J].西北林学院学报,000(002):1-8.

杜能 J F,1986.孤立国同农业和国民经济的关系[M].北京:商务印书馆.

段志红,伍昌胜,1998.加快油菜品种双低化推进油菜产业发展[J].湖北农业科学(4):3-5.

傅廷栋,1989.论油菜的起源进化与雄性不育三系选育[J].中国油料作物学报(1):7-10.

官春云,2013.优质油菜生理生态和现代栽培技术[M].北京:中国农业出版社.

国家统计局,2019.中国统计年鉴[M].北京:中国统计出版社.

何余堂,陈宝元,傅廷栋,等,2003.白菜型油菜在中国的起源与进化[J].遗传学报,30(11):1003-1012.

Heyn F W,李家文,1982.甘蓝型油菜(Brassica napus)的胞质遗传雄性不育[J].中国蔬菜,1(2):23-0.

湖北省统计局,2012.湖北统计年鉴[M].北京:中国统计出版社.

湖北省农牧业厅种植业区划编写组,1986.湖北省种植业区划[Z].武汉:湖北省农牧业厅.

黄杰,2019.气候变化对中国油菜生产布局的影响研究[D].武汉:华中农业大学.

姜玉忠,2014.河南省油菜生产 2015—2020 年发展思路与对策[J].河南农业(17):14-15.

景军胜,董振生,樊雅琴,2004.陕西油菜生产现状分析[J].西北农林科技大学学报(自然科学版)(4):13-18.

李利霞,陈碧云,闫贵欣,等,2020.中国油菜种质资源研究利用策略与进展[J].植物遗传资源学报,21(1):1-19.

李奇,唐舟,2018.我国油菜机械化生产现状及对策[J].江西农业(8):59-63.

李倩倩,2015.安徽省油菜生产布局变迁及优化研究[D].合肥:安徽农业大学.

李英,孙晓敏,李艳明,等,2011.我国油菜育种研究技术和品质育种研究进展[J].安徽农学通报,17(3):2.

廖星,王汉中,2003.我国油菜品种变革对生产发展的影响[J].中国油料作物学报(3):101-105.

林菁华,2012.我国油菜种质资源的搜集和研究[J].河南农业(11):63-64.

梁轶,李星敏,周辉,等,2013.陕西油菜生态气候适宜性分析与精细化区划[J].中国农业气象,34(01):50-57.

刘后利,1984.几种芸薹属油菜的起源和进化[J].作物学报,10(1):9-18.

刘后利,2000.油菜遗传育种学[M].北京:中国农业大学出版社.

刘京宝,刘祥臣,王晨阳,等,2014.中国南北过渡带主要作物栽培[M].北京:中国农业科学技术出版社.

刘淑艳,刘忠松,官春云,2007.芥菜型油菜种质资源研究进展[J].植物遗传资源学报(03):351-358.

刘雪,傅泽田,常虹,2002.我国蔬菜生产的区域比较优势分析[J].中国农业大学学报(2):1-6.

刘胤汉,2000.陕西省综合自然地理的研究与拓展[M].北京:科学出版社.

卢坤,曲存民,李莎,等,2015.甘蓝型油菜 BnTT3 基因的表达与 eQTL 定位分析[J].作物学报(11):1758-1766.

罗桂环,2015.中国油菜栽培起源考[J].古今农业(3):23-28.

闵程程,马海龙,王新生,等,2010.基于 GIS 的湖北省油菜种植气候适宜性区划[J].中国农业气象,31(04):570-574.

农业部发展计划司,2009.新一轮优势农产品区域布局规划汇编[M].北京:中国农业出版社.

戚存扣,傅寿仲,2010.江苏油菜科学技术发展50年[J].江苏农业学报,26(2):430-436.

曲奕威,姜玉忠,任春玲,2019.河南省油菜生产发展的思考和建议[J].河南农业(13):13-14.

宋蜜蜂,蒋跃林,2007.安徽油菜生产的气象条件分析[J].安徽农学通报,13(21):44-46.

佟屏亚,2004.油菜史话[J].农业考古(1):140-143.

王汉中,2010.我国油菜产业发展的历史回顾与展望[J].中国油料作物学报,32(2):300-30.

王建林,栾运芳,大次卓嘎,等,2006.中国栽培油菜的起源和进化[J].作物研究,20(3):199-205.

吴春彭,2011.长江流域油菜生产布局演变与影响因素分析[D].武汉:华中农业大学.

吴谋成,袁俊华,2001.加快我国油菜籽加工及综合利用的研究与产业化[J].粮食与油脂(1):11-13.

伍山林,2000.中国粮食生产区域特征与成因研究——市场化改革以来的实证分析[J].经济研究(10):38-45.

殷艳,廖星,余波,等,2010.我国油菜生产区域布局演变和成因分析[J].中国油料作物学报,32(01):147-151.

章胜勇,2005.中国油料作物比较优势及生产布局研究[D].武汉:华中农业大学.

张书芬,田保明,文雁成,等,2001.河南省油菜生产和科研发展概况[J].河南农业科学,30(11):9-10.

张养才,谭凯炎,1991.中国亚热带北界及其过渡带[J].地理研究,10(2):85-90.

张毅,伍向苹,张芳,等,2020.基于基因组数据解析中国油菜品种演化历程及方向[J].中国油料作物学报,42(3):325-333.

郑度,张荣祖,杨勤业,1980.试论青藏高原的自然地带[J].地理学报,000(001):1.

周广生,左青松,廖庆喜,等,2013.我国油菜机械化生产现状、存在问题及对策[J].湖北农业科学,52(9):2153-2157.

An H,Qi X S,Gaynor M L,et al. 2019. Transcriptome and organellar sequencing highlights the complex origin and diversification of allotetraploid Brassica napus. [J]. Nature communications,10(12):950-953.

Lu K,Wei L J,Li X L,et al. ,2019. Whole-genome resequencing reveals Brassica napus origin and genetic loci involved in its improvement. [J]. Nature communications,10(1):389-452.

Zou J,Mao L F,Qiu J,et al. 2019. Genome-wide selection footprints and deleterious variations in young Asian allotetraploid rapeseed. [J]. Plant Biotechnology Journal,17(10):1998-2010.

第二章　油菜种植的有关生物学基础

第一节　生长发育

一、生育进程

(一)生育期

生育期是从播种(或出苗)到开花、结实直至种子成熟的天数,即从种子到种子的完整生活周期。不同类型的油菜中,有一年生植物,也有二年生植物。从温光反应的类型划分,有春油菜和冬油菜两大类。春油菜是一年生植物,冬油菜是二年生植物。

1. 春油菜　春油菜是指春季播种、秋季收获的一年生油菜。但在春寒地区,需要迟至5月才能播种,早熟品种可在7月收获。主要分布于油菜不能安全越冬的高寒地区,或前作物收获过迟冬前来不及种植油菜的地方。中国北方、西部和东北部,以及欧洲北部等高纬度或高海拔低温地带,均以种植春油菜为主。加拿大几乎全为春油菜,由于一般是在5月播种,亦称夏油菜。春油菜的生长发育迅速,一般在2~4片真叶时开始花芽分化,6~8片真叶时即现蕾,全生育期80~120 d,最短的仅有60~70 d。植株矮小,主茎叶数少,一般株高80~120 cm,一次有效分枝3~5个,单株着果50~150个,因而单株生产力低。春油菜的栽培品种,一般属于春性类型。中国在海拔较高、无霜期短、温度较低的地方,种植早熟白菜类型小油菜。在无霜期较长、温度较高的地方,则种植芥菜型春油菜和白菜型春油菜。

2. 冬油菜　冬油菜是指秋播或秋冬交际时播种至第二年春季及夏季收获的油菜。中国冬油菜种植主要集中在长江流域各省和云贵高原地区,气候温暖,雨量较多,为一年多熟区。主要种植甘蓝型油菜,秋播夏收,全生育期200多 d。冬油菜区油菜面积占全国油菜总面积的90%以上。冬油菜是越年生植物,可用于解决冬季农耕地闲置状态,可缩短农耕地闲置及无作物覆盖时间,可增加农耕地植被覆盖率及覆盖时间。近年来,随着科研人员的逐步研究,中国的冬油菜种植区域及面积已逐步向北向西等冷寒区地带转移,使得原来不能种植冬油菜的甘肃、新疆等冷寒带区域也成了冬油菜种植区域。

根据油菜熟期长短分为早熟、早中熟、中熟、中晚熟、晚熟和春播品种6种类型。作为中国南北过渡带主要的冬季作物,如果油菜生育期过长,会与后茬作物产生季节矛盾,因此,需选生育熟期适当早熟的品种。油菜成熟早,可以避免生育后期的高温逼熟或干热风等灾害的危害,或减轻受害程度,且能为后茬作物及早腾地,保证后茬作物的高产稳产,从而提高粮油周年产量。中熟和早中熟品种对低温的要求虽不及晚熟品种严格,但仍需要有一段低温条件才能完成系统发育过程,从营养生长进入生殖生长。冬油菜晚熟和中晚熟品种,对低温要求严格,大约需要在 0~5 ℃ 的低温下经 15~45 d 才能进行花芽分化,否则,只长叶不能开花。而春播油菜种植面积约占全国总面积的 10% 左右,主要分布在中国西北高原各省(区),比较集中分布在青海、内蒙古、新疆、甘肃等省(区),东北平原和四川西北部为新中国成立后发展起来的春油菜区。本区的特点是冬季严寒,生长季节短,降水量少,日照时间长,日照强度大,且昼夜温差大。这种气候对油菜种子发育有利,籽粒大,千粒重高。因本区 1 月份最低平均气温为 −10~−20 ℃ 或更低些,因此油菜不能安全越冬,因而只能春播(或夏播)秋收。油菜生长季节短,白菜型油菜品种全生育期一般为 60~100 d,其中甘蓝型油菜生育虽长,但也只有 95~120 d。春油菜品种一般以白菜型、芥菜型油菜为主,如青海、甘肃、内蒙古等省区的白菜型小油菜,是中国历史上栽培最早的白菜型春油菜;新疆和云南是中国芥菜型油菜最为集中的地方。这两个类型品种春性强,可以在 10 ℃ 左右的温度条件下很快进行发育,因而全生育期短。

(二)生育时期

在油菜生育进程中,根据植株的形态变化,可以人为地划分为一些时期。在适期播种条件下,这些时期往往对应着一定的物候现象,故也称为物候期。

1. 春油菜的生育时期　一般分为苗期、现蕾期、薹期、花期(初花、盛花、终花)、成熟期。

(1)苗期　油菜从出苗至现蕾这段时间称为苗期。现蕾是指揭开主茎顶端 1~2 片小叶能见到明显花蕾的时期。

(2)薹期　75% 以上植株主茎伸长,顶端离子叶节 5 cm。油菜在蕾薹期营养生长和生殖生长同时进行。

(3)花期　油菜从始花到终花的一段时间称为花期。花期长 25~30 d。花期又分为初花期、盛花期和终花期,25% 植株开花为初花期;75% 花序开花为盛花期;75% 以上花序停止开花为终花期。

(4)成熟期　75% 以上角果显枇杷黄色或主轴中段角果内种子开始变色。成熟期是生殖生长期,除角果伸长膨大、籽粒充实外,营养生长已基本停止。

2. 冬油菜的生育时期　在过渡带秋(冬)播条件下,苗期之后有个越冬期,其后同春油菜。中国南北过渡带冬油菜通常在秋季播种,出苗后经冬前生长、越冬、春后生长、次年初夏成熟,这整个过程所需的时间称之为油菜的生育期,通常用从播种到油菜收获适期所需的天数来表示。生育期的长短因品种类型、品种、地区自然条件和播种期早迟等相差很大,一般甘蓝型油菜品种生长期较长,为 170~230 d;白菜型油菜品种较短,为 150~200 d,芥菜型油菜品种居中,为 160~210 d。

(1)苗期　冬油菜苗期较长,一般占全生育期的一半或一半以上,为 120 多 d。油菜苗期通常又分为苗前期和苗后期。

(2)越冬期　大约从冬至(12 月下旬)至翌年立春(2 月上旬)为越冬阶段,也是全年气温最低的时期,此期从花芽开始分化起,便进入营养生长与生殖生长同时并进时期,但仍以营养生长占主导地位。

(3)薹期　75% 以上植株主茎伸长,顶端离子叶节 10 cm。中国冬油菜蕾薹期一般在 2 月中旬至 3 月中旬,具体时间因品种和各地气候条件而有差异。油菜一般先现蕾后抽薹,但有些品种或在一定栽培条件下先抽薹后现蕾,或现蕾、抽薹同时进行。油菜在蕾薹期营养生长和生殖生长同时进行,在中国长江流域甘蓝型油菜蕾薹期一般为 25～30 d。

(4)花期　冬油菜花期长 30～40 d。开花期迟早和长短因品种及各地气候条件而有差异,白菜型品种开花早,花期较长,甘蓝型和芥菜型品种开花迟,花期较短;早熟品种开花早,花期长,反之则短;气温低,花期长。油菜开花期是营养生长和生殖生长最旺盛的时期。

(5)成熟期　冬油菜成熟期处于较高温度,一般在油菜终花后 25～30 d,比春油菜短。

(三)生育阶段

油菜从播种到成熟,经历 5 个生育阶段,包括发芽出苗期、苗期、蕾薹期、开花期和角果发育成熟期。各生育阶段的生长发育特点各不相同。

1. 发芽出苗阶段　油菜种子无明显休眠期。种子发芽的最适温度为 25 ℃,低于 3～4 ℃,高于 36～37 ℃,都不利于发芽。发芽以土壤水分为田间最大持水量的 60%～70% 较为适宜,种子需吸水达自身干重的 60% 左右。油菜发芽需氧量较高,当种子胚根、胚芽突破种皮后,氧消耗量为 1000 μl/g(鲜重)/h 左右,发芽初期土壤偏酸性有利。油菜种子吸水膨大后,胚根先突破种皮向上伸长,幼茎直立于地面,两片子叶张开,由淡黄色转绿色,称为出苗。

2. 苗期阶段　油菜从出苗(子叶出土平展)到现蕾(拨开顶端心叶可见到幼蕾)为苗期。甘蓝型中、迟熟品种苗期为 120～150 d,约占全生育期的一半,生育期长的品种可达 130～140 d。新鲜饱满的种子播种之后,在气温 16～20 ℃、土壤水分充足时,3～5 d 即可出苗。苗期出生的叶片为茎生叶,有较长的叶柄,有 10～13 片,叶片出生的速度随温度而定,气温高出生快,气温低则较缓慢,信阳市农业科学院多年观察,气温 15～17 ℃时,2 d 左右即可生出一片新叶,13～14 ℃则需 4 d 才能生出一片新叶,而在 10～12 ℃的条件下,则要延长到 6～8 d 才出现一片新叶,气温降到 10 ℃以下,叶片出生就更缓,需 10～15 d 或更长一些。此外,湿度对出苗快慢和出叶速度影响也很大,生产中由于干旱而延迟出苗或出苗不齐的现象是普遍的。2012 年在河南信阳,虽是适期播种,气温也适宜发芽,但由于干旱土壤水分不足,以致经 12～15 d 才出苗,出叶速度也很缓慢,到 12 月上中旬才达 5 片叶,比正常年份延迟 20～25 d。因此,播种时若遇干旱应采取抗旱播种,或播后及时浇水,避免出苗及出叶缓慢、苗不健壮而不能安全越冬,为抽薹开花奠定好的基础。另外,苗期的长短与播种期有密切关系,凡播种期早的苗期就长,播种期晚的则短;另外与品种特性也有关,冬性强的晚熟品种苗期较长,春性早熟品种较短。苗期长短还与当年苗期阶段的气温有关,冬季温暖时,一些春性早熟品种会出现早花而缩短苗期。总之,影响油菜苗期长短的因素是多方面的,以品种特性和苗期阶段气温的高低最为重要。

一般从出苗至开始花芽分化为苗前期,开始花芽分化至现蕾为苗后期。苗前期主要生长根系、缩茎、叶片等营养器官,为营养生长期。苗后期营养生长仍占绝对优势,主根膨大,并开始进行花芽分化。苗期适宜温度为 10～20 ℃,高温下生长分化快。苗前期营养生长好,则主茎总节数多,可制造和积累较多的养分,促进苗后期主根膨大,幼苗健壮,分化较多的有效花芽,不仅能保证安全越冬,而且为翌年枝多花多果多打好基础。总的说来,油菜苗期是器官分化、奠定丰产基础的关键时期。在栽培管理上,苗前期主要做到培育壮前,适时播种,合理密植,加强管理,使幼苗生长健壮。苗后期要及时深中耕培土,施用腊肥,达到冬发壮苗。

苗期出生的叶片,在整个苗期直到抽薹初花期都是重要的功能叶,它制造的养分,不仅供根、根颈的生长,甚至对以后出生的器官如茎、分枝、蕾、花、角果、籽粒的饱满都有间接的影响。民间有"年前多长一片叶,年后多长一个枝"的说法,这是符合油菜生育特点的。苗期出生的长柄叶,基部第一片的寿命最短,出生一个多月以后即逐渐枯黄脱落,最上的一片则长达 100 d 左右。长柄叶由于着生于基部,其腋芽常因环境条件不良,往往不能发育成有效分枝。

苗期阶段,苗株的鲜重和干重都随着叶片的增长而增加。据王有华等(2003)研究,幼苗在达 5 叶期时,鲜、干重都急剧增加,鲜重较 4 叶期时增加 2.0～2.3 倍,干重则增加 3.1～3.3 倍,说明 5 叶期是幼苗生长的一个重要时期,也可以说是油菜幼苗生长的转折期。为了培育健壮的幼苗,做好 5 叶期前后的管理工作是很重要的。一般情况下,5 叶期以前以"促"为主,5 叶期以后则应适当地"控",才能为越冬打好基础。

幼苗生长过程中,据信阳市农业科学院观察,在正常情况下,幼苗各叶龄地上部分与地下部分有直线性关系,直线方程 $y=16.71x-57.1$,回归系数极为显著($t=5.8485, P<0.01$)。地上部与地下部成正相关($r=+0.9543$)。因此,可根据幼苗地上部分生长状况判断根系生长状况,同时说明采取促进根系生长的措施,能得到地上部分生长健壮的效果。

幼苗根系生长在苗前期较为缓慢,苗后期逐步加快,随着根系的扩展,由下胚轴发育的根颈也不断长粗,根颈是油菜冬季贮藏养分的主要场所,因此,油菜根颈的粗度是安全越冬的一个重要指标,若越冬期根颈粗度达 1 cm 左右,翌年的产量就比较高。根颈粗度与苗期密度及间苗早迟有密切关系,若间苗过迟则幼苗拥挤的时间过长,根颈不可能粗壮,贮藏养分就会减少。

农谚有"苗好一半收"的说法,对油菜则更有特殊的意义,因为油菜苗期长,且以营养生长为主,但花序在分化且孕育着花蕾,又要经过严寒的冬季,苗株生长的好坏,对产量起着决定性的作用。因此,必须根据幼苗生育特性,结合当地当年的气候条件,采取相应的"促""控"措施,才能培育出壮苗。

3. 蕾薹阶段　油菜从现蕾到始花为蕾薹期,又叫现蕾抽薹期,历时 30～45 d。现蕾即指主茎顶端出现一丛花蕾,仍为 1～2 片小叶遮盖,仅稍露出一小部分。抽薹的特征是主茎顶端花蕾明显出现,茎秆长度达 10 cm 左右。现蕾到抽薹所需时间的长短与品种特性和当时气象条件有关,一般春性品种,现蕾到抽薹的时间较长,冬性品种则较短;现蕾后若气温在 10 ℃以上,即会迅速抽薹,而气温低于 10 ℃,则现蕾到抽薹的时间显著延长。生产上由于播期不当或密度过大,常会出现先抽薹后现蕾的反常现象,只要采取适当措施,及时深中耕蹲苗,消除基部枯黄叶片,减少病虫滋生,对产量不会有多大影响。

蕾薹期是油菜营养生长和生殖生长双旺时期,营养生长仍占优势,主茎不断延伸,分枝陆续出现,长柄叶继续生长,短柄叶也出现,叶面积迅速扩大,根颈加粗,强大的根系网形成。随着分枝的迅速生长,主薹生长速度逐步减慢。

油菜分枝是由叶腋间腋芽发育而成,并不是所有腋芽都能成为有效分枝,主茎基部 10 节以下的腋芽,虽在越冬前就已形成,但由于处于荫蔽、通风透光差的不良环境之中,以及营养分配等因素,并不能发育成有效分枝。大多数甘蓝型品种,主茎第 12～14 片以上的叶片其腋芽才能发育成有效分枝,一次分枝数目以 7～9 个为多,最少的只有 5～6 个,最多的可以达到 10 个以上。

　　分枝数与主茎叶数成正相关,主茎叶数多的分枝就多,叶数少的分枝就少,这是与叶的功能分不开的。因为叶是制造养分的重要器官,各组叶片在植株上所起的作用各有侧重,长柄叶直接影响根、根颈的生长,对分枝影响不大,短柄叶是开春后最大的一组功能叶,对分枝及角果的影响较大。

　　此外,分枝的发生和发育与环境条件也有关系,通风透光良好,水、养分充足,有利腋芽的发育,能增加有效分枝数目,因而生产上应采取合理的密度,适施苗肥,重施腊肥,争取植株生长良好,群体与个体协调,以增加全田有效分枝数。

　　现蕾之前,不仅进行花序分化,而且花蕾也在分化,两者各有特点,在时间上有交叉。

　　(1)花序分化　主花序分化大约在播种后 1 个月就开始了,早熟品种 2～3 片真叶、晚熟品种 5～6 叶时,即可见光滑透明的生长锥,以后生长锥逐步分化明显,直至可见小花蕾,花序分化过程共分 5 个时期:原始圆突期、圆突分化期、圆突群期、原始蕾期和始蕾期,共历时 36～49 d,随品种类型及气温变化而略有延长或缩短。早熟品种开始分化早,结束也早,分化时间短;晚熟品种开始及结束的时间均较迟,分化时间长,所以花蕾数目比早熟品种多,在相同条件下,早熟品种的分枝数目、角果数及产量都不如晚熟品种。

　　花芽分化的顺序是先主序后分枝,先最上分枝后最下分枝,每个分枝花序也经过上述 5 个分化过程,只是从原始圆突到始蕾期只需半个月左右。生产中落花、落果百分率及不实率是分枝大于主序,基部分枝大于上部分枝,这是由于花序分化的先后而造成的。为了增加花朵数,提高结角率,减少脱落和不实的机会,保证后分化的花蕾得到充足的养分和水分,以及群体间良好的通透条件,就显得特别重要。

　　(2)花蕾分化　在圆突群期花萼原基即开始分化,到原始蕾期,花瓣原基和雌雄蕊原基都开始分化,到达始蕾期,雌、雄蕊已开始伸长,然后是花粉母细胞及花粉母细胞减数分裂,直到花朵开放,花粉粒成熟。

　　这一阶段的栽培措施主要是使油菜达到春发稳长的要求,既要发得足,又要稳得住,以旺盛的营养生长来换取足够的营养积累,为开花结角夯实基础。

　　4. 花期阶段　油菜从始花到终花的一段时间称为开花期,开花期是营养生长达到最大值并进入旺盛的生殖生长为主导的阶段。盛花期时株高、叶面积和干重达最大值,最大叶面积系数可达 4～5,叶片光合作用旺盛。油菜花期长 30～40 d。开花期迟早和长短因品种和各地气候条件而有差异,白菜型品种开花早,花期较长,甘蓝型和芥菜型品种开花迟,花期较短。早熟品种开花早,花期长,反之则短;气温低,花期长。油菜开花期是营养生长和生殖生长最旺盛的时期。

　　开花顺序,在同一植株上与花序分化顺序一致,先主茎后第一次分枝,再第二次分枝;一个花序则是由下向上开放。单花开放过程分显露、伸长、展开、萎缩 4 个阶段。在开花的前一天下午,花萼顶端露出黄色花瓣,开放当天 07—10 时花瓣展开,开花后 2～4 d 花瓣才凋萎脱落,若遇阴雨低温,花瓣可保持一周左右。在开花期间,全天几乎都可以开花,上午 07—12 时较集中,占全天开花数的 80% 以上,上午则又以 09—10 时最集中,占全天开花数的 40%～45%。开花的最适温度为 14～18 ℃,气温在 10 ℃以下开花数量显著减少,5 ℃以下停止开花,开花期间若温度降至 0 ℃时,将造成花朵大量脱落,出现分段结实现象,我国南北过渡带常有这种情况发生。

　　由于开花是先主花序后分枝,所以主花序结角早,角果数也最多。据信阳市农业科学院资料,甘蓝型油菜品种信油 2508,主花序有效角果数占全株的 19.62%,无效角果数只占全株的 3.56%;其次是中部 4~7 个分枝的有效角果数比较多,为全株总角果数的 45.24%,但无效角果数也最多,占全株无效角果数的 45.77%,说明这部分分枝是结角潜力最大的部位,可以争取提高有效角果百分率。一个花蕾发育成一个有效角果是需要一定条件的,如充足的水、养分和足够的生长发育时间等。因此,生产上必须采取相应的措施,从选用品种和适时播种抓起,还要按油菜的生育要求,进行合理的田间管理,争取将一部分无效角果转变成有效角果,从而提高油菜的单产。

油菜授粉借昆虫或风力进行,白菜型油菜由于花药大多向外开裂,且具有自交不亲和性,因此,自交率只有 4.37%~36.22%,而异交率高达 75%~85%,是典型的异花授粉作物。甘蓝型和芥菜型的花粉成熟时,花药多向内开裂,自交亲和性强,自交率常达 30%~90%,低的也达到 40%~65%,异交率则在 10% 以下,为常异花授粉作物。

花粉落到柱头上大约 1 h 即可发芽,授粉后 18~24 h 即完成受精。开花当天或第二天受精力最强,3 d 之后受精力显著下降,因为柱头上的乳突细胞已逐渐萎缩、破坏,到 7~8 d 之后完全解体,丧失受精力。

油菜形成花蕾是比较多的,但结角率并不高。据信阳市农业科学院调查,有效角果数占花蕾数 50%~70%,在主要结实部位也只占 55.11%,基部及上部分枝则低于 50%。至于每个角果的结籽率,经信阳市农业科学院多年的观察,甘蓝型品种中油 821、中双 9 号、中双 11 号、湘油 10 号、湘油 17 号、信优 2405、丰油 701、华双 3 号、湘油 13 号、信优 2508 等平均粒数仅有 19~26 粒,结籽率为胚株数的 50%~65%。影响结角率和结籽率的因子是很多的,归纳起来有以下几方面:

(1)叶片对角果数的影响　叶片对有效角果数有一定影响。长柄叶虽然是油菜苗期的功能叶,但对有效角果数仍有一定影响,而开春后的主要功能叶——短柄叶,对有效角果数的影响很大,由于叶片是油菜制造养分的主要器官,叶片减少了,就降低了光合产物,而导致有效角果率下降。

(2)营养条件　油菜结角率和结籽率的高低与中、后期营养有关,从落花、落角的情况看,主花序脱落最少,一次分枝增多,二次分枝更多;在一个花序上顶端脱落最多,中、下部稍少,盛花期脱落多,初花期较少;幼角(果)脱落多,花和蕾脱落少,这些现象说明,先开的花营养比较充足,结角率都比较高,后开的花得到的养分不够,引起花、角(果)脱落或增加瘪果、瘪粒。据信阳市农业科学院试验,当基肥相同,追肥的种类、数量也相同,只是追施时间不同时,结角数的差异就很显著;追肥分苗肥、腊肥、薹肥施用的,单株有效角果数最高,平均达到 425.5 个;只追苗肥、腊肥的最差,单株角果数平均只有 322.6 个;追苗肥、薹肥的单株平均角果为 368.2 个,居两者之间,充分说明按油菜生育特点供给其营养的重要性。采取适施苗肥、重施腊肥、增施薹花肥是防止中、后期脱肥增加有效角果数的重要措施。

(3)气候因子　开花期间,若气温降至 10 ℃ 左右即会减少开花数目,开放的花朵其花粉生活力也不强,往往不能正常受精结实,导致结角率下降;另一种情况,开花时温度不低,但在开花正集中的 08—12 时降雨,也会显著降低受精结率。开花结角期间,若阴雨连绵,会限制蜜蜂的活动,对白菜型油菜的结籽率影响更大。此外,病虫害对结角和结籽的影响也不小,病毒病、霜霉病、菌核病都会破坏油菜的正常生育过程和养分的运输,引起花、角(果)脱落。蚜虫常导致角果不充实,可降低产量 10%~20%,重者 30%~40%,甚至更多一些,因此,对病虫害的防治也是应当充分重视的。

5. 角果发育成熟阶段　终花至成熟的这段时间为角果发育成熟阶段,一般费时 25～35 d,成熟过程的生理活动包括角果体积的增大、种子的发育和油分及其他营养物质的积累。

(1)角果体积的增大　油菜完成授粉受精过程之后,子房膨大成角果,花柱不脱落,形成果喙。角果是油菜后期进行光合作用的器官之一,具有叶片的功能。据日本资料,油菜角果皮光合作用的强度(15.5 mg $CO_2/dm^2/h$),只略低于叶片光合作用强度(20 mg $CO_2/dm^2/h$)。只是叶片与角果皮上气孔的数目不相同,长柄叶每平方毫米内约有气孔 271.7 个,短柄叶 286.9 个,无柄叶 232.1 个,角果皮 82.0 个,但角果位于植株最上部,且面积较大,分配也很合理,因此,角果皮的光合作用对产量的贡献是很大的。

(2)种子的发育　角果发育顺序与开花顺序一致,先开的花先发育。一个角果的发育先是沿纵长方向伸长,7～9 d 可达品种固有长度,晚熟品种也有延长到 15 d 左右的;角果横向生长延续的时间较长,从开花后约经 21 d 长宽才定型。

种子是由胚珠发育而来的,一个角果的胚珠数为 20～40 粒。主茎和第一次分枝上的角果,因为花芽分化时气温较低,胚珠数目比后期分化的角果略少,但由于分化时间早,形成种子的百分率高。

(3)油分及其他营养物质的积累　角果和种子发育的同时,植株内营养物质不断向种子转运,直至种子成熟。油分是光合产物蔗糖和淀粉转化成可溶性单糖,通过脂肪酶的作用而形成的。据分析:在开花后第 9 d,即角果长度基本定型的时候,种子内含油量只有 5.76%;开花后21～30 d 油分积累最快,从 17.96% 迅速增加到 43.17%,以后增加很少,仅占百分之几。随着油分积累的逐步增加,种子内含糖量就相对下降,开花后 10 d 种子内淀粉和可溶性糖都高达30% 左右,第 17 d 可溶性糖下降到 22%,淀粉含量只为 3.6%,第 29 d 种子内可溶性糖已降到2.5%,几乎没有淀粉存在,直到种子成熟都维持在这个水平。

油菜籽含油量高低与类型品种、成熟时气候条件和栽培措施都有关系。一般甘蓝型油菜含油量最高,白菜型次之,芥菜型偏低;同一类型中晚熟品种含油量较早熟品种高。在角果发育过程中,天气晴朗,日照充足,则茎、叶、角果能充分进行光合作用,营养物质积累较多,种子含油量就高,相反种子含油量就会偏低。后期施肥过晚或施氮肥过多,种子内蛋白质含量增加,油分就会相对减少;若后期脱肥或受旱受涝,则将导致植株早衰,且易被病虫危害,造成含油量下降。

油菜角果和种子的成熟是按开花顺序依次成熟的,所以全株角果是不可能同时成熟的。在角果和种子成熟阶段,对养分和水分的要求相对减少,气温 20 ℃ 以上对成熟最有利,晴天日照强,水、肥适当,成熟快,阴湿多雨或氮肥使用过多,将延迟成熟。

二、生育过程的温光效应

油菜生育期的长短是因品种而不同的,大体可分为早熟、中熟和晚熟类型。但同一品种在不同时期播种,其生育期的长短也有差异。这主要与油菜生长点发生质变的迟早有关,凡生长点发生质变早,油菜发育提早,则生育期短;相反,生长点发生质变迟,油菜发育推迟,则生育期长。而生育期的长短又影响产量的高低。引起油菜生长点发生质变迟早的主要因素是苗期的温度和光周期条件。油菜在长期系统发育过程中形成对一定温度和光周期条件的感应性称为油菜的感温性和感光性。

总体上看,油菜属于低温长日照植物,即生育早期需要适当的低温,花芽分化需要长日照条件。

杨业正(1983)概括当时已有的研究,结合自己的试验,把油菜分为春性、半冬性、冬性、强冬性。

白桂萍等(2019)归纳,冬性型品种对低温要求严格,在 0~5 ℃条件下,经 30~40 d 才能进入生殖生长阶段。冬油菜晚熟、中晚熟品种属此类,如甘蓝型晚熟品种秦油 2 号和胜利油菜;半冬性型品种要求一定的低温条件,但对低温要求不严格,一般在 5~15 ℃条件下,经 20~30 d 可开始生殖生长。一般冬油菜中熟、早中熟品种属此类,多数甘蓝型品种如秦油 2 号、中油 821、中双 9 号等,以及长江中下游中熟白菜型中熟品种均属此类;春性型品种可在较高温度下通过感温阶段,一般 10~20 ℃条件下,15~20 d 甚至更短的时间就可开始生殖生长。冬油菜的极早熟、早熟品种和春油菜品种属此类。

张俊(2009)研究认为,油菜种子发芽的起点温度为 3 ℃,气温在 16~20 ℃时,油菜 3~5 d 可以出苗;当日平均温度≥10 ℃时,油菜可以迅速抽薹;开花较为合适的温度为 16~25 ℃,当温度≥26 ℃时,开花明显减少,当温度≤4 ℃时,绝大部分植株不能开花;角果期的适宜温度为 16~22 ℃,日平均温度≥6 ℃角果就能结实成熟。冬性或半冬性油菜品种各生育时期所需积温占整个生育期所需的积温比例分别为苗期到蕾薹期 44.8%,抽薹到初花期 13.7%,初花到终花期为 14.7%,终花到角果成熟期为 26.8%(汪剑鸣等,1997)。

温度对油菜产量形成有重要影响。研究表明,一次分枝数、单株角果数、角果皮指数、主茎产量、实际产量与日平均温度呈正相关,而千粒重、籽粒与茎秆比、理论产量与日平均温度呈负相关(龚乃弘等,1997;雷元宽等,2013;廖桂平等,2001)。汪剑鸣等(1997)认为,油菜角果期温度≥30 ℃,并超过一定天数,会促使油菜高温逼熟,生育期长的油菜品种提前成熟,千粒重和产量降低,同时昼夜温差越大,产量越高;反之则低。

合理、准确利用温光反应特性,并且将其运用到引种、品种布局及高产栽培上。首先,在引种上的应用方面,引入品种是否适应当地的气候条件,与品种的感温性和感光性关系极大。油菜的温光反应特性可分 4 种类型:冬性—弱感光型,半冬性—弱感光型,春性—弱感光型,半春性—强感光型。前 3 类为冬油菜(仅春性—弱感光型中有春油菜),后一类为春油菜。冬性—弱感光型的油菜(如中国北方冬性强的冬油菜)引到南方种植,因不能满足其对低温的要求,发育慢、成熟迟,在海南省和广东省甚至不能抽薹开花。而西南地区春性强的冬油菜品种向北向东引种,若秋播过早则有早薹早花现象。加拿大和欧洲的甘蓝型春油菜品种引入中国长江流域秋播生育期较长,生长发育慢,这主要是由于这些品种感光性(对长日的感应性)较强所致。中国长江中下游中熟品种可互相换种,而华北、西南春性较强的品种则不宜在该地区种植。西南地区半冬性品种可引入长江中游栽培。西南地区春性品种可引入华南各省栽培。其次,在品种布局和栽培上的应用,在长江流域三熟制地区,要求种植能迟播早收的半冬性品种。而两熟制地区可采用苗期生长慢的冬性品种。在播种期选择上,由于春性强的品种早播后会早薹早花,易遭冻害,应适当迟播;而冬性强的品种应适时早播,促进其营养生长旺盛,以利高产。此外,春性品种发育快,田间管理应适当提前进行,否则营养生长不足,产量不高。

另外,在杂交育种中亲本的选择、育种材料的夏繁加代等都要考虑其温光生态特性。

(一)温度效应

1. 种子萌发和出苗的三基点温度 种子萌发是指种子从吸胀作用开始的一系列有序的生理过程和形态发生过程。种子的萌发需要适宜的温度、一定的水分、充足的空气。种子萌发时,首先是吸水。种子浸水后使种皮膨胀、软化,可以使更多的氧透过种皮进入种子内部,同时二氧化碳(CO_2)透过种皮排出,里面的物理状态发生变化;其次是空气,种子在萌发过程中所进行的一系列复杂的生命活动,只有种子不断地进行呼吸,得到能量,才能保证生命活动的正常进行;最后是温度,油菜种子萌发有最低、最适和最高3个基点温度。高于或低于最适温度,萌发都受影响。如果温度过低,呼吸作用受到抑制,种子内部营养物质的分解和其他一系列生理活动,都需要在适宜的温度下进行。超过最适温度到一定限度时,只有一部分种子能萌发,这一时期的温度叫最高温度;低于最适温度时,种子萌发逐渐缓慢,到一定限度时只有一小部分勉强发芽,这一时期的温度叫最低温度。

油菜种子无明显休眠期,外界条件适宜种子即可萌发和出苗,种子萌发最低、最适和最高3个基点温度分别为5 ℃、25 ℃、36 ℃。低于5 ℃或高于36 ℃都不利于油菜种子萌发。一般5 ℃以下需要20 d以上才能出苗,日平均温度16~20 ℃时,3~5 d即可出苗。了解油菜种子萌发的最适温度以后,可以结合油菜的生长和发育特性,选择适当季节播种。

2. 春化温度 油菜需要低温条件,才能促进花芽形成和花器发育,这一过程叫作春化阶段,而使花卉通过春化阶段的这种低温刺激和处理过程则叫作春化作用。

油菜通过春化阶段,除受其他条件综合作用的影响外,温度是一个主导因素,因此又称感温阶段。总的说来,油菜生长点的质变和进行发育需要较低的温度,但不同油菜品种由于其起源和所处的生态条件不同,其对温度的要求也是不同的。白桂萍等(2019)归纳,冬性型油菜对低温要求严格,需要在0~5 ℃的低温下,经过15~45 d才能进行发育。冬性型油菜的生育期较长,多为晚熟或中晚熟品种;半冬性型油菜对低温的反应介于冬性型和春性型之间,许多半冬性型油菜品种既可在冬油菜区进行秋播,又可在春油菜区进行春播,其生育期较冬性型短,较春性型长。一般冬油菜的中熟、早中熟品种属于此类;春性型品种可以在10 ℃左右,甚至更高温度下很快发育,此类型油菜生育期较短,在春季或初夏播种,均能正常抽薹开花。但如在秋季播种,早播遇高温,会提前开花,冬季易受害。多为早熟或中熟品种。

根据我国油菜品种春化阶段的特点,感温性大体上可分为3种类型。

(1)冬性型 冬性型油菜对低温要求严格,需要在0~5 ℃低温下,经15~45 d才能进行发育,否则油菜将长期停留在苗期阶段。苏联曾报道,将冬性型油菜栽培在温室中,由于得不到低温条件,在3年时间内油菜一直停留在苗期阶段,茎高达222 cm,先后出叶158片,植株上经常保持的绿叶数为6~8片。又据官春云(1981)观察,胜利油菜在长沙9月11日播种,翌年1月20日现蕾;而5月11日播种的,也要到翌年1月25日才现蕾,这是由于当年没有满足它对低温的要求所致。冬性品种在昆明(或西北、东北地区)夏播当年也不能现蕾,而停留在苗期阶段。冬油菜经春化处理后能显著提早其成熟期,如据罗文质(1955)研究,胜利油菜在6 ℃下春化处理30 d,比对照植株成熟期提早59 d。又如黄希(1981)在广东用0~5 ℃低温处理甘蓝型意大利油菜种子,冬播后可提早现蕾26 d。

冬性型油菜品种一般为冬油菜的晚熟品种或中晚熟品种。如中国现有的甘蓝型冬油菜晚

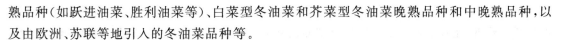

熟品种(如跃进油菜、胜利油菜等)、白菜型冬油菜和芥菜型冬油菜晚熟品种和中晚熟品种,以及由欧洲、苏联等地引入的冬油菜品种等。

(2)半冬性型　对低温的感应性介于冬性型和春性型之间,对低温的要求不如冬性型严格。半冬性品种在昆明(或西北、东北地区)夏播,有部分植株当年能够现蕾开花。

属于半冬性型的油菜品种一般为冬油菜的中熟和早中熟品种,如中国很多甘蓝型油菜的中熟和中晚熟品种(如信油 2508、丰油 701 等),以及长江中下游的中熟白菜型品种均属这一类。

(3)春性型　这类油菜可在 10 ℃左右,甚至更高的温度下很快进行发育。春性品种在昆明(或西北、东北地区)夏播,可正常发育,播后 3 个多月即可成熟。春性型油菜品种一般为冬油菜极早熟、早熟和部分早中熟品种,以及春油菜品种。如中国西南地区的白菜型油菜早中熟和早熟品种,华南地区的白菜型油菜品种和甘蓝型油菜极早熟品种,中国西北和加拿大、欧洲的春油菜品种等。

关于油菜感温的时期,有人认为用低温处理油菜种子能加快发育,提早成熟。但也有人认为用低温处理种子不能加速发育,一定要处理绿苗才有效。关于油菜接受温度诱导发生质变的部位,过去认为局限于茎的生长点。但近来研究证明,离体叶片和根系,若能获得春化所需的温度,由它们再生出来的植株也可开花。不少人认为,不论植物体的什么部位,凡是正在进行细胞分裂的组织,都可接受春化处理。已经通过春化的油菜砧木,可使未经春化的油菜接穗提早开花。

3. 出苗至花芽分化的温度效应　官春云等(2012)研究曾指出,不同品种在不同播期中出苗至花芽分化的天数最短一期所经历的日平均气温,可以认为是该品种通过发育的最适条件。在此基础上提出感温指数的概念"d/ ℃",即对低温感应较强的品种感温指数 6 以上;对感温中等的品种感温指数为 4.0～4.4;对感温较弱的品种其感温指数在 2.7 以下。这 3 类品种依次为冬性、半冬性和春性。

官春云(1985)研究了温度对油菜花芽分化的影响,发现同一品种在不同播期下,由于油菜所处温度条件的不同,导致从出苗到花芽分化所需的时间也不同,但有一期最长的,然后逐渐缩短,直到有一期最短,这一期所经历的日平均温度可以认为是通过发育的最适温度。这结果说明不同的熟性品种对外界温度环境的要求不同。不同类型的油菜品种,对春化处理日数的要求是有较大差异的。张俊(2009)研究得出,冬性油菜品种要求在较低的 3 ℃温度下且维持一个月左右才能进入花芽分化期;春性品种对低温的要求不是很严格,在 10 ℃以上的温度并且持续一个星期左右就能进入花芽分化阶段,春性较强的品种在越冬前就能进入现蕾抽薹期甚至是花期。

油菜出苗至花芽分化适宜的温度范围在 10～20 ℃,低于 3 ℃则明显导致油菜生长较慢,较高的温度有利于叶片的生长和干物质的积累,当温度达到 5 ℃以上时开始现蕾,10 ℃时现蕾速度明显变快(胡立勇等,2002)。

油菜为喜冷凉作物,种子发芽的下限温度为 3 ℃左右,在 16～20 ℃条件下,3～5 d 即可出苗,苗期具有较强的抗寒能力,叶片在－3～－5 ℃时开始受冻,－7～－8 ℃冻害较重,冬季极强的品种能耐－10 ℃以下的低温。日平均气温 10 ℃以上迅速抽薹,开花最适温度为 16～25 ℃,微风有利于花粉的传播,提高结实率,高于 26 ℃,开花显著减少,4～5 ℃,绝大多数植株花朵不能开。开花后如遇 0 ℃左右冰雪天气则受冻致死,甚至整个花序花蕾枯萎脱落。高温使花器发育不正常,蕾角脱落率增大,大风轻则引起倒伏,重则折枝断茎。角果发育期只要正常开花受精,在日平均温度 6 ℃以上都能正常结实。20 ℃左右最为适宜,昼夜温差大,有利于营养物质的积累,种子千粒重高。如遇干热风天气,出现 30 ℃高温,易造成高温逼熟。油菜在温度诱导过程中植株形态和生理变化如下:

(1)在形态上的变化 当满足了油菜对温度的要求后,主茎略有伸长,幼苗叶片由匍匐变为半直立或直立,叶色稍淡。甘蓝型油菜在未满足其对低温的要求前,仅伸展长柄叶,而在满足其对低温的要求后,才伸展短柄叶。

(2)在茎端结构上的变化 甘蓝型油菜在营养生长期茎端原套为 1～2 层,到花芽分化前增至 4～5 层,但到花芽分化时又降到 2～3 层。

(3)在生理生化上的变化 研究表明,甘蓝型油菜在营养生长阶段茎尖 RNA 含量不断上升,在生殖生长前达到最高极限,转入生殖生长后又急剧下降。而 DNA 的含量则比较稳定。这说明 RNA 是油菜转入生殖生长阶段所必须具备的生化条件。低温可诱导体内类似赤霉酸物质的形成。已春化了的冬性油菜叶片浸提液与 0.005% 赤霉酸在长日配合下,都能使金光菊属植物抽薹开花,而未进行春化诱导的冬性油菜叶片浸提液则没有这种作用。

4. 积温效应 一般情况下,当温度低于 5 ℃时,油菜就会停止生长。冷锁虎等(1991)研究表明:苗期至蕾薹期的生长起点温度为 8.7 ℃,有效积温接近 300 ℃·d;开花的适宜温度为 18～22 ℃;25 ℃以上或 10 ℃以下影响春油菜正常的授粉和结实,正常条件下,春油菜花期为 25～40 d,所需有效积温为 550 ℃·d 左右;花角期生长的起点温度为 11.2 ℃,有效积温一般要超过 330 ℃·d,为春性油菜确定适宜的播种期提供了理论指导。然而不同熟性的油菜各生育期对温度的要求也不同,因此,此规律并不能广泛应用于冬性、半冬性油菜的生育特性研究。

杨永龙等(2012)针对河西走廊高海拔地区气候变化复杂的特点,对该地区种植春油菜进行区划,有利于春油菜的高产和稳产,细化积温指标有利提高农业种植区划的科学性。对河西走廊东部祁连山区 2009—2010 年不同播种期种植的油菜生育期与积温关系进行了相关性分析。结果表明,稳定通过 0 ℃和 5 ℃的积温与出苗期的相关系数达到 0.900 以上,抽薹期与稳定通过 5 ℃积温的相关系数为 0.994,开花期与稳定通过 7 ℃积温的相关系数也在 0.900 以上,均呈显著相关,成熟期与稳定通过 5 ℃、7 ℃、10 ℃积温的相关系数分别为 0.868、−0.783、−0.783。气温稳定通过 0 ℃和 5 ℃,5 ℃、7 ℃、5 ℃和 7 ℃的积温可分别作为油菜出苗期、抽薹期、开花期、成熟期的热量指标。利用稳定通过 0 ℃、5 ℃、7 ℃、10 ℃的积温在不同海拔高度的变化分布,对河西走廊东部祁连山区油菜种植区进行了区划。

王锄非等(1987)研究表明:不同冬油菜品种各生育期所需活动积温与有效积温均有差异。先就活动积温而言,油菜播种到现蕾营养生长期间所需的活动积温,其下限为 579.5 ℃·d,上限为 998.5 ℃·d,按百分比计算占全生育期活动积温的 30.6%～42.0%;现蕾到成熟生殖生长期间所需的活动积温上限为 1309.4 ℃·d,下限为 998.5 ℃·d,占总活动积温的 58.0%～69.4%,可见生殖生长期油菜所需热量比营养生长期高 16.0%～38.8%。再从有效积温来看,油菜播种到现蕾营养生长期间所需的有效积温,其下限为 393.5 ℃·d,上限为 779.5 ℃·d,占总有效积温的 28.4%～43.5%,现蕾到生殖生长期间所需有效积温的下限为 988.7 ℃·d,上限为 1031.1 ℃·d,占全生育期有效积温的 56.5%～71.6%,则生殖生长期所需有效热量比营养生长期高出 13.0%～43.2%。

汪剑鸣等(1997)研究表明:冬油菜从出苗到成熟,活动积温一般在2000~2300 ℃·d,平均为2150 ℃·d左右。各生长阶段所需活动积温差异较大,出苗至抽薹为792.3~1192.1 ℃·d,平均为959.3 ℃·d,占整个生育阶段的44.8%;抽薹至初花期为185.6~420.9 ℃·d,平均为294.5 ℃·d,占13.7%;初花至终花期为186.2~384.5 ℃·d,平均为314.8 ℃·d,占14.7%;终花至成熟期为510.9~692.6 ℃·d,平均为575.5 ℃·d,占26.8%,整个生育期中前期积温多,中期后期积温较少,如以初花时为界,油菜初花生长前期积温占57.9%~59.4%,后期积温占40.6%~42.1%,虽然每年油菜各品种(系)各阶段积温相差较大,但前后期所占积温比例差异不大,这一规律可能对冬性或半冬性油菜有一定的代表性。

根据以上例证,春油菜播种后有效积温达80 ℃·d才能出苗,苗期至蕾薹期的有效积温接近300 ℃·d,花期所需有效积温为550 ℃·d左右,花角期有效积温一般要超过330 ℃·d,完成整个生育进程春油菜需要有效积温1260 ℃·d;冬油菜品种各生育期所需活动积温而言,油菜播种到现蕾营养生长期间所需的活动积温为579.5~998.5 ℃·d,现蕾到成熟生殖生长期间所需的活动积温为998.5~1309.4 ℃·d,完成整个生育进程的活动积温为1578.0~2307.9 ℃·d;冬油菜品种各生育期所需有效积温而言,油菜播种到现蕾营养生长期间所需的活动积温为393.5~779.5 ℃·d,现蕾到成熟生殖生长期间所需的活动积温为998.5~1031.1 ℃·d,完成整个生育进程的活动积温为1382.2~1810.6 ℃·d;而汪剑鸣等(1997)研究认为:冬油菜从出苗到成熟,活动积温一般在2000~2300 ℃·d,平均为2150 ℃·d左右。

冬油菜从播种到成熟需要一定的积温,一般秋播油菜从播种到成熟需要0 ℃以上积温1800~2500 ℃·d。各个生育期活动积温分布情况:播种到出苗≥0 ℃活动积温为111.70 ℃·d;出苗到5叶≥0 ℃活动积温为394.2 ℃·d;5叶到现蕾≥0 ℃活动积温为254.2 ℃·d;现蕾到抽薹≥0 ℃活动积温为146.0 ℃·d;抽薹到开花≥0 ℃活动积温为301.7 ℃·d;开花到成熟≥0 ℃活动积温为902.2 ℃·d。

陈秀斌(2013)对不同熟期油菜生育、不同品种油菜叶数、不同熟期品种株高生长速度和不同熟期油菜干物重等的活动积温差异研究表明:①不同熟期油菜生育期及活动积温差异。早播条件下,早熟品种现蕾平均比晚熟提早32.5 d,开花平均提早33.5 d,成熟期平均提早5.9 d;晚播情况下早熟现蕾平均比晚熟提早5.3 d,开花平均提早3.3 d,成熟期平均提早4.0 d。早播情况下早晚熟品种生育期差异更明显。不同播期不同品种在2013~2575 ℃·d完成全生育期。其中,苗期530~1300 ℃·d,蕾薹期119~380 ℃·d,花期340~450 ℃·d,角果期261~670 ℃·d。不同播期对不同熟期品种苗期长短影响很大,10月1—6日早播条件下,早熟品种需要530~919 ℃·d,晚熟品种为1000~1300 ℃·d。晚播条件下早熟品种650~834 ℃·d,晚熟品种831~879 ℃·d。②不同品种油菜叶数及活动积温差异。早播条件下绿叶数分别在越冬前和初花期出现时出现峰值,10月6日播种下分别在活动积温1000 ℃·d左右和1400~1700 ℃·d;而晚播情况下绿叶数只有一个峰值,11月1日播种下活动积温1100~1400 ℃·d。早播早熟油菜最大绿叶数比晚熟品种平均少3.3片,晚播早熟品种最大绿叶数比晚熟品种少2.0片。早播下早晚熟品种间最大绿叶数差异比晚播大。③不同熟期品种株高生长速度及活动积温。株高与活动积温之间呈现"S"形生长曲线关系,尤其是早播条件下,前期由于处于苗期,营养物质积累少,同时进入冬季低温期,株高生长缓慢,当活动积温达到1700 ℃·d左右时,油菜进入抽薹期,株高生长变快直到终花期。早熟油菜株高比晚熟品种低,早播条件下株高平均低 23.9 cm,晚播条件下平均低 8.5 cm。早播条件下株高比晚播高,早熟品种早晚播间平均差异达 4 cm,晚熟品种早晚播间平均差异达 19.4 cm,播期对晚熟品种株高差异比早熟品种更明显。④不同熟期油菜干物重与活动积温关系。单株干物重主要与品种遗传特性有关,杂交种普遍单株干物重比常规种高,不同播期条件下杂交种干物重平均比常规种分别高 13.48 g 和 4.69 g。每增加 100 ℃·d 活动积温,早播比晚播积累干物质多,杂交种比常规种积累干物质多。根干物质重与活动积温之间呈先上升后下降的关系,早播油菜最终根干物重在 3~5 g,晚播最终根干物质重在 2~3 g。早熟品种茎枝干物重在后期有下降的趋势,主要是早熟品种角果形成较早,茎秆营养物质向角果转运较多。叶片干物重在早播条件下达到最大值在活动积温 1100~1300 ℃·d,晚播时最大值在 1100 ℃·d 左右。早熟品种最大叶片干物重比晚熟种要小。早熟品种早期角果干物质较高,后期则跟熟期没有相关性,与品种遗传特性有关。

华中农业大学饶娜(2017)利用半冬性甘蓝型油菜品种圣光 127 和华油杂 9 号等为材料研究不同播期密度条件下早熟油菜各器官干物质与积温的关系。结果表明:根干物质积累量随密度的增加而减小,积累速度变缓,其中当活动积温到达 1019.6~1191.1 ℃·d(苗后期)时,增长最快。10 月 2 日播种密度 15 万~75 万株/hm² 的增长率分别为 0.023~0.222 g/d,10 月 15 日播种,增长率分别为 0.006~0.043 g/d,10 月 28 日播种,增长率分别为 0.012~0.081 g/d。不同播期及密度处理根干物重均在花期达到最大值,分别为 1.25~9.30 g/株、0.57~3.33 g/株、0.44~1.64 g/株。不同播期间油菜根干物质的积累不同,10 月 2 日播种,根干物质在积温到达 836.4 ℃·d 时就开始迅速生长,在积温到达 1191.1~1471.2 ℃·d 到最大值,之后下降;10 月 28 日播种根干物质在积温到达 939.7 ℃·d 才快速增长,在盛花期积温到达 1324.7 ℃·d 达到最大值,之后缓慢下降然后不变;10 月 28 日播种,根干物质重的积累较为缓慢,在角果期积温达 2151.4 ℃·d 达到最大值。播期推迟,根干物质积累量减少。

不同播期及密度条件下,油菜茎干物质积累均是经过一段时间的缓慢增长后迅速上升。10 月 2 日播种,在积温到达 1191.1 ℃·d 时快速增长,其中在积温到达 1471.230~1634.237 ℃·d 时增长最快,可达 0.07~0.98 g/d,最大值可达 44.00 g/株、27.16 g/株、16.58 g/株、10.33 g/株、8.59 g/株;10 月 15 日播种,茎干物质在积温为 889.8 ℃·d 快速增长,可达 0.08~0.33 g/d,最大茎干物质可达 6.02~25.12 g/株;10 月 28 日播种,茎干物质在积温为 939.7 ℃·d 时快速增长,可达 0.08~0.33 g/d,最大茎干物质可达 25.12 g/株、15.66 g/株、9.42 g/株、6.26 g/株、6.02 g/株。由此可见,不同播期间茎干物质重的积累量和增幅存在差异,播期推迟,茎干物质的积累量减小,增幅也减小。

油菜叶片干物质积累随密度的增加而减小,播期推迟,叶片干物质积累量减小。10 月 2 日播种,叶片干物质积累量在蕾薹期前后积温到达 1191.1 ℃·d 时达到最大值,密度为 15 万~75 万株/hm² 的最大值分别为 23.43 g/株、13.30 g/株、9.66 g/株、4.34 g/株、3.53 g/株;10 月 15 日播种,叶片干物质在盛花期积温达到 1385.2 ℃·d,叶片干物质在盛花期达到最大值,分别为 13.89 g/株、8.19 g/株、3.60 g/株、2.56 g/株、2.16 g/株;10 月 28 日播种,叶片干物质在终花期积温到达 1266.8 ℃·d 达到最大值,分别为 9.21 g/株、5.01 g/株、2.82 g/株、1.75 g/株、1.14 g/株。

不同播期处理,角果干物质均随生育期而增加,并且增速不断加快;不同密度间,角果干物重随密度的增加而下降,10 月 2 日播种,密度为 15 万~75 万株/hm² 角果干物重日均增长率分为

0.84 g/d、0.53 g/d、0.35 g/d、0.21 g/d、0.10 g/d,10 月 15 日播种,增长率分别为 0.93 g/d、0.58 g/d、0.42 g/d、0.28 g/d、0.21 g/d,10 月 28 日播种,增长率分别为 1.20 g/d、0.51 g/d、0.42 g/d、0.31 g/d、0.36 g/d,3 个播期角果干物质均在成熟期达到最大值,分别为 75.19 g/株、47.49 g/株、31.93 g/株、18.57 g/株、9.38 g/株,47.22 g/株、29.50 g/株、21.58 g/株、14.34 g/株、10.77 g/株、52.78 g/株、22.65 g/株、18.45 g/株、13.45 g/株、15.97 g/株。

另外,饶娜(2017)利用半冬性甘蓝型油菜品种圣光 127 和华油杂 9 号等为材料也研究不同油菜品种单株干物质与积温的关系,研究表明:早播(10 月 2 日)条件下,圣光 127 和华油杂 9 号干物质积累速率最快时的积温分别为 1360.7 ℃·d 和 1579.2 ℃·d,差值为 218.5 ℃·d,差异达到显著水平;单株干物质最大值分别为 36.2 g 和 31.5 g,圣光 127 比华油杂 9 号多 4.7 g。晚播(10 月 28 日)条件下,圣光 127 和华油杂 9 号干物质积累速率最快时的积温分别为 1076.8 ℃·d 和 1136.6 ℃·d;单株干物质积累 20.5 g 和 26.3 g,华油杂 9 号比圣光 127 多 5.7 g。

(二)光照效应

1. 光周期效应

(1)油菜花芽分化的日长条件　油菜完成春化阶段后,还需经历另一质变的过程——光照阶段,才能开花结实。这个阶段的发育,主要是对一定日照时数的要求,又叫感光阶段。

油菜属低温长日照作物,通过光照阶段的日照时数,据研究每天 14 h 即能满足要求。如果延长到 14 h 以上就能提早现蕾开花,每天光照时数缩短到 12 h 以内则不能正常现蕾开花。例如,胜利油菜在每日 24 h、16 h 光照下,其开花期比 8 h 处理的提早 17~21 d,比 12 h 和自然光照处理提早 12~16 d,冬油菜和春油菜的杂交种第一代的感光性主要受母本控制。光照阶段的通过与其他条件的关系也十分密切。一般在适温范围内,较高的温度能使油菜提早现蕾开花。如果在夏季高温条件下,就会阻碍正常的生理过程,不利于光照阶段的通过,甚至影响以后的发育。油菜的感光性与其地理起源和原产地生长季节中白昼的长短有关。春油菜花前经历的光照长,故属对长光照敏感类型;而冬油菜,即使是生长在高纬度的冬油菜,由于花前所经历的光照较短,故属对长光照不敏感的类型。

(2)油菜感光性的类型　蔡长春等(2007)以对光周期分别表现稳定弱敏感和强敏感的春性甘蓝型油菜品种 DH401(P1)与 Q2(P2)配制 F1 代并经小孢子培养获得的 DH 群体来研究开花期和光周期敏感性的遗传规律。将 P1、P2 和 DH 群体连续 2 年分别种植在长日照的甘肃省和政县和短日照的广东省肇庆市、湖北省武汉市 3 地并调查开花期,以从和政县和肇庆市获得的开花期来计算光周期敏感指数(PSI),采用主基因-多基因混合遗传模型对该 DH 群体的开花期及光周期敏感指数进行遗传分析。结果表明,在和政、武汉和肇庆,开花期分别由 3 对加性-上位性主基因+多基因、2 对加性-上位性主基因+多基因和 2 对累加作用主基因+多基因的控制;主基因遗传率分别为 91.13%、63.05% 和 62.02%,多基因遗传率分别为 4.43%、1.58% 和 22.71%。光周期敏感指数由 2 对隐性上位主基因和多基因控制,主基因和多基因遗传率分别为 50% 和 37.5%。同时也估算了该 DH 群体的其他遗传参数。因此,开花期和光周期敏感性主要由 2 对或 2 对以上主基因和多基因控制,不同光周期条件下开花期基因之间的互作模式有所不同。

根据油菜对光照长度的感应性,油菜的感光性分为强感光性和弱感光性,甘蓝型油菜的感光性可分为 4 个类型:冬性弱感光型、半冬性弱感光型、春性弱感光型、春性强感光型,前 3 类基本是冬油菜品种,后一类是春油菜品种。强感光性油菜主要是北美加拿大西部、欧洲北部和中国西北部春油菜品种,花前所需的日照长度分别为 16 h、15 h 和 14 h。弱感光性油菜主要是所有冬油菜品种,花前所需日照长度为 10 h 以内(刘后利,1987)。倪晋山等(1955)研究得出,每天 12 h 的光照不能满足春油菜光照阶段的要求,不能很好地开花,而延长到 14 h 的光照基本能满足要求,当延长到 14 h 以上时开花明显提早,当 20 h 以上时提早开花的效果已基本不再变化。因此,对冬性半冬性油菜来说,最低日照时数为 14 h 左右,最适宜开花的日照长度(下简称日长)为 20 h 以上。

① 强感光类型　北美加拿大西部,欧洲北部和中国西北部的春油菜为强感光类型。加拿大西部的春油菜花前经历的平均日长为 16 h 左右;欧洲北部的春油菜花前经历的平均日长为 15 h 以上,中国西北部的春油菜花前经历的平均日长为 14 h 以上。

② 弱感光类型　所有冬油菜和极早熟的春油菜为弱感光类型。如欧洲中部和东北部的冬性冬油菜,花前经历的平均日长在 10 h 以内;亚洲东北部的冬性冬油菜花前经历的平均日长为 10.5 h 左右;欧洲西南部沿海地区的半冬性油菜花前经历的平均日长在 10 h 以内;中国长江流域等地和朝鲜、日本南部的冬性油菜花前经历的平均日长接近 11 h;澳大利亚西南部和新西兰的半冬性冬油菜花前经历的平均日长为 10.5 h 左右;中国南部和大洋洲的春性冬油菜花前经历的平均日长为 11 h 左右;中国西北的极早熟白菜型春油菜花前经历的平均日长在 10 h 左右。

(3)对长日条件敏感程度的品种间差异　白桂萍等(2019)归纳:敏感型春油菜在开花前经历的日照长,一般对日照长度敏感,开花前需经过 14~16 h 平均日长。如加拿大、澳大利亚和中国北方的春油菜品种均属此种类型;钝感型冬油菜在开花前一般经历的日长较短,故对长日照不敏感,花前需经历的平均日长为 11 h 左右,如中国南方的冬油菜。

(4)感光性强弱的地域分布　白桂萍等(2019)归纳如下:

① 冬性弱感光类型(冬油菜)　分布于中国中北部,即北纬 33°~40°、东经 105°~125°的区域,包括河南、河北、山东、山西、陕西、辽宁南部、江苏北部和安徽北部等。油菜花前经历的平均日长为 10.5 h 左右。

② 半冬性弱感光类型(冬油菜)　分布在中国西南及华中、华东的部分省份,即北纬 25°~33°、东经 100°~125°的区域,包括云南、贵州、四川、湖南、湖北、江西、安徽、江苏、浙江、上海以及福建北部等地。油菜花前经历的平均日长接近 11 h。

③ 春性弱感光类型(冬油菜及部分春油菜)　分布在华南沿海和西南部分地区,即北纬 18°~25°、东经 98°~125°的区域,包括云南、贵州、四川、湖南、湖北、江西、安徽、江苏、浙江、上海、福建北部等地。油菜花前经历的平均日长接近 11 h。青海新育成的某些甘蓝型春油菜品种也属春性弱感光类型。

④ 春性强感光类型(春油菜)　分布在中国西北部和东北部,即北纬 35°~50°、东经 73°~135°的区域,包括新疆、青海、甘肃、陕西北部、河北北部、内蒙古、辽宁、吉林、黑龙江等地。油菜花前经历的平均日长为 14 h 以上。

(5)油菜光周期现象的内部生理过程　很多研究根据不同类型植物的起源,把在光周期过程中的光合反应、光化学和暗化学反应联系在一起,认为在这些内部生理过程中形成一种不稳定的产物,这种产物对光与暗反应是不同的,或是形成促进开花的稳定物质,或是在光和暗化学反应中被分解而不能起促进开花的作用。这些过程与植物类型对日长长期形成的适应性有关。此外,植物体内光敏素的状态或类型与植物发育关系也很大。

2. 光照强度的影响 绿色植物的光合作用强度在 CO_2 的饱和点前,随 CO_2 浓度的增加光合强度增加;当超过 CO_2 的饱和点后,CO_2 的浓度再增加,光合强度不再增加。CO_2 是光合作用的原料,对光合速率影响很大。空气中的 CO_2 含量一般占体积的 0.033%(即 0.65 mg/L,0 ℃,101 kPa),对植物的光合作用来说是比较低的。如果 CO_2 浓度更低,光合速率急剧减慢。当光合吸收的 CO_2 量等于呼吸放出的 CO_2,这个时候外界的 CO_2 数量就叫作 CO_2 补偿点。

光照强度弱,光合降低比呼吸显著,所以要求较高的 CO_2 水平,才能维持光合与呼吸相等,也即是 CO_2 补偿点高。当光照强度、光合作用显著大于呼吸作用,CO_2 补偿点就低。油菜高产栽培的密度大,肥水充足,植株繁茂,吸收更多 CO_2,特别在中午前后,CO_2 就成为增产的限制因子之一。油菜对 CO_2 的利用与光照强度有关,在弱光情况下,只能利用较低的 CO_2 浓度,光合慢,随着光照的加强,油菜就能吸收利用较高的 CO_2 浓度,光合加快。

例如:邵玉娇等(2009)以华双 3 号、中油 821 和北堡 6 号为试验材料,在角果生长发育期进行田间人工遮光处理并定期采样分析。结果表明:遮光条件下,角果干物质生产能力明显下降,籽粒含油量在后期迅速下降,在籽粒发育前期粗蛋白含量明显提高,可溶性糖含量无明显变化。

王锄非等(1987)研究表明:油菜在遮光条件下,茎、叶的生长,叶绿素的含量,分枝的发生,开花期,花粉生活力,以及产量性状均受到强烈的影响;而不同生育时期遮光,效应不同。一般蕾薹期遮光对油菜营养器官的生长发育影响较大。开花期和成果期遮光对生殖器官及产量建成的影响较大。油菜在 3 个生育期均不遮光,其营养器官、生殖器官以及产量建成均最好,而这 3 个时期均遮光处理得最差,并且在油菜生殖生长期间,任一生育时期遮光其减产幅度均在 45% 以上。

在油菜栽培上,光照强弱必须与温度高低相互配合,才有利于油菜的生长发育及产品器官的形成。如果光照减弱,温度也应相对降低,光照增加,温度也要相应提高,这样才有利于光合产物的积累。如果在弱光环境下,温度过高,引起呼吸作用增强,会消耗过多的营养物质,不利于油菜产量及品质的提高。大多数油菜的光饱和点(光强增加到光合作用不再增加时的光照强度)为 4 万~5 万 lx(勒克斯)。超过光饱和点,光合作用不再增加并且伴随高温,往往造成油菜生长不良。

油菜的茎、叶生长与光照强度有密切的关系,强光与细胞的伸长和扩大有抑制作用。特别是蕾薹期的光照强弱,对植株的生长影响较大。这一时期光照强度大,植株生长稳健,茎秆粗壮,绿叶数多,且叶绿素含量高,不易形成细茎高脚苗,能为油菜高产形成良好的物质基础。蕾薹期的光照强弱也是奠定第一次有效分枝数和总分枝数的基础;开花期光照强度大,对巩固第一次分枝数和形成第二次分枝有明显的促进作用。油菜成果数和籽粒的充实度,在遮光条件下均有所下降。

角果发育成熟期田间荫蔽、不通风、透光的油菜田块,其籽粒重下降幅度较大,且粒重与果壳重之比较小。表明角果发育成熟期光照强度弱不仅物质生产较少,同时光合产物较多的积累在果壳内,未能充分有效地输送到籽粒中去,而较早时期光照强度弱,如蕾薹期或开花期光照强度弱对籽粒重的形成影响较小。

　　总之,当前油菜为了适合机械化生产,栽培密度普遍较大,田间遮光、荫蔽,特别是油菜植株体下部分采光不足,对产量有一定的影响。这就要求在田间管理时,注重清沟排渍,增加田间通气、透光,必要时在蕾薹期摘掉老叶、病叶。

3. 光质的影响　可见光划分为红光(650~760 nm)、橙光(600~650 nm)、黄光(560~600 nm)、绿光(500~560 nm)、青光(470~500 nm)、蓝光(430~470 nm)、紫光(390~430 nm)。植物对光的吸收不是全波段的而是有选择性的,但不同绿色植物对光的吸收谱基本相同,就红(橙)、黄、绿、蓝(紫)4种波长的光而言,叶片对其的吸收能力为蓝(紫)＞红(橙)＞黄＞绿。日光中强度最大的恰恰是波段500 nm左右的绿光,而蓝紫和红橙区的含量相对较弱。因此,日光虽能促进植物均衡地生长,但其光效并不高。光质对光合作用的影响具体概况如下:

　　(1)光质对叶片的影响　光质影响叶片生长。蓝光有利于叶绿体的发育,红、蓝、绿复合光有利于叶面积的扩展,而红光更有利于光合产物的积累。光质还影响气孔的开合。研究表明,叶绿体中存在的一种特殊的蓝光受体(玉米黄质)使得蓝光在促进气孔开放方面其有更高的量子效率,光质还可以调节保卫细胞内的物质浓度,通过渗透作用实现对气孔开闭的调节。

　　此外,光质对气孔的大小和数目也有影响。红光下菊花的气孔较大但数量较少,而远红光下气孔小但数量较多。

　　(2)光质对叶绿体的影响　红光和远红光可通过光敏色素借助细胞微管系统介导叶绿体运动。红光可以使叶绿体宽面朝向光的面,而远红光逆转这个过程。不同光质还可以调节叶绿素含量。尽管叶绿素含量可能因植物种类、组织器官不同而不同,但大多试验表明,蓝光可以提高多种植物的叶绿素 a 含量,且蓝光下的植株一般具有阳生植物的特性(叶绿素 a/b 值较高),而红光培养的植株与阴生植物相似(叶绿素 a/b 较低)。此外,光质还能影响植物叶片的类胡萝卜素含量。

　　(3)光质对光系统的影响　光质能调控叶绿体类囊体膜的结构和功能。据报道,红光处理的黄瓜叶片 PSⅡ活性与 PSⅡ原初光能转换效率比白光和蓝光处理高;蓝光处理的 PSⅡ活性最低,但 PSⅠ活性最高。也有不同的报道,Bondada 等研究发现,叶绿体的光化学效率在蓝光下升高,在红光下降低。

　　此外,光质的改变还可以造成 PSⅠ和 PSⅡ之间光吸收和电子传递的长期不平衡,而植物可以通过自身对 PSⅠ和 PSⅡ各成分的比例调节来抵消这种不平衡,从而使激发能在两系统间合理分配。但单色光的波长范围太窄,有可能引起 PSⅠ和 PSⅡ的光子不均衡而改变电子传递链,从而降低表观量子产量。

　　(4)光质对基因表达的影响　D1 蛋白和 D2 蛋白组成了 PSⅡ反应中心的基本框架。D1蛋白是由质体基因 psbA 编码的,它既能为各个辅助因子提供结合位点,也对原初电荷的分离和传递起着重要的作用。研究表明,psbA 基因的表达受光质的影响。此外,聚光色素复合体(LHC)和 Rubisco(核酮糖-1,5-二磷酸羧化酶/加氧酶)相关基因的转录也受红光和远红光协同调节。

　　(5)光质影响酶活性　Rubisco 是光合作用碳同化的关键酶,光质不但影响其合成,还可影响其活性。此外,在多种植物中发现增加蓝光比例可以提高植物呼吸速率和硝酸还原酶活性,前者的产物为蛋白质类合成提供了充分的碳架,后者则提供了较多的可同化态的氮源。所

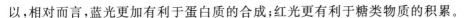

以,相对而言,蓝光更加有利于蛋白质的合成;红光更有利于糖类物质的积累。

(6)光质与光合速率　植物光合色素吸收一个适当能量的光子也将从色素分子中逸出一个电子。必须强调一个光子不可能它的能量传递给两个或者更多的电子,两个或者更多的光子的能量也不能结合起来发射一个电子。因此,必须具有一个超过临界值能量的光子才能使色素分子中的一个电子受激发,从而启动光合作用。所以,光合作用的光反应并不与光能量呈正比,而是与光量子数呈正比。理论上,在相同光强下,较长波长光更有利于光合作用,即光合作用强度红橙光＞蓝紫光。

李慧敏等(2015)介绍,以甘蓝型油菜品种宁油 12 为试材,采用单因素随机区组设计的盆栽试验,将直播后长子叶展平时的油菜幼苗转入荧光灯(FL,对照)、蓝光(B)、蓝红组合 1∶1(BR1∶1)、蓝红组合 1∶8(BR1∶8)和红光(R)下进行照射,考察不同光质对甘蓝型油菜生长指标、根系活力、叶绿素含量和光合产物等的光效应,筛选适合甘蓝型油菜工厂化育苗的人工光源,为油菜的工厂化育苗的光源合理利用提供理论指导和技术支持。结果表明:①油菜幼苗的鲜质量、干质量、根长、株高、茎粗和叶面积在 BR1∶8 处理下最大,并显著高于对照 FL;②BR1∶8 处理下的幼苗根系活力最强,其次为 B 处理,二者都显著高于对照 FL;③幼苗叶片叶绿素 a、叶绿素 b、叶绿素总量和类胡萝卜素的含量在各光质处理下变化趋势一致,即 B 处理最大,其次是 BR1∶8 处理,二者均显著高于 BR1∶1、R 和 FL 处理,但 BR1∶1、R 和 FL 处理间均无显著差异;④BR1∶8 处理幼苗叶片的可溶性糖、淀粉和游离氨基酸含量最高,且都显著高于 BR1∶1、R 和 FL 处理;B 处理幼苗叶片的蔗糖、可溶性蛋白和抗坏血酸含量最高,且显著高于 BR1∶1、R 和 FL 处理;BR1∶8 处理叶片的可溶性碳和氮含量最高,其次为 B 处理,并显著高于 BR1∶1、R 和 FL 处理;而对照 FL 处理的碳氮比最大,显著高于其他处理。研究认为,蓝红组合光(1∶8)能显著提高甘蓝型油菜叶片可溶性糖、可溶性淀粉、游离氨基酸、可溶糖总碳和总氮的含量,而蓝光则能显著促进叶片光合色素、蔗糖、可溶性蛋白和抗坏血酸的积累,有效促使幼苗快速、健壮生长,生产中可采用蓝红组合光(1∶8)和蓝光作为甘蓝型油菜育苗的人工光源。

陈志等(2013)研究表明:油菜种子播种于盛有泥炭土、珍珠岩和蛭石的混合基质的培养皿,然后将培养皿放置在 9 种不同的光质进行培养:荧光灯(FL)、植物生长灯(PGL)、LEDs 红光(R)、LEDs 蓝光(B)、LEDs 绿光(G)、LEDs 白光(W)以及不同 LEDs 红、蓝配比光质(RB2∶1,RB3∶1 及 RB4∶1)。结果表明,在 LEDs 绿光下,油菜幼苗生长最高,其次是 LEDs 红光下生长的幼苗,而荧光灯下生长的幼苗最低,而且进一步结果表明,在单色光(绿光、红光及蓝光)下生长的幼苗高和生长速度均大于在复合光质中生长的油菜幼苗,但是不同的光质对幼苗生长早期高生长规律无影响。而幼苗根的生长、叶面积、叶绿素含量及幼苗地表茎粗结果与前相反,混合光源下的幼苗在这些方面明显优于单色光。同时,干、鲜质量结果也表明,单色光不适于油菜幼苗的生长,而在不同的 LEDs 红、蓝配比光质下生长的幼苗质量不低于在荧光灯下生长的幼苗。幼苗茎段组织切片结果表明,在不同的 LEDs 红、蓝配比的光质下生长的油菜幼苗均有大量初生木质部形成,尤其是在 RB3∶1 光质中生长的幼苗,已初步具有完整的初生木质部及形成层,优于荧光灯下生长的幼苗。

综上所述,不同光质对油菜的影响效应不尽相同,其蕴含的机理是错综复杂的,油菜在红橙光下光合速率最高,蓝紫光其次,绿光最低,但不同的油菜品种之间,研究得到的试验结果也略有差异。此外,光质除了作为一种能源控制光合作用外,还可作为一种能发信号影响着油菜的生长发育、形态建成、抗逆和衰老、物质代谢以及基因表达等。

第二节　油菜生育过程的有关代谢

一、脂肪代谢

油脂作为医药、日化、食品加工等众多行业的重要原材料,在人类日常饮食中也是不可或缺的营养组成部分。其中,植物油脂更是凭借其易于加工存储、安全健康的特点,占到了中国居民日均食用油摄入量的 90%,已经取代动物油脂成了中国主要的消费用油(房红芸等,2017;马云倩等,2020)。油菜是中国最重要的自产食用油来源,每年可提供 520 万 t 菜籽油,在所有国产植物油中所占的比例达到了 47%,同时,中国每年还需从加拿大等国进口将近 500万 t 油菜籽以满足国内需求,菜籽油的消费量占到了国内食用植物油消费总量的 1/4(刘成等,2019)。由此可见,中国油菜产业的对外依存度很高,这显然不利于中国的食用植物油安全,而通过针对性改良脂肪酸组成实现油菜用途的多样化、提升油菜的综合利用价值对于打破这一局面、增强国内油菜产业活力有着极其重要的意义。

种子中油脂的主要成分是甘油三酯(Triacylglycerol,TAG),由甘油骨架和脂肪酸链两部分组成,脂肪酸是其中可变的部分,脂肪酸的组成直接决定了油脂的理化性质以及相应的用途(杜卓霖,2020)。

(一)脂肪合成

1. 脂肪代谢的酶系统　油菜种子油脂累积涉及 10 多个酶促反应,酶活性的高低直接影响着菜籽的含油量。刘祥含等(2017)认为,油脂合成酶的酶活性高低对油菜含油量的影响非常大,酶活性高的品种或品系其含油量也高,酶活性低的品种或品系其含油量也低,特别是后期酶活性和角果成熟期的长短对油菜含油量的影响更大。

(1)乙酰-CoA 羧化酶(ACC)　脂肪酸的合成所需要的碳源来自乙酰-CoA。乙酰-CoA 和 HCO_3^- 在乙酰-CoA 羧化酶(ACC)的作用下生成丙二酸单酰 CoA,从而参与脂肪酸合成中碳链的延长。乙酰-CoA 羧化酶(ACC)是脂肪酸生物合成的限速酶,在油菜种子中,脂肪酸合成速率受控于乙酰-CoA 羧化酶(ACC)活性的高低。

ACCase 在植物中有两种形式:异质型(heteromeric)ACCase(简称 ACCaseⅡ)和同质型(homoerie)ACCase(简称 AC-CaseⅠ)。异质型主要存在于双子叶植物和非禾本科单子叶植物的质体中,具有 4 个亚基:一个生物素羧基载体蛋白(biotin carboxyl carrier protein,BCCP)亚基,一个生物素羧化酶(biotin carboxylase,BC)亚基,转羧酶(biotin teansearboxylase,CT)的两个亚基 CTα 和 CTβ。在活性状态下,前两个亚基呈现同型二聚体,而 CTα 和 CTβ 是异型二聚体。同质型 ACCase 主要存在于植物的胞质中,它的肽链排列顺序是 BC、BCCP、C 和 C,形成了 3 个功能结构域,活性状态下呈现同型二聚体。同质型 ACCase 催化产生的丙二酰辅酶 A 用于脂肪酸链的延伸及类黄酮等许多次生代谢产物的合成。

(2)脂肪酸合成酶　植物脂肪酸合成酶(Faatty acid synthetasecom-plex,FAS)为原核形

式的多酶复合体,由酰基载体蛋白(ACP)、β 酮脂酰 ACP 合酶、β-酮脂酰 ACP 还原酶、β 羟丁酰 ACP 脱水酶、β 烯脂酰 ACP 还原酶、脂酰-ACP 硫脂酶等部分构成。

酰基载体蛋白(ACP)是构成脂肪酸合酶的骨架蛋白,它的辅基(磷酸泛酰巯基乙胺 phosphopantetheine)上的磷酸基团与 ACP 的丝氨酸残基以磷脂键相接,另端的-SH 基与脂酰基形成硫酯键,这样形成的分子可把脂酰基从一个酶反应转移到另一个酶反应。酰基载体蛋白在植物体内存在多个 ACP 同工酶。

(3)脂肪酸去饱和酶　根据底物的不同可以将植物脂肪酸去饱和酶分为脂酰-ACP(Acyl-ACP)去饱和酶、脂酰-酯(Acyl-lipid)去饱和酶两大类。酰-ACP 去饱和酶存在于质体/叶绿体基质中,是唯一的可溶性去饱和酶(Fatty acid biosynthesis2,FAB2)与酰基载体蛋白一起通过在脂肪酸链的第九个和第十个碳原子之间加入双键脱氢酰基载体蛋白共同催化硬脂酸(18∶0)转化为油酸(18∶1),因而也被称为硬脂酸-酰基载体蛋白脱氢酶(SAD)。SAD 是植物脂肪酸合成通路中一个重要的分支点,直接决定了植物油脂中饱和脂肪酸与不饱和脂肪酸的比例,是不饱和脂肪酸合成过程中不可缺少的关键酶,并且通过改变植物中油脂的组分,在应对环境变化、衰老调节、抵抗病菌以及机械损伤等方面发挥着重要作用。

ω-6 脂肪酸去饱和酶包括定位在内质网上的 FAD2 和定位在叶绿体上的 FAD6,通过在油酸(Oleic acid,18∶1)的 ω-6(Δ-12)位置引入双键催化 18∶1 转化为亚油酸(Linoleic acid,18∶2)。FAD2 是单不饱和脂肪酸脱氢形成多不饱和脂肪酸的关键酶之一,大量研究表明 FAD2 基因的表达受温度变化影响,上调 FAD2 基因表达量有助于提高植物的抗逆境能力。

定位在内质网上的 FAD3 和定位在叶绿体上的同工异构酶 FAD7/FAD8 是 ω-3 脂肪酸去饱和酶,作用是催化双烯脂肪酸亚油酸(18∶2)转化为三烯酸亚麻酸(18∶3),三烯脂肪酸在高等植物适应逆境环境中起到了重要作用。在逆境胁迫下紫苏中 Pf FAD7 基因表达上调,促进多不饱和脂肪酸含量增加,使得紫苏对逆境的抵御能力变强(田耕,2020)。

(4)脂肪酸延长酶　是膜结合的多酶复合体。在一个细胞中含有多个延长酶系统,包括 β-酮脂酰合酶、β-酮脂酰还原酶、脱水酶和烯脂酰还原酶等,分为催化缩合、还原、脱水和再还原四步,功能与 FAS 类似,只是将乙酰-CoA 用中链或长链酰基-CoA 代替,反应过程中各种酰基均以酰基-CoA 形式参与反应,而不是以酰基-ACP 形式参与反应。

2. 脂肪的生物合成

(1)脂肪的合成　油脂的生物合成大致可分为 3 个阶段:在质体中将脂肪酸的最初底物乙酰辅酶 A(乙酰-CoA)合成为 16C 或 18C 的脂肪酸;脂肪酸被运输到细胞质的内质网后,碳链延长和脱饱和;脂肪酸与甘油被加工成三酰甘油(TGA),即贮藏油脂。

① 脂肪酸的从头合成　植物脂肪合成部位为叶绿体和前质体,合成原料由葡萄糖代谢提供。在植物中,脂肪酸的生物合成包括从头合成和酰基修饰两步。脂肪酸多种多样,链的长短不同,不饱和程度也不同。但首先合成的都为 16C 或 18C 的饱和脂肪酸,一般称为脂肪酸的从头合成。从头合成发生在质体中,糖酵解的产物丙酮酸在丙酮酸脱氢酶系多酶复合体(pyruvate dehydrogenase complex,PDC)的作用下脱下一个 CO_2,生成乙酰辅酶 A,然后在乙酰辅酶 A 羧化酶(acetyl-CoA carboxylase,ACCase)的作用下,利用乙酰辅酶 A 和 CO_2 生成脂肪酸从头合成的直接底物丙二酰辅酶 A,这一步是脂肪酸生物合成过程中的第一个限速反应。丙二酰辅酶 A 在酰基转移酶作用下将丙二酰基转移到酰基载体蛋白(acyl carrier protein,ACP)上形成丙二酰基-ACP,以其为基础,在脂肪酸合成酶复合体的催化下,向酰基链上

增加 2 个碳原子,经过 7 次循环加碳反应,合成 C16:0-ACP,C16:0-ACP 可以继续在酮脂酰-ACP 合成酶Ⅱ(ketoacyl-ACP synthase Ⅱ,KASII)的催化下合成 C18:0-ACP,再经过硬脂酰-ACP 去饱和酶的去饱和化生成 C18:1-ACP,而 C18:1-ACP 可以通过反馈调节抑制ACCase 的活性,从而维持脂肪酸合成途径的稳态。这些酰基-ACP 被酰基-ACP 硫酯酶(acyl-ACP thioesterase,FAT)水解生成游离脂肪酸,其中,FATA 几乎只以 C18:1-ACP 为底物,而 FATB 具有相对广泛的催化活性,但更多地催化饱和脂肪酸-ACP 的水解。随后,C16:0、C18:0、C18:1 游离脂肪酸由定位于质体被膜上的长链酰基辅酶 A 合成酶重新催化生成酰基辅酶 A,然后被转运到内质网当中(图 2-1)。

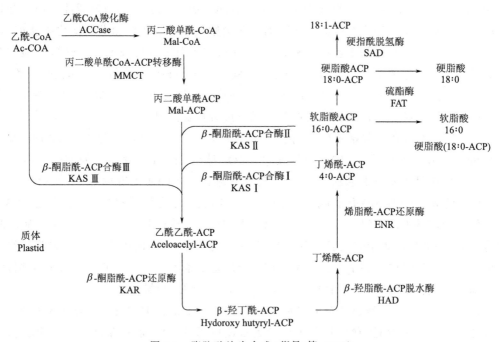

图 2-1 脂肪酸从头合成(蔡曼 等,2018)

　　② 酰基修饰　酰基辅酶 A 被运输到内质网后,进行下一步的酰基修饰过程,主要包括酰基延伸反应和去饱和反应。酰基延伸反应是以 C16/C18-辅酶 A 为底物,在定位于内质网膜上的脂肪酸延伸酶(fatty acid elongase,FAE)复合体催化下合成超长链脂肪酸(Very-long-chain fatty acids,VLCFAs),这一催化过程的关键基因是 FAE1,它编码 3-酮脂酰辅酶 A 合成酶(3-ketoacyl-CoA synthase,KCS),该酶是延伸反应第一步的作用酶,也是整个延伸反应过程中的限速酶,因此成了植物种子中芥酸含量改良的主要调控对象。

　　而酰基去饱和反应需要以磷脂酰胆碱(phosphatidylcholine,PC)为底物,在酰基辅酶 A 溶血性磷脂酰胆碱酰基转移酶(Acyl-CoA:lyso-PC acyltransferase,LPCAT)或二酰甘油磷酸胆碱转移酶(PC:diacylglycerolcholinephosphotransf-erase,PDCT)的作用下使酰基与 PC 酯化,然后在 FAD2 编码的△12-油酸酯去饱和酶的催化下,在与 PC 结合的 C18:1 的第 12 和13 个碳原子之间引入顺式双键来完成去饱和,生成含有 2 个不饱和键的亚油酸,接着,在FAD3 编码的△15-亚油酸酯去饱和酶的催化下,继续在 C18:2 的△15 位引入一个顺式双键生成具有 3 个不饱和键的 ALA。这两个去饱和酶都定位于内质网膜上,对影响脂肪酸不饱和度起着关键的作用(杜卓霖,2020)(图 2-2)。

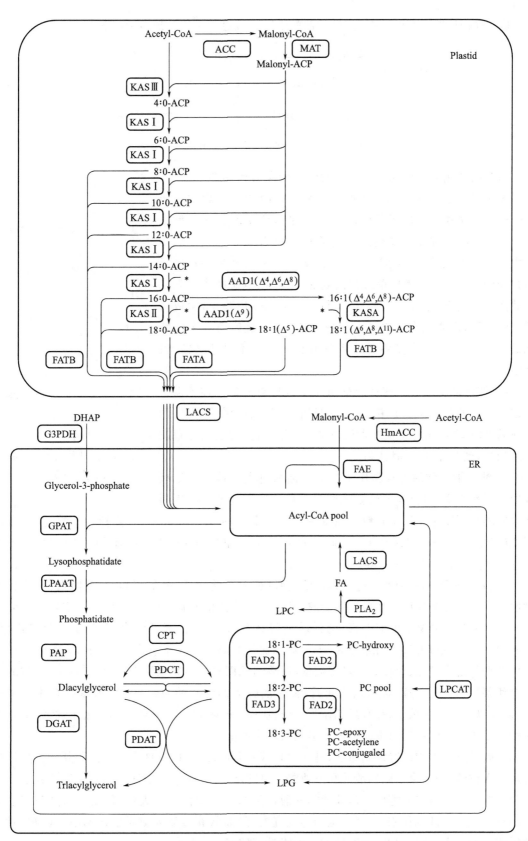

图 2-2 油料种子中的脂质生物合成(Baud et al.,2010)

* 代表丙二酰辅酶 A。

③ 三酰甘油的生物合成　三酰甘油的生物合成过程可简单地表示如图 2-3：

图 2-3　三酰甘油生物合成（陈乔绘制）

由甘油和脂肪酸合成三酰甘油的生化反应过程如图 2-4。其中 3-磷酸甘油由糖酵解的中间产物磷酸二羟丙酮在细胞质中经 3-磷酸甘油脱氢酶催化还原而成。三酰甘油是在内质网上形成的。合成三酰甘油需要活化的 3-磷酸甘油和脂酰 CoA。在质体或内质网上生成的各种脂酰-CoA 在磷酸甘油酯酰转移酶作用下与甘油的 sn1 位酯化生成单酰甘油磷酸，接着在溶血磷脂酸酰基转移酶的催化下，第 2 个脂酰 CoA 与甘油的 sn2 位酯化，生成磷酸甘油二酯，再通过水解去磷酸生成二酰甘油，最后第 3 个脂酰基通过二酰甘油酯酰转移酶加入到甘油的 sn3 位上生成三酰甘油。

（2）脂肪的积累　甘蓝型油菜油分积累时期主要在种子发育后期。种子油分积累从开花后 10 d 开始，然后积累缓慢上升，到开花后 30 d 增加至种子最终含油量的 50% 左右。随后油分积累迅速加快，到开花 40 d 时达到最高值。

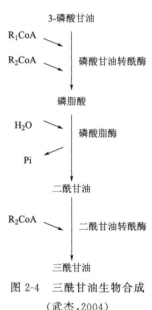

图 2-4　三酰甘油生物合成（武杰，2004）

3. 油菜脂肪酸的种类和作用　菜籽油来自世界范围广泛栽种的油料作物中，是重要的油脂来源。菜籽油的出油率直接判断油菜籽的可利用率。油菜籽粒含油量一般占其干重的 35%～45%，有多种脂肪酸，主要有棕榈酸（C16：0）、硬脂酸（C18：0）、油酸（C18：1）、亚油酸（C18：2）、亚麻酸（C18：3）、花生烯酸（C20：1）、芥酸（C22：1）等。

硬脂酸、油酸和亚油酸促进人体的消化吸收，对软化血管、降低胆固醇、预防血栓、防止动脉硬化等也有促进作用。在脱饱和酶的作用下，油酸转化为亚油酸，亚油酸进一步转化为亚麻酸。亚油酸是人体必需的脂肪酸，与油酸类似具有软化血管、降低胆固醇、利于吸收等作用。亚麻酸分为 α-亚麻酸和 γ-亚麻酸两种，α-亚麻酸是亚麻酸在人体中的主要存在形式，若缺乏则会导致动脉粥样硬化、免疫力下降等症状，对婴幼儿而言更会影响智力发育。但高亚麻酸的存在会使菜籽油口感辛辣，且易氧化变质，影响油脂的储藏和品质。γ-亚麻酸多存在于草本植物、藻类以及低等真菌中，具有降低血脂、抗高血压、抗炎等作用，其明显的作用被评为"世纪功能性食品主角"，但在高温下易被氧化形成共轭多烯酸。

芥酸是菜籽油中的特征脂肪酸，是一类长碳链脂肪酸，国内外许多实验证明芥酸含量过高会影响人体的吸收，也会限制油酸和亚油酸含量的增加，故在高芥酸油菜的安全性问题上产生了较大的争议。张立实等（1987）开展的芥酸含量与生殖毒性实验表明：长期食用高芥酸油菜对小鼠生长具有抑制作用，对其生殖功能也有损害，而低芥酸油菜则对生长无不良影响，对生殖损伤也低于高芥酸，因此，低芥酸油菜可能具有较好的食用价值。

棕榈酸属于饱和脂肪酸,在种子发育的早期会大量累积,含量随着种子发育成熟而降低,在发育后期又呈上升趋势。饱和脂肪酸易在血管壁上凝固造成高血压和动脉粥样硬化,还会使胆固醇上升,菜籽油中的饱和脂肪酸含量越高,其营养价值越低,因此在食用菜籽油中应降低棕榈酸等饱和脂肪酸的含量(顾思凯,2017)。

(二)脂肪的分解

1. 脂类转变为蔗糖的基本过程　脂肪在脂肪酶的作用下,水解生成甘油和脂肪酸。脂肪酶(lipase)在酸性条件下作用进行得很快,又因脂肪酶活动时累积脂肪酸,增加环境的酸度,更促进脂肪酶的活性,所以脂肪酶具有自动催化的性质。在实践中贮藏面粉、米粮和油料种子时,应注意这个问题。贮藏环境高温多湿时,脂肪酶活性加大,脂肪分解为游离脂肪酸,使产品酸度增长率高,严重时还会产生一种令人不愉快的气味,影响产品质量。

油料种子萌发时,贮存在圆球体中的三酰甘油水解为脂肪酸,进入乙醛酸循环体(glyoxysome),经过 β-氧化形成乙酰 CoA,然后经过乙醛酸循环(glyoxylic acid cycle)途径形成琥珀酸,再运到线粒体,进行 TCA 循环,产生苹果酸。苹果酸运到细胞质基质,被氧化为草酰乙酸,进一步羧化为磷酸烯醇丙酮酸。再经过葡萄糖异生途径(gluconeogenic pathway),形成葡萄糖,最后转变为蔗糖(图 2-5)。

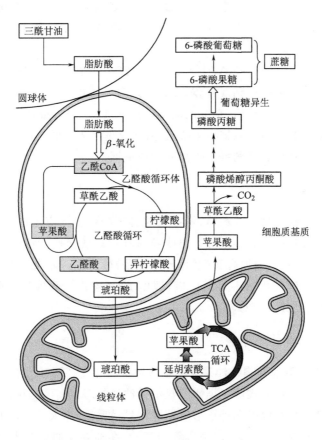

图 2-5　油料种子萌发时脂肪转变为蔗糖的过程(Otegui et al. ,2000)

2. 脂肪酶介导的水解作用　脂类向碳水化合物转化的第一步是由脂肪酶催化三酰甘油水解为 3 分子脂肪酸和 1 分子甘油。在脂肪降解期间,油体和乙醛酸循环体通常在空间上也十分靠近。

3. 脂肪酸的 β 氧化　进入乙醛酸循环体的脂肪酸由脂酰 CoA 合成酶催化形成脂酰 CoA。脂酰 CoA 是 β 氧化途径的最初底物,含有 n 个碳原子的脂肪酸经 β 氧化产生 $n/2$ 分子的乙酰 CoA,在 β 氧化中,每形成 1 分子乙酰 CoA,同时产生 1 分子 NADH,并把 $1/2$ O_2 还原为 H_2O。

4. 乙醛酸循环　乙醛酸循环是植物细胞内脂肪酸氧化分解为乙酰 CoA 之后,在乙醛酸循环体(glyoxysome)内生成琥珀酸、乙醛酸和苹果酸;此琥珀酸可用于糖的合成过程。油料种子在发芽过程中,细胞中出现许多乙醛酸循环体,贮藏脂肪首先水解为甘油和脂肪酸,然后脂肪酸在乙醛酸循环体内氧化分解为乙酰 CoA,并通过乙醛酸循环转化为糖,直到种子中贮藏的脂肪耗尽为止,乙醛酸循环活性便随之消失。淀粉种子萌发时不发生乙醛酸循环。可见,乙醛酸循环是富含脂肪的油料种子所特有的一种呼吸代谢途径。

脂肪酸经过 β-氧化分解为乙酰 CoA,在柠檬酸合成酶的作用下,乙酰 CoA 与草酰乙酸缩合为柠檬酸,再经乌头酸酶催化形成异柠檬酸。随后,异柠檬酸裂解酶(isocitratelyase)将异柠檬酸分解为琥珀酸和乙醛酸。再在苹果酸合酶(malate synthetase)催化下,乙醛酸与乙酰 CoA 结合生成苹果酸。苹果酸脱氢重新形成草酰乙酸,可以再与乙酰 CoA 缩合为柠檬酸,于是构成一个循环。其总结果是由 2 分子乙酰 CoA 生成 1 分子琥珀酸,反应方程式如下:

$$2 \text{乙酰 CoA} + NAD^+ \rightarrow \text{琥珀酸} + 2CoA + NADH + H^+$$

琥珀酸由乙醛酸循环体转移到线粒体,在其中通过三羧酸循环的部分反应转变为延胡索酸、苹果酸,再生成草酰乙酸。然后,草酰乙酸继续进入 TCA 循环或者转移到细胞质,在磷酸烯醇式丙酮酸羧激酶(PEP carboxykinase)的催化下脱羧生成磷酸烯醇式丙酮酸(PEP),PEP 再通过糖酵解的逆转而转变为葡萄糖 6 磷酸并形成蔗糖。

(三)线粒体的作用

琥珀酸从乙醛酸循环体进入线粒体,经柠檬酸循环的两步反应生成苹果酸。位于线粒体内膜的二羧酸转移系统将产生的苹果酸运出线粒体和琥珀酸交换。然后,胞质苹果酸脱氢酶将苹果酸氧化成草酰乙酸,再逆糖酵解(经糖异生途径)转变为碳水化合物。要实现这种转变就必须克服丙酮酸激酶所催化的不可逆反应,即由 PEP 羧化激酶催化,利用 ATP 磷酸化作用,将草酰乙酸转化成 PEP 和 CO_2。

(四)影响油菜含油量的因素

1. 环境对油菜含油量的影响　油菜含油量属数量性状受环境条件影响较大,影响条件包括光照、水分、温度以及种植方式等。据研究显示含油量与海拔高度呈正比(沈金雄等,2011);含油量与纬度抽薹期日平均温度和种子形成期降雨量呈反比(谭太龙等,2005);油菜含油量的提高随栽种密度的提升效果不显著(沈慧聪等,1989);在抽薹期油菜对水分最敏感,如缺水会对后续光合作用以及油分形成有影响,但湿度太大则会让种子产量和含油量都下降(唐湘如等,2000)。

2. 营养元素对油菜含油量的影响　土壤营养对油菜含油量也有重要影响。施肥能提高含油量,但不同类型的肥料对含油量的影响不同。研究表明单独施氮肥可使含油量下降(官春云,1985),唐湘如等(2000)研究同样也证明增加氮肥会使含油量降低;钾肥主要控制光合作用的新陈代谢,刘昌智(1982)认为钾肥可让油菜含油量提高;磷肥同样也对含油量有影响,在一定范围内施用磷肥可提高油菜的含油量;在一定条件下菜籽含油量会随硫肥的增加而增加,但施用含量过高时反而会降低含油量(李得宙等,2005);另硼肥和钼肥也都能提高含油量。综合几种肥料而言,无论是单独施肥或者混合施肥都一定要把握适宜用量以及播种时间,否则适得其反。

3. 栽培技术对油菜含油量的影响

(1)播期　有研究表明,随播期推迟(9月10日至10月15日),油菜叶片可溶性糖含量下降,下降幅度为 2%~10%,且日均温度与可溶性糖含量呈负相关关系。不同积温对籽粒可溶性糖和含油量影响也较大,角果期 150~160 ℃·d 的积温量完成糖的转化,160~230 ℃·d 的积温量完成脂肪的合成(刘志强,2008)。倪绯(2018)通过试验研究发现,播期推迟,但是并没有遇到高温干旱等不利的气候条件,反而随着播期推迟,积温、日均温和日均降水量均有不同程度的增加,较高的适宜温度和降水量提早了可溶性糖的转化时间和提高了转化效率,促进了油脂合成。播期对油脂积累影响的试验结果表明,油菜籽粒含油量的积累与角果成熟期的日均温和积温呈显著正相关关系,早熟和中熟品种在角果期满足日均温 17~18 ℃,积温在 880~900 ℃·d 的条件下,晚熟品种在角果期满足日均温在 19 ℃左右,积温在 940 ℃·d 以上的条件下,适当推迟播期不会导致油菜籽粒含油量的降低,生产上可以缓解茬口紧张的问题。

(2)种植密度　倪绯(2018)通过对油脂积累影响的试验结果表明,中等密度(45万~60万株/hm²)条件下,群体通风透光良好,油菜籽粒含油量最高,适当密植有利于油菜油脂的积累。

(3)施肥　倪绯(2018)通过对油脂积累影响的试验结果表明,施用磷钾肥比不施磷钾肥显著提高油菜籽粒含油量,在大田试验中,增施氮肥,显著降低油菜籽粒含油量。但在盆栽试验中,土壤肥力较低的情况下,适当增施氮肥利于提高油菜籽粒含油量。即依照土壤肥力情况,较低时,应适当增施氮肥;较高时,应在保证产量不大幅度下降的前提下,适当减少氮肥施用量,节约成本、增产增效、加强土地环保。

综上所述,适当推迟播期,合理密植,增加磷钾肥的施用量,依据土壤情况适当增加或减少氮肥的施用量是增加油菜籽粒含油量和协调产量的有效栽培措施,可以缓解生产上茬口紧张的问题,达到节本增效的目的。

4. 其他因素对油菜含油量的影响　除了以上因素外,基因作用、酶的作用、激素水平等均会对含油量产生影响(陈钢等,2004)。研究表明含油量受加性基因与非加性效应的影响(Risai et al.,1991);基因作用主要靠酶来调节,大量研究表明脂肪酸合成代谢过程中乙酰羧化酶、磷脂酸磷酸酯酶等酶均发挥作用;激素一般在油料作物中的作用为提高发芽率、促生长、提高产量等作用。官春云等(2004)研究发现萘乙酸以及萘乙酸与激动素混合液对提高油菜含油量具有较好的影响。

油菜含油量的变化是一个复杂的过程,它牵涉到生长前期碳水化合物的积累和生长后期有机物质的转化。生长前期碳水化合物的积累与苗期管理和施肥水平有关,尽量积累较多的碳水化合物。生长后期有机物质的转化要求有较大的库容量而且要求植株不早衰,特别是油菜角果期的光合产物对产量的贡献占 40%。前面两部分是要求源足、库大。另外,就是要保证物质转化的流畅,在源足、库大的条件下如何获得更大的籽粒产量和较高的含油量,酶的作用非常重要,它要求与物质转化相关的酶有较高的活性来保证转化效率。油菜含油量与它的基因型密切相关,但是它同样与其生长环境,施肥水平以及其他的调控措施有关,在现有的研究当中,基因作用、生长环境、施肥水平对含油量的影响研究较多,也取得了较多的成果,但是油脂形成过程中这些影响因素的作用机理还不是很清楚,另外含油量的调控及其作用机理研究还不够(张子龙等,2006)。

(五)光合产物碳水化合物转化为脂肪

油菜种子发育过程中,在酶的作用下,光合产物以可溶性糖的形式转运到籽粒中转化为脂肪、蛋白质等物质。糖含量的差异是导致含油量高低的主要原因之一,充足的碳源供应是高含油量的基础(图 2-6)。

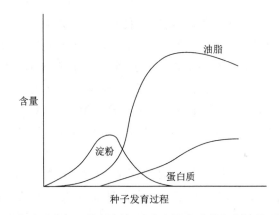

图 2-6　油菜种子发育过程中淀粉、油脂和蛋白质的变化情况(陈乔绘制)

在种子的发育过程中,蔗糖作为合成脂肪酸的主要碳源,从光合器官转运到种子细胞中,通过糖酵解途径转变成己糖,并氧化成脂肪酸合成的前体物乙酰辅酶 A(乙酰-CoA)。

1. 己糖的磷酸化　这一阶段是淀粉或己糖活化,消耗 ATP,将果糖活化为 1,6-二磷酸果糖,为裂解成 2 分子磷酸丙糖做准备。

2. 磷酸己糖的裂解　这个阶段反应包括磷酸己糖裂解为 2 分子磷酸丙糖,即 3-磷酸甘油醛和磷酸二羟丙酮以及两者之间的相互转化。

3. ATP 和丙酮酸的生成　这个阶段 3-磷酸甘油醛氧化释放能量,经过 3-磷酸甘油酸、磷酸烯醇丙酮酸,形成 ATP 和 NADH＋H,最终生成丙酮酸,因此,这个阶段也称为氧化产能阶段。由于底物的分子磷酸直接转到 ADP 而形成 ATP,所以一般称之为底物水平磷酸化(substrate level phosphorylation)。

4. 丙酮酸的氧化脱羧　在有氧条件下,丙酮酸进入线粒体,通过氧化脱羧生成乙酰 CoA,然后再进入三羧酸循环彻底分解。因而丙酮酸的氧化脱羧反应是连接糖酵解和三羧酸循环的桥梁。

丙酮酸在丙酮酸脱氢酶复合体(Pyruvic acid dehydrogenase complex)的催化下氧化脱羧生成乙酰辅酶 A(乙酰 CoA)和 NADH。乙酰辅酶 A(乙酰 CoA)在细胞代谢中是降解和合成的枢纽物质,如丙酮酸氧化脱羧、脂肪酸的 β-氧化、氨基酸的降解等均可生成乙酰辅酶 A(乙酰 CoA);另一方面,乙酰辅酶 A(乙酰 CoA)又可进入到多种代谢中去,如三羧酸循环和脂肪酸、类胡萝卜素、萜类、赤霉素等的合成均需乙酰辅酶 A(乙酰 CoA)作为原料(图 2-7)。

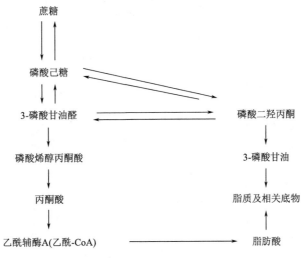

图 2-7　光合产物转化为脂肪(陈乔绘制)

二、碳水化合物(糖类)的合成——光合作用

(一)光合作用的反应过程

光合作用是最基本的生理过程。包括光反应和暗反应。光反应是水的光解,释放氧气(O_2)。暗反应是 CO_2 的固定和还原,经过一系列的酶促反应,形成碳水化合物(糖类)。

油菜属于 C_3 植物。其暗反应通过卡尔文循环来完成,如图 2-8 所示。反应部位在叶肉细胞。卡尔文(M. Calvin)等利用当时的两项新技术:放射性同位素示踪和双向纸层析,以单细胞藻类作为实验材料,用 $^{14}CO_2$ 饲喂,照光从数秒到几十分钟不等,然后在沸腾的酒精中杀死材料以终止生化反应,用纸层析技术分离同位素标记物,以标记物出现的先后顺序来确定 CO_2 同化的每一步骤。经过 10 年研究,在 20 世纪 50 年代提出 CO_2 同化的循环途径,故称为卡尔文循环(Calvin cycle)或光合环(photosynthetic cycle)。由于这个循环中的 CO_2 受体是一种戊糖(核酮糖二磷酸),故又称为还原磷酸戊糖途径(reductive pentose phosphate pathway,RPPP)。这个途径中 CO_2 被固定形成的最初产物是一种三碳化合物,故又称为 C_3 途径,大致可分为 3 个阶段,即羧化阶段、还原阶段和再生阶段。

1. 羧化阶段　CO_2 必须经过羧化阶段(carboxylation phase),固定成羧酸,然后才被还原。五碳化合物——1,5-二磷酸核酮糖(ribulose-1,5-bisphosphate,RuBP)在 1,5-二磷酸核酮糖羧化酶/加氧酶(ribulose-1,5-bisphosphate carboxylase/oxygenase,Rubisco)的催化下,与 CO_2 结合,产物很快水解为 2 分子 3-磷酸甘油酸(3-phosphoglycerate,3-PGA),故称此过程为 CO_2 羧化的 C_3 途径(图 2-9)。

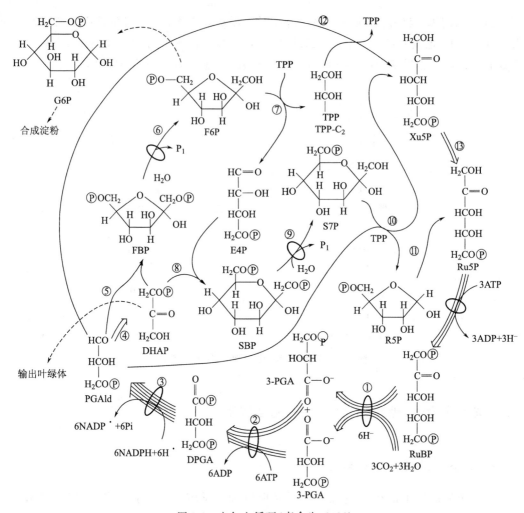

图 2-8　卡尔文循环（李合生，2012）

①1,5-二磷酸核酮糖羧化酶/加氧酶（ribulose-1,5-bisphosphate carboxylase/oxygenase，Rubisco）②3-磷酸甘油酸激酶（3-phosphoglycerate，PGAK）③ $NADP^+$ -3-磷酸甘油醛脱氢酶（ $NADP^+$ -3-phosphoglycera dehydrogenase，GAPDH）④磷酸丙糖异构酶（triose phosphate isomerase）⑤、⑧醛缩酶（aldolase）⑥1,6-二磷酸果糖酯酶（fructose-1,6-bisphosphate phosphatase，FBPase）⑦、⑩转酮酶（transketolase）⑨1,7-二磷酸景天庚酮糖酯酶（sedoheptulose-1,7-bisphosphate phosphatase，SBPase）⑪5-磷酸核糖异构酶（ribulose-5-phosphate isomerase）⑫5-磷酸核酮糖表异构酶（ribulose-5-phosphate epimerase）⑬5-磷酸核酮糖激酶（ribulose-5-phosphate kinase，Ru5PK）

实线表示循环中的各反应，虚线表示从循环中输出的产物，实线的数目表示循环一周此反应的次数，有圈的部分表示催化此反应的酶被光活化。

$$3RuBP + 3CO_2 + 3H_2O \longrightarrow 6PGA + 6H^+$$

图 2-9　CO_2 羧化的 C_3 途径（潘瑞炽，2012）

2. 还原阶段　还原阶段分两步反应。第一步反应是 3-磷酸甘油酸被 ATP 磷酸化,在 3-磷酸甘油酸激酶(3-photosynthetic kinase,PGAK)的催化下,形成 1,3-二磷酸甘油酸(1,3-diphosphoglyceric acid,DPGA)。第二步反应是 DPGA 在 3-磷酸甘油醛脱氢酶(3-phosphoglyceraldehyde dehydrogenase)的作用下被 $NADPH+H^+$ 还原,形成 3-磷酸甘油醛(3-phosphoglyceraldehyde,PGAld),这就是 CO_2 的还原阶段(reduction phase)。从 3-磷酸甘油酸到 3-磷酸甘油醛,光合作用的贮能过程便完成。3-磷酸甘油醛(3-phosphoglyceraldehyde,3-PGAld)和磷酸二羟丙酮(dihydroxyacetone phosphate,DHAP)统称为磷酸丙糖(triose phosphate,TP)。这些三碳糖可进一步变化,在叶绿体内合成淀粉,也可透出叶绿体,在细胞质中合成蔗糖(图 2-10)。

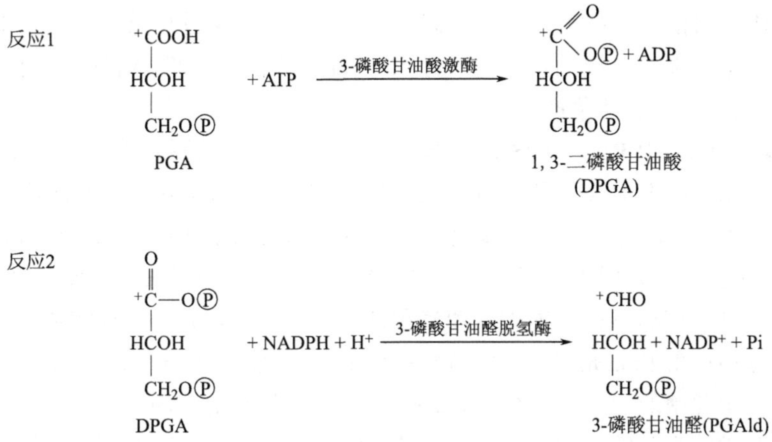

图 2-10　还原阶段(潘瑞炽,2012)

3. 再生阶段　再生阶段是 PGAld 经过一系列的转变,重新形成 CO_2 受体 RuBP 的过程。这里包括了形成磷酸化的 3-碳糖、4-碳糖、5-碳糖、6-碳糖、7-碳糖的一系列反应。最后一步由 5-磷酸核酮糖激酶(Ru5PK)催化,并消耗 1 分子 ATP,再形成 RuBP,构成了一个循环。

C_3 途径的总反应式为:

$$3CO_2+3H_2O+9ATP+6NADPH+6H^+ \rightarrow GAP+9ADP+8Pi+6NADP^+$$

由上式可见,每同化一个 CO_2,要消耗 3 个 ATP 和 2 个 NADPH。还原 3 个 CO_2 可输出一个磷酸丙糖(PGAld 或 DHAP)。磷酸丙糖可在叶绿体内形成淀粉或运出叶绿体,在细胞质中合成蔗糖。

(二)光合作用的酶系统

光除了通过光反应提供同化力外,还调节着碳反应的一些酶活性。

1. 1,5-二磷酸核酮糖羧化酶/加氧酶(Rubisco)　Rubisco 是 C_3 植物光合作用中的关键酶,控制着 CO_2 固定,与光合速率具有内在联系。在光反应中,H^+ 被从叶绿体基质中转移到类囊体腔中,同时交换 Mg^{2+}。这样基质中的 pH 从 7 增加到 8 以上,Mg^{2+} 的浓度也升高,而 Rubisco 在 pH 为 8 时活性最高,对 CO_2 亲和力也高。其他的一些酶,如 FBPase、Ru5PK 等的活性在 pH 为 8 时比在 pH 为 7 时高。在暗中,pH≤7.2 时,这些酶活性降低,甚至丧失。Rubisco 活性部位中的一个赖氨酸的 $\varepsilon\text{-}NH_2$ 基在 pH 较高时不带电荷,可以在光下由 Rubisco

活化酶(activase)催化,与 CO_2 形成带负电荷的氨基甲酯,后者再与 Mg^{2+} 结合,生成酶-CO_2-Mg^{2+} 活性复合体(ECM),酶即被激活。光还通过还原态 Fd 产生效应物硫氧还蛋白(thioredoxin,Td),又使 FBPase 和 Ru5PK 的相邻半胱氨酸上的巯基处于还原状态,酶被激活;在暗中,巯基则氧化形成二硫键,酶失活(李合生,2012)。

2. 3-磷酸甘油酸激酶(PGAK)　3-磷酸甘油酸激酶是糖酵解的关键酶,广泛存在于动植物和微生物体内,催化 1,3-二磷酸甘油酸转变为 3-磷酸甘油酸,产生 1 分子 ATP。ATP 提供能量,NADPH 提供还原力使 PGA 的羧基转变成 GAP 的醛基,这也是光反应与暗反应的联结点,当 CO_2 被还原为 GAP 时,光合作用的贮能过程即告完成。

3. 3-磷酸甘油醛脱氢酶(GAPDH)　由 Gap A 和 Gap B 两种亚基组成,依赖 NADPH 进行光合反应的碳固定(Avilan et al.,2012),是卡尔文循环中催化光合最初产物 3-磷酸甘油酸(3-PGA)还原成 3-磷酸甘油醛的关键调节酶,3-磷酸甘油醛既是叶绿体光合产物输出的一种形式,又是形成核酮糖-5-磷酸的底物,因此,GAPDH 活性的高低会影响光合作用的运转效率,以及光合产物的积累和油菜产量。

4. 蔗糖磷酸合成酶(SPS)　SPS 是蔗糖进入各种代谢途径所必需的关键酶之一,它的活性直接反映了植物体内蔗糖合成的能力。在蔗糖合成的过程中,SPS 的生化功能是催化果糖-6-磷酸和 UDP 葡萄糖转化为蔗糖-6-磷酸,再由蔗糖磷酸酯酶(sucrose phosphate phosphatase,SPP)水解脱去磷酸基团后形成蔗糖。在高等植物的叶肉细胞中,光合作用固定的碳转变为蔗糖和淀粉,其中,蔗糖不仅是碳贮藏和累积的主要形式,也是碳在植物体内运输的主要形式。淀粉在叶绿体内的积累是碳水化合物的暂时贮存形式。最初研究发现,植物提取液中 SPS 活性与叶片中蔗糖的积累呈正相关,与淀粉的积累呈负相关,SPS 活力的高低直接影响光合产物在淀粉和蔗糖之间的分配(Huber et al.,1983)。进一步研究表明 SPS 活性在调控光合产物淀粉与蔗糖之间的分配中起到关键作用。

(三)油菜的光饱和点和补偿点

光是光合作用的能量来源,是形成叶绿素的必要条件。此外,光还调节着碳同化许多酶的活性和气孔开度,因此此光是影响光合作用的重要因素。

光合作用是一个光生物化学反应,所以光合速率随着光照强度的增减而增减。当达到某一光强度时,叶片的光合速率与呼吸速率相等,净光合速率为零,这时光强度称为光补偿点(light compensation point)。在一定范围内,光合速率随着光强度的增加而直线增加;但超过一定光强度后,光合速率增加转慢;当达到某一光强时,光合速率就不再随光强度增加而增加,这种现象称为光饱和现象(light saturation)。光合速率开始达到最大值时的光强度称为光饱和点(light saturation point)。

李卫芳等(1997)介绍油菜叶的光合速率随光强的变化而变化,甘蓝型、白菜型和芥菜型 3 类油菜的光饱和点与补偿点无多大差异,光补偿点约在 50 $\mu mol/(m^2 \cdot s)$,光饱和点约在 600 $\mu mol/(m^2 \cdot s)$。冷锁虎等(2002)通过测定油菜苗期叶片的光合强度,结果表明:油菜苗期叶片的光饱和点为 2 万～3 万 lx,补偿点因品种不同而有差异,秦油 2 号、黄杂 1 号略低,为 3000 lx 左右;杂油 59、宁油 7 号、扬油 1 号略高,为 4000～4500 lx。

(四)油菜光合作用的影响因素

提高油菜产量的重要条件之一是提高油菜对光能的利用率。要提高油菜对光能的利用率,除了延长光合作用时间和增加光合作用面积外,还应当提高油菜的光合作用效率,生产上油菜光合作用效率既有品种间差异的影响,也有环境因素和栽培措施的影响,具体如下:

1. 品种间差异　作物品种不同,光合效率不同。

巨霞(2013a)介绍,为了探明青海不同类型油菜叶片的光合日变化特性,以青海白菜型、芥菜型和甘蓝型油菜品种为材料,采用 LI-6400XT 光合测定仪对油菜苗期和盛花期的叶片光合日变化特性进行测定。结果表明,①油菜在苗期的净光合速率日变化均呈单峰曲线,无光合午休现象,其中,青海芥菜型油菜的净光合速率在 10 时 30 分达到峰值[$37.51~\mu molCO_2/(m^2/s)$],其他品种均在 12 时 30 分达到峰值,随后急剧下降;盛花期除 NO.46 和青油 241 的净光合速率日变化呈单峰曲线外,其他品种的净光合速率日变化均呈双峰曲线,并存在明显的光合午休现象,其第一峰值出现在 11 时 50 分时,第二峰值出现在 15 时 50 分。②油菜苗期的净光合速率均与光合有效辐射呈显著或极显著正相关,与胞间 CO_2 浓度和相对湿度呈负相关或显著负相关,净光合速率与光合有效辐射的相关系数最大,即光合有效辐射对净光合速率的影响最明显,其次是蒸腾速率与气孔导度;油菜盛花期的净光合速率与相对湿度、光合有效辐射、蒸腾速率、胞间 CO_2 浓度和气孔导度呈明显正相关,且与气孔导度的相关系数最大。

袁金展等(2015)为探索早熟油菜碳氮代谢机理,以早熟油菜中油 116(ZY116)、中早熟油菜 L01 和中晚熟油菜品种浙双 8 号(ZS8)为材料,研究开花后蔗糖磷酸合成酶(SPS)、蔗糖合成酶(SS)、谷氨酸合成酶(GOGAT)和谷氨酰胺合成酶(GS)等碳氮代谢关键酶及各生育时期全氮和可溶性糖含量的变化特征。研究结果表明,早熟油菜初花期叶片的 GS 活性低于中晚熟品种,SPS 活性高于中晚熟品种,在角果形成初期籽粒的 GOGAT 活性高于中晚熟品种,角果成熟后期 SS 活性低于中晚熟品种。油菜蕾薹期 C/N 达到最高值,然后逐渐下降。而不同油菜品种的开花前 C/N 最高值不同,早熟油菜 C/N 最高值低于中晚熟油菜。

刘小光等(2017)为探明甘蓝型油菜光合特性杂种优势的日变化规律以及和环境因子的相互关系,以甘蓝型油菜杂交种秦杂油 3 号及其亲本为材料,对油菜不同生育时期光合特性的杂种优势进行研究。结果表明:净光合速率和气孔导度的中亲优势和超亲优势在苗期最弱,薹期最强。在花期,一天当中净光合速率在上午为正向杂种优势,下午为负向杂种优势;气孔导度则上午为负向杂种优势,下午为正向杂种优势;蒸腾速率的中亲优势和超亲优势在花期最弱,薹期最强。水分利用效率的中亲优势和超亲优势在苗期最弱,在花期表现最强,角果期又开始下降。灰色关联度分析表明,油菜光合杂种优势的主要环境影响因素是大气 CO_2、摩尔分数和空气相对湿度。在薹期进行高光效品种的选育,可以有效地发挥油菜的光合杂种优势,同时注意在不同时期合理利用水分利用效率进行田间管理。

许耀照等(2017)曾做过试验,为明确白菜型冬油菜在冬前低温下叶片结构特征、光合作用特性及其抗寒性,在 0 ℃ 和 −7.6 ℃ 自然低温条件下,选用白菜型冬油菜品种陇油 7 号(超强抗寒)和天油 4 号(弱抗寒),测定并比较其叶片气孔性状、解剖结构和光合、荧光参数的日变化等指标。结果表明,随着冬前温度下降,2 个白菜型冬油菜叶片气孔密度、气孔面积、气孔周长、栅栏组织和海绵组织厚度均变小,细胞间隙变大,叶片变薄;P_n 日变化呈"单峰"型曲线,无光合"午休"现象;叶片的 P_n、G_s、T_r 和 CE 均降低,而 C_i 均升高,说明是非气孔限制引起 P_n 降低。白菜型冬油菜在冬前低温条件下发生了光抑制现象,表现为 F_m 和 F_v/F_m 下降,F_o 上升。与超强抗寒品种陇油 7 号相比,弱抗寒品种天油 4 号叶片气孔密度和气孔面积均较大,气孔总周长较长,叶片较厚,P_n、F_m 和 F_v/F_m 均较高,说明冬前低温条件下,天油 4 号光合能力较强,光抑制程度较弱。白菜型冬油菜在冬前低温条件下的叶片气孔密度越大、气孔面积越大、气孔周长越长、叶片及栅栏组织和海绵组织越厚,光合能力越强,地上部生长越旺盛,品种抗寒性越差。

王学芳等(2015)对甘蓝型冬油菜的光合面积研究发现,油菜在整个生育期光合面积变化呈双峰曲线,第一峰出现在越冬前,第二锋出现在终花后 10 d 左右,且甘蓝型油菜 F_1 光合面积具有明显的正向杂种优势。并且对冬油菜和春油菜的光合面积比较,相同品种在春播区的绿叶面积比冬播区高 70.53%。对油菜各生育时期不同光合器官的光合日变化规律做研究时得出:叶片的光合日变化规律与上述研究结果相同,净光合速率为花期>薹期>苗期>角果期,并发现叶片即使在阴天也有"光午休"现象出现;角果的光合日变化亦呈"双锋曲线",有明显的"光午休"出现。此外,王学芳等人对 105 份材料的净光合速率进行研究发现,变幅 16.62～29.43 $\mu mol/(m^2 \cdot s)$,平均 22.70 $\mu mol/(m^2 \cdot s)$,品种间 CV 为 11.12%。对 29 份相同材料,连续 6 年(2006—2011 年)光合速率测定数据的分析表明,年际间绝对数值虽然有差异,但相关性较强,相关系数在 0.482～0.596。同时分析了 48 份杂交组合及其亲本的净光合速率,杂种 F_1 的杂种优势在 −17.54%～20.95%,平均 8.39%,说明净光合速率有杂种优势。

梁颖等(2000)针对重庆市油菜生产的生态特点,对部分具有特殊意义的育种材料、优质亲本和它们组合的光合特性进行了初步分析。结果表明:两个新型双重不育系在阴天的光合强度显著低于核不育系,而与胞质不育系无显著差异,晴天的光合强度却显著高于它们的保持系和原始亲本 L17A,双重不育系光合强度的特殊表现与它们的叶绿素含量及 a/b 比值无关;甘蓝型黄籽油菜的光合强度低,产量较低,原因不只在叶绿素含量,还与其他因素有关;在亲本与组合的比较中,杂一代在阴天的光合强度倾向于较高的亲本,而在晴天的光合强度倾向于较低的亲本,杂交能保留双亲较适应生态环境的光合特性。

浦惠明等(1997)以抗阿特拉津除草剂油菜 OAC triton 和敏感型油菜宁油 7 号为材料,比较了它们在光合生理特性方面的差异。结果表明,抗除草剂油菜不仅光合速率低,而且植株体内生长素、赤霉素等内源激素明显低于宁油 7 号,这是制约抗性油菜光合生产能力的两个主要因素。研究还发现,尽管阿特拉津除草剂对抗性油菜的光合速率无不良影响,但会影响植株内源激素的比例,并导致叶绿体光合产物运转受阻,从而进一步制约油菜的光合生产能力,影响油菜的正常生长。

刘晓亚(2019)为了明确芥菜型和甘蓝型 2 个不同类型油菜在华北寒旱区的生长、光合特性及养分积累、产量特征,以当地芥菜型油菜品种大黄和新引进的甘蓝型品种华油杂 62 为基本材料,进行了油菜对 3 种土壤类型的适生性试验,9 个油菜品种的品比试验;利用光合仪 Li-6400XT 测定了两品种的叶片和角果的光合速率(P_n)、蒸腾速率(T_r)、气孔导度(Cond)及胞间 CO_2 浓度(C_i)等指标,通过比较得出华油杂 62 和大黄两品种油菜叶片和角果的净光合速率(P_n)日变化呈近"双峰"曲线变化特征,均存在"光合午休"现象;P_n 上午峰值较下午峰值高。大黄叶片净光合速率的峰值比华油杂 62 高 9.74%～18.08%,日平均 P_n 高 20.08%,大黄叶片上午 P_n 平均值比下午高 62.52%,华油杂 62 上午 P_n 平均值比下午高 66.32%;大黄角果 P_n 峰值与华油杂 62 互有高低,日均 P_n 比华油杂 62 高 26.56%,大黄角果上午 P_n 平均值比下午高 94.97%,华油杂 62 上午 P_n 平均值比下午高 259.67%。大黄叶片、角果全天 T_r 和 Cond 均值分别比华油杂 62 高 27.08%、9.4% 和 38.46%、10.26%,而全天 C_i 均值分别比华油杂 62 低 5.11%、1.9%。从净光合速率看,华油杂 62 不具优势,但华油杂 62 的叶面积较大黄高 23.22％,角果皮面积较大黄高 44.79％,光合势较大黄高 35.93％,蒸腾速率较大黄低 8.59％~21.31％。

2. 环境因素的影响

(1)光照的影响　光照强度对油菜的生长发育至关重要。

李卫芳等(1997)为探究光照时间对叶光合的影响,用 LCA-4 系统每隔 1 min 自动记录油菜叶的光合和蒸腾速率,结果表明,在约 40 min 的光合滞后期中,光合速率随强光时间的增长而提高。产生滞后期的原因,除光合酶需光活化和光合中间产物有自动调节的过程外,最主要的是气孔的开启需有个照光过程。对处在光合稳定态时的油菜叶断光,在断光初期有一个快速释放 CO_2 过程,即 CO_2 猝发。CO_2 猝发是光呼吸的可靠指示,油菜叶有 CO_2 猝发,则证实油菜为 C_3 植物。短期断光后再照光,光合速率随即恢复到断光前的水平。

范志强等(2008)以油菜叶片为材料,对其含水量、叶绿素含量、丙二醛含量、过氧化氢酶活性等生理指标进行测试分析。试验结果表明:相对于全光照的油菜而言,遮阴处理后叶片的含水量显著上升;不同光强处理对叶绿素含量也存在影响:遮阴处理后叶绿素总量、chla、chlb 的含量均上升,但 chla/chlb 下降;遮阴后叶片的丙二醛含量有所上升,但过氧化氢酶活性稍微下降。

李明辉等(2013)通过对不同光照强度区域的油菜生长情况进行对比发现,光照强的区域,油菜生长更为快速,分化的花芽也更多。经过分析认为,光照强的区域油菜苗的光合作用更为迅速,养分的吸收也更快,所以说在一定范围内光照强度的增加会促进油菜的生长发育。但是光照的增加会带来温度升高的副作用,所以种植过程中并不能一味地增加光照强度。

(2)CO_2 的影响　CO_2 是光合作用的原料,对光合速率影响很大。其主要是通过气孔进入叶片,加强通风或设法增施 CO_2 能显著提高作物的光合速率,对 C_3 植物尤为明显。此外,植物对 CO_2 的利用与光照强度有关,在弱光情况下,只能利用较低浓度的 CO_2,光合速率慢,随着光照强度的加强,植物就能吸收利用较高浓度的 CO_2,光合速率加快。

李卫芳等(1997)以甘蓝型、白菜型和芥菜型 3 类油菜为对象,探究 CO_2 对光合速率与蒸腾速率的影响。结果表明,油菜叶的 CO_2 补偿点在 0.07 mL/L 左右,CO_2 饱和点约在 2 mL/L,油菜叶在光下向无 CO_2 气流中的 CO_2 释放速率,即光呼吸速率为 15 $\mu mol/(m^2 \cdot s)$。蒸腾速率在低 CO_2 浓度时较大,这是低 CO_2 时气孔开度较大、高 CO_2 抑制气孔开启的缘故。

宋蜜蜂(2009)利用开顶式气室对油菜进行了 2 种不同 CO_2 浓度(550 $\mu mol/mol$、750 $\mu mol/mol$)处理,以自然环境大气 CO_2 浓度为对照,研究了油菜株高、叶面积、光合生理、产量及品质的变化与差异。并探讨了大气 CO_2 浓度升高状况下油菜生长、生理特性和产量品质变化趋势。研究表明:①随着大气 CO_2 浓度的升高,油菜的株高呈增加趋势。550 $\mu mol/mol$、750 $\mu mol/mol$ 与对照 CO_2 浓度 365 $\mu mol/mol$ 的相比,油菜株高提高 1.25％~7.83％。油菜的开花期叶面积在两种高 CO_2 浓度条件下,分别提高 13.61％和 37.41％。大气 CO_2 浓度的升高,促进了油菜光合速率、水分利用效率的提高。而蒸腾速率和气孔导度随 CO_2 浓度升高而降低。与对照(365 $\mu mol/mol$)相比,两种高 CO_2 浓度处理下,油菜光合速率提高 15.48％~59.6％。油菜水分利用效率提高 30.25％~105.66％。油菜气孔导度下降 2.63％~10.23％。油菜蒸腾速率下降 8.27％~22.79％。②低 CO_2 浓度(365 $\mu mol/mol$)条件下,油菜光合速率日变化出现“午休”现象。但随着 CO_2 浓度的升高,油菜的光合“午休”现象缓解直至消失;随大气 CO_2 浓度的提高,油菜的光合速率和水分利用效率在一日当中皆有不同程度的提高;油菜光合速率提高幅度为 4.49%～55.47%，水分利用效率提高幅度为 10.11%～115.44%；油菜的气孔导度和蒸腾速率一日当中皆随大气 CO_2 浓度的升高而有不同程度地下降：蒸腾速率下降幅度为 5.10%～27.87%，气孔导度下降幅度为 2.24%～27.97%。③大气 CO_2 浓度升高，油菜叶绿素 a、叶绿素 b、叶绿素总量均呈现增加趋势。550 $\mu mol/mol$、750 $\mu mol/mol$ 与对照自然大气 CO_2 浓度 365 $\mu mol/mol$ 相比，油菜蕾薹期叶绿素 a 含量增加 3.31% 和 8.56%，叶绿素 b 含量增加 6.88% 和 13.76%，叶绿素总量提高 3.27% 和 5.18%。大气 CO_2 浓度升高条件下，油菜叶绿素 b 增幅大于叶绿素 a，因此，叶绿素 a 与叶绿素 b 的比值降低。

(3)温度的影响　光合过程中的碳反应是由酶所催化的化学反应，而温度直接影响酶的活性，因此，温度对光合作用的影响也很大。除了少数的例子以外，一般植物可在 10～35 ℃下正常地进行光合作用，其中以 25～30 ℃最适宜，在 35 ℃以上时光合作用就开始下降，40～50 ℃时即完全停止。在低温中，酶促反应下降，故限制了光合作用的进行。而在高温时，一方面是高温破坏叶绿体和细胞质的结构，并使叶绿体的酶钝化；另一方面，暗呼吸和光呼吸加强，光合速率便降低。油菜属耐寒性作物，喜凉爽的气候条件，对低温和高温有一定的忍耐性，但温度超过一定限度时，生长受到抑制。

刘自刚等(2015)介绍了他们的试验研究。为探讨夜间低温对白菜型冬油菜叶片光合机构的影响机理及品种间差异，采用人工气候室内模拟夜间低温对白菜型冬油菜幼苗叶片气孔形态、叶绿体超微结构、光合特性及产物分配与积累的影响。结果表明，昼/夜温度为 20 ℃/10 ℃时，与弱抗寒品种天油 2 号相比，超强抗寒品种陇油 7 号生长点较低，株型匍匐，叶色深，叶绿素含量、胞间 CO_2 浓度(C_i)、叶片净光合速率(P_n)处于同一显著水平。当夜间温度降至 5 ℃处理 7 d 后，不同抗寒品种气孔导度(G_s)、C_i、P_n 下降，叶绿素含量、根/冠升高，表明低夜温下不同品种均有更多光合产物被优先输送到根部；天油 2 号叶片叶缘、叶尖呈卷曲状或水渍斑状，表现明显冻害症状，陇油 7 号叶色加深，叶片平展，生长点下陷，未见冻害；夜温降低处理后白菜型冬油菜叶片叶绿素均升高，不同品种叶绿素升高幅度明显不同，天油 2 号比对照升高 6.0%，陇油 7 号升高 9.6%；此时，天油 2 号大部分气孔关闭或半关闭，其叶片胞间 C_i 高于陇油 7 号，G_s、P_n 显著低于陇油 7 号，表明在夜间温度为 5 ℃时，天油 2 号光合作用受到显著抑制，非气孔限制是引起其光合效率降低的主要原因；而陇油 7 号在 5 ℃低夜温条件下，叶片气孔大部分仍保持开放，叶片 P_n、C_i 虽略有下降，但与对照(昼夜温度为 20 ℃/10 ℃)处于同一显著水平，在 5 ℃低夜温条件下仍保持较高的光合能力。昼/夜温度为 20 ℃/10 ℃时，白菜型冬油菜叶绿体紧贴细胞内壁整齐排列，基粒片层垛堞整齐紧密，基质片层整齐有序，叶绿体外形呈梭状或单面凹透镜形，内含淀粉颗粒，陇油 7 号淀粉粒数量和直径均大于天油 2 号；当昼/夜温度降为 20 ℃/-5 ℃时，天油 2 号下部叶片已全部干枯，持绿叶片叶出现水渍状冻害，陇油 7 号心叶深绿色，下部叶变黄，但叶片平展，叶面呈块状泛红；天油 2 号相邻叶绿体融合，叶绿体外膜破裂，释放出内溶物，基粒溶解，基质片层断裂，叶绿体膜有序结构完全损坏；陇油 7 号叶绿体外膜完整清晰，保持部分基粒结构，基质片层结构较完整，其内仍有少量淀粉粒存在；-5 ℃低夜温处理后冬油菜不同品种 C_i 升高，叶绿素含量、G_s、P_n 下降；但不同品种叶绿素含量、气体交换参数等存在显著差异，天油 2 号叶绿素含量显著低于陇油 7 号，其 P_n 迅速降低到 0.210 $\mu mol\ CO_2/(m^2 \cdot s)$，比对照下降 256.2%，陇油 7 号 P_n 为 0.434 $\mu mol\ CO_2/(m^2 \cdot s)$，是天油 2 号的 2.06 倍，在 -5 ℃低夜温处理后，陇油 7 号仍有较高的光合速率；陇油 7 号根/冠显著高于天油 2 号，表明陇油 7 号更多光合物质被优先输送到根部保存。由此得出试验结论，低夜温造成白菜型冬油菜叶绿体光合膜结构损伤,引起叶片 P_n 降低,昼/夜温度为 20 ℃/5 ℃ 时,P_n 的下降主要与气孔限制相关,而昼/夜温度为 20 ℃/－5 ℃ 时,P_n 下降主要由非气孔限制引起。

冷锁虎等(2002)研究发现温度对油菜苗期叶片的光合强度影响很大,在较低的温度 (<20 ℃)条件下随着温度的升高,光合强度也升高;但温度过高,光合强度则下降。本试验认为,油菜叶片光合作用的最适温度为 20～25 ℃,超过 25 ℃不利于叶片光合作用。

(4)水分的影响 光合作用反应过程需要水参与,如果水分不足,会导致叶片气孔闭合,无法有效吸收 CO_2,降低反应速率,另外,水分还承担着运输物质的作用,水分不足会导致光合作用反应物质运输变慢。

赵丽英等(2010)对 4 种不同水分条件下油菜叶片的光合变化和膜伤害进行了研究。结果表明,在轻度干旱条件下,油菜叶片光合速率(P_n)和蒸腾速率(T_r)会增加,而气孔导度(G_s)则缓慢下降。随着胁迫程度加重,三者均出现明显下降。细胞间隙 CO_2 浓度(C_i)在不同的水分胁迫下表现各异,轻度干旱胁迫下先下降再升高,而中度和重度干旱胁迫条件下却呈现明显上升然后趋于平缓趋势。叶片细胞膜透性和丙二醛(MDA)含量随着胁迫程度增加而明显增加。

黄纯倩等(2017)曾报道,为研究干旱和高温胁迫对油菜光合作用的影响,利用甘蓝型快生油菜 29005,于植物生长箱中进行干旱(保持 6 d 不浇水,土壤相对含水量降至 15% 左右)和高温(处理 7 d,40 ℃,16 h 光照;35 ℃,8 h 黑暗)胁迫处理,分别测定了干旱和高温胁迫后油菜光合和叶绿素荧光特性以及光合作用关键酶的变化情况。结果表明:干旱和高温均抑制油菜的生长和光合作用,干旱胁迫下油菜叶片净光合速率、气孔导度、蒸腾速率等光合参数降低明显,而光系统Ⅱ(PSⅡ)、光化学效率(F_v/F_m)、最大电子传递速率(ETR_{max})等叶绿素荧光参数降低较慢,经过 3 d 的复水恢复后这些参数能够部分恢复;高温胁迫后叶片净光合速率、气孔导度、蒸腾速率等光合参数降低较为缓慢,而 F_v/F_m、ETR_{max} 等叶绿素荧光参数则迅速下降,且在胁迫解除后这些参数进一步降低。干旱胁迫后 Rubisco 活性未表现出显著变化,持续的高温对 Rubisco 有抑制作用。试验结果说明,干旱胁迫首先影响了油菜叶片光合作用的碳同化过程,对光反应系统破坏是可逆的,胁迫解除后对后期的生长发育影响小于高温影响,高温胁迫更容易造成油菜叶片 PSⅡ 不可逆破坏,进而对光合作用以及后期的生长发育产生难以恢复的影响。

(5)海拔高度的影响 徐亮(2017)曾以 3 个甘蓝型春油菜 DH 系为材料,研究不同海拔环境的油菜叶片叶绿素含量、光合生理、产油量及其相互关系。结果表明,青海晴天条件下,春油菜苗期净光合速率日变化呈"单峰"曲线,无明显的光合"午休"现象,高海拔区域油菜的净光合速率高于低海拔地区,光合速率主要受相对湿度、温度等环境因子的影响;初花期,高海拔区油菜叶片的叶绿素含量和净光合速率显著高于低海拔区,叶片叶绿素含量与净光合速率呈极显著正相关;高海拔区油菜种子生长发育时间长于低海拔区,千粒质量、含油量、平均产油量均显著高于低海拔区;叶绿素含量、光合速率均与平均产油量间呈极显著正相关。

3. 栽培措施的影响

(1)适宜浓度的除草剂 周可金等(2009)通过气体交换等技术研究不同浓度的敌草快和农达催熟油菜角果引起的光合速率与气体交换参数、叶绿素含量以及千粒重、产量与含油量的变化。结果表明,敌草快催熟速度快、效果好,但对角果皮叶绿素破坏严重,光合效率低,光能利用率下降,千粒重、产量与品质降低较多,且浓度越高降低越多;农达催熟效果慢,但对角果伤害小,光合效率较高,对产量与品质影响较小。油菜产量、含油量与角果皮光合效率、叶绿素含量之间相关显著,表明油菜产量形成与油分积累和后期角果光能利用效率密切相关。生产上推荐使用 0.1% 低浓度敌草快或 0.8% 高浓度农达有利于促进角果成熟和减少产量损失。

(2)合理施用矿质元素 矿质元素直接或间接影响光合作用。氮、镁、铁、锰等是叶绿素等生物合成所必需的矿质元素;铜、铁、硫和氯等参与光合电子传递和水裂解过程;钾、磷等参与糖类代谢,缺乏时便影响糖类的转变和运输,这样也就间接影响了光合作用,同时磷也参与光合作用中间产物的转变和能量传递,所以对光合作用影响很大。

张明中等(2012)为了探讨锌对不同品种油菜光合特性、籽粒锌含量的影响,采用盆栽试验比较了 5 种锌浓度(0 mg/kg、1.0 mg/kg、5.0 mg/kg、10.0 mg/kg、20.0 mg/kg)处理下 5 个油菜品种的生长、光合特性、籽粒锌含量及积累量的差异。结果表明,5 个油菜品种的根、茎、叶、籽粒及植株干重、光合特性、锌含量和积累量在品种之间、锌处理浓度之间的差异显著,品种与锌浓度的交互效应也达到显著水平。当锌≤5.0 mg/kg 时,锌增加了净光合速率(P_n)、气孔导度(G_s)以及蒸腾速率(T_r),提高了油菜茎、叶、籽粒及总干重。5 个品种的籽粒锌积累量以及 ENW、NTHYC 和 H33 的籽粒锌含量随锌浓度先增加,在 5.0 mg/kg 锌时达到最大值,然后下降。ENW 的籽粒锌含量和籽粒锌积累量在 5.0 mg/kg 和 10.0 mg/kg 锌处理时为 5 个品种最高或次高,分别为 172.34 mg/kg 和 164.10 mg/kg、2.932 mg/pot 和 2.575 mg/pot。

孟凡金(2020)以冬油菜为研究对象,在田间条件下探究了不同钾肥用量对冬油菜产量和生育期内光合器官演替的影响。在不同生育期,施用钾肥均可以显著提高光合器官的气孔导度、蒸腾速率和净光合速率,降低冠层温度与环境温度的差异。光合能力和冠层温度日动态表明,在中午时分不同处理的净光合速率、气孔导度、蒸腾速率和冠层温度差异最大,且净光合速率、气孔导度和蒸腾速率随钾肥用量的增加而升高,冠层温度与环境温度的差异随钾肥用量的增加而降低;在早晚时分,钾处理之间光合能力和冠层温度差异不大;一天之内冠层温度的变化幅度随施钾量的增加而降低。在不同生育期内,光合器官净光合速率、气孔导度、蒸腾速率均与冠层温度呈显著负相关关系。钾素营养调控冠层温度的稳定性,在越冬期、薹花期和角果期钾含量分别每升高 1%,冠层温度日较差分别降低 0.37 ℃、0.54 ℃和 0.83 ℃,随环境温度的增加,钾肥用量对维持冠层温度稳定的效果更加明显。由此可见,施用钾肥可以显著降低冠层温度的变异程度,以促进光合器官维持较高的光合能力。不同供钾水平处理的气孔导度、蒸腾速率和叶片温度响应光照变化程度存在较大差异,充足的钾素供应可以降低响应时间达到稳定状态。在光动态变化下,能量平衡模型拟合得到的叶片温度与测定的叶片温度变化趋势相一致,均在光强阶跃升高时,叶片温度快速升高达到最大值,随后略有降低趋于稳定状态;光强阶跃降低时,叶片温度快速降低达到最低值,随后升高到光强最初变化前的温度。根据能量平衡模型探究钾调控温度变化的机制,结果表明在光变化环境中,充足的钾素供应可以降低气孔导度的响应时间,快速达到稳定状态;钾营养充足下蒸腾速率强,降低叶片热量;充足的钾素供应增大叶片比热容,降低叶片温度变异程度。综上所述,充足的钾素供应下减少气孔响应环境变化稳定时间,保持较高的蒸腾速率和比热,降低冠层温度及其变异程度。

屈婵娟等(2015)为研究硒对油菜镉毒害的缓解作用,采用水培实验研究了硒(0.3 mg/L)对镉(0.5 mg/L)胁迫下不同基因型(WH-19 和 WH-95)油菜镉含量、光合特性及抗氧化活性的影响。结果表明:与镉单施相比,硒的添加并未显著改变 WH-19 油菜根、茎、叶中镉含量,显著降低了 WH-95 油菜根、茎、叶中镉含量,分别降低了 8.51%、34.61%、46.14%;WH-19 的净光合速率和蒸腾速率显著提高,分别提高了 18.96% 和 22.77%,气孔导度略有提高,胞间 CO_2 浓度显著降低至镉单独作用时的 72.61%;WH-95 的净光合速率和蒸腾速率略有提高,气孔导度无显著变化,胞间 CO_2 浓度显著降低为镉单独作用时的 85.96%;WH-19 的 SOD 活性显著降低了 29.03%,CAT 活性和 POD 活性无显著变化;WH-95 的 CAT 活性略有提高,为镉单独作用时的 1.09 倍,SOD 活性和 POD 活性无显著变化。硒对镉胁迫下不同基因型油菜镉含量和抗氧化酶活性的影响不同,而对 2 个品种油菜光合特性的影响趋势基本一致,不同基因型油菜的光合能力均得到提高,缓解了镉对油菜的毒害。

刘俊等(2012)曾采用盆栽实验研究了锌(0 mg/kg、1.0 mg/kg、5.0 mg/kg、10.0 mg/kg 和 20.0 mg/kg)对不同油菜品种罗平金菜子(*Brassica juncea*)、二牛尾(*B. juncea*)、溧阳苦菜(*B. juncea*)、南通黄油菜(*B. chinensis*)、H33(*B. napus*)的光合特性、根尖细胞超微结构及籽粒富锌的影响。结果显示,5 个油菜品种在品种之间、锌处理浓度之间,根、茎、叶、籽粒及植株干重、光合特性、锌含量和积累量的差异性均达到显著水平;品种与锌浓度的交互效应也达到显著水平。在锌≤5.0 mg/kg 范围内,锌增加了超氧化物歧化酶(SOD)、过氧化物酶(POD)和过氧化氢酶(CAT)等抗氧化酶活性、净光合速率(P_n)、气孔导度(G_s)以及蒸腾速率(T_r),提高了油菜茎、叶、籽粒干重及总干重。油菜产量(籽粒干重)在 5.0 mg/kg 锌时达到最大值,各品种分别较对照增加了 37.7%、23.4%、29.5%、82.6% 和 18.0%。在锌处理浓度为 20.0 mg/kg 时,罗平金菜子、二牛尾、南通黄油菜和溧阳苦菜根尖细胞出现不同程度的线粒体肿胀、细胞壁增厚、细胞核萎缩且内容物较少,而 H33 中根尖细胞结构较 CK 处理差异不明显,细胞结构较为完整。5 个品种的籽粒锌积累量随锌浓度先增加,在 5 mg/kg 锌时达到最大值,然后下降。二牛尾的籽粒锌含量和籽粒锌积累量在 5 mg/kg 和 10 mg/kg 的锌处理时为 5 个品种最高或次高,分别为 172.34 mg/kg 和 164.10 mg/kg、2.932 mg/kg 和 2.575 mg/kg。

李俊等(2014)介绍,为研究光合促进剂 $NaHSO_3$ 促进油菜叶片光合的作用机理,以甘蓝型油菜中双 11 号为材料,在水培条件下研究了不同浓度 $NaHSO_3$(0.00~0.08 mmol/L)处理对 5 叶期幼苗生长发育、氮代谢及光合荧光特性的影响。结果表明,水培条件下,低浓度(0.02 mmol/L)$NaHSO_3$ 处理 10 d、15 d 和 20 d 后植株株高均显著增加,分别比对照提高 21.0%、28.4% 和 40.4%;鲜重和根长虽有增加但与对照相比差异不显著;高浓度(0.08 mmol/L)$NaHSO_3$ 处理 10~20 d 后显著抑制植株根系长度,抑制率为 15.1%~16.5%。不同 $NaHSO_3$ 浓度处理均显著增加了叶绿素 b 和总叶绿素含量,其中 0.02 mmol/L $NaHSO_3$ 处理对叶绿素含量的促进作用最大,且只有该浓度处理会显著提高叶绿素 a 含量;$NaHSO_3$ 处理油菜后,净光合速率、光饱和点和表观量子效率显著增加,光呼吸速率显著降低;最大光能转化率(F_v/F_m)和实际光能转化率(ΦPSⅡ)增加,非光化学猝灭系数(NPQ)降低;不同 $NaHSO_3$ 浓度处理均能增加硝酸还原酶(NR)和谷氨酰胺合成酶(GS)的活性,其中对 NR 的促进作用在 0.02 mmol/L 达到最高。研究结果表明,$NaHSO_3$ 对光合速率的促进作用与光呼吸抑制无关,而是主要通过促进油菜叶片中叶绿素 b 含量增加,进而提高了光能吸收和传递效率,因此光合速率提高。

刘涛等(2016)从叶片尺度探究冬油菜苗期氮素在光合器官中的分配,分析不同氮水平下光合氮素利用特征及其与光合氮利用效率的关系,以揭示氮素营养影响光合氮利用效率的机制。采用田间试验,设 3 个施氮水平(0、180 kg/hm²、360 kg/hm²,分别以 N0、N180、N360 表示),在苗期测定最新完全展开的叶净光合速率(P_n)、氮含量、光合氮利用效率(PNUE)以及最大羧化速率(Vc_{max})、最大电子传递速率(J_{max})等相关生理、光合参数,并计算叶片氮素在光合器官(羧化系统、生物力能学组分和捕光系统)的分配比例。结果是施氮明显改善冬油菜苗期的生长,显著增加了叶片数、叶面积和叶片干重,但单位叶面积干重低于不施氮处理。与 N0相比,N180 和 N360 处理的冬油菜最新完全展开叶的氮含量和 P_n 显著升高,其中叶片氮含量分别增加了 155.0%、157.3%,P_n 则增加 57.6%、56.1%,N180 与 N360 处理间无显著差异;而 PNUE 随施氮水平的提高而降低,与 N0 相比,N180 和 N360 处理分别下降了 35.6% 和39.6%。施氮提高了冬油菜苗期叶片的光合能力,N180 和 N360 处理的最大净光合速率(P_{nmax})、羧化效率(CE)、最大羧化速率(Vc_{max})及最大电子传递速率(J_{max})显著高于 N0 处理。氮肥用量同样影响氮素在光合器官中的分配,与 N0 相比,N180 和 N360 处理的氮素在叶片光合器官投入的比例显著降低,降低幅度分别为 29.3%、34.5%;其分配比例在羧化系统(PC)、生物力能学组分(PB)和捕光系统(PL)分别降低了 24.1%、23.3%、34.6% 和 31.0%、26.7%、38.5%。相关分析表明,叶片中羧化和生物力能学组分及光合组分氮的分配比例与 PNUE 均呈显著正相关关系,而与非光合组分氮分配比例呈显著负相关关系。试验结论是随施氮量的升高,油菜苗期光合氮利用效率呈下降趋势。氮素在光合器官(羧化系统、生物力能学组分和捕光系统)分配的差异是影响冬油菜苗期叶片光合氮利用效率的重要原因。在保证苗期适宜氮素供应的情况下,通过协调氮素在光合器官的分配对进一步提高作物光合氮素利用效率具有重要意义。

陆志峰等(2016)采用大田试验,研究不施钾(-K)和施钾(+K)条件下华油杂 9 号和中双9 号单株重,蕾薹期不同类型叶片单叶重、叶面积、K 含量和叶绿素含量。利用 Li-6400 XT 便携式光合测定系统测定各类叶片的光合速率(P_n)和气孔导度(G_s)等气体交换参数,以及PSⅡ最大光化学量子效率(F_v/F_m)和实际光化学量子效率(ΦPSⅡ)等叶绿素荧光参数。并利用胞间 CO_2 浓度(C_i)和气孔限制值(L_s)的变化,分析叶片光合作用的限制因子。结果:①缺钾胁迫使成熟期华油杂 9 号和中双 9 号籽粒产量分别下降 13.9% 和 27.2%。②缺钾显著抑制了蕾薹期中双 9 号的生长,单株重下降了 12.4%;长柄叶的干重比正常供钾处理降低了 19.2%,而对华油杂 9 号无影响。③缺钾主要影响蕾薹期长柄叶的光合生理特性,对短柄叶和无柄叶无影响。缺钾条件下,油菜长柄叶钾含量和叶绿素含量明显降低,其 P_n 也显著低于正常供钾处理。但缺钾对不同品种 P_n 的限制原因并不同,缺钾胁迫导致华油杂 9 号 C_i 显著降低,L_s 增加了 16.6%,即气孔因素是华油杂 9 号 P_n 下降的主要原因;而中双 9 号 C_i 显著增加,L_s 却下降了 14.0%,P_n 的下降是由非气孔因素引起的。④缺钾胁迫下中双 9 号长柄叶的 F_v/F_m、ΦPSⅡ、qP 和 ETR 均显著降低,说明 PSⅡ反应中心受损,NPQ 显著上升,间接表明缺钾条件下中双 9 号 P_n 下降的原因与非气孔因素有关;而华油杂 9 号各荧光参数均未受缺钾胁迫的影响。油菜收获期籽粒产量与各叶片钾素含量以及长柄叶气体交换和叶绿素荧光参数关系密切。试验结论是缺钾胁迫导致蕾薹期油菜长柄叶光合功能加速衰退,影响收获期籽粒产量。中双 9 号长柄叶光合性能受缺钾胁迫的影响大于华油杂 9 号,这与品种自身对缺钾胁迫的耐受能力有关。

三、氮代谢——蛋白质的生物合成

氮是蛋白质、核酸和叶绿素的重要组成成分,同时也是一些植物激素的成分。氮对植物的新陈代谢、产量的形成及品质的优劣等具有重要作用。氮素的同化是植物体内另一个十分重要的生理过程。氮素在营养生长期促进光合作用有关组分的蛋白质合成以及同化器官叶面积的扩大,生殖生长时期,营养器官中积累的氮素向库器官转移,再合成贮藏蛋白(徐大勇等,2003;周阮宝等,1992)。而无机氮必须同化为谷氨酰胺和谷氨酸等有机氮才能参与氮代谢为植物所利用。谷氨酰胺合成酶(GS)是参与这一氮同化过程的关键酶,在 ATP 供能的情况下,它催化 NH_4^+ 同化成谷氨酰胺(汪沛洪,1993;王学奎,2000;陈胜勇等,2010)。谷氨酸合成酶(GOGAT)能够将籽粒中的酰胺类物质转化为谷氨酸,谷氨酸是氨基酸代谢的中心物质,进一步形成籽粒中的蛋白质。同时,籽粒中的蛋白质含量不仅关系到籽粒产量,而且对籽粒品质也有影响。

　　油菜种子形成过程中,含氮化合物伴随着种子干物重的增长而逐渐积累。中国科学院上海植物生理研究所研究指出,油菜种子形成过程中,氮素相对含量几乎一直保持在 35％左右,只是随干物重的增长而提高其绝对含量。油菜种子中蛋白质含量一般为 25％左右,籽粒约在开花 20 d 以后全氮含量快速上升,35 d 左右全氮含量趋于稳定。

　　油菜对氮素营养的需求较大,如果缺氮,油菜生长就会受到影响,出现植株矮小、老叶黄化等,甚至减产。目前油菜的高产主要依赖氮肥的大量施用,但油菜产量并不会随施氮量的增加而保持同步增长,特别是高氮条件下对氮肥利用率较低,使得经济效益下降,且施氮过量,会降低油菜抗病虫害的能力,氮肥的利用率也就降低,随之而来的是增施化学农药,致使大量的氮肥和农药渗入地下、流入湖泊以及挥发到空气中而流失,既增加了农业生产成本,又造成了严重的环境污染,不利于农业的可持续发展。因此,掌握油菜需氮规律,对油菜生产有积极意义。

(一)氮的吸收与同化

　　高等植物不能利用空气中的氮气,仅能吸收化合态的氮。植物可以吸收氨基酸、天冬酰胺和尿素等有机氮化物,但是植物的氮源主要是无机氮化物,而无机氮化物中又以铵盐和硝酸盐为主,它们广泛地存在于土壤中。植物从土壤中吸收铵盐后,即可直接利用它去合成氨基酸。如果吸收硝酸盐,则必须经过代谢还原才能利用,因为蛋白质的氮呈高度还原状态,而硝酸盐的氮却是呈高度氧化状态。

1. 铵态氮的吸收与同化

　　(1)铵态氮的吸收　铵进入植物细胞有多种途径,例如:质膜上存在一种非选择性阳离子通道可以转运铵。由于铵的化学性质与钾离子类似,钾离子通道也可允许铵的通过。另外,铵也可以通过水通道蛋白 AtTIP 跨膜向液泡内运输。在高等植物中,高亲和力的 AMT 铵转运蛋白是介导植物根系从土壤中跨膜运输铵态氮的主要途径。AMT 分为 2 个亚类:AMT1(包括 AMT1;1,AMT1;2,AMT1;3,AMT1;4,AMT1;5)和 AMT2(包括 AMT2;1);每个亚类又包括不同的家族成员,在不同的部位发挥作用。

　　根系吸收的铵态氮会被同化,或者储存在根细胞的液泡中,抑或转移到地上部。一般认为铵态氮在植物体内未进行长距离运输,但是植株的木质部可以达到一定的铵浓度,表明铵盐从根系向地上部转移了。涉及铵盐在根系木质部装载和在地上部卸载的转运蛋白目前还未知。

　　(2)铵态氮的同化　NH_4^+ 主要通过 GS 和 GOGAT 途径形成氨基酸,其中 GS 是 NH_4^+ 同化过程的关键酶。除了通过 GS-GOGAT 途径外,谷氨酸脱氢酶(GDH)和天冬酰胺酸合成酶(AS)也是同化 NH_4^+ 的两个酶。

2. 硝态氮的吸收与同化

(1)硝态氮的吸收　土壤中的硝态氮通过径流的方式运输到根系表面,并且通过主动运输的方式被植物吸收。高等植物中负责吸收硝酸盐的主要是 NRT 型硝态氮转运蛋白家族的成员。NRT1 是低亲和性的硝酸盐转运系统的组成成分,NRT2 是高亲和性的硝酸盐转运系统的组成成分。

不考虑硝酸盐转运蛋白的类型,硝酸盐通过质膜向内运输,需要克服强烈的电位梯度,因为带负电荷的硝酸根离子不仅需要克服负的质膜电位,还有内部较高的硝酸盐浓度梯度。因此硝酸盐的吸收是一个消耗能量的过程。硝酸盐转运蛋白跨膜运输硝酸盐,伴随着氢离子的同向转移,相反地,H^+-ATP 酶需要消耗 ATP,由氢离子泵向外运输氢离子以维持质膜上的氢离子梯度。

被根系吸收的硝态氮主要有以下几种去向:①在细胞质中,通过硝酸还原酶被还原成 NO_2^-。②通过细胞膜流出原生质体,再次到达质外体内。③存储在液泡中。④通过木质部运输到地上部被还原利用。

(2)硝态氮的同化　在细胞质中,NO_3^- 在硝酸还原酶(NR)的作用下还原成 NO_2^-。NO_2^- 在质体中被亚硝酸还原酶(NiR)还原成 NH_3。形成的 NH_3 在谷氨酰胺合成酶(GS)和谷氨酸合成酶(GOGAT)的作用下形成氨基酸。

不论是铵态氮还是硝态氮,高等植物都是主要通过特定的转运蛋白对其进行吸收。吸收后的氮素一部分在根系中直接同化利用,一部分在叶片中同化利用。不同氮源在植物体内的运移、存储等过程是有很大差别的,但硝态氮和铵态氮都是植物需要的良好氮源,吸收到作物体后,除硝态氮需先还原成 NH_4^+(NO_3)以外,其余同化过程完全相同。

(二)氨基酸的合成途径及其酶系统

叶片中的硝酸同化成氨基酸的过程可分为 4 个步骤(图 2-11):

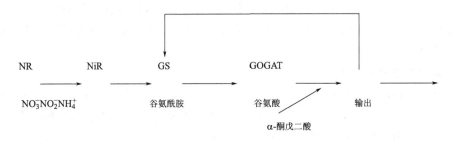

图 2-11　硝酸同化成氨基酸的过程(陈乔绘制)

作物组织中硝酸同化形成氨态氮参与合成氨基酸的过程要经过 4 种酶的催化作用,它们是 NR:硝酸还原酶;NiR:亚硝酸还原酶;GS:谷氨酰胺合成酶;GOGAT:谷氨酸合成酶。其中,NR 存在于细胞质中,NiR、GS 和 GOGAT 存在于叶绿体中。GS 活性与 NR、NiR 和 GOGAT 活性具有同步促进或抑制作用,4 种酶具有"共同调节"效应。

1. 硝酸还原酶(NR)的调节　NR 是一种诱导酶,催化 NO_3^- 转化为氨基酸的第一步反应,是植物氮代谢中的一个重要调节酶和限速酶。NR 之所以是控制植物氮代谢的关键酶,是因为在植物细胞中 NR 活性水平比 NiR 的活性水平低得多。NR 酶及其 mRNA 水平受光、激素、发育阶段、NO_3^- 和 CO_2 水平等因子的密切控制(Carwfodr et al.,1992)。NO_3^- 是诱导

NR 积累的第一个因子,没有 NO_3^- 时,NR 的 mRNA 就不能形成,就检测不到 NR 的活性(周阮宝等,1994)。光照促进 NR 活性提高。BA 促进 NR 活性,而 GA、ABA 抑制 NR 活性。此外,油菜种子经春化后,其子叶 NR 活性提高 1.5~4.9 倍。高温和干旱均促 NR 活性下降;生长过程中的低温环境、诱导及反应中的低温处理以及冷害等都可降低 NR 活性比。

　　不同氮水平下,油菜相同器官中硝酸还原酶活性差异较大,有研究表明,在低氮胁迫下油菜根系和叶片中的硝酸还原酶活力显著降低(洪娟,2007),也有研究表明,低氮处理下,油菜叶片中硝酸还原酶活性升高,证明低氮胁迫下叶片硝酸还原酶活力增强(田飞,2011),而在低氮水平下氮高效型材料氮同化能力更强。唐湘如等(2001)对油菜研究表明,提高氮水平不仅可增加叶片和籽粒的 GS 活力,还能够增加籽粒氮含量。高等植物体内约 95% 的铵态氮经 GS/GOGAT 循环途径同化为氨基酸(莫良玉等,2001),所以谷氨酰胺合成酶在氮同化中占有更重要的地位,不同氮水平对谷氨酰胺合成酶活性影响较大,而对根部的影响更为突出,例如低氮条件下油菜根系 GS 活力显著降低,而叶片中的 GS 活力显著大于根部,其次氮高效基因型油菜叶片和根部的 GS 活力显著大于氮低效型油菜(田飞,2011)。氮的高效同化为植物氮代谢提供了充足的物质基础,而高效的同化速率与硝酸还原酶、谷氨酰胺合成酶、谷氨酸合成酶的活性息息相关。

　　2. 谷氨酰胺合成酶(GS)的调节　从 NH_4^+ 到谷氨酰胺(Gln)的转化由谷氨酰胺合成酶催化,GS 是将无机氮转化为有机氮的门户,植物体内的谷氨酰胺合成酶有多种形式,主要有细胞谷氨酰胺合成酶和叶绿体谷氨酰胺合成酶,谷氨酰胺合成酶催化的感应需要光反应提供还原力 ATP(郑朝峰,1986)。谷氨酰胺到谷氨酸的转化还需要 α-酮戊二酸做碳架,此过程由谷氨酸合成酶催化,GS-GOGAT 是氮同化的必经途径,而谷氨酰胺合成酶又是此途径的关键酶。GS 受许多因素调节,如温、光、pH 值、氮源等因素。

　　氨基酸组成是决定油菜籽营养价值高低的重要指标之一。例如甘氨酸可以防治高血压、糖尿病、血栓等,具有甜味料和营养源的双重功能,天冬氨酸具有去咳化痰的作用,油菜籽氨基酸组成受降水、温度、土壤等不同的自然环境条件影响,李雪等(2018)研究不同产地油菜籽中氨基酸组成差异发现,四川省油菜籽总氨基酸含量最高,为 $(24.47+0.22)$ mg/100 mg,同时各产地油菜籽必需氨基酸含量占氨基酸总量均在 3% 以上,其中湖北产地最高,通过检验得到两产地不同氨基酸具有显著性差异,其中半胱氨酸是差异性氨基酸中最显著的氨基酸,根据不同产地油菜籽中氨基酸含量和组成的差异性,在加工过程中应选择适宜产地的油菜籽,从而提高油菜籽的利用率。不同生长期油菜氨基酸种类丰富且含量不同,杨雪海等(2017)试验表明,必需氨基酸中盛花期蛋氨酸和胱氨酸、苯丙氨酸和酪氨酸的含量及结荚初期的异亮氨酸、亮氨酸以及缬氨酸的含量占总氨基酸的比例高于其他生长期,盛花期和结荚初期的总必需氨基酸/总氨基酸及总必需氨基酸/总非必需氨基酸也高于其他生长期。

　　(三)蛋白质的形成及其酶系统

　　油菜不仅是世界上重要的油料作物之一,是人类重要的食用植物油来源,也是重要的植物蛋白来源,菜籽榨油后的饼粕含丰富的蛋白质,以及优质的氨基酸和矿物质营养,也是畜禽的优良饲料。积聚于种子胚胎形成时期的种子贮藏蛋白是种子萌发成幼苗所需营养氮元素、硫元素、碳元素的重要来源。植物种子蛋白质的生物合成,即翻译,是将 4 种脱氧核苷酸序列编码的遗传信息,通过遗传密码破译的方式解读为蛋白质一级结构中 20 种氨基酸的排列顺序

（郭雷等，2011），即由贮藏蛋白基因直接转录再翻译成蛋白产物。由于油菜籽蛋白质组分复杂，根据在不同溶剂中的溶解性差异，贮藏蛋白可分为水溶性蛋白质（清蛋白，albumin）、盐溶性蛋白（球蛋白，globulin）、碱溶性蛋白质（谷蛋白，glutenin）和醇溶性蛋白（醇溶蛋白，prolamin）。

蛋白质合成是指生物按照从脱氧核糖核酸（DNA）转录得到的信使核糖核酸（mRNA）上的遗传信息合成蛋白质的过程。不同的组织细胞具有不同的生理功能，是因为它们表达不同的基因，产生具有特殊功能的蛋白质。参与蛋白质生物合成的成分至少有 200 种，其主要是由 mRNA、tRNA、核糖核蛋白体以及有关的酶和蛋白质因子共同组成。蛋白质生物合成可分为 5 个阶段：氨基酸的活化、多肽链合成的起始、肽链的延长、肽链的终止和释放、蛋白质合成后的加工修饰。

1. 氨基酸的活化　在进行合成多肽链之前，必须先经过氨基酸的活化，然后再与其特异的 tRNA 结合，带到 mRNA 相应的位置上，这个过程靠 tRNA 合成酶催化，此酶催化特定的氨基酸与特异的 tRNA 相结合，生成各种氨基酰 tRNA。每种氨基酸都靠其特有合成酶催化，使之和相对应的 tRNA 结合，在氨基酰 tRNA 合成酶催化下，利用 ATP 供能，在氨基酸羧基上进行活化，形成氨基酰-AMP，再与氨基酰 tRNA 合成酶结合形成三联复合物，此复合物再与特异的 tRNA 作用，将氨基酰转移到 tRNA 的氨基酸臂（即 3′-末端 CCA-OH）上。

2. 多肽链合成的起始、肽链的延长、肽链的终止和释放　核蛋白体循环分为启动、肽链延长及终止 3 个阶段。启动过程中形成启动复合体，此时需要 GTP 和 ATP；肽链延长阶段，每增加一个氨基酸，就按进位、转肽、脱落和移位这 4 个步骤重复进行；终止阶段，需终止因子 eRF 参与，eRF 使给位的转肽酶变为水解作用，合成好的肽链被水解并从核蛋白体上释放。

3. 蛋白质合成后的加工修饰　新生多肽链不具备蛋白质的生物学活性，必须经过复杂的加工过程才能转变为具有天然构象的功能蛋白质，这一加工过程称为翻译后修饰，翻译后修饰使得蛋白质组成更加多样化，从而使蛋白质结构上呈现更大的复杂性。

发生部位主要在细胞叶绿体和线粒体。

油菜不仅是食用植物油的重要来源，同时也是植物蛋白的重要来源，而且菜籽饼中含有 20％可消化蛋白，其效率比值、净利用率和生物效价均高于大豆，蛋白质中赖氨酸含量近于大豆，而蛋氨酸和胱氨酸含量均高于大豆；与大豆相比，菜籽饼中含有较多的脂肪、维生素 E 和各种微量元素，也是一种很好的家畜、家禽饲料的添加成分及工业加工原料。刘清等（2008）研究发现，油菜籽蛋白质通过适当酶水解或一定化学改性可得到大量活性肽，这些活性肽具有很好的生物活性和理化性质。活性肽的发现为今后对油菜籽蛋白质资源的充分利用提供了新的途径。赵艳宁（2020）以超强抗寒白菜型冬油菜陇油 7 号和弱抗寒品种天油 2 号，比较分析梯度降温条件下白菜型冬油菜生理、蛋白组学及转录组学的差异，挖掘冷冻响应关键差异蛋白及基因，并对关键候选抗寒基因进行功能分析，揭示白菜型冬油菜冷胁迫响应的调控网络与应答机制。对 2 个冬油菜品种响应低温胁迫的差异蛋白质组研究得出：叶片中成功鉴定出表达丰度变化在 2 倍以上的蛋白点为 40 个，其中 5 个差异蛋白质在抗寒性材料中上调表达，敏感型材料中未见表达，与应激反应相关蛋白 25 个，其中与温度刺激反应相关蛋白质 8 个；根系蛋白质组分析鉴定出表达丰度变化在 2 倍以上蛋白点 20 个，5 ℃胁迫后，陇油 7 号中 5 个蛋白点诱导表达，天油 2 号中 6 个蛋白点诱导表达；−5 ℃胁迫后，陇油 7 号中 4 个蛋白点诱导表达，天油 2 号中 10 个蛋白点诱导表达；主要参与能量代谢、蛋白质代谢、解毒与防御等过程。余永芳等（2011）以油菜品种中油 821 为材料，利用双向电泳技术研究足磷和缺磷条件下油菜幼苗叶片差异表达的蛋白质显示,经电泳、PDQuest 分析后,缺磷处理下差异显著的蛋白质点有 38 个,19 个表达量显著上调,19 个显著下调,磷胁迫下蛋白表达量的差异说明逆境下植物体可通过多种蛋白的协调作用来适应外界环境的变化。

(四)油菜氮代谢的影响因素

1. 供氮水平与氮肥利用率的影响 油菜是需氮量较大且氮素利用效率较低的作物,生产上需要投入大量氮肥。克罗斯和克莱比尔认为,植物之所以由营养生长过渡到生殖生长,是受植物体中碳水化合物与氮化合物比例所控制。油菜初花前,氮素主要分布在叶片中,初花期后,叶片开始掉落,对氮素的吸收逐渐减少,同时有大量的氮素再分配转移出去,角果期角果开始光合作用,对氮素的吸收量又逐渐增加,同时有大量的氮素再分配转移进入角果和籽粒中。王正银等(1999)指出,油菜整个生育过程中尤其在中、后期,一般以碳素代谢为主,呈现出糖高氮低的代谢特点。赵合句等(1994)研究得出,优质油菜和普通油菜糖氮含量的差异,在苗期时差异很小,越冬期、蕾薹期和花期则相差很大,到成熟期则差异又很小,呈现一个"梭型过程"。邱德运等(2002)研究得出,施氮肥处理油菜的 C/N 比值显著低于不施氮处理,说明氮肥的施用会影响碳氮代谢的进程。曾宇(2012)也研究得出,油菜功能叶可溶性糖含量、C/N 值随着施肥量增加而降低,全氮含量随着施肥量增加而升高。

因此,研究供氮水平与氮肥利用率具有重要意义。在所有必需营养元素中,氮是限制植物生长和形成产量的首要因素,它对改善产品品质也有明显作用。氮素是蛋白质、叶绿素及酶等活性物质的主要成分,氮素营养水平高低对油菜生长发育有着极其重要的作用。油菜缺氮时,植株矮小,叶色淡,重则变红,枯焦,茎秆纤细,分枝小,根系不发达,花芽分化慢而少,蕾花量少,角、粒发育不良,产量较低。因此,施用氮肥是油菜增产的关键措施之一,其产量随着氮肥用量的增加而提高,但当产量升至最高点后,再增加氮肥反而减产。氮素的多少对油菜籽品质有一定的影响。角果成熟期氮素供应过多,会使菜籽中蛋白质含量增加,而含油量随之降低。同时油分中的芥酸、亚麻酸、亚油酸含量有微量增加,而种子中硫苷含量有所降低。油菜叶片中硝酸盐的积累及 Vc 含量,均随着氮肥用量增多而提高,而可溶性糖含量则随着氮肥用量增多而下降。

左青松等(2014)研究施氮量对油菜氮素积累和运转及氮素利用率的影响。于 2010—2012 年度以 5 个不同油含量的常规油菜品种为材料,设置 120 kg/hm² (N1)、240 kg/hm² (N2)和 360 kg/hm² (N3)3 个水平的氮肥处理,在初花期和成熟期取样及定期捡拾田间落叶,测定植株干物质积累量、氮素含量及油含量,研究氮肥水平对油菜氮素积累、运转及氮素利用率的影响。结果表明,随着氮肥用量增加,产量和氮素积累总量增加,氮素收获指数和氮素籽粒生产效率逐渐降低。不同处理叶片氮素运转率变幅为 76.6%～80.2%,不同氮肥处理间无显著差异。不同处理茎枝氮素运转率变幅为 36.0%～57.6%,随着氮肥用量增加而降低。不同处理落叶氮占植株总氮积累量比例的变幅为 14.9%～20.3%,随着氮肥用量的增加,落叶氮比例逐渐增加。不同处理初花期氮积累量占植株总氮量的变幅为 75.5%～90.5%,随着氮肥用量的增加,其比例逐渐增加。初花期积累氮素对后期产量形成作用较大,注重前期施肥可促进花芽分化,形成更多的有效角果,有利于获得高产。

余佳玲等(2015)为阐明油菜碳氮代谢与氮效率的关系及其对油菜品质的影响,曾采用土培试验,以低产甘蓝型油菜品种沪油 15(品种 A)与高产甘蓝型油菜品系 742(品种 B)为试验材料,在常氮与氮胁迫 2 种供氮情况下,研究了不同品种油菜不同供氮水平下光合参数,可溶性糖、游离氨基酸与硝酸盐含量差异,氮效率与收获指数以及与籽粒脂肪酸组成的变化及差异。结果表明,无论哪种供氮水平,品种 B 苗期光合参数大于品种 A,盛花期规律相反,两品种的 P_n(光合速率)、G_s(气孔导度)、C_i(胞间 CO_2 浓度)与 T_r(蒸腾速率)皆在盛花期有所升高,而 WUE(水分利用效率)有所降低。盛花期与角果发育期品种 B 茎、叶中可溶性糖含量高于品种 A,油菜茎叶中可溶性糖含量从角果发育期呈减少趋势,角果发育期与收获期较抽薹期减少 53%~80%,两品种 5 个时期茎叶皆表现为常氮时可溶性糖含量小于氮胁迫;品种 B 游离氨基酸除在 2 种供氮水平下盛花期叶、角果发育期地上部分与氮胁迫时抽薹期叶中大于品种 A,其余时期呈现相反规律,到达角果发育期,两品种营养器官中游离氨基酸较生育前期大幅度减少;品种 B 在 5 个时期硝酸盐含量、氮效率、收获指数、品质皆高于品种 A。碳氮代谢与氮效率关系密切,油菜后期碳氮代谢大幅度减弱,碳氮代谢强的品种氮效率高,有利于氮素积累,籽粒品质较好,品种 B 碳氮代谢及其各项指标优于品种 A,品种优势明显。

2. CO_2 的影响　王文明(2015)以碳氮代谢矛盾比较突出的油菜为供试材料,采用沙培和土培不同的供氮处理试验,通过模拟大气 CO_2 浓度倍增,探讨光合碳代谢、植株体氮素的吸收累积分配与再分配、韧皮部碳氮物质组分与根系分泌物碳氮物质组分、叶片内源激素含量以及中、微量元素吸收对高 CO_2 浓度的响应。为揭示油菜对 CO_2 浓度升高的响应机理及氮素对其的影响提供科学依据。主要结果如下:①CO_2 浓度升高对光合碳代谢的影响研究表明,倍增 CO_2 浓度下,短期效应表现为,光合速率(P_n)增强;随着倍增 CO_2 浓度处理时间的延长,出现光合适应现象,即两个氮水平下的 P_n 均有所下降,但施氮处理光合适应出现的时间晚于不施氮处理。长时间高 CO_2 浓度下,调节光合作用的主要因素 Rubisco 的最大催化速率(Vc_{max}),最大电子传递速率(J_{max})和磷酸丙糖的运输速率(TPU)均受到限制,充足的供氮可以缓解以上限制。长时间高 CO_2 浓度和缺氮条件下,叶绿体内淀粉累积增多,导致叶绿体类囊体膜挤压破坏。倍增 CO_2 浓度和施氮均有利于油菜光能和 CO_2 利用率的提高,其中 CO_2 浓度的影响大于供氮水平。倍增 CO_2 浓度条件下,供氮充足才可提高油菜对 CO_2 的利用能力,缺氮会限制油菜对 CO_2 的利用能力。倍增 CO_2 浓度下,两个供氮水平的单株籽粒产量均有增加,但供氮充足增幅幅度更大。②CO_2 浓度升高对干物质与氮素累积以及氮素分配的影响研究表明,倍增 CO_2 浓度增加正常供氮和氮胁迫处理下各器官(根、茎、叶)干物质累积量,但 2 个 CO_2 浓度处理的单株总氮差异不显著。苗期,倍增 CO_2 浓度增加氮素在根的分配,降低在茎或叶中的分配;成熟期,倍增 CO_2 浓度降低了正常供氮处理下根和茎中的氮素分配比例,增加了角果中的氮素分配比例,降低了氮胁迫处理下根和角果的氮素分配比例,增加了茎中氮素分配比例。抽薹期前后吸收的氮素在成熟期各器官中的分配情况研究结果表明,倍增 CO_2 浓度条件下,抽薹期以前(含抽薹期)吸收的氮素,正常供氮处理增加向根和角果的再分配、减少向茎的再分配,氮胁迫处理增加向根和茎的再分配、减少向角果的再分配。高 CO_2 浓度条件下,抽薹以后吸收的氮素,降低在根的分配比例,增加在茎和角果的分配比例,2 个氮水平下趋势一致。CO_2 浓度升高对氮素转运量与转运率以及氮素生理效率的影响研究表明,自然 CO_2 浓度处理的氮素转运率和转运量均高于倍增 CO_2 浓度处理,而损失率低于倍增 CO_2 浓度处理,损失量高于倍增 CO_2 浓度处理。倍增 CO_2 浓度处理 2 个生长期的氮素生理效率均高于自然 CO_2 浓度。

杨春等(2013)曾研究了大气高 CO_2 浓度对油菜氮素同化积累与植物生长的影响。为了

指导高 CO_2 浓度条件下甘蓝型油菜 *Brassica napus*. 合理施氮、创建油菜高产高效以及进一步探明油菜氮代谢的调节机制提供理论依据,采用微区试验,研究 2 个油菜品种(沪 15—33 号和 742—2)在 2 个 CO_2 浓度水平(自然 CO_2 摩尔分数 400 pmol/mol 和高 CO_2 摩尔分数 80～20 pmol/mol)和 2 种氮素水平(施氮与不施氮)条件下,氮素同化酶硝酸还原酶(NR)和谷氨酰胺合成酶(GS)活性和可溶性蛋白含量的变化,以及油菜地上部干物质量和氮素累积量的响应。试验结果表明,高 CO_2 浓度会提高 NR 和 G_s 活性;在氮素处理的影响方面,NR 活性的变化与油菜的品种和生育时期不同有关:在高 CO_2 浓度条件下,品种 A 在各时期的施氮处理的酶活性高于不施氮处理;品种 B 只在抽薹期的施氮处理低于不施氮处理,其他时期则升高。对于 G_s 酶活性,在自然 CO_2 浓度条件下施氮会提高 G_s 酶活性,高 CO_2 浓度条件下施氮则降低其活性(苗期除外),CO_2 浓度升高会降低叶片中可溶性蛋白含量(盛花期除外);在正常 CO_2 浓度下,增施氮肥会提高叶片中可溶性蛋白含量,而在高 CO_2 浓度下,增施氮肥会降低叶片中可溶性蛋白含量。CO_2 浓度升高和增施氮肥都会提高油菜地上部干物质量与氮素累积量,油菜干物质量与氮素累积量总体上与上述测定指标呈极显著相关。

3. 酶的影响　植物氮代谢中这些关键酶的活性在物种间、物种内及同一物种的不同器官间都存在着基因型差异,这种差异导致氮代谢速率的不同,进而影响植物的氮利用效率。研究表明,增施氮肥可以提高油菜叶片及籽粒中谷氨酰胺合成酶的活性(唐湘如等,2001)。李旭霞等(2018)介绍,为探明油菜角果蔗糖磷酸合成酶(Sucrose phosphate synthase,SPS)活性变化对其碳氮代谢产物及油分含量的影响,为进一步研究油菜 SPS 表达调控机理、改良油菜品质和产量的矛盾提供理论依据,以氮低效和氮高效油菜品种为试验材料,在正常供氮和氮胁迫条件下进行土培试验。角果发育中期涂抹 SPS 抑制剂,以涂抹蒸馏水为对照,处理后第 3 d 上午测定角果皮及籽粒的 SPS 活性、可溶性糖和游离氨基酸含量,成熟期测定籽粒油分含量。结果是角果涂抹 SPS 抑制剂后,不同氮水平条件下不同氮效率油菜品种的 SPS 活性均明显下降,其差异达显著水平($P < 0.05$)。氮胁迫条件下,氮低效品种的 SPS 活性受抑制较明显,而在常氮条件下,氮高效品种的 SPS 活性受抑制较明显;角果发育期的 SPS 活性表现为正常供氮处理高于氮胁迫处理,氮高效品种高于氮低效品种;可溶性糖含量的变化规律与 SPS 活性一致;游离氨基酸含量在不同氮水平间和品种间的差异与 SPS 活性一致,而对 SPS 抑制剂的反应与 SPS 活性和可溶性糖含量不同,即在 SPS 活性受抑制条件下呈升高趋势。籽粒油分产量也与 SPS 活性的变化趋势相同,在 SPS 抑制剂处理下明显下降,氮胁迫和常氮水平下氮低效和氮高效品种的籽粒油分含量分别降低 5.00%、13.13%、17.57% 和 21.88%,表现出氮高效品种的籽粒油分产量高于氮低效品种、常氮处理高于氮胁迫处理。试验研究的结论是,无论氮水平如何,氮低效和氮高效油菜品种的油菜角果蔗糖磷酸合成酶(SPS)活性受抑制时,角果皮和籽粒的碳代谢减弱、氮代谢增强,最终导致油分产量降低。

4. 种植方式及密度的影响　左青松等(2016)以宁杂 1818 油菜品种为试验材料,研究油菜育秧盘毯状苗移栽,大田不同氮肥和密度耦合对油菜碳氮积累、运转和利用效率的影响,探讨植株碳氮代谢与油菜产量形成的关系。试验结果表明,菜毯状苗适宜条件下移栽也可以获得 3750 kg/hm² 高产。不施氮肥以及 225 kg/hm² 氮肥处理条件下随着密度增加产量显著增加,在 300 kg/hm² 氮肥处理和 125000 穴/hm² 移栽密度条件下 1 穴 1 株、1 穴 2 株和 1 穴 3 株间产量无显著差异。油菜植株中碳素积累能力显著高于氮素积累能力,初花期前植株 C/N 比较低,为 16.30,初花期后 C/N 比较高,为 114.37。碳素籽粒生产效率、氮素籽粒生产效率随着氮肥用量增加呈下降趋势,其中氮素籽粒生产效率随施氮量增加下降幅度更大。初花期至成熟期叶片氮素运转率最高,不同处理变化范围为 $73.90\%\sim78.56\%$,其次是茎枝氮素运转率,变化范围为 $38.96\%\sim67.08\%$,根中氮素运转率最低,变化范围为 $24.45\%\sim37.06\%$ 。不同处理叶片中氮素运转率差异较小,茎枝和根中氮素运转率随着氮肥用量增加逐渐降低。初花期至成熟期叶片碳素运转率为正值,不同处理变幅为 $23.16\%\sim29.08\%$,随着密度增加叶片碳素运转率总体上呈增加趋势,不同氮肥处理间差异相对较小。初花期至成熟期根和茎枝仍然以积累碳素为主,两者碳素运转率表现为负值。由此可得出结论,油菜毯状苗机械移栽,可有效提高茬口较迟地区的油菜生产能力。油菜在初花期之前氮代谢能力强,初花期以后碳代谢能力强,前期氮素供应有利于植株营养体的建成,从而使得后期积累更多的碳素,促进后期的产量形成。

孙华等(2016)研究不同种植方式下产量形成与氮素积累运转特性表明,不同种植方式对氮素积累与运转有显著影响,初花至终花期、终花至成熟期氮素的阶段累积量均表现为稻草全量还田机械起垄开沟摆栽>稻草不还田机械起垄开沟摆栽>稻草全量还田免耕人工穴栽>稻草不还田免耕人工穴栽>人工直播,与直播相比,2 种移栽方式(稻草全量还田机械起垄开沟摆栽和稻草不还田机械起垄开沟摆栽)均能显著提高花后茎秆和叶的氮素转运量及其叶的转运率,但茎秆转运率和贡献率却低于直播,机械起垄开沟摆栽能显著提高油菜干物质的生产和花后植株氮素的积累与运转,从而增产。

5. 温度的影响　贾邱颖等(2019)以油菜五月慢为试材,在高氮栽培条件下,研究外源添加 2.5 mmol/L γ-氨基丁酸(GABA)在不同温度处理下对油菜叶片无机氮代谢的影响。结果表明:与对照处理相比,高氮处理增加了油菜叶片中 NO_3-N 含量,而外源添加 2.5 mmol/L GABA 处理在 12 d 后 NO_3-N 含量均显著低于高氮处理;GABA 处理对油菜叶片 NO_3-N 含量的降低效果受温度影响较为明显,其中 20 ℃处理降幅最大,其次为 15 ℃处理和 25 ℃,而 30 ℃+N+G 处理效果最差。在处理 12 d 时,与高氮处理相比,20 ℃+N+G、15 ℃+N+G 和 25 ℃+N+G 处理的油菜叶片 NR、NiR、GAD 活性和 NH^{4+}-N、游离氨基酸含量显著增加,而 NO_3-N 和 NO_2-N 的含量显著降低;30 ℃+N+G 处理的叶片 NO_3-N 和 NO_2-N 的含量虽然显著低于高氮处理,但 NiR、GAD 活性和游离氨基酸含量也显著低于高氮处理。结果证明,外源 GABA 降低油菜叶片硝酸盐含量与环境温度密切相关,其中 20 ℃效果最明显,原因可能与根系对 GABA 吸收速率及无机氮代谢关键酶活性提高有关。

6. 光照的影响　光照对油菜氮代谢有显著影响。光照条件包括光照强度、光照时间和光质 3 个方面。邵玉娇等(2009)研究发现,遮光不利于油菜籽粒和角果发育后期角果皮的可溶性蛋白质的积累。以中油 821、华双 3 号及北堡 6 号为供试材料,于开花期采用人工遮光处理。研究表明,遮光不利于籽粒和角果发育后期角果皮的可溶性蛋白质的积累。3 个品种籽粒和角果皮总氮含量均随着光强的减弱而增加。但角果皮总氮含量的变化与籽粒的有所不同,3 个品种处理Ⅰ(单层遮阳网)和对照的均随生育进程而降低,处理Ⅱ(双层遮阳网)的角果皮总氮含量却是随着生育进程而增加。同一品种,种子形成后期光强越弱,籽粒含油量越低,粗蛋白含量越高。

7. 水分的影响　谷晓博等(2018)研究表明,蕾薹期灌溉能显著提高冬油菜的地上部干物质量、籽粒产量、产油量和氮素吸收量。邹小云等(2016)研究了花后渍水逆境下氮素营养对油菜产量及氮肥利用效率的影响,结果表明,在同一水分处理下,花后渍水明显降低了油菜氮肥利用率、氮肥偏生产力、氮肥农学利用率、氮素吸收效率和氮收获指数，渍水显著影响了不同基因型油菜的氮素吸收利用能力，而氮高效基因型在渍水逆境下较氮低效基因型更有利于将氮素转运、再分配到角果中，提高籽粒生产效率。

四、水分代谢

水是植物的一个重要"先天"环境条件。植物的一切正常生命活动，只有在一定的细胞水分含量的状况下才能进行。植物根部从土壤中不断地吸收水分，并运输到植物体各个部分，以满足正常生命活动的需要。水分是代谢作用过程的反应物质，在呼吸作用、光合作用等过程中，都有水分子的参与。水分能保持植物的生长姿态，而使植物枝干挺立，枝叶伸展，便于充分接受光照和进行交换气体活动（潘瑞炽，2012）。

陆生植物根与冠分别处于地下与地上，在通常情况下冠部向大气失去水分，根部则吸收水分，因此，水的主要流向是自土壤进入根系，再经过茎到达叶、花、果实等器官，并经过它们的表面，主要是其上的气孔，散失（蒸腾）到大气中去。植物正常的生命活动就是建立在不断地吸水、传导与运输、利用和散失的过程之上，植物对水分的吸收、运输、利用和散失的过程，称为植物的水分代谢（water metabolism）（刘明慧等，2019）。了解油菜水分代谢的基本规律是油菜栽培中合理灌溉的生理基础，通过合理灌溉可以满足油菜生长发育对水分的需要，为油菜提供良好的生长环境，对油菜的高产、优质具有重要意义。

（一）水分的生理作用

1. 水是细胞原生质的重要成分 水分在植物体内的作用，不但与其含量多少有关，也与它的存在状态有关。水分在植物细胞内通常呈束缚水和自由水两种状态，它们与细胞质状态有密切联系。细胞质主要是由蛋白质组成的，占总干重的60%以上。蛋白质分子很大，其水溶液具有胶体的性质，因此，细胞质是一个胶体系统（colloidal system）。蛋白质分子的疏水基（如烷烃基、苯基等）在分子内部，而亲水基（如-NH_2、-COOH、-OH 等）则在分子的表面。这些亲水基对水有很强的亲和力，容易发生水合作用（hydration）。所以细胞质胶体微粒具有显著的亲水性（hydrophilicity），其表面吸附着很多水分子，形成一层很厚的水层。水分子距离胶粒越近，吸附力越强；相反，则吸附力越弱。靠近胶粒而被胶粒吸附束缚不易自由流动的水分，称为束缚水（bound water）；距离胶粒较远而可以自由流动的水分，称为自由水（free water）。由于自由水含量多少不同，细胞质亲水胶体有两种不同的状态：一种是含水较多的溶胶（sol），另一种是含水较少的凝胶（gel），除了休眠种子的细胞质呈凝胶状态外，在大多数情况下，细胞质呈溶胶状态。细胞质的含水量一般在70%~90%，使细胞质呈溶胶状态，保证了旺盛的代谢作用正常进行，如根尖、茎尖。如果含水量减少，细胞质便变成凝胶状态，生命活动就大大减弱（潘瑞炽，2012）。

2. 水是一些代谢过程的反应物质 水首先是合成光合产物的原料，在呼吸作用以及植物体内许多有机物的合成和分解过程中，都有水分子作为反应物质参与反应，成为植物体内代谢反应不可缺少的重要物质之一。

3. 水分是多种生化反应的介质 物体内绝大多数代谢过程都是在水中进行的，如三羧酸循环中的某些反应要在水中才能发生。水是有机物分子（例如韧皮部中的蔗糖）、无机离子（例如根通过木质部运到叶中的无机离子)及气体(例如氧气运转到呼吸部位)在体内运转所需的介质。水分能不断地在植物体内各部分活动,在流动的同时,也将溶解于其中的各种物质运到各个部分,从而把植物体各部分联系起来形成一个整体。

水分子是极性分子,可以与许多极性物质形成氢键而发生水合作用,所以,水是自然界中非常优良的溶剂。植物生长所需要的各种矿物质大都溶解在水中而被根系吸收。水分子之间也因为存在着大量的氢键而相互吸引,形成较大的内聚力和表面张力,与极性物质产生较大的黏附力,这些力共同作用而构成毛细管作用。植物的细胞壁、木质部中的导管壁等主要由亲水的纤维素等物质组成,纤维素微纤丝间存在着许多空隙,这些空隙构成了植物体内巨大的毛细管系统,使溶有大量有机物和无机物的液体在其中流动,并将这些物质运输到植物体的各个部分(白桂萍等,2019)。

4. 水分使油菜保持固有姿态 由于细胞含有大量水分,维持细胞的紧张度(即膨胀),而使植物枝叶挺立,便于充分接受光照和交换气体。同时,也使花朵张开,有利于传粉。

5. 水分能调节植株体温 水具有很高的汽化热和比热,又有较高的导热性,因此水在植物体内的不断流动和叶面蒸腾,能够顺利地散发叶片所吸收的热量,保证植物体即使在炎夏强烈的光照下,也不致被阳光灼伤。

6. 水分是油菜吸收和运输物质的溶剂 一般来说,植物不能直接吸收固态的无机物质和有机物质,这些物质只有溶解在水中才能被植物吸收。同样,各种物质在植物体内的运输,也要溶解在水中才能进行。

7. 水分参与细胞分裂 细胞分裂(cell division)是指活细胞增殖及其数量由一个细胞分裂为 2 个细胞的过程。水是植物细胞分裂和伸长的必要条件,只有在水分充足时,细胞才能进行正常的生长和分化,含水分不足时,植株萎蔫,酶的活性减弱,细胞生理代谢减弱。

(二)油菜的需水量和需水节律

作物需水量就是作物生长发育过程中所需的水量,一般包括生理需水和生态需水两部分。生理需水(physiological water requirement)是指作物生命过程中各项生理活动(蒸腾作用、光合作用和构成生物体系等)所需要的水分。生态需水(ecological water requirement)是指给作物正常生长发育创造良好生活环境所需要的水分,如调节土壤温度、影响肥料分解、改善田间小气候等所需要的水分。由于上述各项需水量不好测定和计算,在生产实践中用作物的蒸腾量和棵间蒸发量来表示作物需水量,又叫腾发量(evapotranspiration)。作物生长过程中可以从天然降雨和地下水获得一部分水分,差额部分就是需要灌溉的净水量。

油菜是需水较多的作物,油菜生育期长、营养体大、枝繁叶茂、结实器官多,一生中需水量大。油菜蒸腾系数为 337~912,萎蔫系数为 6.9%~12.2%。油菜一生中的田间耗水量,受气候、土壤、栽培技术和品种特性的影响,变化较大。据相关研究,普通灌溉条件下耗水量为 3000~4950 m^3/hm^2,苗期耗水强度小,但冬油菜苗期长,耗水量占一生总耗水量的 30% 以上,春油菜占 20% 左右。薹花期耗水强度大,耗水量占 40%~50%。结角期耗水强度下降,耗水量占 30% 左右。薹花期是油菜一生中的水分敏感期,要求适宜土壤水分为田间持水量的 70%~85%,种子萌芽至苗期为 60%~70%,苗期 70%~80%,结角期 60%~80%(郑翠芳,2016)。

高晓丽等(2015)研究了贵州地区油菜的需水规律,研究表明,不同节水模式下油菜的需水量与需水模数的变化规律略有不同,油菜较其他作物对水分的敏感性强。如表 2-1 所示,试验设置 2 种节水灌溉(记为 W1 和 W2)和常规灌溉(记为 CK)共 3 个处理,每个处理设 3 个重复。试验在小区中进行,小区面积为 4m²(2m×2m)。常规灌溉采用当地农民习惯的灌水方式。油菜的节水处理是在作物各生育中期给予适当的水分胁迫处理。

表 2-1 主要作物不同节水灌溉处理的土壤水分下限(高晓丽等,2015)

处理	玉米	小麦	油菜	烤烟
W1	60%(拔节期)	55%(返青—拔节期)	60%(蕾期)	60%(旺长期)
W2	60%(抽雄期)	60%(返青—成熟期)	60%(花期)	75%(旺长期)

由于油菜在苗期生育期长达 2 个月,需水量在苗期较高,但由于处在冬季,温度较低,蒸腾蒸发能力受限,致使苗期的需水强度较小。进入蕾期,随植株的生长和气温的升高,需水强度逐渐提高;在花期,油菜生长旺盛,处理 1(W1)和常规灌溉的需水量和需水强度达最大,油菜在成熟期叶片仍保持较好的蒸腾蒸发能力,与花期相比,需水量和需水强度相当,而处理 2(W2)的油菜需水量和需水强度在花期和成熟期均有大幅度下降,这是由于处理 2(W2)在蕾期水分胁迫严重,导致在生育后期的复水能力受限,研究结果说明蕾期是油菜最为敏感的生育阶段(图 2-12)。

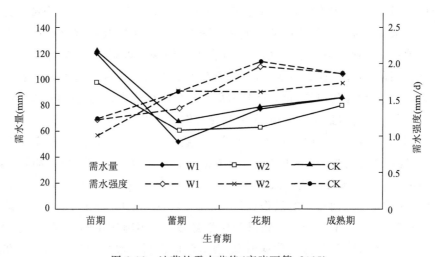

图 2-12 油菜的需水节律(高晓丽等,2015)

合理灌溉是保证油菜高产稳产的重要措施。油菜耗水量的大小与产量水平、气候等有关,一般随单位面积产量的提高油菜耗水量也相应增加。据测定,油菜全生育期耗水量一般在 400~500 m³/亩。从油菜各生育期土壤含水量表、气温表、降雨量表及产量表综合分析,油菜需水量最大的时期是在开花期,这一时期要进行大量的水分补充,油菜的灌溉定额在 230~250 m³/亩时,油菜可获得较高的产量(侯亚红,2014)。

(三)油菜的水分代谢

1. 水分的吸收 根系吸水有两种动力:根压和蒸腾拉力,后者较为重要。

(1)根压 在正常情况下,因根部细胞生理活动的需要,皮层细胞中的离子会不断地通过内皮层细胞进入中柱(内皮层细胞相当于皮层与中柱之间的半透膜),于是中柱内细胞的离子浓度升高,渗透势降低,水势也降低,便向皮层吸收水分。这种靠根部水势梯度使水沿导管上升的动力称为根压(rootpressure)。根压把根部的水分压到地上部,土壤中的水分便不断补充到根部,这就形成根系吸水过程,这是由根部形成力量引起的主动吸水。各种植物的根压大小不同,大多数植物的根压为 $0.05\sim0.50$ MPa。在正常情况下,根压对植物所起的作用是有限的,在春季叶片未展时,蒸腾作用很弱的植株,主动吸水所形成的根压才成为主要吸水动力。一切影响植物根系生理活动的因素都会影响植物根系根压作用的吸水。

(2)蒸腾拉力　叶片蒸腾时,气孔下腔附近的叶肉细胞因蒸腾失水而水势下降,所以从旁边细胞取得水分。同理,旁边细胞又从另一个细胞取得水分,如此下去,便从导管要水,最后根部就从环境吸收水分,这种吸水的能力完全是由蒸腾拉力(transpiration pull)所引起的,是由枝叶形成的力量传到根部而引起的被动吸水。

根压和蒸腾拉力在根系吸水过程中所占的比重因植株蒸腾速率而异。通常蒸腾强的植物吸水主要是由蒸腾拉力引起的。只有春季叶片未展时,蒸腾速率很低的植株,根压才成为主要吸水动力。

2. 水分的运输　植物体内运输水分的途径主要是通过导管进行的。在植物体内,根、茎、叶中的导管是彼此相通的,当叶肉细胞通过渗透作用从导管中吸收水分后,导管中的渗透压就会升高,压力会降低,这时导管就会从根部的细胞中吸取水分,特别是从根毛区的细胞中吸取水分。水分在导管内上有蒸腾拉力,下有根压,中间又有水分子本身的内聚力和水分子与细胞壁的附着力,使水分形成连续的水柱源源上升。蒸腾拉力是植物吸收水分和运输水分的主要动力,植物蒸腾水分的途径必须通过气孔,而气孔的开闭是可以调节的,如叶片细胞中水分不足,气孔就会关闭,蒸腾作用就会减弱,这对于避免水分的过度散失具有非常重要的意义。气孔不仅是水蒸气扩散出去的门户,也是叶片内部与外界进行气体交换的门户,气孔的关闭会使大气中的 CO_2 进入叶肉细胞发生困难,影响到光合作用的正常进行。

(1)蒸腾作用(transpiration)　蒸腾作用是指植物体内的水分以气态散失到大气中去的过程。蒸腾作用能产生蒸腾拉力,促进矿物质营养的运输和合理分配,降低植物体的温度,有利于 CO_2 的同化。叶片的蒸腾作用方式有两种:一是角质蒸腾(cuticular transpiration),是指植物体内的水分通过角质层而蒸腾的过程;二是气孔蒸腾(stomatal transpiration),是指植物体内的水分通过气孔而蒸腾的过程。植物以气孔蒸腾为主。蒸腾作用的强弱常用蒸腾速率、蒸腾效率和蒸腾系数来表示。蒸腾系数越小,则表示该植物利用水分的效率越高。在植物生产上,采取有效措施适当减少蒸腾消耗:一是减少蒸腾面积,移栽植物时,可去掉一些枝叶;二是降低蒸腾速率,在午后或阴天移栽植物,或栽后搭棚遮阴,或实行设施栽培;三是使用抗蒸腾剂。影响作物蒸腾作用的因素主要有光照、空气湿度、风速、温度等。

(2)根压(root pressure)　根压是植物体除蒸腾作用外第二个为水分逆重力流动提供动力的过程。水和溶解其中的离子通过质外体(apoplast)到达根的内皮层(endodermis),为内皮层细胞间凯氏带所阻,不能自由扩散到内面,内皮细胞上载体蛋白选择性运载离子,离子于是从质外体途径进入到共质体途径,此过程离子是逆浓度运输,植物需消耗 ATP 以完成这一过程,离子运动的结果,造成内皮层离子浓度高于外面,水分自然会随浓度梯度往中柱流动,进入木质部,被往上引导到植物其他器官。

3. 水分的利用与散失　根吸收的水分通过根茎叶中的导管运输到植物的地上部分,其中只有 $1\%\sim5\%$ 的水分保留在植物体内用于光合作用、呼吸作用等各项生命活动,其余的水分几乎都通过蒸腾作用散失了。蒸腾散失大量水分具有重要的生理意义:一是蒸腾失水是植物吸收水分和运输水分的主要动力;二是促进植物运输溶解在水中的矿质元素经导管向上运输;三是能够降低叶片的温度,防止叶片被强光灼伤,对叶片具保护作用。

(四)油菜的水分循环与平衡

植物组织的水分,按照其存在的状况,分为自由水与束缚水两种。自由水的含量与植物的生理活动强度有关,它制约着植物的光合速率、呼吸速率和生长速率等。因为这些生理过程涉及许多酶促的生化反应,都要在以水为介质的环境中进行。自由水的数量对这些过程起着重要的作用,自由水占总含水量的百分比越大,则代谢越旺盛。束缚水不参与植物的代谢作用,但与植物对不良环境的抵抗能力有关。当遇到干旱,植物体内含水量减少时,如束缚水含量相对多,植物就有较高的保水力,可以减轻干旱的危害。

水分平衡(water balance)是指植物吸水、用水、失水的和谐动态关系或者是在某一特定时段进入某一特定空间范围内的水量等于流出该空间范围的水量与该空间在该时段前后所含水分变化量的代数和。植物的水分平衡是相对的、动态的平衡,不是绝对的、静止的平衡,如果这种相对平衡的状态由于某种原因,例如干旱、盐渍等,而遭到破坏,就会直接影响植物的正常生育,严重时甚至威胁植物的生存。

植物在其生命周期中会经常遭遇干旱胁迫,即使在干旱/半干旱地区之外,干旱胁迫出现的频率也逐渐增加。油菜作为中国主要油料作物之一,区域性降水的减少和季节性干旱都给油菜生产带来了不利影响(张树杰等,2012)。李素等(2020)以 3 种油菜品种(甘蓝型油菜 Q2、芥菜型油菜新油 9 号、白菜型油菜 L14)为实验材料,采用盆栽控水法,测定干旱胁迫下油菜叶片光合参数、叶绿素荧光参数、水分等生理生化指标,研究 3 种类型油菜对干旱胁迫的生理响应和抗旱机制。试验表明,干旱胁迫影响植物的生长与发育,根冠比显著增加。干旱胁迫显著降低 3 种类型油菜的总生物量,提高了根冠比,而且随着干旱胁迫程度的加剧,植株受到的影响进一步加大,表明 3 种类型油菜均可通过调整生物量的分配来适应干旱,其中甘蓝型 Q2 的生物量分配能力最强,其次为芥菜型油菜新油 9 号,白菜型油菜 L14 最弱。植物的抗旱性与植物的水分状况密切相关,胁迫状态下叶片相对含水量和离体叶片失水速率是反映幼苗耐旱性的两个重要指标。叶片相对含水量反映作物叶片的保水能力,离体叶片失水速率反映了作物叶片原生质的抗脱水能力,干旱条件下,抗旱性强的植株叶片往往能维持较高的叶片相对含水量和较低的离体叶片失水速率。该研究显示,不同类型油菜的叶片保水能力及抗脱水能力存在差异,其中芥菜型油菜新油 9 号在整个过程中相对含水量较高,离体叶片失水速率较低,能够保持较强的保水能力;L14 水分状况次之,Q2 最差,说明抗旱性强弱顺序为:新油 9 号＞L14＞Q2,这与抗旱性综合评价的结果一致。干旱胁迫严重影响植物生长和代谢,其中对光合作用的影响尤为显著。在水分胁迫环境下,植物可以通过合理协调碳同化和水分消耗之间的关系,从而调节叶片水分利用效率的变化,是植物抗旱策略的重要组成部分。干旱胁迫能够直接影响植物光合机构的结构与活性,同时也影响光合作用中的光化学反应和暗反应。植物在遭受水分胁迫时,细胞膜发生过氧化作用而受到损伤,MDA 是膜脂过氧化作用的产物之一,是检测膜损伤程度的公认指标。本研究表明,随着干旱胁迫程度的加剧,MDA 含量增加,膜脂过氧化严重,其中中度干旱下新油 9 号的 MDA 含量上升较慢,这与它前期具有较强的抗氧化酶活性有关,重度干旱下,保护酶活性上升,但不足以抵抗 MDA 的产生,膜质过氧化伤害严重。植物在干旱胁迫下的膜损伤与质膜透性的增加是干旱危害的本质之一。因而植物体为保护自身免受伤害形成了一套相应的抗氧化防御系统,其中 SOD 和 POD 为植物内源自由基清除剂,属保护酶系统,能够维持细胞膜的稳定性和完整性。在胁迫试验中,抗氧化酶活性一般随胁迫加重而增加,或者呈先增加后降低的趋势。本研究中结果表明,3 种类型油菜抗氧化酶活性随干旱胁迫的加重逐渐升高,这与已有一些研究结果一致,说明 3 种类型油菜幼苗均能调动保护酶有效地清除活性氧,从而抑制膜脂过氧化。渗透调节是植物适应干旱胁迫的主要生理机制,通过渗透调节可使植物在干旱胁迫下维持一定的膨压,从而维持细胞生长、气孔开放和光合作用等生理过程,增强抗旱性。脯氨酸、可溶性糖和可溶性蛋白是植物体内重要的渗透调节物质,本研究表明,3 种类型油菜主要的渗透调节物质不同:甘蓝型油菜 Q2 的渗透调节物质可溶性糖、可溶性蛋白、脯氨酸在干旱胁迫下均显著上升,但可溶性蛋白上升幅度小,说明 Q2 主要是通过增加脯氨酸和可溶性糖含量来增强其抗逆性;芥菜型油菜新油 9 号和白菜型油菜 L14 可溶性糖含量在干旱胁迫下含量相对较低,变化较为平缓,但重度干旱下脯氨酸和可溶性蛋白含量显著高于 Q2,说明新油 9 号和 L14 分别通过脯氨酸和可溶性蛋白的积累增强其抗旱性。综上表明:油菜可以通过生长调节、光合抑制调节、活性氧代谢调节和渗透调节 4 种途径共同作用来响应干旱胁迫。

油菜为中度耐盐作物,选择合适的耐盐油菜品种在沿海滩涂种植,不仅可以改良盐碱土,而且对增加油菜种植面积、满足市场对油料和蛋白质的需求意义重大。干旱和盐胁迫能够通过渗透胁迫的方式对油菜造成损伤,导致油菜体内超氧阴离子和过氧化氢等活性氧大量积累,当积累量超过植株承受范围时,会破坏核酸、蛋白质和细胞膜等结构,干扰细胞的正常代谢,对油菜产生损害,严重情况下,由于无法修复会造成植株死亡(张腾国等,2019)。申玉香等(2018)研究表明,在盐分胁迫下,油菜苗期株高、叶面积、干质量均受到抑制。同时盐胁迫显著抑制白菜型冬油菜种子萌发、胚根和胚芽伸长,胚根伸长对盐胁迫更为敏感,随着盐胁迫程度的加深,幼苗叶片游离脯氨酸含量、电导率、MDA 含量逐渐上升,抗氧化酶 SOD、POD、CAT 活性呈先升高后降低趋势,幼苗 Na^+ 含量升高,K^+ 含量降低,光合色素含量显著下降,各品系蒸腾速率、气孔导度、光合速率明显下降,胞间 CO_2 浓度显著升高(刘自刚等,2017)。

参考文献

白桂萍,李英,贾东海,等,2019.中国油菜种植[M].北京:中国农业科学技术出版社.

蔡长春,陈宝元,傅廷栋,等,2007.甘蓝型油菜开花期和光周期敏感性的遗传分析[J].作物学报,33(2):345-348.

蔡曼,柳延涛,王娟,等,2018.植物种子油脂合成代谢及其关键酶的研究进展[J].中国粮油学报,33(1):131-139.

陈钢,年夫照,王运华,等,2004.硼、钼营养对甘蓝型油菜脂肪酸组分的影响[J].中国油料作物学报,26(2):69-71.

陈胜勇,李观康,汪云,等,2010.谷氨酰胺合成酶的研究进展[J].中国农学通报,26(22):45-49.

陈秀斌,2013.不同熟期油菜品种在早晚播下生长发育及产量比较研究[D].武汉:华中农业大学.

陈志,孙庆丽,汪一婷,等,2013.不同光质对油菜幼苗生长的影响[J].农业工程,3(06):143-149.

杜卓霖,2020.利用生物技术改良油菜种子芥酸、油酸和 α-亚麻酸组成[D].武汉:华中农业大学.

范志强,余霞,王军,2008.不同光强对油菜叶片生理活性的影响[J].安徽农学通报,14(20):26-27,39.

房红芸,何宇纳,于冬梅,等,2017.中国居民食用油摄入状况及变化[J].中国食物与营养,23(2):56-8.

高晓丽,徐俊增,杨士红,等,2015.贵州地区主要作物需水规律与作物系数的研究[J].中国农村水利水电(1):11-14,19.

龚乃弘,汪剑鸣,1997.气象因子对油菜生长及产量的影响[J].江西气象科技(04):21-23.

顾思凯,2017.油菜次生休眠特性与含油量、脂肪酸、硫苷的相关性研究[D].扬州:扬州大学.

谷晓博,李援农,黄鹏,等,2018.水氮互作对冬油菜氮素吸收和土壤硝态氮分布的影响[J].中国农业科学,51(7):1283-1293.

官春云,黄太平,李枸,等,2004.不同植物激素对油菜角果生长和结实的影响[J].中国油料作物学报,26(1):5-7.

官春云,靳芙蓉,董国云,等,2012.冬油菜早熟品种生长发育特性研究[J].中国工程科学(14):4-12.

官春云,1981.油菜的几个生理障害及对策[J].湖南农业科学(04):14-16.

官春云,1985.油菜品质改良和分析方法[M].长沙:湖南科技出版社.

郭雷,胡洪,任列娇,等,2011.蛋白质翻译起始因子的作用与调控[J].云南农业大学学报(4):554-559.

洪娟,2007.油菜氮高效种质的筛选及其生理机制的初步研究[D].武汉:华中农业大学.

侯亚红,2014.不同灌水量对油菜产量的影响[J].西藏农业科技,36(3):6-10.

胡立勇,王维金,吴江生,2002.氮素对油菜角果生长及结角层结构的影响[J].中国油料作物学报(24):29-32.

黄纯倩,朱晓义,张亮,等,2017.干旱和高温对油菜叶片光合作用和叶绿素荧光特性的影响[J].中国油料作物学报,39(3):342-350.

黄希,1981.油菜春化处理[J].农业科技通讯(08):20.

贾邱颖,张颖,吴晓蕾,等,2019.高氮水平下不同温度对 γ-氨基丁酸诱导油菜叶片无机氮代谢的影响[J].河北农业大学学报,42(1):28-32,44.

巨霞,2013a.不同类型油菜品种叶片的光合日变化特性[J].贵州农业科学,41(7):31-35.

巨霞,2013b.不同类型春油菜光合生理指标与产量的灰色关联分析[J].湖北农业科学,52(17):4041-4044.

雷元宽,符明联,李根泽,等,2013.气象因子与油菜产量及其构成的相关分析[J].农业科学与技术(英文版)(12):1861-1864.

冷锁虎,朱耕如,李仁杰,等,1991.春油菜各生育阶段对温度的要求[J].北方农业学报(2):29-31.

冷锁虎,夏建飞,胡志中,等,2002.油菜苗期叶片光合特性研究[J].中国油料作物学报,24(4):10-13,18.

李得宙,张胜,张润生,等,2005.不同施肥水平对双低油菜产量和含油率的影响[J].内蒙古农业大学学报,26(1):24-26.

李合生,2012.现代植物生理学(第三版)[M].北京:高等教育出版社.

李慧敏,陆晓民,2015.不同光质对甘蓝型油菜幼苗的生长和生理特性的影响[J].西北植物学报,35(11):2251-2257.

李俊,刘丽欣,张春雷,等,2014.$NaHSO_3$ 对油菜苗期光合特性及氮代谢的影响[J].中国油料作物学报,36(6):761-769.

李明辉,武梦祥,刘建军,2013.油菜生长的气象因素影响分析[J].中国农业信息(13):91.

李素,万林,李心昊,马霓,等,2020.3 种类型油菜对干旱胁迫的生理响应[J].中国油料作物学报,42(4):563-572.

李卫芳,张明农,1997.油菜叶的结构及其光合特性[J].安徽农业科学,25(3):213-215.

李旭霞,宋海星,杨志长,等,2018.油菜角果 SPS 活性变化对其碳氮代谢及油分形成的影响[J].南方农业学报49(2):234-238.

李雪,贾明明,杨瑞楠,等,2018.不同产地油菜籽氨基酸组成比较研究[J].食品安全质量检测学报,9(13):3396-3400.

梁颖,李加纳,唐章林,等,2000.寡日照下甘蓝型油菜某些光合生理特性的初探[J].西南农业大学学报,22(1):24-26.

廖桂平,官春云,2001.不同播期对不同基因 1 型油菜产量特性的影响[J].应用生态学报(12):853-858.

刘昌智,蔡常被,陈仲西,等,1982.氮磷钾对油菜籽产量、蛋白质和含油量的影响[J].中国油料(3):27-31.

刘成,赵丽佳,唐晶,等,2019.中美贸易冲突背景下中国油菜产业发展问题探索[J].中国油脂,44(9):1-6,11.

刘后利,1987.实用油菜栽培学[M].上海:上海科学技术出版社.

刘明慧,郑太波,等,2019.陕西甘薯[M].北京:中国农业科学技术出版社.

刘俊,陈贵青,徐卫红,等,2012.锌对不同油菜品种的生理特性、光合作用、根尖细胞超微结构及籽粒锌积累的影响[J].植物生态学报,36(10):1082-1094.

刘清,谢奇珍,师建芳,2008.菜籽蛋白活性肽研究[J].粮食与油脂(3):4-6.

刘涛,鲁剑巍,任涛,等,2016.不同氮水平下冬油菜光合利用效率与光合器官氮分配的关系[J].植物营养与肥料学报,22(2):518-524.

刘祥含,唐天向,孙超,等,2017.几个关键油脂合成酶活性对油菜含油量影响的研究[J].中国粮油学报,32(12):100-104.

刘小光,张耀文,关周博,等,2017.甘蓝型油菜光合特性杂种优势的日变化特征[J].西北农业学报,26(4):574-582.

刘晓亚,2019.华北寒旱区不同类型油菜的生长、光合特性及养分累积特征[D].保定:河北农业大学.

刘志强,2008.播期对油菜生长发育的影响研究[D].武汉:华中农业大学.

刘自刚,孙万仓,方彦,等,2015.夜间低温对白菜型冬油菜光合机构的影响[J].中国农业科学,48(4):672-682.

刘自刚,王志江,方圆,等,2017.NaCl 胁迫对白菜型冬油菜种子萌发和幼苗生理的影响[J].中国油料作物学报,39(3):351-359.

陆志峰,任涛,鲁剑巍,等,2016.缺钾油菜叶片光合速率下降的主导因子及其机理[J].植物营养与肥料学报.22(1):122-131.

罗文质,1955.胜利油菜播种期对生长发育及产量的影响[J].植物生理学通讯(06):21-23.

马云倩,李淞淋,2020.营养视角下中国近 60 年来居民食用植物油消费状况研究[J].中国油脂,45(2):3-9.

孟凡金,2020.钾素营养调控冬油菜冠层温度提高光合器官光合能力的影响机制研究[D].武汉:华中农业大学.

莫良玉,吴良欢,陶勤南,2001.高等植物 GS/GOGAT 循环研究进展[J].植物营养与肥料学报(2):223-231.

倪绯,2018.不同农艺措施对油菜角果碳氮代谢与油脂积累的影响[D].武汉:华中农业大学.

倪晋山,金成忠,汤玉玮,1955.油菜发育的研究[J].实验生物学报(02):187-229.

潘瑞炽,2012.植物生理学(第 7 版)[M].北京:高等教育出版社.

浦惠明,戚存扣,傅寿仲,1997.抗除草剂油菜光合特性的研究[J].江苏农业学报,13(2):76-80.

邱德运,胡立勇,2002.氮素水平对油菜功能叶内源激素含量的影响[J].华中农业大学学报,21(3):4.

屈婵娟,吴志超,赵小虎,等,2015.硒对镉胁迫下不同基因型油菜镉积累、光合特性及抗氧化活性的影响[J].农业资源与环境学报,32(5):290-297.

饶娜,2017.早中熟油菜生长发育的温度要求及光温生产效率研究[D].武汉:华中农业大学.

邵玉娇,王学奎,胡立勇,等,2009.光强对油菜角果生长发育及几项品质指标的影响[J].江西农业学报,21(7):25-28.

申玉香,李洪山,封功能,等,2018.油菜苗期耐盐性差异与耐盐指标选择[J].江苏农业科学,46(24):85-87.

沈慧聪,江宇,周伟军,等,1989.油菜籽含油量与气象因子的相关及预报模式[J].浙江农业大学学报,15(3):253-259.

沈金雄,傅廷栋,2011.我国油菜生产、改良与食用油供给安全[J].中国农业科技导报,13(1):1-8.

孙华,黄萌,陈培峰,等,2016.不同种植方式下油菜产量形成与花后氮素积累运转比较[J].中国油料作物学报,38(1):58-64.

谭太龙,徐一兰,官春云,2005.油菜含油量的影响因素及其调控研究概况[J].作物研究(5):332-335.

唐湘如,官春云,2000.几种酶活性与油菜油分和蛋白质及产量的关系[J].湖南农业大学学报,26(1):37-40.

唐湘如,官春云,2001.施氮对油菜几种酶活的影响及其与产量和品质的关系[J].中国油料作物学报,23(4):32-37.

田飞,2011.油菜氮高效种质的筛选及高效机制[D].武汉:华中农业大学.

田耕,2020.观赏秋菊耐热品种的筛选及其耐热机理研究[D].郑州:河南农业大学.

汪剑鸣,杨爱卿,陈永元,等,1997.气象因子与油菜产量关系的初步研究[J].江西农业学报(01):6-11.

汪沛洪,1993.植物生物化学[M].北京:中国农业出版社.

王锄非,陈金湘,1987.光照强度对油菜器官建成及产量形成的影响[J].湖南农学院学报(6):30-33.

王文明,2015.倍增CO_2浓度对油菜光合碳代谢、氮素吸收利用及中微量元素吸收的影响[D].长沙:湖南农业大学.

王学芳,张耀文,田建华,等,2015.油菜高光效育种研究进展[J].中国农学通报,31(27):114-120.

王学奎,2000.氮钙光对小麦谷氨酰胺合成酶和氮同化的影响[D].武汉:华中农业大学.

王有华,程辉,2003.油菜全生育期的鲜重和干重动态变化[R].信阳市农业科学院资料室.

王正银,胡尚钦,孙彭涛,1999.作物营养与品质[M].北京:中国农业科技出版社.

武杰,2004.主要营养元素影响甘蓝型黄籽油菜品质形成的机理研究[D].重庆:西南农业大学.

徐大勇,金军,杜永,等,2003.氮磷钾肥运筹对水稻籽粒蛋白质和氨基酸含量的影响[J].植物营养与肥料学报,9(4):506-505.

徐亮,2017.不同海拔条件下春油菜光合生理和产油量的响应[J].江苏农业科学,45(1):92-94.

许耀照,曾秀存,张芬琴,等,2017.白菜型冬油菜叶片结构和光合特性对冬前低温的响应[J].作物学报,43(3):432-441.

杨春,谭太龙,张力,等,2013.大气高CO_2浓度对油菜氮素同化积累与植物生长的影响[J].生态环境学报,22(10):1688-1694.

杨雪海,张巍,赵娜,等,2017.油菜华油杂62不同生长期氨基酸组成及营养价值评价[J].中国油料作物学报,39(2):197-203.

杨业正,1983.油菜的春化作用和光周期反应[J].贵州农业科学(2):22-27.

杨永龙,王润元,刘明春,等,2012.高海拔山区油菜生育期对积温的响应及其在区划中的应用[J].江苏农业科学,40(5):55-58.

余佳玲,张力,张振华,等,2015.油菜光合碳氮代谢特征及其与氮效率的关系[J].华北农学报,30(1):219-224.

余永芳,赵丹丹,李玉琴,等,2011.磷胁迫下油菜幼苗叶片差异蛋白表达的初步分析[J].河南农业科学,40(8):89-91,112.

袁金展,程博,马霓,等,2015.不同熟期油菜碳氮代谢特征初步研究[J].中国油料作物学报,37(2):179-184.

曾宇,2012.不同施肥量、种植密度对油菜生长及产量的影响[D].武汉:华中农业大学.

张俊,2009.温度对油菜生长的影响[J].安徽农学通报,15(10):138,146.

张立实,王瑞淑,1987.菜籽油芥酸含量对小鼠生殖功能的影响[J].四川生理科学动态(1):117.

张明中,陈贵青,徐卫红,等,2012.Zn对不同品种油菜光合特性、籽粒Zn含量的影响[J].中国农学通报,28(30):135-141.

张树杰,王汉中,2012.我国油菜生产应对气候变化的对策和措施分析[J].中国油料作物学报,34(1):114-122.

张腾国,李巧丽,刁志宏,等,2019.盐及干旱胁迫对油菜抗氧化系统和RbohC、RbohF基因表达的影响[J].应用生态学报,30(3):969-978.

张子龙,李加纳,唐章林,等,2006.环境条件对油菜品质的调控研究[J].中国农学通报,22(2):124-124.

赵合句,李培武,李光明,等,1994.优质油菜糖氮代谢研究[J].中国农业科学(6):1-7.

赵丽英,王伟,宋玉伟,2010.土壤水分胁迫下油菜光合特性变化和膜伤害研究[J].河南农业科学(8):33-35.

赵艳宁,2020.白菜型冬油菜响应低温胁迫的蛋白质组及转录组分析[D].兰州:甘肃农业大学.

郑朝峰,1986.植物的谷氨酸合成酶[J].植物生理学通讯(3):5-12.

郑翠芳,2016.浅谈油菜栽培技术[J].中国农业信息(18):109-110.

周可金,官春云,肖文娜,等,2009.催熟剂对油菜角果光合特性、品质及产量的影响[J].作物学报,35(7):1369-1373.

周阮宝,谷丽萍,周嘉槐,1992.强化后期氮素营养对提高水稻结实率及改善米质的作用[J].植物生理学通讯,25(3):172-176.

周阮宝,谷丽萍,1994.植物硝酸还原酶的研究进展[J].植物杂志(3):5-7.

邹小云,刘宝林,宋来强,等,2016.花期渍水逆境下氮素对油菜产量及氮肥利用效率的影响[J].应用生态学报,27(4):1169-1176.

左青松,杨海燕,冷锁虎,等,2014.施氮量对油菜氮素积累和运转及氮素利用率的影响[J].作物学报,40(3):511-518.

左青松,刘浩,蒯婕,等,2016.氮肥和密度对毯状苗移栽油菜碳氮积累、运转和利用效率的影响[J].中国农业科学,49(18):3522-3531.

Avilan L,Maberly S C,Mekhalfi M,et al,2012. Regulation of glyceraldehyde-3-phosphate dehydrogenase in the eustigmatophyte Pseudocharaciopsis ovalis is intermediate between a chlorophyte and adiatom[J]. European journal of phycology,47(3):207-215.

Baud S,Lepiniec L,2010. Physiological and developmental regulation of seed oil production[J]. Prog Lipid Res,49: 235-249.

Carwfodr N M,Wilkinson J Q,LaBrrie S T,1992. Control of nitrate reductionin plants[J]. Aust J Plant Physiol,19:377-385.

Huber,1983. Role of sucrose-phosphate synthase in partitioning of carbon in leaves. Plant Physiol,71(4): 818-821.

Otegui M,Staehelin L A,2000. Syncytial-type cell plates: a novel kind of cell plate involved in endosperm cellularization of Arabidopsis[J]. Plant Cell.

Risai P,Prakash K. 1991. 正常和晚播条件下芥菜型油菜含油量基因效应估测[J]. 印度农业科学杂志,61(12):918-921.

第三章　中国过渡带油菜实用种植技术

第一节　豫南地区油菜种植

一、自然条件和熟制

(一)自然条件

以信阳为例。信阳位于河南省最南部,淮河上游。地理位置是东经 114°06′,北纬 31°125′。地势南高北低。西部和南部为桐柏山、大别山,面积近 7000 km²,占全市总面积的 37.1%,是长江、淮河两大流域的分水岭。中部是丘陵岗地,海拔 50～100 m,面积 7000 多 km²,占全市总面积的 38.5%。梯田层层,河渠纵横,塘堰密布,水田如网。北部是平原和洼地,面积 4000 多 km²,占全市总面积的 24.6%。

信阳四季分明。春季天气多变,阴雨连绵,春季降水日数多于夏季,季均降水量 224～316 mm。夏季高温高湿气候明显,光照充足,降水量多,常现暴雨,季均降水量 478～633 mm。秋季凉爽,多晴天,降水顿减,季均降水量 177～225 mm。冬季干冷,降水少,季均降水量 91～120 mm。寒冷期短,日平均气温低于 0 ℃的日数年平均 30 d 左右。

(二)豫南油菜种植的农田布局

以信阳为例。信阳市属于长江流域气候,也是农业部发布的《优势农产品区域布局规划》中的双低油菜的优势区域之一。随着种植业结构的调整,信阳甘蓝型优质油菜得到迅猛发展,常年种植面积稳定在 13.3 万 hm² 左右。

信阳市下辖 2 区、8 县:浉河区、平桥区、潢川县、光山县、息县、新县、罗山县、商城县、淮滨县、固始县。油菜种植主要集中在固始县、光山县、罗山县、商城县和平桥区等县区。其中,固始县油菜种植适宜区为史灌河沿岸的沙土与两合土区域及其他丘岗坡地,集中种植在沙河乡、南大桥乡、郭陆滩镇和洪埠乡等乡镇,年种植约 4.7 万 hm²;光山县油菜种植于南部浅山区、中部丘岗区和沿河平畈区,集中种植在仙居乡、北向店乡及砖桥镇等乡镇,年种植油菜约 3 万 hm²;商城县油菜种植适宜区为南部中低山区、中部低山丘陵区和北部丘陵垄岗区。近年来,以河南省产油大县奖励项目、农业部油菜高产创建项目为依托,在上石桥镇、双椿铺镇、河凤桥乡、李集乡、苏仙石乡、伏山乡、吴河乡、冯店乡、长竹园乡等乡镇大力发展双低油菜生产,每年种植油菜 1.33 万 hm² 左右;罗山县油菜种植适宜区分布在南部是弯月形的山地、中南部的丘陵区及县境北部沿河平原等区域,其余沿小黄河和竹竿河自县境西南至东北向也有零星分布油菜。种植面积较大的乡镇有子路镇、周党镇及竹竿镇等,年种植油菜约 2.33 万 hm²;平桥区油菜种植适宜区主要分布于南部和西北部的山地、浉河区山地北侧淮河以南的丘陵及中北部的平原,具体表现为呈带状分布在淮河、浉河两岸漫滩上,也就是黄淮平原的南缘。种植面积较大的乡镇有明港镇新集、胡店乡和肖王乡等,年种植油菜约1 万 hm²。

另外,在新县泗店乡和吴陈河镇、息县南部曹黄林镇和八里岔乡及潢川的双柳、江集、张集等乡镇都有油菜分布种植。

(三)豫南地区气象数据

以信阳为例。2016—2020 年信阳市逐月平均气温、最高气温、最低气温、逐月日照时数、逐月降水量见表 3-1。

表 3-1　2016—2020 年信阳市逐月气温、日照时数及降水量(程辉整理)

年份	月份	气温(℃)			降水量 (mm)	日照时数 (h)
		平均	最高	最低		
2016 年	1	2.1	5.9	−0.4	27.2	80.6
	2	7.2	13.0	2.7	28.0	139.2
	3	12.2	17.4	8.3	48.4	145.7
	4	18.6	23.2	14.8	121.4	153
	5	20.7	25.5	17.0	151.4	139.5
	6	24.8	29.1	21.4	247.2	162
	7	28.3	32.0	25.4	130.1	195.3
	8	27.9	32.5	24.6	43.9	158.1
	9	24.4	29.5	20.3	38.0	162
	10	16.1	18.9	14.0	231.3	49.6
	11	9.7	13.7	7.2	48.0	96
	12	6.9	11.4	3.7	31.5	108.5
2017 年	1	4.9	15.8	−2.1	60.9	108.5
	2	6.9	21.6	−2.3	41.1	139.2
	3	10.9	24.8	1.3	47.7	148.8
	4	18.2	30.6	6.9	82.4	168.0
	5	23.1	33.9	13.9	76.4	192.2
	6	25.4	35.6	15.0	94.0	141.0
	7	29.1	38.5	21.1	260.5	204.6
	8	27.4	36.1	16.4	218.1	145.7
	9	22.1	31.7	16.7	238.9	96.0
	10	15.2	27.9	6.0	215.9	89.9
	11	11.6	26.0	0.9	14.0	111.0
	12	6.1	16.7	−2.7	5.4	127.1

续表

年份	月份	气温(℃)			降水量 （mm）	日照时数 （h）
		平均	最高	最低		
2018 年	1	0.5	13.1	−9.2	99.2	80.6
	2	5.6	20.3	−7.0	25.9	113.1
	3	12.9	28.7	0.1	91.1	142.6
	4	18.4	31.2	4.0	63.2	180.0
	5	22.4	33.7	13.6	202.0	133.3
	6	26.7	36.3	18.0	65.4	186.0
	7	28.6	38.2	22.6	176.8	167.4
	8	28.1	36.7	21.3	106.7	207.7
	9	23.0	34.2	14.8	31.3	111.0
	10	17.7	28.4	8.5	5.1	158.1
	11	11.2	23.2	3.0	79.5	99.0
	12	4.0	18.0	−6.0	45.8	55.8
2019 年	1	2.5	18.2	−5.0	30.1	65.1
	2	3.0	16.0	−3.4	30.6	46.4
	3	13.0	25.2	1.8	13.6	148.8
	4	16.8	33.0	5.9	89.0	144.0
	5	22.0	34.5	12.6	17.7	155.0
	6	26.3	37.0	19.4	160.3	147.0
	7	29.2	38.9	20.6	66.1	235.6
	8	28.9	40.0	20.6	69.0	186.0
	9	24.5	34.9	16.8	1.8	177.0
	10	18.0	34.2	9.0	72.4	133.3
	11	13.1	25.7	0.6	27.9	96.0
	12	6.6	19.0	−3.8	10.1	139.5
2020 年	1	3.9	16.3	−1.5	104.8	65.1
	2	8.9	20.7	−1.9	54.0	130.5
	3	13.1	29.0	1.1	82.9	117.8
	4	16.8	31.6	4.2	24.4	165.0
	5	24.3	36.4	13.7	21.1	198.4
	6	26.1	36.9	19.2	429.4	114.0
	7	25.1	35.0	19.8	410.3	58.9
	8	29.0	37.1	22.2	61.1	220.1
	9	23.8	35.3	12.1	84.2	141.0
	10	15.8	27.9	9.7	107.9	71.3
	11	11.5	24.5	0.5	70.3	111.0
	12	4.2	15.9	−6.4	16.3	127.1

（四）熟制

豫南地区基本上属于两熟制地区。依作物种类，可以实现年内二种二收。例如年内收获水稻或越冬作物（如冬小麦、冬油菜），播种、收获夏玉米，播种冬小麦或冬油菜。但是，近年来在豫南南部的信阳地区大力发展再生稻，实现了一年两种三熟。特别是，信阳日照充足，年均1990～2173 h；年平均气温15.1～15.3 ℃，年均土温16.9 ℃，全年≥0 ℃积温6031.80 ℃·d；≥5 ℃积温4206.80 ℃·d；无霜期长，平均217～228 d；降雨丰沛，年均降水日数102～129 d，年均降雨量900～1400 mm；空气湿润，相对湿度年均75%～80%。

（五）作物种类和油菜的茬口关系

1. 豫南地区作物种类　粮食作物主要有水稻、小麦、大麦、大豆（黄豆、青豆、茶色豆）、高粱、玉米、小豆、豌豆、谷子、扁豆、红薯、荞麦等。经济作物主要有花生、棉花、芝麻、油菜、青麻、萱麻、荸荠、向日葵、蓖麻等。蔬菜作物，叶菜类主要有大白菜、黑白菜、黄心菜、包头菜、空心菜、韭菜、葱、蒜苗、蒜瓣、芹菜、菠菜、荆芥、芫荽、苋菜等；茎菜有箭杆白、蒜薹、竹笋、芥疙瘩、苤蓝、白萝卜、胡萝卜、芋头、山药、土豆、莲藕、姜等；果菜有茄子、辣椒、西红柿、茴香、吊瓜、黄瓜、瓠瓜、丝瓜、菜瓜、甜瓜、南瓜、冬瓜、苦瓜、金瓜、绞瓜、地瓜、笋瓜、葫芦等；荚菜有扁豆、四季豆、豇豆、刀豆、蚕豆等；花菜有黄花菜、蘑菇、木耳、花菜、韭花等。

2. 油菜的前、后茬作物和油菜的茬口关系　在豫南地区，油菜的复种分为水田复种和旱地复种两种。其中，水田复种主要包括一年两熟和再生稻—油菜一年两种三熟两种。一年两熟的水稻—油菜又包括中稻—油菜和中晚稻—油菜等一年两熟两种，后者影响油菜适期早播，油菜应采取育苗移栽或栽种白菜型油菜。一年两种三熟就是再生稻＋油菜，再生稻＋油菜两种三熟就是指在中稻收割后，采用适当的措施，使收割后的稻桩上存活的休眠芽萌发再生蘖，进而抽穗成熟再收一季水稻，秋季再种油菜的种植制度。

旱地复种主要就是一年两熟。春夏播花生、玉米、大豆、芝麻、红黄麻、高粱和甘薯等，秋冬季种油菜。

二、油菜常规栽培技术

（一）选茬和整地

1. 选茬　豫南地区多以水稻为前茬，或以花生、玉米、大豆、芝麻、甘薯等旱作物为前茬。

以信阳地区为例，对于茬口的选择，要充分了解前茬作物腾地时间，如果前茬腾地早，在9月15日以前腾地，可采取育苗移栽方式种植，宜选择生育期长、分枝部位低、单株增产潜力大、产量高及抗倒伏的甘蓝型优质油菜新品种；如果前茬腾地适中，在9月15日至10月20日期间腾地，可采取直播方式种植，宜选择早熟或中早熟、分枝部位低、单株增产潜力大、产量高、适合机械化生产的甘蓝型优质油菜新品种；但是，如果前茬腾地较迟，在10月20日以后腾地的，采取高密度直播栽培，宜选择生育期短、株型紧凑、耐迟播、耐密植、靠群体增产的较早熟的甘蓝型优质油菜新品种或白菜型油菜品种。另外，水田油菜如果春夏之交水源紧张，需要早腾茬、早插秧，也应选择成熟较早的油菜品种。需要特别注意的是，春性较强的油菜品种，秋季不宜播种过早,否则会导致油菜年前起薹开花,冬季严重受冻。

总之,油菜获得高产必须做到适期播种,在豫南地区水田复种油菜尽量选中稻或中晚稻茬口;对于再生稻、晚播稻茬口尽量不种油菜或改种小麦,但是要种也只能种耐迟播、生育期短、特早熟的白菜型油菜;旱地复种油菜选花生、玉米、大豆、芝麻、高粱和红黄麻等茬口较好,基本上都能在油菜适播期内播种。但是,要是选用甘薯、棉花等收获较晚的作物茬口,只能种植白菜型油菜品种或育苗移栽甘蓝型油菜品种。

2. 整地　前茬作物收获后及时整地。以水稻为前茬时,在 10 月 10 日前选用集秸秆粉碎与抛撒装置于一体的联合收割机收获前作,要求留茬高度小于 18 cm,秸秆粉碎长度 10~15 cm,均匀抛撒还田。对覆盖秸秆的田块及时进行翻压并精整土地,做到土粒细碎,无大土块和大空隙,土粒均匀疏松,干湿适度;围沟、腰沟、畦沟配套,做到沟渠相通,雨停田干,明水能排,渍水能滤。对土质黏重、地势低、地下水位高的烂泥田,要求窄畦深沟,一般畦宽 2 m 左右,沟深 30 cm 左右。对土质松软,地势高的岗田、旱地,畦面可适当放宽。对腾茬较晚的茬口,没有时间整地的,可以采取免耕或浅旋耕直播或移栽。对苗床整地更要做到"平""细""实",即畦面平整,表土层细碎、犁底层紧实。苗床翻耕还不宜过深,以 13~15 cm 为宜,避免主根下扎太深,不利于取苗移栽。

(二)选用优良品种

1. 油菜品种的选用　豫南地区是一个最能代表中国过渡带自然条件、农业作物种类的典型区域,也是冬油菜的适宜气候区。该地区冬季较湿暖,对油菜越冬有利。开花结荚期的日平均气温在 14~18 ℃,有利于开花结荚,雨水充沛对油菜生长有利。选择适宜的品种是夺取油菜高产稳产的基础,进行品种选择时,应从各方面综合考虑,选择生育期适中、产量潜力大、抗自然灾害能力强的优良品种。

目前,豫南地区各市(县)推广的油菜品种较多。仅在一个基层县市销售的品种就多达十余个甚至数十个,而且每年还有新的品种在不断推出。面对众多的油菜品种,农户该如何选择呢?

(1)选择优质油菜品种　与普通油菜品种相比,优质油菜具有"三高、两低"的突出优势。农户种植优质油菜,产量与普通油菜基本持平,但因出油多、油质好,加之饼粕可做饲料、菜薹可做蔬菜,不仅直接经济效益较高,综合效益更是明显高于普通油菜,一般每公顷增值可达4500 元以上。豫南地区各市(县)的气候、土壤和栽培习惯略有不同,冬油菜品种表现可产生较大的差异。因此,在进行优质油菜品种选择时,应选经当地农业主管部门试验示范,表现良好的已审定的主推优质油菜品种,特别是在当地高产创建中表现优异的品种。未经试种的新品种,可先少量试种后再稳步扩大面积,切不可盲目扩大面积种植。

(2)根据耕作制度与播种方式选择适宜品种　豫南地区移栽油菜或稻—油两熟制移栽油菜宜选择耐肥、耐稀植、株型高大、单株产量潜力较大、抗倒性好的品种,如秦油系列、华油杂系列、中油杂系列、信油系列等。秋季栽培宜选用冬性、半冬性的中晚熟油菜品种。稻—油两熟直播油菜可选用产量潜力较大的中熟或中晚熟品种,如蓉油系列、中双系列、湘杂油系列等。在适宜播种期内茬口偏晚的直播油菜,则宜选用迟播早发、冬前不早薹、春后花期整齐的早熟或早中熟油菜品种,如信油杂 2906、信油杂 2803 等。但应注意,早熟油菜品种不宜播种过早,否则会导致早薹早花,易受冻害影响产量。稻田套直播宜选用耐迟播、耐荫蔽、株型紧凑、耐密植、抗病、抗倒的品种。机播机收则宜选择株高适宜、株型紧凑、耐迟播、耐密植、抗倒性好、抗裂角等特性的品种。城市近郊"一菜两用"栽培,则宜选择秋季长势旺、起薹早、薹粗壮、打薹后基部萌发分枝能力较强的品种。

(3)根据当地气候条件选择适宜品种　豫南地区各市(县)乃至同地市的气候条件也有所不同,因此在选择优质油菜品种时应特别注意。生育期较长的油菜品种,只能在海拔较低、积温较高的区域种植;生育期较短的油菜品种,虽然可以在海拔较低的区域种植,但因成熟过早、产量较低,所以最好在海拔较高的区域种植。

(4)根据茬口与种植方式选择适宜品种　如果前茬腾地早,采取育苗移栽方式种植,宜选择生育期长、分枝部位低、单株增产潜力大、产量高的优质油菜品种;相反,如果前茬腾地迟,宜采取直播栽培,宜选择生育期短、株型紧凑、靠群体增产的较早熟品种。另外,水田油菜如果春夏之交水源紧张,需要早腾茬、早插秧,也应选择成熟较早的油菜品种。需要特别注意的是,春性较强的油菜品种,秋季不宜播种过早,否则会导致油菜年前起薹开花,冬季严重受冻。

(5)根据品种的抗逆性进行品种选择　某一病害发生严重的地区应选用对该病害抗(耐)性较强的品种,如在常年菌核病发生较重的低洼、潮湿地块,不宜种植对菌核病抗性较差的品种。常年易干旱地区则宜选用耐旱性较强的品种。在土壤严重缺硼或易发生缺硼现象的旱坡地,不宜种植对硼敏感的油菜品种,如果选用对硼敏感的品种,就必须增施硼肥。3—4月油菜花角期,豫南地区寒潮频繁,并伴随不同程度的大风大雨,常常导致油菜倒伏,因此,该地区油菜品种的选择则应把抗倒性强作为主要选择指标之一,如选择华油杂系列品种等。花生茬油菜田间肥力水平高,宜选择耐肥抗倒品种。常年易发生冻害的地区及高寒山区,应选择耐寒性较强的品种。

2. 目前豫南地区应用的优良品种简介

(1)丰油10号

登记编号　GPD油菜(2018)410134

育 种 者　河南省农业科学院经济作物研究所

品种来源　22A×P287

特征特性　甘蓝型半冬性胞质不育三系杂交品种。全生育期219 d,比对照中油杂2号晚熟1 d。幼苗半直立,叶绿色,顶叶长圆形,叶缘锯齿状,裂叶4～5对,有缺刻,叶面有少量蜡粉,无刺毛;花瓣黄色、覆瓦状重叠排列;籽粒黑褐色。株高174.6 cm,匀生分枝类型,一次有效分枝数6.5个,单株有效角果数229.5个,每角粒数20.9粒,千粒重3.77 g。菌核病发病率5.32%,病情指数2.98,病毒病发病率1.04%,病情指数0.67,低抗菌核病;抗倒性强。籽粒含油量41.73%,芥酸含量0.40%,饼粕硫苷含量21.25 μmol/g。2008—2009年度参加长江上游区油菜品种区域试验,亩产172.1 kg,比对照油研10号增产7.0%;2009—2010年度续试,亩产187.3 kg,比对照油研10号增产8.5%。两年平均亩产179.7 kg,比对照油研10号增产7.8%。

适宜种植区域　适宜湖北、湖南、江西冬油菜区种植;河南省南部、安徽和江苏两省淮河以北的冬油菜区种植;四川、重庆、贵州、云南昆明和罗平、陕西汉中及安康的冬油菜区种植。

(2)华油杂62

登记编号　GPD油菜(2018)420200

育 种 者　华中农业大学

品种来源 2063A×05-P71-2

特征特性 甘蓝型半冬性波里马细胞质雄性不育系杂交种。苗期长势中等,半直立,叶片缺刻较深,叶色浓绿,叶缘浅锯齿,无缺刻,蜡粉较厚,叶片无刺毛。花瓣大、黄色、侧叠。长江下游区域全生育期230 d,株高147.8 cm,一次有效分枝数7.8个,单株有效角果数333.1个,每角粒数22.7粒,千粒重3.62g。菌核病发病率20.59%,病指9.35;病毒病发病率4.86%,病指1.74。低感菌核病,中抗病毒病,抗倒性较强。芥酸含量0.45%,饼粕硫苷含量29.68 μmol/g,含油量41.46%。2009—2010年度参加长江下游区油菜品种区域试验,亩产177.3 kg,比对照秦优7号增产12.5%;2010—2011年度续试,亩产168.5 kg,比对照秦优7号增产4.7%,两年平均亩产172.9 kg,比对照秦优7号增产8.6%;2010—2011年度生产试验,亩产180.3 kg,比对照秦优7号增产6.9%。

适宜种植区域 适宜在湖北、湖南、江西、上海、浙江、安徽和江苏两省淮河以南地区冬油菜主产区秋播种植,也适宜在内蒙古、新疆及甘肃、青海两省低海拔地区的春油菜主产区春播种植。

(3)华油杂50

登记编号 GPD油菜(2017)420204

育 种 者 华中农业大学

品种来源 RG430A×J6-57R

特征特性 甘蓝型半冬性细胞核雄性不育三系杂交品种,全生育期216 d。幼苗半直立,叶绿色,顶叶长圆形,叶缘浅锯齿,裂叶2～3对,有缺刻,叶面有少量蜡粉,无刺毛;花瓣长度中等,宽中等,呈侧叠状。株高191 cm,中部分枝类型,一次有效分枝数6个,单株有效角果数183个,每角粒数24粒,千粒重4.6 g。芥酸0%,硫苷21.32 μmol/g,含油率49.56%。低感菌核病,低抗病毒病,抗寒性强、抗裂荚性中等、抗倒性较强。第1生长周期亩产211.9 kg,比对照华油杂12号增产0.67%;第2生长周期亩产184.7 kg,比对照华油杂12号增产7.3%。

适宜种植区域 适宜在湖北、湖南、江西、安徽与江苏淮河以南、上海、浙江冬油菜区种植。

(4)中双11号

登记编号 GPD油菜(2017)420056

育 种 者 中国农业科学院油料作物研究所

品种来源 (中双9号/2F10)//26102

特征特性 半冬性甘蓝型常规种。全生育期平均233.5 d,与对照秦优7号熟期相当。子叶肾脏形,苗期为半直立,叶片形状为缺刻型,叶柄较长,叶肉较厚,叶色深绿,叶缘无锯齿,有蜡粉,无刺毛,裂叶3对。花瓣较大,黄色,侧叠。匀生型分枝类型,平均株高153.4 cm,一次有效分枝平均8.0个。抗裂荚性较好,平均单株有效角果数357.60个,每角粒数20.20粒,千粒重4.66 g。种子黑色,圆形。区试田间调查,平均菌核病发病率12.88%,病指为6.96,病毒病发病率9.19%,病指为4.99。抗病鉴定结果为低抗菌核病、抗病毒病。茎秆坚硬,抗倒性较强。经农业部油料及制品质量监督检验中心测试,芥酸含量0.0%,饼粕硫苷含量18.84 μmol/g,含油量49.04%。第1生长周期亩产177.92 kg,比对照秦优7号减产2.37%;第2生长周期亩产156.54 kg,比对照秦优7号增产0.64%。

适宜种植区域 在江苏省淮河以南、安徽省淮河以南、浙江省、上海市、湖北省、湖南省、江西省、四川省、云南省、贵州省、重庆市、陕西省汉中和安康冬油菜区种植。

(5)秦优 7 号

登记编号　GPD 油菜(2018)610118

育 种 者　陕西省杂交油菜研究中心

品种来源　雄性不育系陕 3A×恢复系 K407

特征特性　甘蓝型、弱冬性。全生育期在黄淮区 245 d,在长江下游区 226 d。裂叶型,顶裂片圆大,叶色深绿,花色黄,花瓣大而侧叠,匀生分枝,角果浅紫色,直生中长较粗而粒多。在每亩 1.2 万株密度下,株高 164.2～182.7 cm,一次有效分枝 8.1～9.3 个,单株有效角果 288.5～342.9 个,每角粒数 23.1～25.7 粒,千粒重 3.0～3.2 g。芥酸含量 0.39%,硫苷含量 25.36 μmol/g,含油量 43%。菌核病略高于中油 821,较抗病毒病,耐肥抗倒性强。第 1 生长周期亩产 192.2 kg,比对照秦油 2 号增产 0.37%;第 2 生长周期亩产 190.26 kg,比对照秦油 2 号增产 4.5%。

适宜种植区域　适宜在黄淮地区、陕西、河南、江苏、安徽、浙江、上海、湖南、湖北、江西、贵州油菜产区种植。

(6)大地 199

登记编号　GPD 油菜(2017)420056

育 种 者　中国农业科学院油料作物研究所,武汉中油科技新产业有限公司,武汉中油大地希望种业有限公司

品种来源　中双 11CA×R11

特征特性　半冬性甘蓝型杂交油菜种。在长江中游和长江下游地区平均全生育期分别为 209.2d 和 227.5 d。苗期植株生长习性半直立,叶片颜色中等绿色,叶片裂片数量 7～9 片,叶缘缺刻程度中。花瓣相对位置侧叠,中等黄色。角果果身长度较长,角果姿态平生。在长江中下游地区平均株高 157.19 cm,分枝部位高度 60.66 cm,有效分枝数 7.04 个,单株有效角果数 264.33 个,每角粒数 19.53 粒,千粒重 4.51 g。芥酸含量 0.00%、硫苷含量 21.80 μmol/g、含油量 48.67%。低感菌核病,抗病毒病,耐旱、耐渍性强,抗寒性中等,抗倒性强。第 1 生长周期亩产 205.69 kg,比对照秦优 10 号增产 10.2%;第 2 生长周期亩产 176.49 kg,比对照秦优 10 号增产 10.9%。

适宜种植区域:适宜在湖北、湖南、江西、上海、浙江和江苏、安徽两省淮河以南、四川、贵州、云南、重庆、陕西汉中、河南信阳油菜主产区种植。

(7)信油杂 2906

登记编号　GPD 油菜(2019)410188

育 种 者　信阳市农业科学院

品种来源　9106A×2512C-2

特征特性　信油杂 2906 属甘蓝型半冬性三系杂交油菜种,苗期长相稳健,幼茎颜色绿色,花色黄色,叶形琴状裂叶,叶色深绿色,叶被蜡粉较厚,春季返青快,花期较集中,熟期偏早,茎秆粗壮,抗病、抗倒伏性强。株高 183.2 cm 左右,一次有效分枝 8.9 个,单株有效角果 326.5 个,角粒数 24.6 粒,千粒重 3.3 g,生育期 226 d。经农业部油料及制品质检中心分析,信优 2906 芥酸含量 0.00 %,硫苷含量 23.19 μmol/g,含油量 41.5%。第 1 生长周期平均亩产 240.47 kg,比对照杂 98009 增产 16.70%;第 2 生长周期平均亩产 196.56 kg,比对照杂 98009 增产 6.56%。

适宜种植区域　适宜河南省中南部冬油菜区域种植。

(8)信油杂 2803

登记编号　GPD 油菜(2019)410187

育 种 者　信阳市农业科学院

品种来源　7104A×2512C-2

特征特性　信油杂 2906 属甘蓝型半冬性三系杂交油菜种,苗期长相稳健,幼茎颜色绿色,花色黄色,叶形琴状裂叶,叶色深绿色,叶被蜡粉较厚,春季返青快,花期较集中,熟期偏早,茎秆粗壮,抗病、抗倒伏性强。株高 183.2 cm 左右,一次有效分枝 8.9 个,单株有效角果 326.5 个,角粒数 24.6 粒,千粒重 3.3 g,生育期 226 d。经农业部油料及制品质检中心分析,信优 2906 芥酸含量 0.00%,硫苷含量 23.19 $\mu mol/g$,含油量 41.5%。第 1 生长周期平均亩产 240.47 kg,比对照杂 98009 增产 16.70%;第 2 生长周期平均亩产 196.56 kg,比对照杂 98009 增产 6.56%。

适宜种植区域　适宜河南省中南部冬油菜区域种植。

(9)中油杂 19

登记编号　GPD 油菜(2017)420053

育 种 者　中国农业科学院油料作物研究所

品种来源　中双 11 号×zy293

特征特性　甘蓝型半冬性化学诱导雄性不育两系杂交种。全生育期 230 d。幼苗半直立,裂叶,叶缘无锯齿,叶片绿色,花瓣黄色,籽粒黑褐色。平均株高 162.7 cm,一次有效分枝数 6.57 个,单株有效角果数 277.7 个,每角粒数 22.3 粒,千粒重 4.09 g。菌核病发病率 28.5%,病指 16.15,病毒病发病率 5.09%,病指 2.83,低抗菌核病、抗病毒病;抗倒性强。芥酸含量 0.15%,硫苷含量 21.05 $\mu mol/g$,含油量 49.95%。第 1 生长周期亩产 192.94 kg,比对照秦优 10 号增产 0.31%;第 2 生长周期亩产 197.75 kg,比对照秦优 10 号增产 1.11%。

适宜种植区域　上海市、浙江省、江苏和安徽两省淮河以南,湖北省、湖南省、江西省、四川省、云南省、贵州省、重庆市、陕西省汉中和安康的冬油菜区种植。

(10)博油 9 号

登记编号　GPD 油菜(2020)410076

育 种 者　陈震、汪萍、马松欣

品种来源　博 1A×恢 1209

特征特性　属甘蓝型半冬性双低杂交品种,生育期为 228.6~234.1 d。幼茎绿色,花黄色,琴状裂叶,叶深绿色;株高 153.5~168.3 cm,一次有效分枝 8.4~9.0 个,单株有效角果 300.5~308.1 个,角粒数 21.3~22.9 个,千粒重 3.4~3.7 g,单株产量 16.0~22.6 g,不育株率 0.9%~3.2%。菌核病发病率和病指平均为 11.86%和 8.40%。芥酸含量 0.1%,硫苷含量 16.97 $\mu mol/g$,含油量 41.30%。第 1 生长周期亩产 237.3 kg,比对照品种杂 98009 增产 15.2%;第 2 生长周期亩产 194.4 kg,比对照品种杂 98009 增产 5.4%。

适宜种植区域　适宜河南省中南部冬油菜区域种植。

(三)播种

1. 种子的播前处理　油菜种子处理是有效防治种传、土传病害及预防苗期病害和地下害虫、鼠害的重要手段,为确保油菜苗齐、苗全、苗壮打下坚实基础。油菜种子处理包括杀菌消毒、温汤浸种、药剂浸种、药剂熏蒸、辐照处理、肥料浸拌种、磁场和磁化水处理、微量元素、性生长调节剂处理和包衣等强化方法。油菜种子处理分为普通种子处理和种子包衣。种子处理方法不同,其作用和效果也不尽相同。常见的处理方法归纳如下(周可金等,2004;官春云等,2012):

(1)晒种　油菜获得高产的基础是培育壮苗,培育壮苗的关键是晒种。晒种方法是:在温汤浸种后,选择晴好天气,将种子薄薄地摊晒在晒场上,连续晒 2~3 d。晒种时要经常翻动种子,让种子受热均匀。通过晒种能促进油菜种子的后熟,增加油菜种子酶的活性,同时能降低水分、提高油菜种子发芽势和发芽率,还可通过紫外线杀死种子表面病菌,可以杀虫灭菌,减轻病虫害的发生。

(2)选种　利用风选种子,可以除去泥灰、杂物、残留草屑和不饱满种子,提高种子的净度和质量;应用筛选种子,可除去生活力差的种子,提高种子的整齐度;也可用盐水或泥水选种,选种时用 10% 的食盐水或比重为 1.05~1.08 的泥水进行选种。

① 筛选　当种子中夹杂的虫瘿、活虫数量比较多时,可用过筛的方法清除其中夹杂的病虫。过筛时需根据种粒和被除物的大小、形状,选择筛孔适宜的筛子才符合要求。同时,还可以利用筛子旋转的物理作用,除去不饱满种粒以及其他杂物。

② 风选　带病种子或病原物的重量往往比健康种子重量轻,所以依靠风扇或自然风力就能将较轻的坏种子、病原物以及其他杂物分离出去。但用该法只能淘汰部分病种或病原物。

③ 手选　种子量少时,可以请有经验的人员通过肉眼或用放大镜观察,将病粒、虫粒、菌核、虫瘿、瘪粒挑选出来。

④ 水选　利用比重原理淘汰病粒、虫粒和其他杂物。常用的方法有清水选和盐水选两种。清水选就是在晴天或天气干燥时,在容器内放足水,倒入种子进行搅拌,之后捞去浮在上面的轻种、杂质,最后捞出下沉的种子晾干。操作时动作要迅速,以免病原物因长时间浸水而下沉,从而影响水选效果。盐水选就是在播前用 10% 的盐水选种,剔除菌核,即每千克水加食盐 100 g 溶解后,将 500~700 g 油菜籽倒入盐水中搅拌,等水停止后,捞出杂质、菌核、空粒等,用清水洗净后播种。方法是采用筛子将种子放在 8%~10% 的盐水中,或放在比重为 1.05~1.08 的泥水中搅拌 5 min,清除浮在水面的菌核和瘪粒,将沉在下面的种子取出,用清水洗干净,再摊开晒干备用。

(3)浸种　浸种分为温汤浸种、药剂浸种、肥料浸种和生长调节剂浸种 4 种。

① 温汤浸种　根据种子的耐热能力常比病菌耐热能力强的特点,用较高温度杀死种子表面和潜伏在种子内部的病菌,并兼有促进种子萌发的作用。油菜种子用 50~54 ℃ 的温水浸种 15~20 min,对油菜霜霉病、白锈病等有一定防治效果。具体方法是,将刚烧开的开水装在保温瓶中,与等量的凉水混合后,即把种子浸入 15~20 min 即可;但严格把握水温,低于 46 ℃ 就失去杀菌作用,高于 60 ℃ 又会降低种子的发芽率。温汤浸种处理过的种子要及时晾干,贮藏待用。

② 药剂浸种　就是用药剂浸种防治病虫。常用的浸种药剂有福尔马林、高锰酸钾、硫酸铜、漂白粉、石灰水等。浸种时间和药剂浓度因种子和病原的不同而不同,需经过试验确定。油菜种子可用 70% 的甲基托布津或 50% 的多菌灵可湿性粉剂 10~15 g 拌种 5 kg,可减轻白锈病、霜霉病的发生。或者在播种前,将种子表面喷湿,并按每千克种子用多菌灵粉剂 20~

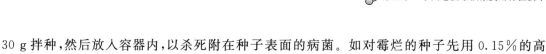

30 g 拌种,然后放入容器内,以杀死附在种子表面的病菌。如对霉烂的种子先用 0.15% 的高锰酸钾浸种 15~30 min,然后再浸入 40% 的甲醛溶液中 15 min,取出后堆积 2 h,用清水冲洗两次,可杀死其中的病原。播种前用含 80 mg/kg 的尿素和 16 mg/kg 的硼溶液浸种 5 h,能促进壮苗早发。用 0.01~0.10 mg/kg 新型的植物生长调节剂三十烷醇溶液浸种 12~24 h,能促使种子萌发,提高发芽势和发芽率。

③ 肥料浸种 常用的肥料有硫酸铵、过磷酸钙、骨粉等。硫酸铵拌种可促进幼苗生长,增强抗旱能力。用硼肥浸种具有发芽快、发芽势强、苗期生长快,中后期增枝、增角、增粒、增粒重的优点。具体方法是:每千克油菜种子用含硼 11% 的硼砂 2.4 g,先加入少量 45 ℃ 的温水溶化,再加入稀释成 1.5 kg 的硼砂溶液,然后加入油菜种子,浸种 0.5~1.0 h,晾后播种。注意浸种浓度不能过高,否则会降低发芽势;浸种时间不宜过长,以免种子吸水过多,加长晾干时间,影响播种;硼砂难溶解,必须先用温水充分化开。浸种后,还可以用其他药肥拌种。也可以用人尿浸种,陈尿(充分发酵后的人尿)浸种在中国应用的历史悠久,增产效果显著,因为人尿中含有大量的氯素和少量的磷钾肥,以及微量元素、生长激素等。处理时间一般 2~4 h 为宜。

④ 生长调节剂浸种 不同生长调节剂处理种子的效应不同,应根据播种土壤环境及气候条件选择适宜的调节类型。促进快速萌发出苗可采用赤霉素 200 mg/L 处理,如采用赤霉素 200 mg/L 加钼酸铵 70 mg/L、硝酸钾 200 mg/L、硼酸为 100 mg/L 混剂,或脱落酸 200 mg/L 与高锰酸钾 100 mg/L 混剂进行浸种,则在快速萌发出苗的基础上具有一定的壮苗效果。应用多效唑或烯效唑浸种对于油菜壮苗具有明显的效果,但也有明显的抑制发芽与出苗作用,生产上应适当降低使用浓度或浸种时间,以多效唑 40 mg/L 浸种 12 h,或 100 mg/L 浸种 3 h,可使出苗率达到 60% 以上。

(4)拌种 油菜播种前根据不同情况可用杀菌剂和杀虫剂、微量元素肥(如硼、锌、稀土等)及生长调节剂(如烯效唑、增产菌等)进行拌种,以达到防治病虫、肥育健苗、生育调控等目的。可采用干拌种和湿拌种两种方法进行,一般用药量占种子重量的 2%~3%。

(5)种子包衣 播种前用含有杀虫剂、杀菌剂、生长激素及微肥等成分的油菜专用种衣剂包衣,可有效地达到防治病虫、育肥植株、调节生长等作用。种衣剂用量一般为种子重量的 2.0%~2.5%,应用时先按药与水 1∶1 兑水后拌种,使每个种粒都被种衣剂均匀包裹即可,阴干后备用。

(6)种子丸粒化 就是将油菜种子放入特制的机械滚筒内,先均匀喷水,摇动滚筒,待种子表面湿润后,逐步加入适量微肥、细肥土、杀虫(菌)剂、保水剂、黏土粉和水等,直至种子被包成直径 5~6 mm 的颗粒为止。然后,取出阴干、包装备用。丸粒化种子可以预防苗期病虫害,增强油菜抗旱性,提高油菜种子的发芽势,具有蓄水、保水、供水和全苗、壮苗,特别是有利于机械化精量播种等优点。

(7)磁场和磁化水处理 运用磁场处理种子技术,只需要在播种前对种子进行几分钟的处理,就可使作物增产 20% 左右。国际上研究了 4 种超低频电磁场对 3 个冬油菜品种产量和品质的影响,找到了每个品种适合的处理频率。在播种前,种子用最好的 4 个频率处理,经处理的栽培种 Banacanka(变体 7,11)的籽粒产量比未经超低频电磁场处理的对照增加了 23.1%。千粒重比对照高 0.53 g,油分高 0.35%。栽培种 Pronto 的变体 13 效果最好,产量比对照高 16.9%,油分间差异是 1.98%。电磁场对 Falcon 品种的影响不明显,产量仅增加 2.8%,处理的变体千粒重比对照高 0.08 g。用磁化水浸种比清水浸种表现出明显的优势。这项技术简便易行,没有水电消耗,没有环境污染,经过处理的种子抗逆性强,发芽率高。

2. 适期播种　在豫南地区,油菜种植基本上选用冬性品种实行秋(冬)播。适期播种能保证油菜正常的生育进程,也是获取高产优质的重要前提。

李孟良等(2008)曾用双低油菜作田间试验。结果表明,品种、密度及品种×播期对菜薹产量有极显著影响($P<0.01$);品种、播期对菜籽产量有极显著影响($P<0.01$),播期×密度对菜籽产量有显著影响($P<0.05$)。

姜海杨等(2012)曾研究了不同播期下5个白菜型冬油菜品种的越冬率、生长发育、根冠比及产量构成因素的变化,分析了播期对白菜型冬油菜生长发育和产量的影响。结果表明,随着播期的推迟,白菜型冬油菜越冬率下降,播期与越冬率呈显著负相关;播期推迟7 d,品种的出苗所需天数增加,出苗期推迟,全生育期缩短4~7 d,干物质积累、根冠比下降,株高、单株角果数、千粒重、产量以及含油率均随着播期的推迟相应降低;试验表明,适期早播对促进白菜型冬油菜的生长发育、提高越冬率、增加产量有重要作用。

分期播种试验表明,随着播期的推迟,生育期逐渐缩短,并且主要是营养生长阶段的缩短。播期不同也影响灌浆天数,进而影响油菜的产量和品质。所以,油菜对播种期十分敏感,它影响到油菜的生长发育、苗龄长短和安全越冬等,从而进一步影响产量。豫南地区油菜适宜播种期确定,一般应考虑以下因素:

(1)气候条件　冬油菜应充分利用冬前较高温度,进行足够的营养生长,形成壮苗越冬。其适宜的播种期,一般在旬平均气温20 ℃左右为宜,秋季气温下降早、降温快的地区和高寒山区应适当早播,秋雨多和秋旱严重的地区,应抓住时机及时播种。

(2)种植制度　根据茬口情况安排适宜的播种期,同时考虑移栽油菜的苗龄及移栽期,与前作顺利衔接,避免形成老化苗、高脚苗。

(3)品种特性　以冬性和半冬性品种为主的区域,应适当考虑早播,有利于充分利用季节,增长营养期,有利于发挥品种的产量潜力夺取高产。

(4)病虫害情况　在病虫害严重地区,可以通过调整播种期避开或减轻病虫害。一般病毒病、菌核病与播种期关系密切,在发病严重地区应适当迟播。

提倡适期早播,以提高产量。不能适期播种的,采取免耕直播或稻林套种应适当增加播种量和植株密度。豫南地区水田直播油菜适宜播种期为9月20日至10月20日;旱地直播油菜适宜播种期为9月25日至10月25日;育苗移栽油菜适宜播种期为9月15—25日。

3. 合理密植　合理密植是保证油菜高产、优质的重要措施之一,也能保证油菜正常的生理活动。

宋小林等(2011)曾介绍,以湘杂油763为材料,设置施肥量与密度互做试验,分析不同施肥量和栽培密度对油菜茎、叶可溶性糖和游离氨基酸含量及其油菜产量形成的影响。结果表明,油菜可溶性糖含量随着施肥量的减小和栽培密度的增加而升高;游离氨基酸含量随着施肥量的增加而升高。群体可溶性糖和游离氨基酸总量都随着施肥量和密度的增加而升高,并与油菜籽粒产量呈极显著正相关关系。施肥量和密度分别作为主效应对油菜产量影响极其显著,两因子交互作用下油菜产量变化反而不明显。合理的高施肥量和高密度水平促进油菜增产,以高施肥量＋22.5万株/hm²密度处理的产量最佳。

据华中农业大学植物科学技术学院周广生教授(2020)介绍,目前中国油菜生产单产年增长1%,提高达到预期,但面积徘徊不前;直播油菜逐渐取代传统的育苗移栽油菜,轻简化生产技术应用面积增加；多熟制模式下，前茬收获后秸秆就地还田，增加了油菜生产难度，尤其是播种环节。而与欧盟等发达产区相比，中国油菜生产呈现"三低、两高"的特点，即种植密度低、机械化程度低、单产偏低；肥料农药用量高、前茬秸秆量高。上述特点导致我国油菜生产成本高、效益低，最主要原因是种植密度普遍偏低，部分区域采用每公顷 30 万～45 万株的密度，但栽培技术尚未配套。周广生认为，增加油菜种植密度，集成适宜油菜机械化生产的关键技术是提高油菜生产效益的必要措施，对稳定中国油菜的国际地位、保障食用植物油供给安全具有重要意义。

2006 年以来，周广生教授牵头组建团队，在"以密增产、以密适机、以密省肥、以密控草、以密补迟"的"五密"栽培核心技术基础上，全面系统地组织直播油菜密植增效全程机械化关键技术攻关研究，创建了油菜绿色高质高效栽培技术体系。周广生介绍，通过直播油菜密植增效关键技术集成、示范和应用，降低了油菜生产成本，提高了中国油菜生产效益和效率，有效保障了中国食用油供给的数量和质量安全，为大力发展油菜产业、有效促进农民增收做出了重要贡献。该团队通过综合示范试验证明：选用高产、抗倒、耐密优良品种，采用密植增效生产关键技术进行管理，与传统农户习惯种植相比，产量可提高 10% 以上，品质提高 5% 左右，机收损失率降低 3%～5%，每公顷节本增效 1500 元以上。示范区的种植大户也一致认为，该技术轻简高效、实用性强、便于农户操作与应用。

周广生（2020）归纳总结：要保护好油菜产业可持续发展，发展全程机械化势在必行，而直播油菜密植增效技术可有效推动农机农艺融合，全面提升油菜机械化水平。他提醒，在操作过程中，要注意秸秆还田、播种、施肥、病虫、收获这 5 个关键点。即前茬作物要及时收获，选择高产、耐密、抗病、抗倒品种，确保越冬期每公顷基本苗水田 45.0 万～52.5 万株，旱地 37.5 万～45.0 万株，选用一次性完成深旋、灭茬、秸秆翻压还田、开沟、作畦、施肥、播种、镇压及封闭除草等联合作业油菜直播机播种。

豫南地区油菜要达到"五密"栽培核心技术的标准，就必须合理密植。

(1)土壤肥力和施肥水平　土壤肥沃疏松、土层深厚，或者施肥水平较高，植株长势旺盛，枝叶繁茂，种植密度宜小一些，合理密度在 30.0 万～37.5 万株/hm²；反之，土壤瘠薄、质地黏重，或施肥水平较低的情况下，植株生长受到一定限制，种植密度宜大一些，合理密度在 45.0 万～52.5 万株/hm²。

(2)早播早栽的油菜　苗期气温较高，生长快，植株较大，因此，种植密度宜小一些，合理密度在 30.0 万～37.5 万株/hm²；相反，迟播迟栽的油菜密度宜适当大一些，做到以密补迟，合理密度在 45.0 万～52.5 万株/hm²，10 月 20 日之后播种，每公顷密度相应增加 7.5 万～15.0 万株。

(3)品种特性不同　品种生育期长短不同，株型大小各异，种植密度也有区别。植株高大、分枝多而部位低、叶片大、株型松散的品种，种植密度宜小一些，合理密度在 30.0 万～37.5 万株/hm²；反过来，植株矮小、分枝少而部位高、叶片小、株型紧凑的品种，种植密度宜大一些，合理密度在 37.5 万～45.0 万株/hm²。

(4)气候条件　冬季较温暖的地区，油菜生长旺盛，植株较大，种植密度宜小一些，合理密度在 30.0 万～37.5 万株/hm²；冬季较寒冷、干旱较重的地区，油菜生长缓慢，植株较小，种植密度可适当大一些，合理密度在 52.5 万～60.0 万株/hm²。

通过合理密植，有利于充分利用光能，提高光合效率。种植过密，植物叶片相互遮盖，只有上部叶片进行光合作用;种植过稀,部分光能得不到利用,光能利用率低,并且植株过稀导致油菜整体成熟期不一致,不利于机械收获。只有合理密植才是最经济的做法。

4. 播种方式　豫南地区油菜播种方式都是平作种植,垄作种植很少,平作是在油菜播种前,将田块整平后直接进行播种或移栽育苗。平作种植比较方便,节约时间,对浇水条件要求低。平作本身比较适用于豫南地区的厢面撒播、点播、条播或大田移栽,能提高土地利用率和单位面积产量,同时也便于机械化作业。

5. 播种方法

(1)直播　直播的方法有点播、条播和撒播 3 种。点播是一种传统的直播方法,在水稻田土质黏重、整地困难、开沟条播不便的地方较为适用。点播要分布均匀,保证个体得到良好的发育,一般开成平底穴,穴距 20 cm 左右,行距 25～30 cm,穴深 3～4 cm,每穴 5～6 粒种子,播种量 3.0～4.5 kg/hm^2,播种后,用细土粪盖籽。条播是在耧播、机械化播种时多采用的一种方法,播种时每厢按规定行距拉线开沟,一般行距 25～30 cm,沟深 2～3 cm,宽幅条播沟略宽,单行条播沟稍窄;或者在前茬收获后,选用一次性完成深旋(水田 20～25 cm、旱地 25～30 cm)、秸秆翻压、开沟、施肥、播种、镇压等多种工序联合作业的油菜直播机播种作业。条播要求落籽稀而匀,最好用干细土拌种,顺沟播下。这种方法简便,工效高,可提高土地利用率,且下籽均匀,深浅一致,有利于一播全苗和田间管理,播种量 3.75～5.25 kg/hm^2。撒播用种量大,出苗多,苗不匀,间苗、定苗用工多,且管理不方便,但节省时间和劳动力成本,一般播种量在 6.0～7.5 kg/hm^2。在控制好播种量、掌握好适宜的播种期和化学除草的前提下,采用人工撒播、机械开沟覆土的种植方式为一种经济高效油菜种植模式,也是当前豫南地区油菜产区最主要的播种方法。

(2)育苗移栽　苗床播种一般采用撒播,要求分厢定量,均匀播种,播种时可将种子混合少量细泥沙或草木灰。播种后用细土粪覆盖不露籽,尤其以草木灰和厩肥覆盖效果更佳,但厚度不宜超过 2 cm。播种量以 6.0～7.5 kg/hm^2 为宜。当苗龄达到 35～40 d 时,及时移栽,移栽密度为中等肥力水平田块以 12.0 万～15.0 万株/hm^2 为宜。

播种时要规划好种植的合理厢宽,排水流畅的田块厢宽 4～5 m,排水不好或地势低洼的田块厢宽 2.0～2.5 m。根据天气抢墒播种,水田和旱地播种深度分别控制在 1 cm 和 2 cm 左右,实行等土壤含水量在 70% 以下适当镇压,提高田间出苗率,土壤湿度过大时(含水量在 80% 以上)切勿镇压。播种结束后清理"三沟",水田要求厢沟、腰沟、围沟的深度分别达到 20～25 cm、25～30 cm、25～30 cm,旱地达到 15～20 cm、20～25 cm、20～25 cm,确保沟沟相通。

(四)种植方式

1. 单作　与间作相反,在同一块土地上,一个完整的植物生育期内只种同一种作物的种植方式。其优点是便于种植和管理,便于田间作业的机械化。豫南地区油菜以实行单作为主要的种植方式。豫南地区多以水稻为前茬,占比在 70% 以上;或以花生、玉米、大豆、芝麻、甘薯等旱作物为前茬进行油菜单作种植。

2. 间、套作　间、套作是指在同一土地上按照不同比例种植不同种类农作物的种植方式。间作套种是运用群落的空间结构原理,充分利用光能、空间和时间资源提高农作物产量。豫南地区基本上没有油菜和其他作物进行间、套作种植。

3. 轮作 轮作指在同一田块上有顺序地在季节间和年度间轮换种植不同作物或复种组合的种植方式。

(1)豫南地区常见的油菜和其他作物轮作模式

① 稻—油轮作模式 稻—油轮作是在种植一季水稻后,再在水稻田上种植油菜的一种种植模式。这种轮作模式在豫南地区是最常见的一种模式,也是最稳定的、多年不变化的模式。由于豫南地区水稻种植区内的小麦受到赤霉病、干热风等影响严重,导致小麦产量低、品质差,农民即使不种油菜也不愿意种植小麦,导致稻—油长期轮作时中间出现间断性一季或几季冬闲田。

② 旱作物—油菜轮作模式 夏季种植花生、玉米、大豆、芝麻、甘薯及棉花等旱作物,秋季种植油菜的一种种植模式。花生、玉米、大豆、芝麻和油菜轮作是豫南地区较为常见的旱作物—油菜轮作模式。甘薯和棉花收获较晚,与油菜轮作较少,与小麦轮作多。

(2)合理轮作的生态效益和经济效益

① 防治病、虫、草害 由于重茬种植油菜,土壤中积累的病菌和杂草种子增多,尤其是菌核病源增多,一旦气候条件适宜,就会造成病害流行,同时也加重杂草丛生。实行合理的轮作,便可消灭或减少病菌在土壤中的数量,减轻病害。对危害作物根部的各种害虫,轮种后可使其在土壤中的虫卵减少,减轻危害。

合理的轮作也是综合防除杂草的重要途径,不同作物栽培过程中所运用的不同农业措施,对田间杂草有不同的抑制和防除作用。前茬密植的水稻,封田后对一些杂草有抑制作用;玉米、棉花等中耕作物,中耕时有灭草作用。一些伴生或寄生性杂草如小麦田间的燕麦草、豆科作物田间的菟丝子,轮作后由于失去了伴生作物或寄主,能被消灭或抑制危害。水旱轮作可在旱种的情况下抑制水生杂草,并在淹水情况下使一些旱生型杂草丧失发芽能力。

② 均衡利用土壤养分 各种作物从土壤中吸收各种养分的数量和比例各不相同。由于油菜生育期长,根系发达,入土深,需肥量大,轮作避免了养分吸收单一,使土壤中肥料能够充分利用,尤其是油菜对磷、钾、硼等元素更非常敏感,容易引起土壤缺磷、缺钾和缺硼,影响土壤的理化性状,而降低植株抗寒、抗旱能力,造成花而不实。因此,通过作物轮换种植,可保证土壤养分的均衡利用,避免其片面消耗。

③ 调节土壤理化性质 水旱轮作还可改变土壤的生态环境,增加水田土壤的非毛管孔隙,提高氧化还原电位,有利土壤通气和有机质分解,消除土壤中的有毒物质,防止土壤次生潜育化过程,并可促进土壤有益微生物的繁殖。

④ 避免重茬影响自身发育 油菜重茬导致根系分泌的有机酸类物质积累增多,会使油菜自身中毒,并影响土壤中微生物的活动,导致土壤板结,从而抑制油菜的生长发育,造成植株矮小,分枝少,角果也少,千粒重下降。通过水稻—油菜的水旱轮作可以有效避免油菜重茬带来的这些影响。

(五)田间管理

1. 中耕 中耕松土应控制早松土、勤松土的准绳,一般中耕1～2次,消灭杂草,促进根系生长。中耕松土的时间和次数、深度,应根据油菜发展情形、泥土状态、天气特色和杂草发展情形而定。对直播油菜,在全苗后生长出2～3片真叶时结合间苗追肥举行第一次中耕,至4～5片真叶后,结合定苗追肥第二次中耕。对移栽油菜,应在幼苗移栽返青后结合追肥举行第一次中耕,在冬前再进行 1～2 次中耕。另外,在每次灌水和降雨后,都应及时中耕松土。中耕深度宜先浅后深,防止过量伤根,即第一次中耕浅,第二次中耕深。水田油菜的中耕可稍深。旺长油菜的中耕也应适当加深,以割断部分根系,控制地上部分生长发育,使旺苗变壮苗。但在干冻年份,为了防冻保湿,不宜在严冬举行深中耕。中耕松土时,必定要留意培土壅根,以增添油菜抗寒力。

2. 科学施肥

(1)施足基肥　基肥是满足油菜苗期生长的需要,同时又要供给整个生育期吸收利用,是施肥的基础和关键。基肥应以有机肥为主(占有机肥量的 80％),配合速效氮肥,增施磷、钾和硼肥。在土壤缺钾的区域,尤以水稻土为重,基肥中增施钾肥,有利于油菜对氮肥的吸收和利用。但油菜需钾高峰在薹期,而速效钾在土壤中易于流动,所以,基肥的施钾量应占总施钾量的 70％ 为宜,其余部分作腊肥施用。基肥中氮肥的比例因条件而异,一般高产田施肥量高,有机肥多,基肥比重宜大,可占总施肥量的 45％～50％;施肥量中等的,基肥比重以 30％～40％ 为宜;施肥量较少时,基肥比重宜更小,以提高肥料的利用率,达到经济用肥的目的,但要适当增加薹肥比重。

豫南地区施用 N-P$_2$O$_5$-K$_2$O-微量元素含量为 25％-7％-8％-5％ 的全营养油菜专用缓释肥,水田油菜每公顷施 525～600 kg 作底肥,旱地油菜每公顷施 375～450 kg 作底肥,不追肥;常规肥料,选择 N：P：K＝15％：15％：15％ 复合肥,水田每公顷 525～600 kg,旱地每公顷 375～450 kg 施用。结合整地将足量的底肥施入。

(2)适时按需追肥　追肥是在油菜生长期中促进生长发育、取得高产的重要施肥技术环节,必须看天、看地、看苗施用,恰当掌握追肥时间与用量,做到适时与适量。

① 氮肥　缺 N 时油菜生活不旺,植株矮小,分株少,角果及籽粒数、籽粒重减少,叶片瘦小,叶色变淡甚至发红,产量降低。据研究,每公顷施纯氮 0.0～262.5 kg 的范围内,甘蓝型油菜冬前苗高,绿叶数、叶片面积及菜籽产量随施 N 量增加而上升。因此,在一定范围内施氮肥,产量效益及经济效益都很显著。油菜对 N 素的吸收量随生育期不同而发生变化,总趋势是抽薹前约占 45％,抽薹开花期约占 45％,角果发育期约占 10％,以抽薹至初花为需 N 的临界期,此时缺 N,对油菜生长影响很大。N 素的多少对油菜籽品质有一定的影响。N 素供应过多,籽粒中蛋白质增加,含油量下降,同时油分中芥酸、亚麻酸、亚油酸含量有增加趋势,而种子中硫苷含量有所降低。

② 磷肥　油菜生长期内要求土壤速效 P 含量保持在 10～15 mg/kg,＜5 mg/kg 时,则出现明显缺 P 症状。缺 P 植株根系小,叶片小,叶肉变厚,叶色变成深绿灰暗,缺乏光泽,严重时呈暗紫色,并逐渐枯萎;花芽分化迟缓。但油菜根系能分泌大量有机酸溶解难溶性磷。因此,对 P 矿粉的利用率比水稻高 30～50 倍。由于 P 在土壤中移动性差,所以多作基肥施用。油菜在不同生育期吸收 P 的比例是:苗期 20％～30％,蕾薹期 22％～65％,开花结果期 4％～58％。油菜在生长初期对 P 素最为敏感,但开花期至成熟期是油菜吸 P 最多的时期,成熟后,60％～70％ 的 P 分布在籽粒中。

③ 钾肥　油菜需钾量与需氮量相近。缺 K 症状最先表现在最下部的叶片上,叶片变黄和呈紫色,甚至枯焦卷缩。茎枯折断,现蕾不正常,生育阶段推迟,产量及含油量明显降低。不同生育期 K 的吸收比例是:苗期 24％～25％,蕾薹期 54％～66％,开花结果期 9％～22％,以抽薹期最多。K 肥也多作基肥施用。

④ 微量元素肥料的施用　在栽培实践中,不能作一般性要求。在有关科研试验或有条件的种植实践中,可酌情施用。一些微量元素肥料确有其独特的作用。

比如硼素促进油菜植株体内碳水化合物的运转分配,加速生长点分生组织的生长,促进花器分化发育,刺激花粉粒发芽和花粉管伸长,维持叶绿体正常结构和增强植株对菌核病等真菌病的抵抗力。油菜缺硼苗期可观察到植株的一些表现症状,但症状的明显出现是在开花后期到结果期,特别是出现大量"花而不实"现象,或花瓣枯干皱缩,不能开花,减产严重。一般土壤中有效硼低于 0.3 mg/kg 时即出现缺硼症状。油菜对硼的吸收随生育进程而增加,初花至收获的吸收量占总量的 87% 左右。因而大多数"花而不实"的外观症状,常在盛花后突然出现。土壤缺硼越早,对油菜生长发育的影响越严重,因而硼应早施,一般作基肥施用。

近年来的研究表明,油菜对硫的吸收量很高,仅次于氮、钾而接近或略大于磷的需求。硫是油菜的硫苷和含硫氨基酸的组成元素,对菜油的产量和品质都有密切关系。油菜对硫需求量比禾谷类、块根类作物多。在土壤氮、磷、钾含量充足,有效硫在 10.2～21.1 μg,施用硫黄和过磷酸钙等含硫肥料可提高单株有效角果数和每果粒数,有较好的增产作用。

(3)平衡施肥　冀保毅等(2017)为降低稻茬油菜肥料施用量积累资料,选取华杂 6 号油菜品种,通过大田栽培试验,设置 5 个处理(氮磷钾硼、缺氮、缺磷、缺钾、缺硼),3 次重复,盛花期测定油菜的光合特性,成熟期取全株样研究氮磷钾硼缺乏条件下的生长性状、生物量积累分配和植株各部位养分含量的变化。研究结果表明:①氮磷钾硼缺乏显著降低稻茬油菜茎秆、角壳和籽粒产量,不同养分对稻茬油菜籽粒产量影响的顺序为氮＞硼＞钾＞磷。②氮磷钾硼缺乏可显著降低稻茬油菜的一级分枝数、单株角果数,但以缺氮的影响最大。③油菜主茎顶叶的SPAD 值在氮钾缺乏时显著减少,磷缺乏时明显提高,净光合速率在氮钾硼缺乏时均会显著降低,气孔导度仅在钾缺乏时显著下降,蒸腾速率、胞间 CO_2 浓度均不受氮磷钾硼缺乏影响。④氮、磷、钾、硼肥料的农学利用率分别为 1.75 kg/kg、0.50 kg/kg、0.75 kg/kg、7.00 kg/kg。

平衡施肥是冬油菜高产、优质和高效的重要环节。油菜是需肥较多的作物,对氮、磷、钾的需要量比水稻多。从当前生产看,磷、钾和硼肥的合理施用均能提高油菜籽的含油率和改善油分中的脂肪酸性质。在充分利用有机肥的前提下,根据土壤肥力水平和产量目标施用氮、磷、钾肥,主要是控制氮肥用量,增施磷、钾肥。

① 品种需肥特性　油菜对栽培土壤适应性虽然较广,但仍以土层深厚、肥沃、易于排水滤水的黏质或沙质壤土为好,酸碱度以偏酸性或中性为宜。油菜生育期较长,对氮、钾需要量大,对缺磷、缺硼反应比较敏感,对氮、五氧化二磷和氧化钾要求的比例是 1∶0.3∶1。据农业科研部门测定,每生产 200 kg 甘蓝型油菜籽,所吸收的氮为 18～24 kg、五氧化二磷为 6～7.8 kg、氧化钾为 17.0～24.6 kg。白菜型油菜比甘蓝型油菜需肥量要低,应该区别品种灵活掌握施肥量。此外,油菜不同生育阶段对不同肥料的需求反应强度也各不相同。

② 精细整地精施基肥　油菜的前茬作物有一季中稻及大豆、玉米等旱地作物,前茬抢收之后要精细整地、除草。由于油菜籽粒较小,整地要做到土松草净,上虚下实,有利于一次播种一次全苗。结合整地,要以有机肥为主、化肥为辅,精心分层配施基肥。每公顷应施农家腐熟的有机肥 22500～37500 kg,或商品有机肥 1500～2250 kg,配施纯氮 90～150 kg、五氧化二磷 37.5～60.0 kg、氧化钾 75～150 kg。肥料应开沟条施或者穴施,切忌撒施。

③ 分次施肥　直播油菜幼苗小、密度大,苗势往往较弱,除草、间苗、定苗后,每公顷要及时追施清水粪 7500 kg 左右,或追尿素 75～120 kg 提苗,培育壮苗。冬季要巧施腊肥,为了增

强保温抗寒能力，一是在油菜出苗两个月后，幼苗已经开始花芽分化时，每公顷追尿素 150 kg 左右；二是寒潮来临前每公顷施腐熟后的土杂肥、厩肥等 15000～22500 kg，有明显的御寒防冻作用。春后抽薹期，是营养生长与生殖生长并进时期，也是需肥的高峰期，应依照油菜苗情快追尿素每公顷 75～120 kg，既注意防止早衰，也要防止过旺生长造成荫蔽严重，易诱发菌核病。甘蓝型优质杂交油菜对硼肥的需求量较大，在蕾薹期要根外喷施硼肥 2～3 次，提倡喷 0.10%～0.15% 的速乐硼，有效硼含量高，施后快。

（4）缓（控）释肥的施用　杨勇等（2017）曾介绍，为研究包膜肥在直播早熟油菜上的应用效果，采用田间小区试验，探究不同用量包膜肥对湘杂油 1613 碳氮代谢和籽粒产量的影响。结果表明，施肥量相同条件下，施用包膜肥油菜碳氮代谢活跃，叶绿素含量（SPAD）升高，可溶性糖和游离氨基酸总量增加，含量差异不明显；单株有效分枝数和角果数明显增加，每角果粒数和千粒重小幅提高。施用包膜肥增产效果明显，包膜肥施肥量为 1500 kg/hm² 时产量最高，产量可达到 2066.9 kg/hm²。通过拟合建模，包膜肥用量为 1611.0 kg/hm² 时，产量达到最高为 2164.9 kg/hm²；而普通肥的用量为 1870.5 kg/hm² 时，最高产量为 1904.8 kg/hm²，包膜肥产量增加 13.6%，同时用量减少 13.9%。

控释肥料既克服了普通化肥溶解过快、持续时间短、易淋失等缺点，又可在制作过程中，根据需要调节各元素的比例，更重要的是养分释放能有效控制。在施用中，按施用量与土壤或基质混匀后，定期施入。可节省化肥用量 40%～60%，极大提高经济效益。在经济效益高的规模化生产中应大力提倡和推广。

豫南地区缓（控）释肥的施肥水平和施肥量：

① 推荐 18-10-12（$N-P_2O_5-K_2O$，含硼）或相近配方专用肥；有条件的产区可推荐 25-7-8（$N-P_2O_5-K_2O$，含硼）或相近配方的油菜专用缓（控）释配方肥；也可以使用 $N-P_2O_5-K_2O$-微量元素含量为 25%-7%-8%-5% 的全营养油菜专用缓释肥。

② 产量水平 3000 kg/hm² 以上：配方肥推荐用量 750 kg/hm²，越冬苗肥追施尿素 75～120 kg/hm²，薹肥追施尿素 75～120 kg/hm²。或者一次性施用油菜专用缓（控）释配方肥 900 kg/hm²。

③ 产量水平 2250～3000 kg/hm²：配方肥推荐用量 600～750 kg/hm²，越冬苗肥追施尿素 75～120 kg/hm²，薹肥追施尿素 45～75 kg/hm²。或者一次性施用油菜专用缓（控）释配方肥 750 kg/hm²。

④ 产量水平 1500～2250 kg/hm²：配方肥推荐用量 525～600 kg/hm²，薹肥追施尿素 75～120 kg/hm²。或者一次性施用油菜专用缓（控）释配方肥 600 kg/hm²。

⑤ 产量水平 1500 kg/hm² 以下：配方肥推荐用量 375～450 kg/hm²，薹肥追施尿素 45～75 kg/hm²。或者一次性施用油菜专用缓（控）释配方肥 450 kg/hm²。

3. 合理补充灌溉　在二熟制地区，在关键的需水生育时段，如果天然降水不足或缺乏，可以进行补充灌溉。油菜不同的生育时期由于生育特点以及外界环境条件的不同，对水分的需求特点也不相同。不同生育期日平均需水量为：苗期 12.75 m³/hm²，蕾期 20.55 m³/hm²，花期 28.35 m³/hm²，角果期 18.00 m³/hm²。蕾花期是油菜一生中对水分反应最敏感的临界期，此期缺水，造成分枝短，花序短，花器大量脱落，严重影响产量。高产油菜一生的需水量为 3690～4650 m³/hm²。但各时期的耗水量有明显不同，一般表现为苗期少，蕾薹期开始增大，花期最大，直到角果发育后期才有所下降。周可金等（2004）归纳如下：

(1)苗期 油菜苗期个体和群体较小;根系和叶片都处于生长发育的初期阶段,根量小,叶片少,叶面积系数低,蒸腾面积小,而且气温、地温日渐降低,根系吸水能力下降,需水量相对较小。但此期持续时间长,地面覆盖少,田间蒸发量大。从土壤水分供求情况看,豫南地区的秋季降水量日渐减少,一般难以满足油菜耗水的需求。油菜苗期缺水,不仅影响根系和叶片的生长,对培育壮苗和安全越冬十分不利,而且会影响花芽分化和花角数,降低产量。油菜苗期最适宜土壤水分为田间持水量的70%～80%。移栽油菜在移栽后,由于断根伤叶,吸收能力降低,处于萎蔫状态,如果水分缺乏,不仅不利于生根长叶,恢复生长,形成壮苗,而且抗逆性严重减弱。因此油菜移栽后要及时灌水,促其早生根,早缓苗,早生长。

(2)蕾花期 蕾花期是油菜生长发育最旺盛的时期。蕾花期适宜的土壤湿度应保持田间持水量的75%～85%。此期主茎迅速伸长,随着分枝的抽伸,叶面积日渐增大,叶面蒸腾量也相应增加,花器分化速度加快,花序不断增长,边开花,边结角。这个时期的水分状况对油菜单位面积产量影响很大。据试验,土壤水分在田间最大持水量50%～60%的情况下,蕾花期均不灌水的单产为2156 kg/hm^2;蕾期、花期各灌1次水的单产为2819 kg/hm^2;花期灌1次水,蕾期不灌水的单产为2384 kg/hm^2;蕾期灌水,花期不灌水的单产为2547 kg/hm^2。由此看出,灌1次水比不灌水的增产10.6%～18.2%,蕾花期都灌水比不灌水的增产30.7%。因此,在遇旱时蕾花期灌水具有重要的增产作用。

(3)角果期 油菜终花期后,虽然主茎叶和分枝叶逐渐衰老,叶面积日渐减少,吸水和蒸腾作用减弱,但由于角果增大,角果皮的光合作用在一定时期内日益加强,所以仍需保持土壤有适宜的水分状态,以保证光合作用的正常进行和茎叶营养物质向种子中转运,促进增粒、增重。但土壤水分过多,会使根系发生渍害,引起根系早死,影响灌浆和油分积累,导致产量和品质降低。此期最适宜土壤水分为田间持水量的60%～70%。

直播油菜幼苗在高湿下易发生猝倒病,移栽苗易出现烂根死苗。生长中的油菜受渍害后,叶色变淡,黄叶出现早而多,表土须根多,支根白根少,植株生长弱,后期易早衰,抗寒性较差,病毒病较重。

4. 防病、治虫、除草 在豫南地区,以信阳为例,常见和易发病虫草害(具体详见第四章):

(1)病害种类 菌核病(较常见,危害较重)、苗期猝倒病(稍多)、病毒病(少)、茎腐病(少)和植原体病害(少)等。

(2)害虫种类 蚜虫(主要虫害)、小菜蛾幼虫、斜纹夜蛾和地老虎。

(3)杂草种类 信阳市油菜田杂草共有38种,隶属15科,其中禾本科和菊科杂草共12种,优势科有禾本科、十字花科、石竹科,其中危害最严重的杂草有看麦娘、繁缕、早熟禾,荩草、播娘蒿、荠菜、一年蓬、碎米荠、婆婆纳、猪殃殃、鼠曲草等杂草发生面积也较大。

(六)适时收获

雷建明等(2016)曾介绍,为了研究北方白菜型冬油菜在灌浆成熟过程中产量和品质性状的特征特性变化,以白菜型冬油菜陇油12号和09鉴8为材料,分析冬油菜在终花后10 d、20 d、30 d、40 d、45 d的植株、角果、籽粒形态和干鲜重、产量和品质性状的变化。结果表明,随着籽粒灌浆成熟,植株和角果颜色呈墨绿—青绿—黄绿—蜡黄—肤白色变化。角果中籽粒大小呈小—大—小变化,种子颜色呈绿色—褐绿相间—褐色—紫色—黑色变化。植株、角果、籽粒鲜重呈先增加后降低的单峰变化曲线,基本呈抛物线状,且分别在终花后20 d、30 d、40 d鲜重达到最大,而植株、角果、籽粒干重呈先增加后保持不变的变化趋势。同时千粒重、单株产量、经济系数也呈先增加后保持不变的 S 形增长曲线,且在终花后 30 d 达到最大,之后保持不变。相关分析表明,灌浆时间长短与籽粒鲜重、千粒重、经济系数呈极显著的正相关关系,与单株产量、含油率呈显著的正相关关系,与蛋白质呈显著的负相关关系。通过主成分分析方法打分,各处理的综合得分排名为 40 d＞45 d＞30 d＞20 d＞10 d。因此,籽粒灌浆天数对白菜型冬油菜的产量和品质影响明显。综合评价得出,蜡黄期(约终花后 40 d)产量和品质等性状达到最佳,是收获的最适宜时期。

豫南地区适时收获具体操作(周可金等,2004)归纳如下:

1. 成熟标准与收获适期　油菜为总状无限花序,角果成熟早晚很不一致。如收获过早,未成熟角果多,种子不饱满,含油率低,品质和产量都不高;收获过迟,角果易炸裂,落粒严重,粒重和含油量也有下降。适宜的收获在油菜终花后 25～30d。掌握标准为全田有 2/3 的角果呈黄绿色,主轴中部角果呈枇杷色,全株仍有 1/3 角果显绿色时收获为宜。豫南地区甘蓝型油菜一般在 5 月中下旬成熟和收获。油菜适宜收获期较短,在收获季节阴雨频繁的年份,更要掌握好时机,抓紧晴天抢收。

2. 收获方法及脱粒干燥　油菜应在早晨带露水收割,以防主轴和上部分枝角果裂角落粒。主要采用割收、拔收和机械收获等几种方法。拔收由于费工多,干燥慢,脱粒时泥土易混入种子中,影响种子的品质和出油率,一般较少采用。

(1)割收　与拔收相比较省工,干燥快;脱粒时泥土不会混入种子,种子净度高、商品等级高,是常用的收获方法。但收割后较多菌核会随残茬落入田中,后熟作用也较差。收获过程应力争做到轻割、轻放、轻捆、轻运,力求在每个环节上把损失降到最低限度。还应注意边收、边捆、边拉、边堆,不宜在田间堆放晾晒,防止裂角落粒。

(2)机械收获　目前,在豫南地区各个合作社、种田大户普遍实现机械化收获,有联合收获和分段收获两种方式。分段收获即先用割晒机割倒油菜,在田间晾晒 5～10 d 后,于晴天用拣拾机拣拾、脱粒,这种方法利于角果充分成熟,种子产量高,收获期可提早,适用于生长繁茂、分枝多、角果成熟不整齐的田块。联合收获是用联合收割机将油菜一次收割脱粒结束,省工省时,但对收割时期要求较严,只宜在黄熟后期、角果呈现枯黄、种子含水 20% 左右时收获,过早脱粒不净,过晚碎粒率较高。

人工收获的油菜应及时运出田外堆垛后熟,然后再翻晒脱粒。捆好的油菜应交错上堆,堆心不能过实,以利通气散热。堆放油菜时应把角果放在垛内,茎秆朝垛外,以利后熟。堆顶用稻草或薄膜覆盖,防止雨水浸入,堆垛后要注意检查垛内温度,防止高温高湿导致菜籽霉变。一般堆放 4～6 d 后,即可抓住晴天晾晒脱粒,经过堆垛后熟的油菜籽粒重和含油量都会增加,并且容易脱粒。

(七)油菜栽培的机械化现状和发展

豫南地区油菜的种植方式分为直播和移栽两大类型,据国家油菜产业技术体系信阳综合试验站"十三五"期间油菜种植面积和种植方式统计,目前整个信阳市油菜种植面积约 90% 以上为直播,不足 10% 为移栽。油菜直播与移栽相比,直播省去了人工育苗和移栽等烦琐工序,节省了苗床用工成本和物化成本,面积有逐年扩大的趋势,油菜直播机械和机械直播技术已开始在信阳各个县区集成示范和推广。但豫南地区冬油菜区复种指数高,季节矛盾较大,信阳地区晚播粳稻一般在 10 月中下旬收割,再生稻的再生季则要在 10 下旬至 11 月上旬收割,严重影响油菜直播种植。受前作水稻茬口的影响,往往播种期要较适宜播种期推迟半个月左右,因迟播后气温相对较低,苗期生长缓慢,田间杂草危害严重,常导致草荒苗,严重影响油菜产量;另一方面也造成小苗难越冬,农民只能选择移栽或抛荒,油菜适宜移栽机械和机械移栽的配套技术急待解决。长期以来,豫南地区冬油菜生产一直沿袭传统的生产方式,主要由人工进行种植、管理和收获。这种传统的生产方式由于劳动强度大、用工多,在目前劳动力资源短缺、劳动力价格日益上涨的形势下,已成为影响油菜生产发展的主要限制因素,广大农民迫切需要劳作程序简单、省工、省力、省肥、省药的实用高效轻简化栽培技术。油菜机械化生产省工、省力、省时,是豫南地区传统农业向现代农业转变的必由之路。

豫南地区直播油菜每公顷需 90 个工,移栽需 150～180 个工。目前,油菜生产在耕整、排灌、植保等配套环节已基本实现机械作业,但在种植、收获和烘干 3 个主要环节还是主要依靠人工作业。因此,油菜生产发展急需实现全程机械化作业,提高豫南地区油菜产品竞争力更需要降低生产成本、提高机械化作业水平。

当前随着豫南地区经济的发展,农村劳动力向二三产业转移,由于劳动力不足,有些市县已出现冬季抛荒现象。传统种植的油菜生产方式由于比较效益低,种植面积逐年下滑。加快豫南地区两熟制冬油菜机械化生产,是解决豫南地区油菜生产用工多、劳动强度大、生产成本高的一条有效途径,也是增加本区域食用植物油自给率的有效方法。近年来豫南地区各个市县大力推进农业体制创新,初步建立了"龙头企业＋专业合作社＋专业大户"的现代农业组织体系和运行机制,为油菜发展机械化生产提供了条件,有利于提高油菜种植的规模化、专业化和科学化水平,有利于促进土地的季节性流转和向承包大户集中,土地的合理利用便于建立从种到收的标准化栽培管理模式,促进农机与农艺相结合。

三、免耕和移栽

(一)稻茬免耕、秸秆还田

1. 免耕和秸秆还田的作用　水稻是当地冬油菜的主要前茬。水稻收获后,免耕和秸秆还田的作用主要是减少田间作业,减少土壤碳排放,保蓄土壤水分和养分,不误农时,及时播种冬油菜。

陈力力等(2018)曾研究了水稻—油菜双序列复种免耕、翻耕稻田土壤真菌的多样性。真菌种类覆盖 7 门、121 科、230 属。研究得出,水稻—油菜双序列复种免耕、翻耕稻田土壤样品真菌物种组成丰富,不同耕作方式土壤真菌种群结构存在差异,菌群组成及丰度对土壤理化因子有一定影响。

秸秆还田的作用官春云等(2012)归纳如下:

豫南地区水稻秸秆焚烧及农田有机肥投入下降的现象非常普遍,而在油菜栽培中覆盖稻草,就地利用,不但可以改善秧苗素质、减少田间杂草与化学除草剂的应用,且可以促进稻草资源的充分、合理利用,以培肥地力及保护环境。具体的讲,稻田秸秆直接还田油菜栽培技术的作用主要有以下几点:

(1)促进作物生长,提高作物生理机能,增强抗逆性　秸秆还田能促进作物地上部生长发育、缩短作物生育期。王岳忠等(2008)、祝剑波等(2007)对油菜的研究结果,稻草覆盖可促进油菜生育期提前并增加生长量,增加油菜分枝数和单株角果数,早发、早熟明显;薛兰兰等(2011)研究表明,秸秆覆盖油菜株高及分枝数高于不覆盖处理,且根系生长量、冬至油菜单株绿叶数均显著增加。苏伟等(2011)的研究表明,稻草覆盖对促进油菜苗期生长尤为明显。另有研究也表明,覆盖对作物生育进程影响主要在生育前期,可缩短生育期3~16 d。秸秆还田通过改良土壤结构而促进作物根系生长。Acharva等(1998)研究表明,秸秆覆盖有助于维持土壤结构、利于小麦生长,其根系密度可达传统耕作模式的1.27~1.40倍。中国半干旱地区秸秆覆盖可促进玉米中后期生长发育、提高单株叶面积和干物质重、增加单穗粒数和粒重而增加籽粒产量。许海涛等(2008)研究表明,玉米采用小麦秸秆覆盖处理根际光、热、水、肥协调,利于根系生长。但秸秆还田对出苗有抑制作用,当秸秆分布不匀时出苗整齐度差,或出现吊根、死苗现象。因此,秸秆施用时除应尽量均匀外,生产上还应采取措施,如增加播量提高出苗数、将秸秆粉碎还田。

根系活力、叶绿素含量是作物重要的生理指标,游离脯氨酸含量、CAT活性、SOD活性是作物抗逆强弱的指标。秸秆还田能提高作物生理机能,增强抗逆性。郑曙峰等(2011)研究表明,秸秆覆盖免耕棉花气孔导度、胞间CO_2浓度较对照均有提高,且秸秆覆盖能够提高下茬作物对磷的利用率,故可促进作物的根系生长。张自常等(2008)研究表明,覆草旱种水稻光合速率和籽粒中蔗糖—淀粉转化的关键酶活性在灌浆期也显著提高。蓝立斌等(2010)研究表明,与传统栽培相比免耕稻草覆盖栽培红薯根系活力高于传统栽培;叶片叶绿素含量、CAT及SOD活性均高于传统栽培。卿国林(2009)研究表明,覆盖稻草有效降低高温和干旱对玉米的伤害,玉米硝酸还原酶活性和根系活力增强。

(2)提高作物产量、改善作物品质　秸秆还田可提高下茬作物产量(刘超等,2008;赵霞等,2008),但其与产量呈二次曲线,且有后效(张玲等,2006)。李瑾等(2009)研究表明,稻草覆盖大麦可增产26.6%,稻草覆盖量与大麦的基本苗、最高苗、有效穗呈二次曲线关系,但对结实率及千粒重的影响小(于舜章等,2004)。孙进等(2001)研究表明,稻草覆盖小麦可增产12.5%,其主要原因是小麦的小穗数及穗粒数显著增加。稻草覆盖可提高油菜单株角果数和每角粒数而提高产量。棉田进行秸秆覆盖也可增加棉花果枝数、棉铃重、籽棉重及皮棉产量。秸秆还田还可改善作物的品质。研究表明,秸秆还田可改善强筋小麦营养品质和弱筋小麦面粉加工品质;水稻通过秸秆覆盖可改善稻米外观品质、蒸煮品质及食味性,具体表现为整精米率增加,垩白度降低,淀粉峰值黏度和崩解值增加,热浆黏度降低。

(3)改良土壤,提高土壤肥力　秸秆还田对土壤水分、温度、矿质养分、有机质含量、微生物及土壤酶活性具有重要影响。

① 土壤水分　大量研究结果表明,秸秆覆盖可利于保持土壤水分,减少水分蒸发,提高水分利用率。这是由于秸秆可吸收部分水分,又可减少地表辐射,降低土壤温度及水分蒸发。Chakrabort等(2008)认为,秸秆覆盖与不覆盖的土壤含水率差异主要体现在0.0~0.4 m土层,0.4~0.6 m土层差异不明显,0.6 m以下土层不受覆盖影响。研究表明,稻草覆盖油菜的水分利用率可提高45%左右,且秸秆覆盖层年总蒸发量因覆盖可降低4%~10%。许翠平等(2002)、汪丙国等(2010)研究均表明,秸秆覆盖虽不利于降水、灌溉水的入渗补给,但可抑制棵间无效蒸发,水分利用率显著提高。景明等(2006)研究表明,进行秸秆覆盖在作物生长后期也有抑制行间水分蒸发的作用。

总的来说,秸秆覆盖保水有以下原因:土壤有机质提高了土壤对水的吸持能力;土壤结构改善,表层土壤疏松,减少毛细管作用及水分散失;地表覆盖物削弱太阳对土壤的照射,调节土壤温度,水分蒸发减少;水汽遇到秸秆时冷凝成液态水返回土壤中,土壤水分损失量减少。

② 土壤温度 秸秆覆盖可为作物创造良好的生长环境条件,尤其对土壤表层的调温效应突出。王明权等(2007)认为,覆盖免耕对土壤温度的调节能力更强。苏跃等(2008)研究表明,油菜免耕覆盖土壤温度高于常规耕作,且有助于减缓土壤温度的急剧降低。Chen 等(2007)研究结果相似,但认为秸秆覆盖的调温效应随叶面积指数增加而逐渐减弱。

③ 土壤物理性状 秸秆分解产生的腐殖物质利于土壤团粒结构形成并降低容重,覆盖次数增加,容重降低,田间持水量增加。研究表明,覆盖可使土壤 $0.0 \sim 0.1$ m 的表层土壤孔隙增加 $50 \sim 500$ μm,而且也可降低水土流失,提高土壤团聚体稳定性和渗透性。Bhatt 等(2006)研究表明,覆盖可减少水土流失 33%。孙建等(2010)研究发现,覆盖可分别使地表水径流量和土壤流失量减少 21.9% 和 88.3%。秸秆覆盖利于减少黄土坡耕地径流次数、径流量、土壤侵蚀量,且覆盖年限与覆盖量增加其效果更明显。因此秸秆覆盖可改良土壤,利于农业生产发展。

④ 土壤养分 秸秆还田是养分在土壤—作物—土壤中循环利用的有效途径,其可使有机碳、全氮、碱解氮、钾素增加。养分释放特征表明,碳、氯胶结程度高,释放慢,但含量高,故对土壤有机质组成影响较大。秸秆中 60% 的磷呈游离态,释放快。但含量低,故释放量少。秸秆含钾量高,多呈离子态,释放快。秸秆还田后的土壤中硝态氮含量减少而铵态氮含量增加,可能与秸秆还田促进了作物对硝态氮的吸收有关。研究表明,秸秆覆盖增加了脱氮微生物数量和活性,导致氮含量增加。

⑤ 土壤有机质 秸秆还田利于土壤有机质的积累。研究表明,稻草覆盖免耕直播油菜一季土壤有机质、胡敏酸、富里酸含量低于对照,但覆盖次数增加,这种现象随之消失,三季稻草覆盖后,土壤有机质、胡敏酸含量高于对照,腐殖化程度提高。秸秆还田有利于增加腐殖质,且游离态腐殖质增加比例大,说明秸秆还田可提高腐殖质数量与质量而改良土壤结构。

⑥ 土壤微生物 秸秆还田后,可供微生物生命活动的有机能源增加,繁殖加快。研究表明,稻草翻耕还田条件下,晚稻生长过程中除放线菌数量下降外,好气性细菌、厌气性细菌和真菌数量前期急增,中期缓慢减少,后期迅速减少;微生物活度前期增强达最大值,中期下降,后期回升。多年连续秸秆覆盖免耕可提高 $0.0 \sim 0.1$ m 土层土壤细菌总数、放线菌数、棒状细菌数和贫营养细菌数量。员学锋等(2006)研究表明,覆盖处理耕层土壤细菌、放线菌、真菌可分别为对照的 1.63 倍、1.68 倍、1.07 倍。

⑦ 土壤酶 微生物生命活动是土壤酶形成和积累的基础。秸秆还田后土壤微生物繁殖快,土壤酶活性提高,利于土壤有机质分解和矿质养分转化。如土壤脲酶活性与土壤有机质、全氮量密切相关,其活性增强,有利于作物吸收养分。土壤木聚糖酶活性与土壤微生物数量变化基本相同,且随还田量增加土壤微生物数量与活度、酶活性、氨化和硝化作用强度的变化更明显。

(4)抑制田间杂草 秸秆覆盖可抑制杂草生长。研究表明,水稻秸秆覆盖可减少小麦田间杂草 58.3% ~ 93.2%,长期秸秆还田亦可显著降低杂草的多样性。秸秆覆盖对杂草的抑制机理,一是由于遮阴作用制约了喜光性杂草的生长,另一是由于生物间的他感效应。

2. 具体做法

(1)选择优良品种,合理安排茬口　豫南地区油—稻两熟制免耕直播的应选择中熟杂交双低油菜品种,同时适当调整水稻、油菜栽培习惯,通过早晚稻培育壮秧和品种合理搭配,实现早稻适当迟栽,晚稻适当早收,解决茬口紧张问题。稻田油菜要按照 3 年一轮换的原则,采取油—稻、肥—稻、菜—稻等模式进行合理轮作,实现用地与养地相结合,减轻油菜菌核病危害。高密度是油菜机械收获的前提条件,采用高密度的轻简化栽培方式时,对产量贡献最大的都是主花序结角数。因此,在选择适合高密度、轻简化栽培模式品种时,应选种子发芽势强、春发抗倒、株高适中、株型紧凑、直立、抗病性好、主花序角果数较多的优质杂交油菜品种,获得高产的可能性更大。

(2)适时播种、培育全苗壮苗　为确保免耕直播油菜顺利出苗,一般在水稻收获前 7 d 左右断水,保持一定墒情。采取三步法:第一步施肥,每公顷用土杂肥 22500 kg、三元复合肥 375 kg 与 15 kg 硼砂混合,直接撒施畦面。第二步播种,每公顷用 3.00～3.75 kg 油菜种子与少量的土杂灰和磷肥拌匀后匀播在田面上。第三步开沟盖种,播种后用机械直接在板田开沟做畦,畦面宽 150 cm 左右,畦沟宽 30 cm 左右,同时开好腰沟、围沟,做到三沟配套,防止田间积水。开沟打出的细土均匀地覆盖畦面上的种子。

直播油菜种有撒播、点播和条播 3 种方法。撒播:要求整地要细,上虚下实。优点是操作简单、省工,缺点是用种量大,出苗多,苗不匀,间苗、定苗用工多,管理不方便。点播:开穴点播,按预定规格开穴(一般开成平底穴),然后用种子 3 kg/hm^2 与人畜粪 3.00 万～3.75 万 kg/hm^2 加 450 kg/hm^2 过磷酸钙、300 kg/hm^2 碳酸氢铵、3.75 kg/hm^2 硼砂和适量的细土或细沙充分拌和、分厢定量播种(每穴 5～6 粒),以免造成苗挤苗,生长不整齐。播种后,用细土粪盖籽。条播:在耧播、机播时多采用此法。播种时每厢应按规定行距拉线开沟,播种沟深度 3～5 cm,宽幅条播沟略宽,单行条播沟稍窄。在冻害严重的地区,采用南北厢向,东西行向,对减轻冻害有利。条播要求落籽稀而匀,用干细土拌种,顺沟播下,播种量 3.00～3.75 kg/hm^2。播量过大,间苗不及时,造成苗挤苗,增加间苗工作量。

一般稻茬每公顷播种量为 1.50～2.25 kg。中稻茬口略少,晚稻茬口略多;撒播略多,点播略少;早播略少,迟播略多。免耕直播油菜于中晚稻收割后抢时、抢墒播种,中稻田每公顷用种量 2.25～3.00 kg,晚稻田 3.00～3.75 kg,用播种机或掺细粪土等人工均匀撒播。油菜出苗后 1 叶期间苗,疏理拥挤苗;3 叶期定苗,拔除异生苗、弱苗,每平方米留苗 20～30 株。苗期注意防治蚜虫和菜青虫。视苗情叶面喷施 200 ppm* 多效唑或 80 ppm 烯效唑培育矮壮苗。

(3)确保种植密度　直播油菜要适当提高种植密度,根据品种不同,每公顷最后定苗 30 万～45 万株。

(4)科学防除杂草　化学除草是稻田油菜免耕直播成败的关键。重抓两个防治关口,一是芽前除草,即播种时除草,盖种后大田每公顷用 60% 的丁草胺乳油 1500 mL 兑水 750 kg 均匀地喷施在畦面;二是在油菜 3 叶期,如果田间杂草较多,每公顷再用高效盖草能等 300～450 mL,兑水 450 kg 均匀喷雾。

(5)科学肥水管理　高产油菜施肥总体要求是"施足基肥、早施苗肥、重施腊肥、稳施薹肥、

---

* ppm 为百万分之一。

巧施花肥、全程施硼"。

① 基肥　每公顷油菜专用肥 525～600 kg 与农家肥混合拌匀堆沤 10 d 施用。

② 苗肥　免耕直播对底肥不足和油菜苗较弱的田块,在油菜 3～4 叶结合定苗雨前每公顷追施尿素 75.0～112.5 kg。

③ 腊肥　冬至前后追施人畜粪、土杂灰等农家肥,提高土温防霜冻,并灌一次水,确保油菜安全越冬。

④ 薹肥　开春后在油菜抽薹期,每公顷追施尿素和氯化钾各 75.0～112.5 kg。

⑤ 硼肥　可分 2～3 次进行,第一次播种前作基肥施用;第二次在油菜蕾薹期,每公顷用 3.75 kg 硼砂或速乐硼 0.75 kg 加水 450 kg 喷雾;第三次,结合防治菌核病,在初花期亩用速乐硼 0.75 kg 喷施。

(6)排渍抗旱、防病治虫　干旱缺肥、水渍烂根,水分多少均易抑制油菜根系对肥料的吸收利用,也易造成油菜抵抗力下降。因此,干旱时灌水抗旱,长期阴雨时要清沟排渍。苗期、蕾期要注意防治蚜虫和菜青虫,可用氯氰菊酯＋40％乐果 1:2000 倍液一并防治。后期重视菌核病的防治,结合做好清沟防渍,于初花期用适当药剂进行化学防治。

(7)适时收获腾茬　一般在油菜终花后 30 d 左右,当全株 2/3 呈黄绿色、主轴基部角果呈枇杷色、种皮呈黑褐色时,为适宜收获期。机械收获推迟 5～7 d。切忌过早过晚,造成产量损失。收获后摊晒或在田边堆垛进行后熟,抢晴天脱粒。手抓菜籽不成团,入库待售。

(二)育苗移栽

1. 作用　在一些地区,如山区不能正常播种的年份和条件下,育苗移栽可保证冬前齐苗、壮苗。

袁金展等(2014)曾为深入理解根系调控在轻简化栽培技术中的作用,以甘蓝型油菜品种中双 11 号和中油杂 12 号为材料,通过设置直播(45 万株/hm²)和移栽(12 万株/hm²)两种栽培方式,高氮和低氮两种施肥方式的田间试验,从群体的角度研究了油菜的根系分布特征。结果表明,直播油菜根系比移栽油菜分布更深,直播油菜在 0～10 cm 土层的根系分布显著低于移栽油菜,但在 10～20 cm 和 20～30 cm 土层的根系显著高于移栽油菜;初花期根干重是决定油菜群体籽粒产量的主要因素,根干重越大,籽粒产量越高;粗壮的根系是油菜获得高产的关键,移栽油菜的根系比直播油菜更为粗壮,增施氮肥有助于根系的粗壮型生长。

由于油菜苗期时间太长,育苗移栽则能较好地解决季节矛盾,能充分利用地力,提高复种指数,达到油、粮、棉全面丰收的重要措施。同时,油菜育苗移栽可以使幼苗达到冬季具有良好的长势,有较强的抗御冻害的能力,为春季生长,高产丰收打下基础,达到冬发、秋发的长势长相。

2. 育苗　油菜育苗移栽必须要选好留足苗床地,精整苗床地,施足基肥,适期进行播种,提高播种质量,加强苗床管理,培育出株型矮壮、苗龄适中、老嫩适度、无病虫害、无畸形苗、具有本品种固有特征的优质壮苗。育好苗的几个步骤:

(1)适期播种　适时早播有利于延长营养生长期,促进秋发与冬发,增强抗旱与抗寒能力。播种时,综合考虑前茬作物的收获期、品种适宜秧龄等因素,确定合适的播种期。适播期为 9 月 15—25 日。

（2）播种方法　按大田与苗床面积比为 6：1 的比例留足苗床面积,要求苗床地面平整、土质肥沃、通透性好、接近水源。苗床选好后,及早进行翻耕,翻耕深度为 10～15 cm,翻耕后搞好开沟除草,每亩苗床施入复合肥(N：P：K 为 15：15：15)10 kg。按每公顷大田用种量 1.5 kg 备足种子。

（3）苗床管理　一是早间苗、稀留苗。在齐苗时进行间苗,3 叶期定苗,每平方米保留壮苗 130 株左右。二是抗旱追肥。在 2～3 叶期每公顷苗床用尿素 75.0～112.5 kg 兑水 1500～2250 kg 淋施。三是注意防治蚜虫、菜青虫、跳甲和病毒病等病虫害。

3. 移栽

（1）移栽时期　根据前茬作物的收获期、油菜苗龄及长势情况,合理安排时间进行移栽。一般以油菜苗龄 30 d 左右移栽为宜。移栽期在 10 月中下旬,在此时段范围内宜早不宜迟。

（2）开好"三沟"　田间要开好主沟、围沟和厢沟。要求主沟深度 25 cm 以上、围沟深度 20 cm 以上、厢沟深度 15 cm 以上,"三沟"宽度为 20～25 cm,厢面宽度为 2.5～3.0 m。要求画线开沟,做到纵横贯通,排灌流畅。

（3）合理密植　依据田块的肥力条件和种植品种,合理确定种植规格。一般每公顷栽 12 万～15 万株,采用宽行密株(行距 33 cm 左右,株距 20 cm 左右)或宽窄行(宽行 40 cm 左右、窄行 20 cm 左右,株距 20 cm 左右)。

（4）施足基肥　重施底肥,底肥用量应占总施肥量的 60%,并注意氮、磷、钾肥配合施用。底肥一般每公顷施复合肥(N：P：K 为 15：15：15)600 kg,苗肥、薹肥一般每公顷追施尿素 120 kg、75 kg。注意底肥必施硼肥,每公顷施硼砂 15.0～22.5 kg。

（5）掌握方法　采用穴栽,挖穴后一手持苗放于穴内,一手抓灰肥壅根。移栽时,要求主根垂直,菜心与地面齐平,侧根摆正,用细土壅根,做到不露根茎,不没心叶,然后将苗子压紧压实,移栽后淋好定根水。

第二节　皖西地区油菜种植

一、自然条件、熟制和油菜生产地位

（一）自然条件

1. 地理位置和地形地貌　皖西,地理意义上特指六(lù)安。位于安徽省西部,地处江淮之间,东邻合肥市和巢湖地区;南接安庆地区和湖北省英山、罗田两县;西与河南省商城、固始毗连;北接淮南市并与阜阳地区隔河相望。地理坐标为东经 115°20′～117°14′,北纬 31°01′～32°40′。地势西南高峻,东北低平,呈梯形分布,形成山地、丘陵、平原三大自然区域。境内山脉属大别山及其支脉,为长江、淮河分水岭,将全区分为长江、淮河两个流域。境内山脉分为两段:一是西南段,历史上称为皖山;二是东段,历史上称霍山,也称淮阳山脉。

2. 气候　气候属于暖温带向北亚热带转换的过渡带,季风显著,四季分明,气候温和,雨量充沛,光照充足,无霜期长;光、热、水配合良好。但由于处在暖温带向北亚热带转换的过渡带,暖冷气流交会频繁,年际间季风强弱程度不同,进退早迟不一,因而造成气候多变,常受水、旱灾害的威胁,制约农业生产的因素也多。

全区大部分地区多年平均气温为 14.6~15.6 ℃,自西南向东北逐渐递增;平均地面温度自北向南在 18~19 ℃,均高于平均气温;冬冷、夏热,春季气温多变,秋冬季气温下降迅速,一般 1 月最冷,7—8 月最热。常年平均日照时数为 1600~1950 h,西低东高、南低北高,自西南向东北逐渐递增。年平均降水量在 1100~1900 mm,2019 年出现了 60 年以来少有的干旱天气,降水量仅有 820 mm;一年之中,一般 1 月和 12 月降水量最少,6 月中旬至 7 月中旬是梅雨期,降水最多,强度最大。六安市近 5 年气温、日照时数及降水量情况见表 3-2 和表 3-3。

表 3-2　六安市近 5 年逐月平均气温、日照时数及降水量(刘道敏整理)

类别	年份	1 月	2 月	3 月	4 月	5 月	6 月	7 月	8 月	9 月	10 月	11 月	12 月
平均气温(℃)	2015	5.4	6.4	11.2	16.3	21.9	24.3	26.0	26.5	22.8	18.1	9.9	5.8
	2016	3.0	7.4	12.0	17.8	20.2	24.0	28.0	28.3	23.9	16.8	10.6	6.9
	2017	5.2	6.8	10.9	18.1	23.0	25.5	30.3	27.3	22.4	16.0	12.0	6.2
	2018	1.4	5.2	12.9	18.5	22.2	26.2	29.0	28.2	23.4	17.5	12.0	6.4
	2019	3.3	3.3	12.4	17.3	22.1	25.8	28.3	28.0	23.8	18.1	12.9	6.8
日照时数(h)	2015	113.7	114.0	155.9	203.4	153.1	105.5	135.9	176.9	166.9	170.1	58.3	95.0
	2016	83.0	160.8	127.4	149.0	154.1	128.7	173.1	215.7	167.2	26.8	115.3	121.1
	2017	101.2	127.1	140.2	195.0	203.3	167.6	226.8	137.3	102.9	113.7	143.6	147.7
	2018	94.9	140.7	164.6	199.0	135.4	216.3	224.2	198.8	153.6	198.1	135.7	60.0
	2019	82.7	42.0	171.3	164.2	172.0	172.9	188.8	202.0	172.9	141.9	144.8	133.9
降水量(mm)	2015	41.3	46.1	60.7	127.8	149.6	265.3	147.2	88.0	80.7	42.1	87.1	4.9
	2016	48.6	13.0	64.9	125.2	198.2	231.5	364.7	68.1	191.0	309.3	133.7	69.3
	2017	71.9	41.0	74.9	88.8	87.2	45.8	116.6	261.9	206.3	138.5	18.7	11.5
	2018	90.3	46.2	126.5	101.1	175.5	144.1	198.8	186.0	85.0	6.2	76.1	94.9
	2019	70.6	82.3	23.2	64.9	29.0	148.4	101.4	195.0	3.0	16.5	57.5	30.1

表 3-3　六安市近 5 年年平均气温、最高气温、最低气温、日照时数及降水量(刘道敏整理)

年份	年平均气温(℃)	年最高气温(℃)	年最低气温(℃)	年日照时数(h)	年降水量(mm)
2015	16.2	37.9	−3.7	1648.7	1140.8
2016	16.6	38	−9.3	1622.2	1817.5
2017	17.0	40.6	−3.5	1806.4	1163.1
2018	16.8	37.7	−7.4	1921.2	1330.7
2019	16.8	38.4	−4.2	1789.4	821.9

(二)熟制和油菜茬口关系

六安市地处北纬 31°01′~32°40′,全年日照时数 1600~1950 h,各县区年总降水量 1100~

1900 mm,平均气温 16.0～17.9 ℃,光、温、水资源丰富,非常适合农作物生长,是二熟制向多熟制过渡地区,依作物种类不同,可以实现年内二熟至多熟。

皖西地区油菜种植主要以二熟制为主,少数的有三熟制,例如油—瓜—稻三熟制一般以水稻为前茬,沿淠史杭河湾区、丘岗地等旱作区也以玉米、豆类、红麻、花生等旱作物为前茬。同时油菜又是较好的前茬作物,在旱地玉米产区,油菜作为前茬作物有利于实现多熟高产、粮油兼丰、绿色高效;相比传统的小麦—玉米轮作模式,油菜—玉米这一轮作模式下由于油菜的生物熏蒸作用抑制了作物土传病原菌的生长繁殖,减少了玉米土传病害的发生,而且油菜种植过程中根系的活动及根茬营养体作为有机肥在土壤中降解后改良了耕层土壤"地力",最终增加了玉米产量(刘哲辉,2017)。

(三)油菜生产地位

1. 种植布局　油菜是皖西地区最主要的油料作物之一,常年种植面积 60 万～80 万亩,高峰期近 250 万亩。

殷艳等(2010)从气候、耕作制度、种植习惯、与粮食作物关系、科技创新和国家优势区域布局方面对中国油菜生产布局进行了研究;吴春彭(2011)从与小麦的比较效益、人均耕地面积和地区科研力量方面对长江流域油菜生产布局进行了研究。

李倩倩(2015)从成灾比例、非农就业机会、城镇化率、有效灌溉面积和种植效益方面对安徽省油菜生产布局进行了研究。本文根据皖西地区地理环境特征和种植习惯,将全区油菜生产划分为大别山北坡山地油菜种植区、江淮丘陵岗地油菜种植区、平原圩畈油菜种植区三大区域(图 3-1、图 3-2)。

图 3-1　六安市油菜种植区划图(刘道敏绘)

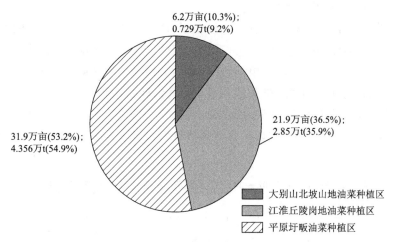

6.2万亩(10.3%);
0.729万t(9.2%)

31.9万亩(53.2%);
4.356万t(54.9%)

21.9万亩(36.5%);
2.85万t(35.9%)

大别山北坡山地油菜种植区
江淮丘陵岗地油菜种植区
平原圩畈油菜种植区

图 3-2　六安市油菜三大种植区域面积、产量占比图（刘道敏绘）

（1）大别山北坡山地油菜种植区　该区域包括金寨县、霍山县和舒城县西南部山区。地形主要以中山、低山为主，还有丘陵、盆地、河谷平原，其中中山面积 1467.8 km²，占全市总面积的 9.5%，低山面积 2116.8 km²，占全市总面积的 13.7%，平均海拔 400 m 以上。耕地土壤类型较多，以黄壤、黄棕壤、石灰土为主。主要种植农作物有水稻、油菜、茶叶、油茶、水果、蔬菜、食用菌以及石斛、葛根、断血流、紫丹参、金银花、桔梗等中药材。

该区域属北亚热带温润季风气候，属南北气候过渡带，光、热、水等气候资源丰富，气候温和，春暖、夏热、秋凉、冬寒，四季分明。年平均气温 14.5～15.5 ℃，无霜期 200～220 d，其中 1 月份平均气温为 2～3 ℃，7 月份平均气温为 27～28 ℃，酷暑和严寒极少，冷热较为适中；雨量充沛，年平均降水量 1300 mm 以上，夏季是一年中降雨最集中的季节，雨量空间分布有着明显的差异，山区比丘陵畈区多，两者之比为 6:4 左右。同时受海拔高度、坡向等地形地貌因素影响，气候复杂多样，区域差异和垂直变化大，南北物候差异 10～15 d，从海拔高度看，在春夏季，海拔每高 100 m 物候期推迟 3 d。该区域山地不适合种植油菜，油菜种植主要集中在丘陵、盆地、河谷平原一带，2018 年油菜种植面积 6.2 万亩，占全市油菜种植面积的 10.3%，总产 7290 t，占全市油菜籽总产的 9.2%。

（2）江淮丘陵岗地油菜种植区　该区域包括叶集区、金安区和裕安区的大部分地区。地形主要以低山、低岗、丘陵为主，还有沉积台地、沙湾地，海拔 40～200 m。岗地土壤以黄土为主，丘陵、低山等以黄棕壤、棕壤、水稻土为主，沙湾地以沙壤土、夜潮土为主。主要种植农作物有水稻、小麦、油菜、玉米、豆类、薯类、芝麻、麻、蔬菜、茶叶、水果及其他中草药。

该区域属亚热带东亚季风气候区，气候温和，季风明显，四季分明，春暖多变，秋高气爽，梅雨显著，夏雨集中。年平均气温 15～16 ℃，无霜期 220～230 d；雨量适中，常年平均降水量 1000～1300 mm。该区域适宜种植油菜，但受地形限制，油菜生产规模不大，机械化程度较低，2018 年油菜种植面积 21.9 万亩，占全市油菜种植面积的 36.5%，总产 2.85 万 t，占全市油菜籽总产的 35.9%。

（3）平原圩畈油菜种植区　该区域包括霍邱县、舒城县东北部圩畈区、金安区北部湾畈平原、裕安区沿淠湾区。地形主要以湾（圩）畈平原、洼地为主，还有低岗、丘陵，海拔 10～60m。以黄壤、黄棕壤、水稻土、沙壤土为主。主要种植农作物有水稻、小麦、油菜、玉米、豆类、薯类、芝麻、麻、蔬菜、茶叶、水果及其他中草药。

该区域属北亚热带东亚季风气候区,气候温暖,雨量适中,光照充足,雨热同季,无霜期较长,四季分明。天气多变,降水量年际与月际之间变化较大,容易形成旱涝灾害。年平均气温15.5～16.5 ℃,无霜期220～230 d;雨量适中,常年平均降水量800～1400 mm。该区域最适宜种植油菜,土地集约化程度高,油菜机械化、规模化种植程度较高,2018年油菜种植面积31.9万亩,占全市油菜种植面积的53.2%,总产4.356万t,占全市油菜籽总产的54.9%。

2. 生产概况 2000年以来,皖西地区油菜播种面积、单产、总产及在油料生产中所占比重呈现不同规律(表3-4)。

表3-4 皖西地区2000—2019年油菜籽、油料生产情况(刘道敏整理)

年份	油菜籽						油料			油菜籽占油料总产量比重(%)
	播种面积(万 hm²)	同比变幅(%)	单产(kg/hm²)	同比变幅(%)	总产(万 t)	同比变幅(%)	播种面积(万 hm²)	单产(kg/hm²)	总产(万 t)	
2000	16.486	—	1064.5	—	17.484	—	17.794	1150.2	20.467	85.43
2001	13.391	−18.77	1465.1	38.14	19.618	12.21	14.916	1505.2	22.451	87.38
2002	16.644	24.29	1334.1	−8.94	22.204	13.18	17.942	1391.7	24.969	88.93
2003	16.580	−0.38	1125.3	−15.65	18.657	−15.97	17.827	1160.9	20.696	90.15
2004	14.859	−10.38	1594.9	41.74	23.699	27.02	16.033	1660.2	26.618	89.03
2005	14.943	0.56	1686.7	5.75	25.204	6.35	15.981	1707.8	27.292	92.35
2006	12.529	−16.15	1605.3	−4.83	20.113	−20.2	13.531	1676.2	22.682	88.67
2007	9.209	−26.50	1774.7	10.55	16.243	−19.24	10.109	1827.7	18.476	87.91
2008	10.132	10.03	1831.9	3.22	18.561	14.27	11.186	1921.6	21.495	86.35
2009	10.060	−0.71	1809.0	4.21	19.205	3.47	11.026	2020.1	22.274	86.22
2010	9.269	−7.86	1787.7	−6.39	16.570	−13.72	10.373	1965.2	20.385	81.29
2011	7.667	−17.28	1620.8	−9.33	12.427	−25.0	8.774	1776.1	15.585	79.74
2012	7.227	−5.74	1906.5	17.63	13.774	10.84	8.384	2058.6	17.259	79.81
2013	6.748	−6.63	1977.9	3.75	13.347	−3.10	7.976	2193.3	17.494	76.29
2014	6.501	−3.61	2061.8	4.24	13.404	0.43	7.709	2239.2	17.262	77.65
2015	5.989	−7.88	1948.8	−5.48	11.672	−12.92	7.154	2153.1	15.403	75.78
2016	6.221	3.87	2091.3	7.31	13.01	11.46	7.423	2281.6	16.936	76.82
2017	5.802	−6.74	2035.1	−2.69	11.808	−9.24	6.963	2267.4	15.788	74.79
2018	4.368	−24.71	2034.8	−0.15	8.888	−24.73	5.771	2233.9	12.892	68.94
2019	4.323	−1.09	2096.5	3.33	9.063	1.97	5.699	2300.4	13.11	69.13
年平均	9.947	—	1742.6	—	16.248	—	11.129	1750.2	19.477	82.13

注:数据引自《安徽统计年鉴》并加以整理(包括寿县,2016年寿县划归淮南)。

(1)播种面积 2000—2019年,皖西地区油菜播种面积整体呈下降趋势,其中2002年最大,为16.644万 hm²,2019年最小,为4.323万 hm²;至2019年末,与2000年相比减幅达73.78%,年平均降幅3.69%。2006—2007年,受粮食补贴政策和油菜籽价格下跌的影响,油菜播种面积大幅度下跌,与 2005 年相比,下降幅度达 42.65%。2008 年油菜播种面积出现反弹,2009 年之后呈波动型下降,这与白桂萍等(2019)归纳的安徽省油菜播种面积变化趋势"波动下降型"相同。油菜播种面积 16 万 hm² 以上的年份有 2000 年、2002 年、2003 年,10 万～15 万 hm² 的年份有 2001 年、2004 年、2005 年、2006 年、2008 年、2009 年,5 万～10 万 hm² 的年份有 2007 年、2010—2017 年,5 万 hm² 以下的年份有 2018 年、2019 年。油菜播种面积下降,主要受油菜种植效益低、规模小、机械化程度低、油菜籽深加工不足、进口冲击大、政策扶持力度不够等多种因素影响(刘成等,2019;郭燕枝等,2016)。

(2)单产　2000—2019 年,皖西地区油菜单产整体呈波动型上升趋势,其中 2000 年最低,为 1064.5 kg/hm²,2019 年最高,为 2096.5 kg/hm²;2001 年油菜单产出现跳跃性增长,同比增长 38.14%,2001 年之后平稳增长,少数年份有下降,这主要受恶劣天气、病虫害影响所致。2000 年之后,双低、高产、高抗油菜新品种的育成普及推动了我国油菜生产的第三次飞跃(王汉中,2010)。至统计年末,与 2000 年相比单产增加幅度为 97.68%,年平均增幅为 4.88%。

(3)总产　2000—2019 年,皖西地区油菜籽总产 2005 年之前呈波动型上升趋势,2006 年之后呈波动型下降趋势,其中 2005 年最高,为 25.204 万 t,2006—2007 年,随着油菜播种面积大幅度的下跌,油菜籽总产也呈大幅度下降,同 2005 年相比下降 39.44%,2008 年又出现反弹,2009 年之后出现波动型下降,2018 年最低,为 8.888 万 t。至 2019 年末,与 2000 年相比下降幅度为 48.16%,年平均降幅为 2.41%,与面积相比降幅减少 25.62%,这主要归功于单产水平的提高。油菜籽总产 20 万 t 以上的年份有 2002 年、2004 年、2005 年、2006 年,10 万～20 万 t 年份的有 2000 年、2001 年、2003 年、2007—2017 年,10 万 t 以下的年份有 2018 年、2019 年。皖西地区种植的油料作物主要有油菜、花生、芝麻、油茶等。2000—2019 年油菜年平均播种面积为 9.947 万 hm²,占油料作物播种面积的 89.34%;年平均产量为 16.248 万 t,占油料作物总产的 82.13%。2009 年以前油菜籽总产占油料作物总产的 85% 以上,2010 年之后占比下降,主要是因为油菜播种面积、总产下降,而花生、芝麻、油茶播种面积、产量稳定。

3. 种植前景　油菜是中国第一大油料作物,国产菜籽油占国产油料作物产油量的 55% 以上,发展油菜生产对维护国家食用油供给安全具有重要意义(王汉中,2018)。油菜每年还可生产高蛋白饲用饼粕约 800 万 t,是中国第二大饲用蛋白源;且油菜生产主要是利用冬闲田,具有不与粮食争地的优势,以目前长江流域尚有冬闲田 1 亿亩以上来看,油菜产业发展潜力巨大(刘成等,2019)。皖西地区油菜生产存在规模小、机械化程度低、产品附加值不高等诸多问题,但油菜仍是当地种植的除水稻、小麦之外的第三大作物,是最主要的油料作物;同时新的消费需求又为油菜菜用、蜜用、休闲观光等多功能利用提供了广阔的市场前景和发展空间。

(1)冬闲土地蕴藏油菜产业发展的巨大潜力　皖西地区油菜种植主要是利用水稻茬和少量旱茬冬季闲田生产。龚松玲等(2021)对中稻—小麦、中稻—油菜、中稻—空闲 3 种种植模式进行研究。结果表明,中稻—油菜模式收益最高,比中稻—小麦和中稻—空闲分别高出 6.63% 和 19.61%;张顺涛等(2020)研究表明,油—稻轮作的稻谷产量较麦—稻轮作增产 4.6%～17.3%,油—玉轮作的玉米产量较麦—玉轮作增产 7.0%～14.8%;与麦—稻轮作相比,油—稻轮作可显著提高土壤有机质和有机磷含量,增加土壤空闲度。皖西地区虽是油菜主产区,但开发利用程度不够,存在较多冬闲土地。六安市(不包括寿县)2019 年水稻播种面积 40.378 万 hm²,扣除冬季用于种植小麦 15.832 万 hm²、油菜 3.941 万 hm²(其中部分为旱地油菜),剩余 20.605 万 hm² 水稻茬冬闲土地,如果将闲置的旱地考虑进去,六安市油菜生产可具备发展到 25 万 hm^2 的潜力。

（2）产需缺口奠定油菜产业发展的市场空间　随着人口、国民生活水平的提高,中国植物油消费不断增长,植物油产需缺口继续扩大并将长期存在,这给油料产业包括油菜产业提供了很大的市场空间;油菜籽制油后饼粕约占 60%,是优质的饲用蛋白来源,市场需求量大,售价一般在 2000 元/t;目前油菜品种含油率 45% 左右,1 t 油菜籽可出油 0.38～0.42 t,比进口大豆出油率高 75% 以上,是进口大豆最佳替代品。菜籽油脂肪酸结构合理,符合人类营养与健康对不同脂肪酸的需求;另外,菜籽油中甾醇、维生素 E、植物多酚等脂质功能性活性成分含量丰富,其营养价值高于大豆油,远胜于棕榈油,是最健康的大宗食用植物油(熊秋芳等,2017;李殿荣等,2016;沈金雄等,2011)。皖西地处长江流域油菜主产区,当地居民有种植油菜的习惯和食用菜籽油的偏好,多年来菜籽油价格稳定,不受市场低价色拉油影响,市场需求旺盛。

（3）科技进步支撑了油菜产业的高质量发展　随着育种技术的不断进步,高产、高油、多抗、适机收油菜中油杂 19(含油量 49.95%)、大地 199(含油量 48.67%)、浙油 50(含油量 49.0%)、庆油 3 号(含油量 49.96%)等品种的相继育成并推广种植,油菜籽平均产量达 2250 kg/hm^2、含油量达 50% 的目标已基本实现(王汉中,2010)。智能化联合播栽装备、田间管理装备、高效低损收获装备成功研发及推广应用,为油菜规模化、机械化种植提供了保障。中国农业科学院油料作物研究所黄凤洪团队开发的"7D"菜籽油绿色加工新技术,从菜籽精选开始,经过微波膨化、低温压榨、物理精炼等过程,制油工艺不仅轻简、高效、绿色、低耗,而且保持了菜籽油中的多种活性成分,其活性成分是色拉油的 2～30 倍,实现了油菜籽加工的绿色革命。油菜除作油用外,还可作为蔬菜种植,全球第一个硒高效油菜薹新品种硒滋圆 1 号的育成,开辟了油菜薹作物高端功能型蔬菜的应用市场。皖西地区优质的水资源和优良的生态环境,生产出来的菜薹绿色、无污染,口感清脆、香甜;另外,六安距离合肥、上海、南京等大城市较近,交通便利,物流发达,高端功能型菜薹市场潜力巨大。

（4）休闲农业为优质特色油菜品牌的创建提供了基础　休闲农业作为当今旅游业的新宠,已成为农业产业发展新的增长点,也是六安市美丽乡村建设的需要和重要组成。休闲农业可以将生产、生活、生态有机结合在一起,休闲农业的发展可以使农业产业资源、旅游资源、乡俗文化和乡村环境得到充分利用,延伸农业和旅游业的产业链(谢慧等,2018)。油菜除油用外,还可以作为蔬菜、饲料、绿肥、观花和蜜源植物,是一、二、三产结合得最好的作物,是与藏粮于地、农牧结合、美好乡村建设密切相关的作物。皖西地处大别山区,具有丰富的旅游资源和优良的生态环境,红色文化、古文化、民俗文化交相辉映。种植油菜,因地制宜发展以油菜为主题的休闲农业园区,特色鲜明,主题突出,通过开展各类研学和农事体验活动,满足人们对乡村文化、农耕文明的向往;同时通过休闲农业带动,创建适应性强、花期长、营养物质含量丰富、适合多用途种植的优质特色油菜品牌,打造像"婺源"一样的油菜休闲农业区,把油菜种成风景,推动皖西油菜产业发展。

二、油菜种植实用技术

（一）选茬和整地

1. 选茬　元晋川等(2021)以休闲、大豆、毛苕子、玉米为前茬,对冬油菜籽粒产量和氮、磷养分积累进行了分析研究,得出大豆是提高冬油菜籽粒产量、氮磷养分积累的最理想的前茬作物,其次是毛苕子。孙义等(2019)以冬小麦、糯玉米、马铃薯、食用葵、油用葵为前茬种植冬油菜,对其农艺性状及产量的影响进行了研究,得出油用葵、糯玉米和食用葵茬口种植冬油菜产量相对较高。

皖西地区大面积种植油菜主要以水稻为前茬。以中稻为前茬,一般可采用直播方式,以晚稻为前茬,因季节矛盾,需要采用育苗移栽。沙湾地及丘岗旱地,种植油菜一般以玉米、薯类、豆类、花生、芝麻、红麻等为前茬,直播和育苗移栽的都有。还有少部分油菜采用茶—油、桃(梨)等林下间作种植。

2. 整地 油菜根系发达,主根入土深,侧根多,因此,要选择土壤肥力较好、土层深、结构良好、有机质含量高、排灌方便的田块。整地的目的是疏松土壤、提高土壤保水和排水能力,增加土壤孔隙度,提高土温,增强土壤微生物活动,为根系生长创造良好环境。种床整理的质量对油菜发芽、出苗及移栽影响很大,具有稳定的深耕及细碎土壤的种床,可为种子发芽提供良好的水分、气流通透性及温度等生长条件(张青松等,2018)。油菜播种(移栽)前整地要根据稻田、旱地不同来进行。

(1)水稻田整地 水稻收获前12~15 d,排水晾田,土壤含水量在20%左右为宜。水稻收获后,用秸秆粉碎机械将秸秆粉碎还田,也可使用具有相似功能的水稻收割机,一次性完成水稻收割、秸秆粉碎抛撒还田,旋耕机旋耕埋茬开沟。油菜为根系忌水作物,旋耕时,根据田间地下水位和排灌情况,确定厢面宽度,一般在1~2 m,地下水位高、排灌不畅宜用窄厢;做到深埋稻茬,泥土细碎,厢面平整,避免"吊气"。旋耕田块标准为:厢面前后高低落差≤20 cm,耕地后土块直径<4 cm的达60%以上、>8 cm的土块不超过10%;按沟宽30 cm,厢沟深25 cm、腰沟深30 cm、围沟深35 cm左右的标准清理"三沟",以利抗旱排渍(刘立华等,2017)。

(2)旱地整地 前茬作物收获后,及时清理残茬,趁土壤湿润立即进行翻耕,翻耕后充分暴晒,疏松土壤,并及时耙耱碎土,填补孔隙,使土壤上虚下实,土碎地平,以利保墒播种。耕整地机具作业深度一般为25 cm左右,作业后细碎土层深度需达8 cm以上,地表平整度5 cm之内,碎土率>50%,表土疏松细碎,水、气协调,为油菜"一播全苗"及快速成活创造条件。

水稻茬油菜整地还涉及水稻秸秆还田。水稻秸秆还田根据量的不同有全量还田和半量还田,按还田方式可分为机械粉碎还田、覆盖还田、留高茬还田、堆沤和腐熟还田等。实行秸秆还田的稻田土壤,相比不实行秸秆还田的稻田土壤,有机质、速效氮、速效磷、速效钾含量更高,秸秆还田有利于提升稻田土壤肥力(刘宇庆等,2020)。孙妮娜等(2020)根据秸秆还田的农艺要求,结合不同秸秆处理机具,设置了3种秸秆处理方式:收获时粉碎抛撒(CK,联合收获机自带粉碎抛撒装置)、收获后秸秆处理1(T1,联合收获机自带粉碎抛撒装置+收获后二次抛撒)、收获后秸秆处理2(T2,联合收获机不带粉碎抛撒装置+收获后粉碎抛撒),进行了秸秆还田对比试验。结果表明:3种秸秆处理方式均能实现秸秆全量还田,能够保证正常的田间机具作业和水稻生长,其中,T2的综合效果最优,能实现较好的秸秆粉碎抛撒效果和秸秆掩埋效果,有较高的地上部生物量及产量。王昆昆等(2019)研究得出,稻草覆盖还田能缓解气温骤变对土壤温度的影响,保持土壤含水量,缓解土壤干旱;稻草覆盖还田前期抑制直播冬油菜的出苗密度,后期可维持冬油菜密度的稳定,同时对冬油菜的生长、生物量、产量和养分吸收量有促进作用。吴玉红等(2020)研究得出,稻油轮作体系中两季作物秸秆全量促腐还田与常规化肥配施是增产和增效的最佳措施,而两季作物秸秆全量促腐还田与化肥减量15%配施节约成本优势明显。苏卫(2020)对稻油二熟制下秸秆还田与氮肥施用对土壤理化特性和作物生长及产量的影响进行了研究,得出随着秸秆还田年限的增加,0～7 cm、7～14 cm 土壤容重逐渐降低;土壤 pH、有机磷和有机质含量,油菜蕾薹期和初花期叶面积指数及各时期干物质积累,均呈现先降低后增加趋势;前茬作物氮肥施用对油菜生长的影响较大,前茬作物在 10 kg 氮肥水平下,油菜在蕾薹期、初花期和终花期的各项指标整体上都比其他施氮水平好。

(二)品种选用

皖西地区油菜种植主要以甘蓝型油菜为主,也有少量白菜型油菜。

1. 中油杂 19

登 记 编 号　GPD 油菜(2017)420053

育 种 者　中国农业科学院油料作物研究所

品种来源　中双 11 号×zy293

特征特性　甘蓝型半冬性化学诱导雄性不育两系杂交种。全生育期 230 d。幼苗半直立,裂叶,叶缘无锯齿,叶片绿色,花瓣黄色,籽粒黑褐色。株高 162.7 cm,一次有效分枝数 6.57 个,单株有效角果数 277.7 个,每角粒数 22.3 粒,千粒重 4.09 g。菌核病发病率 28.5%,病情指数 16.15,病毒病发病率 5.09%,病情指数 2.83,低抗菌核病、抗病毒病;抗倒性强。芥酸含量 0.15%,硫苷含量 21.05 μmol/g,含油量 49.95%。第一生长周期亩产 192.94 kg,比对照秦优 10 号增产 0.31%;第二生长周期亩产 197.75 kg,比对照秦优 10 号增产 1.11%。

栽培技术要点　①适时播种:育苗移栽以 9 月下旬播种为宜,10 月下旬移栽;直播在 10 月初到 10 月中旬播种。②合理密植:在中等肥力水平下,育苗移栽合理密度为 1.0 万株/亩左右,直播 2.0 万～2.5 万株/亩。③科学施肥:重施底肥:亩施复合肥 50 kg;追施苗肥,于苗期亩施尿素 10～15 kg;该组合为双低高油杂交种,硼需求量大,底肥施硼砂每亩 1.0～1.5 kg/亩,初花期喷施浓度为 0.2%的硼砂溶液。④防治病害及鸟害:在重病区注意防治菌核病,于初花期后 1 周喷施菌核净,用量为每亩 100 g 菌核净兑水 50 kg;注意防鸟害。

适宜种植区域　上海、浙江及江苏和安徽两省淮河以南、湖北、湖南、江西、四川、云南、贵州、重庆、陕西汉中和安康的冬油菜区种植,秋播。

2. 大地 199

登 记 编 号　GPD 油菜(2017)420056

育 种 者　中国农业科学院油料作物研究所、武汉中油科技新产业有限公司、武汉中油大地希望种业有限公司

品种来源　中双 11CA×R11

特征特性　半冬性甘蓝型杂交种。在长江中游和长江下游地区平均全生育期分别为 209.2 d 和 227.5 d。苗期植株生长习性半直立,叶片颜色中等绿色,叶片裂片数量 7～9 片,叶缘缺刻程度中。花瓣相对位置侧叠,中等黄色。角果果身长度较长,角果姿态平生。在长江中、下游地区平均株高 157.19 cm,分枝部位高度 60.66 cm,有效分枝数 7.04 个,单株有效角果数 264.33 个,每角粒数 19.53 粒,千粒重 4.51 g。芥酸含量 0,硫苷含量 21.80 μmol/g,含油量 48.67%。低感菌核病,抗病毒病,耐旱、耐渍性强,抗寒性中等,抗倒性强。第一生长周期亩产 205.69 kg,比对照秦优 10 号增产 10.2%;第二生长周期亩产 176.49 kg,比对照秦优 10 号增产 10.9%。

栽培技术要点　①适时早播:长江中下游地区育苗应在9月中下旬播种,苗床与大田比例为1:4,培育大壮苗,严格控制苗龄(30 d),10月中下旬移栽;直播宜在9月下旬至10月上旬播种。②合理密植:在中等肥力水平条件下,育苗移栽的合理密度为9000株/亩左右;直播可适当密植(1.5万~2.5万株/亩)。③科学施肥:重施底肥,注意必施硼肥,每亩施复合肥50 kg左右,硼肥1 kg左右;追施苗肥,移栽成活后,适时追施提苗肥,根据苗势每亩施尿素15 kg左右。④防治病害:每亩可采用25%咪鲜胺乳油40~50 mL,或者40%菌核净可湿性粉剂100~150 g,兑水40~50 kg喷施,防治菌核病。

适宜种植区域　适宜在湖北、湖南、江西、上海、浙江及江苏和安徽两省淮河以南油菜主产区种植,秋播。

3. 秦优10号

登记编号　GPD油菜(2017)610193

申 请 者　咸阳市农业科学研究院

育 种 者　华德钊、邢福升、贾战通、俱苏耀、张春香、华哲、苟建鹏

品种来源　2168A×5009C

特征特性　甘蓝型双低油菜半冬性质不育三系杂交种。幼苗半直立,叶色绿,色浅,叶大、薄,裂叶数量中等,深裂叶,叶缘锯齿状,有蜡粉,花瓣中大,侧叠,花色浅黄。陕西省全生育期230~248 d,长江下游区全生育期233~240 d。一般株高171.5 cm,匀生分枝,分枝位高40 cm左右,单株有效分枝数9.3~11.0个,单株有效角果数455.81个,每角粒数21.21粒,千粒重3.44 g,籽粒黑色。芥酸含量0.2%~0.27%,硫苷含量27.97~29.06 μmol/g,含油率42.72%~42.80%。低抗菌核病、中抗病毒病、抗倒性强,抗寒性中等。第一生长周期亩产176.99 kg,比对照皖油14增产13.47%;第二生长周期亩产174.94 kg,比对照秦优7号增产6.07%。

栽培技术要点　①陕西关中9月中旬播种,陕南和长江下游区与当地品种同期播种;直播每亩0.3 kg,移栽每亩0.1 kg;亩留苗0.8万~1.2万株。②施足底肥,早施追肥,增施磷钾肥,补施硼肥。一般亩施尿素15~18 kg,过磷酸钙50 kg或磷酸二铵15~20 kg,钾肥和硼肥可根据土壤情况适量补施,一般亩施硼肥0.50~0.75 kg。③加强田间管理,1~2叶期及时间苗,3叶期及时定苗,实施冬灌,及时培土中耕和防治病虫害,封冻前培土壅根,保苗安全越冬。稻田要及时开沟排涝,做好抽薹初期和终花期后茎象甲、蚜虫、菌核病防治,叶面喷施硼肥、磷酸二氢钾和2%的尿素等,增角、增粒、增粒重。④适时收获,堆垛后熟,及时打晒,防止发霉变质。

适宜种植区域　适宜在浙江、上海及江苏和安徽两省淮河以南、陕西关中陕南冬油菜区种植。也适合在四川、贵州、云南、重庆、陕西汉中、河南信阳种植。

4. 沣油737

登记编号　GPD油菜(2017)430090

育 种 者　湖南省作物研究所

品种来源　湘5A×6150R

特征特性　甘蓝型半冬性细胞质雄性不育三系杂交品种。幼苗半直立,子叶肾形,叶色浓绿,叶柄短。花瓣深黄色。种子黑褐色,圆形。全生育期231.8 d,比对照秦优7号早熟3 d。平均株高152.6 cm,中生分枝类型,单株有效角果数483.6个,每角粒数22.2粒,千粒重3.59 g。

株偏矮,枝多角密,抗倒性强,耐寒、耐病性好。菌核病发病率 16.69%,病情指数 8.55;病毒病发病率 5.93%,病情指数 3.79。抗病鉴定综合评价中感菌核病。平均芥酸含量 0.05%,饼粕硫苷含量 20.3 μmol/g,含油量 44.86%。2007—2008 年度参加长江下游油菜品种区域试验,平均亩产 180.5 kg,比对秦优 7 号照增产 5.0%;2008—2009 年度续试,平均亩产 174.9 kg,比对照秦优 7 号增产 16.99%;两年区域试验 16 个试点,13 个点增产,3 个点减产,平均亩产 177.7 kg,比对照秦优 7 号增产 10.56%。2008—2009 年生产试验,平均亩产 174.7 kg,比对照秦优 7 号增产 9.5%。

栽培技术要点　①适时播种:育苗移栽 9 月上中旬播种,苗床每亩播种量 0.4~0.5 kg,每亩移栽密度 6000~8000 株;直播 10 月中旬播种,每亩播种量 0.20~0.25 kg,3 叶期亩留苗 1.5 万~2.5 万株。②合理施肥:播前施足底肥,播后施好追肥,氮、磷、钾肥搭配比例为 1:2:1,每亩底施硼肥 1 kg。③中耕培土,及时除草;防治病虫害,重点做好菌核病的防治。④适时收获:人工收割以植株主序中部角中籽粒变黑为参照,机械收割以全株籽粒红黑色为参照。

适宜种植区域　适宜在湖北、湖南、江西 3 省冬油菜区种植。根据农业部第 1309 号公告,该品种还适宜在上海、浙江及安徽和江苏两省淮河以南的冬油菜主产区种植。也适合在云、贵、川和陕南、广西、福建等地种植。春播油菜可在内蒙古、新疆、甘肃、青海种植。

5. 中核杂 418

登记编号　GPD 油菜(2017)340036

育 种 者　安徽省农业科学院作物研究所

品种来源　Y204A×069032

特征特性　甘蓝型半冬性隐性上位互作核不育三系杂交种。子叶肾形,苗期长势稳健,叶色较深,有蜡粉,幼苗半直立,长柄叶 2~3 对缺刻,叶缘齿状。花瓣黄色,大小中等,呈侧叠状。全生育期 235 d,与对照秦优 7 号相当。株高 149.5 cm,匀生分枝类型,一次有效分枝数 9 个,单株有效角果数 486.2 个,每角粒数 19.8 粒,千粒重 4.12 g,种皮黄褐色。菌核病发病率 22.5%,病情指数 10.02;病毒病发病率 5.34%,病情指数 1.79。抗病鉴定综合评价为低感菌核病;抗倒性较强。平均芥酸含量 0.5%,饼粕硫苷含量 24.65 μmol/g,含油量 47.03%。2008—2009 年度参加长江下游区油菜品种区域试验,平均亩产 163.7 kg,比对照秦优 7 号增产 2.3%,平均亩产油量 78.98 kg,比对照秦优 7 号增产 6.8%。2009—2010 年度续试,平均亩产 168.8 kg,比对照秦优 7 号增产 3.8%,平均亩产油量 77.3 kg,比对照秦优 7 号增产 6.5%。两年平均亩产 166.2 kg,比对照秦优 7 号增产 3.1%,平均亩产油量 78.14 kg,比对照秦优 7 号增产 6.7%。2010—2011 年度生产试验,平均亩产 172.3 kg,比对照秦优 7 号增产 3.7%。

栽培技术要点　①早播早栽:江淮地区育苗移栽 9 月上中旬播种,移栽苗龄不超过 40 d,直播 9 月底至 10 月初播种,淮南和江南地区可在此基础上适当推迟 5 d 左右。种植密度,中等肥力田块,移栽每亩 8000~10000 株,直播每亩 1.5 万~2.0 万株,每穴留双株。②重施底肥:早追苗肥,增施磷、钾、硼肥。亩施纯氮 17.5 kg,磷、钾肥全部底施,氮肥 50%作底肥、30%作年前苗肥、20%作蕾薹肥,年后抽薹前施用。切忌薹期偏施化学氮肥;缺硼田块每亩底施 0.75~1.00 kg 硼肥,如遇长期干旱天气,蕾薹期再喷施 1 次。③注意及时防病治虫除草,开好三沟,防止水渍。

适宜种植区域　适宜在上海、浙江及安徽和江苏两省淮河以南的冬油菜主产区种植。

6. 天禾油 11

登记编号　GPD油菜(2017)340152

育 种 者　安徽省天禾农业科技股份有限公司

品种来源　5C650×R160

特征特性　甘蓝型杂交种。子叶肾脏形,苗期叶圆形,叶浓绿色,顶叶中等,茎秆绿色,花瓣黄色,种子黑色、圆形。全生育期平均232 d。平均株高153.2 cm,一次有效分枝数9.2个,单株有效角果数456.3个,每角粒数21.9粒,千粒重3.7g。芥酸含量0.1%,硫苷21.11 μmol/g,含油量42.77%。中抗菌核病,中抗病毒病。抗寒性强,抗倒性较强。第一生长周期亩产194.2 kg,比对照秦优7号增产13.0%;第二生长周期亩产165.2 kg,比对照秦优7号增产10.5%。

栽培技术要点　①适时早播:长江下游地区育苗应在9月中旬播种,苗龄30~35 d;直播9月下旬至10月上旬。②合理密植:在中等肥力条件下,育苗移栽的合理密度每亩0.8万~0.9万株,直播每亩1.2万~1.5万株。③科学施肥:施足基肥,增施磷、钾肥,及时施苗肥,早施腊肥、春肥,巧施花肥,肥料的70%在年前施用。

适宜种植区域　适宜在上海、浙江及安徽和江苏两省淮河以南冬油菜产区种植。

7. 浙油 50

审定编号　国审油2011013

育 种 者　浙江省农科院作物与核技术利用研究所

品种来源　沪油15/浙双6号

特征特性　甘蓝型半冬性常规种。幼苗半直立,叶片较大,顶裂叶圆形,叶色深绿,裂叶2对,叶缘全缘,光滑较厚,叶缘波状,皱褶较薄,叶被蜡粉,无刺毛;花瓣黄色,侧叠、复瓦状排列;种子黑色圆形。全生育期220 d,比对照中油杂2号晚熟1 d。株高165.5 cm,一次有效分枝数7.8个,单株有效角果数248.5个,每角粒数19粒,千粒重3.91g。菌核病发病率2.26%,病情指数1.25,病毒病发病率1.17%,病情指数0.78,菌核病鉴定结果为低抗,抗倒性强。经农业部油料及制品质量监督检验测试中心检测,平均芥酸含量0.25%,饼粕硫苷含量20.78 μmol/g,含油量46.53%。2009—2010年度参加长江中游区油菜品种区域试验,平均亩产160.9 kg,比对照中油杂2号减产3.2%,平均亩产油量72.76 kg,比对照中油杂2号增产4.1%。2010—2011年度续试,平均亩产184.1 kg,比对照中油杂2号增产2.5%,平均亩产油量88.08 kg,比对照中油杂2号增产11.7%。两年平均亩产172.5 kg,比对照中油杂2号减产0.3%;平均亩产油量80.42 kg,比对照中油杂2号增产8.1%。2010—2011年度生产试验,平均亩产154 kg,比对照中油杂2号增产1.5%。

栽培技术要点　①长江中游区9月中旬播种育苗,苗床每亩用种量0.5 kg,苗床与大田比例为1:5~1:6,苗龄30~35 d,培育壮苗,每亩种植密度7000~8000株,宽行窄株种植。②施足底肥,大田每亩底施农家肥2000 kg、尿素10 kg、过磷酸钙50 kg、氯化钾10 kg、硼砂1 kg;栽后当天施定根肥水,栽后20 d第一次追肥,12月上旬重施"开盘肥"。③苗期注意防治痒倒病、菜青虫和蚜虫,开花后7 d防治菌核病,角果成熟期注意防治蚜虫和预防鸟害。

适宜种植区域　适宜在浙江、湖北、江西及江苏和安徽两省淮河以南的冬油菜主产区种植。

8. 沪油 17

审定编号　GPD油菜(2017)310126

育 种 者　上海市农业科学院作物育种栽培研究所

品种来源　（中双 4 号/8920）//中双 4 号

特征特性　甘蓝型中熟常规种。全生育期 238 d，比汇油 50 提早成熟 1～2 d。幼苗生长半直立，叶色深绿，叶面平展，叶缘有波状缺刻，蜡粉较厚。薹茎绿色，花瓣鲜黄色，椭圆形平展，开花状态侧叠。分枝习性属中生分枝型，主花序较长，角果粗壮，种子呈黑褐色。株高 165 cm 左右，分枝部位 50 cm，一次有效分枝 8 个以上，二次分枝 3～4 个，单株有效角果 400 个以上，每角粒数 20 粒，千粒重 4.4 g 左右。芥酸含量 0.29%，硫苷含量 20.91 μmol/g，含油量 42%。低感菌核病，高抗病毒病。耐肥、抗倒性强，抗裂荚性强，抗寒性一般。第一生长周期亩产 166.20 kg，比对照皖油 14 增产 6.55%；第二生长周期亩产 155.5 kg，比对照秦优 7 号减产 3.98%。

栽培技术要点　①适时播种、培育壮秧：播种期 9 月 20—25 日，有利秧苗矮壮，秧龄 40～45 d。②合理密植：11 月上中旬移栽，密度每亩 8000 株左右，根据地力情况可适当增减。③科学运筹肥料：施足基肥，增施磷、钾肥，及时施苗肥、腊肥、春肥，巧施花粒肥，肥料的 75% 在年前施用。④加强虫、病的防治：生长期注意虫害，尤其是蚜虫，应及时防治，减轻病毒病的发生。在花期需防治菌核病。⑤适时收获：大部分角果充分黄熟后收获，有利籽粒的增重，提高产量。

适宜种植区域：适宜在上海、浙江、江苏和安徽等地区种植，秋季播种。

（三）播种

1. 种子播前处理　"好种出好苗"，幼苗健壮与否与种子质量密切相关。播种前对种子进行处理是作物栽培的主要措施，在油菜生产上同样适用。根据处理目的不同可分为 3 类：以提高种子净度和质量为主的有筛选、风选、手选、水选等，以增强发芽势和提高发率为主的有晒种、肥料浸拌种等，以杀菌为目的有温汤浸种、药剂浸种等。

（1）精选种子　油菜种子晒干扬净后，采用粒选、筛选、风选和水选等方法精选种子。种子精选的目的是为了去除秕粒、小粒、破粒、有病虫害的种子和各种杂物，选择大粒饱满的种子使用。

（2）晒种　利用阳光暴晒种子。一般于播种前 1 周左右，将油菜种子晒种 1～2 d，每天晒 3～4 h，能促进种子后熟和增强酶的活性，降低种子内抑制发芽物质含量，增强种子播后吸水能力，提高种子发芽率；晒种还具有杀菌作用，从而减轻病害。晒种时要注意不能将种子直接堆放在水泥地上或盛于金属器皿中暴晒，以免温度过高灼伤种子。

（3）肥料浸种　磷酸二氢钾浸种：每千克油菜种子用磷酸二氢钾 50 g，兑水 10 kg，浸种 24 h，然后捞出稍加晾干或拌些草木灰就可播种；人尿浸种：每千克种子用人尿（勿用新鲜尿）5 kg，兑水 15 kg，浸种 48 h 后捞出、沥干，待种子互不相黏后播种；硼肥浸种：每千克种子用硼砂或硼酸 5 g，先用少许 60 ℃热水将硼砂溶解，然后兑水 10 kg，浸种半天后播种。肥料浸种处理后播种，出苗又快又齐，而且幼苗十分健壮，一般可增产 5%～10%。

（4）药剂浸种　高锰酸钾（PP 粉）浸种：每千克种子用高锰酸钾 5 g，兑水 10 kg，用配成的高锰酸钾溶液浸种 48 h；多菌灵浸（拌）种：50% 多菌灵可湿性粉剂 10～15 g 拌种 5 kg；代森锰锌浸种：50% 代森锰锌可湿性粉剂兑水 200～300 倍液浸种 10 min，取出后用清水冲洗干净晾干播种。药剂浸（拌）种，可减轻霜霉病、白锈病等病害的发生，浸种时间和药剂浓度因种子和病原不同而不同，需经过试验确定。用吡虫啉（1∶30）或噻虫嗪（1∶50）等药剂进行包衣或拌种，晾干后播种，可防治蚜虫。

H_2O_2 浸种处理可提高种子内的超氧化物歧化酶（SOD）、过氧化物酶（POD）和过氧化氢酶（CAT）活性以及抗坏血酸（AsA）和谷胱甘肽（GSH）含量,有效抑制活性氧（ROS）产生,降低细胞膜质过氧化程度,促进抗寒基因 Cu/Zn—SOD 和 BnICE1 表达量的增加,增强油菜种子耐低温萌发能力（张曼等,2017）。采用适宜浓度的异甜菊醇浸种,能有效缓解盐胁迫对油菜种子发芽和幼苗生长产生的伤害,其中以 $1×10^{-9}～1×10^{-8}$ mol/L 异甜菊醇浸种处理,油菜种子的发芽率、发芽指数和活力指数最高,同时能显著提高幼苗根长、苗高、叶绿素含量、抗氧化酶活性和根系活力,降低子叶的 MDA 含量,提高油菜幼苗的抗盐能力（张亮等,2020）。

2. 适期播种　油菜播种时间关系油菜生育时间长短、苗龄长短及生育状况,进而影响产量。适宜的播种期能充分利用光、温、水资源,使油菜生长发育协调进行,从而利于获得高产。油菜对播种时间的反应较为敏感,播种时间的确定应结合当地的气候条件、病虫害发生状况、种植制度和品种特性等多种因素。油菜种子发芽及根系叶片生长均需要适宜的温度条件,发芽所需适宜日平均温度为 16～22 ℃,幼苗出叶所需温度为 10～15 ℃,油菜移栽需有 40～50 d 的有效生长期（有 7～8 片以上的绿色大叶）方能安全越冬。一般偏冬性、中晚熟品种在适期范围内早播,偏春性、早熟品种在适期范围内迟播。皖西地区油菜适宜播种时间,直播 9 月下旬至 10 月上中旬,育苗移栽 9 月中旬至 9 月底;高产栽培直播不迟于 10 月 5 日,移栽不迟于 9 月 25 日,确保冬前 7～12 片叶。

龚德平等（2020）研究不同播期对油菜品种产量性状和品质的影响,得出随着播期的推迟各油菜品种的株高、一次分枝数、角果数、千粒重、产量、粗脂肪含量均降低或减少,每角粒数变化不明显,蛋白质含量增加。张杏燕等（2020）研究得出,随着播期推迟,油菜成株密度增加,株高、分枝数、主花序长、主花序有效角果数显著降低,分枝高度显著增加,单株有效角果数、每角粒数、千粒质量显著降低,群体角果数、群体产量显著降低;晚播条件下,增加播量（对应成株密度 67.65 万株/hm² 左右）对产量有较强的补偿作用。张宇等（2020）对油菜毯状苗适宜播期进行了研究,得出随着播期推迟,油菜出苗天数延长且出苗率下降,存苗数、苗高、充实度、干物质积累量均下降,扬州地区油菜毯状苗最适播种期为 9 月 15—25 日,此播期下出苗较快且存苗数、绿叶数、叶面积较高,苗高适宜、充实度好,符合毯苗机械移栽的要求。

3. 合理密植　适宜的种植密度,对于油菜的高产有着重要的意义,也是种植油菜获得高产的保证。合理密植范围与品种特性、播种期、土壤肥力、水分条件、播种方式等密切相关。一般来说,迟播密度大,早播密度小;直播密度大,移栽密度小;株型紧凑、分枝少、分枝部位高的密度大,株型高大、分枝多、分枝部位低的密度小;土壤肥力低的密度大,土壤肥力高的密度小。皖西地区油菜种植适宜密度,直播 2 万～3 万株/亩,育苗移栽 0.8 万～1.2 万株/亩。

赵小光等（2019）对不同种植密度下甘蓝型油菜光合生理特性的差异进行了研究,得出叶绿素含量随着种植密度的增加一直下降,绿叶面积在 2 万株/亩达到最高;叶面积指数和光能截获率均随着种植密度的增加而升高;叶片净光合速率、气孔导度、蒸腾速率在种植密度超过 1.33 万株/亩以后开始下降,水分利用效率和气孔限制值则随着密度的增加一直下降;油菜单株干物质积累量随着密度的增加而下降,而群体干物质积累量则随着密度的增加而升高;可溶性糖含量随着密度的增加而下降,总蛋白含量在 2 万株/亩时候达到最高水平。

陈碧云等（2018）以 14 份耐密性差异显著的品种资源为材料进行耐密植精准鉴定,结果表明:不同种植密度下含油量、千粒质量、株高 3 个性状差异不显著;随着种植密度的增加,所有品种一次有效分枝数、全株角果数、每角粒数、单株产量 4 个性状呈减少趋势（部分达显著水平);密度与产量及相关性状的相关分析显示,种植密度与全株角果数、每角粒数、单株产量呈负相关关系,除陕油 093 外的 13 个品种种植密度与千粒质量皆呈正相关关系,P4099、6H2420 的种植密度与含油量呈显著正相关($P<0.05$)。

为探究密度对油菜机械化关键性状的影响,李小勇等(2018)以中双 11、华油杂 9 号为材料,设置 4 个密度(1 万株/亩、2 万株/亩、3 万株/亩和 4 万株/亩),测定产量构成、倒伏指数及抗裂角指数相关指标。结果表明:①不同密度下,群体有效角果数、每角粒数差异显著,2 个品种产量均在 3 万株/亩时最大;②随着密度的增加,油菜根颈粗变细,茎秆倒伏指数增加,增加了倒伏风险;在低密度(1 万株/亩和 2 万株/亩)下,茎秆临近冠层部位最易倒伏,在高密度(3 万株/亩和 4 万株/亩)下,茎秆中部及中部偏上部位倒伏指数较大,即与低密度相比,高密度油菜茎秆倒伏发生部位降低;③分枝抗裂角指数均小于主茎抗裂角指数,且随分枝高度降低呈先增加后降低的趋势。不同品种油菜主茎抗裂角指数对密度响应存在差异:中双 11 随着密度的增加逐渐降低,在 1 万株/亩下最大,华油杂 9 号则随着密度的增大呈先增后降趋势,在 2 万株/亩下最大。角果发育初期至成熟期含水量下降速率与抗裂角指数极显著负相关,且相关系数最大,表明该指标是密度影响抗裂角指数的最关键因素。

4. 播种方式　皖西地区油菜种植主要以种子直播和育苗移栽两种播种方式为主,其中种子直播包括条播、穴播和撒播,育苗移栽包括人工移栽和机械移栽。

(1)种子直播　直播是将种子直接播种于大田的一种栽培方式。直播油菜根系发达,主根入土深,抗旱、抗倒伏能力强;直播油菜没有因移栽而造成生育停滞阶段,所以耐寒、抗冻能力也较强,能较好地避免因土壤冻结造成翻根倒苗现象。同时,直播油菜具有操作简单、省工省时、经济效益高的优点,且易于机械化收获,已成为油菜种植的主要方向。皖西当地油菜直播方法有条播、穴播、撒播等,播种深度一般在 2～3 cm。条播即为在大田上开行种植,将种子播于行内,然后覆土,有人工条播和机械条播;穴播是一种传统的直播方法,在水稻田土质黏重、整地困难、开沟条播不便的地方较为适用,开成低穴,穴深 3～4 cm,每穴 5～10 粒种子,播种后用细土粪盖好;撒播是将种子撒播在旋耕开沟整理好(或免耕)的田块上。

(2)育苗移栽　育苗移栽是通过苗床育苗选取壮苗栽插于大田的一种栽培方式。按移栽方式分为人工移栽和机械移栽,按种植方式分为免耕移栽和翻耕移栽。育苗移栽可有效缓解多熟制轮作中前后季作物茬口矛盾,充分利用光热资源,增强个体生长潜力和抗逆能力,从而实现高产稳产。但育苗移栽过程烦琐,人工、水肥资源投入较多,种植密度难以提高。育苗移栽首先是培育壮苗,选择土壤肥沃、平坦、疏松、排灌方便的土地育苗,每亩播种 0.7～1.0 kg,播种前苗床要施好基肥,出苗前遇到干旱天气要及时浇水,出苗后根据苗情追施尿素,齐苗后要间苗,适量喷施多效唑移控制苗高,栽前 5～7 d 每亩施尿素 4～5 kg,苗龄 30～40 d 开始移栽,拔秧前 1～2 d 浇透水。机械移栽先要将油菜培育成机插水稻苗一样的盘根成毯的毯状苗。毯状苗的培育,可以利用水稻秧盘育苗,操作步骤与水稻育秧相似,毯状苗一般在 5～6 片叶、苗高控制在 8～12 cm、苗龄 30～45 d 开始移栽。

(3)不同播种方式比较　冯云艳等(2019)以甘蓝型油菜品种宁杂 1818 为试材,设置毯状苗移栽和直播两种种植方式,每种方式 6 个时期,即不同的移栽期和直播播期:10 月 15 日、10 月 20 日、10 月 25 日、10 月 30 日、11 月 4 日、11 月 9 日,研究其产量水平和经济效益。结果表明:在茬口允许的条件下,10 月 21 日前,采用直播方式种植油菜效益较高,此后应采用毯状苗机械移栽方式;毯状苗机械移栽油菜的适宜移栽期范围为 10 月 21 日至 11 月 5 日,高产栽培的最迟移栽时间为 11 月 16 日。

张春雷等(2010)2000—2007 年在长江流域多个试验基地连续开展定点试验和调查,研究了运行费、人工投入、种植单元和收益等随油菜栽培模式的不同而变化的情况,并应用计量经济学原理,对不同地区和年份间油菜栽培方式的投入及产出差异进行了研究。结果显示:翻耕移栽、免耕移栽、翻耕直播、免耕直播等栽培方式在运行费、人工费、单产水平以及净收益等方面均存在显著差异;中国油菜栽培方式与世界主要油菜生产国相比较,存在着劳动力投入过多、种植单元小、机械化程度低等问题,阻碍了油菜生产效益的提升。据此研究提出推广省工、省力、可操作性强的直播高产栽培技术,并适度发展机械化农机农艺,鼓励土地流转或季节性承包,扩大油菜连片种植规模,是新时期中国油菜栽培科技发展的主导方向。

袁金展等(2014)以甘蓝型油菜品种中双 11 号和中油杂 12 号为材料,通过设置直播(3 万株/亩)和移栽(0.8 万株/亩)两种栽培方式,高氮和低氮两种施肥方式的田间试验,研究了移栽与直播对油菜根系建成及籽粒产量的影响。结果表明,直播油菜根系比移栽油菜分布更深,直播油菜在 0～10 cm 土层的根系分布显著低于移栽油菜,但在 10～20 cm 和 20～30 cm 土层的根系显著高于移栽油菜;初花期根干重是决定油菜群体籽粒产量的主要因素,根干重越大,籽粒产量越高;粗壮的根系是油菜获得高产的关键,移栽油菜的根系比直播油菜更为粗壮,增施氮肥有助于根系的粗壮型生长。

王寅等(2011)为探寻氮肥施用对移栽油菜和直播油菜生长发育状况和籽粒产量的影响,2009—2010 年度在湖北省沙洋县布置移栽油菜和直播油菜氮肥用量田间试验,开展田间调查和产量分析,根据肥效模型确定适宜施氮量。结果表明:由于种植方式的不同,移栽油菜和直播油菜生育期内植株形态和生长发育特点存在较大差异。移栽油菜单株优势明显,植株各方面发育均好于直播油菜,而直播油菜具有群体优势,籽粒产量水平与移栽油菜接近。施氮有效促进移栽油菜和直播油菜的生长发育,显著提高油菜籽粒产量。同时,两种种植方式下油菜氮肥施用效果存在差异,移栽油菜各项生长发育指标及产量形成受氮素影响更为明显。直播油菜拥有庞大的根群结构,吸收土壤氮素的能力强,对外源氮肥需求量少于移栽油菜。本试验条件下,移栽油菜和直播油菜的适宜施氮量分别为 15.23 kg/亩和 8.69 kg/亩。

(四)种植方式

种植方式是指在一定的种植制度下,按照一定的作物种类和配制方式进行作业的农业技术方法。种植方式根据种植制度的要求,充分利用当地的自然、经济条件,正确处理地力和作物种间的关系,组成不同的作物群体,用地、养地结合,达到高产稳产、全面丰收。包括单作、间作、套作、混作、轮作等。皖西地区油菜种植以单作为主,兼有少量的间、套作;与水稻轮作为主,部分与玉米、薯类、花生、大豆、红麻等轮作。

1. 单作　单作是指在同一块田地上,一个完整的植物生育期内只种同一种作物的种植方式。其优点是便于种植和管理,便于田间作业的机械化。

张智等(2021)研究了不同行距、不同密度及其互作模式对黄淮流域机械化直播油菜主要农艺性状、产量相关性状、产量和抗倒性的影响。结果表明,不同种植行距和种植密度对油菜农艺性状与相关产量性状均有不同程度的影响,不同密度处理对产量的影响效应差异达极显著水平,在相同密度下,40 cm 行距处理的产量高于 30 cm 行距处理。油菜的抗倒性随着种植密度的增加而下降,在相同密度下,40 cm 行距处理的倒伏指数小于 30 cm 处理。因此,在黄淮流域油菜全程机械化种植,最适宜的种植行距为 40 cm、种植密度为 3 万株/亩。

段秋宇等(2017a)于 2013/2014 年、2014/2015 年选用中熟杂交油菜品种川油 36,在成都平原区系统研究了不同种植密度(1 万～4 万株/亩)及行距配置(20 cm、30 cm、40 cm、40 cm＋20 cm)对直播油菜农艺性状和产量品质的影响。结果表明,在充足施肥条件下,直播油菜适宜机收和高产的种植密度为 2.0 万～2.4 万株/亩,行距配置以等行距 30～40 cm 为宜,或采用宽窄行 40 cm＋20 cm。

2. 间、套作　间作、套作也称为立体农业,是指在同一块地上按照一定的行、株距和占地的宽窄行比例种植不同种类的农作物的一种种植方式。其可以通过时间上、空间上的互补以及生物之间的相互作用达到高产的结果,从而创制更多的经济效益。一般把几种作物同时播种的叫作间作,间作作物的生育期至少占一种作物全生育期的一半。把不同时期播种的叫套作,前季作物生长后期的株行间直播或移栽后季作物也叫套作,套作的共生期较短,一般不超过套作作物全生育期的一半。间作、套作要注意植株应高矮搭配、根系深浅不一、病虫害能起到相互抑制作用、主副作物成熟期分开、品种双方互利共生、种植密度一宽一窄、枝叶类型一横一纵等。皖西地区油菜种植有少部分为幼茶林间作,桃、梨林下间作。这一方面可以充分合理利用水肥、光热资源及病虫杂草防治得到互补优化;另一方面,油菜花期与桃、梨花期相近,开花时可为市民提供赏花观景的场地,形成集旅游、观光、休闲为一体的经营;另外还可将油菜作绿肥翻耕还田,提高茶叶、桃、梨的产量和品质。

生物多样性能增加生态系统的生产力和稳定性,其生态学理论基础是物种间的补偿和选择效应,间套作是增加农田生物多样性的主要方式,具有生产力和养分获得优势,在高产和高养分携出量情况下,生产力稳定性和土壤肥力如何变化是间套作能否可持续发展的关键问题。

何娜娜等(2021)采用 X-ray computed tomography(CT)技术研究了果树行间不同油菜间作密度(CK:清耕;L:低密度间作;M:中密度间作;H:高密度间作)对土壤大孔隙特征参数的影响。结果表明,油菜间作改善了果树行间(0～60cm)土壤大孔隙特征,各土层的土壤大孔隙数量、大孔隙面积、大孔隙度等参数分别较清耕显著提高($P<0.05$);不同间作密度对土壤大孔隙的作用不同,除 10～20cm 外,中密度间作对土壤大孔隙度的改善效果均显著好于其他处理;中密度处理下大孔隙($d>1$ mm)在各土层间的数目多、差异小,并且在 0～30 cm 土壤剖面上的成圆率最高。中、高密度油菜间作的土壤大孔隙特征参数均优于清耕及低密度间作,而中密度间作的土壤大孔隙分布更均匀、形状更规则,是黄土高原旱地苹果园改善土壤结构的适宜间作密度。

黄华磊等(2018)研究了油菜与蚕豆间作不同行比处理对油菜菌核病发病情况、主要经济性状和产量的影响。结果表明,与油菜单一种植模式相比,油菜与蚕豆间作使油菜菌核病病情指数及发病率降低,油菜与蚕豆总产量及经济效益提高。其中,油菜与蚕豆 2：2 行比处理的油菜菌核病发病最轻,总产量及经济效益最高,两年平均分别为 176 kg/亩和 836.4 元/亩;其次是 3：3 行比。

周泉等(2018)通过紫云英与油菜间作,探讨了绿肥紫云英对油菜根际土壤碳氮及其微生物特征的影响,同时与秸秆覆盖的效应作了比较。结果表明,与秸秆覆盖相比,间作绿肥紫云英是影响油菜根际土壤环境的主要因素;间作紫云英减少了油菜根际土壤碳、氮含量,改变了油菜根际土壤碳氮比;间作紫云英也减少了油菜根际土壤微生物量,改变了油菜根际土壤微生物群落结构,改善了油菜根际土壤通气状况,抑制了厌氧细菌的生长。

李小飞(2017)于 2009 年在甘肃(定位试验 1)和宁夏(定位试验 2)设立的 2 个间套作长期定位试验点,研究补偿和选择效应对间套作生产力及养分获得优势的贡献以及连续间套作种植对生产力时间稳定性和土壤肥力(物理、化学和生物化学性状)的影响。结果表明,合理的作物搭配时,连续间作具有高产稳产的优势,间作优势是物种间补偿和选择效应相互作用的结果,种间促进作用可能在维持间作生产力长期稳定中起着重要作用。此外,在持续高产和高养分携出量下,间作能够维持甚至增加大部分土壤肥力指标,进而有利于间作优势的发挥。

3. 轮作　轮作(Crop rotation)是在同一块田地上,有顺序地在季节间或年度间轮换种植不同作物的一种种植方式。轮作是用地、养地结合的一种措施,不仅有利于均衡利用土壤养分和防治病、虫、草害,还能有效地改善土壤的理化性状,调节土壤肥力,最终达到增产增收的目的。具体模式因地而异。

(五)田间管理

1. 中耕　中耕是在作物生育期中在株行间进行的表土耕作。可采用手锄、中耕犁、齿耙和各种耕耘工具。中耕可疏松表土、增加土壤通气性、提高地温、促进好气微生物活动和养分有效化、去除杂草、促使根系伸展、调节土壤水分状况。中耕的时间、次数,应根据油菜生长状况、气候特点、杂草生长情况和土壤墒情而定。中耕深度应掌握浅—深—浅的原则,即苗期宜浅,以免伤根;生育中期应加深,以促进根系发育;生育后期宜浅,以破板结为主。对直播油菜,一般在全苗后出现两三片真叶时结合间苗追肥进行第一次中耕,至四五片真叶后,结合定苗追肥第二次中耕,此后在低温来临之前再中耕 1 次。对移栽油菜,应在幼苗移栽返青后结合追肥进行第一次中耕,以后在冬前再进行 1～2 次中耕。水田油菜的中耕可稍深。旺长油菜的中耕也应适当加深,以切断部分根系,控制地上部分生长,使旺苗变壮苗。但在干冻年份和地区,为了防冻保湿,一般不宜在严冬进行深中耕。中耕松土时,一定要注意培土壅根,以增加油菜的抗寒力。

2. 科学施肥　油菜是一种需肥量较大、耐肥性较强的作物。油菜对氮、磷、钾的需求量高于小麦、水稻等禾谷类作物,对磷、硼反应比较敏感。当土壤中速效磷含量<5 mg/kg 时,出现明显缺素症状,要求土壤中有效硼含量高于 0.5 mg/kg,比其他作物高 5 倍左右。油菜不同时期对氮、磷、钾的吸收比例,苗期分别为 35％、50％、45％,薹花期分别为 50％、40％、40％,角果期分别为 15％、10％、15％。

氮素:油菜对氮素的吸收积量最大时期是蕾薹期,主要是促进营养生长,使油菜茎粗、叶茂、枝旺。缺氮时,植株矮小,分枝少,角果及籽粒数、籽粒重减少,叶片瘦小,叶色变淡、发红,产量较低。

磷素:油菜对磷素吸收大大低于氮素和钾素。充足的磷素供应能促进光合作用,增强油菜的抗寒性,促进花芽分化并缩短花芽分化时间,有利于早熟高产。缺磷会引起根系发育不良,叶片变小、变厚,叶色深绿、灰暗,缺乏光泽,严重时呈暗紫色,并逐渐枯萎,花芽分化迟缓。在油菜生长期内,要求土壤速效磷含量保持在 10～15 mg/kg。

钾素:油菜对钾素的需求量较多。钾素的吸收高峰在蕾薹期出现,此期吸收积累的钾素量也最大。缺钾时植株生长受阻,叶柄呈紫色,叶片褪绿发黄,严重时心叶呈"焦灼状"萎缩枯死。

硼素:缺硼出现"花而不实"现象,或花瓣干枯皱缩,不能开花,严重减产。因此,生产上要科学施肥,做到大量元素与微量元素的平衡施用。

（1）重施基肥 基肥是在直播油菜播种或育苗移栽时一次性施入田地，是油菜营养元素的主要来源之一。常用的基肥有腐熟的农家肥、土杂粪、生物秸秆等有机肥和氮、磷、钾等化学肥料。基肥施用应以有机肥为主，配合速效氮肥，增施磷、钾肥和硼肥。油菜苗期对磷素敏感性最强，因此，磷肥作基肥效果明显优于追肥。安徽的大部分土壤缺钾，尤以水稻土为重；基肥施用钾肥，有利于油菜对钾肥的吸收和利用，但油菜需钾高峰在薹期，而速效钾在土壤中易流动，一般基肥施钾量应占总施钾量的 70%，其余部分作腊肥施用。基肥中氮肥在总施氮中所占比例因各种条件而异，一般高产田，施肥量多，基肥比重宜大，可占总施氮量的 50% 以上；施肥量中等的，基肥比重占总施氮量的 30%～40% 为宜；施肥量较小时，基肥中氮肥宜更小。此外，注意基肥深施。以直播油菜为例，如只施于土壤表层，将引导油菜根系只长于土壤表层而不深扎，形成"浮根"，导致油菜扎根不稳，吸收土壤水肥能力下降，并易出现倒苗、脱肥、受旱等现象。皖西地区油菜种植推荐基肥施用量为每亩施复合肥 40～50 kg＋硼肥 0.75 kg，迟播油菜增施尿素 4～5 kg，或油菜专用肥 40～50 kg 于旋耕整地时深施。

郭子琪等（2020）在安徽省江淮地区布置不同氮肥用量对直播油菜产量、氮素累积量、经济效益及氮肥利用率影响的田间试验。结果表明，施用氮肥显著提高了油菜产量和氮素累积量。施氮量高于 240 kg/hm² 后，油菜籽粒产量和氮素累积量的增加趋于平缓。氮肥用量为 240 kg/hm² 时获得最高经济效益 10026 元/hm²。氮肥用量为 180 kg/hm² 时，油菜氮肥表观利用率达到最高（43.78%），氮肥施用量超过 240 kg/hm²，氮收获指数和肥料利用率出现下降。施氮量相同的情况下，分次施肥比起一次性施肥更有利于提高油菜产量。综合油菜的产量、肥料利用率和经济效益，安徽省江淮地区直播冬油菜施氮量在 180～240 kg/hm² 能较好地协调油菜高产和氮肥合理利用的统一。

唐伟杰等（2020）以油菜品种湘油 15 为供试材料，在相同追施氮肥总量条件下（N 300 kg/hm²），设 3 个处理：单施硝态氮（NO_3^-）（A）、硝铵态氮 1∶1 配施（B）和单施铵态氮（NH_4^+）（C）。分别对油菜的农艺性状、籽粒产量、含油量和花期、收获期地上部分不同器官的生物量、氮累积量以及苗期、花期叶片的光合作用参数、硝酸还原酶活性进行了测定。结果表明，与 A 处理相比，C 处理显著增加了油菜的单株有效角果数和籽粒产量（$P<0.05$）；B 和 C 处理显著增加了开花期以及收获期花（角果）、茎和全部地上部的生物量以及花（角果）、叶、茎、籽粒和全部地上部的氮累积量（$P<0.05$）；B 和 C 处理显著增加了苗期和开花期油菜叶片 SPAD 值、净光合速率、气孔导度、胞间 CO_2 含量和开花期叶片硝酸还原酶活性（$P<0.05$），但显著降低了苗期叶片硝酸还原酶活性（$P<0.05$）。由此得出，旱地土壤中，与单施硝态氮相比，单施铵态氮更能促进油菜地上部生物量和籽粒产量提高。

李佩等（2020）2016—2017 年度在安徽省江淮流域油菜主产区布置控释氮肥不同用量施用效果田间试验，研究控释氮肥对安徽江淮地区油菜产量、氮素吸收及氮肥利用效率的影响。试验共设 6 个控释氮肥用量梯度，分别为 0、60 kg/hm²、120 kg/hm²、180 kg/hm²、240 kg/hm²、300 kg/hm² 和 1 个常规氮肥 180 kg/hm²。结果表明，一次性基施氮肥 180 kg/hm² 的条件下，控释氮肥处理（CRU180）油菜籽粒、氮含量、氮积累量均显著高于普通尿素处理；同时，CRU180 处理也显著提高了氮肥表观利用率、农学效率和偏生产力。比较控释氮肥不同用量，随着施氮量的增加，油菜各部位生物量和氮素积累量逐渐增加，其中籽粒产量在氮用量 180 kg/hm² 时处于较高水平，显著高于低施氮量各处理（CRU120 和 CRU60），继续增加施氮量产量没有显著增加；籽粒、茎秆和角壳的氮素积累量均以 CRU300 处理最高，CRU240 次之，但二者显著降低了氮收获指数和氮肥利用率各指标。综合来看,控释氮肥用量为 180 kg/hm² 时能在维持油菜籽粒产量不降低的条件下,保持较高的氮肥利用效率。基于油菜产量与控释氮肥用量的线性加平台模型,本区域控释氮肥一次施用的最佳用量为 166.4 kg/hm²。

李敏等(2020)研究尿素不同用量及等氮量尿素和控释尿素不同施用方式对直播冬油菜产量、氮肥累积量及氮肥利用率的影响。结果表明,合理的氮肥用量和氮肥品种可以有效增加直播冬油菜的成株率和氮素累积量,进而增加产量、提高氮肥利用率。安徽省直播冬油菜施氮量 180 kg N/hm²,尿素分次施用和控释尿素一次性施用,均能达到产量和氮肥利用率的双向提升。考虑到直播冬油菜轻简化发展大趋势,建议采用控释尿素一次性基施。

曾洪玉等(2019)以扬州当地主推品种宁杂 21 号为试验材料,采用不同磷肥用量方法对油菜籽粒产量、经济效益、磷肥利用率及土壤养分含量进行研究。结果表明,增施磷肥可促进油菜生长发育,对株高、茎粗、分枝数、单株角果数、每角粒数和千粒重均有显著提高,施磷 78.75 kg/hm² 时产量最高,增产 30%。增施磷肥油菜磷肥表观利用率、磷肥生理利用率和磷肥农学利用率先升后降,磷肥表观利用率变幅 9.35%~15.88%、生理利用率变幅 40.82~71.21 kg/kg、农学利用率变幅 6.61~8.73 kg/kg。偏生产力随磷肥用量的增加而下降。增施磷肥可提高部分土壤养分含量,土壤有效磷含量有明显提高。油菜净收益随施磷量的增加而增加,过量施磷净收益下降。综合上述研究,拟推荐本地区油菜生产中磷肥适用量为 78.75 kg/hm²。

付蓉等(2021)为研究不同施磷量对春油菜的生长、磷素吸收和利用、土壤磷素平衡的影响,于 2017 年和 2018 年在青海省互助县开展了田间试验,设置 0、30 kg/hm²、60 kg/hm²、90 kg/hm²、120 kg/hm² 5 个磷肥(P_2O_5)施用量,测定了不同处理春油菜的产量、磷素吸收与利用、籽粒含油率等。结果表明,施用磷肥条件下土壤均有不同程度的磷素盈余,施磷量低于 60 kg/hm² 时盈余量较低。综合考虑春油菜产量、产油量、磷肥表观利用率和土壤磷素表观平衡,在青海省东部春油菜区,推荐施磷量为 60 kg/hm²。

李会枝(2020)通过两年四季的田间试验研究了 4 种磷肥以及过磷酸钙和钙镁磷肥不同配比对水稻和油菜产量、养分吸收和肥料利用率影响,并结合室内培养试验,分析了土壤 pH 对于不同种类磷肥转化的影响。结果表明,施用磷肥能明显提高水稻和油菜的产量,不同种类磷肥施用效果略有差异。在南方酸性土壤水稻—油菜轮作中,水稻季施用磷酸二铵、油菜季施用钙镁磷肥作物的产量和磷肥利用率最高。不同的过磷酸钙和钙镁磷肥配比例在水稻和油菜上的效果不同,水稻季当过磷酸钙和钙镁磷肥以 1:1 比例配合施用时产量最高,而油菜季完全施用钙镁磷肥时产量最高。

武际等(2012)研究了安徽省沿江地区直播油菜的磷肥效应,结果表明,增施磷肥能够显著提高油菜产量,且油菜产量与磷肥施用量间呈正相关关系。当磷肥施用量为 90~180 kg/hm² 时,油菜获得较高的产量。提高磷肥用量,油菜的磷肥偏生产力呈递减趋势,农学利用率规律不明显。施用磷肥后油菜的经济效益显著,处理 P180(每公顷施用 180 kgP_2O_5)产值和施肥效益最高,分别为 7080.21 元/hm² 和 6540.21 元/hm²。产投比以处理 P45 和 P90 较高,分别为 11.84 和 11.53。综合考虑油菜施用磷肥的产量和经济效益,本试验条件下,安徽省沿江地区以每公顷施用 90 kgP_2O_5 为最佳磷肥用量。

邵文胜等(2020)以水稻—油菜轮作系统为研究对象,设 3 个钾肥用量,分别为 K_2O 用量 0、120 kg/hm²、240 kg/hm²,其中 K_2O 用量为 120 kg/hm² 是当地测土配方推荐钾肥量,通过一个轮作周期的田间试验,研究了钾肥用量对水稻—油菜轮作系统作物产量、钾素吸收和利用特性的影响。结果表明,水稻—油菜轮作系统作物产量随钾肥用量的增加先增加后降低,在 K_2O 用量为 120 kg/hm² 时达最高。水稻季和油菜季的钾肥利用效率随钾肥用量的增加而下降,且水稻季钾肥利用率明显低于油菜季。在本试验条件下,K_2O 用量为 120 kg/hm² 时,湖北省武穴市水稻—油菜轮作系统可获得较高的钾肥利用率,并可获得高产。

李继福等(2019)2017—2018 年在湖北省江汉平原开展钾肥一次性施用肥效田间试验,研究秸秆全量还田下钾肥用量对江汉平原直播水稻—油菜轮作产量及其构成因子、农田钾素表观平衡和钾肥(钾素)吸收利用率及农学利用率的影响,并结合肥效模型明确直播水稻—油菜轮作的钾肥适宜用量。结果表明,钾肥施用能够显著提高直播水稻和油菜的产量、地上部干物质量及钾素吸收,并通过增加直播水稻的密度、单位面积有效穗数、每穗粒数、结实率和直播油菜的密度、一级分枝数、角果总数来实现增产。秸秆不还田、周年钾肥投入量(K_2O)360 kg/hm² 条件下,轮作系统的钾素表观平衡仍为负值,亏缺量达 85.4 kg/hm²;而秸秆全量还田下,年投入 90 kg/hm² 钾肥即可实现农田钾素表观盈余。直播水稻和油菜的钾肥农学利用率平均分别为 10.6 kg/kg 和 2.9 kg/kg,而钾肥吸收利用率则为 42.6% 和 54.1%,表明直播水稻施用钾肥增产效果明显高于油菜,同时也反映出直播油菜更依赖于外源钾肥投入。水稻季钾素农学利用率、吸收利用率与其钾肥农学利用率、吸收利用率结果一致,而油菜季的钾素农学利用率和吸收利用率则分别为 2.1 kg/kg 和 38.5%,均显著低于油菜季钾肥农学利用率和吸收利用率。根据线性加平台方程拟合并结合农田钾素平衡得出秸秆还田下直播水稻和油菜的钾肥适宜用量分别为 62.31 kg/hm² 和 70.18 kg/hm²,对应的经济产量为 10066 kg/hm² 和 2182 kg/hm²,比当地推荐钾肥用量分别减少 44.4% 和 28.2%,且旱地直播油菜需要更多钾肥投入来支撑群体生长。因此,鉴于直播方式下作物生长对养分需求存在差异,应根据农业轻简化生产要求重视直播水稻—油菜轮作的钾素养分管理,以提高作物产量、养分利用率和经济效益。

孟凡金(2020)研究了不同钾肥用量对冬油菜产量和生育期内光合器官演替的影响,在此基础上,利用红外热像仪监测冬油菜生育期内冠层温度季节性和日变化,同时结合光合器官光合能力季节性和日变化,分析了不同钾肥用量下,冬油菜冠层温度变化与光合能力变化的关系。利用叶片在动态环境下的能量平衡模型,解剖钾素营养调控冠层温度变化的机制。结果如下:①不同钾处理之间每角粒数和千粒重没有明显差异,施用钾肥显著提高冬油菜单株角果数从而提高油菜籽产量;②在不同生育期,施用钾肥均可以显著提高光合器官的气孔导度、蒸腾速率和净光合速率,降低冠层温度与环境温度的差异;③不同供钾水平处理的气孔导度、蒸腾速率和叶片温度响应光照变化程度存在较大差异,充足的钾素供应可以降低响应时间达到稳定状态。综上所述,充足的钾素供应下减少气孔响应环境变化稳定时间,保持较高的蒸腾速率和比热,降低冠层温度及其变异程度。

(2)适时按需追肥

① 早施苗肥　由于油菜苗期长、吸肥量大,因此苗肥要适当早施,以促进油菜入冬前生长,保证安全越冬。苗肥一般在移栽油菜活棵后或直播油菜 4~5 叶期按"早、速、轻"的原则追施,一般追施尿素 4~5 kg/亩。

② 稳施腊肥　油菜腊肥以缓性肥料增温保暖为主,一般施尿素 5~6 kg/亩或腐熟的农家肥 2000~3000 kg/亩。

③ 巧施薹肥　油菜蕾薹期是油菜春发搭架子的关键时期,对基肥不足、苗势较弱、长势较差的田块要早施重施,一般施尿素 7.5~10.0 kg/亩＋氯化钾 2~3 kg/亩;对苗势旺盛的田

块,薹肥要迟施、轻施,一般施尿素 5～6 kg/亩＋氯化钾 1～2 kg/亩。

王玉浩(2017)采用油菜早熟品种圣光 127 和中熟品种华油杂 62 为试验材料,在早晚二个播期条件下,设置不同的氮肥基肥比例和追施次数,研究氮肥运筹对油菜生育进程、个体生长发育、干物质积累与分配、产量和品质等的影响。主要结果如下:不同熟期油菜品种的生育天数圣光 127 的全生育期在早播时比华油杂 62 短 4～5 d,晚播时短 9～10 d;不同基肥比例对油菜生长发育及产量影响以两个不同熟期油菜品种为试验材料,按照基肥、苗肥、薹肥 3 次施肥时间,设置基肥比例为 100％、60％、50％、40％等不同处理。油菜的株高、根颈粗等形态指标和地上部分干物质积累量均为 5∶2∶3 和 4∶3∶3 处理在收获期明显优于 6∶1∶3 处理。早播时,两个品种的最高产量均出现在 4∶3∶3 处理,达到 2951 kg/hm² 和 2748 kg/hm²;晚播时,则是 5∶2∶3 处理产量最高,分别为 1698 kg/hm² 和 1320 kg/hm²;不同施肥次数对油菜的生长发育及产量影响按照基肥、苗肥、薹肥、花肥 4 次施肥时间,设置基肥比例为 10∶0∶0∶0、5∶0∶5∶0、5∶0∶2∶3、3∶2∶2∶3 不同处理。株高、根颈粗等形态指标均为:一次施肥处理 10∶0∶0∶0 在前期明显优于其他处理,但后劲不足,到达播种后 110 d 左右增速减缓,而 5∶0∶2∶3 处理和 3∶2∶2∶3 处理在油菜开花至成熟期内生长增强。最终的个体发育状态为早播以 4 次施肥 3∶2∶2∶3 处理最大,晚播以 3 次施肥 5∶0∶2∶3 处理最好。早播时,两个品种的地上部分干物重最大值分别为 3∶2∶2∶3 处理和 5∶0∶2∶3 处理,达到 36.27 g/株和 34.37 g/株;晚播时同样为 3 次和 4 次施肥处理的值较大。油菜的产量受追肥次数的影响较大,增加施肥次数能在一定程度上提高产量,但不同品种与播期的表现有所不同。对于产量构成因素而言,单株有效角果数和每角粒数对产量的贡献较大,各处理的千粒重没有显著差异;缓释氮肥和普通尿素对油菜产量影响以圣光 127 为试验材料,进行大田和盆栽试验,将缓释氮肥与普通尿素设置不同的基肥比例,其中盆栽试验的土壤养分含量相对较高。在大田试验中,缓释氮肥基施、普通尿素基施、不同尿素基追比为 5∶5 的产量分别为 1764 kg/hm²、1652 kg/hm²、2591 kg/hm²;在盆栽试验中以上 3 个处理的单株籽粒产量分别为 26.61 g/株、21.93 g/株、25.27 g/株,可见缓释氮肥基施效果明显好于普通尿素基施,另外在土壤养分含量较高的情况下,也在一定程度上优于尿素追肥处理,实现省力省工的目标。

(3)平衡施肥　油菜平衡施肥,是在利用有机肥的前提下,根据土壤肥力水平和产量目标施用氮、磷、钾肥,主要是控制氮肥用量,增施磷、钾肥。皖西地区油菜种植,氮、磷、钾肥的推荐量如下:产量水平 200 kg/亩以上,推荐施用氮肥(纯 N)11～13 kg/亩,磷肥(纯 P_2O_5)4～6 kg/亩,钾肥(纯 K_2O)7～9 kg/亩,硼砂 1 kg/亩;产量水平 100～200 kg/亩,氮肥(N)8～10 kg/亩,磷肥(P_2O_5)3～5 kg/亩,钾肥(K_2O)5～7 kg/亩,硼砂 0.75 kg/亩。

张文学等(2021)研究了高产田氮、磷、钾肥处理及氮、磷、钾效应对油菜产量性状的影响,以秦油 2 号和中油 821 品种为材料,设置施纯氮 0、180 kg/hm²,磷(P_2O_5)、钾(K_2O)各为 0、90 kg/hm²,采用裂区设计,分析了氮、磷、钾以及互作效应对油菜经济性状的影响。结果表明,氮、磷配施比对照(空白)增产 25.7％,比单施氮、磷、钾分别增产 21.6％、18.0％、37.9％;两个品种的产量均以 N180 kg/hm²＋P 90 kg/hm² 最佳。秦油 2 号在 9 个处理中都比中油 821 极显著增产,平均增产 22.2％,是营养基因型差异所致;综合效应分析得出氮磷交互效应对产量具有正向作用,但未达显著水平,而氮、磷各自效应明显。进一步剖析增产原因,氮磷交互效应对秦油 2 号单株角果数影响较大,对中油 821 的株高和千粒重增加显著;磷的单独效应对秦油 2 号的千粒重和中油 821 的单株角果数影响最明显。本研究表明,氮磷配施的产量显著高于单施,配施增产主要原因是各自单独效应的累加;关中高产田氮肥用量 180 kg/hm²、磷肥 90 kg/hm²。

郭丽璇等(2020)通过室内种子萌发试验研究了田间条件下不同施肥处理收获后油菜种子萌发的差异,结合种子养分含量以及可溶性糖等生理指标初步揭示了其作用机制。研究结果表明,不同施肥处理显著影响油菜种子养分含量,其中种子氮、磷含量变化最大。与平衡施肥处理相比,不施肥各处理种子氮和磷含量分别降低了 5.9%～16.9% 和 0.0%～27.6%。不同施肥处理种子的萌发存在明显差异,以平衡施肥处理各项指标最高,与平衡施肥处理相比,不施氮和不施硼处理显著降低了种子发芽势和正常苗率,不施磷处理的畸形苗率最高为 27.7%。相关分析表明,油菜种子的氮、可溶性蛋白含量与种子未成苗率呈显著的负相关,而种子的发芽率和发芽指数则与种子磷、硼以及可溶性糖含量密切相关,种子磷含量的降低会增加油菜种子畸形苗率。因此,直播油菜育种应加强养分管理,尤其是氮、磷肥和硼肥的施用,以改善油菜种子的质量,提高直播油菜的产量。

肖荣英等(2019)在豫南水稻—油菜轮作地区,以双低品种和双高品种油菜为研究对象,农民习惯施肥为对照,研究了平衡施肥处理(NPKB)、缺氮(-N)、缺磷(-P)、缺钾(-K)和缺硼(-B)对油菜产量效果、经济效益和品质效益的影响。结果表明,两个品种平衡施肥处理(NPKB)的产量和经济效益均最高,农民习惯施肥产量和经济效益显著低于平衡施肥处理(NPKB)。氮、磷、钾、硼任一元素缺乏,均显著降低油菜产量和经济效益;两个品种平衡施肥处理(NPKB)的含油量显著高于其他处理,硫苷和芥酸含量显著低于其他处理。相同的施肥条件下,德油 8 号产量比中油 821 高 6.1%～43.4%,产值增加 365～1987 元/hm²,施肥经济效益提高 8%～52%。说明在相同的施肥及栽培条件下,双低油菜比双高油菜高产高效,在豫南水稻—油菜轮作区油菜种植中应选择双低油菜品种,并重视氮、磷、钾、硼的合理配施,以获得高产高效,提升油菜籽品质。

(4)微量元素肥料的施用　油菜微量元素需要量很少,但都直接参与营养同化的过程,而且专一性明显,缺乏后都有特殊症状,对新陈代谢和产量形成不利影响,需以适当方式给予补充。

① 硼　在土壤严重缺硼(土壤水溶性硼含量在 0.3 ppm 以下)时,苗期可导致死苗,株型矮化,花蕾干枯或脱落,开花延缓或不能正常开花,角果停止发育或呈畸形,胚珠不能发育成正常种子。硼能使吸收的氮素迅速转化为有机氮形成蛋白质,缺硼会阻碍蛋白质的合成,产生氨中毒。硼还能促进花粉萌发和受精。在缺硼地区种植双低油菜,采取施硼措施,一般可增产 10%～20%,高的可增产 30% 以上。双低油菜吸硼能力较强,需硼量较高,当土壤水溶性硼低于 0.5 ppm 时,即可出现不同程度的缺硼症状,严重减产,当水溶性硼达到 0.7 ppm 或略多于 0.7 ppm 时可显著增产。硼肥一般 500～1000 g/亩作底肥,对提高结实率非常重要。

童金花等(2020)以沣油 823 为油菜供试品种,在浏阳北盛镇土壤有效硼含量 0.33 mg/kg 和 0.51 mg/kg 的两片水稻田,设置 4.5 kg/hm²、9.0 kg/hm² 和 13.5 kg/hm² 3 个硼肥用量梯度,研究油菜种子与专用硼肥混拌直播在不同肥力田块上对油菜出苗、硼积累量、地上部生物量、产量、硼肥利用率的影响。结果表明,不同肥力田块上,硼肥用量在 9.0 kg/hm² 时出苗率最高。在土壤有效硼含量为 0.33 mg/kg 条件下,油菜角果和籽粒生物量、地上部生物总量、收获指数、产量、硼累积量都随硼肥用量的增加而提高,但硼肥利用率呈下降趋势。在土壤有效硼含量为 0.51 mg/kg 条件下,当硼肥用量为 9.0 kg/hm² 时,籽粒生物量、收获指数、产量最高。油菜种子混拌专用硼肥直播对油菜生长没有不利影响,建议在浏阳施硼量为 9.0～13.5 kg/hm²。

耿国涛等(2020)2017—2018年在江西、湖南、湖北南部和广西北部油菜主产区布置7个硼肥大田试验,设置不施硼肥、施硼肥(含硼量100 g/kg)4.5 kg/hm²、9.0 kg/hm²、13.5 kg/hm² 4个处理。结果表明,红壤地区土壤有效硼普遍含量低,直播油菜施硼增产效果显著,油菜籽平均产量和施硼经济效益在硼肥用量9.0 kg/hm²时最高,与不施硼肥相比增产1021 kg/hm²,增产率达110.6%,分别较施用硼肥4.5 kg/hm²和13.5 kg/hm²增产16.6%和3.1%。施硼肥显著增加直播油菜收获密度、单株角果数和每角粒数,进而增加了油菜产量;同时硼肥的施用可显著提高油菜籽的含油率、油酸和亚油酸含量,与不施硼肥相比,施用硼肥9.0 kg/hm²处理各品质指标分别增加26.9%、45.9%、72.6%,相应增加产油量136.1%。在硼肥用量13.5 kg/hm²范围内,油菜地上部硼含量和硼累积量随着施硼量的增加而增加,但硼肥利用率呈现降低的趋势,硼肥用量为9.0 kg/hm²处理的硼肥当季利用率也仅为9.4%。综合结果显示,红壤地区直播油菜施硼肥增产增收效果显著,直播油菜生产中应重视硼肥的合理施用,区域硼肥的推荐用量为9.0 kg/hm²左右。

王锐等(2019a)2015—2016年在贵州省铜仁学院试验基地,以华杂9号和中双11号为试验材料,设置5个硼肥施用量处理,即B0(0)、B1(3.75 kg/hm²)、B2(7.50 kg/hm²)、B3(15.00 kg/hm²)和B4(30.00 kg/hm²),研究硼肥施用量对油菜产量、产量构成因子以及硼肥利用率的影响。结果表明,增施硼肥可提高油菜植株茎粗、分枝数、分枝角果数和单株角果数等性状参数值;对每角粒数、籽粒产量、角果皮产量、地上部产量影响显著;油菜各部位的硼素含量及硼素累积量随着施硼量的增加而不断提高;施硼量在3.75~30.00 kg/hm²,B1处理硼肥的表观利用率、农学利用率和生理利用率最高,其次是B3处理的;综合油菜的农艺性状、产量及硼肥的利用效率考虑,推荐贵州省油菜种植区的硼肥使用量为15.00 kg/hm²左右。

② 硫　油菜缺硫的主要特征是顶部嫩叶褪绿发黄,叶片背面出现紫红色,叶缘略向上卷,形成浅勺状叶;植株矮小,开花结荚小、色淡,开花延续不断,在成熟时植株上同时有成熟的和不成熟的角果,还有花和花蕾;角果尖端干瘪,约有50%的种子发育不全,角果中只有几粒种子或几乎空瘪;茎变短并趋向木质化;根系短而稀,生育期推迟。作物正常生长发育过程中,要求氮、硫比例大致为14:1,缺硫一般减产15%~30%,严重时减产可达50%。

王锐等(2019b)为探究硫肥使用量对油菜品种产量及其构成因子的影响,以华杂9号、中双11号为试验材料,设置4个硫肥施用量水平进行试验,硫酸钙施用量分别为0、15 kg/hm²、30 kg/hm²、60 kg/hm²。结果表明,华杂9号、中双11号的单株分枝角果数、主茎角果数、单株总角果数、千粒质量、每角粒数、生物产量、籽粒产量和收获指数等参数均在施硫量为30 kg/hm²或15 kg/hm²处理下达到各自的最高值;硫肥的农学利用效率和偏生产效率在2个品种间无显著差异,但在不同硫肥处理间差异显著,试验中硫素利用效率较高的处理的施用量为15 kg/hm²、30 kg/hm²,随着硫肥施用量增大,其硫肥利用率呈下降趋势;不施硫肥或施硫肥量较高的60 kg/hm²处理均不能使油菜的生长获得较好的产量相关性状参数。从试验结果可得出,贵州地区硫肥的推荐使用量为15~30 kg/hm²应该是比较合适的。

秦梅等(2019)以春油菜品种青杂5号为试验材料,采用单因素完全随机设计盆栽试验,研究6个不同施硫量(0、3.3 mg/kg、6.6 mg/kg、13.3 mg/kg、20.0 mg/kg、26.6 mg/kg)对春油菜幼苗的生长和叶片生理生化指标的影响。结果表明,随着施硫量的增加,叶片MDA含量逐渐升高,SOD活性逐渐下降,其他农艺性状和生理生化指标均呈先升高后降低趋势;当施硫量为6.6 mg/kg时,幼苗植株干重、根长、根系活力、叶绿素b、叶绿素a+b、类胡萝卜素、可溶性糖、可溶性蛋白和硝酸还原酶活性均显著高于对照($P<0.05$);当施硫量为 20.0 mg/kg 时,POD 活性达到最高,显著高于对照 71.15%($P<0.05$),MDA 含量在施硫量为 3.3 mg/kg 时达到最低,显著低于对照 52.5%($P<0.05$)。因此,施硫量为 3.3～6.6 mg/kg 时可明显促进春油菜幼苗生长和提高幼苗叶片相关酶活性。

郑诗樟等(2014)以红壤为研究对象,施用硫黄和硫酸钾肥料(S_0-S 和 SO_4^{2-}-S)进行盆栽油菜试验,探讨硫的转化与生物有效性以及对油菜生长、养分吸收和分配的影响。研究结果表明,两种肥料处理的油菜生物量没有显著差异,可能与氮、硫代谢有关,氮/硫比较小不适宜造成的。从油菜吸硫量来说,硫黄的效果较好。从产量构成因素的荚果数、千粒质量、产量和收获系数变化看,随着硫肥用量的增加,硫黄处理的值降低,而硫酸钾处理的值增加,表明硫黄用量可能过量而硫酸钾中有钾的作用。硫促进油菜对磷、钙、镁的吸收,而硫酸钾肥料由于钾的拮抗作用,对钙、镁吸收量减少。在土壤中,SO_4^{2-}-S 处理土壤交换性钙、镁含量高于 S_0-S 处理,表明钾可以提高土壤钙、镁的有效性。

③ 镁　镁主要存在于叶绿素、植素和果胶质中,对光合作用有重要作用。镁离子是多种酶的活化剂,促进体内糖类转化及代谢,促进脂肪和蛋白质的合成;油料作物施镁可提高含油量,镁还可以促进作物对磷、硅元素的吸收,提高作物的抗病能力。镁作为植物所必需的中量元素,对植物代谢和生长发育具备很重要的作用。当植物缺镁时,其突出表现是叶绿素含量下降,并出现失绿症,由于镁在韧皮部的移动性较强,缺镁症状首先表现在老叶上,逐渐发展到新叶。缺镁时,植株矮小,生长缓慢,叶脉间失绿,并逐渐由淡绿色转变为黄色或白色,还会出现大小不一的褐色或紫红色斑点或条纹;严重缺镁时,整个叶片出现坏死现象。

为全面评价冬油菜种植区土壤有效镁丰缺状况与油菜施镁效果,陆志峰等(2021)系统梳理了油菜镁营养研究的主要进展,在揭示油菜需镁量大(Mg20～40 kg/hm²)、中国冬油菜主产区土壤缺镁问题突出(土壤有效镁平均含量为 225.7 mg/kg,其中低于 200.0 mg/kg 的土壤占 53.7%,处于缺乏或潜在缺乏状态)和施镁大幅度增产(平均增产效果>15%)的基础上,提出了镁是中国冬油菜种植中继氮、磷、钾、硼后第五种需要通过施肥方式进行补充的必需营养元素,并为冬油菜生产上镁肥的科学管理提供了建议。

叶晓磊等(2019)研究了氯化镁和硫酸镁在冬油菜上的施用效果。结果表明,施用氯化镁和硫酸镁均可显著提高油菜籽产量,与不施镁处理相比,增产率分别为 14.1%和 23.0%,硫酸镁效果优于氯化镁。两种镁肥均主要通过增加单株角果数提高油菜籽产量,硫酸镁处理的千粒重高于氯化镁处理。镁肥施用显著提高了油菜角壳镁含量,增加了油菜茎秆和角壳镁积累量,进而增加了镁总积累量,氯化镁和硫酸镁的镁肥利用率分别为 29%和 21%。

田贵生等(2019)研究了镁肥基施及后期喷施对直播冬油菜产量与品质的影响,试验采用裂区设计,主处理为基施镁肥,用量分别为 MgO 0、15 kg/hm²、30 kg/hm²、45 kg/hm²、60 kg/hm²;副处理为叶面喷施清水和镁肥,于油菜终花期(即播种后 180 d)喷施等量(750 L/hm²)清水和 0.5%硫酸镁。结果表明,在土壤交换性镁含量介于缺乏与潜在缺乏时,油菜基施 MgO 30～45 kg/hm² 即可满足整个生育期的镁养分需求;基施镁肥用量较低(MgO 15 kg/hm²)时,后期喷施叶面镁肥可以达到相应的增产效果。

④ 钙　钙是植物必需的营养元素,具有极其重要的生理功能,钙有"植物细胞代谢的总调节者"之称。它的重要性主要体现在钙能与作为胞内信使的钙调蛋白结合,调节植物体内的许多生理代谢过程,尤其在环境胁迫下,钙与钙调蛋白参与胁迫信号的感受、传递、响应与表达,

提高植物的抗逆性。油菜缺钙时首先在新根、顶芽、果实等生长旺盛而幼嫩的部位表现症状，轻则凋萎，重则坏死。

杨瑞超（2016）以盆栽油菜和大田玉米为供试对象，采用完全随机的试验设计，研究氮钙肥配施对油菜、玉米土壤养分及品质产量的影响，结果主要表现在以下几个方面：不同施肥处理可以明显提高供试土壤养分含量，显著高于对照处理。并且氮肥和钙肥配施处理与单施氮肥处理相比，供试土壤全氮、硝态氮、铵态氮、碱解氮、全磷、全钾、有机质、脲酶、磷酸酶、蔗糖酶含量明显增加，差异达显著水平。其中，以硝酸铵钙处理效果更佳；不同施肥处理可以显著增加供试土壤酶活性，显著高于对照处理，并且氮肥和钙肥配施处理与单施氮肥处理相比，供试土壤酶活性明显增加，差异显著。其中，以硝酸铵钙处理土壤酶活性最高；不同施肥处理与对照处理相比，可以显著增加供试作物的产量。盆栽油菜在 0.6 g/kg 的氮素水平与 0.1 g/kg、0.3 g/kg 供氮水平的油菜产量相比，产量增加明显且差异显著。在 0.1 g/kg 供氮水平，硝酸铵钙处理的产量为 208.4 g/盆，比硝酸钙处理高出 5.3%，与其他处理相比差异显著；在 0.3 g/kg 供氮水平，硝酸铵钙处理的产量为 330.1 g/盆，比硝酸钙处理高出 3.4%，与其他处理相比差异显著；在 0.6 g/kg 供氮水平下，硝酸铵钙处理的产量为 396.9 g/盆，比硝酸钙处理高出 3.9%，与其他处理相比差异显著。大田玉米试验中，硝酸铵钙处理的产量为 738.65 kg/亩，比硝酸钙处理高出 6%，与其他处理相比差异显著。不同施肥处理中，氮肥和钙肥配施处理与单施氮肥处理相比，供试作物产量增加明显且差异显著。盆栽油菜在 0.1 g/kg 供氮水平，尿素＋碳酸钙处理油菜产量比尿素处理油菜产量高 8.8%，差异显著，硝酸铵＋碳酸钙处理油菜产量比硝酸铵处理油菜产量高出 5.6%，差异显著；在 0.3 g/kg 供氮水平下，尿素＋碳酸钙处理油菜产量比尿素处理油菜产量高 7.4%，差异显著，硝酸铵＋碳酸钙处理油菜产量比硝酸铵处理油菜产量高出 1.8%，差异不显著；在 0.6 g/kg 供氮水平下，尿素＋碳酸钙处理油菜产量比尿素处理油菜产量高 1.1%，差异不显著。在大田玉米试验中，硝酸铵＋碳酸钙处理玉米产量比硝酸铵处理玉米产量高出 8.9%，差异显著；硫酸铵＋碳酸钙处理玉米产量比硫酸铵处理玉米产量高出 12.5%，差异显著，尿素＋碳酸钙处理玉米产量比尿素处理玉米产量高出 8.8%，差异显著。

李克阳等（2015）研究了钙肥对油菜生产的影响。结果表明，在土壤上施钙肥，能提高油菜产量，特别是在缺钙土壤上；如果加大钙肥用量，油菜增产效果明显；钙肥主要通过对经济性状如角果数、果粒数、千粒重等的影响，而最终影响产量。

刘晓伟等（2012）在直播密度为 10 万株/hm^2 的甘蓝型油菜华双 5 号田间定期取样，测定各器官钙、镁、硫的含量，同时计算养分积累量，研究大田直播冬油菜三元素吸收和分配的时空特征。结果表明，油菜活体的钙、镁含量在苗期最高，其后随植株的生长逐渐下降，活体硫含量先增加后降低，在蕾薹期达最大值。根、茎的钙含量随植株生长缓慢降低；镁含量在 0～100 d（苗期）大幅下降，100～150 d（苗后期至蕾薹期）较稳定，150 d（蕾薹期）后缓慢下降；硫含量先升高后降低，根和茎的硫含量均在蕾薹期达最大值。绿叶、落叶的钙含量在出苗至花期较稳定，花期后迅速增加；镁含量在花期前缓慢下降，花期后快速增加；硫含量在苗期较稳定，蕾薹期后迅速增加。油菜三元素的总积累量均在角果期达到最大值，分别为 247.0 kg/hm^2、35.8 kg/hm^2、138.8 kg/hm^2，而后均有不同程度的下降。根、茎、绿叶的各中量元素积累量均呈先升后降的变化，各养分在根、茎、绿叶中积累达最大值的时期分别为花期、角果期、蕾薹期，三元素规律一致。落叶钙、镁、硫的积累量在收获时达最大值，分别为 107.4 kg/hm^2、

9.7 kg/hm²、28.0 kg/hm²。钙、镁、硫各元素苗期主要分配在绿叶中,成熟期则分别主要分配在落叶、籽粒、角壳中。

⑤ 锌　锌是油菜必需的重要营养元素,在体内主要参与生长素的合成及某些酶的活动,与硝酸还原酶关系密切;锌对油菜干物质积累、角果数、角粒数以及粒重都有一定的促进作用,增加蛋白质含量。缺锌时植株矮小,节间缩短,叶片小略增厚,叶背紫红色,严重时叶片全部变白,开花受抑制,生育期推迟,产量降低。

昝亚玲等(2010)采用土培试验,以甘蓝型油菜为供试作物,研究了陕西渭北旱塬低硒、低锌土壤上硒、锌对甘蓝型油菜产量和营养品质的影响。结果表明,硒对油菜生物量和产量没有明显的影响。锌或硒锌配施对油菜生物量和产量有增加趋势;施硒促进油菜籽对钾、硒元素的吸收累积,而在一定程度上抑制了磷、硫、钙和镁元素的吸收。施锌促进油菜对钾、钙、铁、锰、铜、锌、硼的吸收累积,而对氮、硫的吸收有抑制作用。硒锌配合施用有利于促进油菜对硒、锌的吸收累积,而对铁的吸收有一定的抑制作用;施硒对油菜籽含油量、芥酸有增加趋势,对蛋白质、硫苷含量有降低趋势。施锌对油菜籽含油量有增加趋势,对蛋白质、硫苷、芥酸有降低趋势。硒锌配施,油菜含油量、蛋白质、硫苷无变化,芥酸明显下降。

郝小雨等(2009)采用盆栽试验,研究磷锌配施对油菜养分吸收和土壤有效磷、锌的影响。结果表明,施用磷肥显著增加油菜的生物量,过量施用磷肥油菜生物量无显著影响;施锌对油菜的生物量无显著影响。增施磷肥显著增加油菜地上部和根中全磷;施用锌肥,油菜地上部和根中全磷无显著变化。增施磷肥显著降低了油菜地上部和根锌的浓度。施用锌肥,油菜地上部和根中锌浓度均显著上升。施磷对土壤有效锌无显著影响;施用锌肥显著增加了土壤有效锌,且随施锌量的增加而增加。施磷显著增加了土壤 Olsen—P 浓度;施锌不影响土壤 Olsen—P 浓度。随着施磷量的增加,土壤碱性磷酸酶、酸性磷酸酶及中性磷酸酶活性均逐渐下降。随着锌用量的增加,碱性磷酸酶和酸性磷酸酶活性呈先增加后降低的趋势;中性磷酸酶活性施锌后比不施锌处理显著增加,但随着锌用量的增加中性磷酸酶活性无显著变化。过量施用磷肥降低油菜体内锌浓度,施锌显著提高了土壤有效锌的浓度,改善了植株体内的锌营养状况。

(5)缓控释肥的施用　广义上讲,缓控释肥料是指肥料养分释放速率缓慢,释放期较长,在作物的整个生长期都可以满足作物生长需求的肥料。但狭义上对缓释肥和控释肥来说又有其各自不同的定义。缓释肥(SRFs)又称长效肥料,主要指施入土壤后转变为植物有效养分的速度比普通肥料缓慢的肥料,其释放速率、方式和持续时间不能很好地控制,受施肥方式和环境条件的影响较大。缓释肥的高级形式为控释肥(CRFS),是指通过各种机制措施预先设定肥料在作物生长季节的释放模式,使其养分释放规律与作物养分吸收基本同步,从而达到提高肥效目的的一类肥料。近年来,缓控释肥在农业生产上的应用发展较快,在油菜上的应用取得一定进展,皖西地区油菜种植有部分试验、示范和应用。缓控释肥的施用能显著提高油菜的生物产量和经济产量,对后茬作物也有一定增产效果。

郭晨等(2019)在大田试验条件下研究春油菜专用缓控释肥对春油菜产量、肥料利用率和经济效益的影响。结果表明,与当地常规施肥相比,春油菜缓控释专用肥促进了油菜稳健生长,提高了油菜单株角果数和每角粒数,实现增产增收,其中,20 kg/亩专用基肥＋10 kg/亩专用种肥处理比常规施肥处理产量提高 13.1%,减施化肥 26.2%,肥料成本节约 20.5 元/亩,亩增收 124.4 元,具有较好的生态效益和社会经济效益,值得在本地区推广。

段秋宇等(2017b)研究了成都平原冲积性水稻土上普通尿素与控释尿素单施及其配施对

油菜产量和氮肥利用率的影响。结果表明,普通尿素与控释尿素配施比例为33%~50%,并采用氮肥一次性基施有利于直播油菜高产、高效。

范连益等(2014)在湘东地区的直播油菜生产中引进新型缓释型油菜专用配方肥"宜施壮",对其在直播油菜生产上的应用效果进行了研究。结果表明,施用缓释型油菜专用配方肥,避免了普通一次性施肥因肥料流失而导致的油菜后期早衰,且对促进冬前绿叶数的增加、延长角果表层叶绿素的光合寿命效果明显,增产效果显著,且投入产出比高,在省工、节本、增产等方面具有一定的优势。

3. 合理补充灌溉 油菜生育期对水分较为敏感,若自然降水不足,需根据实际情况进行补充灌溉。皖西地区油菜种植干旱易发生在苗期,蕾薹期、花荚期也有干旱发生。苗期发生干旱可采用喷灌和沟灌的方式补充水分,蕾薹期、花荚期发生干旱,由于植株较大,只能采用沟灌。沟灌宜用小畦或短沟灌,以墒沟水浸润墒面为宜,不能漫灌。

谷晓博等(2016)于2012—2013年和2013—2014年在冬油菜蕾薹期,设置3个施氮水平0、80 kg/hm^2、160 kg/hm^2(分别记为N0、N1和N2)和3个灌溉水平0、60 mm、120 mm(分别记为I0、I1和I2),探究蕾薹期不同灌溉、施氮量对冬油菜氮营养指数(NNI)、光能利用效率(RUE)、产量、水分利用效率(WUE)和氮肥偏生产力(NPFP)的影响。两年田间试验结果表明,灌水且施氮能明显提高冬油菜地上部干物质量、光能利用效率和产量。I1N1处理的地上部干物质量比I1N2、I2N1和I2N2分别低0.80%、9.18%和11.12%。冬油菜在I0N1、I0N2、I2N1和I2N2处理下,均会出现氮素亏缺状况,不利于油菜生长;在I1N1和I1N2处理下,不同时期的NNI均大于1,I1N1的NNI在1附近波动,I1N2的NNI则远大于1,表明氮素过剩。两年施氮和灌水处理对RUE的影响有显著的交互作用($P<0.05$),I1N1无论在干旱年(2012—2013年)或降水量较多年份(2013—2014年)均能显著提高冬油菜的RUE,而过量灌溉或施氮对冬油菜RUE促进作用不明显,甚至有下降趋势。两年灌溉和施氮处理对冬油菜籽粒产量、耗水量、WUE和NPFP影响的交互作用均达显著水平($P<0.05$),两年中灌水量为120 mm、施氮量为80 kg/hm^2(I2N1)处理的产量最高,平均产量为3385 kg/hm^2,平均耗水量374 mm,平均WUE为9.1 kg/(hm^2·mm),而两年中灌水量为60 mm、施氮量为80 kg/hm^2(I1N1)处理的WUE最高,其平均WUE比I2N1提高8.79%,平均耗水量减少42.5 mm,仅减产3.57%。从节水和生态可持续发展角度出发,灌水60 mm、施氮80 kg/hm^{2}为冬油菜蕾薹期较优的灌溉施氮策略。

胡中科等(2013)采用盆栽试验,研究了不同生育期内不同水钾耦合对油菜生长和产量的影响。结果表明,各生育期内土壤水分均控制在80%的田间持水率条件下,高钾处理下株高比低钾处理提高21.2%,主茎粗增加38.7%,分枝比例降低40.5%;开花期土壤干旱对油菜产量影响最大且恢复供水补偿效应显著,各生育期干旱胁迫对产量影响为:开花期>蕾薹期>角果期;各生育期土壤水分为80%的田间持水率且钾肥量为0.66 gK$_2$O/kg土时,产量最优;经济系数以蕾薹、开花期土壤水分为80%FC且钾肥量为0.33 gK$_2$O/kg土时最高。水钾协同效应对产量影响显著。

4. 防病、治虫、除草

(1)病害防治 油菜菌核病是皖西地区油菜种植的主要病害。菌核病是由核盘菌引起的一种真菌性病害,俗称"白秆""空秆""麻秆""霉蔸",是油菜生产中的重要病害,在油菜生产区每年都会发生,一般年份病株率达10%~30%,严重的达70%以上。一般发病程度可减产

10%～15%,严重地块可减产 60%以上,同时造成油菜籽品质下降,出油率低。油菜菌核病从油菜苗期到成熟期均可发病,其中在开花结果期发生程度最严重,茎、叶、花、角果均可受害,茎部受害对产量影响最大。一般于油菜盛花初期施药防治,50%啶酰菌胺水分散粒剂 750 g/hm²、50%腐霉利可湿性粉剂 1500 g/hm² 对菌核病防效较好。其他病害还有:油菜病毒病、霜霉病、黑胫病、白粉病、白锈病、黑腐病、根腐病、根肿病、猝倒病、黑斑病等。

(2)虫害防治　皖西地区油菜种植主要虫害危害有蚜虫、菜青虫和小菜蛾等。有蚜株率达到 10%以上,每亩用 50%抗蚜威(氨基甲酸酯)可湿性粉剂 10～18 g 防治蚜虫,对蜜蜂、天敌低毒、安全。油菜非开花时,可选用 80%烯啶虫胺·吡呀酮 3000 倍液或 10%吡虫啉 2500 倍液等喷雾防治蚜虫;选用 6%阿维高氯乳油 2500～3000 倍液或 5%高效顺反氯氰菊酯乳油 3000 倍液或 2.5%溴氰菊酯(敌杀死)乳剂 700 倍液喷雾或 20%氰戊菊酯乳油 3000 倍液等喷雾防治菜青虫或小菜蛾等鳞翅目害虫。其他害虫还有:油菜跳甲类、茎象甲、潜叶蝇等。

(3)草害防除　皖西地区油菜种植田间杂草种类繁多,涉及禾本科、菊科、苋科、十字花科、蓼科、毛茛科、莎草科、豆科等 20 余科。常见杂草有看麦娘、日本看麦娘、稗草、罔草、千金子、牛毛草、早熟禾、棒头草、繁缕、牛繁缕、猪殃殃、碎米芥、播娘蒿、雀舌草、通泉草、婆婆纳、大巢菜、小巢菜、田旋花、小蓟、稻槎菜、刺儿菜、小藜等。杂草危害可使油菜籽粒产量下降 15%左右,严重时减产达 50%以上。油菜田间杂草防除应以综合防治为基础,化学防除为重点。油菜播后苗前,每亩用 90%乙草胺 60～80 mL 或 96%精异丙甲草胺乳油 80～100 mL 兑水 15～20 kg 机械喷雾,进行土壤封闭处理可以防除大部分杂草。苗后除草,田间杂草以禾本科杂草为主,在杂草 2～4 叶期,每亩用 10%精喹禾灵 30～35 mL 兑水 20～30 kg 机械喷雾;田间杂草以阔叶杂草为主,在油菜 5～6 叶期,每亩用 50%草除灵 30～35 mL 兑水 20～30 kg 机械喷雾;田间杂草以禾本科杂草和阔叶杂草混生,在油菜 5～6 叶期,每亩用 21.2%喹·胺·草除灵 40～50 mL,或用 18%精喹·草除灵 100～150 mL 兑水 20～30 kg 机械喷雾。

(六)适时收获

1. 成熟时期　油菜为总状无限花序,开花不齐,成熟期不一致,对于油菜的成熟标准,提法也不统一。有的认为当油菜植株有 2/3 以上的荚果自然黄熟时,为油菜成熟期。蔡志遗(1980)依据油菜生物学特征,拟定出了油菜成熟度和成熟指数的概念,将油菜成熟度分为 0、1、2、3、4 五个级别。根据油菜角果皮和种皮颜色的变化,1977 年中国农业科学院油料作物研究所将油菜的成熟过程分为绿熟、黄熟和完熟 3 个时期,这也是目前最为广泛接受的提法。

(1)绿熟期　主茎上仍有绿色叶片 3～5 片叶,主花序下部角果皮颜色部分开始由绿色变为黄绿色,但主花序上部及分枝上的角果仍保持绿色,种皮逐渐由无色或灰白色转为绿色;幼胚发育完全,颜色呈绿色,子叶饱满充实,用手轻压子叶分离不破碎。

(2)黄熟期　主茎颜色呈淡黄色或灰白色,个别植株尚留 1～2 片叶,主花序角果皮颜色呈现黄色,并富有光泽。各分枝靠近果序基部的角果已开始褪色,中上部角果皮颜色转变为黄绿色;种皮大部分由绿色转变为黄褐色至黑色(或黄色),子叶呈现黄色,种子充实饱满。

(3)完熟期　主茎颜色呈现黄白色,叶片全部枯落,且植株枝干易折断;绝大多数种子呈现出油菜品种固有色泽;角果皮极易开裂。

2. 收获时期　在群众中广泛流传着"八成熟,十成收;十成熟,两成丢"的说法,说明了适时收获的意义。适期适时收获是夺得油菜高产优质的重要一环。油菜成熟度与产量及品质关系密切,一般应掌握在油菜全株 2/3 角果开始转现枇杷黄色,而全株尚有 1/3 角果仍呈绿色或者在油菜终花后 25～30 d 收获最好,此时种子的重量和含油量接近最高值。收获过早,上部角果尚未成熟,降低产量和籽粒质量;收获过晚,早熟的角果容易开裂落粒。

左青松等(2014)以华油杂 62 为材料,测定 70% 油菜角果变黄至角果明显炸裂时期机械收获的产量损失、植株不同部位水分含量、粒重和籽粒含油量等指标,研究不同收获时期对产量损失率和籽粒品质的影响。试验表明,机械收获的产量总损失率在 7.00%～15.80%,随着收获时期逐渐推迟,总损失率先降低后增加。产量损失分为自然脱粒损失、割台损失和清选脱粒损失。割台损失率随收获时期推迟逐渐增加,占总损失率的比例为 7.80%～31.01%;清选和脱粒损失率随收获时期推迟逐渐降低,是机械收获中最大的损失部分,占总损失率的56.87%～92.20%。总损失率与籽粒、角果皮、主花序和分枝水分含量均呈极显著正相关。籽粒水分含量为 16.23% 时千粒重和含油率最高,随籽粒水分含量的下降,千粒重、含油率、全碳含量和 C/N 值均略有降低。油菜机械化收获以籽粒和角果皮水分含量在 11%～13% 时为宜,此期的千粒重、油分含量、机械收获产量和产油量均较高。徐洪志等(2005)对甘蓝型油菜不同收获时期的种子发芽率进行了研究。结果表明,在油菜终花期后,随着种子的逐步发育,发芽率不断提高。终花以后第 5 d,种子的发芽率即可达 70% 以上,3 个试验材料的发芽率分别为 76.0%、73.3% 和 75.7%。在终花期后 20～25 d 时达到最大值(分别为 98.3%、98.3% 和 99.0%),随着种子的进一步成熟,其发芽率略有下降,表现出一定的休眠特性。说明作为育种资源利用的种子在特殊情况下可以在未正常成熟时收获。在终花期后 5～15 d 的样品中有多胚现象出现,多胚率有随种子的发育而下降的趋势,在本试验材料的成熟度较高的种子中未发现多胚现象,说明提早收获可能诱发多胚苗产生。

3. 收获方法 收获时为防止油菜裂角落粒造成产量损失,一般于晴天早晨割、傍晚割、带露水割,阴天全天割比较适宜。皖西地区油菜种植,收获方式主要有人工收获和机械收获。

(1)人工收获 由人工在油菜黄熟期将油菜割倒,分小堆放置 5～7 d 完成后熟,用塑料布就地抢晴天翻晒脱粒。对于刚刚脱粒的油菜籽,一般含水量在 15% 以上,不能立即堆放或置于编织袋中,必须摊晒晾干,以免发热引起变质,当油菜籽含水量在 9% 以下时装袋入库。

(2)机械收获 机械收获可以节省用工,降低劳动强度。机械收获有分段收获和联合收获两种方式。分段收获是在油菜黄熟期用割晒机将油菜割倒铺放,割茬 25～30 cm,厚度 8～10 cm,经 5～7 d 晾晒后当籽粒含水量下降到 14% 以下时,再用联合收割机捡拾、脱粒,秸秆抛撒还田;此种方式收获时期长,机械作业成本高,但能提高油菜籽品质,降低水分,收获损失率小,一般在 3%～6%。联合收获主要利用稻麦联合收割机稍加结构改进和调整后,在油菜完熟期一次性完成油菜收割、秸秆还田作业。此种机具工作效率高,作业成本低,可避开阴雨灾害天气,油菜适当晚收有利于后熟,但收获损失率较大,一般在 8%～15%。目前已有专用油菜联合收获机研制成功并取得良好进展,可将收获损失率控制在 5% 以下,含杂率低于 3%。

陈红琳等(2015)以川油 36、华海油 1 号为供试材料,以全人工收获为对照,分析脱粒机分段收获、机械联合收获对油菜收获损失率、菜籽含油量及种植效益的影响。结果表明,两个品种不同收获方式的总损失率均表现为机械联合收获＞脱粒机分段收获＞全人工收获;机械联合收获降低了两个品种油菜籽含油量,但种植效益均表现为机械联合收获＞脱粒机分段收获＞全人工收获。因此,在成都平原等适合大型机具操作的区域及田块,收获方式应首先考虑机械联合收获;在丘陵山区及部分不适合大型机具田间操作的小田块,可考虑选取小型油菜脱粒机进行分段收获。

吴崇友等(2014)为研究油菜联合收获与分段收获两种收获方式的差异,采用人工模拟联合收获和分段收获方法,对两种收获方式收获效果进行对比试验,对不同收获时间的收获经济系数、籽粒和茎秆含水率、收获损失率以及菜籽品质进行测试。同时通过两种收获机具进行田间生产试验,对两种收获方式的机具性能、经济性、适应性等方面进行全面的比较分析。结果表明,人工模拟分段收获平均损失率为 3.2%,比人工模拟联合收获(平均损失率 6.51%)下降 50.8%,菜籽含油量和蛋白质含量没有明显差别。机械化分段收获比联合收获每公顷经济效益提高 361 元,腾地时间提早 4.8 d,对作物适应性强,籽粒和秸秆含水率较低,利于菜籽保存和秸秆粉碎,但存在机器二次下地作业、适应阴雨天能力差等缺点。联合收获具有便捷、高效的优点,但对作物适应性差,损失率高。

(七)油菜机械化生产

1. 油菜机械化生产现状及存在问题

(1)生产现状　长期以来,国内油菜生产都沿袭传统的生产作业方式,就机械化推广水平来看普遍低于玉米、大豆、小麦等。而油菜机械化生产,除整地、植保等方面机械化普及率高外,种植、田间管理、收获等诸多方面都由人工作业完成。尤其在移栽作业方面,几乎由人工完成,机械化普及率较低。自农机研发来看,国内推广的油菜机械化收获,多数在原有稻麦收获机基础上改装而来,技术含量不高、改制过于粗浅、收获损失率大等,推广起来农户普遍接受率不高。由上述种种原因来看,到目前为止,国内油菜生产的成熟机型不多,远远还没有达到批量生产,难以满足油菜种植生产的需要。

(2)存在问题

① 配套机械化生产品种不多　长期以来中国油菜育种的目标主要致力于解决食用油的短缺和品质的改良,高产和优质是油菜育种的首要目标,而忽略了油菜品种对机械化作业的适应性,导致大面积种植的油菜适合机械作业的性能较差,特别是油菜由于株型大、分枝多、分枝交叉、角果易开裂、植株易倒伏等给机械收获造成很大困难。

② 种植方式不适合机械化生产　长江流域油菜生产主要是接水稻茬,而水稻种植越来越晚,水稻茬直播油菜季节矛盾明显,只能采用育苗移栽。但育苗移栽劳动强度大,难以达到一定密度,造成油菜株型高大、茎秆粗壮、分枝多、角果层厚、枝杈交叉,给机械收获的分行、切割、输送带来困难。虽然近年来在联合收割机割台上采取了分行竖切刀的方法,解决了枝杈交叉分行的问题,但分行损失较大、角果易开裂。同时株冠上下成熟期不一致加大了收获的损失,目前联合收获的总损失率一般在 8%～15%,这是难以接受的。

③ 推广机械装备的稳定性差　近些年,油菜生产机械化推广过程中,已经研发出一大批油菜直播机、油菜联合收割机等。但是,从实践推广效益来看,普遍存在装备可靠性差、适应性不强、关键性指标不能满足生产等问题。比如,直播机精量播种均匀度低、联合收割损失率高、移栽作业效率低等,都是急需要解决的关键性问题(孙茜,2020)。

2. 机械化生产技术

(1)品种选择　选择抗倒伏、抗裂角、抗病、株型紧凑、高产、优质、适合机械化作业的油菜品种。播种前,晒种 4～6 h,选择相应药剂拌种,提高播种后抗病虫害能力。

(2)耕整地　旋耕、开沟和施肥,尽量选择复式机具作业,田块表面应无过量残茬。确定适宜开沟深度和宽度,并根据当地土壤肥力配施肥料。

(3)播种育苗 采用机械化移栽技术,需要通过苗床育苗,做到适期早播。苗床应做到及时间苗、施肥、治虫、排灌等管理措施,培育壮苗。移栽前均匀行株距,保证一定密度,有利于增产,一般在移栽前 30~35 d 播种。

(4)栽培 油菜栽培分为机械直播和机械移栽。

① 机械直播 一般 9 月下旬至 10 月上旬播种,提倡早播。行距 25~30 cm,亩播种量 200~300 g,播种深度 5~10 cm,油菜出苗株数每亩 2.5 万株左右,播期推迟适当加大播种量。播种机具选择上,优先选择具有一次性完成浅耕灭茬、开沟作畦、播种、施肥等多种工序联合直播机,或少、免耕油菜精量播种机。

② 机械移栽 一般在育苗播种后 25~35 d 进行机械移栽。移栽期在 11 月上旬以前,移栽密度一般每亩 1.2 万株左右,行距 30~40 cm。油菜裸苗移栽时,苗高在 20~25 cm,叶龄在 4 叶 1 心至 5 叶 1 心。选择适宜移栽机或其他能完成开沟、栽苗、浇水、施肥、覆土等复式作业机具。

(5)田间管理

① 追肥 合理追肥,保证油菜基本苗数。直播油菜一般在间苗后施苗肥,定苗后施第二次追肥,薹期追施起薹肥;移栽油菜第一次追肥在幼苗成活时施,第二次在植株长出 3~5 片新叶时施,薹期追施起薹肥。

② 植保 注意病虫草害防治和田间管理。在植保机具选择上优先选用无人植保机完成花期"一促四防",也可采用机动喷雾喷粉机、背负式喷雾喷粉机等机具进行机械化植保作业。

(6)收获

① 收获方式与机具选择 机械收获分为联合收获和分段收获两种方式,因地制宜选择合适的方式收获。对于直播或株型适中的移栽油菜选用联合收获,对植株高大、高产的移栽油菜宜采用分段收获。收获期多雨或有极端天气的地方,采用分段收获安全性高。因田间开有纵、横向排水降渍沟不便于小型轮式机作业,可选择适宜的履带式联合收割机或割晒机、捡拾收获机。作业前,需对割台主割刀位置、拨禾轮位置和转速、脱粒滚筒转速、清选风量、清选筛等部件和部位适当调整。

② 收获时机的选择 采用联合收获方式时,选择作业性能优良的油菜联合收割机,在油菜完熟期,植株中上部茎秆明显褪绿、角果黄褐色、籽粒含水量 14%~15% 时收获。适宜收获时间为晴天上午 8—10 时,下午 4—6 时;阴天上午 8 时至下午 6 时。采用分段收获方式时,在油菜黄熟期,全田 70%~80% 角果外观呈淡黄色,种皮由绿色转为红褐色,采用割晒机或人工进行割晒作业,将割倒的油菜就地晾晒 5~7 d,完全成熟后,用捡拾机进行捡拾、脱粒及清选作业。

③ 作业质量要求 联合收割机作业质量应符合总损失率≤8%、含杂率≤5%、破碎率≤0.5% 等要求,分段收获作业质量应符合总损失率≤6.5%、含杂率≤5%、破碎率≤0.5% 等要求。

(7)贮藏 油菜收获后,及时晾晒、烘干,当油菜籽含水量在 9% 以下时装袋入库。

三、秸秆还田和育苗移栽

(一)秸秆还田

1. 油菜秸秆还田 油菜收获脱粒后的秸秆和残留茎叶,仍储存着大量光合作用的产物及从土壤中吸收的矿质元素。其中新鲜的油菜秸秆含氮0.46%、五氧化二磷0.12%、氧化钾0.35%，风干后油菜秸秆含氮2.52%、五氧化二磷1.53%、氧化钾2.57%。油菜秸秆的处置直接关系到农田生态系统中物质、能量的平衡与失调。油菜秸秆还田能改良土壤，培肥地力，无论是直接还田还是间接还田均可增加土壤有机质，释放氮、磷、钾等养分，改善土壤理化性状，提高土壤生物活性。

（1）直接还田　油菜机械收获时将秸秆粉碎抛撒还田。后作是水稻的，可以用旋耕机浅水灭茬，也可先用铧犁翻耕灭茬，栽秧前灌水整田。还可将油菜秸秆铺盖于桑（果、茶）园或玉米、瓜菜等行间，既可将有机质归还土壤，又可起到保墒、增（降）温、提高化除效果等作用。

（2）间接还田

①堆（沤）肥　将油菜秸秆与畜禽粪隔层堆积、压实，这样可促进熟化，提高肥效，还可将秸秆投入沼气池沤制，然后再还田。

②用作基料　油菜秸秆是栽培食用菌的基础材料，一般可占食用菌栽培料的75%～85%。油菜秸秆栽培食用菌，是目前生产平菇、香菇、金针菇、鸡腿菇的常用方法，投资少、见效快，深受农民欢迎。

③快速腐熟还田　该技术是利用"秸秆腐熟剂"将油菜秸秆快速腐熟后再还田。具体做法是，将秸秆加水充分湿透，然后分层加入占秸秆重0.1%和0.5%的速腐剂和尿素，用泥土封严即可。秸秆快速腐熟技术是一项高效快速、不受季节和地点限制、堆制方法简便、省工省力的新技术，干秸秆、鲜秸秆均可利用，其优点是肥效高。

赵长坤等（2021）以秸秆不还田作为对照，设置秸秆半量还田（1.5 t/hm²）、全量还田（3.0 t/hm²）、超量还田（4.5 t/hm²）3个还田量以及秸秆覆盖还田（FG）、秸秆翻埋还田（FM）两种还田方式，通过盆栽和大田试验相结合，研究秸秆处理对水稻根系分布及产量构成的影响。结果表明，油菜秸秆还田抑制水稻移栽前期根系生长，同时覆盖处理对移栽后期根系生长不利，翻埋处理明显促进移栽后期根系的生长；油菜秸秆还田处理能提高水稻产量，其中以秸秆全量还田效果最佳。

何川等（2020）在四川南充设置田间试验，采用尼龙网袋法研究免耕覆盖、旋耕还田和秸秆粉碎、整秆还田共4种方式下秸秆腐解率和氮、磷、钾养分释放率，分析秸秆还田方式对耕层土壤养分含量的影响。结果表明，秸秆粉碎后混土还田降解速度最快，可以有效地将秸秆养分释放回土壤中；随着时间的变化，氮、五氧化二磷、氧化钾、纤维素、半纤维素、木质素含量均有下降趋势，秸秆粉碎旋耕混耙还田的养分释放率和秸秆腐解率最高，且显著高于其他处理（$P <$ 0.05），秸秆养分释放规律为氧化钾最高，秸秆粉碎＋旋耕还田处理的秸秆释放出85%以上的钾素，在大面积生产上钾素肥料施用量应减少，以此提高钾肥利用率。根据秸秆腐解后养分释放情况分析，秸秆粉碎加旋耕还田是适宜的秸秆还田模式。

王雷（2020）采用完全随机区组设计，设置了5种秸秆还田模式：秸秆不还田（NS）、秸秆粉碎覆盖（SC）、秸秆粉碎翻埋（SB）、秸秆粉碎加腐熟剂覆盖（SDC）和秸秆粉碎加腐熟剂翻埋（SDB），研究了不同秸秆处理模式下油稻系统中土壤化学性质、土壤功能微生物基因丰度、作物产量和农田温室气体排放的变化情况。结果表明，秸秆粉碎加腐熟剂覆盖处理显著提高了作物产量，在4种秸秆还田处理中具有最低的温室气体强度和最高的净生态系统经济效益，因此是一种值得推荐的秸秆还田方式。

2. 稻茬免耕秸秆还田　免耕栽培技术不仅可以增加土壤中有机质和水分含量、提高水分有效性、减少土壤风蚀和水蚀、减缓土壤退化,而且能够有效缓解茬口矛盾、节省劳力和能源、减少投入。秸秆还田通过其改良土壤、培肥地力、平衡作物营养、调节土壤温湿度而提高作物产量,同时也避免了秸秆焚烧造成的环境污染问题。秸秆还田与免耕栽培相结合可有效弥补油菜稻茬免耕栽培模式中存在的肥料利用率低、后期易脱肥早衰等不足,故而对促进农民增产增收具有重要的作用。刘芳(2012)采用裂区设计,探讨了水稻秸秆覆盖还田与油菜免耕直播相结合的栽培模式下油菜播种期、油菜种植密度以及水稻秸秆还田量对油菜生长发育、产量及品质的形成影响。方差分析结果表明,秸秆还田量和播种期间的互作对免耕直播油菜产量的影响达到极显著水平,在生产上应注重兼顾播种期和秸秆还田量,早播油菜可适当加大还田量,而迟播油菜则相应减少还田量,并增加种植密度以保证较高产量。根据产量数据建立方程进行模拟寻优,建立该试点高产模型:免耕直播条件下,氮肥用量为 15 kg/亩时,水稻秸秆还田量为 362 kg/亩,种植密度为 3.75 万株/亩,播种期为 9 月 18 日时,油菜产量潜力可达 237 kg/亩。

(1)秸秆还田免耕直播 水稻秸秆还田油菜免耕直播,是在前茬水稻收获后,土壤不经过翻耕整地,板田直播油菜,并配套相应的栽培技术,使油菜达到高产的一套简化栽培技术体系。

① 品种选择 选用通过国家或省审(鉴、认)定或登记的,优质、高产、综合抗性好、耐密植、耐渍、适机收且适宜在当地种植的双低油菜品种。

② 播种 水稻收获前 12~15 d 排水晾田。水稻收获后,用秸秆粉碎机械将秸秆粉碎还田,也可使用具有相似功能的水稻收割机一次性完成水稻收割、秸秆粉碎抛撒还田,开深沟25~30 cm,窄厢 80~150 cm。水稻收获后抢墒播种,播种期 9 月 15 日至 10 月 10 日,适期早播,使油菜能充分利用光温资源,促进油菜冬前生长。播种量为 500~600 g/亩,根据土壤墒情和播种时间适当调节,播期越迟、土质和土壤墒情越差时播种量适当增加,越冬期基本苗达到3 万~4 万株/亩,不超过 5 万株/亩。人工撒播或飞机喷播,机械开沟覆土盖籽。

③ 封闭除草 油菜播种后及时封闭除草,每亩用 90%乙草胺 60~80 mL 或 96%精异丙甲草胺乳油 80~100 mL 兑水 15~20 kg 机械喷雾,土壤湿度过大适量减少用药。

④ 科学施肥 用缓释复合肥 40~50 kg/亩,尿素 5.0~7.5 kg/亩,硼肥 1.5 kg/亩作底肥,播种前基施。5 叶期施苗肥,每亩撒施尿素 5.0~7.5 kg。越冬后、起薹前,追施起薹肥,每亩施尿素 7.5 kg。

⑤ 一促四防 油菜初花期和盛花期,每亩用 1 L 水中加入磷酸二氢钾 100 g,待磷酸二氢钾充分溶解后加入 50 g 速效硼,充分混匀后,再加入 25%咪鲜胺乳油 100 mL 或 20%腐霉利悬浮剂 120 mL 和飞防助剂 5 mL,植保无人机喷施。可促进油菜后期生长发育,防治菌核病、防花儿不实、防早衰、防高温逼熟。有蚜株率达到 10%以上,每亩用 50%抗蚜威(氨基甲酸酯)可湿性粉剂 10~18 g 防治蚜虫,对蜜蜂、天敌低毒、安全;油菜非开花可选用 80%烯啶虫胺·吡蚜酮 3000 倍液或 10%吡虫啉 2500 倍液等喷雾防治蚜虫;选用 6%阿维高氯乳油2500~3000 倍液或 5%高效氯氰菊酯乳油 3000 倍液或 2.5%溴氰菊酯(敌杀死)乳剂 700 倍液喷雾或 20%氰戊菊酯乳油 3000 倍液等喷雾防治菜青虫或小菜蛾等鳞翅目害虫;选用 0.5%楝素杀虫乳油 800 倍液或 50%辛硫磷乳油 1000 倍液或 48%毒死蜱乳油 1500~2000 倍液防治猿叶甲等鞘翅目害虫。

(2)秸秆还田免耕移栽

① 稻田准备 选用土层深厚肥沃、通气性能好的沙壤土、壤土、轻黏土等土质的田块。泥

脚太深或是冷、烂、锈等排水不良、土壤通透性差的田块,不适应免耕栽培,因为田间渍水影响幼苗生长,易形成僵苗,后期也生长不好。一般在水稻穗子落黄散籽时开沟排水,达到水稻收割时田面硬而不干、湿而不烂。水稻收获后,用秸秆粉碎机械将秸秆粉碎还田,也可使用具有相似功能的水稻收割机一次性完成水稻收割、秸秆粉碎抛撒还田。开好三沟,墒沟深 25～30 cm、围沟 30～35 cm,厢宽 150～200 cm。

② 育苗移栽　9 月中旬播种育苗,10 月中下旬抢墒移栽。适宜苗龄 35～40 d、6～7 片叶的矮壮苗移栽。行距 30～35 cm,株距 25～30 cm,穴栽双株,保证栽基本苗 1.0 万～1.2 万株/亩。移栽时用移栽器或锄头沿稻桩入口处破土打窝。移栽时田间要有底墒,如遇干旱要灌一次跑马水。

③ 封闭除草　油菜移栽前 1～2 d 封闭除草,每亩用 90% 乙草胺 60～80 mL 或 96% 精异丙甲草胺乳油 80～100 mL 兑水 15～20 kg 机械喷雾。

④ 科学施肥　用缓释复合肥 40～50 kg/亩、尿素 5.0～7.5 kg/亩、硼肥 1.5 kg/亩作底肥,移栽前基施。移栽成活后施苗肥,每亩撒施尿素 7.5 kg。越冬后、起薹前,追施起薹肥,每亩施尿素 7.5 kg。

⑤ 田间管理　开春后遇连阴雨天气,及时清沟排水,达到雨后 0.5 h 田间不积水。油菜初花期,开展"一促四防",促进油菜生长发育,防花而不实、防早衰、防菌核病、防高温逼熟。

(二)育苗移栽

1. 人工育苗移栽

(1)培育壮苗

① 选床整地,施足底肥　选择地势平坦、土壤肥沃、交通便利、排水设施完善且近两年没有种植油菜的地块,按每 10 m² 苗床施优质农家肥 15～80 kg、三元复合肥 0.5 kg 左右作为基肥,经过精耕细耙后,做成畦宽 1.5 m 左右、长度按需求而定的苗床,苗床畦面中间高于两边,做到土壤"三上三下",即上细下粗、上紧下松、上实下虚,浇透水后即可下种。

② 适时播种,均播浅盖　选用优质高产、抗性好的品种,如大地 199、中油杂 19、浙油杂 108 等,皖西地区一般在 9 月 15 日前后进行播种育苗。播前晾晒种子 1～2 d,每 10 m² 苗床撒播种子 10 g 左右。为了撒播均匀,将种子和适量的细土或草木灰搅拌均匀,按 5∶3∶2 的比例分 3 次进行撒播,播后均匀覆盖一层细土,保证出苗整齐均匀。

③ 加强苗床管理　油菜育苗期在 9 月中旬,此时气温较高,当土壤湿度小时应及时洒水,保证土壤湿润,以利于出苗。3～4 叶时间定苗,间定苗原则:去弱留壮、去杂留纯、去密留稀、留苗均匀,每 10 m² 苗床可留苗 1200 株左右。油菜育苗期主要病虫害有玉米螟、菜青虫、蚜虫、病毒病等,在病虫害防治适期,用 25% 吡蚜酮可湿性粉剂 300 g/hm² 或 5% 高效氟氯氰菊酯水乳剂 300 g/hm² 兑水 450 kg/hm² 均匀喷雾防治玉米螟、菜青虫、蚜虫;用 40% 戊唑·多菌灵悬浮剂 1050 g/hm² 兑水 450 kg/hm² 均匀喷雾防治病毒病。

(2)大田移栽

① 适时移栽　苗龄达 35 d 左右、绿叶 6～8 片、苗高 23 cm 左右、根茎粗壮时即可移栽至大田,穴栽双苗。移栽前 7 d 左右,用尿素 0.5 kg 兑水 100 kg 均匀喷雾作送嫁肥。起苗前 1 d,浇 1 次透水,确保起苗时"三带"(即带水、带肥、带药)移栽至大田。

② 合理密植,提高移栽质量　皖西地区农户移栽方式有沟栽和穴栽两种。沟栽又称条

栽,即大田用开沟器(一般用锄头)划出 3～5 cm 深的沟,在沟壁较陡的一侧摆放秧苗,油菜苗按株距 15～20 cm、行距 33 cm 左右栽植,随后覆土浇水,一般栽基本苗 12 万～15 万株/hm²;穴栽即大田用开穴器(一般用钉耙等)倒退挖穴,穴深 3～5 cm,油菜苗按株距 15～20 cm、行距 33 cm 左右栽植,随后回土浇水,一般栽基本苗 12 万～15 万株/hm²。人工起苗时轻起轻放,做到不伤根、不伤茎叶、多带泥土,减少人为机械损伤,除去弯脚苗、病苗、伤苗、弱苗、杂苗后按大、中、小苗分级摆放,分地块移栽。边起苗边移栽,当天起苗当天栽完,不栽隔夜苗,移栽时做到横竖成行,栽直苗根,不栽弯根苗,苗要栽正,根要栽稳、栽深,露出心叶即可。

(3)田间管理 大田移栽 5～7 d 后,查看苗情,发现缺苗处及时大苗带水移栽。其他田间管理如施肥、病虫害防治、除草等,与油菜常规种植田间管理相同。

2. 毯状苗机械移栽

(1)毯状苗指标 育苗密度为 4500～5500 株/m²,即对于 28 cm×58 cm 规格的秧盘,每盘苗数为 730～900 株。育苗时间为 30～50 d,移栽苗龄 4.5～6.0 叶,苗高 8～12 cm。

(2)毯状苗育苗

① 育苗场地选择 选取平整的水泥场或田块作为育苗场地,周围无遮光物,供水方便,排水顺畅。

② 苗盘准备 育苗盘采用水稻硬质育秧盘,长、宽、高分别为 58 cm、28 cm、3 cm,底部均匀分布排水孔。在育苗盘底部铺一张宽度 27.5 cm、长度 65 cm 左右的塑料薄膜,两头高出硬盘 1～2 cm。

③ 床土配制 床土的土壤来源于前茬非十字花科作物田块,过筛去除土壤中的石子、草以及较大颗粒。每升床土中拌入纯氮 0.3～0.8 g ,磷肥和钾肥各 0.2～0.5 g,硼砂 0.02～0.04 g,经腐熟的有机肥 5～25 g,并混匀。将 50% 多菌灵配成 1000 倍液,按 100 kg 营养土加 5～6 g 多菌灵的用量喷洒,喷后将其拌匀,用膜密封 2～3 d,可杀死土壤中的多种病菌,防止有害病菌对秧苗产生伤害。也可以用水稻或蔬菜商品育苗基质进行油菜毯状苗培育,使用之前要进行小规模试验育苗,以检测商品基质对油菜秧苗是否存在不利影响。

④ 床土装盘 将配制好的床土装入秧盘,床土表面比盘口低约 3 mm,刮平。床土装好后用细密且均匀水流将床土浇水至饱和,多余的水可从排水孔排出,保证床土能吸足水分。待床土表面无明显积水后播种。

⑤ 种子处理 播种前选晴天进行晒种,以提高种子的发芽率。播种前用种子处理剂进行拌种。种子处理剂的配制方法为:每升溶液中加入如下试剂及用量:5% 的烯效唑 5 g,七水硫酸亚铁 142 mg,硫酸镁 294 mg,硼酸 0.6 mg,硫酸锌 0.6 mg、硫酸锰 0.6 mg,补足水分充分溶解至 1 L。每 100 g 种子吸取 1～4 mL 溶液拌种(如放在塑料瓶里充分摇匀),晾干后进行播种。种子处理剂拌种准确用量视品种特性、千粒重和播种密度而定,针对不同情况需要预先进行试验以达到最佳的效果。

⑥ 播种 使用"一种高效精量定位播种方法"发明专利(公布号为 CN105340434A)制作的播种器进行精量定位播种,播种密度为 800～1000 粒/盘。

⑦ 盖种 播种后用床土进行盖种,盖土厚 2～3 mm,以不露种尽量浅为好,厚度均匀。盖种土首先要少量浇水,并搅拌均匀,使盖种土的含水量达最大持水量的 40%～50%(手感湿润、手握成团、松开即散)。

⑧ 叠盘保墒 将盖土后的秧盘层层叠放在一起,叠放层数以 40～80 层为宜,最上层用两

张秧盘中间夹一层塑料薄膜盖顶。两列秧盘之间保持 5～10 cm 距离。

⑨ 摆盘 叠盘一段时间后要将秧盘及时摆出。摆出的时机对后期出苗至关重要。摆盘时机可用 3 种方法控制:一是按时间估计,正常育苗季节,叠盘后 36～48 h。二是按有效积温估算,叠盘后有效积温达到 45～50 ℃。三是根据目测,当看到秧盘内有 1/3 左右的籽粒露黄时即要将秧盘摆出到育苗场地。

⑩ 补墒覆盖 秧盘摆出后对缺水的地方进行补水,然后进行覆盖,覆盖材料为 30～50 g/m² 的白色无纺布。

⑪ 揭盖控水 当秧苗子叶完全展平且变绿时,即摆盘后 36～48 h,可揭去无纺布。此后适当控制水分供应,以边角部位不发生萎蔫为度,以促进根系下扎。发生萎蔫时可少量补充水分。二叶期之前如遇大雨要适当遮盖。

⑫ 肥料管理 揭盖后要及时施用肥料。一叶期和二叶期分别施尿素 1 g/盘,移栽前施尿素 2 g/盘。施用时可将尿素溶于水中进行喷施。喷施时间宜在早晚,避开晴朗的正午。

⑬ 防病治虫 在苗期间常会发生菜青虫、蚜虫等危害,发现后要及时进行防治。

⑭ 移栽 苗龄 4.5～6.0 叶,苗高 8～12 cm 时要适时移栽。秧苗移栽前一天要补足定根水,以增加移栽时根部的带土量,提高秧苗的成活率和成活速度。

(3)毯壮苗机械移栽

① 秧苗规格与形态 苗龄 4.5～6.0 叶,苗高 8～12 cm 的矮壮苗,秧龄 30～45 d,苗根系发达能盘根成毯,双手托起时苗片不断裂,秧苗规格形态一致。如因天气不宜或腾茬迟等原因,可以提前或推迟移栽。

② 田块条件 耕翻整地,地表应平整,不应有大土块和石块等障碍物,土壤含水率 15%～30% 为宜。整地后开畦沟,一般畦面宽度 1.8 m 左右为宜。对于土壤墒情适宜的田块,可以在前茬作物如水稻收获后,实时进行秸秆粉碎处理,抢墒免耕移栽。

③ 移栽作业 选用由农业部南京农业机械化研究所、洋马公司研制生产的 6 行油菜毯状苗移栽机进行作业,针对不同土壤条件对机具工作参数进行适当调节,作业速度控制在 1 m/s 以内,株距 14～18 cm,栽植深度 1.5～5.0 cm。

④ 栽后管理 移栽后土壤墒情好或有降雨,不需喷洒活棵水,如果干旱严重应适当灌水,或畦沟浸水。

其他田间管理如施肥、病虫害防治、除草等,与油菜常规种植田间管理相同。

第三节 襄阳地区油菜种植

一、自然条件、熟制和油菜生产地位

(一)自然条件

1. 地理位置和地形地貌 襄阳位于湖北省西北部,汉江流域中游,秦岭大巴山余脉,位于东经 110°45′～113°43′,北纬 31°13′～32°37′,属于中国地形第二阶段向第三阶段的过渡地带,是南北生态和气候类型过渡带。襄阳市横跨扬子准地台与秦岭地槽两个性质不同的大地构造单元。以房县—襄阳—广济深断裂为界,断裂以南的保康、南漳、宜城三县全境和谷城、襄州、枣阳等县(市)的南部边缘位于扬子准地台区,约占全市总面积的42%;断裂以北的老河口市和谷城、襄州、枣阳等县(市)的大部分地区位于秦岭地槽区,约占全市总面积的58%。

襄阳市的地势特征是东低西高,全区丘陵面积约占襄阳市总面积的20%左右,岗地面积和山地面积各占40%。东部地区主要是丘陵地形,海拔多在250 m以下,包括枣阳市南部、宜城市全部以及南漳县、谷城县小部分,区域面积约占襄阳市总面积的20%左右,这部分地区土壤条件好,中部地区大多是岗地,地处江汉平原北部,俗称"鄂北岗地",面积约占襄阳市总面积的40%左右,这部分地区地形较为平坦,光照条件相对其他地区更为优越,主要生产农产品。西部地区主要是山地,海拔基本都在400 m以上,最高点海拔2000 m,面积约占总面积的40%,这部分地区包括南漳县、谷城县和保康县,是林特产品和畜牧业的生产基地。

2. 气候　襄阳市属北亚热带季风气候,海拔60～382 m,气候温和,日照充足,水资源充沛,南北兼有,四季分明,地貌多样,土种繁多,适宜多种作物生长,自然条件优越。全区岗地面积占65.8%,低山丘陵面积占13%,沿江河冲积平原占21.2%。气候属北亚热带季风型大陆气候,呈北亚热带向暖温带过渡性特点,全市气候较为温和,具有四季分明、光照充足、热量丰富、降雨适中、雨热同季等特点。

(1)气温　2016—2020年,全市年均气温较稳定,在16.6 ℃左右,一年之中,1月平均气温最低,为3 ℃左右,其后各月渐升;7月平均气温最高,为27.4 ℃左右,其后各月渐降。气温年际变化不大。有气象记录以来,年均气温最高是1998年,为16.1～17.0 ℃,年均气温最低是1969年,为14.4～14.9 ℃。日极端气温最高值42.5 ℃,最低值为-19.7 ℃。2018年1月平均最低温为-1.4 ℃,2月平均气温为3.3 ℃,与同期相比较低(表3-5)。

表3-5　襄阳市近5年月平均气温、最高气温、最低气温情况(谢捷整理)

类别	年份	1月	2月	3月	4月	5月	6月	7月	8月	9月	10月	11月	12月
平均气温(℃)	2016	2.2	7.9	12.2	19.0	20.8	24.7	28.0	27.9	24.8	16.7	9.9	7.0
	2017	5.2	6.7	10.7	17.9	23.1	24.8	28.6	27.0	21.8	15.5	11.7	6.9
	2018	1.1	6.0	12.4	17.9	21.6	26.2	28.4	28.6	22.6	18.2	11.1	4.3
	2019	3.1	3.3	12.8	16.7	21.7	25.8	27.7	28.3	24.1	17.2	12.4	6.5
	2020	3.9	8.3	12.9	17.0	23.2	25.4	24.7	27.9	/	/	/	/
平均最高气温(℃)	2016	5.7	13.0	17.1	24.0	25.5	29.4	32.6	32.3	30.0	19.8	13.7	11.0
	2017	9.2	11.8	15.3	23.3	28.9	29.0	33.2	31.7	25.5	18.9	16.2	11.5
	2018	4.5	10.8	17.1	23.4	25.8	31.4	33.0	33.8	27.5	23.6	15.1	7.2
	2019	6.0	6.6	18.5	22.2	26.8	30.8	32.5	33.9	29.7	21.9	16.4	10.7
	2020	7.0	12.9	18.0	23.0	29.5	30.1	28.4	32.3	/	/	/	/
平均最低气温(℃)	2016	-0.4	3.5	8.0	14.9	16.8	20.8	24.5	24.4	20.5	14.5	7.0	3.8
	2017	2.4	2.9	7.2	13.0	18.1	21.2	25.2	23.8	19.1	13.1	8.1	2.8
	2018	-1.4	2.3	8.7	13.3	18.2	22.3	25.0	24.6	19.2	13.6	7.8	2.0
	2019	0.6	0.9	8.0	12.5	17.5	21.8	23.9	24.1	19.7	14.0	9.0	3.1
	2020	1.4	4.7	8.7	12.0	18.2	22.0	22.4	24.3	/	/	/	/

数据来源:襄阳市气象台。

（2）日照　2016—2020 年,全市年均日照时数为 1660～1796 h。年内月均日照时数最高值出现在 7 月、8 月,月均 188～211 h;月均日照时数最低值出现在 12 月、1 月、2 月,月均 87～115 h。日照时数年际变化,2017 年与 2019 年,最大年与最小年相差 160 h,2019 年 1 月、2 月逐月日照均远低于同期(表 3-6)。

表 3-6　襄阳市近 5 年逐月日照情况(谢捷整理)

类别	年份	1 月	2 月	3 月	4 月	5 月	6 月	7 月	8 月	9 月	10 月	11 月	12 月
逐月日照(h)	2016	90.1	173.9	138.3	159.1	163.9	189	237.3	208.5	172.8	79.0	79.2	105.0
	2017	112.9	122.3	143.9	179.4	226.5	169.7	227.3	185.0	94.3	71.1	132.2	155.4
	2018	99.3	129.3	145.8	184.5	145.7	205.6	175.5	220.6	121.2	181.1	105.3	70.7
	2019	59.6	41.1	168.2	151.4	149.5	142.6	210.4	209.0	181.2	96.7	119.4	131.3
	2020	78.0	126.6	137.7	185.4	202.4	151.9	94.1	235.8	/	/	/	/

（3）降水　2016—2020 年,全市年均降水量为 892～1063 mm。地理分布总趋势自西南地区向东北地区递减。降水量年内季节分配呈夏季多、冬季少、春季稍多于秋季的特点。其中6—8 月降水最多,占全年的 44%～50%,月均降水在 110 mm 以上;1 月、12 月降水量最少,月均降水在 20 mm 左右。降水量年际变化明显,其中 2018 年上半年雨水偏多,下半年雨水偏少,5 月降雨量达 300 mm 以上,10 月降雨量为 3.7 mm(表 3-7)。

表 3-7　襄阳市近 5 年逐月降水量(谢捷整理)

类别	年份	1 月	2 月	3 月	4 月	5 月	6 月	7 月	8 月	9 月	10 月	11 月	12 月
逐月降水量(mm)	2016	19.1	27.0	48.7	124.6	95.5	137.1	106.4	71.7	54.4	122.7	57.2	28.4
	2017	35.0	26.2	100.5	92.3	88.4	64.8	59.3	299.4	274.6	250.8	28.3	1.0
	2018	84.8	20.4	69.4	114.5	301.1	10.6	92.7	50.0	58.4	3.7	69.6	21.7
	2019	26.5	11.8	20.9	57.8	52.1	148.4	76.8	30.8	15.9	118.4	22.6	6.3
	2020	71.2	28.0	61.8	35.1	62.4	385.5	248.7	171.0	/	/	/	/

综合襄阳气候资源分析,襄阳油菜生长发育的农业气象条件较有利,越冬期冻害较少,蕾薹和开花期日照能满足需求,越冬期低温冰冻天数少,角果发育期积温和日照增多,有利于油菜安全越冬及角果发育,需根据天气形势防范开花期出现低温阴雨天气对油菜开花及连续降雨对顶端结实的影响。

(二)熟制和油菜茬口关系

襄阳属亚热带季风气候,日照充足,年有效积温 4500 ℃·d 以上,耕作制度以一年二熟制为主,属二熟制向多熟制过渡地区。襄阳所辖北部的老河口、襄州区、枣阳市与河南省接壤,积温相对偏低,种植习惯以典型的小麦—玉米、油菜—玉米二熟制为主,所辖偏南部的宜城市、南漳县则以小麦—水稻、油菜—水稻为主,已具有向多熟制过渡的基本条件,尤其是襄阳地区油菜作物的收获期在 5 月上中旬,较同期种植的小麦收获期早 10～20 d,为下茬作物的抢种提供了时间,在生产中具有适应性广、茬口灵活的显著特点。油菜的复种可分为水田复种和旱地复种两种形式。水田复种是以油菜—水稻轮作模式为主,油菜 200 d 左右的生育期使其在 5 月中下旬均可完成油菜籽粒收获,茬口即使衔接水稻中生育期较长的迟熟品种,生育期也能得到保证,水稻育秧不管是旱育还是水育,油菜茬口均是水稻栽培的首选,实行水旱轮作,既可改良土壤,提高土壤肥力,又可减轻稻田的次生潜育化,提高水稻产量。尤其是油菜的成熟期比小麦早,有利于两熟制地区合理轮作和腾茬,该模式具有用地、养地作用,在中国南北过渡带区域占有举足轻重的地位;旱地油菜在襄阳也有一定的面积,油菜茬口主要衔接玉米、棉花、大豆、花生等作物,其中又以玉米—油菜、棉花—油菜等轮作方式较多。

(三)油菜生产地位

襄阳地处南北过渡带中段,油菜的分布特征多样,在长江流域冬油菜产区具有很强的代表性。襄阳油菜 2000 年以来先后被农业部、湖北省规划纳入长江流域双低油菜保护区。10 年来油菜种植面积及总产量呈曲线增长,总体呈先下降后上升的趋势。据农业部门统计,历史上油菜种植面积最高达 12 万 hm^2,在国内油料生产中占有重要的地位。近年来随着国内油料市场需求和种植效益拉动影响,大宗油料生产形势稳中向好,农民种植意愿强烈,全市油菜生产面积呈恢复上升趋势,2019 年全市油菜近 4 万 hm^2,优质油菜生产已成为主产县市产业扶贫、乡村振兴及富民增收的重点支柱产业。此外,襄阳还是长江流域最大的油料生产、油脂加工和流通集散地之一。襄阳油菜产量高,品质优,产品既可以满足本地市场,也可以销售到全国各地,满足国内个性化消费的需要,市场潜力巨大。

油菜作为襄阳的冬季作物,实行的是一年两熟的耕作制度。主要分布在南漳的武镇、巡检、东巩,宜城的小河、郑集、刘猴,保康沮河、南河、清溪河沿岸镇、村等。油菜近 10 年来,平均种植面积 4.6 万 hm^2,单产 2584.5 kg/hm^2。襄阳近年油菜面积基本稳定在 4 万 hm^2 左右。随着优质油菜品种及栽培技术的大力推广应用,襄阳油菜单产逐年稳步提高,2019 年达到 2854.5 kg/hm^2,较最低年份 2011 年 2245.5 kg/hm^2 提高 27.1%。

1. 襄阳油菜产业的发展趋势

(1)产业开发利用　随着国民经济的发展,特别是农村经济的发展,油菜籽的商品率会进一步提高,油菜的经济作物性质将得到充分释放,油菜生产的综合效益成为重要的考虑指标。优质菜籽油的营养保健功能将逐步得到广大消费者的认同,油脂加工企业的产品品牌意识增强,优质健康高效的菜籽食用油产业正在形成。襄阳有"鲁花"集团唯一的菜籽油生产线,产品辐射全国,另有主打脱脂产品的"聚香达"食用油品牌,以及定位健康消费概念等一批双低菜籽油生产企业。另外优质菜籽粕的营养特性也得到了认同,成为一种重要的饲料蛋白原料,菜籽粕深加工开发菜籽蛋白、植酸、多酚等物质的产业有望突破,进而大幅提升油菜的价值。在多功能开发利用方面,油菜的青饲料属性、蜜源属性、冬季覆盖属性、景观属性以及蔬菜属性逐渐被社会认识和重视,油菜逐渐成为人们生产生活的重要作物。

(2)油菜栽培技术　油菜逐步南移的扩大潜力和农村农业生产条件的变化决定了油菜栽培技术的发展趋势。总体来说,油菜的生产将逐渐向集约化、标准化和无公害化方向发展,为适应这种需求,襄阳地区油菜栽培技术可能出现以下 4 种发展趋势:①育苗移栽技术应用呈下降趋势,直播栽培面积将迅速扩大,特别在油菜发展的新区。②精细耕作的犁—耙—平整的整地技术将由机械一次性旋耕或免耕栽培技术所替代。③油菜施肥技术及肥料品种将更多地注重提高肥料利用率和减轻劳动强度。测土配方施肥技术基本普及,长效缓释肥料将满足减少施肥次数的需要。微量肥料及化学调控剂将得到重视,并且在抵御灾害、提高产量方面发挥作用。④油菜机械化生产技术将迅速发展。机械开沟机普及程度较高,集整地、除草、播种、施肥为一体的多功能播种机有望迅速应用,油菜联合收割机在相关技术革新和农艺措施的配套有望迎来推广应用高潮。

2. 油菜应用品种的发展趋势　优质杂交化、适宜机械化、生产标准化、功能多样化是襄阳油菜品种发展的基本要求。为适应襄阳地区油菜生产区域的多样性、满足不同人群对油菜品质及价值的需求,生产上要求油菜品种将具有更短的生育期,更大的播种弹性,更耐密植,更强的抗寒、抗倒及抗裂角性,更适宜机械化收获,更有利于多功能利用。在营养价值方面,市场上要求菜籽具有更低的芥酸、硫苷含量,更高的含油量以及更高的油酸和亚油酸含量。

3. 油菜加工业的发展趋势　油菜作为一种优质的油料作物,已成为食用油、医药产品、饲用蛋白、能源的重要原料。襄阳市作为湖北省油脂加工能力最大的地级市,其加工业的发展将会给中部地区油菜优质资源的充分利用带来新的活力,其未来发展趋势可能从以下 3 个方面取得进步和突破:

(1)植物油加工关键技术研究与装备制造　针对襄阳油脂加工产业长期存在的能耗高、资源利用率低等问题,将以油料营养生化品质和物化特性为基础,通过高新加工技术与装备相结合,以油料油脂高效、低耗、节能加工与资源高效利用为目标,进行油料低温、清洁优质油脂制备技术与装备、油脂加工节能环保技术与装备等的研究,开发对油料加工产品质量提高、资源高效利用、产品安全等有重大效果的创新技术,构建适合中小油脂企业且科技含量高、油料高效利用的产地标准化加工技术与装备,完成襄阳油料加工技术的跨越式发展。

(2)植物油深加工技术研究与新产品开发　针对襄阳油脂精深加工整体水平低、油脂产品单一且增值率低等问题,将以油脂及其脂类伴随物的结构与营养特性为基础,融合现代生物工程、现代分离技术等高新技术,完成营养、安全、高附加值的脱脂菜籽油产品研发。开展油脂的分子营养、生物活性成分、结构及其作用机理、油料中脂质活性成分制取、修饰改性技术等植物油的环保、高效、低耗精深加工技术研究与系列新产品开发,提升油脂食用效价和油料资源化水平。菜籽油精深加工产品,如营养保健(功能)油、微胶囊化粉末油脂以及脱脂专用食用油脂也将是发展趋势之一。

(3)油料产业资源综合利用与装备集成　针对襄阳油菜产业资源未能充分合理利用、综合开发利用技术落后等问题,通过引进现代高新加工技术与现有装备相结合,开展菜籽饼粕生物改良技术与多效益生物蛋白饲料制备和其中活性功能成分作为重要化工原料物质的综合利用技术,以及以油料秸秆为原料制备沼气、生物肥料、饲料技术,脂肪酶转化与绿色清洁化工艺技术等油料资源深加工关键技术,构建油料全资源综合高效利用技术体系,开发出适宜襄阳地区油料全资源高效利用的标准化加工技术与装备。

二、油菜实用栽培技术

(一)选茬和整地

1. 选茬　合理利用作物茬口能够增加农田生物多样性、抑制杂草生长、减少病虫害威胁、控制土壤侵蚀、改变水分循环、改良土壤结构、刺激微生物活性,同时还能增加额外的碳、氮、磷输入,减少土壤中单一养分的消耗,维持养分的供求平衡,改善土壤肥力,协调和利用农田生态系统中光、土、水、气、热以及各种营养元素等自然资源,提高后茬作物产量(元晋川等,2020)。不少学者研究发现,通过选择合理的前茬作物提高冬油菜产量是一种绿色高效可持续的农业管理措施。

襄阳油菜的复种模式分为水田复种和旱地复种两种。水田复种是指水稻—油菜的轮作模式,襄阳主要以中稻种植为主,晚稻会影响油菜适期播种。在襄阳,旱地复种以玉米—油菜、花生—油菜、芝麻—油菜、棉花—油菜等轮作方式较多。由于棉花生育期长,需在棉花收获拔秆前套播或套栽冬油菜,并预留翌年度棉花种植行,影响油菜全年产量,所以襄阳又以种植夏玉米和冬油菜居多。有研究发现,玉米茬冬油菜苗期生长状况以及成熟期农艺性状均优于水稻茬。也有研究发现,以大豆作为前茬作物能够显著提高冬油菜关键生育时期土壤硝态氮、铵态氮、碱解氮养分含量和土壤中速效磷的含量(元晋川等,2020;潘福霞等,2011;李富翠等,2011),但在襄阳大豆—油菜的轮作模式并不多见。

2. 整地   油菜是根系发达、枝叶繁茂的作物,需要土层深厚、肥沃疏松、水分适宜的土壤条件才能生长发育良好,获得高产。但油菜对土质要求不严,质地较差的土壤,通过深耕、增施肥料等良好的耕作栽培技术也能获得高产。油菜对土壤酸碱度的要求也不严格,pH5~8 都可以适应,而以弱酸性和中性最为有利。油菜也能忍受盐碱,在含盐量为 0.20%~0.26% 的土壤上能正常生长。土壤通气性的好坏,对油菜生长发育影响很大。耕整地技术作为油菜种植的首要环节,其目的是疏松恢复土壤团粒,积蓄水分及养分,覆盖杂草肥料,防治病虫害,为油菜生长发育创造良好的土壤条件。根据耕作的深度和目的不同,耕整地主要包括耕地和整地两个方面。耕地主要是对土壤进行翻耕旋耕疏松作业,为播种及栽植种床做初步准备。整地主要是对耕地作业后的耕层土壤进行细碎疏松地表平整及压实作业,为播种和栽植种床做最后准备。

整体而言,中国油菜种植耕整机械化程度低于加拿大、澳大利亚及欧盟油菜主产地区,但高于印度油菜主产地区。而北方春油菜主产区机械化耕整程度高于南方冬油菜主产区(张青松等,2018)。2016 年全国油菜种植机耕水平为 78.93%,而南方冬油菜产区油菜种植机耕水平为76.08%。随着中国农业机械化进程的加快及劳动力的短缺,机械化程度在逐年提高,关键环节机械化生产及全程机械化生产逐渐增多。目前,襄阳油菜的机耕水平已达到80%以上。

襄阳地区油菜种植涉及的耕整地环节主要有水田和旱地两种类型。水田复种是以水稻—油菜轮作模式为主,其耕作整地的关键技术如下:水稻收割时土壤表层出现"鸡爪"裂纹,下田踩不起脚印时为宜耕时期。耕地深度以原耕作层深度为宜,增施粗渣肥作底肥,并开沟作畦。畦宽和沟深依土质而定,对于黏重土壤,土壤孔隙小、渗透性弱,以浅沟窄畦为好,一般畦宽1.65~2.00 m,沟深 0.33 m;对于疏松土壤,宜采用宽畦浅沟,畦宽 3.33~4.00 m,沟深 0.20~0.23 m。旱地复种是以玉米—油菜、棉花—油菜为主的轮作模式,其耕作整地的关键技术如下:要求土壤疏松通气,结构良好,蓄水保墒性能好。襄阳油菜大多在秋作物收后种植,由于季节紧张,要求随耕随耙,重耙轻耱,为及早播种、提高播种质量创造条件。

(二)选用优良品种

襄阳地处中国南北过渡带的中段,也是冬油菜的种植最适宜气候区之一,该地域冬季较温暖,无霜期长,对油菜越冬有利。选择适宜的品种是夺取油菜高产稳产的基础。进行品种选择时,应从多个方面综合考虑,选择生育期适中、产量潜力大、抗逆性能力强的优良品种。目前襄

阳市场上销售的油菜品种众多,襄阳应用的优良品种有:

1. 中油杂 19

审定编号　国审油 2013013

育 种 者　中国农业科学院油料作物研究所

品种来源　中双 11 号×zy293

特征特性　甘蓝型半冬性化学诱导雄性不育两系杂交种。全生育期 230 d。幼苗半直立,裂叶,叶缘无锯齿,叶片绿色,花瓣黄色,籽粒黑褐色。株高 162.7 cm,一次有效分枝数 6.57 个,单株有效角果数 277.7 个,每角粒数 22.3 粒,千粒重 4.09 g。菌核病发病率 28.5%,病指 16.15,病毒病发病率 5.09%,病指 2.83,低抗菌核病、抗病毒病;抗倒性强。芥酸含量 0.15%,硫苷含量 21.05 μmol/g,含油量 49.95%。2011—2012 年度参加长江下游油菜品种区域试验,亩产油量 95.63 kg,比对照秦优 10 号增产 15.5%;2012—2013 年度续试,亩产油量 99.51 kg,比对照秦优 10 号增产 9.9%;两年平均亩产油量 97.57 kg,比对照秦优 10 号增产 12.7%。2012—2013 年度生产试验,亩产油量 96.24 kg,比对照秦优 10 号增产 9.8%。

栽培技术要点　①适时播种:育苗移栽以 9 月下旬播种为宜,10 月下旬移栽;直播在 10 月初到 10 月中旬播种。②合理密植:在中等肥力水平下,育苗移栽合理密度为 1.0 万株/亩左右,直播 2.0 万~2.5 万株/亩。③科学施肥:重施底肥,每亩施复合肥 50.0 kg;追施苗肥,每亩于苗期施尿素 10.0~15.0 kg。该组合为双低高油杂交种,硼需求量大,底肥每亩施硼砂 1.0~1.5 g,初花期喷施浓度为 0.2% 的硼砂溶液。④防治病害及鸟害:在重病区注意防治菌核病,于初花期后一周喷施菌核净,每亩用量为 100 g 兑水 50 kg;注意防鸟害。

适宜种植区域:适宜在上海市、浙江省、江苏和安徽两省淮河以南,湖北省、湖南省、江西省、四川省、云南省、贵州省、重庆市、陕西省汉中和安康的冬油菜区种植。

2. 华油杂 62

审定编号　国审油 2011021

育 种 者　华中农业大学

品种来源　2063A×05-P71-2

特征特性甘蓝型半冬性波里马细胞质雄性不育系杂交种。苗期长势中等,半直立,叶片缺刻较深,叶色浓绿,叶缘浅锯齿,无缺刻,蜡粉较厚,叶片无刺毛。花瓣大、黄色、侧叠。长江下游全生育期 230 d,与对照秦优 7 号相当;株高 147.8 cm,一次有效分枝 7.8 个,单株有效角果数 333.1 个,每角粒数 22.7 粒,千粒重 3.62 g。菌核病发病率 20.59%,病指 9.35;病毒病发病率 4.86%,病指 1.74。抗病鉴定综合评价为低感菌核病,抗倒性较强。芥酸含量 0.45%,饼粕硫苷含量 29.68 μmol/g,含油量 41.46%。2009—2010 年度参加长江下游区油菜品种区域试验,亩产 177.3 kg,比对照秦优 7 号增产 12.5%,2010—2011 年度续试,亩产 168.5 kg,比对照秦优 7 号增产 4.7%,两年平均亩产 172.9 kg,比对照秦优 7 号增产 8.6%。2010—2011 年度生产试验,亩产 180.3 kg,比对照秦优 7 号增产 6.9%。

栽培技术要点　①育苗移栽:9 月中下旬播种,密度 0.8 万~1.0 万株/亩;直播密度 1.5 万~2.0 万株/亩。②氮、磷、钾、硼肥配合施用:每亩施用纯氮 12.0~15.0 kg,60%~70% 基施;五氧化二磷 4.0~5.0 kg,全部基施;氧化钾 5.0~7.0 kg,60% 基施;硼肥 1.0 kg,全部基施。及时早追苗肥,力争冬至前单株绿叶数达到 10~12 片;迟栽、土质差或底肥少的弱苗田块要配合中耕松土适当增加苗肥,促早生快发;看苗适当施用腊肥和薹肥。③苗期防治蚜虫和菜青虫,初花期综合防治菌核病。

适宜种植区域:适宜在上海、湖北、湖南、江西、浙江和安徽、江苏两省淮河以南的冬油菜主产区和内蒙古自治区、新疆维吾尔自治区及甘肃、青海两省低海拔地区的春油菜主产区种植。

3. 阳光 2009

审定编号　国审油 2011009

育　种　者　中国农业科学院油料作物研究所

品种来源　中双 6 号/X22

特征特性　甘蓝型半冬性常规种。苗期半直立,顶裂叶中等,叶色较绿,蜡粉少,叶片长度中等,侧叠叶 3～4 对,裂叶深,叶脉明显,叶缘有小齿,波状。花瓣黄色,花瓣长度中等,较宽,呈侧叠状。种子黑色。全生育期 217 d,与对照中油杂 2 号相当。株高 178.0 cm,一次有效分枝数 8 个,匀生分枝类型,单株有效角果数 275 个,每角粒数 19 粒,千粒重 3.79 g。菌核病发病率 10.03%,病指 6.71;病毒病发病率 1.00%,病指 0.60。抗病鉴定综合评价为低抗菌核病。抗倒性强。经农业部油料及制品质量监督检验测试中心检测,芥酸含量 0.25%,饼粕硫苷含量 18.39 μmol/g,含油量 43.98%。2009—2010 年度参加长江中游区油菜品种区域试验,亩产 164.7 kg,比对照中油杂 2 号增产 3.6%;2010—2011 年度续试,亩产 192.4 kg,比对照中油杂 2 增产 4.1%;两年平均亩产 177.9 kg,比对照中油杂 2 增产 3.8%;2010—2011 年度生产试验,亩产 149.5 kg,比对照中油杂 2 号减产 1.5%。

栽培技术要点　①适时早播:长江中游地区育苗移栽 9 月中旬播种,苗床与大田比例为 1:4,苗龄控制在 30 d 左右,培育大壮苗,10 月中旬移栽;直播 9 月下旬至 10 月上旬播种,亩用种量 0.2～0.4 kg。②种植密度:中等肥力水平条件下,育苗移栽 0.8 万～0.9 万株/亩、直播 1.5 万～2.0 万株/亩。③施肥:重施底肥,每亩施复合肥 50.0 kg,硼砂 1.5 kg,注意氮、磷、钾肥配比施用;追施苗肥,1 月底根据苗势每亩施尿素 5 kg,注意必施硼肥,如果底肥没施硼肥,应在薹期喷施 0.2%硼肥。④防治病虫害:初花期一周内防治菌核病。

适宜种植区域:适宜在湖北、湖南、江西三省冬油菜主产区种植。

4. 华油杂 9 号

审定编号　国审油 2004008

育　种　者　武汉联农种业科技有限责任公司,华中农业大学

品种来源　986A×7-5

特征特性　该品种为甘蓝型半冬性细胞质雄性不育三系杂交种,全生育期平均 233 d。子叶肾脏形,苗期叶为圆叶型,叶绿色,顶叶中等,有裂叶 2～3 对,茎绿色,黄花,花瓣相互重叠,种子黑褐色,近圆形。株型为扇形紧凑,平均株高 175～190 cm,一次有效分枝 8 个,二次有效分枝 10 个,主花序长 85 cm,单株有效角果数 380～480 个,每角粒数 21～23 粒,千粒重 2.98～3.05 g。冬前、春后均长势强;抗寒中等。菌核病发病率 28.5%,病指 13.24,病毒病发病率 25.25%,病指 11.72,低感菌核和病毒病,抗倒性强。经农业部油料及制品质量监督检验测试中心区试抽样检测,芥酸含量 0.47%,硫苷含量 23.05 μmol/g,含油量 41.09%。2002—2003 年度参加长江下游组油菜品种区域试验,亩产 150.2 kg,比对照中油 821 增产 28.2%;2003—2004 年度续试,亩产 191.5 kg,比对照中油 821 增产 21.87%;两年区域试验平均亩产 170.8 kg,比对照中油 821 增产 24.57%。2003—2004 年度生产试验亩产 165.3 kg,比对照中油 821 增产 15.28%。

　　栽培技术要点　适当晚播,播种过早会出现早花早薹现象,注意防治菌核病,增施硼肥。

　　适宜种植区域　长江下游地区的浙江、上海两省(市)及江苏、安徽两省(市)淮河以南地区的冬油菜主产区种植。

5. 中双 9 号

　　审定编号　国审油 2005014

　　育　种　者　中国农业科学院油料作物研究所

　　品种来源　(中油 821/双低油菜品系 84004)//中双 4 号变异株系

　　特征特性　属半冬性甘蓝型常规油菜品种,全生育期 220 d 左右,比对照中油杂 2 号早 1 d。幼苗半匍匐,叶色深绿,长柄叶,叶片厚,大顶叶。越冬习性为半直立,叶片裂片为缺刻型,叶缘波状;花瓣颜色淡黄色。株高 155 cm 左右,分枝部位 30 cm 左右,一次有效分枝数 9 个左右,主花序长度 65 cm 左右,单株有效角果数 331 个左右,角果着生角度为斜生型,每角粒数 20 粒左右,千粒重约 3.63 g 左右,种皮颜色深褐色。田间抗性调查结果:菌核病平均发病率 6.83%、病指 3.14,病毒病平均发病率 0.4%、病指 0.13。2005 年抗病鉴定结果:低抗菌核病,低抗病毒病。抗倒性强。品质检测结果:芥酸含量 0.22%,硫苷含量 17.05 μmol/g(饼),含油量为 42.58%。2003—2004 年度参加长江中游区油菜品种区域试验,亩产 172.7 kg,比对照中油 821 增产 7.29%,2004—2005 年度续试,亩产 145.3 kg,比对照中油杂 2 号减产 9.96%。2004—2005 年参加生产试验,亩产 156.7 kg,比对照中油杂 2 号减产 0.96%。

　　栽培技术要点　于初花期后一周喷施菌核净,每亩用 100 g 兑水 50 kg 喷施,生产上注意施用硼肥。

　　适宜种植区域　适宜在湖南、湖北、江西的油菜主产区种植。

6. 中双 11 号

　　审定编号　国审油 2008030

　　育　种　者　中国农业科学院油料作物研究所

　　品种来源　(中双 9 号/2F10)//26102

　　特征特性　该品种为半冬性甘蓝型常规油菜品种,全生育期平均 233.5 d,与对照秦优 7 号熟期相当。子叶肾脏形,苗期为半直立,叶片形状为缺刻型,叶柄较长,叶肉较厚,叶色深绿,叶缘无锯齿,有蜡粉,无刺毛,裂叶三对。花瓣较大,黄色,侧叠。匀生型分枝类型,平均株高 153.4 cm,一次有效分枝平均 8.0 个。抗裂荚性较好,平均单株有效角果数 357.60 个,每角粒数 20.20 粒,千粒重 4.66 g。种子黑色,圆形。区试田间调查,平均菌核病发病率 12.88%、病指为 6.96,病毒病发病率 9.19%、病指为 4.99。抗病鉴定结果为低抗菌核病。抗倒性较强。经农业部油料及制品质量监督检验中心测试,芥酸含量 0.0%,饼粕硫苷含量 18.84 μmol/g,含油量 49.04%。2006—2007 年度长江下游区试亩产 177.9 kg,比对照秦优 7 号减产 2.37%。2007—2008 年度亩产 156.5 kg,比对照秦优 7 号增产 0.64%。两年区试共 17 个试验点,9 个点增产 8 个点减产,两年平均亩产 167.2 kg,比对照秦优 7 号减产 0.98%。2007—2008 年生产试验,亩产 159.6 kg,比对照秦优 7 号减产 3.58%。

　　栽培技术要点　①适时早播:长江下游地区育苗适宜播种期为 9 月中下旬,10 月中下旬移栽;直播在 9 月下旬到 10 月初播种。②合理密植:在中等肥力水平下,育苗移栽合理密度为 1.2 万～1.5 万株/亩,肥力较高水平时,密度 1.0 万～1.2 万株/亩,直播可适当密植。③科学施肥:重施底肥,每亩施复合肥 50.0 kg;追施苗肥,于 5～8 片真叶时每亩施尿素 10.0～15.0 kg

左右;必施硼肥,每亩底施硼砂 1.0~1.5 kg,薹期喷施(浓度为 0.2%)硼砂溶液。④防治病害:在重病区注意防治菌核病。于初花期后一周喷施菌核净,每亩用 100 g 菌核净兑水 50 kg。

适宜种植区域　适宜在江苏省淮河以南、安徽省淮河以南、浙江省、上海市、湖北、湖南、江西、四川、云南、贵州、重庆、陕西的汉中和安康冬油菜主产区推广种植。

7. 华油杂 12 号

审定编号　鄂审油 2005004,国审油 2006005

育　种　者　武汉联农种业科技有限责任公司,华中农业大学

品种来源　195A×恢复系 7-5

特征特性　属半冬性甘蓝型油菜。株型扇形较紧凑,植株较高,生长势较旺,主花序较长,分枝部位较高。子叶肾形,苗期叶为圆叶型,叶深绿色;顶叶中等大,有裂叶 2~3 对。茎绿色,花黄色,花瓣相互重叠。区域试验中单株有效角果数 376.9 个,每角粒数 20.0 粒,千粒重 3.06 g。菌核病发病率 7.91%,病指 4.72;病毒病发病率 0.38%,病指 0.31;对菌核病和病毒病的抗(耐)病能力比中双 9 号略差。出苗至成熟 213.4 d,比中双 9 号短 1 d。品质经农业部农作物种子质量监督检验测试中心测定,粗脂肪含量 41.49%,芥酸含量 0.27%,饼粕硫苷含量 22.41 μmol/g,品质达到"双低"油菜品种标准。2003—2005 年度参加湖北省油菜品种区域试验,两年区域试验亩产 199.9 kg,比对照中双 9 号增产 10.96%。其中,2003—2004 年度亩产 210.7 kg,比中双 9 号增产 13.37%,2004—2005 年度亩产 187.7 kg,比中双 9 号增产 8.43%,两年均增产极显著。

栽培技术要点　①选用种子:选用在春夏播条件下生产的质量合格种子。②适时播种:育苗移栽 9 月 10 日至 15 日播种,直播 9 月 25 日至 10 月 5 日播种。不宜早播,以防早花;③栽培密度:移栽 0.6 万~0.8 万株/亩,直播 1.0 万~1.2 万株/亩。④重施底肥,增施硼肥。总施肥量的 80% 作底肥,20% 作追肥。每亩施用 1.0 kg 硼肥作底肥。⑤注意防治病虫害。重点防治好蚜虫、菜青虫和菌核病,初花期后一周内,每亩用 100 g 灰核宁兑水 50 kg 喷施,防治菌核病。

适宜种植区域　适于湖北、湖南、江西、云南、贵州、四川、重庆、陕西汉中油菜产区种植。

8. 大地 199

登记编号　GPD 油菜(2017)420056

育　种　者　中国农业科学院油料作物研究所,武汉中油科技新产业有限公司,武汉中油大地希望种业有限公司

品种来源　中双 11CA×R11

特征特性　半冬性甘蓝型杂交种。在长江中游和长江下游地区平均全生育期分别为 209.2 d 和 227.5 d。苗期植株生长习性半直立,叶片颜色中等绿色,叶片裂片数量 7~9 片,叶缘缺刻程度中。花瓣相对位置侧叠,中等黄色。角果果身长度较长,角果姿态平生。在长江中下游地区平均株高 157.2 cm,分枝部位高度 60.7 cm,有效分枝数 7.04 个,单株有效角果数 264.3 个,每角粒数 19.5 粒,千粒重 4.51 g。芥酸含量 0.00%、硫苷含量 21.80 μmol/g、含油量 48.67%。低感菌核病,抗病毒病,耐旱、耐渍性强,抗寒性中等,抗倒性强。第 1 生长周期亩产 250.69 kg,比对照秦优 10 号增产 10.2%;第 2 生长周期亩产 176.51 kg,比对照秦优 10 号增产 10.9%。

栽培技术要点　①适时早播:长江中下游地区育苗应在 9 月中下旬播种,苗床与大田比例为 1:4,培育大壮苗,严格控制苗龄(30 d),10 月中下旬移栽;直播宜在 9 月下旬至 10 月上旬

播种。②合理密植:在中等肥力水平条件下,育苗移栽的合理密度为 0.9 万株/亩左右;直播可适当密植(1.5 万～2.5 万株/亩)。③科学施肥:重施底肥,注意必施硼肥,每亩施复合肥 50.0 kg、硼肥 1.0 kg 左右;追施苗肥,移栽成活后,适时追施提苗肥,根据苗势每亩施尿素 15 kg 左右。④防治病害:每亩喷施 25%咪鲜胺乳油 40～50 mL,或者每亩施 40%菌核净可湿性粉剂 100～250 g,兑水 40～50 kg 喷施,防治菌核病。

适宜种植区域:适宜在湖北、湖南、江西、上海、浙江和江苏、安徽两省淮河以南、四川、贵州、云南、重庆、陕西汉中、河南信阳油菜主产区种植。

9. 圣光 86

审定编号　国审油 2011017

育　种　者　武汉联农种业科技有限责任公司,华中农业大学

品种来源　206A×L-135

特征特性　甘蓝型半冬性温敏型波里马细胞质雄性不育两系杂交种。苗期半直立,顶裂叶中等大,叶色绿色,有蜡粉,叶片长度中等,侧叠叶 2 对以上,裂叶深中等,叶脉明显。花瓣黄色,大小中等,呈侧叠状。种子黑色。全生育期平均 218 d,比对照中油杂 2 号早熟 1 d。株高 156.7 cm,一次有效分枝数 7.8 个,上生分枝类型,单株有效角果数 262.0 个,每角粒数 21.6 粒,千粒重 3.73 g。菌核病发病率 7.82%,病指 5.04;病毒病发病率 0.7%,病指 0.58。抗病鉴定综合评价为低感菌核病。抗倒性强。经农业部油料及制品质量监督检验测试中心检测,芥酸含量 0.65%,饼粕硫苷含量 21.04 μmol/g,含油量 41.87%。2008—2009 年度参加长江中游区油菜品种区域试验,亩产 158.9 kg,比对照中油杂 2 号增产 5.8%;2009—2010 年度续试,亩产 175.2 kg,比对照中油杂 2 号增产 4.6%;两年平均亩产 167.0 kg,比对照增产 5.2%;2010—2011 年度生产试验,亩产 159.5 kg,比对照中油杂 2 号增产 3.6%。

栽培技术要点　①适时早播:长江中游地区育苗移栽 9 月中旬播种,苗床与大田比例为 1∶4,苗龄控制在 30 d 左右,培育大壮苗,10 月中旬移栽;密度 0.6 万～0.8 万株/亩;直播 9 月下旬至 10 月上旬播种,亩用种量 0.2～0.4 kg,密度 1.8 万～2.2 万株/亩。②重施底肥:每亩施复合肥 9.0 kg、硼砂 1.0 kg,注意氮、磷、钾肥配比施用;追施苗肥,1 月底根据苗势每亩施尿素 5.0 kg,注意必施硼肥,如果底肥没施硼肥,应在薹期喷施 0.2%硼肥。③防治病害:初花期一周内防治菌核病。

适宜种植区域:适宜在湖北、湖南、江西冬油菜主产区种植,也适合在四川、重庆、云南、贵州、陕西的安康和汉中、安徽和江苏淮河以南、上海、浙江等油菜产区种植。

10. 中油杂 7819

审定编号　国审油 2009006

育　种　者　武汉中油阳光时代种业科技有限公司,中国农业科学院油料作物研究所

品种来源　A4×23008

特征特性　甘蓝型半冬性波里马细胞质雄性不育三系杂交种。叶色深绿,株型紧凑。区试结果:全生育期平均 218.5 d,与对照中油杂 2 号相当。平均株高 168 cm,一次有效分枝数 8.4 个,单株有效角果数 330.4 个,每角粒数 18.4 粒,千粒重 3.68 g。菌核病发病率 8.96%,病指 5.39;病毒病发病率 1.81%,病指 1.34。抗病鉴定综合评价低感菌核病。抗倒性较强。经农业部油料及制品质量监督检验中心检测,芥酸含量 0.0%,饼粕硫苷含量 18.3 μmol/g,含油量 42.79%。2007—2008 年度参加长江中游区油菜品种区域试验,亩产 163.4 kg,比对照中

油杂 2 号增产 3.2％,2008—2009 年度亩产 168.0 kg,比对照中油杂 2 号增产 7.8％,两年区试 19 个试点,15 个点增产,4 个点减产,亩产 168.0 kg,比对照中油杂 2 号增产 5.4％。2008—2009 年生产试验,亩产 149.5 kg,比对照中油杂 2 号增产 6.0％。

栽培技术要点　①适时早播:长江中游地区育苗适宜播种期 9 月中旬,苗龄控制在 30 d 之内,10 月中旬移栽,直播在 9 月下旬到 10 月初播种。②合理密植:在中等肥力水平下,育苗移栽合理密度 0.8 万～0.9 万株/亩,直播可适当密植,密度 1.5 万～2.0 万株/亩。③科学施肥:每亩施硼砂 1.5 kg,底肥氮肥应占总施肥量的 70％,并注意氮、磷、钾合理配比。追施苗肥,移栽成活后,适时追施苗肥,根据苗势每亩施尿素 10.0 kg 左右,腊肥春用,在 12 月底根据苗势每亩施尿素 5.0 kg,注意必施硼肥。如果底肥没有施硼,应在薹期喷施硼肥(浓度为0.2％)。④防治病害:注意防治菌核病,初花期后一周喷施菌核净,用量为每亩 100 g/hm² 菌核净兑水 50 kg。

适宜种植区域适宜在湖北、湖南及江西三省冬油菜主产区种植。

(三)播种

1. 种子的播前处理　油菜种子处理是有效防治种传、土传病害及预防苗期病害和地下害虫、鼠害的重要手段,为确保油菜苗齐、苗全、苗壮打下坚实基础。现在种植油菜一般不提倡自留种,杂交油菜更不宜留种。油菜种子处理包括杀菌消毒、温汤浸种、药剂浸种、药剂熏蒸、辐照处理、肥料浸拌种、磁场和磁化水处理、微量元素、生长调节剂处理和包衣等强化方法。油菜种子处理分为普通种子处理和种子包衣。种子处理方法不同,其作用和效果也不相同。生产中油菜种子播前处理方法有:

(1)晒种　晒种是油菜获得高产的基础,也是培育壮苗的关键。晒种方法是在温汤浸种后,选择晴好天气,将种子摊薄晒 2～3 d。晒种时要经常翻动种子,让种子受热均匀。通过晒种能增加油菜种子酶的活性,同时能降低水分,提高油菜种子发芽势和发芽率,还可通过紫外线杀死种子表面病菌,可以杀虫灭菌,减轻病虫害的发生。

(2)选种　利用风力、比重法、筛网等方法选油菜种子,可以除去泥灰、杂物、残留草屑和不饱满种子,提高种子的净度和质量;利用比重法、筛网选种子,可除去生活力差的种子,提高种子的整齐度;也可用盐水或泥水选种,选种时用 10％食盐水或比重为 1.05～1.08 的泥水进行选种。

① 筛选　当种子中夹杂的虫瘿、活虫数量比较多时,可用过筛选的方法予以清除。过筛时需根据种油菜籽粒和被除物的大小、形状选择筛孔适宜的筛子。同时利用筛子旋转的物理作用,除去不饱满粒和其他杂物。

② 风选　带病种子或病原物的重量往往比健康种子重量轻,所以依靠风扇或自然风力就能将较轻的坏种子、病原物以及其他杂物分离出去。

③ 手选　种子量少时,可以请有经验的人员通过肉眼或用放大镜观察,将病粒、虫粒、菌核、虫瘿、瘪粒挑选出来。

④ 水选　利用比重原理淘汰病粒、虫粒和其他杂物。常用的方法有清水选和盐水选两种。操作时动作要迅速,以免病原物因长时间浸水而下沉,从而影响水选效果。

(3)浸种

① 温汤浸种　根据种子的耐热能力常比病菌耐热能力强的特点,用较高温度杀死种子表面和潜伏在种子内部的病菌,并兼有促进种子萌发的作用。油菜种子用 50～54 ℃的温水浸种

15～20 min,对油菜霜霉病、白锈病等有一定的防治效果。

② 药剂浸种　就是用药剂浸种防治病虫。常用的浸种药剂有福尔马林、高锰酸钾、硫酸铜、漂白粉、石灰水、肥料、生长调节剂等。浸种时间和药剂浓度因种子和病原的不同而不同,需经过试验确定。油菜种子可用 70% 甲基托布津或 50% 多菌灵可湿性粉剂 10～15 g 拌种 5 kg,可减轻白锈病、霜霉病的发生。或者在播种前,将种子表面喷湿,并用多菌灵粉剂 20～30 g/kg 种子拌种,然后放入容器内,以杀死附在种子表面的病菌。播种前用含 80 mg/kg 的尿素和 16 mg/kg 的硼溶液浸种 5 h,能促进壮苗早发。

(4)拌种　油菜播种前根据不同情况可用杀菌剂和杀虫剂、微量元素肥料(如硼、锌、稀土等)及生长调节剂(如烯效唑、增产菌等)进行拌种,以达到防治病虫、肥育健株、生育调控等目的。可采用干拌种和湿拌种两种方法进行,一般用药量占种子重量的 2%～3%。

(5)种子包衣　播种前用含有杀虫剂、杀菌剂、生长激素及微肥等成分的油菜专用种衣剂包衣,可有效地达到防治病虫、育肥植株、调节生长等作用。种衣剂用量一般为种子重量的 2.0%～2.5%,应用时先按药与水 1∶1 兑水后拌种,使每个种粒都被种衣剂均匀包裹。

(6)种子丸粒化　就是将油菜种子放入特制机械滚筒内,先均匀喷水,摇动滚筒,待种子表面湿润后,逐步加入适量微肥、细肥土、杀虫(菌)剂、保水剂、黏土粉和水等,直至种子包被成直径 5～6 mm 的颗粒为止。然后,取出阴干、包装备用。丸粒化种子可以预防苗期病虫害,增强油菜抗旱性,提高油菜种子的发芽势,具有蓄水、保水、供水和全苗、壮苗,特别是有利于机械化精量播种等优点。

(7)种子疫苗处理　利用核盘菌无致病力菌株作为"植物疫苗",对油菜种子进行处理,达到控制作物病害的目的。

2. 适期播种与合理密植　襄阳目前种植的油菜均属半冬性品种,其苗期生产较快。如果播种过早易早花早蕾,迟播又不利于高产群体的形成,因此要结合具体的气候条件和种植制度,选择适宜的播种期。油菜播期的早晚决定油菜种子的播种量,正常播期的播种量正常,播期推迟播种量需加大,如果迟播须以密补迟。

襄阳地区油菜种植的适宜播期范围在 9 月下旬至 10 月上旬,秋分至寒露之间播种为最佳,油菜茬口接旱地或稻茬均可,一般油菜茬口接旱地,整地相对容易,播期会宽松一些,稻茬油菜整地难度会略大。张树杰等(2012)通过田间试验研究了播种期和种植密度对冬油菜籽粒产量和含油率的影响。结果表明,播种期主要影响分枝花序籽粒产量,而种植密度不仅影响分枝花序籽粒产量,还对主花序籽粒产量产生一定影响;籽粒含油率不受播种期的影响。主花序籽粒产量占单株籽粒产量的比例随种植密度的增加而升高,主花序籽粒含油率比分枝花序高约 1%,因此小区籽粒含油率随种植密度的增加显著升高。研究区冬油菜播种期不能晚于 10 月中旬,10 月下旬播种会显著降低籽粒产量;种植密度 36～48 株/m² 可以提高冬油菜籽粒产量和含油率。

油菜品种在适期播种的基础上合理密植才能创造高产和优质,据襄阳农业科学院油菜团队多年的调查,在襄阳地区油菜种植的田间密度在 30 万～90 万株/hm²,结合产量及抗倒性等综合性状最适宜密度在 37.5 万～45.0 万株/hm²。康洋歌等(2015)为指导早熟油菜育种和高产高效栽培技术,分别于 2013—2014 年 9 月 15 日、9 月 30 日和 10 月 15 日进行播种,调查早熟油菜(1358)与中熟油菜(中双 11 号,对照)和晚熟油菜(浙双 8 号,对照)花芽分化进程、花器官数量增长规律及苗后期嫩叶激素含量的变化。结果表明,早熟的 1358 各播期花芽分化早于两个中、晚熟品种,花芽分化时间比两个中、晚熟品种短。播期对 1358 花芽分化的起始、现蕾和抽薹时间影响较大,早播时 1358 花器官发育较慢且数量明显偏低,迟播时 1358 的花芽分化时间延后。早熟的 1358 各播期在苗后期叶片 GA3(赤霉素)和 ZR(玉米素核苷)平均含量显著高于两个中、晚熟品种,而 ABA(脱落酸)和 IAA(吲哚乙酸)平均含量显著低于两个中、晚熟品种;迟播使早熟的 1358 苗后期 GA3 和 ZR 平均含量降低,并使 ABA 和 IAA 平均含量升高。早熟的 1358 各播期 GA3 含量在花芽分化中期出现峰值,且 9 月中下旬播种的 GA3 含量在整个苗后期均较高;ZR 含量在花芽分化前期和后期均出现峰值;ABA 和 IAA 含量在花芽分化前期较低,花芽分化后期到达峰值。对内源激素比例变化研究表明,早熟的 1358 各播期苗后期 GA3/ABA、ZR/IAA 高于两个中、晚熟品种,IAA/ABA 低于两个中、晚熟品种。综上,适当迟播可避免早熟品种因过早开花遭受冻害而减产,苗后期叶片内源激素含量和比例的变化是调节早熟油菜成花的关键因素。

3. 播种方式　襄阳地区油菜生产主要以平作方式为主,即不开厢做沟的种植方法。平作播种方式下又以条播为主,即将油菜种子成行地播入土层中,以人工撒播为辅。条播的特点是油菜种子播种深度较一致,种子在行内的分布较均匀,便于进行行间中耕除草、施肥等管理措施和机械操作,因而是目前广泛应用的一种方式。按条播行距及播幅的不同,又分为等行距、宽窄行等不同的规格和模式。等行距播种的行间距离一般为 15～30 cm 不等;宽窄行播种的宽行与窄行相间,便于机械化作业,适宜种植生长中后期施肥、施药等田间管理。襄阳地区的平作主要分布在沿汉江两岸的老河口、襄州区、宜城市的沙土地上,秋播的油菜无须开沟,撒播或条播均为平作种植。沙土地以外的区域均需开沟种植,以利于排涝防渍。

4. 播种方法　油菜的播种方法分 3 种,即人工撒播、机械播种和飞机播种。人工撒播由来已久,机播之前 100% 都是人工撒播,撒播即将种子均匀地撒于田地表面。根据作物的不同特性及当地具体条件,撒播后可覆土或不覆土。撒播是一种古老而粗放的播种方式,大多用手工操作,简便省工,但种子不易分布均匀,覆土深浅不一,后期不便中耕除草。飞机播种是最近几年推出的高效播种模式,以克服播种技术上的困难和节省人力。特点是播种效率高,一天播种面积可达 50～70 hm²,缺点和人工播种一样存在播种不均匀的问题。播种的主流还是机械播种,提高我国油菜机械化播种水平是油菜种植节本增效的重要途径。随着农业现代化进程的快速推进,农业生产经营向以机械化为支撑的适度规模方式转型,“良种＋良法＋良田＋良态＋良机”配套技术可有效提高油菜生产效益,其中良种主要为杂交油菜种子,采用精量播种可节省种子成本;多样化的种植制度对油菜直播机(良机)播种质量提出了更高要求。油菜精量播种技术具有节种、省工和增效等优点,成为油菜机械化种植的发展趋势。油菜精量播种技术是根据农艺要求的种植密度,以一定播种量将油菜种子均匀地播在种床适宜位置,为种子发芽、光水肥气充分利用、个体与群体均衡发育提供良好条件。油菜精量联合直播机采用耕播集成理念,一次性完成旋耕、灭茬、精量播种、施肥、开沟、覆土和开畦沟等油菜种植所有工序,实现一次性均匀出苗,省去间苗、补苗等环节,达到苗匀、苗齐、苗壮的出苗效果。油菜精量播种技术核心是种子均匀分布和播深稳定,提高种子成苗率。油菜机械化播种受地域种植制度、土壤质地、土壤墒情和播期等生产条件限制,冬油菜区的开畦沟技术和精量播种智能技术等已成为影响油菜播种成苗率的关键技术和研究热点。采用联合精量播种机,一次性完成田间旋耕、开沟、施肥、播种、覆土、镇压、化学除草等多个作业模块。

（四）种植方式

1. 单作　单作是襄阳油菜主要的种植方式。单作又分为点播、条播和撒播 3 种形式。点播是一种传统的直播方法。在水稻田土质黏重、整地困难、开沟条播不便的地方较为适用。播种后，用细土粪盖籽。条播是在楼播、机械化播种时多采用的一种方法。播种时每厢按规定行距拉线开沟，行距 25～30 cm，沟深 2～3 cm，宽幅条播沟略宽，单行条播沟稍窄。条播要求落籽稀而匀，最好用干细土拌种，顺沟播下。这种方法简便，工效高，可提高土地利用率，且下籽均匀，深浅一致，有利于全苗和田间管理。撒播由于其用种量大，出苗多，苗不匀，间苗、定苗用工多，且管理不方便，但节省时间和劳动力成本，在控制好播种量、掌握好适宜的播种期和化学除草的前提下，采用人工撒播、机械开沟覆土的种植方式为一种经济高效油菜种植模式，在襄阳油菜产区撒播面积逐年扩大。

2. 间、套作　襄阳地处南北过渡带中段，具有典型的南北过渡带气候特点，农作物种植呈现多样性，油菜间作、套作也是襄阳油菜主要的种植方式之一。在桃树、梨树、核桃树、樱桃树等果树行间间作油菜，尤其是在果树幼苗期可对果农直接增加经济收入；油菜和棉花的套播也曾经相当普及，如今受棉花市场的低迷影响，只在少数地区还保留着油—棉套播的习惯；襄阳有传统种植果树的习惯，枣阳的桃树、老河口的梨树、南漳的樱桃树、保康的核桃树均不同程度地套种油菜，在增加果园观赏性的同时，提高了蜜用的供给源，减少了草害，出售油菜籽还可以直接提升经济效益。

以油菜间作果树技术为例：

① 种植模式　利用果树行间距套播油菜在平原地区和山区均有种植，平原果园间作油菜时，在果树行间南北方向开 1～2 m 的厢面，条播撒播均可；山区果园间作油菜时，在果树行间依山势开环状厢，可减少水土流失的影响。种植油菜开沟做厢时应结合清园油菜一般播种较晚进行，可将落叶、枯皮等枝叶残核一并做深埋处理。

② 品种选用　果园间作油菜应选用生长势强、发芽快、耐迟播、产量潜力高且株型紧凑、抗逆性强的双低油菜品种，如中油杂 19、华油杂 62、大地 199、华油杂 12、圣光 86 等。

③ 适时早播　油菜的播种期直接影响油菜的安全越冬和生长发育，襄阳油菜适宜播期是 9 月下旬至 10 月上旬，在适宜播期内宜早不宜迟，确保油菜出苗最迟不能超过 10 月下旬。

④ 科学施肥　果园间作模式油菜和果树的施肥要兼顾，为确保水果的品质，油菜和果树施肥均应以有机肥为主，油菜施 300 kg/hm² 缓释肥和 450 kg/hm² 有机肥做底肥一次施足。

⑤ 生物防治虫害　油菜病虫害主要有菌核病和地老虎、菜青虫、蚜虫、黄曲跳甲等。菌核病会在大部分年份普遍发生，并且危害较大，该病以预防为主，在初花期喷施适量的杀菌核类药物即可防治，虫害宜用粘虫板、频振式杀虫灯等物理方法防治。

⑥ 适时收获　油菜的收获适宜期，一般在油菜终花后 25～30 d，此时间作的油菜八成熟，种子的重量和油分的含量接近最高值。民间也有"角果琵琶黄，收割正当时"的说法。

在果树行间间作油菜，在 3—4 月，果树开花与油菜花相映成趣，极具观赏价值，可适度开发花用效益；油菜在 9—10 月播种，使用一次封闭除草药物后，至 5 月底油菜收获无草害发生，可节约果园除草管理费用；套作油菜产量在 1125 kg/hm² 左右，增加收入 4500 元/hm²。

3. 轮作　油菜轮作分旱—旱轮作和水—旱轮作。油菜在不同轮作模式中均可提高后茬作物的产量；油菜轮作提高了后茬水稻的有效穗数和每穗粒数进而提高了稻谷产量，水稻生物量及养分累积量尤其是氮素累积量显著提高。油菜轮作普遍提升了土壤生产力,因此,推荐将油菜纳入多熟制轮作体系中,对于促进粮油兼丰具有重要意义。

在襄阳地区,水稻种植通常采用水旱轮作,油菜—水稻和小麦—水稻构成了一年一度的水旱轮作种植制度,这些轮作体系占水稻种植总面积的60%。然而,在麦稻种植区,存在土壤物理性质的退化和土壤有机碳水平降低的现象;随之而来的是土壤生产力和资源利用效率下降。调查数据显示,目前襄阳地区还有大量可开发利用的冬闲田约13.3万hm^2,若开发6.7万hm^2冬闲田即可产生8亿元的经济效益,由此可见扩大油菜种植面积还有较大的发展空间。因此,在多熟制轮作种植模式中,将油菜纳入轮作体系,以用地与养地相结合的种植模式提高土壤生产力,可促进作物增产与稳产,实现农业绿色可持续发展。

(五)田间管理

田间管理是油菜种植的核心要素,需在实际应用过程中掌握诸多的技术要点,以发挥出田间管理技术的重要作用。田间管理主要的技术要点集中在中耕、施肥、杂草清理及病虫害防治方面。田间管理直接关系油菜的产量水平和品质,因此在实际生产中,加强田间管理及肥水运筹至关重要。

1. 中耕　中耕可疏松表土、增加土壤通气性、提高地温,促进微生物活动和养分有效化、去除杂草、促使根系伸展、调节土壤水分状况。疏松土壤,使之通气良好,有利于油菜生长发育,同时可损伤部分根系,暂时控制生长,有缓和抽薹开花作用。

中耕松土应把握早松土、勤松土的原则,兼顾合并施肥、培土壅根等办法。中耕松土的时间和次数、深度,应根据油菜田间长势、泥土状态、天气和杂草而定。对直播油菜,在全苗后泛起两三片真叶时联合间苗追肥进行第一次中耕,至四五片真叶后,联合定苗追肥第二次中耕,后在低温来临之前再中耕一次。另外,在每次灌水和降雨后,也应适时中耕松土。中耕深度宜先浅后深,制止伤根过量,即第一次中耕浅,第二、三次中耕深。水田油菜的中耕可稍深。旺长油菜的中耕也应恰当加深,以割断部分根系,促进地上部分发展,使旺苗变壮苗。但在干冻年份和地域,为了防冻保湿,一般不宜在严冬进行深中耕。中耕松土时,必定要留意培土壅根,以增加油菜的抗寒力。

2. 科学施肥　油菜是需肥量大的作物,根据油菜生长发育中所需营养元素的多少可分为大量元素和微量元素两类,大量元素主要有氮、磷、钾、硫、钙、硅、镁等,微量元素主要有锌、钼、铜、硼、锰、铁等。油菜对氮、磷、钾的需求量比其他作物多,对磷、硼的反应比较灵敏,如当土壤中速效磷、有效硼的含量较低时易出现缺素症状。因此,生产上要科学施肥,做好大量元素与微量元素的配合施用,做到平衡施肥。

(1)常规施肥

① 施足基肥　油菜生育期长,生物学产量高,是一种需肥量较多的作物。生长期间需要各种营养元素,因此,必须合理施肥满足其生长需求。基肥是在直播油菜播种或育苗移栽时一次性施入田地。常用基肥主要有腐熟农家肥、土杂肥、生物秸秆等有机肥料和氮、磷、钾等化学肥料。各种肥料的施用量应根据土壤肥力、目标产量来确定,并注意氮、磷、钾的配比。一般农家肥作基肥施用,化学肥料既可作基肥也可作追肥施用。基肥不足,则幼苗瘦弱,即使后期大量追肥,也难以弥补,油菜虽然中后期吸肥量较多,但生育初期对肥料十分敏感,因此,施足基肥、培肥地力是培育壮苗的基础,也是满足油菜整个生育期需肥的保证。油菜基肥以撒施为

主,并耕翻至 20～30 cm 深的耕作层内,化学磷肥和钾肥移动性小,可作为基肥一次集中(条施或穴施)施用。

在施肥较多的情况下,基肥可占总施肥量的 70% 左右;在施肥量为中等水平时,基肥也要占到 50%;施肥量较少时,基肥可适当少施,占总施肥量的 30%～40%,以利提高肥料利用率。基肥占用肥量的比例(主要是指氮素肥料),还与土壤特性、气候条件和肥料种类有关。如气温低,土质黏重,保肥力强,土壤比较贫瘠,基肥可占 50%～80%;对土质肥沃、基肥中人粪尿比例较大、冬季气温高、土壤养分分解较快的地区,基肥可占 30%～50%,否则容易导致植株的徒长。基肥施入深度应施于根系最集中的土层。

② 适时按需追肥和平衡施肥　在制定油菜施肥方法时,要根据油菜的需肥规律、土壤供肥性能与肥料效应,在产前提出氮、磷、钾及微量元素的适用比例。"测报施肥""诊断施肥""氮磷钾合理配比"等施肥技术均属于平衡施肥范畴。相关学者通过对油菜不同生育时期、不同类型肥料的需求量等方面的相关研究,为油菜生产过程中的平衡施肥指明了方向。

A. 氮肥　大量研究表明,油菜植株高大、枝繁叶茂、生育期长,对氮肥的需求量较大,合理施用氮肥,能显著地提高油菜植株高度、分枝数、角果数和生物学产量。然而,氮肥用量过低会制约油菜高产水平的发挥,过高则又会造成对氮素的过量吸收,过量氮素易引起植株徒长,增加分枝数,降低光能利用率,不利于适宜群体结构的构建,同时还会伴随着高呼吸消耗,加剧油菜病虫为害和倒伏,进而降低氮肥利用率,而且会对环境产生不利的影响。此外,当氮肥供应过量时,还会降低油菜籽的含油量。油菜缺氮时,植株生长受阻。随着缺氮程度的加深,油菜植株依次表现为叶片、茎秆颜色变淡,甚至呈现紫色,下部叶还可能出现叶缘枯焦状,部分叶片呈黄色或脱落;植株矮小,茎秆纤细,分枝少,根系不发达;花芽分化慢而少,开花期缩短,终花期提前,单株角果数减少,角、粒发育不良,产量较低。

王玉浩(2017)研究表明,合理的氮肥运筹方式有利于油菜的生长发育及产量,同时可高效利用肥料。采用油菜早熟品种圣光 127 和中熟品种华油杂 62 为试验材料,在早晚两个播期条件下,设置不同的氮肥基肥比例和追施次数,研究氮肥运筹对油菜生育进程、个体生长发育、干物质积累与分配、产量和品质等的影响。结果显示,施肥比例对油菜产量影响为早播时两个品种最高产量出现在 4∶3∶3 处理,晚播时最高产量出现在 5∶2∶3 处理;追肥次数对产量的影响结果为增加施肥次数能一定程度上提高产量,但不同品种与播期的表现有所不同。以两个不同熟期油菜品种为试验材料,按照基肥、苗肥、薹肥 3 次施肥时间,设置基肥比例为 100%、60%、50%、40% 等不同处理。对于产量构成因素而言,单株有效角果数和每角粒数对产量的贡献较大,各处理的千粒重没有显著差异。缓释氮肥和普通尿素对油菜产量影响以圣光 127 为试验材料,进行大田和盆栽试验,将缓释氮肥与普通尿素设置不同的基肥比例,其中盆栽试验的土壤养分含量相对较高。在大田试验中,缓释氮肥基施、普通尿素基施、不同尿素基追比为 5∶5 的产量分别为 1764 kg/hm²、1652 kg/hm²、2591 kg/hm²;在盆栽试验中以上三个处理的单株籽粒产量分别为 26.61 g/株、21.93 g/株、25.27 g/株,可见缓释氮肥基施效果明显好于普通尿素基施。另外在土壤养分含量较高的情况下,也在一定程度上优于尿素追肥处理,实现省力省工的目的。

B. 磷肥　研究表明,油菜磷素营养的代谢中心随生长发育进程而变化。苗期磷素主要供给根系生长;开花期营养生长和生殖生长并进,植株地上部是磷素分配中心;成熟期磷分配中心转至繁殖器官。磷能促进油菜根系的生长,提高原生质的黏性和弹性,增强油菜抗寒、抗旱能力,促进油菜光合作用产物在体内的运输和分配,并在脂肪合成过程中起重要作用。研究表明,施磷肥能显著提高油菜籽产量,提高籽粒含油量和磷的含量。在缺磷土壤上施磷能大幅度增加油菜分枝数、单株角果数、每角粒数,在一定程度上提高千粒重,从而增加籽粒产量,并能提高籽粒、茎秆等器官氮、磷、钾养分含量。同时,施磷能够促进油菜对磷、钾、镁、铝养分的吸收和利用,并能增加油菜不同生长时期植株和籽粒磷、钾养分的含量,成熟期植株地上部的含量以及籽粒镁的含量,促进植株对磷、钾、钼、镁等元素的吸收。油菜对磷较为敏感,当土壤磷素缺乏或磷肥施用量不足时会影响油菜生长发育,严重时会导致油菜籽减产,但过量施用又会引起磷肥利用率低下从而影响经济效益,同时过量的磷肥还会导致农田磷素养分大量积累,当发生地表径流时甚至会引起水体富营养化。

缺磷时油菜植株叶片小,不能自然平展,呈灰绿色、暗绿色到淡紫色,茎秆呈现蓝绿色、紫色或红色,开花推迟;根系明显减少,吸收力弱;叶片、分枝发育和花芽分化受阻,光合作用减弱,角果、角粒数少,产量低。磷是植物生命活动所需的重要元素之一,缺磷对油菜叶片光合作用生物量积累和养分分配均有影响,缺磷会导致作物生长受阻,产量下降,促进植物根长和根表面积的增加,提高其利用土壤磷素的能力,磷素供应过多同样不利于作物各器官生物量的积累,作物对当季施用的磷肥利用率较低,长期过量施用磷肥还可能出现磷素流失现象,磷能维持作物细胞的正常代谢,促进作物光合作用,提高作物抗逆性,是作物生长必需的矿物质元素之一。

鲁剑巍等(2005)利用大田试验研究了磷肥用量对油菜生长、产量、养分含量、养分积累及经济收益的影响。结果表明,在 4 个施磷水平下,蕲春和黄冈两个试验点磷肥(P_2O_5)用量分别为 135 kg/hm^2 和 90 kg/hm^2 时效果最好,分别提高产量 148.5% 和 81.5%,增加纯利润 2532 元/hm^2 和 1038 元/hm^2。施磷能大幅度增加油菜分枝数、每株角果数、每角籽粒数及在一定程度上提高籽粒千粒重。施磷能不同程度地提高油菜各部位氮、磷、钾养分含量,显著提高油菜地上部对氮、磷、钾的积累量。根据肥料效应方程和油菜籽及磷肥价格确定,蕲春和黄冈试验点最高产量水平时的磷肥用量分别为 145.3 kg/hm^2 和 119.2 kg/hm^2,而最佳施磷量则分别为 141.4 kg/hm^2 和 113.5 kg/hm^2。

卜容燕等(2014)研究了在水稻—油菜轮作体系中,合理施用磷肥能明显提高两季作物的产量、养分吸收量和肥料利用率,水稻季施用的磷肥残留在土壤中可以被后季作物吸收利用,显著地增加油菜的产量和磷素吸收量,对后季油菜具有明显的后效,其后效的大小与施磷量显著正相关。因此在水旱轮作体系中,在兼顾"重旱轻水"的磷肥管理策略下,油菜季应该充分考虑在前茬作物水稻季磷肥后效的基础上进行优化磷肥管理。

方娅婷等(2019)通过田间试验研究了不同施磷量(0、30 kg/hm^2、60 kg/hm^2、90 kg/hm^2、120 kg/hm^2)对油菜花期、阶段性开花数、单花大小、单花开花持续时间的影响,为合理施肥推动油菜花经济提供依据。增施磷肥能使油菜初花期提前并延长油菜终花期,随着磷肥用量的提高,各施磷比不施磷处理延长花期 27.8%~50.4%;施磷增加单株油菜整个生育期开花数 377.4%~736.7%;增加花瓣长 8.01%~17.05%,提高单花重 11.15%~31.82%;延长单花开花持续时间 0.23%~2.15%;除施磷 120 kg/hm^2 处理花期最长,整个生育期开花数最多外,以上开花性状均以施磷 90 kg/hm^2 处理效果最好。在本试验条件下,施氮 150 kg/hm^2 对延长油菜花期、提高单花性状效果最佳;施磷 90 kg/hm^2 对增加油菜开花数、提高单花性状效果最佳。

C. 钾肥　　油菜需钾量较大,钾素以离子态形式参与作物体内碳水化合物的代谢和运转,对各种酶起活化剂的作用。钾能促进油菜体内机械组织的形成,增强油菜的抗倒性和抗病性;钾还能提高细胞液浓度和渗透压,增强油菜的抗寒性,促进油菜正常发育和成熟。钾还是作物的品质元素,不同生育期对钾素的吸收利用差异较大,薹期是油菜吸收钾的高峰期,吸收的钾素约占整个生育期的一半。油菜各生育期钾素的分配与氮、磷不同,苗期到薹期,叶片是钾素的分配中心;花期钾素的分配中心是茎秆;成熟时,运转到籽粒中的不足 30%,大部分钾素都集中在茎秆和角壳中,约占 70%。施用钾肥可以提高油菜的株高、分枝高度、分枝数、全株有效角果数、每角粒数、千粒重和产量,同时还可以提高油菜的经济效益和油菜对氮、钾肥的利用效率,但是钾肥的大量施用则会导致油菜对钾的奢侈吸收,从而可能会因为钾与钙、镁间的拮抗作用对油菜的生长发育产生不良的影响。

油菜供钾不足时,新叶长出速度慢,下部叶片从尖端和边缘开始黄化;沿脉间失绿,并出现斑点状死亡组织,有时叶卷曲,似烧焦状;植株瘦小,茎细而柔弱,易倒伏和感染病虫害,抗寒力差。钾素供应过量时,油菜植株也比正常供钾水平的小,茎粗壮但表皮较粗糙,叶数少,叶片尤其是下部叶常呈紫红色,叶片厚但稍小,紫红色叶片伴随整个越冬期,结荚期荚角呈灰绿色,钾能够维持植物细胞渗透压,保障酶活性,调节气孔开闭,促进光合作用,缺钾导致叶片光合速率下降,会造成作物减产。

李继福等(2019)在鄂东地区油菜施钾效果适宜用量中,2008—2009 年度在湖北省武穴市以华双 4 号为试验对象,开展油菜不同钾肥用量大田试验,探讨钾肥施用对鄂东地区油菜生长发育、籽粒产量及其构成因素、养分吸收与累积和钾肥利用效率的影响,并建立肥效模型确定油菜的钾肥适宜施用量。结果表明,适量施钾有效促进油菜苗期的生长发育,利于安全越冬,并显著提高成熟期植株有效分枝数和单株角果数。钾肥施用量为 180 kg/hm² 时,油菜的地上部干物质量、籽粒产量和钾素累积量均达到最大值,分别为 10410 kg/hm²、2791 kg/hm² 和 235.7 kg/hm²,施钾纯收益为 1967 元/hm²。结合肥效模型及油菜施钾效果,确定在该试验条件下油菜钾肥推荐施用量为 160 kg/hm²。

陈志雄等(2012)在钾肥对杂交油菜产量和生物学形状的研究表明,为研究钾肥对油菜的影响及经济施用量,进行在氮磷硼肥配合施用下,10 个不同钾肥施用水平试验。结果表明,施用适量钾肥能显著增加产量,促进油菜生长发育,降低一级分枝部位、增加分枝数、单株角果数、每角粒数。施钾比对照增产油菜籽 60~720 kg/hm²,增产幅度在 3%~32%,平均增产率14%,平均增纯利润 667 元/hm²,产投比平均达 1.85,钾肥偏生产力和农学利用率平均分别为19.2 kg/kg 和 2.17 kg/kg,钾肥施用量 165 kg/hm²。

肖克等(2017)研究长期施用钾肥对水稻—冬油菜轮作系统作物生产力、钾肥利用率和土壤供钾能力的影响,为水旱轮作区钾肥的统筹分配提供科学依据。2011—2016 年在湖北省粮油主要生产区江汉平原布置中稻冬油菜轮作定位田间试验。共设 5 个钾肥用量处理,经过一个轮作周期后施用钾肥具有明显的增产效果,且冬油菜季的产量和地上部吸钾量增幅最为明显,分别为 16.9% 和 63.8%。长期施用推荐钾肥用量后,稻田冬油菜的钾肥农学利用率年均分别为 5.1 kg 和 3.2 kg。因此,长期施用年均推荐钾肥用量(180 kg/hm²)不仅影响作物产量的稳定性,还导致轮作系统钾素持续亏缺和土壤有效钾含量降低,故钾肥应优先施用于油菜季并且重视作物秸秆还田、归还秸秆钾素,以维持农田钾素平衡和生产力可持续性。

D. 氮、磷、钾肥平衡　　生产实践证明,平衡施肥的推广应用,改变了以往定量施肥的盲目施肥方式,在农业生产上实现了增产、改善农产品品质、节肥、增收和平衡土壤养分等显著效果。在油菜生产过程中,平衡施肥可以有效提高化肥利用率、降低农业生产成本、增产增收效果明显且有利于提高油菜籽的品质。

肖兴军等(2013)等针对襄阳市农作物施肥存在的有机肥投入不足、施肥结构不合理和复合肥配方针对性不强等问题,对襄州、枣阳等7县市区的45个乡镇、141个农户的农作物施肥情况等进行专题调研。结果表明,自2005年市实施测土配方施肥项目以来,广大农民科学施肥水平得到了明显提高,在氮、磷、钾三要素中,重氮轻磷忽视钾的现象逐步缓解,磷、钾比例逐步提高。2012年粮、棉、油等主要农作物有机肥施用量平均达到6246 kg/hm²,比2009年增加132.7 kg,增幅46.76%;比2005年增加293.8 kg,增幅239.8%。施肥结构(主要指氮、磷、钾比例)有较大改善,逐步趋向于合理,但是与科学施肥水平还有一定的差距。根据中国农业科学院研究结果,油菜最佳的氮、磷、钾需求水平为1.0∶0.5∶0.8,目前襄阳油菜种植过程中依然存在氮肥占比过重、钾肥占比较轻等问题。

(2)微量元素肥料的施用 微量元素在调节油菜生长发育方面发挥了明显的作用,微量元素的缺乏同样会引起生长发育障碍,最终导致油菜籽产量降低、品质下降。如缺硼导致花而不实,严重影响产量。缺硼降低叶片的光合速率和气孔传导率,会造成油菜花而不实现象发生,抑制油菜根系生长,缺硼处理油菜叶片的净光合速率下降22.3%,SPAD值下降11.7%,而气孔导度蒸腾速率细胞间隙CO_2浓度变化不显著,缺硼对作物光合的影响需要进一步研究。油菜是需硼较多的作物,土壤中适宜的有效硼含量为0.5~0.9 mg/kg。

韩配配等(2016)通过设置营养液栽培条件下不同缺素处理的合适浓度,系统分析了甘蓝型油菜在氮、磷、钾、钙、镁、硼、铁、铜、锌等营养元素缺乏条件下的表型特征、植株生物量、根冠比、叶绿素(a、b)、类胡萝卜素、花青素以及根系形态指标的变化。结果表明,不同缺素处理的油菜表型差异较大,大量元素氮、磷、钾的缺乏对油菜生长的影响极为显著;其中微量元素钙、镁、硼、铁、铜、锌的缺乏也不同程度地抑制了油菜的生长。不同处理下叶片表现出不同的缺素特征,叶片(新叶、老叶)色素存在明显变化,并且差异显著。铁是影响新叶叶绿素(a、b)合成最大的元素,缺铁显著地阻碍新叶叶绿素合成;锌是对新叶叶绿素a、类胡萝卜素影响最大的元素,缺锌促进了其在新叶中的积累;而缺硼对老叶中花青素含量的积累影响最大。此外,不同缺素处理对油菜根部生物量、根冠比及根系生长发育的影响有所不同,除缺铁、缺锌外,其他缺素处理根部生物量都显著减少;缺氮、缺磷、缺钙、缺铁、缺铜和缺锌显著增加根冠比;缺氮、缺磷、缺镁、缺铜和缺锌处理显著增加主根长,缺氮、缺磷处理显著增加侧根长,缺钾、缺钙和缺硼处理显著抑制主根和侧根的生长。

王鲲娇等(2019)为了明确硼肥和油菜籽同播情况下适宜的硼肥用量,通过田间试验,研究了不同硼肥用量对直播冬油菜产量及产量构成因子的影响。主要结果表明,硼砂和油菜籽同播时,显著增加了油菜各部位的生物量与硼积累量,油菜籽产量随施硼量的增加而增加,与不施硼相比,施用硼砂9 kg/hm²处理增产57.2%,但当硼砂用量超过9 kg/hm²后,增施硼砂不再增产。适量施硼对油菜出苗有促进作用,硼肥投入不足或过量均会降低油菜的收获密度,施用硼砂量为9 kg/hm²时,油菜收获密度最大。施硼后单株有效角果数与每角粒数的增加是油菜显著增产的主要原因。综上所述,种肥同播条件下,施用硼肥可以显著促进油菜的生长,在土壤有效硼缺乏的区域,种肥同播适宜推荐硼砂用量为9 kg/hm²。

王锐等(2019a)2015—2016年在贵州省铜仁学院试验基地,以华杂9号和中双11号为试验材料,设置 5 个硼肥施用量处理,即 B0(0 kg/hm²)、B1(3.75 kg/hm²)、B2(7.50 kg/hm²)、B3(15.00 kg/hm²)和 B4(30.00 kg/hm²),研究硼肥施用量对油菜产量、产量构成因子以及硼肥利用率的影响。结果表明,增施硼肥可提高油菜植株茎粗、分枝数、分枝角果数和单株角果数等性状参数值;对每角粒数、籽粒产量、角果皮产量、地上部产量影响显著;油菜各部位的硼素含量及硼素累积量随着施硼量的增加而不断提高;施硼量在 3.75~30.00 kg/hm²,B1 处理硼肥的表观利用率、农学利用率和生理利用率最高,其次是 B3 处理的;综合油菜的农艺性状、产量及硼肥的利用效率考虑,推荐贵州省油菜种植区的硼肥使用量为 15 kg/hm² 左右。

(3)缓(控)释肥的施用 缓释肥料是通过养分的化学复合或物理作用,使其有效养分对作物随时间而缓慢释放的化学肥料。缓释肥养分释放与作物吸收相同步,一次性施肥可满足作物整个生长期的需要,达到简化施肥、减少损失、提高利用率的目的。近年来,缓释肥在襄阳农业生产上的应用发展较快,在油菜上的应用取得一定进展,缓释肥的施用能显著提高油菜的生物产量和经济产量,对后茬作物也有一定的增产效果。

尚千涵等(2009)通过盆栽试验研究了坡缕石包衣肥的增产及缓释效应,施用坡缕石包衣的磷酸二铵 225 kg/hm² 后,油菜有效结角数和经济产量分别较对照提高了 2.27% 和 255.33%;油菜后复种小麦,施用坡缕石包衣肥 300 kg/hm² 后,小麦生物产量比对照增加了 57.67%,在油菜生育后期,施用坡缕石包衣肥后油菜叶绿素、蛋白质、可溶性糖含量均较对照高,丙二醛含量较对照低。缓释肥主要用于基肥,养分释放呈现先低后高再低的趋势,养分释放高峰期能满足作物生长需求,能减少追肥次数、用工,减轻劳动强度,对促进油菜轻简化高效栽培有着重要意义。

张亚伟等(2018)介绍,为明确不同冬油菜种植区域油菜专用控释尿素用量对冬油菜产量和氮素吸收的影响,验证油菜专用控释尿素一次性施用的可行性和适宜用量,于 2015—2016 年分别开展油菜专用控释尿素静水释放试验和田间埋袋养分释放以及控释尿素用量施用效果田间试验。油菜专用控释尿素用量试验布置于冬油菜 3 个主产地区——湖南衡阳、江西九江和湖北武穴。试验共设 5 个氮肥用量梯度,分别为 0、60 kg/hm²、120 kg/hm²、180 kg/hm² 和 240 kg/hm²,探究油菜专用控释尿素对不同区域冬油菜产量和氮素吸收的影响。田间试验结果表明,油菜专用控释尿素的缓释期在 150 d 左右,累积释放量为 83.4%,与冬油菜整个生育期所需氮素量吻合。施用油菜专用控释尿素可以调控收获密度,增加冬油菜的单株角果数和每角粒数。与不施氮处理相比,单株角果数、每角粒数分别增加 15.0~81.5 角/株、0.2~2.4 粒/角,收获密度随氮肥用量增加或降低协调群体与个体。3 个产地的籽粒产量均在施氮量达到 180 kg/hm² 时最高,分别较不施氮增产 1118 kg/hm²、1088 kg/hm² 和 2049 kg/hm²。用线性加平台模型拟合的最佳控释尿素用量,湖南衡阳、江西九江和湖北武穴分别为 174 kg/hm²、180 kg/hm² 和 192 kg/hm²。油菜专用控释尿素施用显著增加地上部生物量、氮素含量和氮素积累量。不同时期氮肥利用率存在差异,苗期最小,花期最大,成熟期居中,苗期和花期的氮肥利用率随着施氮量的增加出现先增加后降低的趋势,在控释尿素用量为 180 kg/hm² 时达到最大;成熟期的氮肥利用率随着施氮量的增加呈降低趋势。结果表明,油菜专用控释尿素一次性施用可以增加油菜各生育时期的氮素吸收,促进油菜生长发育,提高收获密度、单株角果数和每角粒数,增加油菜产量。不同冬油菜主产区所需专用控释尿素推荐用量差异不大,平均为 180 kg/hm²。

陈芳(2019)通过不同氮肥施用次数与缓释肥对油菜生长和产量的影响研究,缓释肥采用包膜技术,炭基肥利用生物炭多孔结构保肥保水,两种肥样均有一次施肥达到多次施肥的效果;长期施用炭基缓释肥则有利于废弃秸秆还田、改良土壤理化性质、提供植株有机养分、提高肥料利用效率等多重作用,采用长江流域广泛种植的早熟品种圣光 127 和中熟品种华油杂 9号进行盆栽和大田试验,通过设置不同的氮肥基追比例和追肥次数、化学缓释肥(下简称化缓肥)及炭基缓释肥处理,研究不同施肥处理对油菜生育进程、个体生长发育、干物质积累与分配、产量和品质等的影响,主要研究结果显示,化缓肥、炭基肥和分次施肥对油菜生育期的影响,化缓肥和炭基肥能够显著推进油菜生育进程,分次施肥能够显著延长油菜全生育期。化缓肥和炭基肥较一次施肥全生育期缩短 1~4 d 和 3~10 d,而分次施肥延长油菜全生育期 2~17 d;对油菜农艺性状的影响化缓肥和炭基肥较一次施肥株高显著增加 3.00~6.25 cm 和 3.5~9.0 cm,根颈粗显著增加 0.32~0.55 mm 和 0.11~0.41 mm。

综上所述,襄阳地区油菜施肥重点把握以下原则:

① 秸秆直接还田、秸秆腐熟剂还田,通过增施有机肥促进土壤有机质含量提升,弥补化学钾肥投入不足。

② 选用油菜专用配方肥、复合肥、长效缓释肥,实现精准施肥,专用肥施用一般以基肥为主,施用量一般为 450~600 kg/hm²。

③ 稳施氮、磷肥,增施钾肥。针对土壤已 60% 出现缺钾的现状,应大力推广应用钾肥。在缺钾土壤上施用钾肥,一般可收到 8% 以上的增产效果。

④施用硼肥。油菜是喜硼作物,对硼元素十分敏感,缺硼将会导致“花而不实”,严重影响油菜籽的收成。油菜施硼一般可采用底施,施 7.5~15.0 kg/hm²,也可采用叶面喷施法,用硼肥 1500~3000 g/hm² 兑水 600~750 kg/hm²,在蕾薹期至花期喷施。油菜施硼的增产效果一般为 10%~15%。

⑤ 优选肥料品种。高肥力土壤以低磷低钾配方为主,中等肥力土壤以中磷中钾配方为主,低肥力土壤以高磷中钾配方为主,严重缺钾地区以中磷高钾配方为主。同时要根据目标产量,通过施肥量的调节,进行“大配方、小调整”。要优选配方肥、复合肥,氮肥可选用尿素,钾肥可选用硫酸钾、氯化钾。科学肥料运筹。原则上,磷肥、钾肥实行一次性基施,严重缺钾的地区,钾肥可分次施用,基肥与追肥各半;氮肥 70%~80% 作基肥,20%~30% 作追肥。

3. 水分管理

(1)秋冬季水分管理　襄阳地区易发生秋冬干旱,油菜苗期受旱,往往使叶片发红,养分运输受阻,根系发育不良,植株生长停滞,苗小体弱,甚至出现早薹、早花现象。若遇低温,往往发生“干冻”死苗,所以有“冬水是油菜的命”一说。因此,如遇秋冬干旱,要及时浇水抗旱保苗,方法是沟灌渗厢。切忌大水漫厢,只能上水在厢沟内达八成高度,待厢面有八成部分湿润后,就要及时清沟排水;否则,沟厢渍水,会造成烂根死苗,或冰冻根拔死苗现象。有条件的地块也可采用喷灌措施进行灌溉,避免渍害的发生。

(2)春季水分管理　春季油菜进入抽薹和开花期,是油菜生长发育的关键时期,耗水量大。应及时满足开花结实对水分的需要,但水分过多,也会影响油菜根系发育,发生倒伏,加重病害,所以有“春水是油菜的病”一说。因此,春季要特别注意排除渍水,在油菜播种前就要开好厢沟外,开春时,还要把厢沟加深一次。以后每降一次雨就要清一次沟,做到沟沟相通,雨住田干,排除渍水,促进油菜后期根系发育。油菜进入初花期后,对水、肥的需要量不断加大,初花期灌水既可满足油菜盛花期前后对水分的要求,还可有效控制或避免油菜倒伏,对部分田块因肥力不均,管理不善存在缺肥或长势不平衡的油菜,可结合灌水适当补施平衡肥。

4. 防病、治虫、除草

(1)主要病害

① 霜霉病 这种病害是一种专性寄生菌,它的传播与浸染一般是受风雨的影响。发病时间一般在春节油菜开花结荚时期,并且空气时冷时暖、寒潮频繁。这种病主要危害角果、叶、茎,染病区域颜色发黄,且带有白色霉状物。叶片染病初期会有浅绿色小斑点,并逐步扩展成多角形的黄色斑块,叶片背面出现白霉。花梗染病顶部会出现肿大弯曲,呈龙头拐的形状,花瓣变绿长势旺盛,但不结果。

② 病毒病 也称为花叶病。甘蓝型油菜染病初期叶片上会产生小斑点,随着病态严重将会发展成斑块,发病更严重时,油菜茎上就会出现褐色近黑褐色的枯死条斑,在后期油菜茎就会有横裂或者纵裂的病斑。甘蓝型油菜叶片症状以枯斑型为主,也有黄斑型和花叶型。枯斑和黄斑多呈现在老龄叶片上,并逐渐向新叶扩展。前者为油渍透明小点,继而扩展成 1～3 mm 枯斑,中心有一黑色枯点。后者为 2～5 mm 淡黄色或橙黄色、圆形或不规则形的斑块,与健全组织分界明显。花叶型症状与白菜型油菜相似,支脉表现明脉,叶片成为黄绿相间的花叶,有时出现疮斑,叶片皱缩。茎秆有明显的黑褐色条斑、轮纹斑和点状斑,植株矮化,畸形,茎薹短缩,花果丛集,角果短小扭曲,有时似鸡脚爪状。角果上有细小的黑褐色斑点,重者整株枯死。

③ 菌核病 在潮湿的环境下,温度升高,菌核大量产生,随风传播,侵染油菜。油菜的叶、花、茎以及果荚都会被侵害,其中茎影响最大。在染病初期茎部将会呈现水渍状浅褐色的病斑,之后将会逐步发展成轮纹状的长条斑,其边缘处呈褐色,湿度大时,病茎内会生大量黑色菌核,茎表面会有白色菌丝。叶片在被侵害初期,会有不规则的水浸状斑点,之后将慢慢形成白色毛状菌丝,病叶严重时会出现穿孔。果荚染病,种子收瘪,褐色变白,内部生菌核。花瓣被侵害,呈水浸状,慢慢变白直至腐烂。

(2)主要虫害

① 菜粉蝶 俗称菜青虫,幼虫为害油菜等十字花科植物叶片,造成缺刻和空洞,严重时吃光全叶,仅剩叶脉。成虫体长 12～20 mm,翅展 45～55 mm,体灰褐色。前翅白色,近基部灰黑色,顶角有近三角形黑斑,中室外侧下方有 2 个黑圆斑。后翅白色,前缘有 2 个黑斑。卵如瓶状,初产时淡黄色。幼虫 5 龄,体青绿色,腹面淡绿色,体表密布褐色瘤状小突起,其上生细毛,背中线黄色,沿气门线有 1 列黄斑,纺锤形,绿黄色或棕褐色,体背有 3 个角状突起,头部前端中央有 1 个短而直的管状突起。

② 蚜虫 一般集聚在心叶或叶背刺吸叶汁,叶片在被侵害后变黄、卷缩,致使生长不良。嫩茎与花梗被侵害,大多会呈现畸形,影响其正常开花结果。油菜蚜虫的生长时间一般在春末夏初或者秋季较为严重。幼蚜虫在生长 7 d 左右便能进行繁殖,数量迅猛增加,如果处于干旱地带,极易引发大虫害。油菜蚜虫适于温暖、较干旱的气候,春、秋两季气候温暖,最适于它们的生长繁殖,所以一般春末夏初和秋季为害严重。一只雌蚜能产 70～80 只小蚜虫,最多能产 100 只以上。出生的小蚜虫发育最快的经过 5～7 d 就能繁殖,数量发展很快,特别是在干旱的条件下,能引起大发生。

③ 跳甲 又称跳格蚤,危害油菜的主要是黄曲条跳甲。成虫、幼虫都可为害,幼苗期受害最重,常常食成小孔,造成缺苗毁种。成虫善跳跃,高温时还能飞翔,中午前后活动最盛。油菜

移栽后,成虫从附近十字花科蔬菜转移至油菜为害,以秋、春季为害最重。

④ 猿叶甲　别名黑壳甲、乌壳虫,危害油菜的主要是大猿叶甲。以成虫和幼虫食害叶片,并且有群聚为害习性,致使叶片千疮百孔。每年4—5月和9—10月为两次为害高峰期,油菜以10月左右受害重。

⑤ 黄曲条跳叶甲　成虫和幼虫都能危害油菜。成虫咬食叶片,造成细密小孔,严重时可将叶片吃光,使叶片枯萎、菜苗成片枯死,并可取食嫩荚,影响结实。幼虫专食地下部分,蛀害根皮,使根皮形成许多弯曲虫道,从而造成菜苗生长发育不良,地上部分由外向内逐渐变黄,最后萎蔫而死。

(3)主要草害

① 看麦娘　别名山高粱,一年生禾本科杂草,高15～40 cm,秆少数丛生,细瘦,光滑,节处常膝曲,叶鞘光滑,短于节间;叶舌膜质,长2～5 mm;叶片扁平,长3～10 cm,宽2～6 mm,花序呈细棒状,灰绿色,长2～7 cm,宽3～6 mm;穗圆锥形或卵状长圆形,长2～3 mm;颖膜质,基部互相连合,具3脉,脊上有细纤毛,侧脉下部有短毛;外稃膜质,等长或稍长于颖,下部边缘互相连合,芒长1.5～3.5 mm,从外稃中部以下1/4处伸出,隐藏或稍外露;花药橙黄色,长0.5～0.8 mm,颖果长约1 mm,单穗结实100粒左右,种子渐次成熟落地9月初开始出苗,10—11月出现高峰期,夏季休3—4个月,4—8月花果期。

② 猪殃殃　别名拉拉藤,一年生或越年生杂草,高30～90 cm,直根系,多枝茎具4棱;棱上叶缘叶脉上均有倒生的小刺毛,蔓生或攀缘状草本;叶纸质或近膜质,4～8片轮生,带状倒披针形,长1.0～5.5 cm,宽1～7 mm,顶端有针状凸尖头,基部渐狭,两面常有紧贴的刺状毛,常萎软状,干时卷缩,近无柄;聚伞花序腋生或顶生,有纤细的花梗;花冠黄绿色或白色,辐状,裂片长圆形,悬果密生钩状刺。长可达2.5 cm,种子在5～25 ℃萌发,最适温度为11～20 ℃,出苗土层深0～5 cm,9—10月出苗,11月出现高峰期,翌年3月出现,春节发生小高峰,4—5月开花,5—7月果熟期,种子休眠期数月。

③ 牛繁缕　多年生阔叶杂草,高50～80 cm,全株光滑,仅花序上有白色短软毛;茎自基部分枝,下部伏地生根;叶对生,卵形或宽卵形,长2.0～5.5 cm,宽1～3 cm,顶端渐尖,基部心形,全缘或波状,上部叶无柄,基部略包茎,下部叶有柄;花梗细长,花后下垂;种子近圆形,略扁,深褐色,有散星状突起,平均单株结籽1370粒左右,幼苗子叶椭圆形,初生叶2片,心形,以种子和匍匐茎繁殖种子秋末或早春萌发,发芽温度5～25 ℃,土层深度3 cm以内,适生于湿润环境,浸入水中也能发芽,一般在9—10月出苗,10月中下旬出现高峰期,次年春季开花结实,5—6月果熟期。

④ 稗草　一年生禾本科单子叶杂草,高15～40 cm,秆直立,基部倾斜或膝曲,光滑无毛叶鞘松弛,有脊,下部长于节间,上部短于节间,无叶舌;叶片无毛,长4～10 cm,宽3～4 mm,扁平或对折,边缘呈波状,圆锥花序密集而紧缩,硬而直立;主轴具角棱,粗糙;小穗密集于穗轴的一侧,具极短柄或近无柄;第一颖三角形,基部包卷小穗,长为小穗1/3～1/2,具5脉,被短硬毛,第二颖先端具小尖头,具5脉,脉上具刺状硬毛,脉间被短硬毛;第一外稃革质,上部具7脉,先端延伸成一粗壮芒,内稃与外稃等长,果实为颖果,纺锤形,花果期7—10月。

(4)病虫害防治方法　襄阳地区油菜的病虫害较少,病害以菌核病、病毒病、霜霉病发生较普遍。虫害以蚜虫、菜青虫发生较普遍,应进行综合防治。除了适时喷洒药剂以外,综合防治的主要措施如下:

① 合理轮作，适时换茬　大多数油菜虫草害都是以相应的形态在土壤中越冬、越夏，因而轮作换茬具有较好的防治效果，轮作换茬对菌核病防治效果最好，对病毒病、霜霉病也有一定的防治作用。油菜不宜与十字花科蔬菜接茬，否则病害显著增加。

② 选用高产抗病品种，合理布局　品种单一化，包括大面积连片种植和连年种植，会引起品种抗性的丧失和退化，也有利于病虫的积累和传播。因此，应因地制宜及时更换品种，做到多品种合理布局。

③ 精选种子适时播种和移栽　播前精选并处理种子，可清除混在种子里或种子表面的病菌和虫卵。油菜播种过早会加剧蚜虫、病毒病和软腐病的发生危害，因而要适时播种或移栽。

④ 加强田间管理，深耕培土　可将菌核和越冬跳甲等深埋土中，蕾期中耕培土可在菌核萌发前埋杀；合理密植与施肥，清沟排渍，降低田间湿度，可减轻大多数病虫害的发生；在蚜虫危害严重的地区和年份应适时灌溉。

（六）适时收获

1. 适时收获的意义　油菜为无限花序，群体花期达 30～40 d。油菜成熟过程一般可分为绿熟期、黄熟期和完熟期。绿熟期是主轴上的角果 80％ 以上呈黄绿色，一次分枝上 90％ 左右的角果仍为绿色。此期种皮同角果的色泽基本一致，此时种子含水量较高，种子的灌浆过程没有完成，此时若收获晒干脱粒，绝大部分的种皮呈现红色皱缩、瘪粒多，千粒重低，含油量只相当于正常成熟种子的 70％～80％。黄熟期是指主轴角果呈现枇杷黄色，一次分枝上 70％ 左右的角果呈现黄绿色，仅在基部和少数二次分枝上的角果为绿色或即将褪色。此时若收获，种子部分仍为红褐色，千粒重和含油量均未达到最高水平。完熟期指全田 90％ 以上的角果呈现黄色，10％ 以下的角果为枇杷黄绿色，绝大部分角果失去光泽，即可收获。

同一田块中的油菜开花时间早晚不同，角果的发育程度也不同。如果等到全部角果成熟了才收，则先熟的角果落粒严重。如果在花序下部的角果刚熟时就收，则大多数种菜籽尚未充实，籽粒不饱满，油脂转化过程没有完成，产量和含油量均低。因此科学地确定油菜的适宜收获时期是获得优质高产的关键。

左青松等（2014）曾以华油杂 62 为材料，测定 70％ 油菜角果变黄至角果明显炸裂时期机械收获的产量损失、植株不同部位水分含量、粒重和籽粒含油量等指标，研究不同收获时期对产量损失率和籽粒品质的影响。试验表明，机械收获的产量总损失率在 7.00％～15.80％，随着收获时期逐渐推迟，总损失率先降低后增加。产量损失分为自然脱粒损失、割台损失和清选脱粒损失。割台损失率随收获时期推迟逐渐增加，占总损失率的 7.80％～31.01％；清选脱粒损失率随收获时期推迟逐渐降低，是机械收获中最大的损失部分，占总损失率的 56.87％～92.20％。总损失率与籽粒、角果皮、主花序和分枝水分含量均呈极显著正相关。籽粒水分含量为 16.23％ 时千粒重和含油率最高，随籽粒水分含量的下降，千粒重、含油率、全碳含量和 C/N 值均略有降低。研究结论是油菜机械化收获以籽粒和角果皮水分含量在 11％～13％ 时为宜，此期的千粒重、油分含量、机械收获产量和产油量均较高。

2. 适时收获的标准与时间　油菜籽的收获适期，一般是在油菜终花后 25～30 d。此时油菜八成熟，种子的重量和油分含量接近最高值。襄阳油菜产区有"八成黄，十成收；十成黄，两成丢""角果枇杷黄，收割正相当"的说法。此时大田植林约 2/3 的角果呈现黄绿至淡黄色，主花序基部角果开始转现枇杷黄色;分枝上尚有 1/3 的黄绿色角果,并富有光泽,只有分枝上部尚有部分绿色角果,故称"半青半黄"期;大多数角果内种皮已由淡绿色转现黄白色,颗粒肥大饱满,种子表现本品种固有光泽;主茎和分枝叶片几乎全部干枯脱落,茎秆也变为黄色。若以种子色泽的变化来作为适宜收获期的标准,可摘取主轴中部和上、中部一次分枝中部角果共 10 个,剥开观察籽粒色泽,若褐色粒、半褐色粒各半,则为适宜的收获期。

一天中油菜的适宜收获时间也要注意。因早晚气温低,湿度大,不易裂角落粒,所以收获时要注意做到晴天早晨割、傍晚割、带露水割,阴天则可全天割。农谚称之为"要不丢、早晚收""上白中黄下绿,收割不能过午"。

3. 收获方法 襄阳地区油菜收获主要有纯人工收获、人工割倒加机械脱粒相结合以及机械收获等几种方式。

(1)人工收获 人工收获主要采用割收、拔收等方法。拔收由于费工多,干燥慢,脱粒时泥土易混入种子中,影响种子的品质和出油率,一般较少采用。割收与拔收相比省工,干燥快;脱粒时泥土不会混入种子,种子净度高,商品等级高。收获时分田块单收,单独脱粒,防止器具和晒场的机械混杂。收获过程力争做到"割茬低,不带泥,割整齐,不掉粒",以及轻割、轻放、轻捆、轻运,力求在每个环节上把损失降到最低限度。还应注意边收、边捆、边拉、边堆,不宜在田间堆放晾晒,防止裂角落粒和种子霉烂发芽。此外,留高茬、薄摊晾晒的收获方式,可以减轻捆、堆的操作,效果也比较理想。

(2)机械收获 油菜的脱粒相对简单,人工割倒后熟后再用机械脱粒的效果最好,是面积较少的农户普遍使用的收获方式。但为了最大限度地提升作业效率、降低劳动强度,油菜联合收获技术的应用目前也较普遍,所用的机械是在小麦联合收割机上增加侧剪等技术改装的基础上,在油菜完熟期才能进行(约比人工收获推迟一周左右),但生产操作中还是存在损失率高、菜籽品质下降等问题。近年来,襄阳地区通过推广抗裂角、耐密植品种和配套直播密植栽培技术,使得机械联合收获技术得到了较广泛的推广应用。此外,在油菜的规模化生产中,也有部分地区尝试采用机械分段收获技术,先用割晒机将油菜割倒后晾晒 2～3 d,再用油菜脱粒机进行捡拾脱粒,可明显提升油菜籽品质。

(七)油菜栽培的机械化现状和发展

我国油菜的生产技术相对比较落后,需要投入较多的劳动力。当前我国油菜机械化水平不高,导致油菜种植的经济效益偏低。襄阳地区的油菜生产也存在着和全国类似的问题。虽然油菜种植规模与机械化程度近几年有了一定的提高,但相对国外而言,差距仍十分明显。受到城镇化发展水平的影响,农村剩余的劳动力全部转移城市,使油菜生产人工投入成本增大,生产效益明显降低,农民种植油菜的积极性有所降低,直接影响了油菜生产面积和产量。

1. 襄阳油菜机械化现状 根据农业部网站相关信息统计(截至 2018 年 12 月),油菜的常年种植面积 800 万 hm² 左右,在城镇化发展趋势下油菜种植面积逐年减少,同时油菜的产量也不高,由此影响了油菜机械化的生产水平。襄阳常年油菜播种面积在 4 万 hm² 左右,20 世纪初也曾达到 7 万 hm²,之后随着油菜籽价格退出保护机制,油菜种植面积锐减至 3 万余 hm²。其次,农户种植的积极性难以获得提高,种植与经营比较分散,同时又缺乏专业的油菜合作社进行全面引导,从而造成油菜的销售困难。油菜机械化的短板在播种技术、病虫害方面的飞播防控质量,以及机械收获的损失率,这些因素影响了油菜机械化的发展水平。

2. 油菜机械化过程中存在的主要问题

(1)油菜机械化过程中播种与育苗质量有待提高　襄阳油菜机械化播种处于起步阶段,机械播种质量与效率不高,进而对油菜播种质量产生一定影响。当前油菜移栽机多数适用钵体苗移栽,进行穴盘育苗,由此导致育苗成本偏高,同时用到的辅助用工较多且各工序复杂效率低。此外生产油菜直播机的生产批量不大且机械设备的生产工艺及其装备落后,难以满足油菜机械的生产需要。

(2)专业的油菜合作社数量少且组织化水平低　襄阳油菜合作社水平较低,缺少大型专用设备,油菜种植规模化水平难以提高。

(3)农户种植积极性不高难以形成规模　很多地区农户种植油菜的积极性不高,且油菜种植比较分散,难以形成规模化与专业化。农户的田块小且不规则,地形地块不平坦等多种因素影响,导致难以开展机械化种植。

(4)油菜生产机械化程度较低且劳动强度大　油菜生产机械化程度不高影响了油菜种植产业的发展,多数油菜的移栽、收获过程还是依靠人工劳作方式,劳动强度大,时间长且效率不高,影响了油菜机械化水平的发展。其次,油菜的栽植与播种技术以及收割方式等技术有限,难以获得质量上的保证,开展油菜种植过程中需要耗费较多的人财物力成本。油菜机械化效率低,在短期内难以满足规模化的发展需要。

3. 油菜机械化发展的出路　襄阳应结合地域特色,从品种培育、规范农艺技术、改进与开发机械装备3个方面加强农机化技术与农艺技术的集成配套,按照"直播优先,能播不栽,当栽则栽,栽而高效;人工收获与机械收获并举,因地制宜正确选择;农机与农艺相互适应,双向统筹兼顾"的技术路线,扩大油菜机械化作业的范围和规模。协同发展多种类型的机械作业服务组织,探索代耕代种、托管服务等新型经营服务模式。

(1)加大培训与技术投入力度,提高油菜播种质量　农机部门应积极开展各项有关油菜的种植培训工作,全面提高种植户、农机手对油菜机械设备的操作技能,全面提高油菜播种的质量。定期组织油菜种植农户对油菜基地进行参观,一方面,让种植户了解更多有关油菜种植、育苗、移栽、日常管理、病虫害预防等方面的知识;另一方面,有利于提高农户对油菜种植相关知识与栽培技术的了解,帮助种植户加深种植管理经验,提高油菜的播种质量。各地的政府部门应该与农业技术部门加强沟通与合作,进一步完善相关政策,并给予种植户一定的经济补贴,全面助推油菜种植产业的机械化发展水平。

(2)改造油菜直播与收获机械,提高油菜生产机械化水平　全面改进优化油菜直播与油菜收获的机械,全面提高油菜生产的机械化程度;根据实际情况因地制宜,做到合理选用适合的播种与合适的收割机械进行种植,全面提高油菜的播种、移栽与收获质量。选用油菜机械器具时应根据地形的特点选用灵活、易于操作、维修保养成本低且质量合格的机械,以有效减轻农户的劳动强度,减少油菜的生产成本;全面完善油菜种植,做好田间管理与油菜病虫草害等防治工作,有效提高油菜的产量。

(3)联合专业合作社拓展油菜经营生产模式　政府相关部门积极引导,将农户与合作社、企业之间进行全面连接,积极建立"企业＋基地＋农户"的生产经营模式。油菜生产全程机械化包括油菜的选种、播种、移栽、田间管理以及收获等过程中,都要为农户提供专业化的种植信息与相关的管理咨询知识与技术指导。其次,积极建设集"生产＋加工＋销售"为一体的专业油菜产业化生产基地,全面发展标准化与规模化油菜种植,切实推动油菜生产机械化水平。

(4)加大对种植户的扶持力度,扩大种植规模 政府应重视油菜产业的发展,从种植、栽培、育苗、移栽、管理经验、技术指导等方面加大扶持力度,全面引导油菜农户的规模化种植,进一步扩大种植农户的油菜种植规模。其次,通过资金补贴方式或购置油菜机械设备等方式给予农户一定的补贴,切实减轻油菜种植农户的经济压力负担,有效提高农户种植油菜的积极性,从而提高油菜机械化管理水平,有利于有效降低油菜的种植成本,保障油菜机械化生产的顺利进行。

(5)政府应加大引导提高油菜的种植规模 首先,全面实现油菜机械化生产有助于提高农户的经济收入,对促进农业经济的发展起到助推作用,为此应加大扶持力度,全面通过油菜种植基地或油菜示范点进行全面宣传与推广,正确引导农户积极参与油菜机械化生产,提高油菜的种植规模。其次,适当给购置设备的农户一定的农机补贴,真正让农户买得起、用得起油菜机械设备,提高油菜机械化规模种植,增加农户的经济收益,切实推动油菜机械化的发展水平。

(6)探索总结种植技术与管理经验 首先,全面总结有关油菜的栽培模式与相关技术,切实提高农艺技术与农机的适应性。通过重点加强有关油菜的播种、移栽、收获等农机的研发,较好地解决油菜的精量播种与控制播种均匀度差。其次,有效减少油菜收获机械故障,提高机械作业的工作效率,提高油菜农机技术的含量,从而真正提高农机具操作过程的稳定性与可靠性,提高油菜种植农户的管理经验,为实现油菜机械化发展水平奠定良好基础。

三、地区特色栽培

(一)育苗移栽

1. 应用地区 油菜移栽的产量比油菜直播产量高,其综合技术措施的运用决定了油菜的高产高效。王寅等(2015)介绍,油菜直播和油菜育苗移栽是目前长江流域冬油菜并存的两种栽培方式。襄阳地区从最初以直播种植为主,方式为人工撒播,到 20 世纪 60 年代中期直播为主而育苗移栽开始起步,20 世纪 80 年代,随着对油菜产量的追求,育苗移栽方式实现全面推广并长期应用,再到当前直播和育苗移栽两种栽培方式并存。当前油菜的直播包括人工撒播和机播,育苗移栽包括育苗人工移栽和育毯状苗机械移栽。目前,长江流域育苗移栽油菜的养分丰缺指标和推荐施肥体系已经建立,养分管理策略也较为完善。根据土壤肥力状况和目标产量水平合理确定氮、磷、钾、硼肥用量,保证养分平衡供应,实行有机无机肥料配合施用,采取氮、钾肥分次施用(推荐基肥：越冬肥：薹肥＝60％：20％：20％),以协调生长发育和养分吸收,强壮个体而实现高产。

2. 具体做法

(1)良种选用 甘蓝型杂交油菜品种多生长旺盛、分枝多、根系发达、茎秆粗壮、角果多而长、籽粒多、千粒重高、不易倒伏、综合抗逆性较好,育苗移栽增产潜力最大;白菜型油菜品种多长势较弱,增产潜力有限,一般不进行育苗移栽。各地可根据当地的气候、土壤、人力和茬口安排,选用具有高产、优质、高抗等特性品种育苗移栽。早熟品种产量相对较低,中晚熟品种产量较高,栽培者要根据土壤肥力和茬口安排灵活选用。适宜襄阳地区移栽的品种有:华油杂 62、中油杂 19、圣光 86 等。

（2）大田耕整　移栽田块在土壤疏松、肥沃、富含有机质、光照充足、地下水位低、排灌便利等地块进行油菜移栽较易获高产。油菜连作时病虫草害增多，产量也会随着连作次数的增加不断下降。油菜与花生、大豆、棉花等非十字花科作物轮作，可提高其产量和品质，病虫草害也会减轻。地下水位高、地势低洼和深泥田地块，不宜栽培油菜。稻田地下水位较高，耕作层较浅，土壤板结，油菜移栽应开较深的围沟、腰沟和畦沟，以降低水位，可适量多施腐熟厩肥来改良土壤。酸性较重的地及连作地，应在翻耕整地时撒施 1.2～1.5 t/hm² 生石灰，有较好的降酸和消毒作用。油菜田翻整时，一般中等肥力的地块，撒施腐熟猪牛粪肥 19.5～24.0 t/hm² 或腐熟土杂肥 27～30 t/hm²、钙镁磷肥 675～750 kg/hm²、硫酸钾 150～180 kg/hm²、硼砂 7.5～12.0 kg/hm²，接着翻耙 2 次，将土块耙碎，整成宽 1.7～2.0 m、长度自定的畦，然后开挖深、宽各 20～25 cm 的围沟、腰沟和畦沟。油菜稻田移栽的地块，可施肥后不翻耕，根据需要开深、宽各 30～35 cm 的腰沟和畦沟，围沟开宽、深各 40 cm；地下水位高的稻田，围沟开宽、深各 50～60 cm，后将开沟的土铺于畦面，晒垡 3～5 d，将土块打碎并整平畦面。

3. 施肥效应　油菜属于需肥较多的作物，在油菜育苗移栽的过程中，必须注重科学统筹、合理优化。育苗时，苗床施肥应以尿素为主，可兑水泼施，期间根据幼苗长势适当追肥。移栽前，要对地块施用基肥，以避免肥料与油菜的根系有直接的接触。基肥施肥要注重有机肥和无机肥的结合以及氮、磷、钾肥的结合，再增施硼肥以作补充。

刘波等（2016）曾在油菜种植主产区，研究不同栽培模式及施氮方式对油菜产量和氮肥利用率的影响。于 2010—2011 年度在湖北省和江西省开展移栽油菜和直播油菜氮肥施用田间试验，比较氮肥表施（表面撒施）、翻施（撒施后旋耕）和集中施用（移栽油菜穴施和直播油菜条施覆土）3 种不同施氮方式对两种栽培模式（移栽和直播）油菜产量、干物质动态、氮素吸收和氮肥利用率的影响。结果是在相同条件下，移栽油菜产量水平显著高于直播油菜，两者的产量差达到 299.1～544.2 kg/hm²，从干物质动态结果可以看出，各个生育期移栽油菜地上部和地下部生物量显著高于直播油菜，此外，移栽油菜可以获得较高的氮素累积，相比直播油菜提高 33.1%～54.8%，移栽油菜氮肥农学利用率和氮肥表观利用率显著高于直播油菜，其中氮肥农学利用率从 6.5 kg/kg 增加到 7.8 kg/kg，平均增幅为 20.2%，氮肥表观利用率从 27.6% 提高到 37.5%，平均增幅为 37.5%。

（二）秸秆还田

襄阳作为长江流域冬油菜—水稻轮作区，该区域油菜和水稻产业的发展在中国粮油生产中居重要地位。近年来，随着农业机械化的发展和禁烧秸秆政策的实行，秸秆切碎直接全量还田已成趋势。通过秸秆还田，可优化土壤结构，归还土壤养分和增强微生物活性。相比冬闲模式，稻—油轮作秸秆还田量大，充分利用冬油菜秸秆的培肥节肥效应对缓解集约化种植导致的不利影响具有重要意义。

从国家 1999 年提出秸秆禁烧，到 2010 年左右加大禁烧管理力度，秸秆开始全量还田。在襄阳地区以油菜—水稻轮作为例，在水田整地之前，会进行旋耕灭茬的工序，众多研究表明，秸秆还田在短期虽不能够显著提高水稻产量，但还田的秸秆归还了大量养分，土壤微生物在前期固定的氮素随后也被逐渐释放，促进了中后期群体生长。另研究表明，秸秆还田在低肥力条件下对土壤肥力的提升效果更明显,更有利于提高水稻产量。

襄阳属中稻种植区,近年来随着水稻的籼稻改粳稻工作的逐步推进,生育期较长且感光型的粳稻种植面积呈扩大之势,与其轮作的油菜生育期遭到压缩,在水稻收获期遇雨水较大的年份,稻茬免耕直播油菜的方式应运而生,在襄阳主要是南漳、保康在生产中应用较广,具体做法是:

1. 先播种 稻茬免耕直播油菜的播种时间在水稻收获的 $2\sim3$ d 之前进行,播种方式为人工撒播或无人机飞播,按照 5.25 kg/hm^2 的播种量进行播种。

2. 后收获 水稻采用机械收获模式,留茬高度 20 cm 左右,秸秆粉碎均匀抛撒、覆盖还田。

3. 匀撒肥 撒肥在水稻收获之后进行,施复合肥 600 kg/hm^2,分底肥、腊肥、薹肥完成。

4. 深开厢沟、腰沟和围沟 深度分别为 15 cm、20 cm 和 25 cm,沟宽 20 cm,使用机械开沟,开沟的土块被粉碎后均匀抛撒在厢面上。

稻茬免耕秸秆还田直播油菜的种植模式和习惯油菜直播模式还是有很大不同,一是油菜的播种在水稻收获之前,实践证明,飞落的油菜籽可以被水稻植株调节播种匀度;二是施肥应分多次进行,宜用复合肥,虽然施用缓释肥料可以将施肥轻简化,但免耕栽培存在遇降水量较大时有肥料流失的现象;三是厢沟配套要到位,稻茬田块都较为平坦,且田块保水效果都较好,轮作油菜时为避免渍害发生,三沟配套很重要。

(三)襄阳地区油菜的"五化"生产

油菜的"五化"生产,即油菜生产的"机械化、轻简化、集成化、规模化、标准化"是国家油菜产业技术体系在"十二五"期间,在国际竞争力不断增大和与国内同季作物的竞争力日益增强的背景下,提出用"五化"来解决油菜的生存和发展瓶颈问题,具有一定的前瞻性和先进性。实践证明"五化"的研究和应用对油菜竞争力的增强、对油菜产业化的良性发展,都有非常强的推动作用。探讨襄阳地区油菜"五化"产生的背景、地方创新、示范推广及存在的问题,将对今后襄阳地区油菜发展方向及持续高效生产提供借鉴和参考。"五化"发展的宗旨是提升油菜生产的综合效益和油菜产业的竞争力。襄阳地区"五化"的大面积推广应用,首先应解决油菜种植的全程机械化作业难题,机械化是油菜"五化"的核心和基础。在机械化推进的过程中,应同步解决配套农艺的技术难题。近年来,国家油菜产业技术体系根据目前国内油菜产业面临的共性问题,研究出了一系列油菜生产新技术,但是不同的生态区气候条件、种植模式不尽相同,不宜生搬硬套。为促进襄阳地区"五化"的发展,对国家产业技术体系的相关技术进行地方性创新,形成一套适宜襄阳地区栽培种植的高产栽培技术,并进行大面积示范推广,以此带动油菜轻简化、集成化、规模化、标准化生产,是今后襄阳地区油菜发展的大势所趋。

第四节 安康盆地油菜种植

一、自然条件、熟制和油菜生产地位

(一)自然条件

1. 概述 安康市地处陕西省东南部,居与川、陕、鄂、渝等省(市)交接部,位于东经108°

00′58″～110°12′,北纬31°42′24″～33°50′34″。安康市南依巴山北坡,北靠秦岭主脊,东与湖北省的郧县、郧西县接壤,东南与湖北省的竹溪县、竹山县毗邻,南接重庆市的巫溪县,西南与重庆市的城口县、四川省的万源市相接,西与汉中市的镇巴县、西乡县、洋县相连,西北与汉中市的佛坪县、西安市的周至县为邻,北与西安市的户县、长安区接壤,东北与商洛市的柞水县、镇安县毗连。安康总面积23529 km²,耕地总面积347875 hm²,常用耕地面积191478 hm²,林地面积1658496 hm²,森林覆盖率59.9%,荒山荒地面积91691 hm²,水域面积39861 hm²。

安康在石器时代已有人类活动,境内分别有阮家坝、柳家河、陈家坝、李家那等几十处新石器时代遗址。安康在夏代属于梁州;商、周时期,为庸国的封地,称为"上庸";春秋战国时期为秦、楚、巴反复争夺之地。秦时,在此置汉中郡西城县,郡治西城。汉沿袭秦制,除西城县外,在此设长阳、长利、洵阳、锡县4县。东汉建武元年(25年)将汉中郡治迁至南郑县;建安二十一年(216年)曹魏攻占汉中,分郡之东(即今安康地区)为西城郡。曹魏、西晋时期设魏兴郡,隶属荆州,辖7县。西晋太康元年(280年),为安置巴山一带流民,取"万年丰乐,安宁康泰"之意,得名"安康"。民国时期,1935年陕西省又在原兴安府范围内设第五行政督察专员公署,专署下辖安康、洵阳、白河、平利、汉阴、石泉、紫阳、岚皋、镇坪、宁陕10县,至此,安康地区的格局形成。1949年至1950年初,随着安康地区各县陆续获得解放,新中国成立以后,又成立了安康分区专员公署,仍然隶属陕西省。2000年12月,经国务院批准安康撤地设市,设立安康市人民政府。

安康属于秦岭地槽褶皱系南部和扬子准地台北部汉南古陆的东北缘,分别由东西走向的秦岭地槽褶皱带和北西走向的大巴山弧形褶皱带复合交接组成,具南北衔接、东西过渡的特点。安康以汉江为界,分为两大地域,北为秦岭地区,南为大巴山地区,以汉水—池河—月河—汉水为秦岭和大巴山的分界,其地貌呈现南北高山夹峙、河谷盆地居中的特点。全市地貌可分为亚高山、中山、低山、宽谷盆地、岩溶地貌、山地古冰川地貌6种类型。秦岭主脊横亘于北,一般海拔2500 m左右;大巴山主梁蜿蜒于南,一般海拔2400 m左右;凤凰山自西向东延伸于汉江谷地和月河川道之间,形成"三山夹两川"地势轮廓,汉江谷地平均海拔370 m左右,秦岭、大巴山主脊与汉江河谷的高差都在2000 m以上。境内的主要山脉有秦岭的东梁、平河梁、南羊山和大巴山的化龙山、凤凰山、笔架山。境内最高点镇坪牛头店红星村,海拔2912 m,最低点白河县汉江出境处右岸,海拔168.6 m。在全市土地面积中,大巴山约占60%,秦岭约占40%;山地约占92.5%,丘陵约占5.7%,川道平坝占1.8%。

安康属于长江上游汉江水系,汉水由石泉县左溪口入境,流经石泉、汉阴、紫阳、岚皋、安康、旬阳、白河7县(市),于白河县白石河口下10 km出境,境内流长340 km,是境内水系网络的骨干。安康境内汉江水系流经和发源于境内的河流,集水面积在5 km²以上的有940条,其中100 km²以上的73条,1000 km²以上的10条,主要河流有子午河、池河、任河、岚河、月河、恒河、黄洋河、坝河、旬河、白石河、南江河等均属汉水一、二、三级支流,分布在汉水两岸的秦巴山地和丘陵地带,均发源于秦岭、大巴山主脊。

安康境遇内的土壤分布有6个土类、12个亚类、28个土属、164个土种,土壤种类多,垂直分布明显,土壤垂直分布是随山地海拔高度的变化而呈有规律的演替,其中油菜种植面积比较大的有黄泥土、黄棕壤性土、黄棕壤、沙质湿潮土、灰扁沙土、潜育型水稻土、黄泥巴、黄泡土、淹育型水稻土、潜育型水稻土、锈斑泥沙田、浅潮沙泥田、青潮泥田等几十个土种。安康市自

2006 年开始,在农业部和陕西省农业厅的统一安排下,先后在全市 10 个县(区)实施测土配方施肥项目,根据安康市实施的"测土配方施肥"项目所获得的耕地调查点资料(包括采样点坐标、基本耕种情况、土壤农化分析数据)、县乡村基本情况统计等数据资料和土壤图、地形图以及行政边界图、土地利用现状图等。利用数据处理和管理软件(ACCESS 数据库软件、SPSS 统计分析软件、ArcGIS 地理信息系统软件和省级耕地资源管理信息系统软件),对本市油菜种植适宜性进行了定量评价和分级。结合全市实际情况,依据针对性、主导性、稳定性、可操作性等选取原则,运用专家经验法,最终对油菜选取了灌溉能力、农田基础设施、有机质、碱解氮、质地、坡度、地貌类型、海拔、年降水量、≥10 ℃积温 10 个评价指标,以各评价单元的综合得分做出油菜用地适宜性的累积频率曲线图,用累积曲线的拐点处作为每一等级的起始分值。另外考虑限制性因素,对安康市耕地油菜种植适宜性进行等级划分,共划分为 4 个等级:高度适宜、适宜、勉强适宜和不适宜。

安康油菜适宜性评价结果由表 3-8 可以看出,高度适宜油菜种植的耕地面积为 89589.22 hm²,所占比例为 25.75%;适宜油菜种植的耕地面积为 128482.45 hm²,所占比例为 36.93%,两者合计所占的比例为 62.68%,主要分布在安康市的河谷阶地和低山丘陵。勉强适宜的耕地面积为 105818.25 hm²,面积占比为 30.42%,主要分布在低山丘陵,少部分分布在中高山地。不适宜种植的面积为 23985.41 hm²,所占比例为 6.89%,大多分布在中高山地。

表 3-8　安康市油菜各适宜级别面积及百分比(李成军整理)

适宜级别	面积(hm²)	占总耕地面积百分比(%)
高度适宜	89589.22	25.75
适宜	128482.45	36.93
勉强适宜	105818.25	30.42
不适宜	23985.41	6.89
总计	347875.33	100.00

由表 3-9 可以看出,高度适宜油菜种植的耕地主要位于汉滨区以及汉阴县,耕地面积分别为 36979.43 hm²、23836.47 hm²,面积占比分别为 41.28%,26.61%;宁陕县高度适宜的耕地面积最少,仅为 357.60 hm²,仅占 0.40%。

表 3-9　安康市各县(区)油菜适宜性等级分布统计表(李成军整理)

县(区)	高度适宜		适宜		勉强适宜		不适宜	
	面积(hm²)	比例(%)	面积(hm²)	比例(%)	面积(hm²)	比例(%)	面积(hm²)	比例(%)
白河县	400.65	0.45	4355.02	3.39	8810.78	8.33	503.32	2.10
汉滨区	36979.43	41.28	23575.23	18.35	9133.28	8.63	5961.27	24.85
汉阴县	23836.47	26.61	9458.28	7.36	3018.72	2.85	402.72	1.68
岚皋县	3219.75	3.59	16992.25	13.23	7675.92	7.25	163.63	0.68

县（区）	高度适宜		适宜		勉强适宜		不适宜	
	面积（hm²）	比例（%）	面积（hm²）	比例（%）	面积（hm²）	比例（%）	面积（hm²）	比例（%）
宁陕县	357.60	0.40	384.27	0.30	2311.47	2.18	2443.64	10.19
平利县	6150.92	6.87	8087.52	6.29	1480.74	1.40	1373.63	5.73
石泉县	6252.21	6.98	9742.43	7.58	3661.69	3.46	374.73	1.56
旬阳县	3138.94	3.50	22810.67	17.75	45254.55	42.77	7176.21	29.92
镇坪县	810.57	0.90	1433.73	1.12	9057.79	8.56	4912.80	20.48
紫阳县	8442.68	9.42	31643.05	24.63	15413.31	14.57	673.46	2.81
总计	89589.22	100.00	128482.45	100.00	105818.25	100.00	23985.41	100.00

紫阳县适宜油菜种植的耕地面积最大，为 31643.05 hm²，其次分别为汉滨区的 23575.23 hm²、旬阳县的 22810.67 hm² 以及岚皋县的 16992.25 hm²，这 4 个县所占的比例均在 10% 以上。

勉强适宜的耕地在安康市的各县（区）分布相对集中在旬阳县，其所占的比例为 42.77%，面积为 45254.55 hm²；在其他的县（区）分布比较均匀，比例基本在 7% 左右；平利县的面积占比最小，仅为 1.40%，面积 1480.74 hm²。

不适宜油菜种植的耕地面积在这 4 种等级里面所占的比重最小，仅为 6.89%，其中以旬阳县所占的面积最大，为 7176.21 hm²，其次分别为汉滨区的 5961.27 hm² 和镇坪县的 4912.80 hm²，安康市不适宜油菜种植的耕地基本集中在上述 3 个县（区）。总之，安康市适宜油菜种植区域只分布在安康市河川平坝地区及浅丘地区，不适宜油菜种植区域只分布在立地条件较差的海拔较高及地块贫瘠的地区。如图 3-3 所示。

2. 气候　安康市气候属亚热带大陆性季风气候，湿润温和，四季分明，雨量充沛，无霜期长。冬季寒冷少雨，夏季多雨多有伏旱，春暖干燥，秋凉湿润并多连阴雨。垂直地域性气候明显，气温的地理分布差异大。

安康市常年平均气温 15～17 ℃，1 月平均气温 3～4 ℃，极端最低气温 −16.4 ℃（1991 年 12 月 28 日宁陕县）；7 月平均气温 22～26 ℃，极端最高气温 42.6 ℃（1962 年 7 月 14 日白河县）。最低月均气温 3.5 ℃（1977 年 1 月），最高月均气温 26.9 ℃（1967 年 8 月）。全市平均气温年较差 22～24.8 ℃，最大日较差 36.8 ℃（1969 年 4 月镇坪县）。垂直地域性气候明显，气温的地理分布差异大。川道丘陵区一般年平均气温为 15～16 ℃，秦巴中高山区年平均气温为 12～13 ℃。年平均无霜期 253 d，最长达 280 d，最短为 210 d。年平均日照时数为 1610 h，年总辐射 25.4 kJ/cm²。0 ℃以上持续期 320 d（一般为 2 月 10 日至次年 12 月 20 日）。年平均降水量 942.5 mm，年平均降雨日数为 94 d，最多达 145 d（1974 年），最少为 68 d（1972 年）。极端年最大雨量 1240 mm（2003 年），极端年最少雨量 450 mm（1966 年）。降雨集中在每年 6—9 月，7 月最多。

据安康市气象局 2015—2019 年资料汇总显示，安康市秋季 9—11 月的月平均气温分别为 20.64 ℃、15.02 ℃、9.66 ℃，有利于油菜播种出苗、移栽成活；冬季 12 月、1 月、2 月

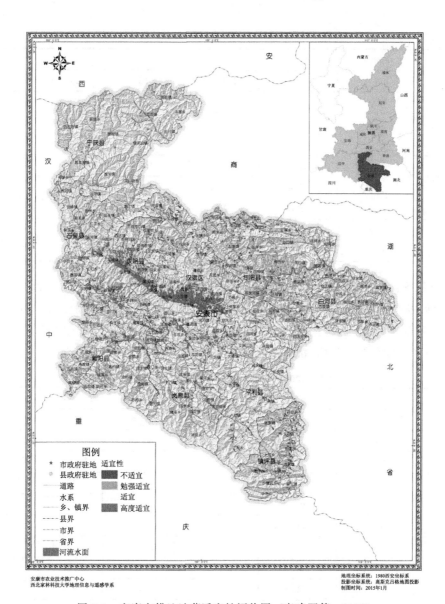

图 3-3　安康市耕地油菜适宜性评价图（李建国等，2016）

的月平均气温分别为 4.98 ℃、3.24 ℃、5.62 ℃，均高于 0 ℃；春季 3—5 月的月平均气温分别为 11.24 ℃、16.5 ℃、19.4 ℃，有利于油菜开花、灌浆结实和后期收获（表 3-10）。

表 3-10　2015—2019 年月平均气温（李成军整理）

月份	平均气温(℃)					
	2015 年	2016 年	2017 年	2018 年	2019 年	平均
1	4.4	2.8	4.4	1.5	3.1	3.24
2	6.3	6.2	5.9	5.4	4.3	5.62
3	11.4	11.2	10.0	12.6	11.0	11.24
4	15.7	16.8	16.2	16.6	17.2	16.50
5	19.6	19.1	19.6	19.6	19.1	19.40

月份	平均气温(℃)					
	2015 年	2016 年	2017 年	2018 年	2019 年	平均
6	22.1	23.6	23.1	23.7	22.8	23.06
7	25.2	26.8	27.4	26.7	25.1	26.24
8	25.0	27.2	26.3	26.8	25.6	26.18
9	20.7	21.9	20.3	20.3	20.0	20.64
10	16.2	15.4	14.5	14.3	14.7	15.02
11	10.2	9.7	9.6	8.9	9.9	9.66
12	5.2	6.2	4.5	3.7	5.3	4.98
平均	14.7	15.6	15.2	15	14.8	15.06

安康市秋季 9—11 月的月平均日照时数分别为 89.66 h、76.4 h、68.2 h,有利于油菜播种出苗、移栽成活,控制冬季旺长;冬季 12 月、1 月、2 月的月平均日照时数分别为 86.16 h、66.16 h、97.96 h,利于油菜安全越冬;春季 3—5 月的月平均日照时数分别为 121.68 h、150.76 h、141.14 h,有利于油菜开花授粉、灌浆结实和后期收获(表 3-11)。

表 3-11　2015—2019 年月日照时数(李成军整理)

月份	日照时数(h)					
	2015 年	2016 年	2017 年	2018 年	2019 年	平均
1	76.6	71.7	55.1	91.5	35.9	66.16
2	83.9	140.4	99.7	117.5	48.3	97.96
3	114.1	111.1	105.7	148.6	128.9	121.68
4	167.9	100.6	163.4	173.1	148.6	150.72
5	168.9	156.2	163.1	109	108.5	141.14
6	92.3	186.3	153.3	165.8	110.1	141.56
7	213.6	201.2	250.0	173.6	136.1	194.90
8	211.6	216.5	162.5	243.2	177.5	202.26
9	80.1	128.3	62.2	82.1	95.6	89.66
10	114.1	54.5	22.3	125.2	65.9	76.40
11	39.4	75.1	75.6	80.2	70.7	68.20
12	100.5	88.1	116.1	45.1	81.0	86.16
合计	1463.1	1530.0	1429.0	1554.7	1207	1436.76

安康市秋季 9—11 月的月平均降水量分别为 179.72 mm、14.68 mm、30.2 mm,秋雨较多不利于油菜播种出苗、移栽成活,大田容易出现化苗、弱苗现象;冬季 12 月、1 月、2 月的月平均降水量分别为 5.06 mm、11.72 mm、9.62 mm,冬季降水量偏少,易形成冬旱,不利于油菜冬季生长;春季 3—5 月的月平均降水量分别为 35.48 mm、75.34 mm、106.82 mm,3 月、4 月降水量较少,有利于油菜开花授粉、灌浆结实,5 月降雨量偏多,对后期油菜病害防控、油菜收获造成不利影响(表 3-12)。

表 3-12   2015—2019 年月平均降水量(李成军整理)

月份	降水量(mm)					
	2015 年	2016 年	2017 年	2018 年	2019 年	平均
1	10.4	4.9	17.1	14.1	12.1	11.72
2	9.7	11.2	15.3	8.4	3.5	9.62
3	35.2	24.7	49.3	39.1	29.1	35.48
4	100.8	61.8	74.2	94.1	45.8	75.34
5	131.3	107.8	86.7	138.5	69.8	106.82
6	214.4	153.4	130.7	148.7	200.1	169.46
7	60.8	145.7	113.1	126.8	141.2	117.52
8	88.9	44.3	129.5	67.4	104.7	86.96
9	139.3	116.1	303.5	140.3	199.4	179.72
10	77.2	135	175.7	15.2	170.7	114.68
11	31.0	30.6	19.7	46.5	23.2	30.20
12	3.8	6.3	0.4	10.2	4.6	5.06
合计	902.8	841.6	1114.8	849.3	1004.0	942.50

安康市全年雨量充沛、光热资源丰富,生态环境较为优越,总体而言,具备发展优质油菜生产所具有的得天独厚的自然条件优势和产业基础,是长江上游优质冬油菜生产区。

(二)熟制和油菜茬口关系

安康市属北亚热带大陆性季风湿润气候区,北有秦岭挡住北方高寒气流,南部大巴山逶迤绵延,光、热、水等资源较为丰富,为中国农业生产二熟制向多熟制过渡地区。依作物种类,可以实现年内两熟至多熟。安康市位于北纬 31°42′24″~33°50′34″,纬度跨度较大,因此,油菜种植区以纬度划分为三个地区,即安康市安康盆地海拔 600 m 以下地区,秦岭南麓海拔 600~800 m 的中高山区,大巴山海拔 600~900 m 的中高山区。

安康市安康盆地海拔 600 m 以下地区,包括石泉、汉阴、汉滨 3 县(区)境内的月河、恒河流域川道,以及凤凰山南麓的汉江河谷,紫阳任河、岚皋大道河、岚河、平利黄洋河、坝河流域的河谷、平坝,旬阳旬河河谷、白河境内冷水河、白石河流域的平坝、河谷。该地区属于安康市油菜最适宜种植区,夏季 5—6 月油菜收获后,插植水稻和夏玉米,9 月上旬水稻、玉米收获后,9 月中旬直播油菜;或者 9 月上旬油菜育苗,10 月上旬至中旬移栽油菜,可以避免油菜与秋粮作物的茬口矛盾。也有农户油菜育苗行间播种萝卜,萝卜冬季 12 月上旬收获,实现一年三熟。

秦岭南麓海拔 600~800 m 的中高山区,包括宁陕、汉阴、石泉、汉滨、旬阳等县(区)北部中高山区。该地区属于安康市油菜次适宜种植区,夏季 6 月油菜收获后,插植早熟水稻和夏玉米,9 月下旬水稻、玉米收获,9 月上旬油菜育苗,10 月中旬至下旬移栽油菜,也有部分农户玉米收获后,直播早熟油菜。

大巴山海拔 600~900 m 的中高山区,包括镇坪、平利、紫阳、岚皋、汉阴等县(区)的南部中高山区。该地区光、热、水等资源优于秦岭南麓山区,属于安康市油菜次适宜种植区,夏季 6 月油菜收获后,插植水稻和夏玉米,9 月下旬水稻、玉米收获,9 月上旬油菜育苗,10 月中旬至下旬移栽油菜。也有部分农户春季育苗移栽春玉米,春玉米夏季收获后,种植一茬黄豆或者芝麻等作物,秋季收获后,直播早熟油菜,或者育苗移栽油菜,次年油菜收获后,种植夏玉米,实现一年多熟。

(三)油菜生产地位

油菜是安康市种植面积最大的油料作物,菜籽油是安康当地居民的主要食用油,因此,油菜在安康市10县(区)都广泛种植,常年种植面积82.5万亩,种植面积占油料作物总面积的81.6%,总产油菜籽111356万kg,总产占油料作物总产的78.3%。其中以月河川道汉阴、汉滨、石泉等县区种植面积较大,单产水平较高,其次为旬阳、紫阳等县面积较大,而处于秦岭南麓的宁陕县及镇坪两县因耕地、人口较少,光、热资源不足,种植面积及单产水平都不高(表3-13,表3-14)。

表3-13　安康油料作物常年种植面积及单产总产(李成军整理)

	面积(亩)	亩产(kg)	总产(万kg)
油料合计	1010274	141	142299
花生	114918	194	22321
油菜籽	825138	135	111356
芝麻	63772	125	7972
胡麻籽	675	99	67
葵花籽	5275	98	517
其他油料	496	133	66

表3-14　安康市各县(区)油菜种植面积及单产总产(李成军整理)

县(区)	播种面积(亩)	单产(kg)	产量(万kg)
汉滨区	255213	150	38155
汉阴县	130558	170	22153
石泉县	63391	131	8323
宁陕县	2376	94	223
紫阳县	72330	117	8452
岚皋县	21942	124	2728
平利县	79150	102	8075
镇坪县	13897	108	1495
旬阳县	143663	120	17214
白河县	42618	106	4538

安康油菜自明代从北方引进以后,历经300多年历史沧桑和栽培技术不断地改良,种植面积逐步扩大,种植品种和种植技术不断更新,从春播发展到秋季育苗移栽再到轻简直播,从简单食用榨油,发展到榨油、菜薹食用以及旅游观光,安康油菜生产已在安康农业发展历史上写下了浓墨重彩的一笔。据汉阴民国县志记载:"陕南土壤虽全为汉水冲击之小平原,而本县若以凤凰山为界,则南北互异,其以南为汉江谷地,岭高水低……其以北为月河谷地,土质性黏,生产力强,且沟渠纵横,极饶水利,为本县稻、黍、麦、棉主要产地……农产品以稻谷为大宗,麦、

棉、玉蜀黍次之，红薯、马铃薯、大豆、芸薹、高粱等次之……""民国二十三年，汉阴芸薹籽，年产五千石，以东区产量最多"。芸薹，即为现在油菜的旧称，当时安康主要种植的为白菜型油菜及少量芥菜型油菜。

自油菜在安康引进种植以来，菜籽油就成为当地老百姓的主要食用油，油菜的种植，不但解决了当地老百姓饮食需求，而且油菜的种植推动了安康油菜加工、榨油、贸易、饮食等产业。

新中国成立70多年来，油菜是安康最重要和发展最快的油料作物，从1957年开始逐步淘汰白菜型常规油菜品种，开始推广"胜利油菜""泸油3号"等甘蓝型油菜。1981年，由于甘蓝型油菜的大量推广，克服了白菜型油菜病害重、产量很低的技术难题，安康油菜种植面积和单产水平都有了较大提高。1991年，随着大面积推广以秦油2号为代表的抗病高产品种以及与抗病高产品种相配套的育苗移栽技术、花而不实和菌核病综合防治技术的示范应用，安康油菜种植面积达50万亩，单产突破100 kg。

近几年来，随着安康市"油菜高产创建""油菜绿色高质量示范创建"等项目的实施，全市大力推广秦优28、陕油28、中油系列等高抗、高产、高油油菜品种，与病虫害绿色防控、油菜直播、油菜全程机械化等技术，到2019年，全市种植油菜82.5138万亩，平均亩产达135 kg，年总产量11.139万 t，总产值达6.2378亿元。

随着对油菜育种技术的深入研究和育种理论技术领域的不断突破，安康市种植的油菜品种也先后经历了5次更新换代，一是20世纪60年代，由四川等地引进的甘蓝型油菜——胜利1号替代了原先当地种植的白菜型油菜——黄油菜、花油菜、矮油菜等品种，克服了白菜型油菜不抗菌核病、产量低等问题；二是在20世纪80年代，大面积推广了甘蓝型杂交油菜——秦油2号，代替了常规油菜品种，使安康油菜的产量、综合抗性、适应性得到进一步提高；三是20世纪后，大面积推广了低芥酸、低硫苷葡萄糖苷的双低油菜品种，逐步替代秦油2号等双高品种；四是推广引进了庆油系列、中油杂系列、秦优系列高油品种替代了低油品种，使油菜含油量由原来的35%提高到了50%以上，大幅提高了油菜种植的经济效益；五是推广了半矮秆、耐密植适宜机械化的陕油28、秦优28、汉油1618、中油杂19、中双11等品种替代了原来的高秆品种，为油菜生产机械化、轻简化技术的推广奠定了坚实基础。

新中国成立70多年来，油菜已成为安康目前种植面积最大、单产最高、总产值最大的油料作物和经济作物。特别是近年来，安康市大力引进示范陕油28、中油系列等高抗、高产、高油油菜品种，大力推广油菜标准化育苗移栽高产栽培技术、油菜轻简化直播技术、油菜绿色高质高效全程机械化生产技术，全市主要油菜生产区在生产中实现了轻简、节劳、提质、增效。并且通过在汉阴县、白河县引进两条"七D功能性菜籽油生产线"，由这两家规模油料加工企业与各县（区）油菜生产基地签订中油杂系列、陕油系列等优质双低高油油菜生产订单，加工企业高价回收优质油菜籽，生产"七D功能性菜籽油"打造安康高端食用菜籽油，从而推动安康油菜生产健康发展。从2018年开始，安康市积极开展油菜"一菜两用"和油菜薹食用生产技术示范，通过优选早生、快发、长势旺、再生力强、纤维含量低、口感佳、含糖量高、品质优且菜籽产量高的中油杂19、陕油28等可食用菜薹品种，9月中旬适时早播，2月初每亩轻采菜薹100 kg，巧施蕾薹肥等措施，实现油菜籽单产不减，亩增纯收益500元。同时，也在汉阴、汉滨、石泉等县（区）引进了硒滋源一号、硒滋源二号等专用菜薹品种，9月中下旬播种，12月下旬至2月中旬采集菜薹3次，满足春节期间新鲜蔬菜市场供应，实现亩产菜薹300 kg，产值3000元，亩纯收益1500元，为当地农户脱贫增收和提高油菜生产效益开创了新路。2019—2020年，安康市又连续引进青杂 7 号、青杂 4 号等品种,在镇坪、汉阴等地中高山区开展春播、秋播示范,实现了中高山区油菜夏季开花,晚秋及冬季开花,不但为当地农户养蜂提供了蜜源,而且打造了夏季与冬季油菜花海景观,促进了当地旅游发展和经济增收。

二、油菜实用栽培技术

(一)选茬和整地

1. 选茬　安康市油菜产区是长江上游优质冬油菜的适生区,根据自然气候、栽培制度和油菜的生育特点被划分为长江中上游冬油菜产区。安康市油菜田主要分布在安康盆地的平坝水田、浅丘坡地,这些地块耕种历史长,土壤熟化程度好,肥力高。其中,玉米、秋洋芋、花生、芝麻等旱地作物都是油菜种植的优质茬口,其中,夏玉米—油菜种植模式较为普遍。另外,部分地区早玉米—芝麻—油菜的种植模式也可以实现一年三熟,安康地区根据前茬作物收获时间,采用育苗移栽或者直播油菜都能满足油菜生育期要求。由于安康盆地的平坝水稻种植面积较大,同时该区也是安康油菜生产的重点生产区,因此,水稻也是油菜的重要茬口,一般生育期145 d 左右水稻在 4 月初育秧,5 月中旬插秧,都可以在 9 月初水稻收获后,在 9 月中下旬直播油菜,采用水稻—直播油菜的栽培模式。而生育期 155 d 左右水稻在 4 月初育秧,5 月中旬插秧,水稻 9 月下旬收获,就只有采用 9 月初育苗,10 月移栽油菜的水稻—移栽油菜的栽培模式。

2. 整地　油菜根系发达,主根入土深,侧根须根分布广,因此油菜生产要选择土层深厚、保水保肥性能好的耕地,以壤土、沙土较好,黄棕壤次之。整地的目的是疏松土壤耕作层,改善土壤理化性状,提高土温,调节土壤微生物活动和土壤固相、气相、液相比例,为油菜生长发育创造良好的土壤环境。玉米、秋洋芋、花生、芝麻等旱地作物收获后,及时清理田间残茬和秸秆,油菜移栽(直播)前,施基肥后,深翻 25 cm 以上,并耙细土块做到上虚下实,田面平整,并开好边沟,以沥积水。

水稻田要求在水稻收获前 10 d,及时开好田沟排出积水,降低田间含水量,避免水稻贪青晚熟。水稻收获后,及时清理四沟,排出积水,在油菜移栽(直播)前,施基肥后,深翻 25 cm 以上,并耙细土块,平整田面,开好围沟、腰沟、厢沟,围沟要求宽 30～40 cm,深 40 cm,腰沟要求宽 30～40 cm,深 30 cm,厢沟宽 20～30 cm,深 20 cm,以保证明水自排,暗水自降,利于油菜移栽成活(或者直播发芽)。如果土壤墒情较差,且天气预报近期无明显降水,应该在播种或者移栽前进行整地,整完地及时抢墒移栽或者播种油菜,以提高油菜发芽率。

(二)选用优良品种

安康市油菜主产区安康盆地主要栽培的为甘蓝型双低油菜品种,根据油菜育种单位选用育种材料的不同,其品种冬性强弱略有不同。

1. 中油杂 19

登记编号　GPD 油菜(2017)420053

育 种 者　中国农业科学院油料作物研究所

品种来源　中双 11 号×zy293

特征特性 该品种属于甘蓝型半冬性化学诱导雄性不育两系杂交品种,全生育期 230 d。幼苗半直立,裂叶,叶缘无锯齿,叶片绿色,花瓣黄色,籽粒黑褐色。株高 162.7 cm,一次有效分枝数 6.57 个,单株有效角果数 277.7 个,每角粒数 22.3 粒,千粒重 4.09 g。中等肥力地块平均亩产 180~190 kg。菌核病发病率 28.5%,病指 16.15,病毒病发病率 5.09%,病指 2.83,低抗菌核病;抗倒性强。籽粒含油量 49.95%,芥酸含量 0.15%,饼粕硫苷含量 21.05 $\mu mol/g$。2011—2012 年度参加长江下游油菜品种区域试验,平均亩产油量 95.63 kg,比对照秦优 10 号增产 15.5%;2012—2013 年度连续实验,平均亩产油量 99.51 kg,比对照秦优 10 号增产 9.9%;两年平均亩产油量 97.57 kg,比对照秦优 10 号增产 12.7%。2012—2013 年度生产试验,平均亩产油量 96.24 kg,比对照秦优 10 号增产 9.8%。

适宜种植区域 该品种适宜上海、浙江和江苏、安徽两省淮河以南的冬油菜区种植,也适合在湖北、湖南、江西、四川、云南、贵州、重庆、陕西的汉中和安康油菜产区种植。

2. 陕油 28

登记编号 GPD 油菜(2019)610096

育 种 者 西北农林科技大学

品种来源 9024A×1521C

特征特性 该品种是第一个通过适宜机械化生产的杂交油菜品种,为甘蓝型油菜半冬性质不育三系杂交种,该品种全生育期 236 d 左右。幼苗半直立,苗前期叶绿色,裂叶 2~3 对,叶缘波浪型,成熟期株高 165~175 cm,匀生分枝,分枝部位 41 cm 左右,分枝数 9~10 个,主花序长度 65 cm,主花序有效角果数 85 个,角果斜生,密度大,具有秆硬抗倒伏、抗裂角果、花期集中、成熟度一致、丰产性强、耐密植、抗菌核病、耐寒、耐旱等特点。该品种千粒重 3.80 g,含油量 45.25%,芥酸含量 0.04%,硫苷含量 18.02 $\mu mol/g$ 以下,属双低优质油菜品种。在参加陕西省油菜机械化区试中,两年平均亩产 199.25 kg。

适宜种植区域 适宜陕南平坝及浅山丘陵种植。

3. 秦优 28

登记编号 GPD 油菜(2018)610179

育 种 者 咸阳市农业科学研究院

品种来源 2168A×8628C

特征特性 该品种为甘蓝型双低油菜半冬性细胞质雄性不育三系杂交种。甘蓝型,半冬性。幼苗半直立,子叶哑铃型,叶色绿、色浅,叶大、薄,裂叶 2 对,深裂叶,叶缘锯齿状,有蜡粉,花瓣中大、侧叠,花色黄,生长势强。匀生分枝,茎秆绿色,角果中大、棒状,成熟后期茎秆和角果微紫,籽粒黑色。中早熟,比对照早熟 1 d。在每亩 1.2 万株密度下,一般株高 175 cm 左右,有效分枝数 9~11 个,单株有效角果数 350 个左右,每角粒数 22 粒,千粒重 3.5 g 左右。两年区域试验平均亩产 200.95 kg,亩产油量 82.5 kg。经品质分析:芥酸含量 0.44%~0.00%,硫苷含量 20.96~30.29 $\mu mol/g$ 饼,含油量 44.31%~44.75%。中抗菌核病。

适宜种植区域 适宜陕南汉中、安康油菜区种植,也适合在江苏、安徽两省淮河以南、浙江、湖北、湖南、江西、四川油菜产区种植。

4. 秦优 10 号

登记编号 GPD 油菜(2017)610193

育 种 者 咸阳市农业科学研究院

品种来源 2168A×5009C

特征特性 该品种为甘蓝型双低油菜半冬性质不育三系杂交种。幼苗半直立,叶色绿,色浅,叶大、薄,裂叶数量中等,深裂叶,叶缘锯齿状,有蜡粉,花瓣中大,侧叠,花色浅黄。陕西省全生育期 230～248 d,长江下游区全生育期 233～240 d。一般株高 171.5 cm,匀生分枝,分枝位高 40 cm 左右,单株有效分枝数 9.3～11.0 个,单株有效角果数 455.81 个,每角粒数 21.21 粒,千粒重 3.44 g,籽粒黑色。芥酸含量 0.2%～0.27%,硫苷含量 27.97～29.06 μmol/g,含油率 42.72%～42.8%。低抗菌核病、中抗病毒病、抗倒性强,抗寒性中等。平均亩产 176.99 kg。

适宜种植区域 适宜在浙江、上海、江苏淮河以南、安徽淮河以南、陕西关中和陕南冬油菜区种植。

5. 庆油 3 号

登记编号 GPD 油菜(2018)500070

育 种 者 重庆市中一种业,重庆市农业科学院

品种来源 0911×Zy-13

特征特性 该品种属甘蓝型油菜中偏早熟两系杂交品种,全生育期平均为 210.7 d。中熟,幼苗半直立,叶色中等绿色,有蜡粉,叶脉明显,叶片无刺毛,羽状裂缺,顶裂片较大,边缘有锯齿。植株高度 160～200 cm,一次有效分枝 8～9 个,分枝角度适中,株型紧凑,全株有效果 350～500 个,每果 20～25 粒。花朵中等黄色,花瓣大而重叠,雌蕊淡黄色,雄蕊高于雌蕊,花药发达,花粉量充足。种子黑灰色,菜籽花籽、圆形,菜籽千粒重 4.08～4.63 g。芥酸含量 0.1%,硫苷含量 21.61 μmol/g,含油量 49.96%。低抗菌核病,中抗病毒病,其他病害轻,耐冻能力较强,低抗裂荚,抗倒性较强。第 1 生长周期亩产 196.62 kg。

适宜种植区域 适宜在四川、重庆、陕西关中和陕南冬油菜区种植,也适合在湖北、湖南、江西、安徽、贵州、云南油菜产区种植。

6. 沣油 737

登记编号 GPD 油菜(2017)430090

育 种 者 湖南省作物研究所

品种来源 湘 5A×6150R

特征特性 甘蓝型半冬性细胞质雄性不育三系杂交种。幼苗半直立,子叶肾形,叶色浓绿,叶柄短。花瓣中等黄色。种子黑褐色,圆形。全生育期平均 231.8 d,比对照秦优 7 号早熟 3 d。株高 152.6 cm,一次有效分枝数 7.5 个,单株有效角果数 483.6 个,每角粒数 22.2 粒;千粒重 3.59 g。经农业部油料及制品质量监督检验测试中心检测,芥酸含量 0.05%,硫苷 37.22 μmol/g,含油量 41.59%。中感菌核病,抗病毒病,抗寒性较强,抗倒性较强。第 1 生长周期亩产 180.5 kg,比对照增产 5.0%;第 2 生长周期亩产 174.9 kg,比对照增产 16.99%。

适宜种植地区 适宜在陕西汉中、安康地区及湖南、湖北、江西、安徽、浙江、江苏、上海、重庆、四川、贵州、云南、甘肃、广西、福建、河南信阳的冬油菜主产区种植;内蒙古、甘肃、青海、新疆伊犁春油菜区春播种植。

7. 绵新油 28

登记编号 GPD 油菜(2018)510385

育 种 者 绵阳市新宇生物科学研究所选育,绵阳新宇种业有限公司

品种来源 036A×28C

特征特性 该品种为甘蓝型半冬性核不育两系杂交种,全生育期平均231.0 d,比对照秦优7号早熟1 d。幼苗半直立,子叶肾形,叶色蓝绿,琴状叶,叶缘光滑,小波浪状,微具蜡粉,花冠大,花黄色,花粉饱满充足,花瓣侧叠,种子黑褐色,粒圆形。平均株高169.20 cm,匀生分枝型,一次有效分枝9.10个。平均单株有效角461.80个,角粒数22.00粒,千粒重4.15 g。区试田间调查,平均菌核病发病率12.83%,病指为5.79,病毒病发病率5.92%,病指3.33。抗病鉴定为低抗菌核病。抗倒性较强。经农业部油料及制品质量监督检验测试中心检测,平均芥酸含量0.3%,饼粕硫苷含量26.17 μmol/g,含油量45.22%。2006—2007年度长江下游区试平均亩产197.13 kg,比对照秦优7号增产8.18%。2007—2008年度平均亩产194.69 kg,比对照秦优7号增产13.24%。两年14个点增产,2个点减产,平均亩产195.91 kg,比对照秦优7号增产10.63%。2007—2008年生产试验,平均亩产180.37 kg,比对照秦优7号增产8.95%。

适宜种植区域 适宜在江苏省淮河以南、安徽省淮河以南、浙江省、上海市的冬油菜主产区推广种植。也适合在重庆、陕西油菜产区种植。

8. 荣华油 10 号

登记编号 GPD油菜(2018)610198

育 种 者 陕西荣华农业科技有限公司

品种来源 H16A×Y7

特征特性 属于甘蓝型半冬性化学杀雄两系杂交品种。全生育期241 d,比对照秦优7号晚熟3 d。幼苗半直立,子叶肾脏形,苗期叶绿色,叶缘微紫,裂叶2～3对,顶裂叶近圆形,蜡粉较厚,叶片无刺毛;花瓣黄色,侧叠;籽粒黑褐色、近圆形。株高175.1 cm,匀生分枝类型,一次有效分枝数8.27个。单株有效角果数255.5个,每角粒数22.5粒,千粒重3.71 g。菌核病发病率7.34%,病情指数4.77,中感菌核病,病毒病发病率0.05%,病情指数0.05;抗倒性较差。籽粒含油量45.21%。芥酸含量0.05%,饼粕硫苷含量23.94 μmol/g。2012—2013年度参加黄淮区油菜品种区域试验,平均亩产242.0 kg。

适宜种植区域 适宜江苏、安徽、河南、陕西关中、陕南的菌核病轻发冬油菜区种植。也适合在浙江、上海、河南、山西运城、甘肃陇南种植。

9. 宁杂 11 号

登记编号 GPD油菜(2018)320172

育 种 者 江苏省农业科学院经济作物研究所

品种来源 G2A×P10

特征特性 宁杂11号系甘蓝型半冬性核不育两系杂交种,全生育期220 d左右。幼苗半直立,叶色深绿,叶片宽大,叶缘锯齿状,有蜡粉,无刺毛。花瓣较大、黄色、侧叠。平均株高194.6 cm,匀生分枝类型,一次有效分枝数9.4个,单株有效角果数457.4个,每角粒数19.76粒,千粒重3.34 g。区域试验田间调查,平均菌核病发病率2.71%、病指1.3,病毒病发病率0.85%、病指0.36。抗病鉴定综合评价低抗菌核病,高抗病毒病。抗倒性较强。经农业部油料及制品质量监督检验测试中心检测,芥酸含量0.05%,硫苷含量20.33 μmol/g,含油量43.34%。2005—2006年度参加长江上游区油菜品种区域试验,平均亩产166.95 kg。

适宜种植区域 适宜在四川、重庆、贵州、云南、陕西的汉中及安康的冬油菜主产区推广种植。

10. 中双 11 号

登记编号　GPD油菜(2017)420052

育　种　者　中国农业科学院油料作物研究所

品种来源　(中双9号/2F10)//26102

特征特性　该品种为半冬性甘蓝型常规油菜品种,全生育期平均233.5 d,与对照秦优7号熟期相当。子叶肾脏形,苗期为半直立,叶片形状为缺刻型,叶柄较长,叶肉较厚,叶色深绿,叶缘无锯齿,有蜡粉,无刺毛,裂叶三对。花瓣较大,黄色,侧叠。匀生型分枝类型,平均株高153.4 cm,一次有效分枝平均8.0个。抗裂荚性较好,平均单株有效角果数357.60个,每角粒数20.20粒,千粒重4.66 g。种子黑色,圆形。区试田间调查,平均菌核病发病率12.88%、病指为6.96,病毒病发病率9.19%、病指为4.99。抗病鉴定结果为低抗菌核病。抗倒性较强。经农业部油料及制品质量监督检验中心测试,平均芥酸含量0.0%,饼粕硫苷含量18.84 umol/g,含油量49.04%。2006—2007年度长江下游区试平均亩产177.92 kg。

适宜种植区域　适宜在陕南,江苏省淮河以南、安徽省淮河以南、浙江省、上海市的冬油菜主产区推广种植。也适合在湖北、湖南、江西、四川、云南、贵州、重庆的冬油菜主产区推广种植。

(三)播种

选择饱满均匀生命力强的种子,长出的油菜苗子健壮、均匀、整齐度好,对确保全苗壮苗及丰产意义重大。

1. 种子的播前处理　油菜种子播种前要进行清选,可以选用风选、筛选、比重法分选的方法。要求筛选去掉过小、破损、霉变、异色种子以及种子中的泥灰、杂草等异物,提高种子的净度和质量。在播种前1周,将油菜种子在太阳下晒种1~2 d,每天晒3~4 h,促进种子中各种酶的活性,提高种子发芽率,杀灭种子表面病原菌。但注意不得将油菜种子直接放在铁器、水泥地面上暴晒,以防高温烫伤种子。

晒种后,可以1%生石灰水浸种1~3 h消毒,把病虫源消灭在播种前,降低田间发病虫率,浸种消毒后,及时将种子捞出晾干水分备播。

2. 适期播种与合理密植　安康油菜产区根据自然气候、栽培制度和油菜的生育特点被划分为长江中上游冬油菜产区。因此,安康油菜都为秋播夏收,不与水稻、玉米等当地主粮作物争地,保障了安康粮食生产安全。油菜的播期不但与该品种的生育特性有关,而且与上季作物腾地时间密切相关,安康市大部分地区,如果采用育苗移栽方式,9月初油菜育苗,水稻或者玉米等作物9月中下旬收获,油菜10月上中旬移栽,则不存在茬口矛盾。但如果油菜采用直播方式种植,就需要水稻在9月初收获,并且及时开沟排水降湿,否则,如果水稻收获过迟,不但影响油菜播期,而且由于耕地湿度大,油菜化苗严重,苗期生长发育不良,草害严重。因此,油菜直播技术在稻田里推广,应选择生育期稍短的优质水稻品种,采取科学合理的后期田间水肥管理,争取稻田早退水、早收获、早清理田沟降湿,并在油菜播种后及时开边沟、厢沟、腰沟,保证油菜苗期不化苗、不僵苗,这些措施对水田油菜直播技术的成功至关重要。

(1)安康市月河川道海拔600 m以下地区　9月上旬水稻、玉米收获后,9月中旬直播油菜;或者9月上旬油菜育苗,10月上旬至中旬移栽油菜,可以避免油菜与秋粮作物的茬口矛盾。该地区属于安康油菜主产区,光、热、水资源丰富,移栽田块一般要求亩栽基本苗 5000～6000 株,直播田块要求亩留苗 25000 株,保证亩产 180 kg 左右。

（2）秦岭南麓海拔 600～800 m 的中高山区　9 月下旬水稻、玉米收获,9 月上旬油菜育苗,10 月中旬至下旬移栽油菜,该地区一般要求亩栽基本苗 5500～6500 株,保证亩产 150 kg 左右。也有部分农户玉米收获后,采用人工带尺拉绳直播油菜,直播田块要求亩留苗 25000 株,保证亩产 150 kg 左右。

（3）大巴山海拔 600～900 m 的中高山区　光、热、水等资源优于秦岭南麓山区。9 月下旬水稻、玉米收获,9 月上旬油菜育苗,10 月中旬至下旬移栽油菜。一般根据耕地肥力,要求亩栽基本苗 5000～6500 株,保证亩产 160 kg 左右。在玉米茬口地块,农户在 9 月中下旬玉米腾地后,采用人工带尺拉绳直播油菜。直播田块要求亩留苗 20000～25000 株,保证亩产 160 kg 左右。

3. 播期与密度对油菜产量的影响　根据安康市多年田间试验结果表明,安康盆地海拔 600 m 以下地区,采用育苗移栽技术,育苗时间应该在 9 月 1—10 日,当油菜苗龄 30 d 左右,有真叶 7 片左右,苗高 20～25 cm,根茎粗 0.6～0.8 cm,叶柄短、无高脚苗、整齐一致,清秀无病虫害为壮苗标准。移栽最佳时间在 10 月 1—15 日,这和当地老百姓认为油菜"白露育苗,寒露移栽"的习俗高度吻合。该地区移栽密度一般中等肥力地块要求亩栽 5000～6000 株,移栽密度过小,基本苗不够,难以获得高产,但田间密度超过 7000 株以后,由于油菜田间群体发育不良,单株分支、结角果总量、角果粒数也会呈下降趋势,造成产量下降。据安康市农业技术中心(原市农技站)2006—2008 年在汉阴县涧池镇军坝村 3 年实验结果表明:在月河川道水肥条件较好的田块,品种秦优 7 号采用育苗移栽方式,密度分别采用 5000 株/亩、5500 株/亩、6000 株/亩、6500 株/亩、7000 株/亩、7500 株/亩、8000 株/亩,经过连续田间试验和大田示范,发现油菜产量随着移栽密度的提高,产量逐步提高,最高为 6500 株/亩,达 197.8 kg/亩,但亩移栽密度达 7000 株以后,产量又逐步呈现下降趋势。

同时,该地区油菜移栽最佳时期为 10 月 1—15 日,超过 10 月 20—25 日移栽,油菜移栽之后返青慢,而且,由于油菜苗龄过长移栽偏晚,9 月初育成的油菜苗易成高脚苗,移栽后苗期生长弱小,后期容易倒伏,对产量影响较大。到 11 月移栽的油菜苗,即使育苗时间推迟,移栽足月苗龄油菜苗,由于气温逐步降低,这个时间段移栽的油菜苗小苗弱,冬季没有足够的生长积温形成壮苗,低温下易遭冻害,开春后油菜个体发育不充分,分枝少、结角少、产量低。

秦岭南麓海拔 600～800 m 的中高山区采用育苗移栽技术,育苗时间应该在 9 月 1—10 日,当油菜苗龄 35 d 左右,有真叶 6～7 片,苗高 20～25 cm,根茎粗 0.6～0.8 cm,叶柄短、无高脚苗、整齐一致,清秀无病虫害为壮苗标准。该地区移栽最佳时间在 10 月 5—15 日。该地区移栽密度一般中等肥力地块要求亩栽 5500～6500 株,移栽密度过小,基本苗不够,难以获得高产,田间移栽密度超过 6500 株以后,由于该地区 10 月后光照积温不足,冬季油菜单株不易形成壮苗,开春后升温慢,油菜植株发育不良,产量不高。

大巴山海拔 600～900 m 的中高山区,光、热、水等资源优于秦岭南麓山区,采用育苗移栽技术,育苗时间应该在 9 月 1—10 日,当油菜苗龄 35 d 左右,有真叶 6～7 片,苗高 20～25 cm,根茎粗 0.6～0.8 cm,叶柄短、无高脚苗、整齐一致,清秀无病虫害为壮苗标准。当地油菜移栽最佳时间在 10 月 5—25 日。该地区移栽密度一般中等肥力地块要求亩栽 5000～6500 株,海拔低肥力高的地块密度可以稍低,而肥力差的地块可以提高密度,通过群体数量保证油菜产量。如果移栽密度过小,田间基本苗不够,获得产量不高,田间移栽密度超过 6000 株以后,由于该地区 10 月后光照积温不足,开春后升温慢,油菜植株发育不良,夏收时产量也不高。

4. 播种方式和方法 安康盆地海拔 600 m 以下地区,由于光、热资源丰富,土地肥沃,采用育苗移栽技术,一般等行距移栽,9 月初育苗,10 月上中旬移栽,要求行距 50 cm,株距 22 cm,每亩可以移栽 6000 株左右;采用宽窄行移栽,要求宽行 60 cm,窄行 40 cm,株距 22 cm,每亩要求移栽 6600 株左右。栽后可在油菜行间用稻草覆盖,可以起到保温保墒和盖草的作用。

秦岭南麓海拔 600～800 m 的中高山区采用育苗移栽技术,育苗时间应该在 9 月 1—10 日,移栽最佳时间在 10 月 5—15 日。要求株行距 22 cm×50 cm,或者株行距 20 cm×50 cm,一般中等肥力地块要求亩栽 5500～6500 株,因为该地区冬季油菜降温快,单株不易形成壮苗,开春后升温慢,油菜植株发育不良,所以必须加大密度,保证产量。

大巴山海拔 600～900 m 的中高山区,光、热、水等资源优于秦岭南麓山区,采用育苗移栽技术,育苗时间应该在 9 月 1—10 日,移栽时间在 10 月 5—25 日,要求株行距 22 cm×60 cm,或者株行距 20 cm×52 cm,该地区移栽密度一般中等肥力地块要求亩栽 5000～6500 株,根据海拔高度和土壤肥力,海拔高肥力低的地块密度可以稍高,海拔低水肥条件好的田块密度可以稍低一点。

由于近年来安康市大量引进推广中油杂 19、秦优 28、陕油 28 等半矮秆、耐密植、分枝部位高的适宜机械化生产品种,在月河川道田块较大而且面积集中连片的地区,为实现油菜生产省工节劳增效,大都采用机械播种方式,不开展育苗移栽。根据作物茬口及腾地情况,上季水稻应该种植早熟优质品种,并且做到早插秧,水稻收获前早开沟,早降湿,以利于油菜早播种,而旱地油菜播种时间可以晚于水田。较小田块采用 4 行式油菜精量直播机,较大田块采用 6 行式油菜精量直播机播种油菜,都可以实现旋耕、灭茬、开沟、施肥、播种、镇压 6 道工序一次性完成,播种时间一般要求 9 月 15—30 日,亩播量 300 g,机械播种行距为 30 cm,亩留苗 2.5 万株,根据农田地形和农机手操作熟练程度,一般一台播种机每天可以播种 20～30 亩。直播后及时开好田间四沟,便于排水,防止秋雨化苗。生产管理上,月河川道一些农机专业合作社(粮油生产合作社)也逐步推广机械施肥,无人机病虫草害飞防,一次性机械收获,或者人工割二次机械捡拾脱粒等技术,大幅提高了安康油菜生产的机械化程度和种植效益。

在一些较小地块,机械作业不便,整地后,当地老百姓也大量应用中油杂 19、秦优 28、陕油 28 等半矮秆、耐密植、分枝部位高的品种,在精细整地后,采用带尺拉绳人工条播的方式,亩播量 300 g,行距 40 cm,一天 2 人可以播种 5～6 亩地,出苗后,亩留苗 2.0～2.5 万株。人工直播在机械作业不便的地区,同样也能减少育苗、拔苗、移栽环节,实现油菜生产上轻简节支增效。

(四)种植方式

1. 单作 安康盆地油菜生产区,大部分农户油菜生产都采用单作种植方式。

秋季水稻、玉米收获后,提前清理四沟,排出积水,降低田间湿度。9 月初育苗后,10 月在油菜移栽前,施基肥后,深翻 25 cm 以上,并靶细土块,平整田面,开好围沟、腰沟、厢沟,做到明水自排,暗水自降。然后采用带尺拉绳,抢墒规格移栽,要求行距 50 cm,株距 22 cm,每亩可以移栽 6000 株左右。9 月中下旬,如果采用人工直播油菜,亩播量 300 g,要求行距 40 cm,株距 6.5～8.0 cm,亩留苗 2.0～2.5 万株。采用油菜精量直播机直播油菜,亩播量 300 g,一般行距 30 cm,株距 9 cm,亩留苗 2.5 万株。不论是移栽还是直播方式,油菜的种植行应该采用南北向,可以增加日照时间,提高油菜田间透光率,增加油菜光合效率。

2. 间、套作　安康市油菜生产大部分采用单作,也有少部分农户采用间作模式,主要是月河川道及浅丘光、热、水条件较好的地区,在油菜育苗地或者是油菜人工直播地块,在油菜条播后,在油菜行间播下萝卜,待11—12月萝卜成熟后,及时收获出售,形成萝卜‖油菜间作模式;或者将油菜种、萝卜种混合播种,待萝卜长到30 cm、有4片以上叶子时,将萝卜拔出,以萝卜缨作为叶用蔬菜食用,均可实现油菜‖萝卜间作。

安康市部分农户采用油菜‖萝卜间作模式,利用油菜苗期生长空间占用少,光、热、水资源消耗小的特点,在行间播种萝卜,或者萝卜、油菜混播,在油菜苗期就可以将萝卜收获,不影响油菜种植密度及中后期生长,可以多收获一季萝卜或者萝卜缨菜用,提高种植经济收益,解决冬季蔬菜短缺供需矛盾。据安康市科技人员大田经济测算,采用油菜‖萝卜间作模式,每亩可以增收萝卜1000 kg,增加纯收益700元左右,或者增收萝卜茎叶1500 kg,实现增收600元,但因萝卜为大宗常见蔬菜,消费市场饱和,加之本地缺乏加工企业,因此,安康市油菜‖萝卜间作模式并不普及。

在浅山丘陵区,也有部分农户因为种植的黄豆或者芝麻等作物在油菜季节还没有成熟,而油菜急需播种时,就采用在黄豆或者芝麻行间播种油菜,让黄豆或者芝麻与油菜共生15～25 d,形成了黄豆或者芝麻/油菜套种模式,一般黄豆行距40 cm,株距20～25 cm,亩留基本苗8000～6600株,油菜播种行距也就是40 cm,株距8～10 cm,亩留基本苗1.6万～2.0万株;芝麻行距40 cm,株距20 cm,亩留基本苗8000株,油菜播种行距也就是40 cm,株距8～10 cm,亩留基本苗1.6万～2.0万株。这两种套种模式在安康并不多见,主要是因为安康地处长江上游,一年三熟光、热资源不足,为了不影响油菜播种时间,同时节省土地和劳力,当地老百姓自己总结探索的种植模式。

(五)田间管理

1. 中耕　油菜田间中耕具有增温、保墒、除草、防病治虫、疏松土壤、促进油菜根系生长等多种功效。油菜根颈是油菜冬季营养物质的重要贮存场所,如果暴露外面,当遇到强寒流容易遭受冻害而死亡。壅根培土掩埋根颈具有保墒防冻的作用,还可以防止后期倒伏,是油菜安全越冬的一项重要技术措施。同时,油菜田要结合中耕进行培土,特别是对高脚苗更要培土,要把高脚部分,特别是根颈部埋入土中,不仅可以减轻冻害,还可以防止倒伏。安康市油菜在采用育苗移栽技术模式下,移栽行都在50 cm以上,一是利于油菜田间通风透光,二是行间便于农事操作。安康因为秋雨较多,所以油菜移栽后,田间不便中耕,一般中耕时间为1月,结合施腊肥,一人在行间将肥料施入油菜根部,另一人在后持扁锄在油菜下部松土除草,并将肥料壅土掩埋油菜根颈,减少肥效挥发,提高油菜抗寒性。

2. 科学施肥　油菜生长期长,一生需肥较多,主要大量元素有氮、磷、钾、硫、钙、硅、镁等,微量元素主要有锌、硼、铜、锰、铁等,油菜对氮、磷、钾的需求量比较大,而且对磷、硼的反应比较敏感,当土壤中缺乏有效磷时,油菜易出现紫叶、矮化生长缓慢等症状,当土壤中缺乏有效硼时,油菜后期易出现花而不实,结角少、角粒数少,或者花序顶端出现扭曲龙头拐形状。

氮素是光合器官构建的关键因子,氮素缺乏或者过量都会导致叶绿素含量、酶含量、酶活性的下降,油菜对氮素的需求贯穿整个生育期,其中以蕾薹期需氮素最大,其次为苗期。油菜缺氮会出现新叶出叶慢,叶片小,叶色淡,寿命短,植株矮小,分枝少角果少,产量低。因此氮肥常用作基肥和追肥使用。

磷素是核酸和蛋白质的组成成分,主要对能量传递体起到介质的作用,直接参与碳水化合物的转化和转运,促进苗期根系发育,增强油菜抗寒性能。油菜角果发育期对磷素需求很大,开花期对磷素敏感,油菜缺磷根系发育小,叶片小呈现暗紫色,苗小苗弱,不能安全越冬,植株生长发育停止,因此磷肥常用作基肥使用。

钾素作为植物生长发育必需的营养元素,在维持细胞渗透压、调节气孔运动、保障酶活性、增加光合作用、促进体内糖分运输发挥重要作用。油菜蕾薹期需钾肥较多,花期到角果成熟期对钾素吸收较少。油菜缺钾一半表现在下部叶片,幼苗期缺钾时叶片和叶柄呈紫色,随后叶片边缘出现焦边和淡褐色枯斑,叶肉组织呈烫伤状,因此钾素也用作基肥使用,满足前期油菜生长需求。

基肥是油菜移栽或者直播之间,结合整地一起施入田间的肥料,基肥对油菜苗期生长提供营养元素,是油菜营养生长期重要的营养来源,因此一般要求重施基肥。常用基肥主要有腐熟农家肥、厩肥、土杂肥等有机肥料和氮、磷、钾化学肥料,一般基肥占油菜生长总用肥量的50%~60%,特别是磷、钾化学肥料一般全部用作基肥施入,对缺硼土壤,目前也提倡硼肥基肥施入。

油菜追肥一般在每年腊月油菜开盘期,结合中耕除草施入,以氮肥为主,以复合肥为辅,这时期追肥结合中耕壅根培土,不但能保证油菜即将由营养生长转入生殖生长对氮素的需求,而且对油菜具有保墒防冻的作用,还可以防止后期倒伏,是油菜安全越冬的一项重要技术措施。同时在油菜花期结合病虫防控,可以亩用90%硼肥100 g,磷酸二氢钾100 g进行叶面追肥,可以防止油菜"花而不实"和早衰。

安康油菜种植区土壤大部分以水稻土、黄棕壤等为主,土质较为肥沃,一般中等肥力田块亩产170 kg油菜籽,根据安康市油菜种植区土壤平均含有机质、全氮、缓效磷、速效磷、缓效钾、速效钾等含量和每生产100 kg油菜籽需要氮5.8 kg、磷2.5 kg、钾4.3 kg,因此,在生产上要求亩施入纯氮10~12 kg,纯磷5~6 kg,纯钾5~7 kg,其中全部的磷、钾肥都用作基肥,60%左右的氮肥作基肥施入,余下40%氮肥作腊肥施入。在生产上,一般亩施有效含量12%的过磷酸钙50 kg,有效含量50%的硫酸钾12 kg,碳酸氢铵40 kg作基肥随整地施入,在腊月油菜开盘期,结合中耕除草每亩施入尿素11 kg作为追肥。也有部分农户每亩施入40 kg纯氮18%、纯磷18%、纯钾18%的三元素复合肥作为基肥,在腊月油菜开盘期,结合中耕除草每亩施入尿素10 kg作为追肥,肥料生产成本略有增加,但复合肥的使用较为简单,而且肥效持久,利用率较单质肥料高。目前也有许多粮油生产大户,在生产上大量使用油菜缓释肥,由于缓释肥化学物质养分释放速率远小于速溶性肥料,施入土壤后转变为植物有效态养分,因此肥效持久,肥料利用率又高于单质肥料和复合肥,一般结合整地亩施入纯氮25%、纯磷7%、纯钾8%的油菜配方缓释肥50 kg作为基肥,就可以满足油菜整个生长期的营养需求。

3. 水分管理　　油菜生长期较长,属于需水较多的作物,各个生育期对水分的要求和消耗都不一样,一般来说,油菜发芽出苗阶段要求土壤湿度不低于田间最大持水量的60%~70%,从抽薹到花期需水量逐步加大,花期是水分敏感时期,要求土壤湿度达到田间最大持水量的75%~85%,角果形成期要求土壤湿度不低于田间最大持水量的60%。不同类型的油菜对水分敏感程度有所差异,一般安康大面积推广的甘蓝型油菜,抗旱性较好,而抗涝性一般。

安康市气候属亚热带大陆性季风气候,加之北依秦岭,南靠巴山,冬季寒冷少雨,夏季多雨且多有伏旱,春暖干燥,秋凉湿润并多连阴雨。年平均降水量700~1050 mm,年平均降雨日数94 d,最多达145 d(1974年),最少68 d(1972年)。极端年最大雨量1240 mm(2003年),极端年最少雨量 450 mm(1966 年)。降雨集中在每年 6—9 月,7 月最多,9 月中下旬及 10 月上中旬秋雨连绵的年份比较多。因此,在油菜生产上,安康存在秋淋而春旱现象,对油菜生产极为不利,一是秋季阴雨天气造成油菜育苗化苗、死苗;二是移栽后田间湿度大,移栽不易成活,易出现僵苗、弱苗、草害严重;三是造成油菜移栽时间推迟,不利于油菜移栽在高产播期;四是油菜直播时间推迟,播后化苗、死苗严重,草害严重。安康冬季,春季 2 月降水偏少,开春后,油菜由营养生长转向生殖生长,水肥需求比较大,易出现春旱。因此,安康油菜在生产上,秋播前水田应该提前开沟沥水,降低田间含水量,(直播)移栽后,及时清理田间围沟、腰沟、厢沟,做到明水自排,暗水自降。而旱地也应该(直播)移栽后,及时清理田间围沟、腰沟、厢沟,防止田间积水。

冬季如果旱象明显,田间墒情较差,在水源便利排灌方便的田块,建议进行一次冬灌或者春灌,不但有利于改善土壤墒情,而且可以提高抗寒性,满足油菜生长对水分的需求。在灌溉要求上,以灌跑马水为好,达到土壤表层湿润,不积水,以免造成油菜根系淹水,生长受限。开春之后,虽然油菜花期需水量加大,但安康该季节降水也逐步增多,能够满足油菜花期及角果期对水分的需求,同时该期间应该注意排水,防止田沟积水,造成菌核病菌核大量萌发,影响油菜产量。在 5 月份正值油菜收获期,安康降雨量逐步增多,个别年份易形成连阴雨,对油菜收获造成极大损害,因此,在生产上要求密切关注天气预报,抢晴及时收获,成熟一片,收获一片,并在有条件的地区推广油菜堆脱技术,减少天气造成的油菜生产损失。

4. 防病、治虫、除草　安康地处南北过渡带,生物多样性复杂,油菜常见的病虫草害在安康各油菜种植区都可以发现。目前在生产上最常见、对油菜生产影响最大的病害应该是菌核病、白粉病、霜霉病、灰霉病、黑胫病、跟肿病、病毒病、猝倒病等。

常见的虫害有菜青虫、潜叶蝇、油菜蓝跳甲、蚜虫、菜蛾、菜粉蝶、茎象甲等。

常见的杂草类比较多,涉及禾本科、菊科、十字花科、廖科、玄参科、豆科、莎草科、石竹科、唇形科、大戟科、天南星科、茜草科、伞形科、旋花科、毛茛科、苋科、木贼科等 20 余科 100 多种。常见的杂草有看麦娘、早熟禾、牛繁缕、猪秧秧、网草、野老鹳草、一年蓬、鼠菊、荠菜、雀舌草、野燕麦、卷耳、小蓟、艾蒿、茼蒿、酸模叶蓼、益母草、碎米荠、地肤、薄荷、节节草、水花生、野芹菜、泽膝、酢浆草、虎尾草、问荆等。

(六)适时收获

油菜为总状无限花序,开花期长度不一,按照开花的顺序,油菜成熟从主轴开始,然后第一次分枝自上而下逐渐成熟,接着第二、第三分枝开始成熟。油菜在成熟过程中,外部形态和内部生理都发生着重要变化。内部生理变化中,干物质不断积累,碳水化合物通过脂肪酶的作用转化成脂肪,随着种子内部物质的积累,种子逐渐饱满充实,外部的颜色也逐渐由淡白色转化为种子固有的颜色,角果皮也逐渐由绿色变为黄绿色,最后变为黄色,根据油菜角果皮和种子颜色将油菜成熟分为绿熟期、黄熟期、完熟期。

油菜成熟期间,角果很易开裂,收获期比较短,种子无休眠期,湿度适宜即可发芽,加之在收获期间安康地区常有阴雨,因此,生产实践中,当地老百姓总结了"八成熟,十成收;十成熟,二成丢"的收获经验。安康一般在油菜终花期 30 d 左右,开始收获,但也与油菜品种特性、水肥条件及天气状况密切相关,采用人工收获,当全田和全株三分之二以上角果呈现枇杷黄时,种皮呈品种固有颜色,种子已经变硬,分枝上部还有三分之一角果为淡绿色时,正是收获的最佳时期。如果天气较好,割倒后一般晾晒 1~2 d,油菜后熟作用加强,种子含油量增加,也比较容易脱粒。

　　当然,如果油菜此时已经达到成熟收割标准,而天气状况不好,也提倡开始收割,以避免损失。可以将油菜割倒后,集中堆积在场院、屋内用篷布覆盖,待天气好转后再开始脱粒,不但可以避免不利天气造成的损失,而且还有利于以油菜茎秆、角果皮中的碳水化合物向种子中转化成脂肪,提高油菜籽的含油量。

　　近年来,随着油菜全程机械化技术的推广,油菜一次性机收面积不断扩大,安康近几年推广的中双11、秦优28、陕油28、中油杂19等品种,由于植株属于半矮秆且分枝部位高,耐密植非常适宜机收,这几个品种一般终花后30 d左右,由于植株较矮小,大田成熟比较一致,通常在当全田和全株70%以上角果呈现枇杷黄时,即可开机收获,但收获时间最好正午时间或午后,此时段茎秆果皮含水量少,比较脆,种子易从角果中分离,可以减少机收损失。

三、稻田免耕与育苗移栽

　　稻田免耕栽培油菜,安康当地老百姓又叫"栽坂田油菜",即水稻收获后,不进行大田翻耕,直接播种或者挖窝移栽油菜的耕作方式。主要是秋播期间,阴雨时间比较长,来不及翻耕,或者翻耕后容易造成田间泥烂,无法耕种,就在水稻收获后开好三沟,排出积水,抢抓天气在田间挖窝移栽油菜,或者提前1 d亩喷50%乙草胺乳油100 mL防除杂草,直播油菜,通过加强肥料管理,也可以获得150~170 kg以上的亩产。据安康市农业技术中心在汉阴、汉滨等县(区)调查,开展稻田免耕栽培油菜,不论是免耕直播还是免耕移栽技术,大田产量均与同期采用传统耕作方式基本持平,或者略高。但采用稻田免耕栽培油菜,可以避开阴雨对油菜秋播的影响,而且免耕不破坏稻田表土层的土体结构,可以减小田间含水量,减缓土壤退化肥力损失,增强土壤代谢能力,同时免耕具有节省劳力、畜力,减少生产成本,提高油菜生产效益的作用。因此,在沙壤土、壤土稻田中,推广免耕栽培油菜具有积极意义,同时在浅丘地带,农户也在玉米茬地中开展免耕栽培油菜,由于免耕具有抢农时、不破坏土层结构、减少耕作费用、地里草害比较少等优点,近年来,前茬玉米、黄豆、芝麻等旱地作物的免耕油菜栽培在安康地区也呈上升趋势。

　　安康地区开展油菜育苗移栽技术时间比较长,适应该技术的品种也比较多,油菜育苗移栽主要是安康地处中国西北与西南边缘,稻油两熟耕种模式,不论优质水稻还是优质油菜都存在积温不足,容易出现季节性生产矛盾,因此,水稻如果生育期长于120 d,水稻和油菜就必须要育苗移栽,而安康水稻、玉米一般在9月上中旬收获,此时播种油菜无法腾地,因此,必须在9月初开展油菜育苗移栽才能在10月上旬进行油菜移栽。同时,油菜育苗移栽,一是以保证田间苗齐、苗壮;二是在10月整个月,可以有较长的油菜移栽期,避免阴雨天气影响;三是可以在苗床地集中开展前期病虫害防控,减少弱苗、小苗、病虫苗,为大田病虫防控减轻压力。

　　安康盆地海拔600 m以下地区,采用油菜育苗移栽技术,一般采用"白露育苗,寒露移栽"的习俗,育苗时间通常在9月1—10日,当油菜苗龄30 d左右,有真叶6~7片,苗高20~25 cm,根茎粗0.6~0.8 cm,叶柄短、无高脚苗、整齐一致,清秀无病虫害为移栽壮苗标准,移栽最佳时间在10月1—15日。该地区移栽密度一般中等肥力地块要求亩栽5000~6000株,移栽密度过小,基本苗不够,难以获得高产,但育苗移栽过程耗劳费力,劳动力需求量大,种植密度难以提高,是该地区油菜单产再上新台阶的巨大瓶颈。尽管油菜育苗移栽技术占用育苗地资源,耗劳费力,生产成本高,但因为具有适时早播、利于培育壮苗、避开不利天气等优越性,所以油菜育苗移栽在安康油菜生产区仍然是一项油菜高产稳产的关键措施。

第五节 汉中盆地油菜种植

一、自然条件、熟制和油菜生产地位

(一)自然条件

汉中市地处中国地理的几何中心,位于陕西省西南部。北界秦岭主脊,与宝鸡市、西安市为邻;南界大巴山主脊,与四川省广元市、巴中市毗连;东与安康市相接;西与甘肃省陇南市接壤。东经105°30′50″~108°16′45″,北纬32°08′54″~33°53′16″。东西最大直线长度为258.6 km,南北为192.9 km。

汉中市境北部秦岭势如屏障,最高峰在洋县昏人坪梁顶,海拔3071 m,其他较高的山峰有佛坪县光头山2838 m、洋县摩天岭2603 m、留坝紫柏山2610 m、勉县光头山2606 m,一般山体海拔1000~2000 m。南部米仓山(又称巴山)高峻雄峙,最高峰在镇巴县箭杆山,海拔2534 m,较高山峰还有南郑县铁船山2468 m、红山2367 m、光头山2389 m,一般山体海拔在1000~1500 m。

汉中市最低处在西乡县茶镇南沟口,海拔371.2 m。汉江横穿盆地中部形成冲积平原。汉中盆地东西长116 km,南北宽5~30 km,汉台区附近最宽为25~30 km;汉江支流牧马河与泾洋河在西乡县城东北汇合,形成冲积性宽谷坝子,名为西乡盆地。汉中盆地海拔在500 m上下,而秦巴山体高出汉中盆地500~2500 m。虽然地貌类型多样,但以山地为主,占总土地面积的75.2%(其中低山占18.2%,高中山占57.0%),丘陵占14.6%,平坝占10.2%。

汉中属于北亚热带气候区,北有秦岭、南有大巴山脉两大屏障,寒流不易侵入,潮湿气流不易北上,气候温和湿润、干湿有度。气温的地理分布,主要受制于地形。年均气温14 ℃。西部略低于东部,南北山区低于平坝和丘陵。海拔600 m以下的平坝地区年均气温在14.2~14.6 ℃;一般海拔1000 m以上的地区年均气温低于12 ℃;西嘉陵江河谷年均气温高于13 ℃。由于汉中地处北半球中纬度带,形成全年降水的暖湿空气,主要来自印度洋孟加拉湾,其次是西太平洋。夏季多雨;冬季受极地大陆冷气团(主要是蒙古高压)控制,多西北季风,形成寒冷干燥少雨的天气;春秋为过渡季节,春暖少雨,秋凉多雨,气候湿润。整个汉中地区年平均相对湿度分布态势基本呈南大北小。

汉中市位于中国的地理中心(胡江波等,2013),陕西省西南部,北倚秦岭,南屏大巴山,汉江自西向东从中间横贯而过,境内有河谷盆地、浅山丘陵和中高山区3种地貌,属于典型的亚热带山地气候。随着全球气候变暖,汉中市1971—2006年,气温变化呈明显上升趋势,其气候倾向率为每10年0.326 ℃。自20世纪90年代末期开始,升温趋势更加明显。年内日照时数最大值出现在8月,达到204 h,最低值出现在12月,为81 h;年平均日照百分率是35%,日照时数的年际变化呈现出显著减少趋势。近36年来,年平均降水量为833.55 mm,年降水量最多的是在20世纪80年代,90年代和2000年以后是相对少雨时期;降水主要集中在夏季,雨热同季,对农业生产有利;除冬季降水呈弱递增趋势外,其余各季、年和汛期降水量均呈递减趋势,其中年降水量的减少趋势最为明显。

1. 热量

（1）年内各月平均气温变化特征 一个地区的热量状况决定着农业生产的布局、品种类型、种植制度、产量高低及品质优劣。汉中市年内各月的平均气温呈现单峰型分布，表现出先增大后减小的趋势，平均气温最高值出现在 7 月，为 25.5 ℃，最低值出现在 1 月，为 2.6 ℃，温差为 22.9 ℃。汉中市年内气温变化较温和，温差变化较小（图 3-4）。

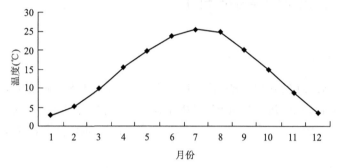

图 3-4 汉中市 1971—2006 年各月平均气温的变化（胡江波等，2013）

（2）年平均气温变化特征 汉中市 1971—2006 年平均气温为 14.5 ℃，图 3-5 为汉中市年平均气温的变化曲线。近 36 年来，气温呈明显上升趋势，其气候倾向率为每 10 年 0.326 ℃，年平均气温随年际变化的相关系数为 0.6482，达到信度 0.001 的显著性标准。年平均气温的变化具有波动性，最低值出现在 1976 年，为 13.6 ℃，最高值出现 在 2006 年，为 15.8 ℃，尤其是自 20 世纪 90 年代末期开始，气温上升趋势最为明显。

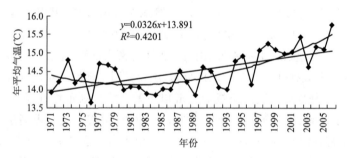

图 3-5 汉中市 1971—2005 年间的年平均气温（胡江波等，2013）

2. 日照

（1）日照时数的年变化 如表 3-15 所示，一年之中日照时数呈单峰型分布，表现先增大后减小的趋势，最大值出现在 8 月，达 204h，主要是由于受副热带高压控制，有一段时间的伏旱天气，天气晴好，所以日照充足；最低值出现在 12 月，为 81h。日照时数的年变化主要依赖太阳高度角的年变化，但也与天气现象密切相关。

表 3-15 汉中市日照时数及日照百分率的年内变化（胡江波等，2013）

月份	日照时数（h）	日照百分率（%）
1	88	28
2	86	28
3	106	29

续表

月份	日照时数(h)	日照百分率(%)
4	154	40
5	174	41
6	177	41
7	194	45
8	204	50
9	122	33
10	101	29
11	83	27
12	81	26

(2)日照时数的年际变化　从汉中市日照时数的年际变化曲线(图 3-6)来看,年日照时数呈现波动型。自 20 世纪 80 年代开始,日照时数处于明显减少状态,近几年略有回升。总体来看,近 36 年来呈现出下降趋势,其气候倾向率为每 10 年−82.96h,日照随年份推延而减少的相关系数为−0.4603,通过信度 0.01 的显著性检验,表明近 36 年来汉中市年日照时数呈现出显著减少趋势。

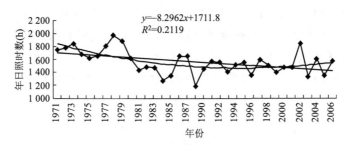

图 3-6　汉中市 1971—2006 年日照时数的年际变化(胡江波等,2013)

(3)日照百分率的年变化　如表 3-15 所示,汉中市年平均日照百分率为 35%,年内日照百分率分布也呈现单峰型分布特征,夏季日照百分率达到全年最高值,最大值出现在 8 月(50%);秋、冬季日照百分率较低,最低值出现在 12 月,仅为 26%,主要是由于秋季连阴雨和秋、冬季大雾日数增多的缘故。

3. 降水

(1)降水的年际变化　从表 3-16 反映出,汉中市多年平均降水量为 833.5 mm,近 36 年来,年降水量最多的是在 20 世纪 80 年代,而 90 年代和 2000 年以后是相对少雨时期。在季节降水的年代变化中,春季降水 80 年代最多,2000 年以后最少;夏季降水以 80 年代最多,为 502.1 mm,2000 年以后最少,为 284.6 mm,多年平均为 379.2 mm,夏季降水占全年降水量的 45%,几乎占全年的 1/2,降水主要集中在夏季,雨热同季,对农业生产有利;秋、冬季降水量变化的最大特点是 2000 年以后降水量有增多的趋势;汛期(5—10 月)以 80 年代降水量最多,70 年代次之。

表 3-16　汉中市年、季降水量各年代平均值的变化(胡江波等,2013)

年代	降水量(mm)					
	春季	夏季	秋季	冬季	全年	汛期
1971—1980	188.1	359.3	264.1	23.6	835.1	682.5
1981—1990	203.0	502.1	250.7	29.4	985.3	838.6

年代	降水量（mm）					
	春季	夏季	秋季	冬季	全年	汛期
1991—2000	156.6	332.8	220.3	27.8	737.5	594.2
2001—2006	137.6	284.6	281.7	34.1	738.0	613.9

（2）降水的变化趋势　从汉中市的年、季降水变化趋势可知,除冬季降水呈弱递增趋势外,其余各季、年和汛期降水量均呈递减趋势,其中年降水量的减少趋势最为明显,其气候倾向率为每 10 年－53.34 mm,春季为每 10 年－16.97 mm,夏季为每 10 年－34.53 mm,秋季为每 10 年－4.93 mm,汛期为每 10 年－46.87 mm. 可见,汉中市降水量表现出减少的趋势,尤其是在 20 世纪 90 年代以后降水减少趋势明显。

4. 风

（1）风速的年变化　汉中市风速的年内变化幅度不大,为 0.8～1.3 m/s。3 月风速最大,为 1.3 m/s;11 月、12 月及 1 月风速最小,为 0.8 m/s,全年平均风速为 1.1 m/s,大风日数约为 0.9 d,无沙尘暴天气。

（2）风速的年际变化　汉中市年平均风速在 20 世纪 70 年代中期开始到 90 年代初期,明显减小,90 年代以后又有所回升,总体变化趋势呈增加趋势,气候倾向率为每 10 年 0.083 m/s,随年代增加的相关系数为 0.3400,其信度达到了 0.05 的显著性水平。

（3）风向的频率分布　图 3-7 展现了汉中市风向分布情况,出现最多的风向是 E,频率为 8%,其次是 ENE 风向,频率为 7%。汉中市静风频率较高,可达到 49%。

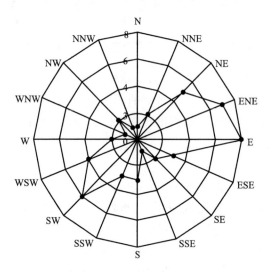

图 3-7　汉中市年风向玫瑰图

随着全球气候变暖,汉中市 1971—2006 年气温变化呈明显上升趋势,其气候倾向率为每 10 年 0.326 ℃。自 20 世纪 90 年代末期开始,升温趋势更加明显。年内日照时数最大值出现在 8 月,达到 204 h,最低值出现在 12 月,为 81 h;年平均日照百分率为 35%,日照时数的年际变化呈现出显著减少趋势。近 36 年来,多年平均降水量为 833.5 mm,年降水量最多的是在 20 世纪 80 年代,90 年代和 2000 年以后是相对少雨时期;降水主要集中在夏季,雨热同季,对农业生产有利;除冬季降水呈弱递增趋势外,其余各季、年和汛期降水量均呈递减趋势,其中年降水量的减少趋势最为明显。风速的年内变化幅度不大,为 0.8～1.3 m/s,全年平均风速为 1.1 m/s,大风日数约为 0.9d,风速的年际变化呈显著的增加趋势;汉中市以静风频率为最高,达到 49%,盛行 E 风向,频率为 8%,其次是 ENE 风向,频率为 7%。

(二)农田布局

鉴于汉中盆地的地势地形,农田分布于盆地平坝地和山区垂直地带性地块。

汉中全市辖汉台、南郑、城固、洋县、西乡、勉县、宁强、略阳、镇巴、留坝、佛坪 2 区 9 县(危锋,2012),辖区面积 2709643.27 km²(4064.46 万亩),占陕西省土地总面积的 13.17%,农用地 2570311.66 km²(3855.47 万亩),汉中兼跨汉江、嘉陵江两大流域的上游山地,四周群山环抱,中间是汉江河谷盆地,海拔 371.2～3071.0 m。汉中地貌类型多样,地形以山区为主,南部为巴山地区,北部为秦岭地区,中部为盆地,其中低山占 18.2%,高、中山占 57.0%,丘陵占 14.6%,平坝仅占 10.2%,山地丘陵面积合计占汉中市土地总面积的 89.8%,山林、丘陵、平川比例为 7.5:1.5:1.0。全市总人口 380 万人,耕地总面积 530 多万亩,78.4% 的国土面积为地质灾害易发区。

汉中盆地地处于中国秦岭以南,大巴山西部的米仓山以北,是汉江上游秦岭巴山山间盆地中最大的一个盆地。盆地西高东低,呈条带状近东西方向展布,汉江自西而东穿流其中。盆地地处北亚热带和暖温带的过渡气候带上,农业结构以种植业为主。汉中盆地狭义上指海拔 600 m 以下的冲积平原,广义上将盆地周围 1200 m 以下的低山丘陵区包括其中,其东西长约 105 km,南北长 25～55 km,包括汉台、勉县、南郑、城固和洋县的 5 县(区),面积为 4224.1 km²,据 1990 年统计,盆地平坝区 86 个乡镇总人口为 1092187 人,其中农业人口为 975572 人,人口密度为 720.9 人/km²。平坝区耕地面积为 67245.3 km²,其中水田 49489.5 km²,占 73.6%,旱地 14480.67 km²,占 21.5%,水浇地 3275.13 km²,占 4.9%,农村人均耕地 686.67 m²,人均水田 506.67 m²,旱地 146.67 m²,水浇地 33.33 m²,灌溉化程度为 82%。盆地的主要土壤是黄褐土和水稻土。

汉台区:南依汉江,北偎秦岭余脉天台山。地势北高南低,地形大致分为三带:南部为汉江冲积平原,占土地面积 38%;中部为沟梁相间的丘陵地带,海拔 541～700 m,占土地面积 28%;北部属秦岭南坡山地,属秦岭东西构造带的一部分,为中心地貌类型,地形形态受岩石性质控制,地貌特征表现为山高、谷深、坡陡,海拔 700～2000 m,占土地面积 34%。最低处为铺镇小寨村,海拔 478 m;最高处为河东店镇花果村溜石板梁,海拔 2038 m,南北高差 1551 m。

勉县:位于陕西省南部、汉中市(汉中盆地)西端,地处汉江上游。北依秦岭,南连巴山,中为汉江流域平川地带。坐标:北纬 32°53′～33°38′,东经 106°21′～106°57′,南北长约 140 km,总面积 2406 km²。东接汉中市汉台区,南邻南郑县,西靠宁强县、略阳县,北连留坝县、凤县和甘肃省两当县。地形复杂多样,根据地貌分为:中部盆地区,占 8.8%,南、北丘陵区,占 16.4%,北、西、南山地区,占 74.8%。地势北高东低,最高点海拔 2621m(长沟河乡庙坪村葱滩梁),最低处海拔 513 m(长林镇汉江河滩)。

南郑区:南郑区位于汉中盆地西南部,北临汉江,南依巴山,东与陕西省城固县、西乡县毗连,边界长度分别为 81.5 km 和 43 km;南部与四川省通江县、南江县、旺苍县接壤;西部与陕西省宁强县、勉县为邻;北与汉台区隔江相望。介于北纬 32°24′～33°07′,东经 106°30′～

107°22′,区境区界总长度为 436.04 km,东西最长直线距离 83 km,南北最长直线距离 79 km,总面积 2809.0363 km²。辖区大部分在米仓山北坡,小部分在南坡。总趋势南高北低,呈阶梯状。最低处是汉江南岸的大中滩,海拔 484 m;最高点为川陕界山铁船山,海拔 2468 m;相对高差 1984 m。因受构造、气候、水文条件等内外营力的制约和影响,区境内地貌轮廓多种多样。但从总体看,由北向南可依次划分为河谷阶地平原区、米仓山北麓丘陵低山区、米仓山中山区三种地貌区。中山、丘陵区占全区总面积的 88.2%,平原区占 11.8%。

城固县:位于陕西省西南部,北居秦岭南坡,南处巴山北坡,中为汉中盆地东域,西邻汉中市,西北接留坝县,西南界南郑县,东及东北连洋县,东南联西乡县。介于北纬 32°45′~33°40′,东经 107°03′~107°30′,东西宽 42 km,南北长 101 km,总面积 2265 km²。按地貌特征可分为:秦岭南坡中、低山区和秦岭南麓丘陵坡地区。秦岭南坡中、低山区指城固县的橘园乡升仙村、陈家湾乡郭家山和老庄镇娘娘庙一线以北的秦岭山地区。该区域山势峥嵘巍峨,陡岩峭壁毗连,沟深谷狭,山体高度一般为 1000~2500 m,土地面积 975.45 km²,占全县土地面积的 44.13%。整个地势西北高、东南低,南沿山势又稍为翘起。按海拔高度分中山与低山。中山包括石槽河、中坪、盘龙、砖溪乡和小河、桃园、板凳乡的部分村。面积 491.63 km²,平均海拔 1367.9 m,最高 2602.8 m,最低 641.9 m,相对高差 1960.9 m,平均坡度 29.6°。山体主要为花岗岩,其次为千枚岩、片麻岩、砂岩和大理岩。低山包括毕家河、滥坝、双溪乡和小河、桃园、板凳、垣山、橘园、陈家湾乡及老庄镇的部分村。面积 483.82 km²。平均海拔 1018.6 m,最高 2037.6 m,最低 509.8 m,相对高差 1527.8 m,平均坡度 27.1°。岩荐主要为千枚岩、页岩、大理岩、石灰岩;秦岭南麓丘陵坡地区界于秦岭山区和江河平坝区之间,有毛家岭乡和宝山、垣山、橘园、许家庙、陈家湾、吕村、龙头、熊家山、谢何、文川、崔家山、老庄等乡(镇)的部分村。面积 151.84 km²,占全县土地面积的 6.87%。本区为古土壤堆积层,堆积之后又经切割,形成今东西宽、南北宽窄不等的 4 级阶地。平均海拔 594.7 m,最高 1174.0 m,最低 495.5 m,相对高差 678.5 m,平均坡度 9°。地表覆盖物为红褐色重亚黏土及黏土湖相沉积物。区内有石灰岩构成的数座低山。

洋县:位于陕西省南部,汉中盆地东缘,北依秦岭,南靠巴山,东接佛坪县、安康市石泉县,南邻西乡县,西毗城固县,西北界留坝县、宝鸡市太白县。介于东经 107°11′~108°33′,北纬 33°02′~33°43′,东西跨度 0°52′,水平距离 92.8 km;南北跨度 0°41′,水平距离 72.7 km;总面积 3206 km²。东部为秦岭山脉向东南延伸的余脉和巴山向东北斜落的山丘交汇处,中部为汉江平坝地带东段。西部南、北两侧高,中间平坦,隔溼水沿汉江北侧向东展开。北处秦岭山地,活人坪梁顶海拔 3071 m,为全县最高点。南部为巴山丘陵地带,黄金峡镇白沙渡,海拔 389.7 m,为全县最低点。秦岭南坡各条山梁,受溼、溢、党、酉、金等河纵向切割,自北而南,向汉江谷坝延伸。汉江以南,巴山丘陵受河流树枝状切割,涧岭纵横,沟坝相连,坡势平缓。全境地势呈东、北高陡,南部低缓,中部低平,宜林宜农。境内共有山地总面积 2314 km²,占全县总面积的 72.2%,丘陵总面积 667 km²,占总面积的 21.1%,平川面积 215 km²,占总面积的 6.7%。

(三)熟制和油菜茬口关系

汉中地处二熟制向多熟制过渡地区。依作物种类,可以实现年内二熟至多熟。

汉中地区油菜种植一般以水稻为前茬。一些农田也以旱作物为前茬。

汉中位于中国南北气候的过渡带(邓根生等,2015),气候类型为亚热带湿润型气候,气候温和、雨量充沛、四季分明。其年平均气温为 12～15 ℃,年降水量为 700～1300 mm,年日照时数为 1400～1800 h。良好的气候条件造就了汉中丰富的自然资源,作物种类兼具南北之特长,类型丰富,植物种类有 7 门 271 科 1114 属 22724 种。

汉中农作物主要有水稻、小麦、油菜、玉米、大豆、马铃薯等,其中水稻、小麦、油菜三者占农作物总播种面积的 75%,玉米、红薯、马铃薯、秋杂等农作物占 10.48%;从产量结构看,水稻和小麦占粮食总产的 91%,而玉米、红薯、马铃薯、秋杂等农作物仅占粮食总产的 5.67%。汉中盆地的平坝地区是汉中的粮油主产区,耕地分为水田和旱地两种,水田主要以小麦—水稻、油菜—水稻为主体的一年二熟制;旱地主要分布在浅山丘陵地区,生产上以小麦—夏玉米(或红薯、大豆等秋杂)、春玉米为主的两年三熟种植制度。

水稻是汉中的主要粮食作物,也是农民口粮和农业收入的主要来源,生产上主要种植中晚熟品种,所以要求上茬作物要有较早的熟期,本地区冬小麦和冬油菜是水稻的主要前茬作物,当地冬油菜的收获期在 5 月上中旬,比冬小麦早收获 5～10 d,有利于早插水稻,另外油菜的根、茎、叶、果壳等都含有丰富的氮、磷、钾,若全部还田,能基本上平衡土壤的养分消耗量。油菜根系分泌的有机酸,能溶解土壤中难以溶解的磷素,提高磷的有效性。因此,油菜是一种用地与养地相结合的作物,在轮作复种中占有重要地位。油菜是养地作物,保障水稻获得高产。

(四)油菜生产地位

油菜是世界主要的油料作物,是中国第五大作物和主要油料作物之一。中国油菜常年种植面积在 650 万～730 万 hm²,面积和总产量均占世界的 1/3 左右,菜籽油是中国主要的食用植物油,常年消费量占食用植物油的 50% 以上。因此油菜生产不仅关系到农民的增产增收、人民生活水平的提高、膳食结构的改善,还关系到国家食物安全的保障。

油菜是陕西省主要的油料作物(徐爱遐等,1999),常年种植面积在 280 万亩左右,总产量 40 万 t 左右,面积和总产量均占油料作物的 50% 以上。陕西省油菜主要分布于陕南的汉中、安康地区,常年种植面积为 200 万亩左右,约占全省的 70%。汉中是陕西省油菜的最佳适生态区和主产区,常年面积稳定在 120 万亩左右,总产约 17 万 t,种植面积和总产分别占全省的 40% 和 45%。菜籽油是全省的主要食用油,其中 80% 以上在本省消费,油菜生产关系着全省人民的食用油安全,陕南油菜生产稳步提高和安全生产是全省食用油的基础保障。

汉中地处长江流域上游,具有优越、独特的地理条件和优良的气候生态环境。年平均气温 12.1～14.5 ℃,1 月日平均气温 0.7～2.1 ℃,4 月(油菜开花期)日平均气温 13.2～14.9 ℃,5 月中、下旬(油菜成熟期)日平均气温 19.8～20.9 ℃,油菜生长期(9 月至翌年 5 月)降水量 470～550 mm,无霜期可达 211～254 d,≥0 ℃积温的活动积温 5000 ℃·d 以上,≥10 ℃的活动积温平均 4480 ℃·d,均在油菜生长发育的适生范围内,不但有利于培育壮苗,促秋发冬壮苗安全越冬,而且对春发和开花、结角、灌浆、成熟也很有利。

21 世纪以来,世界油菜生产与消费均出现了较大增长,而与世界油菜生产不同的是,受油菜籽价格持续低迷和种植成本上升的影响,2012 年以来中国的油菜种植面积和总产均出现了连续下滑,直接影响了油菜产区广大农民的收益,同时也对中国的食用油安全造成了严重的威胁。因此,油菜生产的稳定和提高,对保障中国食用油安全具有重要意义。目前,包括汉中在内的长江流域油菜品种已基本实现了优质化,正在向机械化迈进。随着油菜机械化、适度规模化生产的推进将会进一步降低生产成本,提高种植户的收益,增强中国油菜的国际竞争力。

二、油菜实用栽培技术

(一)选茬和整地

1. 选茬　油菜是根系发达的作物,主根入土深,支根和细根多而分布广泛,因此要选择耕层深厚的地块,土层结构良好具有较好的保水、保肥能力。土质以黏、沙为好,土壤 pH 在 5～8,以 6～7 最为适合油菜生长。

汉中属于一年两熟地区,汉中平坝的油菜前茬作物以水稻为主。选茬时,需要选择收获水稻时间较早、有良好的排水条件、土壤肥力水平佳的两季田用于油菜轮作。根据实际条件的不同,种植油菜适宜选择的栽培模式也有所不同。对于前茬水稻很早就收获、土壤墒情良好的田块,油菜种植可以选择育苗移栽的方式,也可以选择直播的方式;如果前茬水稻较晚收获、没有良好排水条件的田块,油菜种植宜选择育苗移栽或免耕直播的方式。汉中山地主要以油菜—玉米或油菜—豆类轮作为主,也有极少部分油菜—甘薯、油菜—蔬菜、油菜—烤烟、油菜—花生等轮作模式。山地土壤肥力相对较差,油菜全生育期基本无灌溉条件。应选用耐瘠薄、耐粗放管理的稳产油菜品种,采用免耕机播、跟牛点播等技术抢墒播种,精量播种、化学除草、一次性定苗简化田间管理环节,降低劳动力投入,重施底肥和种肥、早施提苗肥培育壮苗,及早防治蚜虫提高防治效果等技术环节。

2. 整地　整地目的在于加深土壤的疏松层,改善土壤的理化性质,调节土壤中的固相、液相、气相的比例,提高土温,加速土壤微生物的活动,为根系的生长发育创造良好的土壤环境。油菜播种(移栽)前整地要根据稻田、旱地的不同来进行。稻田油菜的整地,关键在于能否及时排出较多的水分。一般在水稻勾头散籽时及时提沟排水,对地下水位高的稻田和泥脚深的稻田还应提早 10 d 放水。为防止油菜播种后田间积水,要做到田间挖三沟(畦沟、腰沟、围沟),畦沟的宽度在 20～40 cm、沟深 15～30 cm,腰沟的宽度 30～50 cm、沟深 20 cm,围沟深 30～40 cm,沟沟相通。旱地油菜的整地,前作收获后及时耕犁耙土,整地时尽量做到细碎平整,特别是窝行内土壤细碎。根据地块条件因地制宜地采取机械整地、牛耕翻犁等整地方法。整地时要做到耕整深度 20～25 cm,土块细碎,不漏耕、漏犁。育苗床要做到细碎土壤深度在 8 cm以上,地表平整度在 5 cm 以下,碎土率大于 50%。直播油菜要保证犁耕深度达 20 cm 以上,表土疏松细碎,水、气协调,为出苗迅速、苗全、苗齐创造良好的土壤环境。移栽油菜在整地的基础上保证移栽行土壤疏松细碎。

稻—油轮作区在整地时还应结合水稻秸秆还田进行。水稻秸秆还田根据量的不同有全量还田和半量还田,按还田方式分有机械粉碎还田、覆盖还田、留高茬还田、堆沤和腐熟还田等。机械粉碎还田方法是将水稻秸秆切成长短 5 cm 进行还田,或者粉碎后还田,通过翻犁、旋耕,做到秸秆在土壤中均匀分布。各地在水稻秸秆还田方面有很多研究。

王启增(2015)认为,水稻秸秆机械还田秋整地应结合机具配置情况、土壤条件、气候条件等因素,因地制宜选用秸秆还田技术路线。秸秆机械还田有两种方式:一种方式是收割机直接带抛撒器,收割直接抛撒;另一种方式是收割完,用秸秆切碎抛撒机进行抛撒;两种方法各有利弊。深翻深埋秸秆机械还田技术路线:收割机带抛撒器→切碎均匀抛撒→施用基肥(增施氮肥)→深翻深埋→旋耕。复式作业秸秆机械化还田技术路线:机械收获水稻→拖拉机带抛撒器切碎均匀抛撒→施用基肥(增施氮肥)→浅翻或旋耕。

李晓瑞(2012)提出机械灭茬的要求,需要灭茬的地块留茬要低,一般根茬高度不超过 12 cm,一般灭茬深度达 10 cm 以上,作业时应将根茬五叉股以上全部粉碎,长度大于 5 cm 的根茬数量不得超过所灭根茬数量的 10%,站立漏切根茬不得超过 0.5%。根茬粉碎机灭茬作业后应保持原有垄行,灭茬后上松下实,有利于接纳雨雪水。

李新举等(2001)研究得出,埋深 5 cm 的秸秆腐解速度最快,埋深 15 cm 稍慢,覆盖在表面的最慢。就土壤质地而言,覆盖在表层的秸秆,腐解速度轻壤土最大,中壤土次之,重壤土最慢;翻压在土壤中的秸秆,中壤土、重壤土中腐解较快,而轻壤土中较慢。

李继福等(2016)采用尼龙网袋法进行试验研究水稻、小麦和油菜作物秸秆的腐解规律及其对秸秆吸水能力的影响,结果得出,在土壤水分饱和状态下,3 种秸秆腐解速率均表现为前期快、后期缓慢的特点,3 种作物秸秆在腐解初期的持水量最大,之后随着腐解时期的延长而有所降低。还田作物秸秆的吸水能力受到还田秸秆质量和腐解时期的双重影响,故在开展秸秆还田(尤其翻压)时,应注意秸秆含水量,还田时期和田间水分管理,降低由秸秆吸水产生的负面效应。

(二)选用优良品种

1. 依据种质资源选用品种　徐爱遐等(1999)曾介绍,经对陕西省境内的油菜种质资源进行搜集、整理、鉴定、评价,明确了陕西省油菜地方种质资源包括芸薹属的三大类型及芝麻菜属的芸(臭)芥(*Eruca. sativa*)。陕西省油菜按生育期可分为陕南秦巴山区及汉江谷地的早熟生态型、关中灌区及渭北旱源的北方白菜型油菜及南部灌区的甘蓝型油菜和陕北高原的极早熟春播油菜 3 个生态型;甘蓝型油菜综合经济性状优于其他类型,但其他类型在其分布地区各具某些明显的生态优势;陕北高原是高含油生态区,分布于该区的黄芥不但含油量高,而且由特殊的脂肪酸组成。

关周博等(2017)为筛选广适性早熟高油品种,在不同生态环境条件下穿梭选育甘蓝型油菜,通过对多年(2001—2013 年)生态穿梭育种在品种选育中的成效进行总结,结果表明育种材料平均含油量呈现上升趋势,而且随着穿梭育种时间的推移,表现为张掖试验点含油量高于大荔试验点,到 2013 年选育出含油量达 63.8% 的新特高油种质材料,在所审定的油菜品种中均突出了高含油量的特点;而且育种材料的生育期也较穿梭育种之前缩短;在对冬油菜的穿梭选育中,选出了适应于春油菜区的油菜品系;部分细胞质雄性不育系表现出了生态型雄性不育的特点,有利于安全制种。因此,利用不同生态区的环境条件穿梭选育油菜育种材料,可有效创制出优良种质资源,特别是对甘蓝型油菜的高含油量资源创制、早熟性材料的选育、广适性品种的选育等方面有明显效果,同时可利用"高油种质+化学杀雄"的模式测配杂交组合,选育高油强优势油菜品种。

马长珍等(1998)介绍,汉中地区处于中国亚热带北缘,油菜品种资源十分丰富,各种栽培类型在这里几乎都可找到。根据陕西省经济作物研究所收集到的油菜地方品种资源 142 份鉴定分类统计,南方白菜型油菜 102 份占 71.8%,其中 44 份材料为自然分离出的形态特征介于南方白菜型和北方白菜型油菜之间的中间类型材料,北方白菜型油菜 17 份,占 12%。芥菜型油菜 14 份,其中细叶芥 12 份,占 8.5%,大叶芥 2 份,占 1.4%,甘蓝型油菜 9 份,占 6.3%。由此可见,汉中地区油菜种质资源不但包括三大栽培类型油菜,而且还包含了南方白菜型油菜和北方白菜型油菜的中间类型,这是极其珍贵的种质材料。通过对搜集材料的鉴定,还发现有特异性状的材料,即北方白菜型油菜的矮源(岚皋老油菜 47.1 cm),南方白菜型的高千粒重(镇坪黄油菜 4.4 g),大粒芥(宁强黄辣芥),黄籽高含油量白菜型(镇坪黄油菜)等。汉中的农家种质资源还有汉中矮油菜、汉中高油菜等。

汉中市农业科学研究所在不育系创制方面,通过利用细胞质不育系、细胞核不育系、生态型不育系、萝卜不育系和化杀不育系 5 种杂种优势利用途径选育出细胞质不育系(312A、汉 3A、汉 11A 等)、两型细胞核不育系(1003-2AB 等)、三隐性细胞核不育系(SY13A 等)、生态型不育系(373S)、萝卜质不育系(N9A)、化杀不育系(Y11)等 19 个;在保持系和恢复系创制方面,在常规育种技术的基础上,运用远缘杂交、小孢子培养、航天诱变育种、抗菌核病鉴定技术、分子标记辅助育种和异地穿梭育种等先进的育种手段创造种质资源材料 6000 余份,其中包括大粒、黄籽、长角、矮秆、早熟、抗倒、抗(耐)病、抗寒、耐旱、抗裂荚、适宜机械化的育种材料 413 份;密角、矮秆、紧凑型(夹角 30°左右)、无花瓣、无(少或短)分枝材料 105 份;高芥酸、高油、高油酸等特色材料 123 份,其中包括 50%～64%的高含油量材料 31 份、30%～50%的高芥酸材料 28 份、75%以上的高油酸 46 份。通过对 6000 余份育种材料进行恢保关系、熟期、菌核病抗性、抗倒伏性、品质分析、综合农艺性状等鉴定,重点利用的核心种质资源 281 份,其中不育材料 22 份,保持材料 82 份,恢复材料 159 份,中间材料 18 份。在远缘杂交技术中运用了 8 倍体诱导技术。利用甘蓝型油菜与白菜型油菜、芥菜型油菜、甘蓝、芥菜、白菜、小青菜等十字花科作物杂交,累计创制了 1198 份油用种质资源,其中甘白杂交选育材料 831 份,甘芥杂交选育材料 637 份,甘甘杂交选育材料 450 份;利用甘蓝型油菜与萝卜、诸葛菜、兰香芥、紫叶芥等杂交,选育出粉色系、白色系、红色系、紫色系、橙色系及紫叶色系 6 个色系彩色油菜资源 505 份。利用陕南地区小孢子培养集成技术体系,累计创制小孢子 DH 系材料 540 份;在抗根肿病育种工作中,利用从华中农业大学引进的华双 5R 和华油杂 62R 抗根肿病材料与自育优良保持系和恢复系进行杂交,创制改良新的抗根肿病种质资源 261 份;在抗菌核病育种中,运用牙签附加麦粒的油菜抗菌核病加压育种技术,创制改良抗菌核病育种材料 315 份,用其配组选育的邡油 777、汉 11C29、汉油 8 号,在国家长江上游区域试验中,抗病性分别位居第一位、第二位和第四位,汉中市农业科学研究所在抗菌核病育种方面已经达到了国内领先水平;利用分子标记辅助育种技术,通过遗传多样性分析,创制改良育种材料 186 份;通过汉中、青海两地异地穿梭加代技术,累计选育材料 1187 份。

2. 汉中盆地油菜品种演替　油菜是汉中的主要油料作物,是本地主要的食用油来源,在百姓的生活中占有重要的地位,纵观汉中油菜发展的历程主要经历了以下 5 次变革。

第一次变革是甘蓝型油菜替代白菜型、芥菜型农家油菜。20 世纪 60 年代前汉中主要种植的油菜品种为本地的白菜型、芥菜型农家油菜品种,如汉中矮油菜、汉中高油菜等,其产量低,抗性差,不能满足本地人民食用油的需求。20 世纪 60 年代中、后期,以汉中市农业科学研究所为代表的农业科研、推广、种子等单位从四川等地引进了甘蓝型胜利油菜,因其产量较高、抗性较好的优点得到了大面积种植,从而替代了本地的农家品种,基本解决了老百姓吃油难的问题。20 世纪 70 年代后,汉中市农业科学研究所针对胜利油菜的熟期偏晚的缺点通过甘白杂交、系统选育等方法进行了改良,选育出了早丰一号、早丰三号等为代表的早丰系列早熟甘蓝型油菜品种,并成为汉中油菜的主要栽培品种。

第二次变革是甘蓝型杂交油菜品种替代甘蓝型常规油菜。20 世纪 80 年代,陕西省农垦中心选育出了世界上第一个甘蓝型杂交油菜品种——秦油 2 号,使油菜品种的产量水平有了较大幅度的提高,汉中引进种植后逐渐替代了常规品种成为汉中油菜的主栽类型。完成了汉中油菜由基本自给到略有盈余的转变。

第三次变革是甘蓝型优质油菜替代甘蓝型非优质油菜。中国自 20 世纪 70 年代开始开展优质油菜育种工作以来,经过 20 多年的积累,终于在 90 年代中后期培育出了一批优质油菜品种,从而使中国油菜优质化成为可能。汉中市农业科学研究所等单位 20 世纪 90 年代后期分别从四川、湖北、江苏等地引进了一批优质油菜品种进行试验、示范,从中筛选出了川油 18、华杂 4 号、宁杂一号等一批优质油菜品种并在生产上进行了大面积的推广种植,开始了汉中市油菜优质化之路,至 2005 年左右基本实现了汉中油菜的优质化,从而实现了人民群众从有油吃到吃好油的转变。本时期代表性油菜品种有川油 18、宁杂一号、陕油 6 号、陕油 8 号、秦优 7 号、中油杂 2 号、秦优 10 号、蓉油 11 号等。

第四次变革是 2005 年至 2014 年甘蓝型中早熟优质杂交油菜品种替代甘蓝型中晚熟优质杂交油菜品种。一批中早熟优质杂交油菜品种的引进与选育成功,解决了生产上对中早熟油菜品种的迫切需求。主要代表品种有:中油杂 4 号、中油杂 11、秦优 10 号、洋油 737、汉油 8 号等。

第五次变革是从 2015 年至今。油菜机械化技术逐渐替代传统手工生产种植。进入 21 世纪后随着农村劳动力的大量转移,油菜机械化水平低、用工量大、比较效益低的弊端日益显现,种植面积下降严重,汉中油菜面积也有下滑,机械化生产已成为中国油菜的必由之路。品种、农机、农艺相结合是油菜机械化生产的关键。汉中市农业科学研究所围绕油菜全程机械化生产,通过远缘杂交、杂种优势利用、小孢子培养、分子标记辅助育种、系统选育等常规与现代育种技术相结合的手段,将优质、高产、高油及适合机械化生产等性状聚合在一起,选育出了汉油 6 号、汉油 7 号、汉油 8 号、汉油 9 号、汉油 12 号、汉油 13 号、汉油 14 号、汉油 1618、郇油 777、汉油 28、汉油 1428 等一批优质杂交油菜品种。为了推进汉中市油菜机械化进程,汉中市农业科学研究所与农技、农机、种业等单位一起从品种、机械、配套技术等方面进行研究、试验、示范,选育和引进筛选出了一批适宜机械化的品种、机械,研究配套了适宜本地区的油菜机械化生产配套技术规程在全市推广,从而有力地推动了汉中市油菜的机械化水平。代表性机械化油菜品种有中双 11 号、陕油 28、洋油 737、郇油 777、汉油 1618 等。

目前,多功能利用已成为油菜产业发展的方向和热点,油菜花旅游在全国各地方兴未艾,蓬勃发展,俨然成为各地乡村旅游的热点、亮点。自 2004 年开始,汉中市农业科学研究所依托其在油菜研究中 70 多年的积累,积极研发特色油菜品种资源,到 2009 年选育出了白花、土黄、橘红、橘黄等 8 个花色油菜品种,近年又选育出了红花、粉花、紫花、紫叶等 28 种观赏型品种,必将为汉中——“中国最美的油菜花海”增添一抹亮丽的色彩。

3. 常用品种简介

(1)汉油 6 号

登记编号　GPD 油菜(2020)610075

育　种　者　汉中市农业科学研究所

品种来源　1003-2AB×06-862

特征特性　甘蓝型半冬性细胞核雄性不育两系杂交种。全生育期 239 d,比对照秦优 7 号早熟 1.5 d。幼苗半直立,叶色浅绿,叶缘锯齿状,裂叶 2～3 对,有缺刻,叶面有少量蜡粉,无刺毛;花瓣黄色、侧叠、复瓦状排列;角果斜生、中长、较宽;籽粒黑色,抗倒性强。株高 184.6 cm,一次有效分枝数 12 个,匀生分枝类型,单株有效角果数 400 个左右,每角粒数 22.4 粒,千粒重

3.85 g。

产量和品质　2008—2009 年度参加陕西省陕南灌区油菜区域试验,亩产 190.5 kg,比对照秦优 7 号增产 10.2%,居试验第二位;2009—2010 年度续试,亩产 203.6 kg,比对照秦优 7 号增产 9.5%,居试验第一位。两年平均亩产 196.0 kg,比对照秦优 7 号增产 9.9%;2009—2010 年度生产试验,平均亩产 183.1 kg,比对照秦优 7 号增产 8.1%,居试验第一位。芥酸含量 0.00%,硫苷含量 23.01 μmol/g,含油量 41.15%。

适宜种植区域　适宜在四川、重庆、贵州、云南、湖北、湖南、江西、安徽、江苏、浙江、河南以及陕西汉中、安康地区秋播种植。

(2)汉油 7 号

登 记 编 号　GPD 油菜(2019)610100

育 种 者　汉中市农业科学研究所

品 种 来 源　汉 3A×4R

特征特性　甘蓝型半冬性细胞质雄性不育三系杂交种。全生育期 224 d。幼苗半直立,子叶肾脏形,苗期叶椭圆,有蜡粉,叶绿色,顶叶中等,有裂叶 3~4 对,茎绿色,花黄色,花瓣侧叠。种子黑褐色,近圆形。角果斜上生,中长、中宽;籽粒黑褐色。密度 2 万株/亩时株高 158.6 cm,一次有效分枝数 6.72 个,匀生分枝类型,单株有效角果数 249.17 个,每角粒数 18.43 粒,千粒重 3.93 g。抗逆性:中抗菌核病,中抗病毒病,抗寒性中等、低抗裂荚、抗倒性强。

产量和品质　陕西南部汉中、安康地区平均亩产 193.33 kg,比对照秦优 10 号增产 6.35%;长江中游两年平均亩产量 183.39kg,较对照华油杂 12 增产 4.88%;长江下游平均亩产量 173.17 kg,较对照秦优 10 号增产 5.38%。芥酸含量 0.48%,硫苷含量 28.45 μmol/g,含油量 45.40%。

适宜种植区域　适宜在湖北、湖南、江西、安徽、江苏、浙江、上海和陕西南部汉中、安康地区作冬油菜秋播种植。

(3)汉油 8 号

审 定 编 号　国审油 2012001,陕审油 2012001

育 种 者　汉中市农业科学研究所

品 种 来 源　312A×750R

特征特性　甘蓝型半冬性细胞质雄性不育三系杂交种。全生育期 224.9 d,比对照油研 10 号早熟 2.7 d,比对照南油 12 号早熟 0.2 d。幼苗直立,子叶肾形,苗期叶椭圆,有蜡粉,叶色深绿,裂叶 2~3 对,叶缘呈锯齿状;花瓣黄色、侧叠状;角果斜生,成熟期青紫色,籽粒黑色。株高 198.6 cm,匀生分枝类型,一次有效分枝数 7.67 个,单株有效角果数 421.3 个,每角粒数 20.84 粒,千粒重 3.22 g。菌核病发病率 7.65%,病指 3.98,病毒病发病率 0.33%,病指 0.09,低抗菌核病,抗倒性较强。

产量和品质　2010—2011 年度参加长江上游区油菜品种区域试验,亩产 207.1 kg,比对照品油研 10 号种增产 8.7% ;2011—2012 年度续试,亩产 188.5 kg,比对照南油 12 号增产 7.5% ;两年平均亩产 197.8 kg,比对照品种增产 8.1%;2011—2012 年度生产试验,平均亩产 202.3 kg,比南油 12 号增产 14.8%。芥酸含量 0.1%,饼粕硫苷含量 30.37 μmol/g,含油量 40.89%。

适宜种植区域　适宜四川、重庆、云南、贵州和陕西汉中、安康油菜区种植。

（4）汉油 9 号

登 记 编 号　GPD 油菜（2020）610074

育　种　者　汉中市农业科学研究所

品 种 来 源　1003-2AB×08-H16

特征特性　甘蓝型半冬性细胞核雄性不育两系杂交种。全生育期 227 d，比对照秦优 7 号早熟 1 d。幼苗半直立，叶色深绿，叶缘锯齿状，裂叶 3～4 对，有缺刻，叶面有蜡粉，无刺毛；花瓣黄色、侧叠、复瓦状排列；角果斜生，中长、中宽；籽粒黑色，抗倒性强。株高 186.4 cm，一次有效分枝数 12.6 个，匀生分枝类型，单株有效角果数 458.6 个，每角粒数 20.22 粒，千粒重 3.40 g。芥酸含量 0.02%，硫苷含量 30.49 μmol/g，含油量 43.35%。菌核病鉴定为低感-中抗。

产量和品质　2009—2010 年度参加陕西省陕南灌区油菜区域试验，平均亩产 175.2 kg，比对照秦优 7 号增产 4.5%，居试验第二位；2010—2011 年度续试，平均亩产 196.7 kg，比对照秦优 7 号增产 8.9%，居试验第一位。两年平均亩产 186.9 kg，比对照秦优 7 号增产 7.0%；2010—2011 年度生产试验，平均亩产 206.3 kg，比对照秦优 7 号增产 8.1%。

适宜区域：适宜在四川、重庆、湖北、湖南、安徽、江苏和陕西汉中、安康地区秋播种植。

（5）邡油 777

登 记 编 号　GPD 油菜（2019）510073

育　种　者　汉中市农业科学研究所，四川邡牌种业有限公司

品 种 来 源　Z11×Y4

特征特性　甘蓝型半冬性化杀两系杂交种。幼苗半直立，叶色绿，叶缘锯齿状，裂叶 2～3 对，有缺刻，叶面有少量蜡粉，少刺毛，花瓣黄色、侧叠、覆瓦状排列，角果平生，长、中宽，籽粒黑色。在长江上游（四川、重庆、贵州、陕西、云南）生育期平均 209.8 d，株高 193.5 cm，分枝部位 63.7 cm，单株有效角果数 352.2 个，每角粒数 19.0 粒，千粒重 4.35 g。在长江中游（湖北、湖南、江西）生育期平均 215.7 d，株高 171.5 cm，分枝部位 77.8 cm，单株有效角果数 271.7 个，每角粒数 18.5 粒，千粒重 4.37 g。在长江下游（安徽、江苏、浙江）生育期平均 224.8 d，株高 161.9 cm，分枝部位 57.2 cm，单株有效角果数 283.8 个，每角粒数 21.7 粒，千粒重 4.60 g。低抗菌核病、感病毒病。冻害指数 6.55，抗倒性强。

产量和品质　第 1 生长周期亩产 213.5 kg，比对照秦优 10 号增产 4.96%；第 2 生长周期亩产 214.3 kg，比对照秦优 10 号增产 6.21%。芥酸含量 0.02%，硫苷含量 18.40 μmol/g，含油量 49.56%。

适宜种植区域　适宜在湖北、湖南、江西、安徽、江苏、浙江、四川、重庆、贵州、云南、河南信阳、陕西汉中和安康地区、甘肃陇南作冬油菜秋季种植，新疆、甘肃大部、青海互助春油菜区春季种植。

（6）汉油 1618

登 记 编 号　陕油登字 2016003

育　种　者　汉中市农业科学研究所

品 种 来 源　汉 3A×772R

特征特性　甘蓝型半冬性细胞质雄性不育三系杂交种。全生育期 226.67 d，比对照秦优 10 号晚熟 1 d。幼苗半直立，叶色绿，叶缘细锯齿状，裂叶 2～3 对，有缺刻，叶面有蜡粉，无刺毛；花瓣黄色、侧叠、复瓦状排列；角果斜生，中长、中宽；籽粒黑褐色，抗倒性强。密度 3 万株/亩时株高 167.01 cm，一次有效分枝数 5.73 个，匀生分枝类型，单株有效角果数 218.97 个，每

角粒数 21.51 粒,千粒重 4.19 g。菌核病鉴定为低感-低抗。

产量和品质 2013—2014 年度参加陕西省陕南灌区油菜区域试验,亩产 180.59 kg,比对照秦优 10 号增产 5.61%,居试验第三位;2014—2015 年度续试,亩产 188.23 kg,比对照秦优 10 号增产 5.37%,居试验第二位。两年平均亩产 184.41 kg,比对照秦优 10 号增产 5.49%;2014—2015 年度生产试验,亩产 190.73 kg,比对照秦优 10 号增产 7.01%,居试验第一位。芥酸含量 0.10%,硫苷含量 18.34 μmol/g,含油量 46.04%。

适宜种植区域 适宜陕西汉中、安康地区种植。

(7)汉油 12 号

登记编号 GPD 油菜(2020)610056

育 种 者 汉中市农业科学研究所

品种来源 312A×Q10R

特征特性 甘蓝型半冬性细胞质雄性不育三系杂交种。全生育期 212 d。幼苗半直立,子叶肾脏形,苗期叶近椭圆,蜡粉极少,叶绿色,顶叶中等,有裂叶 4～5 对,茎紫色,花黄色,花瓣侧叠。种子黑褐色,近圆形。角果上举,中长、中宽。密度 2 万株/亩时,株高 182.1 cm,一次有效分枝数 7.3 个,匀生分枝类型,单株有效角果数 282.7 个,每角粒数 19.0 粒,千粒重 3.34 g。低抗菌核病,抗病毒病,抗倒伏能力较强。

产量和品质 2015—2016 年度参加西南地区油菜联合品种比较试验,亩产 188.99 kg,比对照南油 12 号增产 4.07%;2016—2017 年度续试,亩产 193.38 kg,比对照蓉油 18 号增产 4.83%。芥酸含量 0.60%,硫苷含量 32.21 μmol/g,含油量 40.51%。

适宜种植区域 适宜在陕西南部汉中、长江上游区云南、贵州、四川成都、重庆,长江中游区湖北、湖南、江西,长江下游区安徽、江苏、浙江冬油菜种植地区秋季种植。

(8)汉油 13 号

登记编号 GPD 油菜(2019)610101

育 种 者 汉中市农业科学研究所

品种来源 汉 3A×6702R

特征特性 甘蓝型半冬性细胞质雄性不育三系杂交种。生育期 221 d。幼苗半直立,子叶肾脏形,苗期叶近椭圆,有蜡粉,叶绿色,顶叶中等,有裂叶 3～4 对,茎绿色,花黄色,花瓣侧叠。种子黑色,近圆形。角果斜上生,中长、中宽;籽粒黑色,抗倒性强。直播株高 163.83 cm,一次有效分枝数 6.32 个,匀生分枝类型,单株有效角果数 213.05 个,每角粒数 21.35 粒,千粒重 3.67 g。低感菌核病,抗寒性中等、低抗裂荚、抗倒性强。

产量和品质 2016—2017 年度参加陕西省陕南罐区油菜联合品种试验,平均亩产 204.95 kg,比对照秦优 10 号增产 3.03%;2017—2018 年度续试,平均亩产 173.64 kg,比对照秦优 10 号增产 5.92%。芥酸含量 0.15%,硫苷含量 17.88 μmol/g,含油量 41.73%。

适宜种植区域 适宜在陕西南部汉中、安康地区,长江上游的四川、重庆、云南、贵州,长江中游的湖北、湖南、江西,长江下游的安徽、江苏、浙江冬油菜种植地区秋季种植。

(9)汉油 14 号

登记编号 GPD 油菜(2020)610055

育 种 者 汉中市农业科学研究所

品种来源 汉 3A×14R

特征特性 甘蓝型半冬性细胞质雄性不育三系杂交种。全生育期213.8 d。幼苗半直立，子叶肾脏形，苗期叶近椭圆，蜡粉极少，叶绿色，顶叶中等，有裂叶5对，茎绿色，花黄色，花瓣侧叠。种子黑褐色，近圆形。角果上举，中长、中宽。密度2万株/亩时株高193.4 cm，一次有效分枝数6.76个，匀生分枝类型，单株有效角果数258.7个，每角粒数20.12粒，千粒重4.34 g。中抗菌核病，抗病毒病，抗倒性强。

产量和品质 2016—2017年度参加西南地区油菜联合品种比较试验，亩产184.28 kg，比对照蓉油18增产5.15%；2017—2018年度续试，亩产179.60 kg，比对照蓉油18增产1.7%。芥酸含量0.41%，硫苷含量28.58 μmol/g，含油量42.16%。

适宜种植区域 适宜在陕西南部汉中，长江上游区云南、贵州、四川成都、重庆，长江中游区湖北、湖南、江西，长江下游区安徽、江苏、浙江冬油菜种植地区秋季种植。

（10）汉油28

登 记 编 号 GPD油菜（2019）610195

育 种 者 汉中市农业科学研究所

品 种 来 源 汉3A×C1R

特征特性 甘蓝型半冬性细胞质不育三系杂交种。平均生育期214 d。幼苗半直立，子叶肾脏形，苗期叶椭圆，有蜡粉，叶绿色，顶叶中等，有裂叶3～4对，茎绿色，花黄色，花瓣侧叠。种子黑褐色，近圆形。株高185.72 cm，分枝部位82.06 cm。单株有效角果数为317.95个，每角粒数17.3粒，千粒重4.37 g，不育株率1.09%。感菌核病，抗病毒病，抗寒性强，抗裂荚。

产量和品质 2014—2015年度参加陕西省陕南灌区油菜区域试验，亩产178.05 kg，比对照秦优10号增产4.47%；2015—2016年度续试，亩产180.05 kg，比对照秦优10号增产5.61%。芥酸含量0.21%，硫苷含量17.12 μmol/g，含油量44.16%。

适宜种植区域 适宜陕西汉中、安康地区种植。

（11）汉油1428

登 记 编 号 GPD油菜（2019）610196

育 种 者 汉中市农业科学研究所

品 种 来 源 汉3A×S12R

特征特性 甘蓝型半冬性细胞质不育三系杂交种。平均生育期226 d。幼苗半直立，子叶肾脏形，苗期叶椭圆，有蜡粉极少，叶中等绿色，顶叶中等，有裂叶4～5对，茎绿色，花黄色，花瓣侧叠。种子黑褐色，近圆形。株高177.97 cm，分枝部位62.31 cm。单株有效角果数为272.79个，每角粒数22.20粒，千粒重3.89 g。中抗菌核病，抗病毒病，抗倒性强。

产量和品质 2015—2016年度参加陕西省陕南灌区油菜区域试验，亩产181.03 kg，比对照秦优10号增产7.88%，居试验第一位；2016—2017年度续试，亩产204.51 kg，比对照秦优10号增产7.41%。两年平均亩产192.77 kg，比对照增产7.65%。芥酸含量0.035%，硫苷含量15.87 μmol/g，含油量44.63%。

适宜种植区域 适宜陕西汉中、安康地区种植。

（12）华油杂62

登 记 编 号 GPD油菜（2018）420200

育 种 者 湖北国科高新技术有限公司，华中农业大学

品 种 来 源 2063A×05-P71-2

特征特性　甘蓝型半冬性波里马细胞质雄性不育系杂交种。长江下游区域全生育期230 d,长江中游区域全生育期平均 219 d,内蒙古、新疆及甘肃、青海低海拔地区的春油菜主产区全生育期 140.5 d。苗期长势中等,半直立,叶片缺刻较深,叶色浓绿,叶缘浅锯齿,无缺刻,蜡粉较厚,叶片无刺毛。花瓣大、黄色、侧叠。长江下游区域株高 147.8 cm,一次有效分枝数7.8 个,单株有效角果数 333.1 个,每角粒数 22.7 粒,千粒重 3.62 g。长江中游区域平均株高177 cm,一次有效分枝数 8 个,单株有效角果数 299.5 个,每角粒数 21.2 粒,千粒重 3.77 g。内蒙古、新疆及甘肃、青海低海拔地区的春油菜主产区株高 157.1 cm,一次有效分枝数 5.17个,单株有效角果数 231.2 个,每角粒数 25.53 粒,千粒重 4.11g。长江下游区域菌核病发病率 20.59%,病指 9.35;病毒病发病率 4.86%,病指 1.74。低感菌核病,中抗病毒病,抗倒性较强。长江中游区域菌核病发病率 10.93%,病指 7.07;病毒病发病率 1.25%,病指 0.87。内蒙古、新疆及甘肃、青海低海拔地区的春油菜主产区菌核病发病率 17.75%,病指 8.52,低抗菌核病,抗倒性强。

产量和品质　第 1 生长周期亩产 177.3kg,比对照秦优 7 号增产 12.5%;第 2 生长周期亩产 168.5 kg,比对照秦优 7 号增产 4.7%。长江下游区域芥酸含量 0.45%,饼粕硫苷含量29.68 μmol/g,含油量 41.46%;长江中游区域芥酸含量 0.75%,饼粕硫苷含量 29.00 μmol/g,含油量 40.58%;内蒙古、新疆及甘肃、青海低海拔地区饼粕硫苷含量 29.64 μmol/g,含油量 43.46%。

适宜种植区域　适宜在湖北、湖南、江西、上海、浙江、安徽和江苏两省淮河以南地区冬油菜主产区秋播种植,也适宜在内蒙古、新疆及甘肃、青海两省低海拔地区的春油菜主产区春播种植。

(13)中双 9 号

登记编号　GPD 油菜(2017)420055

育　种　者　中国农业科学院油料作物研究所

品种来源　(中油 821/双低油菜品系 84004)//中双 4 号变异株系。

特征特性　半冬性甘蓝型常规种。全生育期 220 d 左右,比对照中油杂 2 号早 1 d。幼苗半匍匐,叶色深绿,长柄叶,叶片厚,大顶叶。越冬习性为半直立,叶片裂片为缺刻型,叶缘波状,花瓣颜色淡黄色。株高 155 cm 左右,分枝部位 30 cm 左右,一次有效分枝数 9 个左右,主花序长度 65 cm 左右,单株有效角果数 331 个左右,角果着生角度为斜生型,每角粒数 20 粒左右,千粒重 3.63 g 左右,种皮颜色深褐色。田间抗性调查结果:菌核病平均发病率 6.83%、病指 3.14,病毒病平均发病率 0.4%、病指 0.13。2005 年抗病鉴定结果:低抗菌核病,低抗病毒病。抗倒性强。

产量和品质　第 1 生长周期亩产 172.74 kg,比对照中油 821 增产 7.29%;第 2 生长周期亩产 145.27 kg,比对照中油杂 2 号减产 9.96%。平均芥酸含量 0.22%,硫苷含量 17.05 μmol/g(饼),含油量为 42.58%。

适宜种植区域　适宜在湖南、湖北、江西油菜主产区种植。

(14)陕油 28

审定编号　陕审油 2014002 号

育　种　者　西北农林科技大学

品种来源　9024A×1521C

特征特性　甘蓝型半冬性细胞质雄性不育三系杂交品种。全生育期231.5 d。苗期直立,顶叶大圆,叶淡绿色,蜡粉轻,叶片长度中等,裂叶浅。花瓣黄色,侧叠;籽粒黑色,近圆形,饱满。株高178.0 cm,匀生分枝。一次有效分枝数7.2个,单株有效角果数209.0个,角果中粗,黄绿色,斜生。每角粒数20.3粒,千粒重3.80 g。根系侧根发育好。抗倒伏,耐寒,耐旱,抗菌核病。

产量和品质　第1生长周期亩产204.8 kg,比对照秦优10号增产0.2%;第2生长周期亩产193.7 kg,比对照秦优10号增产11.93%。含油量45.25%,芥酸含量0.04%,硫苷含量18.02 μmol/g。

适宜种植区域　适宜在陕西汉中、安康秋季种植。

(15)沣油737

登 记 编 号　GPD油菜(2017)430090

育 种 者　湖南省农科院作物研究所

品种来源　湘5A×6150R

特征特性　甘蓝型半冬性细胞质雄性不育三系杂交品种。全生育期231.8 d,比对照秦优7号早熟3 d。幼苗半直立,子叶肾脏形,叶色浓绿,叶柄短。花瓣中等黄色。种子黑褐色,圆形。平均株高152.6 cm,中生分枝类型,单株有效角果数483.6个,每角粒数22.2粒,千粒重3.59 g。中感菌核病,抗病毒病,抗寒性较强,抗倒性较强,抗裂荚性一般。

产量和品质　第1生长周期亩产180.5 kg,比对照秦优7号增产5.0%;第2生长周期亩产174.9 kg,比对照秦优7号增产16.99%。芥酸含量0.05%,硫苷含量20.3 μmol/g,含油量44.86%。

适宜种植区域　适宜在湖北、湖南、江西、上海、浙江和陕西汉中、安康地区,以及安徽和江苏两省淮河以南冬油菜主产区秋播种植;甘肃、内蒙古、青海和新疆伊犁春油菜区春播种植。

(16)浙油51

审 定 编 号　浙审油2009001

育 种 者　浙江省农科院作物与核技术利用研究所,浙江勿忘农种业股份有限公司

品种来源　9603/宁油10号

特征特性　甘蓝型半冬性常规种。生育期230.4 d。幼苗直立,叶片圆形,叶缘波状,裂叶2对,绿色。株高151.4 cm,有效分枝位59.56 cm,一次有效分枝数8.82个,主花长度50.31 cm,主花序有效角果数59.71个,单株有效角果数279.54个,每角粒数21.21粒,千粒重3.93 g。中感菌核病,低抗病毒病,抗倒性较强,抗寒性略优于对照。

产量和品质　第1生长周期亩产185.9 kg,比对照秦优10号减产0.8%;第2生长周期亩产217.6 kg,比对照秦优10号增产5.7%。芥酸含量0.3%,硫苷含量22.68 μmol/g,含油量48.54%。

适宜种植区域　适宜在浙江、上海、江苏和安徽两省淮河以南以及湖南、江西冬油菜区种植。

(17)秦优10号

登 记 编 号　GPD油菜(2017)610193

育 种 者　陕西省咸阳市农业科学研究院

品种来源　2168A×5009C

特征特性　甘蓝型双低油菜半冬性质不育三系杂交种。陕西省全生育期 230～248 d,长江下游区全生育期 233～240d。幼苗半直立,叶色绿,色浅,叶大、薄,裂叶数量中等,深裂叶,叶缘锯齿状,有蜡粉,花瓣中大,侧叠,花色浅黄。一般株高 171.5 cm,匀生分枝,分枝位高 40 cm 左右,单株有效分枝数 9.3～11.0 个,单株有效角果数 455.81 个,每角粒数 21.21 粒,千粒重 3.44 g,籽粒黑色。低抗菌核病、中抗病毒病、抗倒性强、抗寒性中等。

产量和品质　第 1 生长周期亩产 176.99 kg,比对照皖油 14 增产 13.47%;第 2 生长周期亩产 174.94 kg,比对照秦优 7 号增产 6.07%。芥酸含量 0.2%～0.27%,硫苷 27.97～29.06 μmol/g,含油率 42.72%～42.8%。

适宜种植区域　适宜在浙江、上海、江苏淮河以南、安徽淮河以南、陕西关中和陕南冬油菜区种植。

(18)油研 10 号

登记编号　GPD 油菜(2017)520031

育　种　者　贵州省农业科学院油料研究所,贵州禾睦福种子有限公司

品种来源　27821A×942

特征特性　甘蓝型半冬性核不育杂交种。全生育期平均 223 d。幼苗半直立,子叶肾形、心叶微紫、深裂叶、裂叶 3～4 对、顶叶角粒数 19 个,千粒重 3.4 g。经农业部油料及制品质量监督检验测试中心区试抽样椭圆形,花黄色。平均株高 176 cm,一次分枝 8 个,单株有效角果数 403 个。低感菌核病,低抗病毒病,抗倒性较强。

产量和品质　第 1 生长周期亩产 158.74 kg,比对照油研 7 号增产 6.68%,第 2 生长周期亩产 140.68 kg,比对照中油 821 增产 12.83%。芥酸含量 0.36%,硫苷含量 21.56 μmol/g,含油量 44.45%。

适宜种植区域　适宜在贵州、四川、云南、重庆、湖南、湖北、江西、浙江、上海九省(市)和江苏、安徽两省的淮河以南地区的冬油菜主产区种植。

(19)秦优 7 号

审定编号　国审油 2004014

育　种　者　陕西省杂交油菜研究中心

品种来源　雄性不育系陕 3A×恢复系 K407

特征特性　甘蓝型弱冬性杂交种。全生育期在黄淮区 245 d,在长江下游区 226 d。裂叶型,顶裂片圆大,叶色深绿,花色黄,花瓣大而侧叠,匀生分枝,角果浅紫色,直生中长较粗而粒多。在每亩 1.2 万株密度下,株高 164.2～182.7 cm,一次有效分枝 8.1～9.3 个,单株有效角果 288.5～342.9 个,每角粒数 23.1～25.7 粒,千粒重 3.0～3.2 g。菌核病略高于中油 821,较抗病毒病,耐肥抗倒性强。

产量和品质　第 1 生长周期亩产 192.2 kg,比对照秦油 2 号增产 0.37%;第 2 生长周期亩产 190.26 kg,比对照秦油 2 号增产 4.5%。芥酸含量 0.39%,硫苷含量 25.36 μmol/g,含油量 43%。

适宜种植区域　适宜在黄淮地区及陕西、河南、江苏、安徽、浙江、上海、湖南、湖北、江西、贵州油菜产区种植。

(20)华油杂 12 号

审定编号　鄂审油 2005004,国审油 2006005

育 种 者 武汉联农种业科技有限责任公司,华中农业大学

品种来源 195A×7-5

特征特性 半冬性甘蓝型两系杂交种。全生育期 218 d 左右。幼苗半直立,子叶肾脏形,苗期叶为圆叶形,有蜡粉,叶深绿色,顶叶中等,有裂叶 2～3 对;株高 173 cm 左右,株型为扇形紧凑,匀生分枝类型;一次有效分枝 9 个左右,主花序长 85 cm 左右;茎绿色;花黄色,花瓣相互重叠。单株有效角果数 356 个左右,主花序角果长 8.5 cm 左右,每角粒数 21 粒左右,种子黑褐色,近圆形,千粒重 3.28 g 左右。菌核病平均发病率 10.81%、病指 5.75,病毒病平均发病率 1.93%、病指 1.28。2005 年抗病鉴定结果:中抗菌核病,低抗病毒病。抗倒性中等。

产量和品质 2003—2004 年度参加长江中游区油菜品种区域试验,亩产 182.58 kg,比对照中油 821 增产 13.41% ;2004—2005 年度续试,亩产 161.2 kg,比对照中油杂 2 号减产 0.08% ;两年区试平均亩产 171.89 kg。2004—2005 年度参加生产试验,亩产 175.79 kg,比对照中油杂 2 号增产 11.09%。芥酸含量 0.45%,硫苷含量 20.53 μmol/g(饼),含油量 41.68%。

适宜种植区域 适宜在长江中游地区的湖北、湖南、江西的油菜主产区种植,生产上不宜早播,注意防治菌核病。也适合在云南、贵州、四川、重庆、陕西汉中油菜产区种植。

(三)播种

1. 种子的播前处理 在生产上通常讲"良种良法配套""好种出好苗",幼苗是否健壮与种子质量的好坏密切相关。播种前种子处理是作物栽培的重要措施,在油菜生产上同样广泛适用。一般来讲,饱满均匀、生命力强的种子,长出的苗健壮、整齐度好;差的种子,播种后出苗不齐或即使出苗幼苗素质差。因此,播种前对种子进行处理,对确保全苗壮苗以及丰产有很大作用。

(1)精选种子 播种前,要进行种子精选,可用风选、筛选、比重法分选、精选机分选等,除去秕粒、杂质,选择大粒饱满的种子使用。风选是利用种子的乘风率不同进行精选种子,可除去秕粒、残留荚果壳、草屑、泥灰、杂物,提高种子的净度和质量。筛选是利用孔筛分选种子,可除去秕粒、细粒,提高种子的整齐度。比重法分选是利用液体比重精选不同轻重的种子,常用盐水或泥水选种,一般是将种子放入浓度 10% 的食盐水或相对密度为 1.05～1.08 的泥水中,不断搅拌,静置 5～10 min,捞出漂浮在水面上的秕粒和杂物,取出下沉饱满的种子,立即用清水冲洗数次,并及时摊晾,待播种使用。

(2)测定发芽势和发芽率 播种前取油菜种子进行发芽试验,确定种子的发芽势和发芽率。一般发芽率要达 90% 以上,若发芽势差、发芽率过低,达不到规定则不能作为大田播种,否则会影响田间出苗率,难以达到要求的群体密度。

(3)晒种 播种前 1 周左右,要将种子晒种 1～2 d,每天晒 3～4 h,可提高种子酶的活性,提高胚的生活力,也可降低种子含水量,增强种子播后吸水能力、发芽势和发芽率。晒种还可以杀死部分种子表面的病菌,从而减轻病害。晒种需要注意的是不能将种子直接摊放在水泥地上,或盛于金属容器中晾晒,以免温度过高烧伤种子。

(4)消毒 种子消毒是预防作物病虫害的重要环节之一。油菜的霜霉病、白锈病等可经过消毒处理把病虫消灭在播种之前。一是用 1% 的石灰水浸种,一般浸种 1～3 d,浸种时间长短根据气温高低来确定,气温高则浸种时间短,气温低则浸种时间长。二是药剂拌种。播种前,

用杀菌剂拌种或浸种可有效杀灭油菜种子表面的病菌,利于培育健壮的幼苗。高建芹等(2017)探索不同烯效唑处理浓度和育苗密度对毯状秧苗质量、成熟期植株性状及产量的影响。结果得出,烯效唑浸种处理后,油菜秧苗高度降低,叶片数增加,根颈变粗,根系活力增强,下胚轴缩短,地上部干重减少,地下部干重增加,有利于培育矮壮苗;烯效唑浸种处理后,单株角果数、千粒重和实收产量增加,其中以 15 mg/L 处理产量最高,10 mg/L 和 20 mg/L 处理产量相当。依据茬口,当需要适栽苗龄为 30 d 时,浸种浓度为 10 mg/L,育苗密度可达 450 万株/hm²;当需要苗龄延长到 40 d 时,浸种浓度则需增加到 20 mg/L,且育苗密度应≤300 万株/hm²。

2. 适期播种与合理密植 汉中盆地油菜种植实行秋(冬)播种。

(1)播种日期范围 适宜的播种期能充分利用自然界的光、温、水资源,使油菜生长发育协调进行,从而利于获得高产。播种期主要考虑以下几点原则:一是要根据气候条件,要利于油菜苗期生长发育;二是要根据种植制度,如前茬作物收获期,移栽的还要考虑苗龄期长短(一般甘蓝型中晚熟品种的适宜移栽苗龄在 40~50 d,早中熟品种苗龄 30~40 d);三是要根据品种特性,偏冬性品种适时早播,偏春性品种适当推迟播种,早熟品种或中早熟品种播期宜在适宜范围内晚播,中熟或是中晚熟品种宜在适宜范围内早播,白菜型和芥菜型的多为直播,甘蓝型的多是育苗移栽;四是根据病虫害发生规律,避开高发期。不同地区适宜播种的时间不同。经过多年试验和调查,汉中地区油菜高产育苗期一般在气温稳定通过 16~20 ℃时为宜。海拔560 m 左右的平川地区高产育苗期为 9 月 1—10 日,海拔 800 m 以上的山区 8 月 25—31 日播种。直播、机播高产播期为 9 月 20—30 日。

(2)种植密度范围 油菜的合理密植范围与地点、时间、气候条件、播种方式、品种特性、生产水平有着密切的联系。一般早播密度小、迟播密度大;直播密度大、移栽密度小;甘蓝型品种密度小、芥菜型和白菜型品种密度稍大;生产水平高的密度可小些,生产水平低的密度稍大。各地油菜适宜种植密度存在一定差异。一般肥力地块 8000 株/亩左右为宜,中等肥力地块10000 株/亩左右,山区贫瘠地块 12000 株/亩左右。据侯国佐等(2008)介绍,贵州油菜种植合理密度范围,甘蓝型品种,种于肥沃土壤的,种植密度为 4000~8000 株/亩;土质较瘦的为6000~10000 株/亩。芥菜型油菜品种一般在 10000 株/亩左右,白菜型品种在 12000 株/亩左右。在高寒地区,随着海拔的增高,密度也相应增大。梁项书(2016)在贵州省从江县洛香镇以棉油 11 号设置播期和播种量的两因素试验,结果得出播种期与密度的互作对直播油菜产量有极显著的影响,9 月 10 日和 9 月 30 日播种均能取得较高产量,9 月 20 日播种的以 22.5 万~30 万株/hm² 密度为宜,9 月 30 日播种以 30.0 万~37.5 万株/hm² 密度为宜。曹正强等(2011)介绍了江西省新建区油菜育苗移栽在 9 月中下旬播种,10 月中下旬移栽,一般栽植 18万株/hm²。

3. 播期与密度对油菜产量和品质的影响

(1)产量构成因子 油菜的产量构成因子很多,主要有单位面积株数、单株有效分枝数、单株角果数、每角实粒数、千粒重等。

吴和生等(2015)介绍了他们在东台市开展的直播油菜播种期研究试验。结果表明,东台沿河地区直播油菜最佳播种期在 9 月 25 日至 10 月 5 日,10 月中旬播种产量明显下降,10 月下旬播种与适期播种相比产量下降达 20%~30%。

(2)播期和密度对油菜产量和品质的影响 播期和密度主要是通过改变产量构成因子影响油菜的产量。油菜品质性状包括茎(叶)品质和油菜籽品质。茎(叶)品质有干物质、粗纤维、粗蛋白等。油菜籽品质主要有含油量、蛋白质、硫苷、油酸、芥酸、亚油酸等。

4. 播种方式和方法　汉中盆地油菜栽培历史悠久,种植区域广泛,栽培方式和习惯也非常多样,但主要有直播和育苗移栽两种播种方式。不同的历史阶段下,随栽培品种、种植目标、劳动力条件和生产力水平等因素的变化,冬油菜播种方式也在不断转变和发展。新中国成立初期,油菜以直播种植为主,到 20 世纪 60 年代中期以直播为主而育苗移栽开始起步,20 世纪 80 年代育苗移栽方式实现全面推广并长期应用,再到当前直播和育苗移栽两种栽培方式并存。

(1)种子直播　直播是将油菜种子直接播入本田。直播油菜根系发达,主根入土深,具有操作简单、省时省工、经济效益高的优点,且易于进行机械化的播种和收获,已成为冬油菜发展的主要方向。白菜型品种和芥菜型品种常采用种子直播,甘蓝型品种直播和移栽均可。按耕作方式直播又分免耕直播和翻耕直播。直播方法有条播、窝播(点播)、撒播等。冬油菜播种深度一般在 2 cm 以内。直播一般将种子与细土、煤灰、草木灰、基肥等拌匀,湿度以撒籽时既疏散又不扬灰为宜。条播即为在大田上开行种植,种子播于行内,有宽行条播和宽窄行条播之分,行距配置与品种特性有关。撒播则随性大,管理粗放,为低产播种方式。

(2)育苗移栽　育苗移栽是通过苗床育苗选取壮苗移入大田的栽培方式。该技术可有效解决多熟制轮作中前后季作物的茬口矛盾,并有利于增强个体生长潜力和抗逆能力从而实现高产稳产。但育苗移栽过程烦琐费力,劳动力需求量大,种植密度难以提高,同时水、肥资源投入较多。育苗移栽是中国南方油菜产区油菜高产稳产的一项关键措施。油菜育苗移栽可适时早播,利于培育壮苗。按耕作方式育苗移栽又分免耕(板茬)移栽、翻耕移栽。育苗移栽的关键在于掌握好适宜的育苗时期和移栽时期。育苗时期和方法:目前生产上应用广泛的是常规育苗方法。一般在临近油菜播种时间范围,而前茬作物未完成收获和耕地整理,为了解决茬口矛盾,确保油菜适期播种,需要提前进行育苗。目前生产上普遍运用常规育苗方法。通常选择邻近移栽本田的地块作为苗床,这样可减少幼苗搬运的劳动量。根据生产实践经验,苗床要选在背风向阳、水源方便、保水保肥性强、土壤疏松肥沃的沙壤土或壤土,旱土可选择玉米地、甘薯地、花生地或早收的夏收作物地作苗床,不可选用种植十字花科的蔬菜地作为苗床,在旱地少的地方亦可选择稻田作苗床。一般苗床规格要求畦面宽 120 cm 左右,沟宽 30 cm 左右,耕深 10～13 cm。开厢后将底肥(用腐熟优质有机肥 2000 kg/亩左右,过磷酸钙 25 kg 左右,有的地方要增施硼肥)撒施于厢面,结合碎土将底肥均匀混于 6～10 cm 深处,反复碎土使厢面达到"平、细、实"的要求。一般在播种前根据土壤湿度泼施清粪水,为出苗创造良好的土壤环境。根据移栽田面积、苗床幼苗密度、种子发芽率等确定苗床面积。播种要落籽均匀,根据苗床土壤水分和气候条件可确定是否覆土,一般用细土均匀覆盖 1 cm 即可,然后用稻草、小拱棚等进行覆盖。播种后要做好水分、温度、覆盖物揭除、匀苗定苗、苗床追肥、病虫防治等管理。近年来,山西、江苏、云南等地将蔬菜、水稻、烟草上广泛应用的基质穴盘育苗、毯状苗育苗、漂浮育苗等技术在油菜上开展试验示范,并取得较好效果,具有较大的推广潜力。

移栽时期和方法:移栽时期是幼苗进入本田生长的起始阶段。移栽期过早或过晚,苗龄过短或过长,均不能发挥育苗移栽的作用。适宜的移栽时期应根据品种特性、气候条件、产量水平来确定。陕南地区的适宜播种期,育苗平川 9 月 1—10 日播种,山区 8 月 25—31 日播种,直播 9 月 20 日至 10 月 10 日。当幼苗长成,且达到壮苗指标,苗龄适宜,本田整地开厢就绪,已进入移栽期范围,即可抢季节移栽。苗床起苗前检查苗床湿度,干旱则提前浇水,起苗时用铲刀、锄头等工具起松幼苗根层土壤,应尽量减少根、叶损伤,保留根系越多,并适当带土移栽,做到即起即移,有利于幼苗成活返青和本田生长。切忌用手直接拔苗。起苗时选择大小相对一致的幼苗,做到分级移栽,剔除小、弱、病、高脚苗、杂苗等不合格幼苗。移栽前根据设定密度,按行株距配置进行移栽,移栽时确保根部土壤细碎,用细土压紧幼苗根部,但不能压断根茎,并用细土覆盖,若田间干旱应浇定根水。常采用的移栽方法有正方形、宽行密株、宽窄行、穴植等移栽方法。采用基质育苗、漂浮育苗等新育苗技术培育的幼苗一般在 4～5 片叶或播种后 20～23 d 苗龄开始移栽。

蒋兰等(2019)提出毯状油菜秧苗移栽时期为苗龄 30～40 d,苗高≤18 cm。

(3)平作和垄作　平作也叫平翻耕作,就是在平翻或耙茬的耕作基础上,进行直接播种或移栽,是世界上运用历史最久、分布最广的耕作方法,是中国南方多数地区旱田所采用的耕法。垄作也叫垄作耕作法,是在平整的耕地上,通过铧犁或人工,创造出垄形,形成了垄台、垄沟的小地形结构。垄作可以比平作增加 30% 左右的地表面积。垄作比平作更有利于地积温的积累;垄栽比平栽能减少移栽时期对干物质积累的不利影响。

(4)等行距与宽窄行　等行距是指种植时行与行之间等距离种植。宽窄行,是指采用宽行和窄行相间排列的种植方式。

汉中油菜大部分以平作等行距种植为主,人工直播行距为 40～50 cm,机械直播行距为 33 cm 左右,移栽油菜行距为 60～70 cm。极少部分采用垄作免耕直播和宽窄行种植。汉中油菜宽窄行种植行距以窄行 25～33 cm、宽行 60～66 cm 为宜。

汉中山区由于地块较小、大型机械操作困难等因素,基本采用人工育苗移栽、人工直播、撒播或兴农炮喷播;汉中平川地区实现油菜机械播种,土壤墒情是关键因素。由于油菜种植季节正值雨季,汉中平川地区机械播种应该具备下列条件之一,一是沙壤土质利于机械播种,不受天气影响;二是播种时未遇淋雨天气,土壤不黏重墒情适合机播。播种机械推荐选用 2BFQ-6 型或川龙 2BYJ-4 型精量直播机,同时完成灭茬、旋耕、开沟、施肥、播种、覆土工序。播种量一般以 0.2～0.3 kg/亩为宜,遇天气干旱,播量可适量增加。确保基本苗达到 2.0 万～2.5 万株/亩。同时要加强田管。

(四)种植方式

1. 单作　油菜是一个良好的用地养地兼用茬口作物。油菜有白菜型、芥菜型、甘蓝型三种类型,有半冬性、冬性、春性的特性,生育期长短差异大,播种方式多样等因素使得它的种植方式多样。以单作为主,也有间作、套作,还可以轮作,在一年二熟、一年三熟制地区应用广泛。

单作是油菜采取的主要种植方式。作物种植行向会引起植株间日照时间和辐照度的差异,沿南北行向株间照射时间比沿东西行向株间的要长,透光率要高,秋(冬)油菜采取南北行向种植可以增加日照时间,改善田间透光条件。薛小勤等(2006)的研究结果与此一致。

薛艳等(2016)在陕西省汉中市研究了栽培密度对机直播油菜汉油 8 号产量与抗病性的影响,结果表明行宽 40 cm,栽培密度以 30 万～36 万株/hm² 范围时,汉油 8 号可获得较高产量(210.04～215.91 kg/亩),继续增加密度,油菜菌核病加重,倒伏明显。

2. 间、套作　间、套作是在同地实现多熟种植的常见方式。余海成等(2008)介绍了陕西省西乡县油菜—夏玉米—秋马铃薯免耕栽培技术模式。该模式种植带型宽度为 1.33 m,在带内一侧移栽两行油菜,油菜行距 50 cm,株距 15～20 cm,空带 83 cm,移栽密度 0.50 万～0.65 万株/亩;油菜收获后在油菜空带中央种植两行玉米,玉米间距 50 cm,穴距 30 cm,空带 83 cm,密度 3300 株/亩;秋马铃薯在玉米收获前种植于玉米空带上,每带两行,两行间距 30 cm,穴距 25 cm,密度 4000 穴/亩。10 月玉米收获后,在马铃薯空带上移栽油菜,即开始第二次循环。

杜善保等(2014)介绍了陕西省延安市宝塔区山地苹果园套种油菜的试验简报,该模式主栽苹果红富士,种植密度 4 m×4 m,供试油菜为抗寒、耐冻芥菜型油菜延油 2 号,结果表明,延油 2 号可以安全越冬,适播期以 8 月中旬和下旬为宜,越冬死亡率随着播种期的推迟而加大,9 月中旬播种,越冬死亡率达到了 63.4%,产草量和土壤覆盖率低,生草效应不明显,延油 2 号与苹果花期重叠,有利于招蜂引蝶,促进苹果授粉。

3. 轮作及连作　轮作指同一田块上有顺序地在季节间和年度间轮换种植不同作物的种植方式。连作指同一块土地上连年种植相同的作物或采用同一复种方式的种植方式,前者称为连作,后者称为复种连作。具体模式因地而异。

(五)田间管理

1. 中耕　中耕主要是松动表层土壤,一般结合除草,在降雨、灌溉后以及土壤板结时进行。中耕锄草,既起到松土结合除草作用,又避免使用除草剂对环境的污染。是作物生育期中在株行间进行的表土耕作。可采用手锄、中耕犁、齿耙和各种耕耘器等工具。中耕可疏松表土、增加土壤通气性、提高地温,促进好气微生物活动和养分有效化、去除杂草、促使根系伸展、调节土壤水分状况。一般油菜进入冬季的时候,即油菜叶片达到 5 片左右开始中耕。

2. 科学施肥　除基肥、追肥、肥料种类、施用时期、方法、作用等方面依常规施肥原则外,应依据当地实际平衡施肥。

王小英等(2013)曾评价了陕南秦巴山区油菜施肥状况。在陕南秦巴山区测土配方施肥项目(2006—2009 年)11 个县 2576 户调查数据的基础上,对该地区油菜施肥现状及农户养分资源投入进行了系统分析和评价。结果表明,陕南秦巴山区油菜平均产量为 2355 kg/hm^2,产量中等的农户占 60.68%。总氮(N)、磷(P_2O_5)、钾(K_2O)养分投入量分别为 179 kg/hm^2、80 kg/hm^2、54 kg/hm^2,其中,化肥氮(N)、磷(P_2O_5)、钾(K_2O)养分投入量分别为 145 kg/hm^2、62 kg/hm^2、34 kg/hm^2。整体化肥氮、磷、钾施用量与产量都有显著的相关性,且各养分投入均表现出报酬递减趋势。根据养分分级等级,农户化肥氮、磷、钾肥投入合理比例分别为 38.55%、27.60%、25.89%,过量的比例分别为 15.22%、26.24%、10.33%,不足比例分别为 46.23%、46.16%、63.78%。将化肥养分投入不足的农户施肥量增加到合理水平,陕南秦巴山区油菜可增产 5.62 万 t。另外,施用有机肥和硼肥的农户比例分别只有 45.26% 和 41.73%;施用硼肥平均增产 101 kg/hm^2,说明通过合理施肥,该区域油菜产量仍有较大增产潜力。该区域油菜施肥存在的问题是:氮肥和磷肥投入过量和不足并存,钾肥、硼肥和有机肥投入不足比较普遍。

赵佐平等(2017)介绍,为了解陕南秦巴山区主要农作物水稻、油菜测土配方施肥实施效果,依据 2009—2013 年连续 5 年测土配方施肥试验中主要农作物水稻、油菜 3 种不同施肥处理(习惯施肥、推荐施肥和不施肥处理)的 326 个试验数据,同时结合连续 2 年调查数据,对陕南秦巴山区主要农作物施肥经济效益作了评价。结果显示,与习惯施肥相比,水稻施肥量:氮(N)159±32 kg/hm^2,磷(P_2O_5)79±20 kg/hm^2,钾(K_2O)86±26 kg/hm^2;油菜施肥量:氮

(N)154±25 kg/hm²,磷(P₂O₅)77±13 kg/hm²,钾(K₂O)65±21 kg/hm² 条件下分别增产 703 kg/hm² 和 341 kg/hm²,增产率分别为 8.3%和 14.9%。

高鹏等(2011)在陕西省汉中市勉县进行了中油杂 4 号油菜品种的"3414"肥效试验。结果表明,油菜产量随着 N、P、K 施用量的增加而增大,但当肥料施用量超过氮(N)15.65 kg/亩、磷(P₂O₅)5.97 kg/亩、钾(K₂O)3.75 kg/亩时,油菜的产量随着施肥量的增大而减小。各处理中,产量最高的为 N2P2K1,即亩施 N12 kg、P₂O₅ 5 kg、K₂O 2 kg,最高产量为 227.5kg/亩。

张成兵等(2018)在陕西省汉中市汉台区宗营镇通过不同氮肥水平对直播油菜汉油 8 号产量及抗倒性的影响,确定汉油 8 号在汉中地区种植最优施肥水平区间:①在 210～240 kg/hm² 的肥力区间,汉油 8 号的产量最高;②成熟期汉油 8 号在不同氮肥水下的倒伏指数大小顺序为 150 kg/hm²＞270 kg/hm²＞180 kg/hm²＞210 kg/hm²＞240 kg/hm²;③汉油 8 号成熟期抗折力大小顺序为 210 kg/hm²＞180 kg/hm²＞240 kg/hm²＞150 kg/hm²＞170 kg/hm²。汉油 8 号在汉中地区种植最优施肥水平区间,成熟期随着干物质的积累,抗折力明显加强,可以作为后期汉油 8 号抗倒能力的指标。

3. 水分管理 油菜生育期对水分较为敏感,若自然降水不足、水源不足,需根据实际情况采取节水灌溉。移栽时可采用浇定根水、淋施清粪水等节水方式,冬灌、返青期、蕾薹期、花荚期等生育时期可因地制宜应用小畦或短沟灌,干旱常发生地区亦可采用滴灌方式,秋(冬)油菜苗期应采取浇水灌溉,移栽时要及时浇定根水,冬前灌越冬水,返青后薹期根据田间墒情适期灌溉,花期遇干旱可视情况灌溉。灌溉时可结合追肥进行。

冬季一般干旱,降水较少,干旱会加重冻害,造成死苗。因此,在油菜生长存在越冬的地区,应该进行冬灌,并达到一定灌溉量,提高土壤水分,提高地温,缩小土壤昼夜温差,减轻冻害死苗现象,确保油菜安全越冬。一般长势好的油菜可在土壤封冻前 10～15 d 灌水,长势较差的应适当提早灌溉,促进长成冬发壮苗。如淮北地区在"大雪"前后、土地封冻前进行冬灌。

4. 防病、治虫、除草

(1)常见病害 油菜田常见病害种类有病毒病、菌核病、霜霉病、灰霉病、缺素症(N、P、K、B)、黑胫病、白粉病、白锈病、黑腐病、根腐病、猝倒病、腐烂病、黑斑病等。汉中油菜的主要病害有苗期的立枯病、霜霉病、黑斑病,花期的菌核病、病毒病及部分地区的根肿病。具体见第四章第一节。

(2)常见虫害 常见虫害种类有油菜跳甲类、茎象甲、菜粉蝶、蚜虫(包括桃蚜、菜蚜、甘蓝蚜)、菜蛾、菜青虫、潜叶蝇等。汉中油菜的主要虫害有蚜虫、跳甲、小菜蛾、菜青虫和茎蠖甲等。具体见四章第一节。

(3)常见杂草 油菜田(土)杂草种类很多,涉及禾本科、菊科、十字花科、石竹科、玄参科、蓼科、唇形科、豆科、苋科、大戟科、毛茛科、天南星科、茜草科、莎草科、伞形科、旋花科、木贼科、车前科、大戟科等 20 余科、100 多种(含变种)。常见杂草有看麦娘、网草、早熟禾、牛繁缕、猪殃殃、稻搓菜、野老鹳草、大巢菜、一年蓬、野胡萝卜、鼠菊、雀舌草、播娘蒿、荠菜、碎米荠、婆婆纳、鼠曲草、野燕麦、卷耳、蚤缀、棒头草、茵草、大巢菜、小巢菜、周草、藜、地肤、芭买菜、菵麻、通泉草、狗牙根、虎尾草、飞蓬、鼠麹草、小蓟、艾蒿、苦苣菜、泥胡菜、苜蓿、半夏、香附子、牛毛毡、野芹菜、田旋花、节节草、辣蓼、酸模叶蓼、车前、泽漆、益母草、薄荷、毛茛、匙叶鼠曲草、泽珍珠菜、酢浆草、胜红蓟、问荆、三叶鬼针草、猪毛蒿、野豌豆等。具体见第四章第一节。

（六）适时收获

1. 成熟标准　油菜为总状无限花序,开花期不齐,在同一时期内,油菜单株成熟度是不一致的,对于油菜的成熟标准,提法也并不统一。有的认为当油菜植株有 2/3 以上的荚果自然黄熟时,为油菜成熟期。

蔡志遵(1980)依据油菜的生物学特性,拟定出了油菜成熟度和成熟指数的概念,将油菜的成熟度分为 0、1、2、3、4 五个级别。

1977 年,中国农业科学院油料作物研究所将油菜的成熟过程分为绿熟、黄熟和完熟 3 个时期,这也是目前最为广泛接受的提法,在本文中,主要阐述这个定义。

油菜角果的成熟,是按开花的先后依次成熟的,即主轴先熟,然后第一次分枝自上而下逐渐成熟,接着二、三次分枝也开始成熟。油菜成熟过程中,有着一系列的内部生理和外部形态方面的变化,从内部生理来看,干物质不断积累,各种物质进行转化,主要是碳水化合物通过脂肪酶的合成作用转化成脂肪,在油菜种子的子叶开始形成时,子叶中就有油滴出现,以后脂肪的含量随着种子重量的增加而增多。同时,随着种子内部物质积累和转化的同时,种子逐渐充实饱满,外部的颜色也由淡白色变为品种固有的颜色,角果皮也由绿色变为黄绿色,最后转变为黄色。根据油菜角果皮和种皮颜色的变化将成熟过程分为绿熟、黄熟和完熟 3 个时期。

（1）绿熟期　油菜主茎上面仍有绿色叶片 3~5 片,主花序下部角果皮颜色部分开始由绿色变为黄绿色,但主花序上部及分枝上的角果仍保持绿色;种皮逐渐由无色或灰白色转为绿色;幼胚发育完全,颜色呈绿色,子叶饱满充实,油状液滴消失,用手轻压子叶分离不破碎。

（2）黄熟期　主茎颜色呈淡黄或灰白色,个别植株尚留 1~2 片叶,主花序角果皮颜色呈现黄色,并富有光泽。各分支靠近果序基部的角果已经开始褪色,中、上部角果皮颜色转变为黄绿色;种皮颜色大部分由绿色转变为黄褐色至黑色(或黄色),子叶呈现黄色,种子充实饱满。

（3）完熟期　主茎颜色呈黄白色,叶片全部枯落,且植株枝干易折断;绝大多数的种子呈现出油菜品种的固有色泽;角果皮极易开裂。

2. 收获时期　在生产实践中,农民总结出"八成熟,十成收;十成熟,两成丢"的收获经验,非常形象地说明了适时收获的意义。油菜成熟期间,角果很易开裂,种子无休眠期,收获期又比较短促,而且在收获季节里,汉中地区常有阴雨天气,因此,掌握油菜成熟特点,结合天气情况,以及后作的播种或栽插和劳动力的安排等,正确适时收获油菜,保证油菜丰产丰收,是油菜栽培中最后也是最重要的工作之一。

根据前文油菜不同成熟时期的特点,可以发现在绿熟期收获为时过早,这时收获的种子大部分不够饱满,晒干后种皮呈现淡绿色或红色,种皮皱缩,秕粒多,含油量也只有正常种子的70% 左右。据研究,甘蓝型油菜终花后 16 d 进行收获,产量只有成熟的 83.6%;但是如果到完熟期再收获,果皮易炸裂,落粒严重,收获时裂果落粒损失一般达 5%~10%,若收获时遇气候条件不好,产量损失更大。一般来说,油菜在终花后的 25~30 d,全田和全株角果 2/3 以上呈现黄色,种皮呈现固有色泽,种子已变硬,两个手指用力一搓可成两瓣,分枝上部还有 1/3 左右的角果为绿色,正是最佳收获期的表现。

针对菜薹的收获时期,周燕等(2017)试验研究了不同时期摘薹对油蔬两用油菜油研 10 号产量、农艺性状和综合经济效益的影响。结果表明,不摘薹虽菜籽产量显著高于摘薹处理,但综合经济效益较低;摘薹后株高、有效分枝高度、一次有效分枝数、一次有效角果数降低;薹高

60 cm 时(2 月 5 日)摘薹,菜薹产量、全株有效角果数、单株籽粒产量均显著高于其余处理。因此,对于有食用菜薹习惯的地区,为了最大限度地不影响油菜籽的产量,应在薹高 60 cm 左右时摘薹。针对油菜的机械化收获,宜收获时期也有些许不同。左青松等(2014)以华油杂 62 为材料,测定 70% 油菜角果变黄至角果明显炸裂时期机械收获的产量损失、植株不同部位水分含量、粒重和籽粒含油量等指标,研究不同收获时期对产量损失率和籽粒品质的影响。试验表明,机械收获的产量总损失率为 7.00%~15.80%,随着收获时期逐渐推迟,总损失率先降低后增加。产量损失分为自然脱粒损失、割台损失和清选脱粒损失。割台损失率随收获时期推迟逐渐增加,占总损失率的 7.80%~31.01%;清选和脱粒损失率随收获时期推迟逐渐降低,是机械收获中最大的损失部分,占总损失率的 56.87%~92.20%。总损失率与籽粒、角果皮、主花序和分枝水分含量均呈极显著正相关。籽粒水分含量为 16.23% 时,千粒重和含油率最高,随籽粒水分含量的下降,千粒重、含油率、全碳含量和 C/N 值均略有降低。油菜机械化收获以籽粒和角果皮水分含量在 11%~13% 时为宜,此期的千粒重、油分含量、机械收获产量和产油量均较高。

汉中平坝油菜田收获时期一般为 5 月上旬,约在油菜终花后 30 d 左右。以全田有 2/3 的角果呈黄绿色、主轴中部角果呈枇杷色、全株仍有 1/3 角果呈绿色时收获为宜。采用机械收获的田块其收获时间应推迟 3~5 d。油菜适宜收获期较短,要掌握好时机,抓紧晴天抢收。山地油菜田的收获时期较平坝油菜田收获时期晚一周左右。

3. 收获方法　收获时,为了防止油菜角果爆裂造成产量损失,以阴天收获或早上露水未干时进行收获为宜。油菜收获的方法分为人工收获和机械化收获。

(1)人工收获　人工收获的方法有拔株和割秆两种,其中拔株收获法用工较多,干燥较慢且泥土容易混到种子中不易清理,使菜籽达不到应该有的纯度标准,降低油菜的品质和出油率。但是,拔株有利于油菜的后熟作用,就算比一般成熟时期提早收获 5 d,产量也不会受很大影响,因此,此收获方法可以在土质疏松、争抢农时季节的情况下酌情使用。另外一种方法就是割秆收获法,该方法较为省工,干燥也较快,泥土不容易混到种子中,一般油菜是八成熟收割,在收割后 5~7 d 完成后熟。针对油菜的脱粒,不同地区也有不同的习惯。例如,贵州的遵义、绥阳、湄潭等地,在收获后一般将油菜分成小堆放置在田间 3~5 d,再用竹席或塑料布等就地脱粒,可以减少运输的劳力和调节晒坝;但是贵阳等地区,收获后大多运回晒坝堆放,但无论采用哪种方式,都要做好准备工作,防止雨水浸淋,造成发霉变质,而且要抢晴天翻晒脱粒。对于刚脱粒的油菜籽,一般含水量在 15%~30%,不能立即堆放,更不能置于麻袋之中,必须摊晒,如遇阴雨天气,也应在室内摊晾风干,同时在晾或晒的过程中,要勤翻动,以免菜籽晾晒不匀,引起发热变质,按照规定的菜籽含水量标准,菜籽的干燥程度应该为含水 10% 以下,否则种子不能入仓。

(2)机械化收获　机械化收获油菜可节省用工,降低劳动强度。中国油菜收获机械化技术还处于示范试验阶段,目前主要采用分段收获和联合收获两种机械收获方式。一是分段收获,这种方式收获期较长,机械作业成本高,但能提高油菜品质,降低水分,增加产量。具体方法是先由人工或割晒机切割铺放,割茬 25~30 cm,厚度 8~10 cm,经 5~7 d 晾晒后当籽粒含水量下降到 14% 以下时,再用联合收割机捡拾、输送、脱粒、秸秆还田。二是联合收获,以前主要利用稻麦联合收割机,稍加结构改进和调整后进行油菜收获、秸秆还田作业,这种机具工效高,作业成本低,可避开阴雨灾害,油菜适当晚收有利于油菜后熟,但收获损失率一般为 15%~

20%。目前已经有专用油菜收获机并取得良好进展,机械收获损失率可控制在低于 5%,含杂率低于 3%,每小时能收获和脱粒油菜 2000～3000 m²。吴崇友等(2014)试验研究表明,机械化分段收获平均损失率为 3.2%,比联合收获(平均损失率 6.51%)下降 50.8%,分段收获比联合收获每公顷经济效益提高 361 元,腾地时间提早 4.8 d,对作物适应性强,籽粒和秸秆含水率较低,利于菜籽保存和秸秆粉碎,但存在机器两次下地作业,适应阴雨天气能力差,且在小田块、小规模的条件下难以显示出效率高的缺点;联合收获具有便捷、高效的优点,但对作物适应性差、损失率高、适收期短。两种收获方式收获的菜籽品质没有显著差异。考虑到中国长江流域越冬油菜种植区域广泛,移栽与直播并存的种植方式,稻—油、棉—油等轮作制度,茬口衔接紧张等实际条件,分段收获方式应该是较好的选择。而且随着土地流转、经营规模的扩大,分段收获机器两次下地的劣势将得到弥补。但是对于种植规模小、田块小、收获期间多阴雨天的地区,联合收获具有便捷性和灵活性的优势,特别是对于产量不高的油菜采用联合收获效果较好。两种收获方式各有利弊,分别适应不同区域和气候条件,应该因地制宜选择应用。对于品种方面,采用机械收获最好选用分枝部位较高、角果层集中、成熟期较一致、茎秆坚硬抗倒、角果不易炸裂的品种种植,并采用直播方式适当增加密度。

汉中平坝地块小以人工分段收获为主,机械化收获较少。山地油菜田主要是坡地,均为人工分段收获。

4. 收后处理

(1)贮藏与种子品质的关系　油菜脱粒后,种子内部仍然进行着复杂的生理和生物化学的变化。因此,在堆放贮藏过程中,常会出现发热现象,造成菜籽品质下降。油菜堆藏过程中的发热,是由于大量的种子进行强烈的呼吸作用引起的。种子从空气中吸收氧气,在脂肪酶的作用下,分解所贮藏的有机物质,最后产生 CO_2 和水,并释放出热能。种子呼吸作用的强度,随水分含量的多少和温度的高低而变化。当种子含水量高、温度高时,呼吸作用迅速增强,所以入仓菜籽含水量过高,在贮藏中呼吸作用必然旺盛。由于呼吸作用产生的水和放出的热量会进一步增加种子的温度和湿度,结果呼吸作用更强烈进行,种子因此发生霉变。同时,入仓的种子,如果没有风干扬净,混有泥土、残角果皮和破碎种子、杂草,这些夹杂物将更加有利于微生物活动,由于微生物的发育和生命活动所要求的条件与种子呼吸作用的条件基本一致,所以呼吸作用越旺盛,微生物的活动就越强,以致这些夹杂物将成为霉变的中心,微生物的分泌物还能引起种子腐烂。

另外,油菜籽富含脂肪,在各类脂肪中,又以不饱和的芥子酸含量较多,其次,还有一定比例的亚油酸、花生酸。这些不饱和的脂肪酸在脂肪酶尤其是脂肪氧化酶的作用下,在空气中氧化形成氧化物,这种氧化物具有极强的氧化力,能继续氧化各种物质,本身也不断分解,最后形成醛和酮,这些物质的产生使油脂品质变劣、脂肪酸败、味苦,发出令人不愉快的气味。

含水量符合风干标准的菜籽,入仓之后,种子由于处于休眠状态,酶的活性低,种子内生理生化变化微弱,物质代谢缓慢,贮藏比较安全。但是油菜籽即使贮藏在低温干燥的环境条件下,发芽率和含油量也都有逐年下降的趋势。据研究,贮藏两年以上的油菜籽发芽率降低到80%以下,发芽势降低到 50% 以下,含油量降低 3.31%,已不符合种用的要求。若种子水分含量为 14.6% 时,贮藏 1 年后发芽率只有 45.1%,到第 2 年完全丧失发芽率。作为种用的菜籽,最好是当年的种子,才能保证发芽率达到 80% 以上的要求,而且出苗整齐,苗势健壮。

(2)油菜籽贮藏的方法　郑江龙(2018)归纳了油菜籽的 4 种贮藏方法,分别为拌盐法、干燥法、化学贮藏法和自然缺氧贮藏法。

① 拌盐法　这是一种简易的油菜籽贮藏方法。将油菜籽与食用盐按照 100∶1 的比例，在新收获的油菜籽中拌入食用盐，利用盐降低水分，抑制酶的活动，使脂肪不易分解。此法不仅可在 5 d 内维持新鲜油菜籽的稳定性，而且能基本确保其出油率保持在原来的 95% 左右。

② 干燥法　干燥法分为日晒干燥和机械烘干两种方式。

日晒干燥：将收获的新鲜油菜籽在晴天出晒，摊薄勤翻，整晒一天可减少含水量 5% 左右，甚至可降低 8%～9% 而不影响出油率和发芽率，质量胜于烘干。

机械烘干：利用机械烘干时，要求烘干机中的热风温度不超过 80～85 ℃，温度过高会对种子造成伤害。但不论晒干或者烘干的油菜籽，都必须在冷凉后才能进仓贮藏，否则会导致油菜籽堆内的温度过高，促使脂肪分解，进而降低出油率，同时进仓前还需除去油菜籽中的杂物及病菌后入库。另外，即使油菜籽经过处理，但一般还会有 1%～2% 的杂质，杂质中常常含有微生物和虫卵，易生虫，故与其他植物油原料相比，其贮藏稳定性较差。

③ 化学贮藏法　在阴雨天气中抢收的油菜籽，水分通常在 20% 以上，高的可达 50% 左右，有时水分超过干重，必须进行紧急处理。对于高水分的油菜籽可用化学贮藏法。该方法是用塑料薄膜密封，每立方米投磷化铝片剂 9～12 g，可以杀灭和抑制霉菌繁殖，制止油菜籽发热和生芽，对已生芽的可迅速促其萎缩，对已发热的则可迅速降温。另外，由于油菜籽的呼吸作用，油菜籽堆内会产生大量的 CO_2，并最终达到绝氧状态，从而使油菜籽在 2～3 周内基本保持稳定。这样就为延长油菜籽贮藏时间赢得了时间，并可择机安排日晒，以减少损失。

④ 自然缺氧贮藏法　主要应用于雨天抢收的高水分油菜籽的贮藏，该方法不使用任何药剂，只利用微生物与油菜籽本身的强烈呼吸，将堆内氧气迅速耗尽，产生高浓度的 CO_2，反过来抑制油菜籽与微生物的生命活动，从而达到与化学贮藏相同的不生芽、不发热、不霉烂和降低温度的效果。但从贮藏后的油菜籽的品质方面来看，投放磷化铝的化学贮藏法略胜于自然缺氧贮藏法。缺氧密闭的方法，易于就地取材，操作简便，农户都可进行。凡可以起密闭作用的材料和容器，如农村育苗用的农用薄膜、塑料袋以及水缸、大菜坛子、水泥地、水泥船的中仓等都可使用。密闭时，先将油菜籽装在容器内或堆放在场地上，用薄膜覆盖，周围用 3 层报纸糊封，或用搅烂的稠泥压封，确保不漏气，如容器大，膜布小，可以用几块膜布拼接，拼缝折叠 3～4 层，用夹子夹紧。

（3）油菜籽贮藏的注意事项　贮藏油菜种子的场所，须具备干燥、低温和通风良好等条件，以减轻种子堆内热量的积聚，保持正常的发芽率和良好的品质。入仓之前，要清扫干净，做好防鼠、防虫、防潮工作，还要严格避免与化肥、农药或其他有害物品混存。堆藏厚度以 1.3～1.7 m 为宜。种子含水量是决定能否安全贮藏的主要因素，入仓种子含水量必须 10% 以下。脂肪含量高的种子，入仓含水量要比脂肪含量低的种子更低一些。此外，入仓的油菜籽还要干净，尽量清除夹杂物，减少微生物活动的场所，夹杂物绝对不能超过 5%。油菜籽堆藏过程中，内外温度相互传导很迟缓，内部热量向外扩散更缓慢，因此，晒过的热种子不宜立即堆藏，必须摊晾冷却后入仓，否则将发生"干烧"现象，使种子受损。由于具有内外温度相互传导迟缓的特点，低温入仓的菜籽，可以降低种子的呼吸强度，有利于贮藏。干燥的油菜籽有较高的吸湿力，因此，贮藏期间种子的含水量常随着周围空气湿度的增减而发生变化，所以贮藏期间必须经常检查，一旦发现种子受潮，就应尽早摊晒。在仓库和种子含水量都符合要求的条件下，一次入仓大约可贮藏 6 个月。长期贮藏的，必须 3～4 个月翻仓 1 次。而且，加强经常性的检查工作，防止发生意外。

三、移栽和免耕

(一)育苗移栽

育苗移栽是通过苗床育苗选取壮苗移入大田的栽培方式。育苗移栽油菜根系发达,吸水吸肥能力强,地上部生长快速,养分累积能力强,单株及大田产量高且用种量少,是传统的油菜高产栽培模式。

汉中属于一年两熟地区,以水稻—油菜轮作为主。油菜前茬作物以水稻为主,由于该地区秋季多淋雨,水稻收获后直播油菜因整地粗放,土壤黏重,养分不足,常常会造成死苗(化苗)。育苗移栽不仅可缓解汉中盆地"秋淋"问题,也可有效解决水稻—油菜轮作的茬口矛盾。通过挑选壮苗、大苗增强个体生长潜力和抗逆能力,确保油菜稳产、高产。谌国鹏等(2020)曾介绍,汉中的油菜生产主要集中在勉县、汉台、南郑、城固、洋县、西乡等平川六县(区),该区域主要实行稻—油轮作的种植模式,2015年以前生产方式以育苗移栽为主。由于人均耕地较少,户均油菜种植面积小,农户具有精耕细作的生产习惯,所以生产水平高,单产高。2010年高产创建曾创下了单产 4012.5 kg/hm^2 的陕西省百亩连片单产历史最高纪录,达到了长江中上游地区冬播油菜高产栽培领先水平。

王小英等(2013)在陕南秦巴山区测土配方施肥项目11个县2576户调查数据的基础上,对该地区油菜施肥现状及农户养分资源投入进行了系统分析和评价。结果表明,陕南秦巴山区油菜平均产量为 157 kg/亩,产量中等的农户占 60.7%。总氮、磷、钾养分投入量分别为12.0 kg/亩、5.4 kg/亩、3.6 kg/亩,其中化肥氮、磷、钾养分投入量分别为 9.7 kg/亩、4.1 kg/亩、2.7 kg/亩。整体化肥氮磷钾施用量与产量都有显著的相关性,且各养分投入均表现出报酬递减趋势。

李英等(2008)和罗纪石等(2007)根据科学试验和生产经验,结合当地气候条件,提出陕南油菜高产育苗期一般在气温稳定通过 16~20 ℃时为宜,适宜的播期应在"白露"前后 5 d 这段时间。中晚熟品种高产育苗期为 9 月 1—5 日,山区可提前至 8 月底播种;早熟品种高产育苗期为 9 月 5—10 日。中晚熟品种的高产移栽期为 10 月 5—10 日,早熟品种为 10 月 10—15日,最迟不宜迟于 10 月 20 日。中晚熟品种直播高产播期为 9 月 20—30 日,早熟品种 9 月 25日至 10 月 5 日,最迟不超过 10 月 10 日。

李英等(2004)进行了中油杂 2 号移栽密度试验。研究表明,随密度增加,有苗高增加、根茎粗减小、叶面积系数降低、绿叶数减少、黄叶数增加的趋势,个体苗情呈下降趋势;分枝部位显著提高,分枝数明显减少、单株有效角果数显著减少,每角粒数减少、千粒重降低,单株产量显著下降,株高降低;随密度增加,产量表现出先增后减的趋势。试验表明:中油杂 2 号在陕南地区育苗移栽条件下,密度在 0.6 万~0.8 万株/亩时能够达到群体和个体的最佳协调。

王凤敏等(2013)以汉油 9 号为供试品种,采用五元二次正交旋转组合设计,开展了育苗播期、密度、氮肥、磷肥、钾肥对产量影响的研究。结果表明,各栽培因子对产量影响的大小顺序为:施氮量>施钾量>播期>磷肥>密度。各因素与产量的关系,每亩施纯氮 11.0 kg 产量最高,每亩施纯磷 6.4 kg 产量最高,每亩施纯钾 5.0 kg 产量最高;育苗播期为 9 月 1 日产量最高,密度为

0.82万株/亩时产量最高;产量＞210 kg/亩,相应的农艺措施为播期9月4—6日,密度0.78万～0.82万株/亩,纯氮量11.6～12.4 kg/亩,纯磷量5.7～6.3 kg/亩,纯钾量5.7～6.3 kg/亩。

习广清等(2019)经过多年试验和生产研究,制定出陕南油菜高产高效生产技术规程。他指出,草害是油菜生产的主要灾害之一,及时清除田间杂草对油菜生长极为有利。水稻收获后及时开沟排水,晾晒田面,在播种前3～5 d,亩用90%草甘膦150 mL兑水45 kg喷雾除杀杂草,在移栽油菜成活后4～7叶期,禾本科杂草于油菜3～4叶期亩用60 g精喹禾灵(浓度为50 g/L)兑水40 kg喷雾除草;双子叶杂草于油菜7～8叶期后用55 g高特克(30%悬浮剂)兑水40 kg喷雾除草;单双子叶同时发生的田块在油菜5～6叶期用50 g精喹禾灵＋50 g高特兑水40 kg喷雾除草。

王晓娥等(2020)对陕南油菜菌核病侵染循环及农业防治措施进行研究。指出通过多年定点定期观察研究发现,稻—油轮作模式比旱油轮作模式田间病菌子囊盘平均减少54.33%;陕南油菜菌核病侵染规律有大循环和小循环两种模式,防涝排湿是一项保苗防病的有效栽培措施,沟深25 cm时,可有效降低菌核病6.9%～19.0%;盛花末期摘除下部黄老病叶,可减少用药次数和用药量,符合绿色环保双减的要求。

根据以上研究,结合汉中当地生产实际,总结出了"双低"油菜育苗移栽高产栽培技术。其关键在于掌握好适宜的育苗时期和移栽时期。

1. 苗床地的选择　油菜是根系发达的作物,主根入土深,支根和细根多而分布广泛,因此,要选择耕层深厚的地块,土层结构良好具有较好的保水、保肥能力。土质以黏、沙为好,土壤pH在5～8,以6～7最为适合油菜生长。苗床地的选择一般需满足3个条件:一是选择临近移栽本田的地块作为苗床,从而减少幼苗搬运的劳动量;二是选择背风向阳、没有种过油菜或十字花科作物的地块;三是土壤疏松肥沃、地势平坦、排灌方便。通常苗床地与大田比为1:(4～5)。

2. 整地　整地目的在于加深土壤的疏松层,改善土壤的理化性质,调节土壤中的固相、液相、气相的比例,提高土温,加速土壤微生物的活动,为根系的生长发育创造良好的土壤环境。汉中油菜育苗前整地关键在于能否及时排出较多的水分。一般在水稻勾头散籽时及时提沟排水,对地下水位高的稻田和泥脚深的稻田还应提早10 d放水。为防止油菜播种后田间积水,要做到田间挖三沟(畦沟、腰沟、围沟),畦沟的宽度在20～40 cm、沟深15～30 cm,腰沟的宽度30～50cm、沟深20 cm,围沟深30～40 cm,沟沟相通。移栽油菜在整地的基础上保证移栽行土壤疏松细碎。移栽田整地与育苗地整地类似,不作细述。

3. 种子处理

(1)选种　播种前,要进行种子精选,去除杂质、秕粒,选择大粒饱满的种子使用。

(2)测发芽率　播种前,取油菜种子进行发芽试验,确定种子的发芽率。一般发芽率要达到90%以上,若发芽率过低,达不到规定则不能作为大田播种,否则会影响田间出苗率,难以达到要求的群体密度。

(3)晒种　播种前1周左右,要将种子晾晒1～2 d,每天晒3～4 h,可提高种子酶的活性,提高胚的生命力,也可降低种子的含水量,增强种子播后吸水能力、发芽势和发芽率。晒种还可以杀死部分种子表面的病菌,从而减轻病害。晒种需要注意的是:不能将种子直接摊放在水泥地上,或盛于金属容器中晾晒,以免温度过高烧伤种子。

4. 培育壮苗、防止高脚苗　当苗床面积过小或间苗、定苗不及时,很容易形成高脚苗或线苗。防止出现高脚苗或线苗的主要措施有：一是稀播、匀播，扩大生长空间；二是及时间苗、定苗；三是喷施多效唑。

(1)壮苗标准 苗龄以 30~35 d 为宜，苗高 20~23 cm，绿叶 6~7 片，根茎粗 0.6~0.7 cm，叶色青绿，叶片厚，叶柄短，根茎短粗，根系发达。

(2)施足底肥 播种前一周内耕整苗床，每亩施腐熟有机肥 1000~1500 kg，尿素 3~5 kg，过磷酸钙 25 kg，硼砂 1.0 kg，全层均匀施入床土中。

(3)苗床管理 出苗后 1 叶 1 心期进行间苗，3 叶 1 心期进行定苗，每平方米均匀留苗 100 株左右，每亩苗床用 15％多效唑粉剂 50 g 兑水 50 kg 均匀喷施培育矮壮苗，并及时进行苗期主要害虫防治。

5. 育苗时期及播种量 油菜发芽适温需要日平均温度 16~22 ℃，幼苗出叶需要 10~15 ℃以上才能顺利进行。决定播种期时，除考虑播种当时的温度外，还要考虑移栽后气温下降的快慢问题。油菜移栽后，至少还有 40~50 d 的有效生长期才能进入越冬(3 ℃以下)。即要求长足 7~8 片以上的绿色大叶，使能抵抗霜冻，保证安全越冬，次春早发。播期早或迟都影响油菜生育状况，从而影响产量。目前生产上推广的油菜品种属甘蓝型半冬性双低油菜，实行育苗移栽，适宜的播期应在"白露"前后 5 d 这段时间。汉中平坝地区 9 月 8—12 日、浅山区 9 月 3—5 日、丘陵区 9 月 5—10 日、山区可提前至 8 月底播种。每亩苗床地播种量 0.50~0.75 kg。

6. 移栽时期及密度

(1)时期 汉中盆地中熟品种的高产移栽期为 10 月 5—15 日，早熟品种为 10 月 10—15 日，最迟不宜超过 10 月 20 日。一般在苗龄 30~35 d，绿叶 6~7 片，苗高 20~23 cm 开始移栽。要适当带土移栽，减少根叶损伤。移栽时做到边起苗、边移栽、边浇定根水，行要直、根要稳、棵要正，严把移栽质量关。

(2)密度 中熟品种高产适宜移栽密度为 0.6 万~0.8 万株/亩，早熟品种为 0.7 万~0.9 万株/亩。

7. 连片种植，确保"双低"品质 甘蓝型油菜自然异交率为 10％~30％，如果和"双高"品种插花种植，商品菜籽当年芥酸含量就要上升 5％以上。因此，为确保商品菜籽的品质，必须以一至数村甚至一个乡或几个乡连片种植。

8. 控氮增磷补钾配微平衡施肥 根据汉中油菜生产实际，施肥上遵循有机无机相结合，氮、磷、钾、硼配合施用原则，提倡测土配方施肥，氮、磷、钾按 1∶0.5∶0.5 的比例施用，每亩施纯氮(N)12 kg、磷(P_2O_5)6 kg、钾(K_2O)6 kg、硼砂 1 kg。使用时氮肥按底肥、苗肥、腊肥 5∶2∶3 的比例合理运筹，磷、钾、硼肥一次作底肥施入。60％氮肥作基苗肥，腊肥或早春接力肥占 10％左右，薹肥占 30％，做到见蕾就施(薹高 3~5 cm)。蕾薹期每亩用磷酸二氢钾和硼砂各 100 g 兑水 40 kg 喷施，起到保角增粒、增粒重的作用，脱肥田块还可加入 200 g 尿素一起喷施。

注重硼肥施用，防花而不实，严重的可造成颗粒无收。缺硼的主要症状：苗期缺硼时，幼根停止生长，幼叶缺绿变红色，生长点坏死，造成死苗；花期缺硼时，植株光开花不结果或结萝卜角果，花柱伸长、扭曲，病株后期可呈矮化型、徒长型或中间型。

9. 加强田间管理 苗期田间管理的目标是早生根、早发叶长苗，促进冬前生长。油菜移栽后要及时浇施定根水、开好"三沟"。如苗期叶色变黄，新叶出生慢，要结合墒情每亩追施尿素 3～6 kg 提苗,清理"三沟",做好抗旱防渍及病虫草害防治工作。移栽后半月左右结合追肥,及时中耕除草。

10. 油菜病虫害及其防治　汉中油菜的主要病害有苗期的立枯病、霜霉病、黑斑病等。虫害主要有蚜虫、跳甲、小菜蛾、菜青虫和茎象甲等。

(1)轮作换茬　油菜与禾本科作物轮作换茬可显著减少田间菌核积累,从而减少菌核数量。

(2)选用抗病品种　应选用抗逆性强、综合性状好的甘蓝型油菜品种。

(3)适时播种及加强田间管理工作　根据品种特性和气候条件适时播种移栽;施肥应重施基肥、苗肥、适花肥,使油菜花期生长健壮,茎秆坚硬,增强抗病能力;冬前和开春后要中耕松土 3～4 次,春季应注意清沟排水,降低田间湿度,以防渍害,增强根系活力;油菜盛花终花期要及时摘除老叶病叶增加植株通透性,改善田间气候,又可减少再侵染源,控制病害蔓延。

(4)农药防治　在油菜初花 1 周内每亩用 40%灰核宁 100 g 或 40%菌核净 100 g 或多菌灵 150 g 兑水 50 kg 喷雾。防治霜霉病可在苗期用 65%代森锌可湿性粉剂 150 g 加水喷雾。防治立枯病可喷洒 70%敌克松可湿性粉剂 600～800 倍液(敌克松易光解,要现用现配),也可喷洒 20%甲基立枯磷乳油 1200 倍液;油菜病毒病的防治重在控制蚜虫的病害。当油菜蚜虫、跳甲、小菜蛾、菜青虫和茎蟓甲发生时,用菊酯类农药加 40%乐果 1∶2000 倍液防治。

(5)农业防治　盛花末期摘"三叶",即主茎 1 m 以下的长柄叶、短柄叶、无柄叶,并带出田间,中断菌源。

11. 油菜草害及其防除　草害是油菜生产的主要灾害之一,及时清除田间杂草对油菜生长极为有利。一是提倡人工除草,结合中耕进行除草;二是化学除草,移栽前每公顷用 48%氟乐灵 2250 mL 兑水 600 kg 喷雾,在杂草 2～3 叶期或油菜 5～6 叶期,禾本科杂草占绝对优势的田块,用 10.8%高效盖草能或 15%精喹禾灵或烯草酮乳油 30 mL/亩进行防治;阔叶杂草占绝对优势的田块,选用 50%高特克(草除灵)悬浮剂 30 mL/亩进行防除;禾本科杂草和阔叶杂草并重时,用烯草酮＋草除灵禾阔双除。

12. 油菜冻害及其防治　冻害根据危害程度可造成不同程度的单产下降,严重还导致绝收。减产标准折算:1 级冻害可导致单产减产 5%,2 级冻害可减产 18%,3 级冻害减产 50%,4 级冻害绝收。

(1)清沟沥水,培土壅根　及时清沟排水,降低田间湿度,同时加深田外沟渠,预防渍害发生。要注意培土壅根,以减轻冻害对根系的伤害。

(2)摘除冻薹,清理冻叶　对已经受冻的早薹油菜,融冻后应在晴天及时摘除冻薹,以促进基部分枝生长,弥补冻害损失,切忌雨天进行,以免造成伤口腐烂。要及时清除呈明显水渍状的冻伤叶片,防止冻伤殃及整个植株,对明显变白或干枯的叶片要及时摘除。

(3)补施追肥,喷施硼肥　油菜受冻后,叶片和根系受到损伤,必须及时补充养分。摘薹后的田块,要视情况适当施肥,每亩追施 5～7 kg 尿素,以促进分枝生长。叶片受冻的油菜,要普遍追肥,每亩追施 3～5 kg 尿素,长势较差的田块可适当增加用量,使其尽快恢复生长。在追施氮肥的基础上,要适量补施钾肥,每亩施氯化钾 3～4 kg 或者根外喷施磷酸二氢钾 1～2 kg,以增加细胞质浓度,增强植株的抗寒能力,促灌浆壮籽。另外,每亩叶面喷施 0.1%～0.2%硼肥溶液 50 kg 左右,以促进花芽分化。

(4)加强测报,防治病害　油菜受冻后,较正常油菜更容易感病,要加强油菜病虫害的预测预报,密切注意发生发展动态。对发生菌核病的田块,要及时喷施多菌灵、甲基硫菌灵和代森锰锌等进行防治;对发生蚜虫危害的田块,要及时用蚜虱净、抗蚜威等喷雾防治。

(5)田间覆盖,提高地温　油菜在越冬前要搞好保温增温措施,有条件的地方可以在油菜田撒施草木灰或谷壳,覆盖适量稻草或畜禽粪,以保温防冻,同时可以在开春后向油菜提供养分。

13. 成熟后适时收获　油菜终花后 30 d 左右,当全株 2/3 角果呈黄绿色、主花序基部角果转现枇杷黄色、种皮变成黑褐色时,抢晴收获,改变收"火菜"的习惯。

(二)免耕栽培

免耕栽培是指农作物播种前不进行耕翻整地或只对播种层表土进行处理,就直接播种或移栽的方法。免耕属于保护性的一种耕作方式。与传统栽培技术相比,该技术具有改良土壤、培肥地力、促使作物增产、特别是在多雨的秋播季节,可抗淋播种、不违农时、确保产量等优势。

20 世纪 70—90 年代以来,油菜生产上主要推广"育苗移栽、精耕细作、稀植大株"等栽培技术,通过充分发挥品种的个体优势来提高产量水平,导致植株高大、茎秆粗壮、分枝多、成熟不一致,与油菜的机械化生产难以相互适应。近年来油菜生产模式已发生明显的变化,免耕、直播逐渐取代了育苗移栽,稻—油、棉—油等轮作模式也发生了明显的变化,种植密度也不断提高,逐步转为通过提高品种的群体优势来提高产量;种植密度提高后,油菜的株型结构、农艺性状、产量结构都会发生显著改变,迫切需要实施相配套的栽培技术措施。亟须通过研究相应油菜高产栽培技术为进一步提高油菜高产水平奠定基础(王竹云等,2019)。

近年来,随着农业结构的不断优化和农民生活水平的不断提高,农村劳动力逐渐向二、三产业转移,直接从事农业生产的劳动力日益减少,与优质油菜快速发展之间的矛盾日益突出,推广轻简化栽培方式,代替花工量多、劳动强度大的传统种植方式,显得非常重要而迫切。油菜传统上采用育苗移栽、翻耕点播等种植方式,劳动强度较大,生产效率较低,在用工季节劳动力需求矛盾突出,严重制约了油菜栽培面积的进一步扩大。为改善当前这种情况,油菜免耕栽培技术应运而生。

陕西省南部汉中市是长江流域油菜产区之一,该地区油菜播种移栽期往往与水稻茬口发生矛盾;同时常出现阴雨连绵或"夹秋旱"天气,加之冷浸田、土壤黏重导致翻耕整地困难也常延误油菜播种期。采用免耕栽培技术,既可缓解茬口矛盾、土壤黏重及湿害问题,又可节省劳力,加快播种进度,提高播种质量,获得高产(王法宏等,2003)。在干旱年份,当油菜育苗和移栽无法进行时,应大力推广油菜免耕技术,起到以播代育、降低干旱损失的作用。

1. 旱地免耕直播　旱地油菜免耕直播技术是一种集保护性与轻型栽培于一体的先进实用技术。近年来,随着农村劳力的转移,省工、节本、增效的油菜免耕直播轻型栽培技术备受农民青睐。免耕直播既可缓解汉中盆地浅山丘陵区人力、畜力、机械化水平受限以及茬口的矛盾,又不误农时,争取了季节,经济效益显著。同时免耕还能保肥保水,提高土壤保墒能力,利于有机质的积累(陈力力等,2018),对环境保护有着重要意义。

吴常习(2011)曾介绍了镇安县旱地油菜免耕高产栽培技术。他指出,旱地油菜免耕直播不仅减少了耕地、移栽的劳力投入,节约了生产成本,而且避免了因移栽时缺水成活率低,省水、省工、省力,有利于培育壮苗。直播油菜抗倒伏,其产量水平与育苗移栽油菜不相上下,是一项省工高产的栽培技术。镇安县选用的秦优 11 号杂交油菜,免耕直播平均亩产达 230 kg。

符明联等(2012)通过对不同种植方式下的产量和效益比较分析,评价地膜玉米田免耕直播油菜的种植模式和可行性。结果表明,地膜玉米田播种油菜采用破膜点播,利用残膜的保温保湿能力可达到保证全苗、促进幼苗生长的效果。苗期去除残膜中耕的免耕直播栽培方式,每亩商品油菜籽收获产量可达 268.2 kg,产值达 1206.9 元,纯收益 536.9 元,投入产出比 1∶1.8。产量产值和纯收益分别比常规翻耕栽培提高 18.9% 和 92.0%。利用破膜点播及揭膜免耕技术在干旱、低温油菜产区栽培油菜是可行的,与常规栽培方式相比,具有劳资投入少、省时、省力、高产量、高产值的特点,适合大面积推广应用。

张晓兰等(2015)曾介绍了隆阳区旱地油菜轻简化(少免耕)栽培技术研究与应用情况。她指出,按照四川农业科学院关于农业科技成果经济效益计算方法计算对该项目进行效益分析,有效使用面积 1.04 万 hm²,有效使用年限 3 年。单位面积产量 2839.2 kg/hm²,总产值 14763.8 万元,新增产值 1840.8 万元;同时,减少尿素费用 202.5 元/hm²;减少用工 24 个/hm²,减少用工费用 960 元/hm²。实现节支费用 1162.5 元/hm²,总节支费用 1209 万元。2 项合计,累计实现节本增效总额 3049.8 万元,新增总纯收益 2840.4 万元。新增总投资收益率比为 1∶13.6 元。

舒全等(2011)曾介绍,陕南浅山丘陵区旱地,常年以小麦复种夏玉米为主。但由于小麦成熟期晚,夏茬玉米光温不足,经济效益不高。自从扩种以绵油 11 号等为主的双低杂交油菜,较小麦早熟 20~25 d,夏玉米可提早 18~23 d 播种,经济效益比种植小麦和夏玉米增收 4200~4890 元/hm²。

翟英(2013)对汉中山旱地油菜高产栽培技术作了介绍,同时指出,旱地免耕直播的油菜具有宜播期长、生长势强、省劳力等优势。

从选地整地、适期播种、及时间苗与定苗、肥水管理、病虫草害防治等方面介绍了其栽培技术。

根据以上研究,并结合汉中山旱地油菜生产实际,将旱地免耕直播技术总结如下:

(1)选地整地 宜选用土壤肥力较好、土层深、结构良好、有机质含量高、排灌方便、前作未种十字花科作物的旱田块或地块。可在前茬作物收获前或收获后,每亩用 10% 草甘膦 400~500 mL 兑水 40 kg,喷雾除杀大田杂草,并及时开好"三沟",即田边沟、中沟、腰沟,沟宽 20~30 cm,深 30 cm。田边沟低于中沟、腰沟,做到沟沟相通,畦面平整。

(2)适期播种 旱地双低油菜直播期 9 月上旬至 10 月上中旬,最迟不超过 10 月底,立足早播,用种量为 0.2~0.3 kg/亩,迟播则要增加用种量。在前茬作物收获前或收获后,及时整地抢墒播种。播种后将前茬作物秸秆覆盖在行间有利于保墒和防止杂草生长。还可将种子与炒熟商品菜籽混合均匀撒播,播后用细土杂肥盖种或窝浇施少量淡粪水。

(3)播种方式 可分为条播、点穴播和喷播。为播种均匀,可采取定量播种。条播法:将易拉罐底部扎一个可出 1~2 粒种子的小孔,把已定量的种子装入易拉罐,顺水稻的稻茬行播种,或者沿稻茬行开深为 2~3 cm 的播种小槽,顺槽方向施足底肥,再用易拉罐顺槽播种,盖好灰粪或者拉绳人工顺绳均匀播种。点穴播法:汉中地区水稻的株行距一般为 25 cm×30 cm,播种油菜时以水稻留下的株行距为标准,将种子紧贴稻桩的基部播种,要求撒籽均匀,每穴播种 5~7 粒;喷播法:用背负式喷粉机进行喷播。喷播时,将油菜种子直接装入桶内,并借助操作人员行走速度、抛洒高低、喷口摆幅等来控制、调节播种的均匀度,转弯或掉头时应关闭排种的开关。

（4）及时间苗与定苗 直播油菜播种量偏大，密度偏高，应及时间、定苗，移密补缺。一般在 1 叶期开始间苗，2～3 叶期第 2 次间苗。4～5 叶期根据密度、地力肥瘦、播种早迟，确定合适的密度定苗，去病留健，去弱留壮，窝留 2～3 株（朱祚亮等，2009）；以留苗 1.5～3.0 万株/亩为宜，视苗情与气候，结合中长期天气预报，雨水充足则密度宜小，气候干燥密度宜大。结合间、定苗，及时查苗补缺，使全田疏密均匀，生长一致。

（5）肥水管理 直播油菜一般要求施足基肥，早施苗肥、重施腊肥、稳施薹肥。一般幼苗 4～6 叶时，追施促苗肥，施尿素 7.5～10.0 kg/亩。冬前追施腊肥，追施碳酸氢铵 30～35 kg/亩或尿素 11～13 kg/亩。蕾薹期和初花期做好叶面喷肥，用磷酸二氢钾 0.1 kg/亩，兑水 40～50 kg，叶面喷施 2～3 次（柴武高等，2010）。注意在抽薹期，当薹高 3 cm 左右时，结合叶面喷肥，喷施 0.2％硼砂溶液 50 kg/亩，以防止花而不实。同时还要特别注意采用提高双低优质油菜的耐旱性、耐湿性等农艺措施，遇旱要及时灌溉，遇雨水要及时排出。

（6）病虫草害防治 油菜病虫害主要有油菜菌核病、白粉病、小菜蛾、菜青虫、蚜虫、跳甲等。要特别加强对菌核病的防治，防治菌核病应认真贯彻预防为主、综合防治的方针，即在轮作换茬、开好"三沟"、降低田间湿度的基础上应用药剂防治。防治油菜菌核病、白粉病于苗期喷施 70％甲基托布津可湿性粉剂 1000 倍液，或 50％多菌灵 500 倍液 1～2 次。小菜蛾、菜青虫可用 5％锐劲特悬浮液 20～30 mL/亩，兑水 30～40 kg 喷雾防治；蚜虫、跳甲可用 2.5％敌杀死乳油 30 mL/亩兑水 40～50 kg 防治。油菜直播栽培要做好除草工作，一是提倡人工除草，结合中耕进行除草；二是化学除草，在播后 1～3 d（芽前）每亩用 50％的乙草胺乳油 50～75 g 兑水 50 kg（或禾耐斯）喷雾进行封闭除草。注意下雨天不用，以防大量死苗；在杂草 2～3 叶期或油菜 5～6 叶期，禾本科杂草占绝对优势的田块，用 10.8％高效盖草能或 15％精喹禾灵或烯草酮乳油 30mL/亩进行防治；阔叶杂草占绝对优势的田块，选用 50％高特克（草除灵）悬浮剂 30 mL/亩进行防除。禾本科杂草和阔叶杂草并重时，用烯草酮＋草除灵禾阔双除。

2. 稻茬免耕覆盖稻草直播 稻茬免耕覆盖稻草直播技术是指在前茬作物水稻收获后，土壤不经翻耕整地，经施药除草后，直接在田面耕种，然后用稻草覆盖，并结合相应的配套栽培技术，使油菜达到高产的一整套栽培技术体系。稻茬油菜免耕直播，相较于稻茬油菜免耕移栽，省去了育苗、移栽等生产环节，可以节省苗床，且进一步提高劳动效率，解决农忙季节的用工矛盾。具有保土、保水、保肥、省工、省力、省能、增产、增效、增收的优势。

美国人爱德华·富克娜早在 1943 年就提出免耕栽培观点，中国的免耕栽培最早来源于乡土实践，1982 年四川省眉山县的几个农民和农技人员，受田坎豆生长良好的启发，从解决翻耕（挖）难的目的出发，尝试着不翻耕土壤直接橇窝播种小麦，结果收成很好，从第二年开始扩大了试验面积。国外粮油作物生产早已形成一整套无公害、无污染的健身栽培技术体系，为了扩大生产规模，提高农产品价格竞争的优势，又具备安全保证的绿色食品降本增效，是今后粮油生产发展的必走之路。20 世纪 90 年代以来随着化学除草剂的规模应用，世界上有美国、加拿大、英国等 30 多个国家先后在早玉米、大豆等主要农作物上，开展了免（少）耕栽培研究和推广，且面积不断扩大，世界范围内至少有 6400 万 hm² 农田正在实施免耕。农业部于 1984 年将免耕技术立项，将稻、麦、油免（少）耕技术列入了重点科研项目，在四川盆地进行了历时 5 年的稻茬小麦、油菜免耕栽培技术的实验研究，研究结果表明：稻茬田小麦、油菜采用免耕栽培可改良土壤，培肥地力，促使作物增产，特别是在多雨的秋播季节，可抗淋播种，不违农时，确保产量，由此，农业部在全国开始了免耕栽培技术的推广应用。目前，该项技术已在水稻、小麦、玉米、马铃薯等粮食作物上推广应用。全国已形成包括南方地区水田连作免耕栽培模式等多种技术模式、北方地区旱地免耕栽培模式等多种技术模式，推广面积不断扩大。据农业部统计显示，2005 年全国粮食作物各类免耕栽培技术应用面积已经达 2.4 亿亩，占全国粮食作物种植面积的 15.4％。农业部要求各级农业部门要强化措施，积极稳妥地推进免耕栽培技术的集成创新和推广应用，力争到 2010 年全国粮食作物免耕栽培技术推广面积达到 3 亿亩，占粮食作物面积的比例达到 20％以上；与传统耕作栽培技术相比，平均每亩节约成本 50 元，提高粮食单产 5％左右。目前，广西、江西、江苏、安徽、湖北、四川等省（区）免耕技术在全国处于领先位置，与汉中市相邻的四川省免耕技术发展也很快，已在全省适宜区域的小麦、油菜、水稻等作物上广泛应用，年推广面积达千万亩。汉中市引进推广这项技术，发展步伐不断加快，已积累了许多成功经验，在全省率先发展，该项技术不仅在汉中市推广应用，也辐射带动了安康市的推广应用。

免耕技术的主要优点：

（1）培肥地力　免耕保持了土壤原有的层次，孔隙、毛细管不遭破坏、通透性好，保持了土壤表层肥料、微生物种群不被破坏，表土层肥力明显优于翻耕。由于水稻追肥多施在表层，以及水稻残茬和腐烂的根系，使免耕表土层残留了大量养分，这不仅为小麦生长提供了良好的营养条件，也有利于表土层土壤有机质的积累，提高土壤肥力。2005 年、2006 年勉县对稻茬麦油免耕盖草土壤容重测定结果表明，虽然免耕土壤容重高于翻耕，但连续免耕土壤容重则有下降趋势。免耕栽培每亩可还田秸秆 300 kg 左右，增加土壤有机质，不同土壤类型，免耕盖草和不盖草相比，土壤有机质含量提高，保持了良好的土壤结构，培肥地力，增强农业发展后劲。

（2）节本增效　实践证明，免耕技术能省工、省时、省种，操作简单、方便、易掌握，能大幅度地减轻劳动强度，节约用工、用种、缩短播种时间，能较好地把握高产播（栽）期，同时，是抗淋播种的最有效措施，一般每亩可直接节约投入 60～80 元，产量持平略增，是一项很好的节本增效技术。

（3）保护环境　随着农村经济的发展，农民经济条件逐步得到改善和提高，农村的耕地数量大大减少，再加上农村能源问题的逐步解决，过去作为饲料和燃料的稻草现在已经无用处，大部分农民在整地前将稻草在田间直接焚烧，农村焚烧作物秸秆已经成为一种公害，污染环境，影响交通，危及人身健康，已经成为各级政府难以有效解决的问题，每年都要下很大的力气，但效果还不十分理想。秸秆稻草覆盖技术为解决这一问题找到了出路，利于提高综合生产能力和绿色食品的生产，是一举多得的好措施，缓解了群众焚烧稻草对环境的污染。

3. 汉中油菜稻茬免耕覆盖稻草直播技术的发展现状　油菜是汉中的主要夏季油料作物，常年种植面积 120 万亩左右，总产 17 万 t 左右，在夏季油料生产中占有十分重要的地位。由于受水旱轮作的影响，前作水稻土壤长期处于淹水状态，水稻收获后土壤黏湿板结严重，不易耕作，且耕作质量差，加之汉中市秋季阴雨连绵，整地播种阶段田湿土黏，导致粗耕滥种，湿害严重，土壤中水、肥、气、热不协调，严重影响冬前阶段土壤肥力的释放和吸收，难以形成冬前壮苗。即使秋播期间天晴无雨，亦受水旱轮作的影响，导致整地粗放、坷垃大且费工费力，增加生产成本。因此，湿害是影响汉中市油菜生产的主要因素之一。为了解决汉中秋播生产中长期存在田湿泥烂、不宜耕种的问题，通过考察，2001 年从四川引进了油菜免耕稻草覆盖栽培技术，在汉台、勉县等地进行试验试种获得成功，2002—2003 年在继续试验的同时进行示范，2004 年开始组织大面积推广，取得了显著成效。稻茬油菜免耕稻草覆盖技术的推广应用，可有效防止田间湿害,控制草害,减轻病害,还可通过稻草覆盖秸秆还田,使土壤有机质逐年积累,培肥地力,减少化肥的用量,减轻环境污染,经济、社会、生态效益十分明显。且由于成本的降低,使其产品有利于进入市场,在一定程度上也可增强农民种植粮油的积极性,提高汉中市粮油产品抵御市场风险的能力,推动农业产业化发展。因此,推广油菜免耕稻草覆盖技术具有重要的现实意义。

胡文秀等(2007)研究稻田免耕直播油菜的施肥水平和种植密度对菜籽产量的影响。结果表明,每亩施纯 N 15 kg、P_2O_5 9 kg、K_2O 12 kg、B 1 kg,种植密度 1.5 万株/亩时产量最高,达 155.4 kg;随着施肥水平的提高,生育期延长,各经济性状提高;合理密植有利于各经济性状的改良。因此,在稻田免耕直播油菜的栽培中,适当提早播种、合理密植、增施肥料可提高油菜籽产量。

汤永禄等(2008)在广汉市开展油菜不同种植方式及免耕直播配套技术研究。结果表明,与育苗移栽相比,免耕直播油菜生育期缩短,个体经济性状下降,群体质量提高,产量和效益增加;播种期、种植密度对免耕直播油菜生长发育和产量的影响明显。随着播期的推迟,各项经济性状及产量不断降低;在同一播期内,种植密度从 1 万株/亩增加到 3 万株/亩,单株性状下降,群体质量和产量提高;随着播种期延迟,高密度处理增产效果明显;免耕直播油菜有着明显的增产潜力和应用前景。成都平原直播油菜的最适播种期在 9 月下旬,播期推迟应增加种植密度。

马霓等(2009)在湖北省公安县和红安县试验基地开展了免耕栽培措施对油菜生长发育特征影响研究。结果表明,旋耕后盖草和留茬 30 cm＋稻草覆盖处理出苗快,所有处理播种至出苗时间分别为 5～7 d 和 7～9 d;油菜越冬期苗高、绿叶数、叶面积指数、开展度、地上部分干重和地下部分干重均为稻草覆盖处理高于对应的未覆盖处理;冻害指数以留茬 30 cm＋稻草覆盖后最低;旋耕盖草后产量最高,比留茬 10 cm 不覆盖稻草处理分别增产 13.2％ 和 19.8％,达极显著水平。因此,油菜免耕留茬直播并覆盖稻草是有效的轻简化栽培措施。

苏伟等(2011)研究免耕对油菜生长的影响。结果表明,免耕条件下土壤容重明显高于翻耕,整个生育期二者平均相差 0.11 g/cm³。与翻耕相比,免耕油菜田杂草生长量大,导致养分竞争加剧,杂草对氮、磷、钾的吸收量分别为翻耕处理的 1.9 倍、2.4 倍和 2.5 倍。免耕条件下整个生育期油菜的干物质积累量及氮、磷、钾养分吸收量分别比翻耕处理降低了 18.2％、17.1％、16.4％、20.2％。在种植密度为 2 万株/亩时,与翻耕相比,免耕处理油菜籽减产 10.7％。密度试验的结果表明,与低密度处理(2 万株/亩)相比,高密度处理(4 万株/亩)的杂草数量和干物质积累量分别降低了 40.5％和 56.4％,而整个生育期油菜干物质积累量及氮、磷、钾的养分吸收量则分别平均增加了 55.3％、46.7％、53.6％、50.2％,油菜籽产量也提高了 43.1％。油菜在免耕条件下会出现土壤紧实度大、根系生长和养分吸收受抑以及杂草过多竞争养分的现象,从而导致了产量降低。而在晚播条件下,增加直播油菜的种植密度是提高油菜籽产量的有效途径,本研究中适宜的直播密度为 4 万株/亩。

刘雪基等(2013)针对江苏里下河地区移栽油菜烂耕烂栽、费时费工、产量低而不稳定等问题,开展了稻茬油菜免耕摆栽技术研究。实践表明,稻茬油菜免耕摆栽技术和普通油菜移栽方式相比,能及时移栽,避免烂耕烂栽,节约成本,还可明显提高植株长势、单株产量以及植株抗逆性。

李锦霞等(2013)针对江苏省宝应县油菜生产实际情况,探索集成油菜板茬条播高产栽培技术。通过采用水稻秸秆覆盖、板茬条播等关键技术,延长油菜营养生长时间,在油菜取得较高产量的同时,还起到了省工节本的效果。

邓卫民等(2014)对川中丘区两季田免耕直播油菜种植效益及其栽培要点进行了研究。结果表明,免耕直播每亩需种子0.2 kg,40%油菜专用配方复合肥50 kg、尿素15 kg(与种子混合,利于种子撒播均匀),加上病虫草害防治农药,共计247.9元;翻耕育苗移栽每亩需种子0.1 kg,40%油菜专用配方肥50 kg、尿素2.5 kg(苗床撒种用),加上病虫草害防治农药,共计194.65元。免耕直播每亩物资投入比翻耕育苗移栽多53.25元。免耕直播每亩播前开沟排湿用工0.55个(注:排湿沟仅第一年开沟用工较多,以后每年保留,待水稻收获后稍加清理即可达到轻便高效的目的),种子撒播用工0.4个(1人1天可撒播2.5亩),大田管理用工3个,机械化收割用工0.133个(1台机器配2个人,1天可收15亩),共用工4.033个,按当地市场价杂工50元/个,机收每亩120元来算,共用315元;翻耕育苗移栽每亩育苗用工1个,整地用工3个,移栽用工2个,大田管理用工3个,收割脱粒用工2个,共用工11个,按当地市场价杂工50元/个来算,共用550元。综上,免耕直播每亩物资投入比翻耕移栽少用工6.967个,折人工费235元,累计节省成本181.75元,省工节本效果突出。

浦惠明等(2015)在江苏省扬州市江都区油菜生产合作社开展了油菜不同种植方式成本及效益比较分析试验,结果表明,采用翻耕移栽、免耕移栽、摆栽移栽、稻后直播、稻田套播5种方式,均能取得高产。虽然移栽种植的产量水平和总产值分别高于直播种植429.25 kg/hm² 和2189.18元/hm²,但直播种植的生产成本低于移栽种植2098.81元/hm²,经济效益基本持平。试验结果还表明,在油菜生产成本中,人工成本占60%以上,其中收获用工成本又占人工成本的50%左右。因此,在目前的生产条件下,应用直播种植、机械收获,可有效降低生产成本,提高油菜经济效益。

王寅等(2016)曾介绍,直播冬油菜起始阶段个体发育较差,导致生育期内生长表现和产量形成对养分缺乏更为敏感。相比移栽冬油菜,直播冬油菜应更重视氮、磷、钾养分的平衡施用,以促进个体健壮和群体稳定而获得高产。直播冬油菜的养分管理研究需进一步加强,尤其是应对逆境发生的施肥调控技术与措施。

吴玉红等(2020)通过对秸秆还田与化肥配施对油菜—水稻产量构成因素及经济效益的影响的研究表明,稻—油轮作体系中两季作物秸秆全量促腐还田与常规化肥配施是增产和增效的最佳措施,而两季作物秸秆全量促腐还田与化肥减量15%配施节约成本优势明显,两季作物氮、磷、钾养分投入共减少107 kg/hm²,既可以维持作物稳产,提高经济效益,又可以降低环境污染风险,是一种适宜该区域的绿色生产模式。

孙晓敏等(2015)曾介绍了汉中盆地稻茬油菜免耕覆盖稻草直播技术。其作用是秸秆还田,培肥地力,免耕节能,保护环境,改良土壤,保护土壤结构,防治湿害,抑制杂草,节本增效,增产增收。

根据以上研究,结合汉中生产实际,将汉中盆地稻茬油菜免耕覆盖稻草直播技术总结如下:关键技术是开沟排湿、灭茬除草、适时播种、平衡施肥、封闭除草、覆盖稻草等。

(1)开沟排湿　受水旱轮作影响,加之汉中秋播期间十年九淋的气候特点,湿害是影响汉中市油菜生产的主要因素之一。播种遇湿害,种子会泡烂;幼苗遇湿害,会出现大量化苗、死苗现象。如2014年9月6—18日持续下雨12 d,导致苗床地严重积水,油菜苗大量化苗、死苗。因此,在水稻收获前,要及时排水晒田;水稻收获时,要尽量留浅茬,齐泥收割;油菜播种前,要开好"三沟",即田边沟、中沟、腰沟,沟宽20~30 cm,深30 cm。田边沟低于中沟、腰沟,做到沟沟相通,排灌畅通,创造适墒播种条件。

(2)灭茬除草　这是稻茬免耕直播油菜高产的关键。水稻收获时,首先对高茬田和机收田进行灭茬,然后将稻草集中堆放于田中或田边,尽可能亮出田面。草多的田块,在播前1～3 d,每亩用20％灭生性除草剂克无踪、克瑞踪或克草快乳油150～200 mL兑水40～50 kg,全田均匀喷雾化除,严禁发芽或出苗后施用。草少的田块可不进行播前除草。

(3)适时播种　汉中稻茬免耕直播油菜适宜播期为9月20—30日,最迟不超过10月上旬。水稻收获后应抢时、抢墒早播,做到一播全苗。播种时每千克种子用过筛干土粪及15％多效唑1.5 g(防止高脚苗)充分混匀,墒情适宜时及时播种。播种量一般0.20～0.25 kg/亩,遇天气干旱或播种期推迟,播量可适量增加。播种方式有:条播、点穴播和喷播。

条播法:将易拉罐底部扎一个可出1～2粒种子的小孔,把已定量的种子装入易拉罐,顺水稻的稻茬行播种,或者沿稻茬行开深为2～3 cm的播种小槽,顺槽方向施足底肥,再用易拉罐顺槽播种,盖好灰粪或稻草。

点穴播法:汉中地区水稻的株行距一般为25 cm×30 cm,播种油菜时以水稻留下的株行距为标准,将种子紧贴稻桩的基部播种,要求撒籽均匀,每穴播种5～7粒。

喷播法:用背负式喷粉机进行喷播。为播种均匀,可采取定量播种。喷播时,将油菜种子直接装入桶内,并借助操作人员行走速度、抛洒高低、喷口摆幅等来控制、调节播种的均匀度,转弯或掉头时应关闭排种的开关。稻田免耕直播油菜个体发育不及移栽油菜,单株角果数少,需通过增加密度获得较高产量,做到"以密补肥、以密补迟",每亩留苗2万～3万株。

(4)平衡施肥　根据汉中油菜生产实际,施肥遵循有机无机相结合,氮、磷、钾、硼配合施用原则,提倡测土配方施肥,氮、磷、钾按1∶0.5∶0.5的比例施用,每亩施纯氮(N)10～12 kg、磷(P_2O_5)6～7 kg、钾(K_2O)6～7 kg、硼砂0.5～1.0 kg。使用时氮肥按底肥、苗肥、腊肥5∶2∶3的比例合理运筹,磷、钾、硼肥一次作底肥施入。直播采取施足底肥、看苗施提苗肥、早施腊肥的原则。

(5)封闭除草　播后1～3 d(芽前),每亩用50％乙草胺乳油50～75 g加水50 kg(或禾耐斯)喷雾进行封闭除草,注意下雨天不用,防止大量死苗。

(6)覆盖稻草　油菜播种后即可顺行覆盖稻草,盖草时尽量覆盖均匀压实,用稻草覆盖行间全部土壤。如遇天旱,稻草太干,可结合追施苗肥在稻草上泼洒尿水,促使稻草腐解。覆盖稻草既可保温促苗、涵养水分、培肥地力,又可减少农残、抑制杂草。

(7)防土壤干旱　播后如遇干旱天气,可适当灌水到厢的硬层板面,使厢面湿润,切忌打水漫灌淹灌,待表层湿润后立即排水,以促使种子萌发出苗。

(8)除草追肥　对于播前和芽前除草效果差的田块,在油菜5～6叶期,对禾本科杂草占绝对优势的田块,用10.8％高效盖草能或15％精喹禾灵或烯草酮乳油30 mL/亩进行防治;对阔叶杂草占绝对优势的田块,选用50％高特克(草除灵)悬浮剂30 mL/亩进行防除。禾本科杂草和阔叶杂草并重时,用烯草酮＋草除灵禾阔双除。严格控制杂草,避免草荒苗、草欺苗。苗出齐后,利用下雨后土壤湿润条件追施尿素提苗,或追施腐熟人粪尿;12月底至元月初结合冬灌追施尿素作腊肥;开春后看苗酌施薹肥;初花、盛花期叶面喷施硼肥,确保油菜高产。

(9)加强田间管理　直播油菜做到一播全苗、匀苗,及时间苗、定苗,这是直播油菜高产的关键。

① 苗期田间管理　目标是早生根、早发叶长苗,促进冬前生长,以培育壮苗。具体措施:一是在油菜1～2片真叶时即可开始间苗,三叶一心期定苗,做到间掉窝堆苗、疏密补稀、分布

均匀;二是早播、旺长、群体密度偏高的田块应在 11 月下旬每亩用 15％的多效唑 50 g 加水
40 kg 喷雾控苗,确保苗壮,防止早薹早花,提高抗寒力;三是根据苗情,泼浇 1～2 次淡尿水追
施提苗肥;四是汉中稻茬田跳甲发生严重,对幼苗危害极大,大发生时可将油菜苗的叶片几乎
吃光,因此要注意防治苗期跳甲的危害;五是条播、穴播油菜定苗后墒情适宜时可人工中耕,可
起到松土、升温、通气、除草和促进根系发育的作用。

② 蕾薹期田间管理　要重点搞好培土壅行,防止后期发生倒伏。每亩用磷酸二氢钾和硼
砂各 100 g 兑水 40 kg 喷施,起到保角增粒、增粒重的作用,脱肥田块还可加入 200 g 尿素一起
喷施,确保免耕油菜后期不早衰。

③ 开花期田间管理　主要是搞好菌核病的防治,初花期以喷药为主,终花期打除"三叶"
减少病源,防止菌核病的发生。

汉中油菜稻茬免耕覆盖稻草直播技术的适宜范围及注意事项:汉中市推广的油菜稻茬免耕
覆盖稻草直播技术只适应于稻油两熟的田块应用。特别适宜在地势低洼、排水困难、田间湿度
大、土壤黏重不宜耕种的田块推广,墒情适宜的田块、漏沙田及高膀田不宜推广,秋淋年份可扩大
应用范围。特别注意事项:必须进行播前化学除草,严禁芽后或出苗后喷施克无踪或克草快除草
剂;必须开好"三沟",彻底解决湿害;齐泥割稻留浅茬,均匀覆盖稻草,紧贴地面,盖严种子。

参考文献

白桂萍,李英,贾东海,等,2019.中国油菜种植[M].北京:中国农业科学技术出版社.

卜容燕,任涛,鲁剑巍,等,2014.水稻—油菜轮作条件下磷肥效应研究[J].中国农业科学,47(6):1227-1234.

蔡志遵,1980.油菜成熟度与收获[J].中国油料(4):38-39.

曹正强,陈旭,李文根,等,2011.双低油菜生长发育特点及高产栽培技术[J].现代农业科技(2):81.

柴武高,宋雄儒,张爱琴,2010.民乐县油菜高产创建的实践与成效[J].中国农技推广(6):11-12.

陈碧云,许鲲,高桂珍,等,2018.种植密度对不同油菜品种产量与含油量的影响[J].江苏农业科学,46(22):
　　83-89.

陈芳,2019.不同氮肥施用次数与缓释肥对油菜生长和产量的影响研究[D].武汉:华中农业大学.

陈红琳,陈尚洪,沈学善,等,2015.不同收获方式对油菜籽粒损失、含油量及种植效益的影响[J].作物杂志
　　(05):74-79.

陈力力,刘金,李梦丹,等,2018.水稻—油菜双序列复种免耕、翻耕土壤真菌多样性[J].激光生物学报,27(1):
　　60-68.

陈志雄,魏生广,尹兴祥,等,2012.钾肥对杂交油菜产量和生物学性状的影响[J].作物杂志(1):65-67.

谌国鹏,王凤敏,陈乔,等,2020.汉中油菜生产现状与产业发展对策[J].农业科技通讯(3):13-15.

邓根生,宋建荣,2015.秦岭西段南北麓主要作物种植[M].北京:中国农业科学技术出版社.

邓卫民,唐茂斌,唐磊,等,2014.川中丘区两季田免耕直播油菜种植效益及其栽培要点[J].四川农业科技(1):
　　10-11.

杜善保,姚杰,乔磊,等,2014.山地苹果园套种油菜试验初报[J].西北园艺(10):42.

段秋宇,廖方全,刘士山,等,2017a.种植密度及行距配置对直播油菜农艺性状和产量品质的影响[J].四川农
　　业大学学报,35(2):167-171.

段秋宇,刘士山,吴永成,2017b.普通尿素与控释尿素单施及其配施对直播油菜产量和氮肥利用率的影响[J].
　　湖南农业大学学报(自然科学版),43(4):433-437.

范连益,黄晓勤,惠荣奎,等,2014.缓释型油菜专用配方肥在直播油菜生产上的应用研究[J].湖南农业科学,(15):8-11.

方娅婷,李会枝,廖世鹏,等,2019.氮肥和磷肥用量对油菜开花性状的影响[J].中国油料作物学报,41(02):47-52.

冯云艳,冷锁虎,冯倩南,等,2019.油菜毯苗移栽与直播对比研究[J].广东农业科学,46(02):9-15.

符明联,和爱花,付丽春,等,2012.地膜玉米田免耕直播油菜种植方式和效益分析[J].中国农学通报,28(3):202-205.

付蓉,袁久东,胥婷婷,等,2021.不同施磷量对春油菜产量和土壤磷素平衡的影响[J].应用生态学报,32(3):906-912.

高建芹,浦惠明,龙卫华,等,2017.烯效唑浸种和育苗密度对油菜毯状苗质量和植株性状的影响[J].中国农学通报,33(6):48-58.

高鹏,魏祥,何文,等,2011.汉中地区油菜"3414"肥效试验[J].现代农业科技(12):58,62.

耿国涛,陆志峰,卢涌,等,2020.红壤地区直播油菜施硼肥对籽粒产量和品质的影响[J].土壤学报,57(4):928-936.

龚德平,赵永刚,王天尧,等,2020.不同播期对双低油菜品种产量及品质的影响[J].湖北农业科学,59(S1):263-265.

龚松玲,何明凤,李成伟,等,2021.水旱轮作种植模式对作物产量及资源利用效率的影响[J].安徽农业科学,49(4):32-36,49.

谷晓博,李援农,杜娅丹,等,2016.水氮耦合对冬油菜氮营养指数和光能利用效率的影响[J].农业机械学报,47(2):122-132.

关周博,董育红,张耀文,等,2017.生态穿梭育种在油菜品种选育中的应用[J].中国油料作物学报(4):462-466.

官春云,靳芙蓉,董国云,等,2012.冬油菜早熟品种生长发育特性研究[J].中国工程科学,(14):4-12.

郭晨,皇甫海燕,欧纯明,等,2019.春油菜缓控释专用肥在化肥减量增效中的试验效果[J].中国农技推广,35(S1):132-135.

郭丽璇,耿国涛,任涛,等,2020.施肥管理对油菜种子萌发特性的影响[J].中国土壤与肥料(3):63-68.

郭燕枝,杨雅伦,孙君茂,2016.我国油菜产业发展的现状及对策[J].农业经济(7):44-46.

郭子琪,王慧,韩上,等,2020.氮肥用量对直播油菜产量及氮素吸收利用的影响[J].中国土壤与肥料(5):40-44.

韩配配,秦璐,李银水,等,2016.不同营养元素缺乏对甘蓝型油菜苗期生长和根系形态的影响[J].中国油料作物学报,38(1):88-97.

郝小雨,刘建玲,廖文华,等,2009.磷锌配施对油菜养分吸收和土壤有效磷、锌的影响[J].华北农学报,24(6):123-127.

何川,杨勤,蒲全波,等,2020.油菜秸秆还田养分释放率及对玉米产量的影响[J].耕作与栽培,40(6):18-21.

何娜娜,贾如浩,叶苗泰,等,2021.黄土高原旱地苹果园油菜间作对土壤大孔隙结构的影响[J].水土保持学报,35(1):259-264.

侯国佐,张太平,肖吉中,等,2008.贵州油菜[M].贵阳:贵州科技出版社.

胡江波,马亮,苏俊辉,等,2013.汉中市气候资源的演变特征分析[J].浙江农业科学(9):1172-1174.

胡文秀,李中秀,徐宝庆,等,2007.稻田免耕直播油菜高效栽培技术研究[J].安徽农业科学(10):2883,2905.

胡中科,刘超,庄文化,等,2013.水钾耦合对油菜生长特性及产量的影响[J].灌溉排水学报,32(6):54-57.

黄华磊,李艳花,肖长明,等,2018.油菜与蚕豆间作模式对油菜菌核病危害及产量的影响[J].上海农业学报,34(04):48-52.

冀保毅,潘鹏亮,肖荣英,等,2017.氮磷钾硼缺乏对稻茬油菜生长和养分吸收的影响[J].江苏农业科学,45

(24):78-81.

姜海杨,孙万仓,曾秀存,等,2012.播期对北方白菜型冬油菜生长发育及产量的影响[J].中国油料作物学报, 34(6):620-626.

蒋兰,吴崇友,汤庆,2019.油菜毯状苗形态特征及物理机械特性[J].江苏农业学报,35(02):248-254.

景明,张金霞,施炯林,2006.覆盖免耕储水灌溉对豌豆的腾发量和土壤水分效应的影响[J].甘肃农业大学学报(05):130-133.

康洋歌,张利艳,张春雷,等,2015.不同播期对早熟油菜叶片激素水平的影响及其与花芽分化的关系[J].中国油料作物学报(3):291-300.

蓝立斌,姜建初,李欣,等,2010.免耕稻草覆盖栽培对红薯生理特性的影响[J].广西农业科学,41(03):213-215.

雷建明,刘海卿,张亚宏,等,2016.灌浆天数对北方白菜型冬油菜产量和品质的影响[J].干旱地区农业研究,34(6):8-14.

李殿荣,陈文杰,于修烛,等,2016.双低菜籽油的保健作用与高含油量优质油菜育种及高效思考[J].中国油料作物学报,38(6):850-854.

李富翠,赵护兵,王朝辉,等,2011.渭北旱地夏闲期秸秆还田和种植绿肥对土壤水分、养分和冬小麦产量的影响[J].农业环境科学学报,193(09):1861-1871.

李会枝,2020.不同种类磷肥对水稻-油菜轮作体系作物产量和养分利用的影响[D].武汉:华中农业大学.

李继福,薛欣欣,李晓坤,等,2016.水稻—油菜轮作模式下秸秆还田替代钾肥的效应[J].植物营养与肥料学报,22(2):317-325.

李继福,张旭,冉娇,等,2019.秸秆还田下直播水稻—油菜轮作的钾肥效应及适宜用量[J].华中农业大学学报,38(6):77-85.

李瑾,张晓伟,龚晓春,等,2009.免耕直播大麦的稻草覆盖量试验[J].浙江农业科学(06):1135-1136.

李锦霞,李爱民,沈学庆,等,2013.油菜板茬条播高产栽培技术集成[J].江苏农业科学,41(8):104-105.

李克阳,陈仕高,田文华,等,2015.钙肥对油菜生产的影响[J].现代农业科技(20):21,27.

李孟良,郑琳,杨安中,等,2008.播期、密度对"双低油菜"菜薹营养成分及菜籽产量的影响[J].草业学报,17(3):137-141.

李敏,韩上,武际,等,2020.氮肥施用对直播冬油菜产量及氮肥利用率的影响[J].农业资源与环境学报,37(1):51-58.

李佩,韩上,李敏,等,2020.控释氮肥用量对油菜产量和氮肥利用效率的影响[J].安徽农业大学学报,47(4):612-617.

李倩倩,2015.安徽省油菜生产布局变迁及优化研究[D].合肥:安徽农业大学.

李小飞,2017.长期间套作下作物生产力、稳定性和土壤肥力研究[D].北京:中国农业大学.

李小勇,周敏,王涛,等,2018.种植密度对油菜机械收获关键性状的影响[J].作物学报,44(2):278-287.

李晓瑞,2012.机械化深耕灭茬整地与秸秆还田技术[J].现代农业科技(2):319,324.

李新举,张志国,李贻学,2001.土壤深度对还田秸秆腐解速度的影响[J].土壤学报,38(1):135-138.

李英,罗纪石,谌国鹏,等,2004.优质高产双低油菜"中油杂二号"在汉中市试种表现及移栽密度试验[J].上海农业科技(6):55-56.

李英,罗纪石,2008."双低"油菜种植[G].汉中农业主导产业实用技术汇编:109-120.

梁项书,2016.油菜不同播种期密度的对比测验[J].农家科技(下旬刊),143-144.

刘波,鲁剑巍,李小坤,等,2016.不同栽培模式及施氮方式对油菜产量和氮肥利用率的影响[J].中国农业科学,49(18):3551-3560.

刘超,汪有科,湛景武,等,2008.秸秆覆盖量对夏玉米产量影响的试验研究[J].灌溉排水学报(04):64-66.

刘成,冯中朝,肖唐华,等,2019.我国油菜产业发展现状、潜力及对策[J].中国油料作物学报,41(4):485-489.

刘芳,2012.基于水稻秸秆覆盖还田的免耕直播油菜栽培模式研究[D].武汉:华中农业大学.

刘海卿,孙万全,刘自刚,等,2016.白菜型冬油菜在北方不同生态区的生育期变化及复种潜力分析[J].干旱地区农业研究,34(2):190-200.

刘立华,杨云,阮华全,等,2017.稻茬油菜旋耕直播机械化生产技术[J].作物研究,31(7):794-796.

刘晓伟,鲁剑巍,李小坤,等,2012.直播冬油菜钙、镁、硫养分吸收规律[J].中国油料作物学报,34(6):638-644.

刘雪基,李爱民,莫婷,等,2013.稻茬油菜免耕摆栽覆草高产栽培技术研究[J].江苏农业科学,41(8):107-108.

刘宇庆,刘燕,杨晓东,等,2020.水稻秸秆还田对稻田土壤肥力影响的试验研究[J].中国资源综合利用,38(11):1-3.

刘哲辉,2017.油菜根茬对后作玉米的增产作用研究[D].北京:中国农业科学院.

鲁剑巍,陈防,张竹青,等,2005.磷肥用量对油菜产量、养分吸收及经济效益的影响[J].中国油料作物学报,27(1):73-73.

陆志峰,任涛,鲁剑巍,2021.我国冬油菜种植区土壤有效镁状况与油菜施镁效果[J/OL].华中农业大学学报(3):1-7.

罗纪石,李英,2007.汉中市双低油菜的发展及高产栽培技术[C].汉中市第七届自然科学优秀学术论文集.

马长珍,徐爱遐,金平安,等,1998.陕南秦巴山区油菜种质资源调查[J].陕西农业科学(1):30-32.

马霓,张春雷,马皓,等,2009.免耕栽培措施对稻田油菜生长及产量的影响[J].作物杂志(5):55-59.

孟凡金,2020.钾素营养调控冬油菜冠层温度提高光合器官光合能力的影响机制研究[D].武汉:华中农业大学.

潘福霞,鲁剑巍,刘威,等,2011.三种不同绿肥的腐解和养分释放特征研究[J].植物营养与肥料学报,17(1):216-223.

浦惠明,龙卫华,刘雪基,等,2015.油菜不同种植方式成本及效益比较分析[J].江苏农业科学,43(12):558-562.

卿国林,2009.稻草覆盖对稻茬免耕秋玉米生理特征及产量的影响[J].贵州农业科学,37(11):38-40,43.

秦梅,韩燕,孙小凤,等,2019.硫营养对春油菜幼苗生长及生理生化指标的影响[J].青海大学学报,37(02):36-41.

尚千涵,蔺海明,邱黛玉,等,2009.坡缕石包衣缓释肥对油菜经济性状及生理指标的影响[J].甘肃农业大学学报(5):72-77.

邵文胜,周雄,何德志,等,2020.钾肥用量对水稻—油菜轮作作物产量及钾素利用的影响[J].湖北农业科学,59(3):38-41.

沈金雄,傅廷栋,2011.我国油菜生产、改良与食用油供给安全[J].中国农业科技导报,13(1):1-8.

舒全,高建军,王建明,2011.陕南山旱地油菜免耕直播高产优势及其栽培技术[J].现代农业科技(14):74.

宋小林,刘强,宋海星,等,2011.密度和施肥量对油菜植株碳氮代谢主要产物及籽粒产量的影响[J].西北农业学报,20(1):82-85.

苏卫,2020.稻油两熟制下秸秆还田与氮肥施用对土壤理化特性和作物生长及产量的影响[D].贵阳:贵州大学.

苏伟,鲁剑巍,周广生,等,2011.免耕及直播密度对油菜生长、养分吸收和产量的影响[J].中国农业科学,44(07):1519-1526.

苏跃,谭春燕,冯泽蔚,2008.稻茬油菜免耕技术的适宜土壤条件研究[J].安徽农学通报(17):112-113,157.

孙建,刘苗,李立军,等,2010.不同耕作方式对内蒙古旱作农田土壤侵蚀的影响[J].生态学杂志,29(03):485-490.

孙进,王义炳,2001.稻草覆盖对旱地小麦产量与土壤环境的影响[J].农业工程学报(06):53-55.

孙妮娜,董文军,王晓燕,等,2020.东北稻区水稻收获秸秆处理方式综合效果研究[J].农业机械学报,51(4):69-77.

孙茜,2020.我国油菜机械化生产现状、存在问题及对策[J].农业开发与装备(8):45.

孙晓敏,李英,吴建祥,等,2015.陕南汉中稻茬油菜免耕覆盖稻草直播技术可行性分析[J].陕西农业科学,61(10):69-70,74.

孙义,史娟娟,张建学,2019.不同作物茬口种植冬油菜对比试验[J].基层农技推广,7(01):20-22.

汤永禄,李朝苏,蒋梁材,等,2008.成都平原油菜不同种植方式及免耕直播配套技术研究[J].西南农业学报(4):946-952.

唐伟杰,官春云,2020.追施不同形态氮肥对油菜生长、生理与产量影响[J].云南农业大学学报(自然科学),35(5):878-884.

田贵生,陆志峰,任涛,等,2019.镁肥基施及后期喷施对油菜产量与品质的影响[J].中国土壤与肥料(5):85-90.

童金花,王杰,张慧颖,等,2020.油菜种子混拌硼肥直播对油菜产量及硼肥利用率的影响[J].湖南农业科学(3):27-30.

汪丙国,靳孟贵,王贵玲,2010.农田秸秆覆盖的土壤水分效应[J].中国农村水利水电(06):76-80,84.

王法宏,冯波,王旭清,2003.国内外免耕技术应用概况[J].山东农业科学(6):49-53.

王凤敏,李英,张成兵,等,2013.汉油9号的高产优化栽培模式[J].热带生物学报(4):317-321.

王汉中,2010.我国油菜产业发展的历史回顾与展望[J].中国油料作物学报,32(2):300-302.

王汉中,2018.以新需求为导向的油菜产业发展战略[J].中国油料作物学报,40(5):613-617.

王昆昆,刘秋霞,朱芸,等,2019.稻草覆盖还田对直播冬油菜生长及养分积累的影响[J].植物营养与肥料学报,25(6):1047-1055.

王鲲娇,周雄,邵文胜,等,2019.直播冬油菜硼肥适宜用量研究[J].中国农技推广,35(S1):120-122.

王雷,2020.不同油菜秸秆还田方式对稻田温室气体排放和水稻产量的影响[D].武汉:华中农业大学.

王明权,李效栋,景明,2007.覆盖免耕的节水效应与土壤温度的变化[J].甘肃农业大学学报(01):119-122.

王启增,2015.水稻秸秆机械还田秋整地技术探讨[J].现代农业技术(7):55-56.

王锐,张志敏,姚琪馥,等,2019a.施硼肥量对油菜产量及硼肥利用率的影响[J].湖南农业大学学报(自然科学版),45(3):248-253.

王锐,郑卫东,梁珋,等,2019b.硫素对不同品种油菜产量性状及其利用率的影响[J].江苏农业科学,47(20):118-121.

王小英,刘芬,同延安,等,2013.陕南秦巴山区油菜施肥现状评价[J].中国油料作物学报,35(2):190-195.

王晓娥,安艳霞,王国军,等,2020.陕南油菜菌核病侵染循环及农业防治措施研究[J].陕西农业科学,66(4):61-62,92.

王寅,鲁剑巍,李小坤,等,2011.移栽和直播油菜的氮肥施用效果及适宜施氮量[J].中国农业科学,44(21):4406-4414.

王寅,鲁剑巍,2015.中国冬油菜栽培方式变迁与相应的养分管理策略[J].中国农业科学,48(15):2952-2966.

王寅,汪洋,鲁剑巍,等,2016.直播和移栽冬油菜生长和产量形成对氮磷钾肥的响应差异[J].植物营养与肥料学报,22(1):132-142.

王玉浩,2017.氮肥运筹对不同品种和播期油菜生长发育及产量的影响[D].武汉:华中农业大学.

王岳忠,祝剑波,陈项洪,等,2008.机收晚稻田油菜免耕直播稻草覆盖试验初报[J].上海农业科技(04):63-64.

王竹云,张耀文,赵小光,等,2019.限制油菜高产水平提高的因素解析及解决途径[J].江西农业学报,31(6):45-51.

危锋,2012.汉中市耕地资源动态变化及驱动力研究[J].安徽农业科学,4(19):10279-10282.

吴常习,2011.镇安县旱地油菜免耕高产栽培技术[J].现代农业(2):61.

吴崇友,肖圣元,金梅,2014.油菜联合收获与分段收获效果比较[J].农业工程学报,30(17):10-16.

吴春彭,2011.长江流域油菜生产布局演变与影响因素分析[D].武汉:华中农业大学.

吴和生,何永根,鄒微微,等,2015.苏北沿海地区直播油菜播种期的研究与应用[J].现代农业科技(20):9-11.

吴玉红,陈浩,郝兴顺,等,2020.秸秆还田与化肥配施对油菜—水稻产量构成因素及经济效益的影响[J].西南农业学报,33(9):2007-2012.

武际,张祥明,胡润,等,2012.安徽省沿江地区直播油菜磷肥效应研究[J].中国农学通报,28(03):81-84.

习广清,陈乔,孙晓敏,等,2019.陕南油菜高产高效生产技术规程[J].农业科技通讯(7):334-335.

肖克,唐静,李继福,等,2017.长期水稻—冬油菜轮作模式下钾肥的适宜用量[J].作物学报,43(8):1226-1233.

肖荣英,李银水,曹世攀,等,2019.施肥对豫南水稻—油菜轮作区甘蓝型油菜产量和品质的影响[J].中国土壤与肥料(5):79-84.

肖兴军,朱建新,张强,等,2013.襄阳市2013年农作物施肥现状及建议[J].农村经济与科技,24(9):184-185.

谢慧,谭太龙,罗晴,等,2018.油菜产业发展现状及面临的机遇[J].作物研究,32(5):431-436.

熊秋芳,张效武,文静,等,2017.菜籽油与不同食用植物油营养品质的比较——兼论油菜品质的遗传改良[J].中国粮油学报,29(6):122-128.

徐爱遐,黄继英,金平安,等,1999.陕西省油菜种质资源分析与评价[J].西北农业学报(3):89-92.

许翠平,刘洪禄,车建明,等,2002.秸秆覆盖对冬小麦耗水特征及水分生产率的影响[J].灌溉排水(03):24-27.

许海涛,王友华,许波,等,2008.小麦秸秆覆盖对夏玉米干物质生产及主要性状的影响[J].作物杂志(06):45-48.

薛兰兰,Aunjum S A,刘晓建,等,2011.秸秆覆盖对土壤养分和油菜生长发育的影响[J].农机化研究,33(02):110-115.

薛小勤,陆海燕,李久进,等,2006.油菜不同规格试验初报[J].现代农业科技,5(5):53.

薛艳,李英,张成兵,等,2016.栽培密度对机直播油菜汉油8号的产量与抗病性的影响[J].陕西农业科学(7):36-38.

杨瑞超,2016.氮钙肥配施对土壤养分及油菜玉米品质产量的影响[D].太谷:山西农业大学.

杨勇,刘强,宋海星,等,2017.不同包膜肥用量对油菜碳氮代谢产物和产量的影响[J].中国农学通报,33(6):42-47.

叶晓磊,周雄,邵文胜,等,2019.两种镁肥在直播冬油菜上施用效果比较[J].中国农技推广,35(S1):123-125.

殷艳,廖星,余波,等,2010.我国油菜生产区域布局演变和成因分析[J].中国油料作物学报,32(1):147-151.

余海成,魏德明,周荣德,2008.油菜、玉米、秋马铃薯三种三收免耕栽培技术[J].汉中科技(04):21-22.

于舜章,陈雨海,周勋波,等,2004.冬小麦期覆盖秸秆对夏玉米土壤水分动态变化及产量的影响[J].水土保持学报(06):175-178.

袁金展,马霓,张春雷,等,2014.移栽与直播对油菜根系建成及籽粒产量的影响[J].中国油料作物学报,36(2):189-197.

元晋川,王威雁,赵德强,等,2021.不同作物茬口对冬油菜养分积累和产量的影响[J].中国油料作物学报,43(2):11.

员学锋,吴普特,汪有科,2006.免耕条件下秸秆覆盖保墒灌溉的土壤水、热及作物效应研究[J].农业工程学报(07):22-26.

昝亚玲,王朝辉,Graham Lyons,2010.硒、锌对甘蓝型油菜产量和营养品质的影响[J].中国油料作物学报,32(3):413-417.

曾洪玉,李志勇,唐宝国,等,2019.不同磷肥用量对油菜产量、肥料利用率及土壤养分的影响[J].农学学报,9

（7）：31-36.

翟英，2013.山旱地油菜高产栽培技术探究[J].陕西农业科学，59（1）：266-267.

张成兵，周游，陈乔，等，2018.不同氮肥水平对直播油菜汉油 8 号产量及抗倒性的影响[J].陕西农业科学，64
（6）：79-80，86.

张春雷，李俊，余利平，等，2010.油菜不同栽培方式的投入产出比较研究[J].中国油料作物学报，32（01）：57-
64，70.

张亮，李玉婷，夏文静，等，2020.盐胁迫下异甜菊醇浸种对油菜种子萌发和幼苗生长的影响[J].福建农业学
报，35（8）：883-890.

张玲，祝元波，郭永杰，2006.稻草不同方式覆盖和免耕与翻犁对油菜产量影响试验总结[J].耕作与栽培
（03）：49.

张曼，戴蓉，张顺凯，等，2017.H_2O_2 浸种对油菜种子低温萌发的缓解效应[J].南京农业大学学报，40（6）：
963-970.

张青松，廖庆喜，肖文立，等，2018.油菜种植耕整地技术装备研究与发展[J].中国油料作物学报，40（5）：
702-711.

张树杰，李玲，张春雷，2012.播种期和种植密度对冬油菜籽粒产量和含油率的影响[J].应用生态学报，23（5）：
1326-1332.

张顺涛，鲁剑巍，丛日环，等，2020.油菜轮作对后茬作物产量的影响[J].中国农业科学，53（14）：2852-2858.

张文学，李殿荣，2021.高产田氮磷钾肥对油菜产量性状的效应[J].中国农学通报，37（6）：37-43.

张晓兰，陶加进，王兴毅，等，2015.隆阳区旱地油菜轻简化（少免耕）栽培技术研究与应用[J].农业开发与装备
（01）：135-136.

张杏燕，宋波，李德富，等，2020.晚播和播量对油菜农艺性状及产量的影响[J].西北农业学报，29（09）：
1364-1371.

张亚伟，刘秋霞，朱丹丹，等，2018.油菜专用控释尿素用量对冬油菜产量和氮素吸收的影响[J].中国农业科
学，51（1）：139-148.

张宇，张含笑，冷锁虎，等，2020.油菜毯状苗适宜播期研究[J].中国油料作物学报，42（2）：210-215.

张智，杨建利，任军荣，等，2021.黄淮流域油菜机械化种植的行距配置与密度研究[J].浙江农业科学，62（1）：
50-54.

张自常，段华，杨立年，等，2008.水稻育苗移栽旱种方式对米质的影响及其与籽粒激素浓度的关系[J].中国农
业科学（05）：1297-1307.

赵长坤，王学春，吴凡，等，2021.油菜秸秆还田对水稻根系分布及稻谷产量的影响[J].应用与环境生物学报，
27（1）：96-104.

赵霞，姜军，刘京宝，2008.等垄作覆盖栽培对玉米生态生理效应研究进展[J].中国农学通报（09）：398-400.

赵小光，张耀文，陈文杰，等，2019.不同种植密度下甘蓝型油菜光合生理特性的差异[J].西南农业学报，32
（7）：1531-1536.

赵佐平，刘芬，段敏，等，2017.秦巴山区水稻油菜配方施肥效益分析[J].长江流域资源与环境，26（1）：74-81.

郑江龙，2018.油菜籽的贮藏与加工[J].新农村（4）：35-36.

郑诗樟，姜冠杰，胡红青，2014.不同硫肥对油菜养分吸收和分配的影响[J].江西农业大学学报，36（2）：
265-271.

郑曙峰，王维，徐道青，等，2011.覆盖免耕对棉田土壤物理性质及棉花生理特性的影响[J].中国农学通报，27
（07）：83-87.

周广生，2020.直播油菜密植增效需要过"五关"[N].中国农网，08-03

周可金，马友华，李国，等，2004.种子抗旱剂对油菜生长发育与产量的影响[J].中国农学通报（03）：91-
93，111.

周泉,王龙昌,邢毅,等,2018.间作紫云英下油菜根际微生物群落功能特性[J].应用生态学报,29(3):909-914.

周燕,黄华磊,李艳花,等,2017.摘薹时期对油蔬两用油菜产量和效益的影响[J].南方农业,11(7):1-4.

祝剑波,王岳忠,2007.油菜免耕移栽稻草覆盖试验初报[J].上海农业科技(03):61-62.

朱祚亮,曹诗红,蔡世风,等,2009.黄籽油菜渝黄2号在宜都市的种植表现及高产栽培技术[J].中国农技推广(3):30-31.

左青松,黄海东,曹石,等,2014.不同收获时期对油菜机械收获损失率及籽粒品质的影响[J].作物学报,40(4):650-656.

Aminot-Gilchrist D V,Andersen H D,2004. Insulin resistance-associated cardiovascular disease:potential benefits of conjugated linoleic acid[J]. Am J Clin Nutr,79(6):1159-1163.

Acharya C L,Kapur O C, Dixit S P,1998. Moisture conservation for rainfed wheat production with alternative mulches and conservation tillage in the hills of north-west India[J]. Soil and Tillage Research(46):158-163.

Bhatt R,Khera K L,2006. Effect of tillage and mode of straw mulch application erosion in the submontaneous tract of Punjab,India [J]. Soil and Tillage Research(88):107-115.

Chakraborty D,Nagarajan S,Aggarwal P,et al,2008. Effect of mulching on soil and plant water status,and the growth and yield of wheat(Triticum aestivum L.)in a semi-arid environment[J]. Agricultural Water Man-agement(95):1323-1334.

Chen S-Y,Zhang X-Y,Pei D,Sun H-Y,et al,2007. Effects of straw mulc-hing on soil temperature,evaporation and yield of winter wheat:field experiments on North China Plain [J]. Water Use Efficiency (2):261-268.

第四章 环境胁迫及其应对

第一节 病、虫、草害防治与防除

农作物病、虫、草害具有种类繁多、影响范围大、易暴发成灾等特点,不仅会带来巨大的产量损失,还会影响到农产品质量安全、生态环境安全、种植效益、农民种植积极性等诸多方面。据统计,在病、虫、草害防治不力的情况下,油菜产量损失可达 15%～30%,严重时可达 50% 以上。因此,对油菜病、虫、草害的认识与防治对于促进油菜生产和保障中国食用油的供给安全至关重要。

一、主要病害及其防治

油菜病害按病原物种类可划分为真菌性病害、细菌性病害、病毒性病害、类菌原体病害、线虫病害五大类。目前,全世界已知的油菜病害共 78 种,其中真菌病害 57 种,细菌病害 4 种,病毒病害 13 种,类菌原体病害 3 种,线虫病害 1 种。2010—2013 年在全国农业技术推广服务中心的组织下对全国油菜有害生物的种类进行了普查,共查实中国油菜病害 27 种,其中真菌病害 18 种,细菌病害 3 种,病毒病害 4 种,类菌原体病害和线虫病害各 1 种。油菜在整个生长期内都有病害发生,病害可造成油菜减产、品质下降、含油量降低,发生严重年份可使产量损失20%～30%,发病严重地区可达 80% 以上(薛汉军,2015)。

(一)真菌性病害

油菜真菌性病害主要有菌核病、霜霉病、黑胫病、根肿病、灰霉病、立枯病、白锈病、白粉病、白斑病、炭疽病、根腐病、猝倒病、枯萎病等。中国幅员辽阔,不同区域的气候条件不尽相同,油菜上的主要病害也不完全相同。过渡带油菜种植真菌性病害主要有:菌核病、霜霉病、黑胫病、根肿病、灰霉病、根腐病、立枯病、猝倒病等。

1. 菌核病

(1)病原 油菜菌核病由核盘菌(*Sclerotinia sclerotiorum*)侵染引起,该菌属子囊菌亚门真菌。科学记载核盘菌可以侵染 75 科 278 属 408 种及 42 个变种或亚种的植物,其中以十字花科、菊科、豆科、茄科、伞形科和蔷薇科植物为主。除危害作物外,核盘菌也可以侵染田间双子叶杂草(如荠菜、播娘蒿、稻槎菜、碎米荠、鸭跖草和飞蓬等)。核盘菌是死体营养型病原菌,致病力强、症状发展快。其菌核呈圆柱状或鼠粪状,外部呈黑色,内部为粉红色。菌丝白色,有分枝,具隔膜。子囊棍棒状,内生 8 个子囊孢子。子囊孢子单胞,无色,椭圆形。菌核萌发温度5～25 ℃,适温 15～20 ℃。菌核对不良环境的抵抗力较强,可抵御−40 ℃ 的低温,病菌在 5～30 ℃ 范围内繁殖,以 15～24 ℃ 最适宜,33 ℃ 以上停止生长。

（2）危害症状　油菜菌核病是一种真菌性病害,危害时间长,从苗期到成熟期都可发生,开花后发生最多。在叶片上,病斑初期水渍状,后为灰白色。有时在病健交界处产生黄色晕圈。在茎秆上,病部为灰白色。湿度大时病部产生蓬松的菌丝。后期在病茎表面或髓部产生黑色鼠粪状菌核。油菜苗期感病后,茎基部和叶柄出现红褐色斑点,然后扩大,转为白色,组织腐烂,上面长有白色絮状菌丝,最后病苗枯死,病组织外形成许多黑色菌核。现蕾到成熟期的主要症状是:叶片上产生圆形或不规则形病斑,病斑中心为灰褐色,中层呈暗青色,外围有黄色晕圈。发病后期:茎秆变空,皮层破裂,维管束外露如麻,病株茎秆容易开裂、折断,内有鼠粪状黑色菌核。花瓣感病后,颜色苍白,没有光泽,容易脱落。角果受害后,产生不规则白斑,内部有菌核,种子干瘪。

（3）发病条件　因为核盘菌寄主多,飘浮在空中的孢子很容易遇到适合生长的植物。因此,田间油菜菌核病的病菌基数会很大,只要出现适合流行的气候条件(降雨多),病害就会流行成灾。在很大程度上,油菜菌核病是否会严重发生,主要取决于气候条件。干燥的菌核需要吸水膨胀才能萌发,释放到空气中的孢子被太阳照射 4h 即可死亡,孢子在油菜上的萌发也需要水。核盘菌菌核萌发持续时间很长,约 40 d。从 2 月下旬至 4 月上旬,绵绵不断,田间到处充满了核盘菌的孢子。姜道宏(2016)在油菜盛花期进行检测,发现约 40％的花瓣可以检测到核盘菌。但这些感染核盘菌的花瓣并不一定都能进一步引起病害,一般来说,如果在油菜盛花期遇到连绵的阴雨天气,菌核病严重流行在所难免。油菜栽培模式和管理也会影响到菌核病的发病程度,由于菌核长年累积,旱地油菜一般发病较重,也要早一些,而前茬作物为水稻的田块,菌核病通常发病轻一些,也相对晚 1 周左右。在油菜正常播种范围内,播种愈早发病愈重。播种早,开花期长,与子囊盘形成期吻合时间长,感病概率高,发病重。氮肥用量大,促进茎叶生长,植株组织柔嫩,抗病力低,易感病,同时,植株高大,枝叶繁茂,造成田间湿度大,且植株易倒伏,加重病害。密植也会促进油菜菌核病的发生。

（4）传播途径　在旬平均气温超过 5 ℃、土壤湿润的条件下,核盘菌就开始复苏、萌发,从土壤中生长出来一个个像小蘑菇样的子囊孢子。这些孢子行使种子的功能,每一个孢子都有可能单独发展成为新的生命个体。孢子自"脚姑体"中弹射到空气中,随气流飘,随风扩散,降落到油菜花瓣、植株受伤部位或垂老叶片上开始萌发。孢子在花瓣上迅速萌发,只要 5～6h 就能在花瓣上进行生长。2～3 d 之后,染病的花飘落,依附在油菜的其他部位,如茎秆、叶片、主枝、侧枝和角里等处,就把病原菌带到那里,并在那里继续生长,杀死油菜。病原菌生长一段时间后,就会对油菜产生危害,若侵染茎秆,则杀死整个植株,若侵染枝条,则杀死枝条。油菜收获时菌核有可能会遗留在田里,也可以随油菜秸秆散落到堆放油菜秸秆的地方或与油菜籽混杂在一起。核盘菌不喜欢高温,也不喜欢寒冬,要依赖菌核进行休眠。田间的菌核存活受外界环境条件的影响较大,如长期在高温、淹水的条件下易导致菌核死亡,在干旱的条件下菌核可能存活 20 年之久。除了萌发产生孢子外,菌核还可以萌发产生菌丝直接侵染油菜茎基部。因此只要条件适宜,如土壤湿度大,又有油菜或其他植物的刺激,菌核等不到春天就可能萌发,这时通常是深秋和早冬,造成油菜苗期病害。

（5）对油菜生长和产量的影响　油菜菌核病是一种世界性病害,是油菜所有病虫害中发生范围最广、发生面积最大、暴发频率最高、危害损失最重的一类病害,容易暴发成灾。据统计,菌核病在中国所有油菜产区均有发生,以长江流域和东南沿海地区发生较为普遍和严重,一般年份植株发病率为 10％～30％,严重年份或严重田块发病率高达 80％以上,可导致减产

10%～70%,含油量降低 1%～5%。严重影响了油菜产量和品质。中国油菜平均单产为 120 kg/亩,菌核病导致 10%的产量损失,则每亩损失 13 kg,按油菜籽单价为 4 元/kg 计算,每亩损失约 50 元。油菜自苗期至成熟期都会受到核盘菌的危害。核盘菌在油菜的叶片或茎秆上生长,分泌草酸杀死油菜的细胞和组织,引起油菜腐烂,之后就在腐烂的地方生长,产生白色的菌丝。如果空气湿度小,菌丝就在植物组织内生长,不可见,如果空气湿度大,菌丝就非常繁茂,毛茸茸的。油菜被杀死之后,核盘菌就会在油菜发病部位,一般是在茎秆的里面(髓部)形成一些大小不等、形状不规则的黑色结构菌核。在田间看到早熟和倒伏的油菜,多数是被菌核病杀死的发病植株。如果病害发生早,那么植株来不及结果就枯死了,颗粒无收。如果在后期杀死植株,那么油菜籽的千粒重和质量就会显著降低。另外,菌核病导致油菜早熟和倒伏,影响收获,造成间接损失。叶片发病对油菜的影响是有限的,但是叶片染病后会与茎秆、枝条等接触进一步引发茎秆枝条发病。病原菌也可以从油菜的基部侵染,在没有开花前就杀死油菜。

2. 霜霉病

(1)病原　霜霉病(*Peronospora parasitica*)病原菌属鞭毛菌亚门真菌。菌丝体:无色,无隔膜,分枝多,蔓延于细胞间,以吸器伸入细胞内摄取养分。菌丝体产生孢囊梗,自病组织气孔伸出。孢囊梗:无色,顶端二叉状分支 4～8 次。小枝梗末端尖锐,顶端着生单个孢子囊。孢子囊:球形,无色,单细胞。卵孢子:球形、黄褐色、壁厚。霜霉菌在低温高湿下生长发育良好。孢子囊形成的适温是 8～12 ℃,卵孢子形成的适温是 10～15 ℃。这两种孢子萌发的适温是 7～13 ℃。病菌侵染适温为 16 ℃左右,20～24 ℃有利于吸器的形成。霜霉菌存在寄主专化现象。可分为 3 个变种,分别侵染芸薹属、萝卜属和荠菜属植物。

(2)危害症状　整个生育期都可以发病,以成株受害较重。主要危害叶片,由基部向上部叶片发展。发病初期在叶面形成淡黄小斑,后扩大呈黄褐色不规则斑块,叶背面病斑上生霜状霉层。花梗发病时常肥肿成“龙头”状、畸形,花梗及角果褪绿。表面光滑,但布满霜状霉层。重病株褐色枯萎,全株长满霜霉(王伟等,2015)。

(3)发病条件　一般气温低(16 ℃左右)、忽暖忽寒、多雨高湿的条件有利于病害的发生流行。连作地、早播油菜、氮肥施用过多过迟、低洼排水不良地、耕作粗放,发病较重。甘蓝型油菜品种较白菜型油菜品种和芥菜型油菜品种抗病。

(4)传播途径　霜霉病菌主要以卵孢子在病残体内越夏,一般在“龙头”内最多,秋末冬初,病菌侵染油菜幼苗,产生孢子囊,到春天大量繁殖,借风、雨传播再侵染。

(5)对油菜生长和产量的影响　在长江流域和沿海地区普遍发生。单独发生或与白锈病混合发生。以白菜型油菜发病最重,芥菜型油菜次之,甘蓝型油菜最轻。一般发病率为 10%～30%。在白菜型油菜上严重流行时,发病率可达 100%,造成成片枯死。在白菜型油菜上,病株单株油菜籽产量损失达 16%～52%,种子含油量降低 0.3%～11.0%。

3. 黑胫病

(1)病原　油菜黑胫病是一种世界性分布的真菌病害,由子囊菌(*Leptosphaeria biglobosa*)引起。菌丝:初期无色,后期暗褐色。菌落:初期无色,后期黄色、橙色、褐色。无性阶段:产生分生孢子器,溢出粉红色液;分生孢子无色、单细胞、柱形,两端看起来有两个“油滴”状颗粒。有性阶段产生假囊壳、子囊和子囊孢子;子囊孢子梭形、黄褐色、多细胞。主要有两个种,一种是 *Leptosphaeria maculans*(Lm),另一种是 *L. biglobosa*(Lb)。其中,Lm 致病力强,是导致产量损失的主要因子,Lb 致病力相对较弱,在中国广泛分布,也可造成一定的损失。该病在美国、加拿大、澳大利亚和欧洲等国发生严重,是这些国家油菜生产上最主要病害之一。李强生等(2013)2008—2012年,对我国16个省(区、市)60个市(县)的冬、春油菜产区进行油菜黑胫病的调查,并对病株进行分离纯化。结果表明,目前黑胫病在我国油菜产区普遍存在,且在局部地区已造成较严重的危害,但尚未发现引起油菜黑胫病的强侵染型致病菌 L. maculans(Lm)。因此,Lm为中国检疫性有害生物。因检疫工作的需要,中国将Lm在油菜上引起病害称为油菜茎基溃疡病。中国现使用两个名称:a. 茎基溃疡病(oilseed rape stem canker),由Lm引起;b. 黑胫病(blackleg)由Lb引起。Lm主要危害十字花科植物,可侵染其中28个属的作物或杂草;Lb的寄主范围更广,除了危害十字花科植物外,还可以危害豆科、桑科、龙胆科、唇形科、菊科的杂草。目前,在中国Lb除危害油菜外,还可侵染多种十字花科作物,如萝卜、红菜薹、西兰花、雪里蕻、羽衣甘蓝等。江西、广西、湖南、湖北、河南、四川、重庆、云南、贵州、陕西、内蒙古、青海、甘肃等15省(区、市)均有发生。

(2)危害症状 主要危害油菜茎秆,也可危害叶片、角果和根等部位。子叶发病,可产生坏死斑,密生分生孢子器;叶片发病,一般为黄褐色枯死斑,病斑上密生黑色小点。茎秆上症状一般为梭形黄褐色至黑褐色坏死斑,坏死组织上密生黑色小点(分生孢子器),严重时病斑环绕整个茎秆一圈,极易折断。病菌侵染角果时,在角果尖端形成黑色小点,角果里的种子也能被侵染,种子表皮上密生黑色小点。茎基溃疡病危害茎秆,髓部变黑,中空,导致茎秆倒伏、折断。油菜黑胫病也可造成髓部腐烂、中空倒伏。一般认为油菜黑胫病在茎秆上仅局限在表皮层,故忽略了对其危害造成的损失。通过田间病害调查发现,L. biglobosa 在油菜茎秆上形成的病斑有3种不同类型,第一种是裂口感染形成的病斑,第二种是脱落叶痕感染形成的病斑,第三种是无伤感染形成的病斑(杨龙,2018)。

(3)发病条件 短距离的传播主要是通过子囊孢子气传或者分生孢子雨水溅射传播,长距离传播(特别是Lm)主要是通过油菜籽的国际贸易和远距离调种而实现的。油菜黑胫病在世界范围内广泛分布,黑胫病的流行与油菜品种、气候和病原菌种群结构紧密相关。West等(2010)认为油菜黑胫病只有初侵染没有再侵染,或再侵染病菌以菌丝体在病残体上越夏后形成假囊壳,在油菜苗期,子囊孢子通过气传到叶片上侵入。在叶片内潜伏侵染,沿着叶柄扩展到茎秆,最后在茎秆上形成病斑。

(4)传播途径 黑胫病是单循环病害,即在一个生长季节只有初侵染没有再侵染,或再侵染的作用很小。子囊孢子是油菜黑胫病的初侵染源(L. maculans)和(L. biglobosa)的生活史类似,都以菌丝体在病残体上越夏后形成假囊壳,在油菜子叶期湿度大的时候假囊壳释放子囊孢子。子囊孢子通过气流传播到油菜叶片上萌发,形成芽管,从气孔侵入。这两种病菌均可在叶片内潜伏侵染,沿着叶柄扩展到茎秆,最后在茎秆上形成病斑。角果上的症状可能是(L. biglobosa)子囊孢子(或分生孢子)在油菜花期时,从柱头或花瓣侵入造成的。通过田间病害调查发现,(L. biglobosa)在油菜茎秆上形成的病斑有3种不同类型,第一种是裂口感染形成的病斑,第二种是脱落叶痕感染形成的病斑,第三种是无伤感染形成的病斑。其中,裂口感染形成的病斑最为普遍。

(5)对油菜生长和产量的影响 李强生等(2013)于2008—2012年,对中国16个省(区、市)60个市(县)的冬、春油菜产区进行油菜茎基溃疡病/黑胫病的调查,从14个省(区、市)的42个市(县)发现黑胫病存在,发病田块约占调查田块的10%,最重的田块发病率达92%,整株死亡率达5%。据估计,在油菜黑胫病流行年份,可导致油菜籽减产20%~60%,直接经济损失达 16 亿美元/年。油菜黑胫病可造成油菜籽产量损失,与健康植株油菜籽相比,病株 1 级、2 级、3 级、4 级和 5 级油菜籽产量分别下降 22%、32%、34%、34%和 35%。

4. 根肿病

(1)病原　根肿病是由芸薹根肿菌(*Plasmodiophora brassicae*)侵染引起的。营养体为原质团,游动孢子为无性孢子,肾形、椭圆形或近球形,大小 1.6～3.8 μm,同侧着生不等长尾鞭式双鞭毛;休眠孢子为有性孢子,近球形,有乳突,厚壁,具突起,直径 1.9～4.3 μm。休眠孢子萌发温度 6～27 ℃,pH 5.4～7.5,有生理分化现象(多个生理小种)。寄主范围:甘蓝、大白菜、芜菁、花椰菜、芸薹、萝卜。

(2)危害症状　感病后植株主根和侧根形成大小不一的纺锤形、球形或棒状肿瘤。水分和营养物质输送受阻,发病植株地上部表现为叶色淡绿、黄化、植株矮小。在晴天高温下叶片可下垂及萎蔫。发病后期肿瘤腐烂。症状表现与侵染时期有关,苗期侵染导致抽薹期萎蔫、植株矮化和黄化。

(3)发病条件　酸性土壤适合于发病,土壤 pH 值为 5.4～6.5 时病害发生严重,pH 值高于 7.2 时发病较轻;病菌适宜在潮湿条件下进行萌发、游动及侵染。土壤含水量为 50%～100%均可发病,随湿度增加,发病加剧。病菌对干燥敏感,土壤含水量低于 45%易死亡。发病适宜温度 19～25 ℃,低于 9 ℃或高于 30 ℃不能发病;连作地发病重,适当轮作(与非十字花科作物轮作)可减轻发病;油菜品种间抗性存在差异,抗性品种不多。病原小种可能发生变化,导致抗病性"丧失"。

(4)传播途径　病菌以休眠孢子囊在土壤中或黏附在种子上越夏,并可在土中存活 10～15 年。孢子囊借雨水、灌溉水、害虫及农事操作等传播,萌发产生游动孢子侵入油菜幼根,并形成新的游动孢子,进行二次侵染,经 10d 左右根部长出肿瘤。病菌在 9～30 ℃均可发育,适温 23 ℃。适宜相对湿度 50%～98%,土壤含水量低于 45%病菌死亡。适宜 pH6.2,pH 值 7.2 以上发病少。Raman 等(2020)利用多种荧光化合物对不同侵染时期的根肿菌不同发育形态进行了标记,借助激光共聚焦显微镜和电子显微,首次发现了根肿菌在植物的表皮细胞中存在有性生殖阶段,而不是之前报道的土壤中,并明确了根肿病的寄主抗性作用于根肿菌的皮层侵染时期。

(5)对油菜生长和产量的影响　主要危害油菜根部,在主根或侧根上形成肿瘤,农民俗称"大脑壳病"。在中国油菜产区均有分布,尤以四川、云南等省发生严重。其休眠孢子生命力顽强,可在土壤中存活数十年以上,一旦发生,难以根治。周青(2013)介绍根肿菌在油菜苗期和成株期均可感病,造成油菜籽减产达 10.2%,严重时减产达 60%以上甚至绝收。

5. 灰霉病

(1)病原　油菜灰霉病由葡萄孢(*Botrytis cinerea*)侵染所致。本菌属半知菌亚门葡萄孢属真菌。分生孢子梗丛生,不分枝或分枝,直立,有隔膜,隔膜处内缢,浅灰色至灰色,往顶端色渐淡,成堆时呈棕灰色,顶端簇生分生孢子。分生孢子椭圆形或倒卵形至近圆形,表面光滑,无色。菌核黑色,扁平或圆锥形。病菌发育最适温度为 15～25 ℃,最高 30～32 ℃。分生孢子在 13～30 ℃均能萌发,但以在较低温度时萌发有利。

(2)危害症状　该病从苗期至结荚期均可受害,危害叶、茎、花、荚。苗期发病,幼苗呈水浸状腐烂,上生灰色霉层。大田发病,多从距地面较近的叶片开始,叶片上初呈水渍状病斑,阴雨潮湿的条件下病部迅速扩大呈褐色,病叶基部呈红褐色。本病多从下向上发展,先后危害叶、茎、花、荚。在茎、叶、花、荚等腐烂部分密生灰色霉状物。

(3)发病条件 寄主植物生长状况处于极度衰弱或组织受冻、受伤的条件下,相对湿度在95%以上,温度适宜时极易诱发本病。如遇连阴雨或寒流大风天气、密度过大都会加重病情。3月下旬至4月中旬达发病高峰期。

(4)传播途径 病菌以菌核形式在土壤或病残体上越冬越夏,在环境适宜时菌核产生菌丝体,然后在菌体上产生分生孢子。分生孢子借气流传到寄主上,如遇适温和叶面等有水滴存在的条件下,孢子迅速萌发,产生芽管从寄主伤口、衰弱或死亡组织侵入。较老叶片尖端坏死部分或开花后花瓣萎蔫也易被病菌侵入。病菌侵入寄主后迅速蔓延扩展,并在病部表面产生分生孢子进行再次侵染,后期形成菌核越冬。

(5)对油菜生长和产量的影响 洪海林等(2012)在咸安调查发现,油菜灰霉病的病叶株率为18%~48%。其中,旱地病叶株率为30%~48%,水田病叶株率为18%~23%。植株长势好的灰霉病病叶株率高于长势差的,叶片发病重于茎秆、角果。

6. 根腐病

(1)病原 该病由多种真菌侵染引起,主要病原有链格孢(*Alternaria alternata Fusarium* spp.)、尖镰孢菌(*Fusarium oxysporum* Sehlecht)、德巴利腐霉(*Phthium debaryanum* Hesse),此外还有齐整小核菌(*Sclerotium rolfsii* Sacc.),属半知菌亚门。

(2)危害症状 该病害在油菜苗期、花期和灌浆成熟期均可发生,不同时期危害的症状不同。苗期,油菜根茎部受害,在茎基部或靠近地面处出现褐色病斑,略凹陷,以后逐渐干缩,根茎部细缢,病苗折倒。成株期,油菜根茎部膨大,根上均有灰黑色凹陷斑、稍软,主根易折断,断截上部常生有少量次生须根。严重时油菜全株枯萎,越冬期不耐严寒,易受冻害死苗。

(3)发病条件 油菜根腐病的发生需要湿润潮湿的环境,一旦遇到多雨年份,根腐病就会产生危害。苗床油菜苗和早栽大田油菜苗发病早、危害重。土质黏重、苗龄过长、田间排水不畅也是加重根腐病发生的主要原因。3~5叶期是根腐病的主要发生期,以后随着气温的下降,病情扩展速度也相应减缓(文雁成等,2014)。

(4)传播途径 油菜根腐病是一种真菌性病害,病害主要以菌丝体或菌核在土中或病残株中越冬越夏,生命可维持2年以上,带病土壤是主要传染源。病菌发育最适温度为25℃左右,如在生长期遭受连阴雨天气,根腐病易于发生。

(5)对油菜生长和产量的影响 林玉发(2000)田间调查结果表明,油菜根腐病株发病率一般3%~5%,重害田高达10%~20%,给扩大油菜生产和菜苗安全越冬造成严重威胁。

7. 立枯病

(1)病原 油菜立枯病(*Rhizoctonia solani* Kühn)属担子菌无性型丝核菌属真菌,又称油菜纹枯病。菌丝初期无色,分枝成直角,基部缢缩,距分枝不远有一隔膜,随着菌丝的生长,菌体颜色加深,老熟菌丝体黄褐色,较粗大,部分菌丝形成膨大的念珠状细胞。后期菌丝相互纠结在一起,形成菌核,菌核暗褐色,不规则形。

(2)危害症状 该病在油菜整个生育期都可发生危害,但以苗期发病最严重。发病植株,在近地面茎基部出现褐色凹陷病斑,以后逐渐干缩。湿度大时,有淡褐色蛛丝状菌丝附在其上,病叶萎垂发黄,易脱落。苗期发病,主根及土壤5~7 cm下的侧根常有浅褐色病斑,后期病斑扩大,变深凹陷,继而发展为环绕主根的大斑块,有时还会向上扩展至茎部形成明暗相间的条斑。苗期感病,由于根系吸水、吸肥能力差,叶片常发黄,失水过快时,叶片萎蔫,严重时,植株倒伏、枯死。成株期发病,根茎部膨大,主根根皮变褐色,侧根很少,根上有灰黑色凹陷斑,稍软,主根易拔断,断处上部常有少量次生须根,有时仅剩一小段干燥的主根。

(3)发病条件　油菜立枯病的发生受天气、土壤条件、菌丝融合群类型及土壤中菌源数量的影响。该病在苗床发生普遍,如果油菜地整地不均匀、油菜根系扎根不牢固、田间清沟不好、排水不畅、油菜播种量过大、种植过密,病害发生较为严重。病菌发育最适温度为 25 ℃左右,每年 10 月上中旬为发病盛期,以后随着气温的下降,病情扩展速度也相应减缓。此外,施用未腐熟的带菌肥料,可加重病害的发生。

(4)传播途径　病菌主要以菌丝体和菌核在土中或病残体上越夏、越冬,油菜播种后,菌核或菌丝经雨水和农事活动的传播接触油菜植株,菌丝借助于侵染垫侵染油菜苗的胚和根。侵染 7 d 后,就表现症状,其茎基部产生的菌丝和菌核又进一步传播危害。病原菌可以在土壤中进行腐生生活,长期生存,一旦遇到合适的条件,就可以侵染危害油菜。

(5)对油菜生长和产量的影响　该病是油菜苗期的主要病害之一。陈俊华(2017)田间调查结果表明:该病在苗期发生较重,株发病率一般在 3%～5%,发病重的田块,株发病率可达 10%～20%。油菜感病后,降低植株结荚率,造成植株早衰、倒伏,对油菜产量和品质构成严重威胁。

8. 白锈病

(1)病原　白锈菌(*Albugo candida* (Pers.) O. kuntze)属鞭毛菌亚门真菌。该菌菌丝无分隔,蔓延于寄主细胞间隙。孢囊梗丛生,棍棒状,无色,单胞。孢子囊串生,连接处有小颈部,孢子囊球形,无色,单胞,萌发成游动孢子,游动孢子两鞭毛。卵孢子球形,表面有不规则凸起。产生孢子囊的适温为 8～10 ℃,孢子囊萌发的温度为 0～25 ℃,以 10 ℃最适。萌发要求相对湿度为 95%以上。

(2)危害症状　地上部的各器官可受害。叶面初生黄色小点或扩大呈黄褐色近圆形斑,叶背长出隆起有光泽的白色浓泡状病斑。其表面破裂后,散出白粉。花梗受害畸曲呈"龙头拐"状。表面粗糙,着生白色脓疱病斑。

(3)发病条件　王迪轩等(2013)研究表明,2—4 月雨日、雨量决定油菜白锈病的发病程度。降雨量大则发病重。春季油菜开花结荚期间,每当寒潮频繁,时冷时暖,阴天多,病害发生严重。氮肥施用过多,或地势低洼,土质黏重,容易积水,以及周围十字花科杂草或连作油菜田,发病亦重。

(4)传播途径　油菜白锈病主要以卵、孢子随病残体散落在土壤中越夏。秋播后小部分病菌产生孢子侵害油菜,并在寄主内过冬,次年春季气温回升,病部产生大量孢子囊,借风雨传播进行再侵染。直至发病后期,又在病组织内产生卵孢子成为下季油菜初侵染源。病菌孢子萌芽和侵入以 10 ℃最适宜,侵入后在油菜体内扩展。

(5)对油菜生长和产量的影响　油菜白锈病在世界各地均有分布,以印度和加拿大发生较重。王迪轩等(2013)介绍,油菜白锈病在中国以云贵高原、青海等油菜产区发生较重。流行年份发病率为 10%～50%,油菜籽产量损失高达 5%～20%。

9. 白粉病

(1)病原　由蓼白粉菌(*Erysiphe polygoni*)或十字花科白粉菌(*E. cruciferarum*)引起。属子囊菌亚门真菌。过去主要分布在湖北、四川、云南、贵州,现逐渐向东、向北蔓延。

(2)危害症状　侵害油菜的叶片、茎秆、角果等部位。发病初期病感部位形成少量的点块白斑,以后向外扩展连接成片,一段时间后变黑,有的产生黑色粒状物。病轻时,植株生长、开花受阻;严重时白粉状霉覆盖整个叶面,到后期叶片变黄、枯死,植株畸形、花器异常,直至植株死亡。

(3)发病条件　分生孢子萌发温度 20～24 ℃,相对湿度为 100%。低温有利于子囊壳萌发,高温有利于病害流行。

(4)传播途径　气流传播与扩散。在南方,主要以菌丝体或分生孢子在不同作物,尤其是十字花科作物上辗转传播危害。在北方,主要以闭囊壳在病残体上越冬。在条件适宜时,子囊释放出子囊孢子随风雨传播,构成初侵染。发病后,产生的分生孢子随风传播,构成再侵染源。在油菜收获前病菌产生闭囊壳越夏。

(5)对油菜生长和产量的影响　油菜白粉病是油菜的一种世界性病害,各个油菜产区均有危害分布,例如澳大利亚、加拿大、法国、瑞典和阿根廷,发病率在 35%～93%,平均 42%(Gaetan et. al.,2007)。邵登魁(2006)调查发现其主要危害油菜地上部分,包括茎秆、叶片及角果,使叶片褪绿早衰,角果变形,种子瘪瘦,可使油菜减产 15%～20%,严重者高达 50% 以上,影响油菜的成熟度和含油量,导致食用油品质下降,严重影响油菜生产。

10. 白斑病

(1)病原　病原菌为芥假小尾孢[*Pseudocer cosporell acapsella*(Ell. & Ev.)Deighton],属半知菌亚门真菌。有性态为油菜小球腔菌(*Leptosphaeria olericola* Sacc.)。繁殖体生在叶两面,多数生在叶面,子座明显,由无色细胞组成。分生孢子梗弯曲无色,多由气孔伸出,基部略粗,向上渐细,孢痕不明显,梗多单生,少丛生,每丛小于 10 根,大小为(10.00～50.00)μm×(1.75～3.00)μm,具 0～3 个隔膜,不明显。分生孢子无色、棒状、针状或略弯,具隔膜 3～7个,但不明显,大小为(35.00～82.50)μm×(2.25～2.75)μm。

(2)危害症状　油菜在整个生育期均可受害,病斑在老叶上较多。初为淡黄色小斑,后病斑扩大成圆形或不规则形,直径约 1 cm,中央灰白色或浅黄色,有时略带红褐色,周围黄绿色或黄色,病斑稍凹陷,并常破裂穿孔。湿度大时,病斑背面产生淡灰色霉状菌,病斑相互连接形成大斑,常致叶片枯死。

(3)发病条件　油菜白斑病在 5～28 ℃ 均可发病,适温 11～23 ℃。旬均温 23 ℃,相对湿度高于 62%,降雨 16 mm 以上,雨后 12～16 d 开始发病。生育后期,气温低,旬均温11～20 ℃,最低 5 ℃,温差大于 12 ℃,遇大雨或暴雨,旬均相对湿度 60% 以上,病害会迅速蔓延。油菜白斑病属低温型病害,流行年份气温偏低。生育后期,气温低、温差大,遇大雨或暴雨,可促进病害流行。长江中下游及湖泊附近油菜区,春、秋两季均可发生,尤以多雨的秋季发病重。一般靠近菜园、播种早、连作年限长、下水头、缺少氮肥或基肥不足的地块发病重。

(4)传播途径　病菌主要以菌丝或菌丝块附着在病叶上,或以分生孢子黏附在种子上越冬。翌年产生分生孢子借风雨传播,也可附着在种子上传播,引起初侵染。病原侵入寄主后,菌丝在植株细胞间蔓延,产生分生孢子梗,从叶背气孔伸出,1 个气孔可伸出几个至几十个分生孢子,借风、雨传播进行多次再侵染。

(5)对油菜生长和产量的影响　油菜受害后,生长发育受阻,致使油菜产量减少和油菜籽品质降低。重茬地和十字花科连作地发生严重,另外多雨年份油菜发病严重。一般损失15%～20%,严重地块达 45% 以上(米吉换,2009)。

11. 猝倒病

(1)病原　病原为瓜果腐霉[*Pythium aphanidermatum*（Eds.）Fitz.]，属鞭毛菌亚门真菌。孢子囊粗短扁平，分叉或不分叉，易与菌丝相混淆，萌发形成1个球状泡囊，每个泡囊可内生8～50个甚至形成100个游动孢子。游动孢子肾形，直径为7.5～12.5 μm，侧生两条长短不一的鞭毛。藏卵器为圆形，顶生或生在菌丝中间，直径22～25 μm。藏精器可沿藏卵器的柄处形成，或自另一菌丝产生。卵孢子球形，壁厚，表面较光滑，直径17～19 μm，萌发产生芽管，再生孢子囊及游动孢子。

(2)危害症状　油菜猝倒病主要在幼苗长出1～2片叶之前发生。初期在幼茎茎基部产生水渍状病斑，以后病部逐渐萎缩，最后折断倒伏死亡。根部发病，出现褐色斑点，严重时地上部分萎蔫，从地表处折断、倒伏。湿度大时，病部或土表长出白色棉絮状物。发病轻的幼苗，移栽后虽可长出新根，但植株生长发育不良。

(3)发病条件　病菌生长适宜温度为15～16 ℃，适宜发病地温10 ℃，温度高于30 ℃受到抑制，低温对寄主生长不利，尤其是育苗期出现低温、高湿条件，利于发病。幼苗子叶养分基本用完，新根尚未扎实之前为感病期，这时真叶未抽出，碳水化合物不能迅速增加，抗病力弱，遇有雨、雪等连阴天或寒流侵袭，地温低，光合作用弱，幼苗呼吸作用增强，消耗加大，致幼茎细胞伸长，细胞壁变薄，病菌乘机侵入。因此，猝倒病主要在幼苗长出1～2片叶之前发生。

(4)传播途径　病菌以卵孢子在土壤表土层或病株残体内越冬，在土壤中能存活4年之久。翌年，卵孢子遇有适宜条件萌发产生孢子囊，以游动孢子或直接长出芽管侵入幼苗，引起幼苗发病。田间的再侵染主要靠病苗上产出孢子囊及游动孢子，借灌溉水或雨水溅附到贴近地面的根茎上，引致再侵染。病菌侵入后，在皮层薄壁细胞中扩展，菌丝蔓延于细胞间或细胞内，后在病组织内形成卵孢子越冬（陈亮，2018）。

(5)对油菜生长和产量的影响　油菜猝倒病在全国各油菜产区均有发生和危害，以南方多雨地区较重。一般年份减产30%左右，严重时达50%以上，影响油菜籽产量质量。

(二)细菌性病害

油菜细菌性病害主要有软腐病、黑斑病、黑腐病等。

1. 软腐病

(1)病原　油菜软腐病是一种普发、多发、易发的细菌性病害，在中国分布广泛，广发于全国各油菜产区。主要寄主为油菜等十字花科蔬菜以及马铃薯、番茄、莴苣和黄瓜等。原菌为胡萝卜软腐欧文氏菌胡萝卜软腐致病变种[*Erwinia carotovora subsp. carotovora*（Jones）Bergey et al]属细菌。菌体短杆状，周生2～8根鞭毛，无荚膜，不产生芽孢。革兰氏染色阴性，在肉汁胨培养基上菌落呈乳白色，半透明，具光泽，全缘。生长发育温限为2～38 ℃，最适温25～30 ℃，适宜pH5.3～9.2，中性最适。

(2)危害症状　初期在根茎和茎基部产生不定形水渍状病斑。随着病情发展，病斑不断扩展，比健部微凹陷，表皮萎缩。病发至后期，叶柄、叶片、病根等龟裂、软腐，发出恶臭味，茎秆空洞化，仅剩纤维组织。油菜根部受害，重病株会因烂根而枯死。受害较重的油菜植株，后期绝大多数会干枯倒伏死去。油菜软腐病发生于根、茎和叶等部位，主要危害茎基部。初在茎部或靠近地面的根茎部产生不规则水渍状病斑，随着病情发展，病斑逐渐扩大，病斑部位比健康部位略凹陷，表皮稍皱缩，继而皮层龟裂易剥开，病害向内扩展，茎内部软腐呈空洞。靠近地面的叶片和叶柄纵裂、软化、腐烂。病部溢出灰白色或污白色黏液,有恶臭味。苗期重病株因根颈部腐烂而死亡。成株期,轻病株部分分枝能继续生长发育,重病株抽薹后倒伏死亡。油菜软腐病危害油菜茎基部,其他危害油菜茎基部的病害还有立枯病和猝倒病。这几种茎基部病害的危害特征:软腐病,初在茎基部或靠近地面的根茎部产生水渍状斑,后逐渐扩展,略凹陷,表皮微皱缩,后期皮层易龟裂或剥开,内部软腐变空,植株萎蔫;立枯病,茎基部初生黄色小斑,渐成浅褐色水渍状,后变为灰黑色凹陷斑,有的侵染茎部,并形成大量菌核;猝倒病,在茎基部近地面处产生水渍状斑,后缢缩折倒,湿度大时病部或土表生白色棉絮状物(吴新华等,2016)。

(3)发病条件 油菜软腐病的发生、流行与寄主抗性、气候、栽培管理等因素相关。芥菜型和白菜型油菜较易感油菜软腐病。温暖多雨、气温迅速升高时易发油菜软腐病。连作地、前茬病重,土壤存菌多,发病重;排水不良,土质黏重,土壤偏酸,发病重;栽培过密,株、行间郁闭,通风透光差的易感病;氮肥施用过多,植株生长过嫩,虫伤多易发病。油菜连作田发病多且重;白菜型和芥菜型油菜发病比甘蓝型重。春季阴雨、潮湿和温暖的天气有利于发病,会明显加重病情;稻茬和土壤湿度高的油菜地,如降湿措施不到位,该病发生将偏多、偏重(敖礼林,2018)。

(4)传播途径 油菜软腐病病菌主要在病株体内和残体中繁殖、越夏和越冬。若潮湿的堆肥或有机质适于病原菌生存,则其是重要的侵染来源。病菌主要借雨水、灌溉水和昆虫传播。传播昆虫主要有种蝇、黄条跳甲、菜粉蝶、菜蟓、菜螟和蝼蛄等。病原可随流水、浇(灌)水、土壤和土壤中的害虫等传播、扩散。病菌多从伤口、幼芽和根毛等处侵入,经维管束不断向地上部转移。土壤中的病菌可存活 120 d 以上,土温 5 ℃以下可长期存活,15 ℃以上 1～2 d 会死亡。病菌侵入油菜后会产生果胶酶,分解胶质物等致使细胞组织分解并崩溃(敖礼林,2018)。

(5)对油菜生长和产量的影响 油菜软腐病如果没有及时采取有力的防治措施,发病田块油菜产量就会损失 15%～20%,严重的甚至达 50%以上。

2. 细菌性黑斑病

(1)病原 病原为丁香假单胞菌斑点致病变种(十字花科蔬菜黑斑病假单胞菌)[*Pseudomonas syringae* pv. *maculicola* (Mcculloh) Young et al.],属细菌。菌体杆状或链状,无芽孢,具 1～5 根极生鞭毛,大小为(1.5～2.5)μm×(0.8～0.9)μm。在肉汁胨琼脂平面上菌落平滑有光泽,白色至灰白色,边缘近圆形,后具皱褶。在肉汁胨培养液中呈云雾状,没有菌膜。在 KB 培养基上产生蓝绿色荧光。该菌革兰氏染色阴性,好气。发育适温为 25～27 ℃,最高为 29～30 ℃,最低 0 ℃,致死温度 48～49 ℃经 10 min 死亡,可适应 pH 范围 6.1～8.8,最适 pH7.0。

(2)危害症状 叶片染病,初为褐色圆形斑点,湿度大时,上生黑色霉状物。叶柄、叶柄与主茎交接处也易染病。细菌性黑斑病主要危害油菜叶、茎和荚。叶片染病,先在叶片上形成 1 mm 大小的水浸状小斑点,初为暗绿色,后变为浅黑至黑褐色,病斑中间色深发亮具光泽,有的病斑沿叶脉扩展,数个病斑常融合成不规则坏死大斑,严重的叶脉变褐,叶片变黄脱落或扭曲变形。茎和荚染病,产生深褐色不规则条状斑。在角果上产生凹陷不规则褐色疹状斑(白桂萍等,2019)。

(3)发病条件 病菌借风雨、灌溉水传播蔓延。雨后易发病。油菜开花期高温多雨,发病较重。另外,地势低、连作地、高氮肥,特别是春季增施氮肥,会加重角果发病。

(4)传播途径 油菜细菌性黑斑病病菌主要在种子上或土壤及病残体上越冬,在土壤中可存活 1 年以上,可随时侵染。

（5）对油菜生长和产量的影响　细菌性黑斑病在各油菜产区均有发生和危害，其中陕西汉中地区发生较重，常造成很大损失，影响油菜产量和品质。

3. 黑腐病

（1）病原　病原菌为油菜黄单胞杆菌野油菜黑腐病致病变种[*Xanthomonas campestris* pv. *campestris* (Pammel)Dow～son]，属细菌。菌体杆状，大小为$(0.7\sim3.0)\mu m\times(0.4\sim0.5)\mu m$，极生单鞭毛，无芽孢，具荚膜，菌体单生或链生。在牛肉汁琼脂培养基上菌落近圆形，初呈淡黄色，后变蜡黄色，边缘完整，略凸起，薄或平滑，具光泽，老龄菌落边缘呈放射状。革兰氏染色阴性。病菌生长温度范围$5\sim39$ ℃，适温$25\sim30$ ℃，致死温度为51 ℃经10 min死亡；对酸碱度适应范围为pH $6.1\sim6.8$。

（2）危害症状　在幼苗和成株期均可发生，可危害叶、茎和角果，危害特点是维管束坏死变黑。该病有时和软腐病并发，加剧病情，但黑腐病腐烂时无臭味，可与软腐病区别。幼苗出土前染病不能出苗；出土后受害，子叶水浸状，逐渐枯死，或蔓延至真叶，使真叶叶脉上出现黑点状斑或黑色条纹，根髓部变黑，幼苗枯死。成株叶片多从叶缘开始，逐步向内扩展，形成"V"字形黄褐色病斑，周围组织变黄，与健部界限不明显；有时病菌沿叶脉向里扩展，形成网状黑脉或黄褐色大斑块。成株叶柄、茎，病菌沿维管束向上扩展，使部分菜帮形成淡褐色干腐，常使叶片歪向一侧，半边叶片或植株发黄，部分外叶干枯、脱落，甚至瘫倒。湿度大时，病部产生黄褐色菌溢或油浸状湿腐。重者茎基部腐烂，植株萎蔫，纵切茎部可见髓部中空、黑色干腐。成株角果产生褐色至黑褐色斑，稍凹陷，种子上生油浸状褐色斑，局限在表皮上。

（3）发病条件　病菌喜高温、高湿的条件，$25\sim30$ ℃利于病菌生长发育；多雨高湿、叶面结露、叶缘吐水，均利于发病。低洼地块，排水不良，浇水过多，病害重；中耕伤根严重，害虫较多的地块，发病重；与十字花科蔬菜连作，发病重；播种过早，施用未腐熟的带菌粪肥，发病亦重。

（4）传播途径　病原细菌随种子或病残体遗留在土壤内或在种株上越冬。带菌种子是主要的侵染来源，播种后病菌从幼苗子叶叶缘的水孔和气孔侵入，引起发病。病菌在土壤中的病残体上可存活1年以上，可通过雨水、灌溉水、农事操作及昆虫等传播到叶片上，从叶缘的水孔或叶面的伤口侵入，先侵染少数薄壁细胞，然后进入维管束组织，由此上下扩展，造成系统性侵染。栽植带病种株后，病菌可从果柄维管束进入种荚使种子表面带菌，并可从种脐侵入使种皮带菌。病菌在种子上可存活28个月，是病害远距离传播的主要途径。

（5）对油菜生长和产量的影响　油菜黑腐病分布于北京、陕西、河南、湖北、浙江、江苏等省（市），在油菜的整个生长季节均可发生，尤以2—3月发生最多，局部地区发生面积较大。饶卫华等（2014）指出，近些年由于气候、栽培方式的改变，该病发生情况趋重，一般病田发病率$10\%\sim20\%$，重病田发病率$60\%\sim80\%$，导致果荚数减少而引起减产$30\%\sim50\%$，影响油菜品质和产量。

（三）病毒性病害

油菜病毒病害有4种：芜菁花叶病毒病、油菜花叶病毒病、黄瓜花叶病毒病、烟草花叶病毒病。芜菁花叶病毒病是侵染油菜最主要的病毒，约占油菜田间感染病株的80%以上。还存在其中2种或3种病毒复合感染的现象，对油菜生产造成较大危害。蔡丽（2008）从湖北和安徽两省12个县市采集的258份油菜病毒病害样品，检测结果表明，芜菁花叶病毒占病害样品总量的90.7%，黄瓜花叶病毒占8.9%，油菜花叶病毒占0.8%。油菜病毒病是影响油菜生产的主要病害,已成为对油菜危害仅次于菌核病的第二大病害。油菜感染病毒以后主要产生花叶、坏死和矮化等类型症状,不同类型油菜上的症状差异很大。甘蓝型油菜苗期主要症状有枯斑和花叶。成株期茎秆上表现条斑、轮纹斑和点状枯斑,叶片叶脉网状褐色坏死,病株一般矮化、畸形,茎短缩,角果短小扭曲,严重的全株坏死。白菜型和芥菜型油菜苗期主要症状为花叶和皱缩后期植株矮化,叶片花叶、皱缩,茎秆有黑褐色条斑。

1. 芜菁花叶病毒病

(1)毒原　芜菁花叶病毒(*Turnip mosaic virus*,TuMV)属马铃薯 Y 病毒科(Potyviri-dae)马铃薯 Y 病毒属(*Potyvirus*),粒体线状(720~750)nm ×(12~15)nm。蛋白质分子量27000,共有 226 个氨基酸。核酸分子量 $3.2×10^3$。体外保毒期为 3~4 d。寄主范围广,危害十字花科、菊科、茄科、藜科和豆科植物,是一种重要的植物病毒。Shukla et al(1994)发现在试验条件下 TuMV 至少侵染 43 个双子叶植物科的 156 个属的 318 种植物。

(2)发病条件　王华弟等(2010)调查表明,油菜病毒病流行程度与气候因子、蚜虫迁飞量、品种抗病性、播种和移栽迟早、距离毒源作物的远近等有密切的相关性,其中以气候因子和品种抗病性关系最大。油菜苗期是油菜最易感病的生育期,影响苗期发病程度的主要因子是气温与降雨量,苗期气温在 15~20 ℃时对翅蚜的迁飞、传毒,病毒的增殖和病害显症有利。在适温范围内降雨量影响蚜虫的繁殖和迁飞传毒,是病害流行的主要因子。油菜病毒病主要由蚜虫传播,以有翅蚜传毒为主。有翅蚜迁飞最适温度为 15~20 ℃,9 月下旬到 11 月上旬是迁飞盛期,15 ℃以下显著减少,无风晴天迁飞量大,雨天、大风迁飞则少。有翅蚜先在早秋十字花科蔬菜上繁殖危害,9 月下旬到 11 月上旬迁入到油菜秧苗上繁殖危害,油菜 3~6 叶期为感病生育期。毒源作物十字花科蔬菜病毒病发病率高,种植面积大的年份油菜病毒病发病较重。油菜苗床距离毒源作物近的发病重,距离远的则轻。

(3)染病症状　白菜型油菜和芥菜型油菜发病主要表现为,苗期感染病毒后发病先从心叶开始,叶脉失绿,变黄白色呈透明状,然后出现淡绿和浓绿相间的花叶,发病初期,花叶症状往往隐蔽。严重病株会出现叶片皱缩,花序短缩,花器丛集,植株矮小,角果瘦小弯曲,呈鸡爪状,造成荚枯籽秕,甚至植株早期死亡。甘蓝型油菜植株发病后,主要症状为系统性黄斑和枯斑。先从老叶发病,渐向新叶发展。开始开叶区面隐现褪绿小圆斑,以后逐渐发展成直径 2~4 mm(少数可达 5~8 mm)近圆形的黄斑或黄绿斑,多数边缘有细小褐点组成连续或断续的圈纹,呈油渍状,有的在斑内或中央生有小褐点。再以后部分黄斑中央略下陷,形成枯白色半透明小点,逐渐扩大至黄斑变成灰褐或灰白色枯斑,枯斑内或中央散生小褐点或在中央形成一个大褐点。温湿度适宜时,则出现中间绿色、外转围黄色的环斑。病叶枯黄时,斑点仍清晰可见。茎上发病,往往产生水渍状、紫褐色形状大小不等的条斑,所结角果皱缩瘦小,甚至全株枯死。

(4)传播途径　TuMV 可通过蚜虫或汁液接触传毒,在自然条件下被蚜虫以非持久方式传播,已知至少有 89 种蚜虫可以传播。主要为桃蚜、甘蓝蚜、萝卜蚜。在中国冬油菜区病毒在寄主体内越冬,翌年春天由桃蚜、菜缢管蚜、棉蚜、甘蓝蚜等蚜虫传毒,其中桃蚜和菜缢管蚜在油菜田十分普遍,冬油菜区由于终年长有油菜、春季甘蓝、青菜、小白菜、荠菜、薹菜等十字花科蔬菜和杂草,成为秋季油菜的重要毒源。此外,车前草、辣根等杂草及茄科、豆科作物也是病毒越夏寄主。有翅蚜在越夏寄主上吸毒后迁往油菜田传毒,引起初次侵染。油菜田发病后再由蚜虫迁飞扩传,造成该病再侵染。冬季不种十字花科蔬菜地区,病毒在窖藏的白菜、甘蓝、萝卜上越冬,翌春发病后由上述蚜虫传到油菜上,秋季又把毒源传到秋菜上,如此循环周而复始。此外病毒汁液接触也能传毒。胡稳奇(1990)发现芜菁花叶病毒除蚜虫传毒外,还有自然非蚜传株系存在,给防治带来困难。

2. 油菜花叶病毒

(1)毒原　油菜花叶病毒(*Oilseedrape mosaicuvirus*,ORMV)又称 *Youcai mosaic virus*(Yo MV)或 *Chinese rapemosaicvirus*(CRMV),其是一种杆状病毒,由病毒粒子的形态学特征和血清学关联性分析,油菜花叶病毒从属烟草花叶病毒属(*Tobamovirus*)。目前共研究发现 4 种油菜花叶病毒:ORMV-SX、ORMV-Wh、ORMV-Sh、ORMV-Br。ORMV-SX 基因组全长 6304 nt,5′UTR 由 68 个核苷酸组成,3′UTR 由 236 个核苷酸组成,编码区含有 4 个开放阅读框(ORF);ORMV-Wh 的基因组长 6301 nt,其 3′UTR 长度为 239 nt,包含 4 个开放阅读框(ORF);ORMV-Sh 又称 Yo MV-Sh、RMV-Sh,其为车前草花叶病毒上海分离株系,ORMV-Sh 最初是从上海感病的青菜上分离得到,基因组全长 6301 nt,其 5′UTR 长度为 68 nt,3′UTR 长度为 236 nt,包含 4 个开放阅读框(ORF)(朱洪庆等,2004);ORMV-Br 是从中国湖北省的油菜中分离出来的一种烟草花叶病毒属的病毒,其含 239 nts 大小的 3′UTR。油菜花叶病毒可侵染十字花科、车前科、凤仙花科和石蒜科等植物以及 ORMV-SX 可侵染玄参科植物地黄。油菜花叶病毒在全国油菜产区均有发生,其中华北、西南和华中冬季油菜区最为严重。

(2)发病条件　油菜病毒病与蚜虫的迁飞量呈正相关。在周年栽培十字花科蔬菜的地区,病毒病的毒源十分丰富,病毒也就能不断地从病株传染到健株,引起大田油菜发病。病毒病的发生与气象条件关系密切,油菜苗期如遇高温干旱天气,影响油菜的正常生长,降低油菜的抗病能力,同时在这样的条件下有利于蚜虫的大发生及其活动,则会引起油菜病毒病的大发生和流行;反之,则不利于其发生和危害。Hao 等(2020)开展了蚜虫—病毒—油菜之间的互作关系研究,发现芜菁花叶病毒侵染对蚜虫取食行为的调节作用,芜菁花叶病毒感染油菜后,油菜叶片对蚜虫的阻碍性减弱,蚜虫口针穿刺叶肉细胞的频率增加,取食减少,蚜虫更容易携带病毒颗粒。管致和等(1980)研究发现蚜虫携带芜菁花叶病毒后能分泌更多的唾液,当吸食健康油菜植株时更容易传播病毒。

(3)染病症状　油菜花叶病毒在感染早期产生典型的清脉症状,后期会对油菜的生长发育产生严重影响,油菜发病越早,损失越严重,影响油菜结籽,菜籽产量极大减少,严重时造成油菜籽绝产。

(4)传播途径　在我国冬油菜地区,病毒在寄主体内越冬。春天由桃蚜、菜缢管蚜等蚜虫传毒,其中桃蚜和菜缢管蚜在油菜田十分普遍。蚜虫带病毒传毒时间很短,在获病株上吸汁 5 min 即可获毒,在健康株上吸汁不足 1 min 即可传毒,但获毒后 20~30 min 传毒力即可消失(赵贤雷,2019)。在冬油菜区,油菜、春季甘蓝、青菜、小白菜等十字花科蔬菜和杂草,成为秋季油菜的重要毒源。此外,车前草、辣根等杂草及茄科、豆科作物也是病毒越夏的植物寄主。

3. 烟草花叶病毒病

(1)毒原　烟草花叶病毒(*Tobaccomosaic virus*,TMV)是烟草花叶病毒属的代表种。病毒粒体为直杆状,长 300 nm 左右,宽 15~18 nm。王圣玉等(1990)在 20 世纪 80 年代末的病害调查中,对 10 省市 1000 多份油菜病毒病样品做血清检测,报道烟草花叶病毒占检测样品的 8%。烟草花叶病毒和油菜花叶病毒形态不同:烟草花叶病毒的粒体为杆状,大小为(15 ~16)nm×300 nm;油菜花叶病毒的粒体为球形,直径 38 nm。王绕成(2012)发现烟草花叶病毒属的失毒温度为 98 ℃ 以上,稀释终点为 1.5×10^6。体外保毒期 29d 以上。

(2)发病条件 品种间抗性存在差异,高抗品种少。通常甘蓝型油菜抗性水平较高。一般早播发病重,迟播发病轻。传毒蚜虫包括桃蚜、萝卜蚜和甘蓝蚜,蚜虫数量愈多,带毒率愈高,则易导致病毒病流行。气候条件:通过影响蚜虫的发生(繁殖和迁飞)影响病毒病的发生。干旱气候持续时间较长时,有利于蚜虫繁殖及活动,往往造成病害大流行。反之,秋季降雨较多时,通常发病较轻。

(3)染病症状 与上述 3 种类似,主要为明脉与花叶现象更明显。

(4)传播途径 TMV 通过汁液、土壤和水流传播,无须借助传毒介体。病毒通过病残株及根系在土壤中有较长残留期。徐来升等(1980)将种子播于病土内,可引起 0.7% 发病率,健苗移栽病土内,可引起 17.4%～41.2% 发病率。病土在室外放置 60 d,病毒仍保持侵染力。病毒通过根系排入土壤和水中,可通过水流传播。TMV 还可经汁液、土壤和大型针线虫传毒。

(四)病害防治措施

1. 植物检疫与监控

(1)严格检疫油菜黑胫病 由于中国没有黑胫病,因而对于黑胫病防控主要是加强检疫,需严格限制油菜产区的菜籽进口及控制进口菜籽中的带菌量,并严格控制进口菜籽在国内的流通。同时,对全国各地的 Lm 实施长期监测。

(2)监控油菜根肿病的发生 油菜根肿病是土传病害,积年加重,一旦扩展,难以根治,将对油菜产业造成巨大的打击。因此必须进行系统调查,明确发病地区和非发病区域,阻止病害向非发病区扩散。针对发病区域,加强田间卫生管理,清除田间病株及时烧毁。阻止带菌土壤和病残体以任何形式传出发病区,劳动工具等接触感染土壤后及时消毒。病菌可以通过黏附在种子表面上的土壤传播,严禁从发病区域购买种子,若要使用病区的种子,使用前要进行消毒处理,提高制种质量。

2. 综合农艺防治

(1)选用抗(耐)病品种 一般甘蓝型油菜抗病性较强,芥菜型油菜次之,白菜型油菜最易感病。虽然一般甘蓝型油菜抗病较强,但应在不同的油菜病发生区合理选种。如:中双 9 号、中油 821、华杂 6 号耐菌核病;中双 8 号、中双 9 号、黔油 14、尼古拉斯等抗油菜白粉病;在油菜的整个生育期内,华双 5R 和华油杂 62R 及 922 对油菜根肿病表现出了良好的抗性,且产量也优于发病较重的其他品种。在油菜种植区应根据当地毒源种类选种抗(耐)病品种,双低常规油菜品种抗性要好于杂交油菜品种。

(2)适期播种 适当迟播可减轻病毒病的发生。重病区或干旱气候条件下切忌早播。移栽期与当年油菜霜霉病、病毒病的发生程度有着重要联系,播种、移栽期过早将加重上述病害的发生,尤其是白菜型花叶病极为严重。选择合适的种植时间,应根据当地气候以及油菜品种而定,除此之外,应注重蚜虫发生情况以及迁飞量,必要时适当延迟种植,降低蚜虫的传染率(王绕成,2012)。

(3)合理轮作 选择无病田,灌溉条件好,远离油菜、豆类和十字花科蔬菜种植区进行合理轮作。轮作时避免与十字花科蔬菜、芥、冬季豆类轮作。在中国南方油菜产区,水旱轮作能减少菌核数量,可取得防治油菜菌核病的效果。油菜根肿病为土传性病害,针对发病区域,划定保护范围,应与非十字花科作物(如豆类、大麦、小麦)实行 5 年以上轮作,建议采用水稻—小麦模式。范桂萍(2005)开展油菜/蚕豆间作控制病虫害的研究,结果表明油豆间作和合理施用氮、磷、钾肥能显著提高油菜、蚕豆单产;对蚕豆锈病、赤斑病防治效果有显著和极显著影响,对油菜根肿病防治效果显著,油豆间作平均根肿病发病率 34.65%,净作发病率 61.22%。

(4)加强栽培管理　合理密植、高畦栽培、开沟排湿、勤中耕、勤除草、施足基肥、平衡施肥等能显著提高植株抗性与减少病原菌的滋生等。减少氮肥施用,增施腐熟有机肥和磷、钾肥能增强油菜抗倒伏能力,减少油菜菌核病造成的损失。施足基肥,增施磷、钾肥,清沟排渍,适当迟播,可有效防治油菜霜霉病、白锈病等。过度密植将影响田间湿度及光照,且植株间叶片、枝条交叉重叠会促进病害的传播。同样过度施用氮肥不仅对种植田块的土壤产生影响,而且会造成植株贪青徒长,植株过度茂密,加重病害的发生。可选择以行间距 70 cm 和 32.5 cm 宽窄行组合的方式进行种植,同时合理施肥,施足基肥,要加大有机肥的施用量,合理搭配氮、磷、钾肥,并喷施硼肥、锰等微量元素。田间积水不仅提高了土壤湿度、影响植株呼吸、减弱了植株抗逆性,同时提高了田间空气湿度,增大了病原侵染、蔓延的可能性,在遇连阴雨天气,应及时清沟排水,达到雨后半小时田间不积水。

(5)清除病残体　病叶不仅是病原的主要来源,更影响田间光照及通风。因此可在油菜生长中、后期及时清理植株下部病叶、黄叶,并且于油菜收获后,及时清除田间植株残留体等病原越冬、越夏场所。油菜霜霉病需要格外注意清洁田园,清除病残,拔除"龙头"。

3. 化学防治　在做好病害预测预报的基础上,合理使用杀菌剂防治病害。注意监测病原群体抗药性的变化。做好油菜"一促四防"工作。在油菜初花期,每亩用 1 L 水中加入磷酸二氢钾 100 g＋硼肥 50 g＋25%咪鲜胺乳油 100 mL 或 20%腐霉利悬浮剂 120 mL＋飞防助剂 5 mL,无人机喷施。可促进油菜后期生长发育,防治菌核病、防花儿不实、防早衰、防高温逼熟。

(1)种子处理　种子带菌是病原传播的重要途径,种子处理可有效降低种子的带菌率,并杀灭部分携带病菌,预防种子带菌引起的感染,预防土壤中的病菌对幼苗根的感染。黄亮(2018)开展吡虫啉种衣剂包衣处理对油菜种子萌发及苗期害虫发生的影响研究,结果表明:种衣剂拌种对油菜发芽均有一定的抑制作用,其中吡虫啉、氯虫苯甲酰胺、精甲霜灵、咯菌腈、噻虫嗪 5 种单剂型的种衣剂拌种对油菜发芽影响较小。可用 25%甲霜灵可湿性粉剂,按种子量的 3%拌种。防治根肿病时,移栽油菜田用无菌土或氰霜唑苗床土壤消毒培育无病苗,移栽大田亩施 10～15 kg 氰氨化钙、10 kg 磷酸二氢钾和 1 kg 硼砂。直播油菜田用胺鲜脂浸种、氟啶胺包衣,播种机适时晚播,大田亩施 10～15 kg 氰氨化钙、10 kg 磷酸二氢钾和 1 kg 硼砂。

(2)苗期处理　苗期是油菜霜霉病的初次浸染期,也是油菜蚜虫危害期和蚜虫传毒引起病毒病的初次侵染期。在苗期喷药于初次侵染前杀死部分病菌,减少部分再侵染源。当油菜长出真叶后,1 hm² 用 25%甲霜灵 75 g 或 50%多菌灵可湿性粉剂 1500 g,兑水 750 kg 喷雾,抑杀病菌,若发现蚜虫迁入,应及时用吡虫啉、抗蚜威等药剂防治。

(3)花期处理　花期是油菜最易感病期,防治在花期侵染发生的菌核病建议用菌核净、咪酰胺或扑海因等杀菌剂进行防治。但是一般情况下,施药较困难。在油菜初花期和盛花期各施用 1 次可以达到最佳效果;盛花期施用 1 次有较好的效果。可选用 40%施灰乐(嘧霉胺)悬浮剂 1000 倍液或 50%速克灵(腐霉利)可湿性粉剂 1500 倍液、50%乙烯菌核利可湿性粉剂 1000 倍液,于油菜盛花期至盛花末期喷施一次即可。苗期发病重的地方,建议用咪酰胺进行防治,注意茎基部和地表上残叶。防治花前油菜苗薹期菌核病,深沟排水,发病重时需要用杀菌剂防治。根据田间情况进行油菜病害防治:霜霉病严重田块可在初花期病株率达到 10% 时开始喷药,常用药剂为 72% 霜霉疫净可湿性粉剂 800 倍液、72.2% 露洁(霜霉威盐酸盐)水剂 1000 倍液、25% 瑞毒霉可湿性粉剂 1000 倍液、58% 甲霜灵·锰锌可湿性粉剂 500 倍液,隔 7~10 d 防治 1 次,连续防治 2~3 次;缺硼花而不实田块,1 hm² 用 20.5%~21.0% 高效硼肥 450~750 g,兑水 450~675 kg 喷施;黑胫病田块可选用 10% 苯醚甲环唑微乳剂 1500 倍液或 40% 多溴福可湿性粉剂 1000 倍液、或 3% 恶甲水剂 1000 倍液;白粉病严重的田块,发病初期喷洒 2% 武夷菌素水剂 200 倍液或 40% 多硫悬浮剂 600 倍液、10% 氟硅唑(秋福)微乳剂 2000~3000 倍液、15% 三唑酮可湿性粉剂 1500 倍液,病害严重时可防治 2~3 次,每次间隔 7~10 d。病毒病多由蚜虫传播,没有特别有效的防治药剂,防治病毒病应与防治蚜虫相结合,可选用 10% 吡虫啉可湿性粉剂 2500 倍液,4% 阿维啶虫脒 1500 倍液,可兼治小菜蛾、菜青虫等;早期喷施 40% 克毒宝可湿性粉剂 1000 倍液。

4. 生物防治　用生防菌可腐烂油菜秸秆中的菌核和黑胫病菌等。王梅菊等(2018)经过平板筛选、离体叶片筛选以及活体油菜接种筛选,发现芽孢杆菌 CanL-30 对黑胫病、菌核病、立枯病和灰霉病均有防治效果,研究还发现孢杆菌 CanL-30 能促进拟南芥和油菜生长;盾壳霉可以腐烂菌核病菌的菌核和菌丝,可以降低田间菌核数量,也可以阻断接触侵染,在播种时候处理土壤和在初花期保护油菜茎基部均有显著的防病效果。Tian 等(2020)在油菜移栽期用盾壳霉水悬浮制剂进行土壤处理,发现其对油菜菌核病的防治效果可达 45.1%~91.4%;根据田间病情调查结果,生防菌 F85、哈茨木霉、粉红粘帚霉对油菜根肿病均有较好防治效果,防治效果在 40% 以上,生防菌 F85 和粉红粘帚霉处理后油菜产量保持较高水平。

Zhang 等(2020)研究发现,DNA 病毒 SsHADV-1 可改变核盘菌的基因表达模式,携带病毒 SsHADV-1 的核盘菌在侵入油菜时,其植物细胞壁降解酶和分泌蛋白等致病因子相关基因的表达显著下调;而携带病毒的核盘菌在油菜上可内生生长,并且可以促进油菜的生长,同时还可以促进油菜中抗病相关基因的上调表达,进而显著促进油菜的抗病能力。2019—2020 年度,该团队在江苏、浙江、四川和湖北等多个油菜产区进行了示范试验,多地的田间试验结果表明,在油菜上喷施携带 SsHADV-1 的核盘菌菌丝液可显著抑制菌核病发生,并提高油菜籽的产量。基于真菌病毒将病原真菌转变为促进植物生长和抗病这一现象的发现,利用新型生物疫苗,即利用真菌病毒介导无致病力菌株,防控油菜菌核病,可促进油菜生长,提高油菜广谱抗病性,生物疫苗处理油菜种子 12~15 h 取出晾干即可按照常规方法播种。或者用疫苗 500 倍稀释液在油菜苗期或抽薹期或始花期进行叶面喷雾。该疫苗具有生物活性,不能与杀菌剂农药混用。与传统农药防治相比,新型生物疫苗绿色防控菌核病效果好,在田间防治效果达 67%,可有效减少传统化学杀菌剂的农药污染和残留。同时新型生物疫苗处理后的油菜可以具有广谱抗病性,单产提高 8% 以上。

二、虫害及其防治

杨清坡等(2018)通过近年普查,发现油菜害虫有 70 种。主要害虫有:蚜虫、猿叶甲、黄曲条跳甲、蚤跳甲、小菜蛾、花露尾甲、叶露尾甲、茎象甲、茴香薄翅野螟、菜青虫和欧洲粉蝶。长江流域冬油菜区以猿叶甲、黄曲条跳甲、菜青虫、蚜虫为主;蚜虫主要在油菜苗期和花角期危害严重,冬油菜区以苗期危害为主,但是云南、贵州的冬油菜区以花角期危害严重;猿叶甲、黄曲条跳甲、蚤跳甲、小菜蛾、菜青虫主要在油菜子叶期和苗期危害,菜猿叶虫已成为长江流域冬油菜的最主要害虫,危害严重,多地出现爆发;黄曲条跳甲、蚤跳甲等鞘翅目害虫也已成为危害油菜最主要的一类害虫,不但在苗期危害严重而且在青角期也爆发危害;油菜叶露尾甲、花露尾甲主要在油菜花期危害,在冬春油菜区普遍发生,在春油菜区危害更重,在冬油菜区危害范围进一步扩大;茎象甲、欧洲粉蝶主要在油菜苗期、蕾薹期和初花期危害(刘旭,2004;汪谨桂等,2007;陈国华等,2008;张跃进等,2009;刘红敏等,2010;徐潇龙等2011)。

(一)地下害虫

常见的有蛴螬、地老虎类、蝼蛄类、金针虫等。

1. 蛴螬

(1)分类地位 蛴螬是金龟子幼虫的统称,本种分布很广,从黑龙江起至长江以南地区以及内蒙古、西藏、陕西等地均有。产于江苏、安徽、四川、河北、山东、河南和东北等地。隶属于2个总科:蜣螂总科(Scarabaeoidae)和金龟子总科(Melolonthoidae)。中国普遍发生的种类为:暗黑鳃金龟(*Holotrichia parallela* Motschulsky)、大黑鳃金龟[*Holotrichia oblita* (Faldermann)]、铜绿丽金龟(*Anomala corpulenta* Motschulsky)(张美翠等,2014)。

(2)形态特征 蛴螬体肥大,较一般虫类大,体型弯曲呈C型,多为白色,少数为黄白色。头部褐色,上颚显著,腹部肿胀。体壁较柔软多皱,体表疏生细毛。头大而圆,多为黄褐色,生有左右对称的刚毛,刚毛数量的多少常为分种的特征。如华北大黑鳃金龟的幼虫为3对,黄褐丽金龟幼虫为5对。蛴螬具胸足3对,一般后足较长。腹部10节,第10节称为臀节,臀节上生有刺毛,其数目的多少和排列方式也是分种的重要特征。

(3)生活史 暗黑鳃金龟1年1代,多以老熟幼虫越冬,5月中、下旬为化蛹盛期,7月中旬为成虫高峰期,7月上、中旬为产卵盛期,7月中、下旬为卵盛孵期,8月中、下旬为危害盛期,9月中旬前后开始越冬,翌年5月下旬灯下成虫始见。大黑鳃金龟黄河以南1~2年1代,多虫或成虫越冬,7月上旬为化蛹盛期,7月中、下旬成虫高峰期,5月下旬至6月上、中旬为产卵盛期,6月中下旬为卵盛孵期,7月下旬至10月中旬为危害盛期,10月底开始越冬,翌年4月下旬灯下成虫始见。铜绿丽金龟1年1代,幼虫越冬,5月下旬为化蛹盛期,6月中旬为成虫高峰期,5月下旬至7月上旬为产卵盛期,7月上、中旬为卵盛孵期,8月下旬为危害盛期。10月下旬开始越冬,翌年5月下旬成虫始见。

(4)生活习性 幼虫3龄,白天藏在土中,晚上8—9时进行取食等活动,有自相残杀习性,老熟后在土壤做蛹室化蛹。蛴螬有假死和负趋光性,并对未腐熟的粪肥有趋性,喜欢生活在甘蔗、木薯、番薯等肥根类植物种植地。幼虫蛴螬始终在地下活动,与土壤温湿度关系密切。当10 cm土温达5℃时开始上升土表,13~18℃时活动最盛,23℃以上则往深土中移动,至秋季土温下降到其活动适宜范围时,再移向土壤上层。交配多次,产卵于土中6~15 cm处,32~188粒,平均102粒;卵是散产,在田间呈核心型分布;土壤湿润疏松、背风向阳的地方,着卵量较大。

(5)对油菜的危害 分布广,食性杂,危害重。危害作物幼苗的根茎部(受害部位切口比较整齐),使其萎蔫枯死,造成缺苗断垄现象。

2. 地老虎

(1)分类地位 地老虎隶属于鳞翅目、夜蛾科、切根夜蛾亚科,别名地蚕、土蚕、切根虫,中国记载170余种,已知危害农作物的大约20多种。主要种类有小地老虎(Agrotis ypsilon)、黄地老虎(Agrotis segetum)和大地老虎(Agrotis tokionis)3种。小地老虎是世界性害虫,全国均有分布,以长江流域与东南沿海各省发生为多,是危害最重的一种地老虎害虫。黄地老虎主要分布于东北、华北、西北、华中等地。大地老虎分布比较普遍,常与小地老虎混合发生,仅仅在长江沿岸部分地区发生较多。

(2)形态特征 小地老虎体暗褐色,表皮粗糙,密布大小不一的黑色颗粒;1～8腹节背面有4个毛片,后面2个较前面2个要大1倍以上;臀板黄褐色,有2条深褐色纵带;卵表面有纵横交叉隆起线纹;蛹腹部4～7节背面前缘具粗大的刻点,大刻点两侧还有细小刻点延伸到气门附近,腹末具短臀刺1对。大地老虎体黄褐色,表皮多纵纹;1～8腹节背面有4个毛片,前面2个等于或略小于后面2个大;臀板深褐色,密布龟裂状皱纹;蛹腹部1～3节侧面有明显的横沟,4～7腹节前缘的刻点从背中到气门附近在大小上无变化,腹末具臀刺1对。卵有纵脊纹16～20条;蛹第4节背面中央有稀小不明显的刻点,第5～7节刻点小而多背面和侧面大小相似。

(3)生活史 中国1～7代,但均为1代多发型,以春作物受害最重。地老虎是迁飞性害虫。南岭以南(1月份10 ℃等温线)可终年繁殖,为国内的虫源地。南岭以北至北纬33°(1月份0 ℃等温线)以南地区以少量幼虫和蛹越冬。北纬33°以北找不到越冬虫源。

(4)生活习性 成虫具趋光性、趋酸甜物质习性;取食花蜜,有需补充营养习性;卵产在土块上、地面缝隙内,少数产在杂草及作物幼苗叶片上;卵散产或数粒产在一起,每雌蛾平均产1000粒左右。幼虫昼伏夜出,有避光性;常咬断作物嫩茎,并拖进洞内;有假死性;1～2龄:幼苗心叶或叶背取食叶肉,留下表皮,也吃成缺刻或小洞;3龄后有自相残杀性;4龄后暴食期,占取食量97%,有转移性。

(5)对油菜的危害 地老虎是多食性害虫,各地均以第一代幼虫危害春播作物的幼苗,严重造成缺苗断垄,甚至毁种重播。在不同地区,秋播后还危害秋苗,一般春、秋两季均有危害,但以春季发生多,危害重。

3. 蝼蛄

(1)分类地位 蝼蛄属直翅目,蝼蛄科。国内已记载有6种。其中分布最广、发生最普遍、危害最严重有:华北蝼蛄(Gryllotalpa unispina Saussure)和东方蝼蛄(Gryllotalpa orientalis Burmeister)两种。东方蝼蛄为全国性害虫各地均有分布,但以南方受害较重。华北蝼蛄北方各省受害较重,如江苏(苏北)、河南、河北、山东、山西、陕西、内蒙古、新疆以及辽宁和吉林的西部。

(2)形态特征 东方蝼蛄体长30～35 mm,体细瘦短小,体被灰褐色细毛;前胸背板心形纹中央凹陷深;前足腿节下缘平直,后足胫节内上方有等距离排列的刺3～4个;若虫体色灰褐色;腹部形状近纺锤形;2～3龄以上若虫前后足似成虫;卵长椭圆形。华北蝼蛄体长36～56 mm,体较粗壮,黑褐色,密被细毛;前胸背板心形纹凹陷不明显;前足腿节下缘呈"S"形弯曲,后足胫节内上方有刺1～2个;若虫体色黄褐色;腹部形状近圆筒形;5～6龄以上若虫前后足似成虫;卵椭圆形。

(3)生活史 东方蝼蛄在华中、长江流域及其以南各省份1年1代,华北、东北、西北、江苏徐州地区 2 年 1 代，以成虫和若虫越冬，若虫多为 7～8 龄，少数为 6 龄和 9 龄，个别有 10 龄。华北蝼蛄 3 年左右完成 1 代，以成虫和若虫越冬，若虫 12 龄。蝼蛄在土中活动，大体可分越冬休眠期、苏醒为害期、越夏繁殖危害期和秋季越冬前暴食为害期。在春、秋两季，当旬平均气温和 20 cm 土温均达 16～20 ℃，是蝼蛄猖獗为害时期。故在一年中，可形成春、秋两个为害高峰。

（4）生活习性　多数蝼蛄均是昼伏夜出，晚 9—11 时为活动取食高峰，其主要习性是：初孵若虫有群集性，怕光、怕风、怕水；趋光性：蝼蛄具有强烈的趋光性，在 40 W 黑光灯下可诱到大量蝼蛄，且雌性多于雄性；蝼蛄对香、甜等物质特别嗜好，对煮至半熟的谷子、种子、炒香豆饼、麦麸等有趋化性；蝼蛄对马粪等腐烂有机质也具有趋性；俗话说"蝼蛄跑湿不跑干"，蝼蛄喜欢在潮湿的土中生活。东方蝼蛄喜欢在沿河两岸、塘池、渠沟附近、腐殖质较多的地方产卵；产卵后窝口用杂草或虚土堵塞，既能隐蔽，又通风透气，且便于若虫破草而出；雌成虫便守卫在距卵室 3～5 cm 的一侧。卵室扁圆形，平均深度为 11.6 cm。华北蝼蛄多在盐碱地缺苗断垄、无植被覆盖干燥向阳地埂畦堰附近，或路边、渠边和松软油渍状土壤中产卵；干旱地区多产在水沟两旁、过水道和雨后积水处。卵室深 15～25 cm。

（5）对油菜的危害　蝼蛄的成虫和若虫均在土中咬食刚播下的种，咬食幼根和嫩茎，把茎秆咬断或扭成乱麻状，使幼苗萎蔫而死，造成作物缺苗断垄。蝼蛄在表土层活动时，由于它们来往穿行，造成纵横隧道，使幼苗和土壤分离，导致幼苗因失水干枯而死。

4. 金针虫

（1）分类地位　金针虫是鞘翅目叩甲科昆虫的幼虫，分布于全世界。中国金针虫已记录 600～700 种，危害农作物的大约 20 多种。主要种类有沟金针虫（*Pleonomus canaliculatus*）和细胸金针虫（*Agriotes fusicollis* Miwa）两种。沟金针虫主要分布于辽宁、内蒙古、山东、山西、河南、河北、北京、天津、江苏、湖北、安徽、陕西、甘肃等地区，其中又以旱作区域中有机质较为缺乏而土质较为疏松的粉沙壤土和粉沙黏壤土地带发生较重，是中国中部和北部、长江流域旱作地区的重要地下害虫。细胸金针虫在南到淮河流域、北至东北地区的北部，以及西北地区均有分布。

（2）形态特征　沟金针虫成虫体长 14～17 mm；体瘦狭，背面扁平；深褐色密被金黄色细毛，无光泽；头扁，头顶中央低凹，密生刻点；雄虫触角长达鞘翅末端，雌虫触角长约为前胸的 2 倍；前胸背板呈半球形隆起中央有极细小的纵沟。幼虫体黄褐色；体较宽扁平，每节宽大于长，胸腹背面正中具一纵沟；尾节深褐色，示端 2 分叉，各叉内侧均有一小齿。卵椭圆形，乳白色。蛹纺锤形，末端瘦削，有刺状突起。细胸金针虫成虫体长 8～9 mm；暗褐色，被有灰色短毛，有光泽；触角略呈球形；前胸背板略呈圆形，长大于宽；鞘翅有 9 条纵列刻点。幼虫淡黄褐色；体细长，圆筒形；尾节端部呈圆锥形，近基部背面两侧各有 1 个褐色的圆斑，背面有 4 条褐色纵纹，卵圆形，乳白色。蛹长纺锤形，乳白色。

（3）生活史　金针虫类生活史很长，常需 2～5 年完成 1 代。如细胸金针虫陕西关中大多 2 年完成 1 代；沟金针虫一般 3 年完成 1 代，少数 2 年、4～5 年完成 1 代。以成虫和各龄幼虫在土中越冬。幼虫期长。幼虫多食性，孵化后在土中取食腐殖质和作物根系，以各龄幼虫和成虫越冬，世代重叠现象明显。

（4）生活习性　成虫有强的叩头、反跳和假死性；有趋化性，如对新鲜而略萎蔫的杂草及作物枯枝落叶等腐烂发酵气味有极强的趋性；无趋光性或略有趋光性；常取食叶肉幼嫩组织，仅剩纤维和表皮;卵主要散产于表土层。

(5)对油菜的危害　幼虫危害,先咬成缺刻,被害部位不整齐,呈丝状,再沿茎向上钻至表土,致使幼苗整株枯死,缺苗断垄。

(二)地上害虫

常见有蚜虫、菜蛾、菜粉蝶、跳甲类、茎象甲、瓢虫类、甘蓝叶蛾、潜叶蝇等,主要以蚜虫、菜青虫、小菜蛾、跳甲和猿叶甲为主。

1. 蚜虫　蚜虫属同翅目、蚜科,是危害油菜最严重的害虫之一,长江流域以桃蚜、萝卜蚜为主,春油菜区及云贵高原等地以甘蓝蚜为主。

(1)分类地位　萝卜蚜(菜缢管蚜)[*Lipaphis erysimi* (Kaltenbach)],主要取食十字花科植物,为寡食性害虫。桃蚜(烟蚜)(*Myzus persicae* Sulzer)已知寄主有352种,除危害十字花科外,还危害茄科作物,为多食性害虫。甘蓝蚜[*Brevicoryne brassicae* (L.)],主要取食十字花科植物,为寡食性害虫。

(2)形态特征　萝卜蚜(菜缢管蚜):有翅蚜体长1.6～2.1 mm,宽1.0 mm,额瘤不明显。头胸部黑色,腹部黄绿色至绿色,腹部第1、2节背面及腹管各有2条淡黑色横带。腹管暗绿色较短,约与触角第5节等长,中后部稍膨大,末端缢缩不明显。尾片圆锥形,两侧各有长毛2～3根。翅透明,翅脉黑褐色。无翅蚜体长1.8～2.3 mm,宽1.3 mm,全体黄绿色至黑绿色,稍覆白色蜡粉。胸部各节中央有一黑色横纹,并散生小黑点。各节背面有浓绿色色斑,腹管短,长筒形,顶端收缩成瓶颈状。

桃蚜(烟蚜):有翅胎生雌蚜体长约2 mm,额瘤明显,内倾。头、胸部黑色,腹部淡暗绿色,有黑褐色斑纹,腹管绿色,很长,中后部稍膨大,末端有明显的缢缩。尾片绿色而大,具3对侧毛。有翅雄蚜体长1.3～1.9 mm,体色深绿、灰黄、暗红或红褐。头、胸部黑色。无翅胎生雌蚜体长约2.6 mm,体宽1.1 mm,额瘤明显,内倾。体色淡绿至樱红色,无蜡粉。触角较长,约2.1 mm。腹管细长,末端明显缢缩,端部黑色。卵椭圆形,长0.5～0.7 mm,初产时为橙黄色,后变成漆黑色而有光泽。

甘蓝蚜:有翅胎生雌蚜体长约2.2 mm。头、胸部黑色,无额瘤。腹部黄绿色,有数条暗绿色横带,两侧各有5个黑点,全身被有明显的白色蜡粉。触角短,约为体长的1/2。腹管很短,中部稍膨大。尾片很短,近似等边三角形。无翅胎生雌蚜体长2.5 mm左右,纺锤形,全身暗绿色,被较厚的白色蜡粉。腹部各节背面有断续的黑色横带。无额瘤。触角短,约为体长的1/2。腹管短于尾片。尾片近似等边三角形,两侧各有2～3根长毛。

(3)生活史　桃蚜:北方10代,以卵越冬(桃树),迁移型;南方30～40代,无越冬现象。萝卜蚜:北方10～20代,以卵越冬(秋白菜),非全周期型;南方46代,无越冬现象。甘蓝蚜:8～21代,北方以卵越冬(晚甘蓝),南方无越冬现象。

(4)生活习性　体色、生物型和翅分化。分泌报警信息素(反)-β法尼烯和性信息素。有翅蚜对黄色呈正趋性,而银灰色和白色呈负趋性;无翅胎生蚜喜嫩绿部位。迁飞和扩散能力,有翅蚜3～5 km/h;无翅蚜靠风雨、爬行。

(5)对油菜的危害　苗期主要在心叶或叶背吸汁,使油菜生长停滞、卷缩、菜叶难以展开,重则枯萎死亡。开花结角期,主要集中在花蕾、花轴或角果柄上为害,大发生时,花轴和角果上布满了蚜虫,吸汁为害使油菜植株发黄、角果脱落、籽粒充实萎缩,减产严重。蚜虫不仅直接危害油菜,而且可传播多种病毒,如 TMV、CMV,使叶片褪色、变黄、卷曲,花梗畸形等。造成的危害比蚜虫本身的取食危害大。同时还可以分泌蜜露,诱发煤污病。

2. 小菜蛾

(1)分类地位　小菜蛾[*Plutella xylostella* (Linnaeus)],又名菜蛾,属鳞翅目、菜蛾科、菜蛾属。

(2)形态特征　成虫体长 6～7 mm,翅展 12～15 mm。头部黄白色,胸、腹部灰褐色。触角丝状,褐色,有白纹。前、后翅狭长,缘毛很长,前翅中央有 3 度曲折的黄白色波纹,静止时两翅覆盖体背呈屋脊状,两翅合拢时呈 3 个接连的菱形斑。幼虫体长 1.3～12.0 mm,龄期不同,体色有灰色、淡黄色、绿色、翠绿色等。卵长约 0.5 mm,宽约 0.3 mm,椭圆形,扁平,淡黄绿色,表面光滑,有光泽。蛹体长 5.0～8.0 mm。有黄白、粉红、黄绿、绿和灰黑等色泽。茧灰白色,薄似网状。

(3)生活史　幼虫、蛹、成虫各种虫态均可越冬、越夏,无滞育现象。全年发生危害明确呈两次高峰,第一次在 5 月中旬至 6 月下旬,第二次在 8 月下旬至 10 月下旬(正值十字花科蔬菜大面积栽培季节)。一般年份秋害重于春害。小菜蛾的发育适温为 20～30 ℃,在两个盛发期内完成 1 代约 20 d。长江中下游及其以南地区年发生 11～13 代,无越冬现象。

(4)生活习性　成虫昼伏夜出,有趋光性,成虫产卵对寄主有选择性,一般选择含异硫氰酸酯化合物的植物产卵,卵多散产于叶片背面近叶脉凹陷处。幼虫有趋光性,多群集心叶、叶背取食,行动活泼,老熟后在叶背或地面枯叶下结薄茧化蛹。

(5)对油菜的危害　幼虫孵化后便潜叶取食叶肉,留下表皮,2 龄后钻出,在叶背面取食叶肉,菜叶上形成一个个透明的斑,呈"开天窗",严重时全叶被吃成网状;幼虫还可在油菜开花结角期危害油菜的嫩茎、幼荚等。

3. 菜粉蝶

(1)分类地位　菜粉蝶[*Pieris rapae* (Linnaeus)],又名菜白蝶、白粉蝶,其幼虫称菜青虫,属鳞翅目、粉蝶科。寄主主要为十字花科植物。

(2)形态特征　成虫体长 12～22 mm,翅展 45～55 mm;身体灰黑色,翅白色,顶角灰黑色。雌、雄蝶后翅底面均为淡粉黄色。卵竖立,弹头形,高约 1 mm,宽约 0.4 mm。表面有较规则的纵横脊纹 12～15 条,初产时淡黄色,后变为橙黄色。幼虫共 5 龄。老熟幼虫体长 28～35 mm,体背青绿色,背面有隐约可见的黄色背线;初龄时灰黄色,后变为青绿色。身体圆筒形,各节密生细小黑色毛瘤,中段较肥大。蛹纺锤形,长 18～21 mm,两端尖细,中间膨大,头部前端中央有 1 个管状突起,短而直。背部有 3 条纵隆线和 3 个棱角状突起。蛹色因化蛹环境而异,有绿色、青绿色、灰绿色、灰褐色、棕褐色。

(3)生活史　华中地区 1 年发生 4～9 代,以蛹在被害田附近残枝落叶间越冬,有滞育,幼虫 5 龄,行动迟缓,老熟后于老叶背面或叶柄处化蛹。

(4)生活习性　成虫白天活动取食,需补充营养,取食花蜜;有趋向十字花科蔬菜产卵习性,尤其叶片肥厚、多蜡质的包菜、花菜、球茎甘蓝;卵散产。

(5)对油菜的危害　菜青虫是苗期主要害虫,主要啃食叶片。菜青虫共有 5 龄,初孵幼虫(1～2 龄)在叶背啃食叶肉、残留表皮,3 龄以后食量增大,吃叶成孔洞或缺刻。4～5 龄幼虫进入暴食期,将叶片吃成网状或多处缺口,严重时,整个叶片吃光,仅留叶脉和叶柄,同时排出大量粪便,污染油菜叶片和心叶,且易引起植株发生软腐病,加速全株死亡。

4. 欧洲粉蝶

（1）分类地位　欧洲粉蝶[*Pieris brassicae*（Linnaeus）]，别名大菜粉蝶。属鳞翅目、粉蝶科。寄主主要为十字花科植物。

（2）形态特征　成虫体形较大，翅展 60～70 mm。前翅白色，顶角黑色，内缘呈圆弧形，前、后翅脉上无黑褐色条纹。雌蝶具 3 个黑斑，雄蝶无黑斑，后翅白色，有时微带黄色，后翅外缘之间有 1 个黑斑。雄蝶前翅顶角有一群黑斑，中央横脉处有 1 个黑斑，后翅背面黑斑隐约可见。头部、口器及腹部黑色，有一些白毛。卵弹头形，高约 1 mm，淡黄色，表面具有纵横网格。老熟幼虫体长 30～44 mm，头部黑色。胴体蓝绿色，带黑点；体背黄色，体背毛瘤周围无墨绿色圆斑，体侧具白毛构成的隐约条纹，各体节每侧具有 1 个显著黑斑。蛹长 22 mm 左右，纺锤形，中间膨突，棱角状突起，初化蛹时为淡绿色，后渐变为绿色，蛹上具有黑斑或黑点。

（3）生活史　每年会发生两次，头一次于 5 月及 6 月，第二次则在 8 月。以蛹越冬。

（4）生活习性　雌蝶喜在芸薹属植株上产卵，每次会产 20～100 颗黄色的卵。会集成群地在叶面上吃食以及分泌出难吃的化学物质，以避过掠食者。

（5）对油菜的危害　主要以幼虫群集为害，取食叶肉，形成透明的缺刻斑，严重时全叶呈网状。

5. 斜纹夜蛾

（1）分类地位　斜纹夜蛾[*Spodoptera litura*（Fabricius）]，又名莲纹夜蛾，属鳞翅目、夜蛾科。为世界性害虫，属间歇性暴发性害虫。食性杂，寄主植物达 99 科 290 余种，但以十字花科和水生蔬菜为主。

（2）形态特征　成虫体长 14～16 mm，翅展 33～35 mm，头、胸、腹均为灰褐色，胸部背面有白色丛毛，腹部前数节背面中央具暗褐色丛毛，前翅灰褐色，斑纹复杂，内横线上端向后倾斜，有明显的 3 条灰白色斑纹，雄蛾 3 条灰白色斜纹粗，几近愈合。从翅尖至后缘，有蓝灰色斑；后翅银白色，无斑纹。前、后翅常有水红色至紫红色闪光；足褐色；各足胫节有灰色毛；均无刺，各节末端灰色。卵半球形，直径 0.75～0.95 mm，初产时黄白色，近孵化时为黑色，卵面有细的纵横脊纹；卵成块状，1～4 层重叠成椭圆形卵块，外覆黄褐色。初龄幼虫体灰黑色，老熟幼虫体长 35～47 mm，前端较细，后端较宽，头部黑褐色，胴部体色因寄主和虫口密度不同而呈土黄色、青黄色、淡灰绿色、灰褐色或暗绿色，多为黑褐色或暗褐色；背线、亚背线及气门下线均为灰黄色及橙黄色。亚背线上缘每节两侧各有一半月形黑斑。从中胸到腹部第 8 节，气门前上方有褐色的斑纹。蛹长 18～23 mm，圆筒形，赤褐色至暗褐色。腹端有臀棘 1 对，短，尖端不成钩状。

（3）生活史　长江流域斜纹夜蛾 5～6 代，幼虫老熟后入土化蛹。

（4）生活习性　昼伏夜出，飞翔能力较强，需补充营养；具趋光性；斜纹夜蛾对糖、醋、酒有较强趋性；卵块产于叶背，3～4 层外覆灰黄疏松绒毛。

（5）对油菜的危害　斜纹夜蛾以幼虫危害，低龄幼虫啃食叶肉，剩下表皮和叶脉；高龄幼虫则吃叶成缺刻，严重时除叶脉外，全叶皆被吃光。有时蛀入菜心，将心叶吃光。

6. 甜菜夜蛾

（1）分类地位　甜菜夜蛾（*Spodoptera exigua* Beet armyworm）隶属于鳞翅目、夜蛾科。是一种世界性分布、间歇性大发生的以危害蔬菜为主的杂食性害虫。

（2）形态特征　幼虫体色变化很大，有绿色、暗绿色、黄褐色、黑褐色等，腹部体侧气门下线为明显的黄白色纵带,有时呈粉红色。成虫体长 10～14 mm,翅展 25～34 mm。头胸及前翅灰褐色,前翅基线仅前端可见双黑纹,内、外线均双线黑色,内线波浪形,外线锯齿形,双线间的前后端白色,两侧有黑点,后翅白色,翅脉及端线黑色。卵圆馒头形,白色,表面有放射状的隆起线。蛹体长 10 mm 左右,黄褐色。

(3)生活史　甜菜夜蛾 1 年 6～9 代,幼虫老熟后入土化蛹。

(4)生活习性　昼伏夜出,飞翔能力较强,需补充营养;具趋光性;卵块产于叶背,2～3 层外覆白色疏松绒毛;低龄幼虫受惊吐丝下垂,高龄幼虫受惊蜷缩落地,有假死性,老熟幼虫入土吐丝化蛹。

(5)对油菜的危害　初孵幼虫群集叶背,吐丝结网,在叶内取食叶肉,留下表皮,成透明的小孔。2 龄始分散,4 龄后暴食,5～6 龄食量占总食量的 80%。可将叶片吃成孔洞或缺刻。

7. 油菜茎象甲

(1)分类地位　油菜茎象甲(*Ceuthorhynchus asper* Roelofs)属鞘翅目、象甲科、龟象属。别名油菜象鼻虫。

(2)形态特征　成虫近卵圆形,体长 3.0～3.5 mm。体黑色,全身密生黄白色绒毛。喙细长,圆柱形,不短于前胸背板,伸向前足中部。触角膝状。前胸背板密布粗大刻点,前缘略向上翻起。鞘翅上有小点刻,排成沟,沟间有 3 行密而整齐的毛。卵圆形,直径约 0.6 mm,乳白色至黄白色。幼虫乳白色至淡黄白色,老熟时长 6～7 mm,纺锤形,有皱纹,头大,无足。头黄褐色。蛹为裸蛹,体长 3.5～4.0 mm,纺锤形,乳白色或略带黄色。土茧椭圆形,表面光滑。

(3)生活史　3 月上旬油菜抽薹时,越冬茎象甲成虫开始出土取食、交尾、产卵。产卵时,雌成虫先用口器咬穿油菜幼嫩枝茎,然后把产卵器刺入咬穿部位产卵,每孔产卵 1 粒,产卵期 9 d 左右;在 4 月上旬入土作茧化蛹;5 月上旬开始羽化破土爬出地面;5 月中旬油菜收割后,成虫飞到阴凉潮湿的林地栖息,取食蚜虫蜜露越夏;进入 10 月下旬,开始入土或在枯枝落叶下面越冬。

(4)生活习性　成虫能飞翔,具有假死性,受惊扰时落地逃跑。老熟幼虫从油菜茎秆崩裂处钻出,落地入土里,建造土室开始化蛹。

(5)对油菜的危害　成虫昼夜取食,主要取食寄主叶片、幼茎和花序;幼虫取食寄主茎髓。油菜抽薹期,雌虫用喙在幼嫩茎表蛀一小孔,然后将卵产于其中,初孵幼虫在茎中向上、下蛀食,几头或 10～20 头在一起,茎髓被蛀空,受害茎肿大或扭曲变形,直至崩裂。严重时受害茎达 70%,造成植株折断、倒伏。

8. 猿叶甲

(1)分类地位　猿叶甲分大猿叶甲(*Colaphellus bowringi* Baly)和小猿叶甲(*Phaedon brassicae* Baly),属鞘翅目、叶甲科。主要危害油菜及十字花科蔬菜。

(2)形态特征　大猿叶甲成虫体长 4.2～5.2 mm,宽约 1.5 mm。长椭圆形,蓝黑色,略有金属光泽,能飞行;幼虫体长约 7.5 mm,头部黑色有光泽,体灰黑稍带黄色,各体节上有大小不等的肉瘤。小猿叶甲成虫体长约 3 mm,短椭圆形,蓝黑色有强光泽,无飞翔能力;幼虫体长 5～6 mm,头部黑色,咽部灰黄黑色。

(3)生活史　春季自然条件下,大猿叶甲各虫态的历期分别为卵期约 5 d 左右,幼虫期 8～10 d,蛹期 7 d 左右,非滞育成虫为 20～50 d。不同温度对大猿叶甲发育历期的影响显著,随着温度的升高历期缩短。幼虫共 4 龄,老熟幼虫在土表活动,并在表土下 3～5 cm 处做土室化蛹。以成虫在土中越夏和越冬,仅在春季和秋季繁殖危害,春季发生 1 代,秋季发生 1～3 代。田间一年有两个明显的危害峰,一个发生在春节,另一个在秋季,且秋季危害情况较之春季更为严重。滞育成虫个体间的滞育期差距极大,最短 3 个多月,最长 5 年,导致了生活史的明显分化。在长江流域,小猿叶甲年发生 3 代左右:春季 1 代,秋季 2 代,因而形成了 2 个田间危害的高峰,一个在 5 月,另一个从 9 月到 11 月。近年来的田间调查表明,小猿叶甲卵、幼虫也可以越冬,甚至观察到了少量成虫在冬季取食和产卵的现象,在管理粗放的十字花科蔬菜田块,夏季也调查到小猿叶甲的零星危害。

(4)生活习性　成虫有假死性,一受惊动或遇敌,立即缩足坠落;能耐饥、生命力极强;活动时主要是爬行,但也能飞翔;取食、交配、产卵多在白天进行;大部分成虫以滞育状态越冬,少数个体由于食料缺乏和高温的影响,处于休眠状态。

(5)对油菜的危害　成虫和幼虫均食菜叶,日夜取食,并且群集危害,致叶片千疮百孔,严重时仅留叶脉。幼虫喜集中于心叶取食。春、秋季危害最重。成虫、幼虫都有假死习性,受惊即缩足落地。

9. 黄曲条跳甲

(1)分类地位　黄曲条跳甲[*Phyllotreta striolata*(Fabricius)]属鞘翅目、叶甲科、黄条跳甲属。别名:黄条跳甲、菜蚤子、土跳蚤、黄跳蚤、狗虱虫。

(2)形态特征　黄曲条跳甲成虫黑色有光泽,体长 1.8～2.4 mm。每鞘翅上有 1 条弯曲的黄色纵条纹,条纹外侧凹曲很深。后足腿节膨大,善于跳跃。高温时还能飞翔,有趋光性,对黑光灯敏感。卵长约 0.3 mm,椭圆形,初产时淡黄色,后变乳白色,半透明。老熟幼虫体长 4 mm 左右,呈圆筒形,尾部稍细。头部和前胸盾板淡褐色,胸腹部淡黄白色。蛹体长 2 mm 左右,长椭圆形,乳白色。

(3)生活史　在中国北方 1 年发生 3～5 代,以成虫在落叶下、草丛中及土缝中越冬。南方 7～8 代,上海 6～7 代。在华南地区则无越冬现象,终年都可繁殖危害。在江浙一带以成虫在田间、沟边的落叶、杂草及土缝中越冬,越冬期间如气温回升至 10 ℃ 以上,仍能出土在叶背取食危害。越冬成虫于 3 月中下旬开始出蛰活动,在越冬蔬菜与春菜上取食活动,随着气温升高活动加强。4 月上旬开始产卵,以后每月发生 1 代。各地均以春、秋两季危害较重,北方秋季重于春季。

(4)生活习性　成虫活泼、善跳,高温时还能飞翔、有趋光性,对黑光灯敏感。早晚和阴雨天常躲藏于叶背或土块下。一般温度 26 ℃ 时活动最盛,夏季中午前后温度高时则不大活动。成虫危害有群集性和趋嫩性,其取食与温度有密切关系。一般 12 ℃ 时开始取食,15 ℃ 时食量渐增,20 ℃ 时激增,32～34 ℃ 时食量最大,34 ℃ 以上时食量又急减,温度再度升高,即入土蛰伏。成虫寿命长,产卵期可延续 1 个月以上,因此,世代重叠,发生不整齐。卵散产于菜根周围湿润的土隙中或细根上,也可在近地面的茎基部咬一小伤口,产卵其中。

(5)对油菜的危害　成虫危害嫩叶,叶片成稠密孔洞,幼苗期受害最重,严重的整田毁苗;也危害花蕾、嫩荚。初孵幼虫,沿须根食向主根,剥食根的表皮,形成不规则条状疤痕,也可咬断须根,使植株叶片发黄、萎蔫死亡,甚至引起腐烂传播细菌性软腐病。

10. 油菜叶露尾甲

(1)分类地位　油菜叶露尾甲[*Strongyllodes variegates*(Fair～maire,1891)]属鞘翅目、

露尾甲科。贺春贵等(1998a)首次在甘肃临夏发现该虫,主要分布在甘肃、青海等春油菜区;侯树敏等(2013)于2008年在安徽巢湖冬油菜区首次发现该害虫。目前已在全国8个省(市)(安徽、湖北、重庆、四川、陕西、江苏、甘肃、青海)被发现。

(2)形态特征　成虫体长2.4～2.8 mm,宽1.3～1.5 mm;身体两侧平直,黑褐色、有斑纹,背部呈弧形隆起。触角锤棒状,11节,长约0.6 mm,端部3节膨大。前胸背板和鞘翅黑色,被有不同色泽的刚毛。背部中间常有略似"工"字形的黑斑。卵:乳白色,长椭圆形,长约1 mm。幼虫:2龄,成熟幼虫体长3～4 mm,体扁平,淡黄色至淡白色。头部极扁,褐色。蛹:长3.0～3.4 mm。初期乳白色,羽化前,翅、足变成黑色,前胸背板梯形,外缘有5根刚毛,靠近前缘和后缘各有4根刚毛。

(3)生活史　油菜叶露尾甲在安徽每年发生2代,主要危害期为3—5月,田间世代重叠。春、秋两季出现,3月温度升高时叶露尾甲越冬成虫开始出现,取食油菜嫩叶、嫩茎和花蕾,3月中下旬为产卵高峰期,5～7 d后卵开始孵化,幼虫潜食叶片,4月上中旬危害加重。自4月中旬开始有幼虫化蛹、羽化,4月下旬是第一代成虫发生高峰期,也是第一代成虫产卵高峰期。5月中下旬,油菜上最后一批幼虫入土化蛹,羽化为成虫。当温度达到30 ℃左右时,成虫入土越夏,也有一部分成虫混入收获的油菜籽中越夏。9月下旬,成虫出土在十字花科蔬菜上取食,10月中下旬转移到油菜田危害,但未见成虫交配产卵及幼虫;到11月下旬温度较低时,成虫开始入土越冬,直至翌年3月越冬成虫出土活动。卵历期5～8 d;幼虫2龄,历期平均10 d,1龄为3～6 d,2龄为4～7 d;预蛹期为6～8 d;蛹历期为6～10 d。从卵发育至成虫需24～39 d。

(4)生活习性　成虫具有假死性,高温时能飞翔。当油菜植株受到振动或成虫感受到威胁时能迅速假死,掉入地面,数秒钟后又恢复活动。由于成虫较小,且黑褐色,一旦落入土中则很难发现。成虫一般只在春季产卵。老熟幼虫入土化蛹,土深1～2 cm。油菜叶露尾甲喜凉不喜热,山区油菜受害较重,旱旱轮作比水旱轮作重,迟熟品种受害较重。春季和秋季油菜叶露尾甲也在白菜和甘蓝上取食为害,冬季和夏季则处于越冬和越夏状态。

(5)对油菜的危害　成虫以口器刺破叶片背面(较少在正面)或嫩茎的表皮,形成长约2 mm的"月牙形"伤口,头伸入其内啃食叶肉,被啃部分的表皮呈"半月形"的半透明状。危害花蕾形成"秃梗"。成虫具有假死性,中午高温时能飞翔。幼虫孵化后从"半月形"表皮下开始潜食叶肉,被潜食部分的表皮呈淡白色泡状胀起,呈不规则块状而不是弯曲的虫道,从外可看到幼虫虫体及留下的绿色虫粪。天气干燥时,叶片干枯;湿度大时,被害部分开始腐烂或裂开,在叶片上形成大孔洞,并过早落叶。受害较重的地块,叶片"千疮百孔",整个田间状如"火烧"。秋季只有成虫危害油菜叶片,春季是油菜叶露尾甲危害最严重及大量繁殖的季节(胡本进等,2012)。

11. 油菜花露尾甲

(1)分类地位　油菜花露尾甲(*Meligethes aeneus* Fabricius)属鞘翅目、露尾甲科、花露尾甲属。新疆、青海、甘肃等省(区)危害严重。

(2)形态特征　成虫体长2.2～2.9 mm,身体椭圆扁平,黑色略带金属光泽,全体密布不规则的细密刻点;触角11节,端部4节膨大,呈锤状。足短,扁平,前足胫节红褐色,外缘呈锯齿状,胫节末端有长而尖的刺2枚,跗节被淡黄色细毛。腹末端常露于鞘翅之外,交尾产卵期最明显。卵长约1 mm,长卵形,乳白色,半透明。老熟幼虫体长3.8～4.5 mm。头黑色,身体乳黄色。

(3)生活史 1年发生1代,卵和幼虫在油菜蕾、花内发育,需时7~9 d。蛹在土内发育,需时8~14 d。从卵到成虫需15~23 d。卵产于花蕾上,每个花蕾上至少产卵1粒。6月为油菜露尾甲的危害盛期,一般持续20 d左右,然后钻入土中筑室化蛹,当年会有部分羽化,从10月开始即进入越冬。

(4)生活习性 成虫对黄色有趋性。以成虫在土壤中或残株落叶及田埂杂草下越冬。翌年春油菜开始现蕾时,会有大量成虫迁入油菜田,越冬代成虫侵入油菜田的高峰期与春油菜的蕾(花)盛期相吻合。蕾(花)期用药是控制该虫危害的关键时期(贺春贵,2001)。

(5)对油菜的危害 成虫危害有取食和产卵两种方式。以成虫取食花蕾、花瓣、花粉、蕾柄、雄蕊、萼片,直接取食直径小于0.5 mm的蕾;在直径0.5~3.0 mm的蕾上蛀成小孔,取食其内部组织;可直接咬断蕾梗造成花蕾脱落,形成典型的"秃梗"症状。雌成虫产卵时,将产卵器刺入蕾内,把卵产在蕾内,卵贴于花药或子房壁上。田间调查表明,被产卵蕾产卵时的蕾长小于2.4 mm的,在24~48 h内开始发黄,96 h后变枯,第8 d开始脱落,最后亦形成典型的"秃梗"症状。2.4 mm以上的被产卵蕾不易死亡。幼虫在花内取食花粉,影响授粉和胚珠的发育,使籽粒瘦小,瘪粒数增加,千粒重下降。该虫与油菜叶露尾甲混合发生时危害性更大(贺春贵等,1998b)。

12. 潜叶蝇

(1)分类地位 潜叶蝇(*Phytomyza horticola* Gowreau)属双翅目、潜蝇科、彩潜蝇属。别名豌豆彩潜蝇、豌豆潜叶蝇。

(2)形态特征 成虫体型小,雌虫体长2.3~2.7 mm,翅展6.3~7.0 mm。雄虫体长1.8~2.1 mm,翅展5.2~5.6 mm。全体暗灰色,有稀疏的刚毛。翅半透明,有紫色反光。卵长卵圆形,灰白色,长0.30~0.33 mm,宽0.14~0.15 mm,一端有小而突出的卵孔区。幼虫蛆状,身体长圆筒形。初孵时为乳白色,取食后逐渐变为黄色,前端可见黑色能伸缩的口钩。幼虫3龄,3龄幼虫体长3.2~3.5 mm,体宽1.5~2.0 mm;蛹为围蛹。长圆形而略扁,体长2.1~2.6 mm,体宽0.9~1.2 mm。颜色由乳白色变成黄色、黄褐色或黑褐色。

(3)生活史 1年发生5代,世代重叠明显。早春3月上旬为越冬代成虫和1代卵盛期,3月中下旬为幼虫盛期,3月下旬至4月上旬成虫大量出现。15~22 ℃时卵期5~6 d,幼虫孵化后,随即潜蛀叶片,并多先危害老叶,也可危害油菜嫩荚和花薹。幼虫共3龄,幼虫期5~15 d,老熟后先在隧道末端将表皮咬穿,然后化蛹,蛹期18~15 d。3月下旬至4月中旬,是危害最严重的时期;5月中下旬以后,随着油菜的陆续成熟收获,加上气温过高及天敌的寄生,虫口密度急剧下降,油菜潜叶蝇转移到瓜类和杂草上生活。8月以后逐渐转到萝卜、白菜上危害,10—11月虫口渐增,以后又在油菜上繁殖危害,但一般不及春季严重。

(4)生活习性 成虫耐低温而不耐高温。成虫白天出没在寄主植物上取食花蜜,交配产卵,晴天夜晚气温在15 ℃以上时,能爬行飞翔,并有趋光性。成虫喜欢选择高大茂密的植株产卵,以产卵管刺破叶片,从刺孔中吸食汁液并产卵其中,使叶缘产生许多小白点,1头雌虫可产卵40~50粒至数百粒。以蛹在油菜、豌豆基部的老叶内及杂草寄主的叶肉内越冬,耐寒力较强,在0 ℃时仍可发育。

(5)对油菜的危害 油菜潜叶蝇主要以幼虫潜入油菜叶片上下表皮间蛀食叶肉,被害叶处仅留上下表皮,叶面上形成许多不规则灰白色迂回曲折弯曲的蛇形潜道,潜道内留有该虫排出的很细小的黑色颗粒状虫粪,潜道端都可见椭圆形、淡黄白色的蛹。严重时一张叶片常寄生有几头至几十头幼虫,叶肉全被吃光,仅剩上、下两层表皮,造成叶片提早枯黄脱落,其幼虫还能潜食嫩荚和花枝,成虫能吸食油菜汁液,被吸处呈小白斑点状,影响结荚。

(三)防治措施

油菜虫害的防治应根据虫害的危害特征及发生规律,抓住关键时期,有的放矢,做到"防早、防小、防少、防了"的效果,才能保证油菜增产增收。蚜虫在油菜花期前后注意防治,在危害始期进行重治,压住其爆发和蔓延的势头;菜粉蝶应在油菜苗期做好防治工作,将幼虫消灭在1龄之前;茎象甲必须抓住成虫出土活动期在产卵前消灭,根据气候差异掌握适时防治(薛汉军,2015)。

1. 物理防治　利用趋黄性诱杀:在田间设置黄板诱杀蚜虫、黄曲条跳甲、油菜蚤跳甲、油菜叶露尾甲、油菜茎象甲等;银膜驱蚜。人工捕捉:人工捕捉菜粉蝶幼虫和蛹,利用猿叶甲假死性,清晨用小水盆接拍打植株落下的成虫后集中处理。利用趋光性诱杀:采用频振灯或黑光灯诱杀小菜蛾、斜纹夜蛾、黄曲条跳甲、油菜茴香薄翅野螟等成虫。利用趋化性诱杀:斜纹夜蛾在成虫发生期采用糖醋液(6糖∶3醋∶1白酒∶10水∶190%敌百虫晶体混合)诱杀成蛾,或每亩使用10～15个杨树枝把诱蛾,方法简便,效果明显。毒糖液诱杀:油菜潜叶蝇成虫发生期用30%糖水,配成0.05%敌百虫液,在每距离3 m左右点喷10～20株,3～5天1次,共4～5次。利用性信息素诱杀:每亩放置性信息素管80～100个,田外周围放置性信息素管15～30个诱杀成虫。植物诱集:在油菜田边或间作种植少量的甘蓝、白菜对蚜虫具有很强的诱集作用;在油菜田边种植少量的油萝卜、甘蓝对菜粉蝶具有较强的诱集作用;在田边或间作一些高硫苷的品种,可诱集小菜蛾成虫大量产卵。

2. 农业防治

(1)抗蚜、抗病毒品种　选用抗蚜、抗病毒的优良品种,甘蓝型品种抗性强于白菜型,中双11、青杂7号、中双10号、新油17和大地95为较抗蚜虫的油菜品种。

(2)减少虫源　清除田间杂草和残株落叶,深耕耙地,及时间苗、定苗,破坏害虫蛰伏场所和部分食料,减少虫源基数。防治油菜蚤跳甲时,在油菜开花后摘除基部老叶,携至田外深埋或烧毁,消灭大量幼虫。适时早灌,蚜虫、茎象甲等越冬虫害被泥浆或水淹死,起到防治效果。

(3)改进栽培措施　做好轮作倒茬克服连作,改进栽培措施,降低土壤湿度,培育壮苗越冬,增强油菜植株抗性;在每2亩连片种植油菜田中间,同时播种2行生育期早1周左右的早熟品种作为保护带,当保护带油菜现蕾期仅对其上的油菜花露尾甲成虫进行药剂防治,可显著降低整块油菜田的虫口密度,防治效果可达80%以上。

3. 化学防治

(1)药剂拌施　每亩用40 g地蚜灵粉剂与5～10 kg干土搅拌混匀,施入播种沟内,可防治油菜整个生育期内的蚜虫。用3%的呋喃丹或3%锌硫磷拌土,均匀撒入播种沟内,可有效防治油菜地下害虫。整地时,每亩用48%毒死蜱乳油500 mL兑水20 kg均匀喷雾;或用5%辛硫磷颗粒剂2～3 kg,播种时撒入土表,然后再整地,可防治油菜蚤跳甲。

(2)种衣剂　秋播气候比较干旱,蚜虫发生严重的地区,可用种衣剂进行种子包衣或10%的吡虫啉可湿性粉剂,每亩40 g拌土底施于播栽穴。燕瑞斌等(2019)基于大田试验研究了高巧种衣剂拌种对油菜苗期蚜虫的防治效果,结果表明,高巧种衣剂拌种能够显著降低油菜苗期蚜虫头数,对油菜苗期蚜虫的防治效果平均为92.0%,与使用高效氯氟氰菊酯乳油喷施处理效果相当,但农药使用量减少84%,此外,使用高巧种衣剂拌种能够提高油菜地上部生物量和油菜产量。用48%毒死蜱乳油或3.2%甲氨基阿维菌素苯甲酸盐微乳剂或20%氰戊·马拉硫磷乳油按种子量的0.5%～1.0%拌种,可防治油菜蚤跳甲。种子重7%的锐胜(噻虫嗪)可分散种子包衣剂或2%的乐斯本拌种可防治油菜茎象甲。郝仲萍等(2019)用一种以呋虫胺为主要成分的种衣剂对油菜进行包衣处理,发现其对油菜种子发芽势、发芽率、发芽指数、活力指数、根长、茎长和干重均无显著影响,但能显著降低黄曲条跳甲对油菜的危害情况,且防治效果显著高于噻虫嗪,尤其药种比1:30处理时,其防治效果高达83.97%。

(3)蚜虫防治　苗期有蚜株率达10%～30%,花角期有蚜枝率10%,平均每个花序有蚜虫3～5头,开始用药防治。花期选用抗蚜威(氨基甲酸酯),每亩用50%可湿性粉剂10～18 g,兑水30～50 kg,喷雾防治,对蜜蜂、天敌低毒、安全。开花前可用80%烯啶虫胺·吡呀酮3000倍液或10%吡虫啉2500倍液等喷雾防治。

(4)菜青虫防治　6%阿维·氯苯酰(宝剑)悬浮剂,每亩30～50 mL,兑水30～50 kg或氯虫苯甲酰胺(康宽),每亩10 mL,兑水30 kg,争取在幼虫低龄期施用喷雾防治,对蜜蜂、天敌安全。开花前可用2.5%高效氯氟氰菊酯微乳剂,每亩有效成分用量0.75 g,防治效果达90%以上;2.5%溴氰菊酯(敌杀死)乳剂700倍液喷雾;20%氰戊菊酯乳油3000倍液等喷雾防治。

(5)小菜蛾防治　6%阿维·氯苯酰(宝剑)悬浮剂,每亩30～50 mL,兑水30～50 kg;氯虫苯甲酰胺(康宽),每亩10 mL,兑水30 kg,喷雾防治,对蜜蜂、天敌低毒、安全。开花前可用6%阿维高氯乳油2500～3000倍液,5%高效顺反氯氰菊酯乳油3000倍液,20%杀灭菊酯乳油2000倍液,2.5%溴氰菊酯乳油2000倍液等喷雾防治。

(6)斜纹夜蛾防治　可选用10%溴虫腈悬浮剂、10%氯溴虫腈悬浮剂、10%呋喃虫酰肼悬浮剂、15%茚虫威悬浮剂、5%甲氨基阿维菌素苯甲酸盐乳油、10%氟铃脲乳油、10%甲氨基阿维菌素乳、0.8%甲氨基阿维菌素乳油。交替使用不同类型农药,10 d防治1次,连用2～3次,并合理混配,以确保防治效果,并防止斜纹夜蛾产生抗药性。

(7)猿叶甲防治　成虫:0.5%楝素杀虫乳油800倍液;50%辛硫磷乳油1000倍液。幼虫:在卵孵化盛期,50%辛硫磷乳油1500倍液;20%杀灭菊酯乳油1500倍液喷雾防治。每隔7 d防治1次,一般防治2～3次效果较好。

(8)黄曲条跳甲防治　成虫0.3%印楝素乳油800～1000倍液,48%毒死蜱乳油1000倍液,10%氯氰菊酯乳油2000～3000倍液,50%马拉硫磷乳油1000倍液,40%辛硫磷乳油1000倍液,2.5%溴氰菊酯乳油2500～4000倍液等喷雾防治。喷雾时间应选择在成虫活动盛期,并采用由四周向中央包围的围歼法,防止害虫受惊逃逸。

(9)油菜叶露尾甲防治　油菜蕾薹期用20%杀灭菊酯乳油1500倍液或2.5%溴氰菊酯乳油6000倍液喷雾。蕾花期幼虫、成虫、卵混合发生期,用6%阿维·氯虫苯甲酰胺悬浮剂,每亩30～50 mL,兑水30～50 kg,48%乐斯本(毒死蜱)乳油1000倍液喷雾。施药应在傍晚,以保护蜜蜂。

(10)油菜花露尾甲防治　蕾期是防治的关键期。每百株虫量达到80头即为防治适期。

6%阿维·氯虫苯甲酰胺悬浮剂,每亩 30～50 mL,兑水 30～50 kg,菊酯类农药(如 2.5%溴氰菊酯)防治效果好,但易产生抗药性。

(11)潜叶蝇防治　在成虫盛发期或幼虫刚出现时喷药防治,20%氰戊菊酯乳油 3000 倍液,2.5%溴氰菊酯乳油 6000 倍液,48%乐斯本乳油 1000 倍液,喷雾防治。

(12)油菜茎象甲防治　油菜茎象甲主要以幼虫钻蛀为害为主,成虫为害次要。要抓住越冬成虫在产卵前的活动盛期进行及时防控,即在 3 月下旬至 4 月上中旬(油菜薹高 3cm 左右时),可用 48%毒死蜱乳油、20%氰戊菊酯·辛硫磷乳油或 30%氧乐·菊酯乳油 1000～500 倍液进行喷药防治。

4. 生物防治

(1)保护与利用天敌　保护天敌或利用瓢虫、草蛉、食蚜蝇、蚜茧蜂等蚜虫天敌灭杀或抑制油菜蚜虫大流行。

(2)生物药剂　应用苏云金杆菌 Bt 乳剂 1000 倍液、青虫菌 6 号液剂 800 倍液、杀螟杆菌可湿性粉剂 1000 倍液加入 0.1%洗衣粉喷雾,对菜粉蝶防治效果可达 80%以上,并可兼杀其他蝶蛾类害虫。同时用 1.8%阿维菌素 30 mL/亩,兑水 30～50 kg 喷雾也可防治菜青虫。2.5%多杀菌素(菜喜)悬浮剂 33～50 mL,兑水 20～50 kg,1.8%阿维菌素 30 mL/亩,兑水 30～50 kg 均匀喷雾可有效防治小菜蛾。在油菜潜叶蝇卵孵化高峰至幼虫潜食始盛期,可用 0.3%印楝素乳油 1000 倍液、1.8%阿维菌素乳油 2000 倍液或 0.6%银杏苦内酯水剂 1000 倍液喷雾防治。

(3)以菌治虫　利用病原微生物来防治害虫,目前世界上已知的病原微生物有多达 2000 多种,在油菜虫害的防治中采用以菌治虫的方法具有繁殖快、用量少、不受油菜生长期的影响等优点,它与少量的化学农药配合使用可以达到增加药效的效果。使用时,科学分析油菜的虫害,选择合适的病原微生物来进行培植可起到杀虫的效果(孔占忠,2013)。

三、杂草及其防除

杂草种类繁多,与农作物强烈争夺营养、水分、光照和生存空间,同时又是农作物多种病虫害的中间寄主或越冬寄主,对作物的产量和品质影响很大。根据《中国杂草志》记载,中国种子植物杂草有 90 科 571 属 1412 种。其中裸子植物 1 种,被子植物 1411 种,隶属于 89 科 570 属。中国种子植物杂草的科、属、种分别占中国种子植物的 37.22%、20.79%、5.93%。其中田园杂草 1450 多种,严重危害的 130 余种,难治杂草 37 种,Qiang(2002)通过将杂草群落的优势种以及杂草群落在时间和空间上的组合规律作为分区的主要依据,再结合各区杂草区系的主要特征成分、主要杂草的生物学特性和生活型、农业自然条件和耕作制度的特点,将中国农田杂草区系和杂草植被划分为个 5 个杂草区。分别为一区东北湿润气候带,二区华北暖温带,三区西北高原盆地干旱半干旱气候带,四区中南亚热带和五区热带杂草区。过渡带种植区属于二区华北暖温带和四区中南亚热带杂草区。主要杂草有看麦娘、日本看麦娘、野燕麦、硬草、雀麦、菵草、早熟禾、棒头草、猪殃殃、婆婆纳、通泉草、繁缕、牛繁缕、雀舌草、麦瓶草、救荒野豌豆、播娘蒿、离蕊荠、遏兰菜、碎米荠、荠菜、萹蓄、酸模叶蓼、刺儿菜、稻槎菜、苦苣菜、小飞蓬、宝盖草、鼬瓣花、打碗花、田旋花、泽漆、野老鹳草、葎草等(强胜,2001;李儒海等,2008;于树华等,2008;王军等,2014)。

(一)杂草的生物学特性

杂草是伴随人类的出现而产生的,并随着农业的发展不断发展壮大起来,它具有同作物不断竞争的能力,比作物更能忍受复杂多变或较为不良的环境条件。杂草与作物的长期共生和适应,导致其自身生物学特性上的变异,加之漫长的自然选择,更造成了杂草具有多种多样的生物学特性。所谓杂草的生物学特性,是指杂草对人类生产和生活活动的环境条件(人工环境)长期适应,形成的具有不断延续能力的表现。因此,了解杂草的生物学特性及其规律,将为杂草防除提供理论依据,对制定杂草防除策略具有重要意义。

1. 繁殖能力强

(1)惊人的多实性　许多杂草是1年生或2年生草本植物,基本上依靠种子进行繁殖,为r-生存对策者,植株的结实量非常大。例如一枝黄花,平均每株有近1500个头状花序,每个头状花序中又能长出14枚种子,因此,一株可以形成2万多粒种子(吴晔滨,2003);裂叶月见草的种子产量也很惊人,可达到6万多粒,还不包括分枝的种子数(蒋明等,2004);荠菜每株产23000粒种子(徐正浩等,2004);播娘蒿每平方米可生产百万粒左右的种子。种子边成熟边脱落,加之其千粒重很轻,易于风力传播,从而增加入侵杂草的多度范围,有更大的空间占有量。且种子数量具有高度可塑性,出土晚于作物的时候受到作物的强烈竞争,每株仅能产生一至数枚种子,而在有利的条件下则可产生数万枚种子(闫耀礼等,2000)。

(2)多种授粉途径　杂草一般既能异花授粉又能自花授粉,同时对传粉媒介要求不严格,杂草花粉一般可通过风、水、昆虫等动物或人类活动从一株传到另一株上。杂草多具有远缘杂草亲和性和自交亲和性。异花授粉有利于为杂草种群创造新的变异和生命力更强的变种,自花授粉则可保证杂草单株生存的特殊环境下仍可正常结实,以保证基因的延续。杂草的这一特性为防除杂草增加了难度。例如,宝盖草具有两种类型的花:短花冠的闭花授粉的花和长花冠的开花授粉的花(顾德兴,1992)。闭花授粉的花每年2月陆续发生,这个时候绝大多数昆虫都处于蛰伏状态,而且气候潮湿、周围的生态环境郁闭,因此,自花授粉表现出极大的优越性,有利于开拓新的定居环境。异花授粉的花每年3月上旬至4月下旬发生。异花授粉通过基因重组,使后代具有较丰富的基因型,这对后代适应不同的环境起着十分重要的作用。许多杂草存在自花授粉,但不是专性的自花授粉。它们靠着这两种授粉方式来灵活调节其生活史,从而适应周围环境不可预测的变化。矮慈姑具有异交/自交兼性系统,不仅自交可育,同时具有雌雄同株和花序内雌雄花异熟等异交机制(汪小凡等,1999)。

(3)繁殖方式多样　杂草的繁殖方式主要分为两大类:有性生殖和无融合生殖。有性繁殖在杂草的生态适应中扮演着重要的角色。通常,一年生杂草及相当一部分的多年生杂草的种子繁殖能力极强,使其适应于强烈人为干扰的环境。无融合生殖是指不通过雌雄配子的核融合而产生后代的一类繁殖方式,它可分为营养体无融合生殖(即营养繁殖)和无融合结籽。多年生杂草以营养繁殖为主,这些杂草一旦扎根后就能够把自己的根或根状茎伸入到邻近的土地上,并逐步地顽强地侵入农田。在植被和枯落物茂密繁多、种子繁殖受阻时,营养繁殖往往容易成功。与种子繁殖相比,营养繁殖所承担的风险要小得多,因此大多数入侵杂草以根状茎、鳞茎、球茎、块茎等多种形式来进行分蘖繁殖(马晓渊,1997)。典型的世界恶性杂草喜旱莲子草,其无性繁殖的能力十分惊人,它的陆生型不但有可以断裂生长的地面匍匐茎,而且有庞大的地下根茎、匍匐茎及根系。多年生的地下匍匐茎节间短缩,节膨大,在节处可以反复生出幼芽到达地面成为新的幼苗。水生型主要以断裂的茎进行繁殖,其茎中空、粗大、脆而易断裂,茎的每一个节处都可以长出新的幼苗,一小块茎在一个生长季节内可以形成1～3 m宽的群落(徐汝梅等,2003)。有些多年生杂草具有两种或多种营养繁殖器官,如狗牙根、双穗雀稗的地上根茎与地下根茎既能快速蔓延又有持久的再生能力(马晓渊,1997)。画眉草亚科和黍亚科一些植物的无融合生殖比较成功。如紫茎泽兰为多年生、丛生状、半灌木状草本植物,通过无融合生殖产生三倍体的种子是主要的繁殖方式;雀稗属无融合生殖材料,绝大多数为兼性无融合生殖类型,但也发现了几个专性无融合生殖的材料(马国华等,2001)。

(4)传播方式和途径多样　杂草繁殖体的传播方式多种多样,根据传播的媒介大致可以分为以下几种类型。

① 人类传播　人类传播又可分为主动传播和无意识传播。像凤眼莲、空心莲子草、薇甘菊、假高粱等属于前者,这些杂草被人类主动引种和驯化并得到传播;而像北美车前、欧洲千里光、毒麦等属于后者,在人类活动中被无意识散布(郭水良等,2006)。

② 动物传播　如苋属的几种杂草皱果苋、反枝苋、美洲商陆种子通过食果动物特别是鸟类的摄食而散布(杜卫兵等,2002);禾本科杂草如牛筋草、野燕麦、梯牧草等,豆科杂草如决明、南苜蓿、车轴草属等均为野生牧草,放牧时牛羊极易成为种子的传播载体(郭水良等,1994);刺苍耳果实上有刺,黏附性很强而极易借助动物活动进行传播(张桂宾,2004)。

③ 风传播　小飞蓬、一年蓬等菊科植物的瘦果具有降落伞状的冠毛,极易借助风力传播,在裸地和稀疏植被的生境中定植生长。另外,有的杂草以扁平状的翅来传播种子。

④ 水流传播　很多杂草的种子都可以借助水来传播繁殖体。如豚草的瘦果先端具喙和尖刺,可以借助水流、鸟和人等进行远距离传播(郭水良,1995)。

⑤ 机械力传播　醉浆草、野老鹳草的蒴果在开裂时,会将其中的种子弹射出去;野燕麦的膝曲芒能感应空气中的湿度变化而曲张,驱动籽实运动,而在麦堆中均匀散布;荠菜、麦瓶草的种子借果皮开裂而脱落散布。杂草传播方式的多样化和传播路径的复杂性为其成功入侵异地生境起到相当大的作用(李儒海等,2007)。

(5)种子寿命长　杂草种子具有不同形式的休眠(固有、诱导、强制休眠),从而能够长期保持生命力而不丧失发芽能力。如繁缕、车前的种子发芽力有10年之久;马齿苋能保持20～40年;龙葵种子埋藏39年,其发芽率竟达到83%;而皱叶酸模的种子埋藏在土里80年后仍然可以萌发。还有些杂草的种子在通过鸟类的消化道后仍能保持活力。

(6)种子成熟度与萌发时期参差不齐　作物的种子一般都是同时成熟的,而杂草种子的成熟却参差不齐,呈梯递性、序列性。同一种杂草,有的植株已开花结实,而另一些植株则刚刚出苗。有的杂草在同一植株上,一面开花,一面继续生长,种子成熟期延绵达数月之久。不同种子由于基因型不同,休眠程度也不同,致使在适宜的条件下,田间不断出现新的杂草。滨藜可以产生3种不同类型的种子:上层种子最大,呈褐色,当年可以发芽;中层种子较小,呈黑色或青黑色,在第二年发芽;下层种子最小,呈黑色,第三年才能够发芽。恶性杂草少花蒺藜草的每个刺苞产生2粒种子,只有1粒种子吸水萌发形成植株,另1粒种子处于休眠状态,保持生命力。先萌发的植株受损伤死亡时,另1粒种子立即打破休眠形成新的植株(王秀英等,2005)。稗草种子的休眠受其所处环境生态条件的影响,当土壤因没有灌溉而变得干燥时,种子迅速进入休眠,而在淹水土地上则会延迟。休眠程度的不一致,不同种子对萌发条件的要求和反应不同,使杂草解除休眠的时间也不同,田间不断出现新的杂草,给杂草防除带来困难。

2. 多种营养方式 杂草的营养方式是多种多样的，分为光合自养型和寄生型（全寄生、半寄生）。绝大多数杂草是光合自养的，但亦有不少杂草属于寄生性的。寄生性杂草在其种子发芽后，历经一定时期的生长，其必须依赖于寄主的存在和寄主提供足够有效的养分才能完成生活史全过程。全寄生性杂草如菟丝子类是大豆、苜蓿和洋葱等植物的茎寄生性杂草；列当是一类根寄生性杂草，主要寄生和危害瓜类、向日葵等。无根藤是樟科木本植物等的茎寄生性；半寄生性杂草如桑寄生和槲寄生等寄生于桑等木本植物的茎上，依赖寄主提供水和无机盐，自身营光合作用。有些寄生性杂草如生长一定阶段后仍不能寄生于寄主，则通过"自主寄生"和"反寄生"来维持一定时间的生长，直至自身营养耗尽死亡，如日本菟丝子等。

3. 抗逆性强

（1）抗逆性（stress rsisance）强 杂草具有强的生态适应性和抗逆性，表现在对盐碱、人工干扰、旱涝、极端高低温等有很强的耐受能力。有些杂草个体小、生长快，生命周期短，群体不稳定，一年一更新，繁殖快，结实率高，如繁缕、反枝苋等一年生杂草。有些杂草个体大，竞争力强、生命周期长，在一个生命周期内可多次重复生殖，群体饱和稳定，如田旋花、芦苇等多年生杂草。有些杂草，例如，藜、眼子菜等都有不同程度耐受盐碱的能力。马唐在干旱和湿润土壤生境中都能良好生长。C_4 植物杂草体内有的淀粉主要储存在维管束周围，不易被草食动物利用，故也免除了食草动物的更多啃食。野胡萝卜作为二年生杂草，在营养体被啃食或被刈割的情况下，可以保持营养生长数年，直至开花结实为止。野唐蒿也具类似的特性。天名精、黄花蒿等会散发特殊的气味，趋避禽畜和昆虫的啃食。还有些植物含有毒素或刺毛，如曼陀罗、刺苋等，以保护自身免受伤害。

（2）可塑性（plasticity）大 由于长期对自然条件的适应和进化，植物在不同生境下经历对其个体大小、数量和生长量的自我调节能力被称之为可塑性。可塑性使杂草在多变的人工环境条件下，如在密度较低的情况下能通过其个体结实量的提高来产生足量的种子，或在极端不利的环境条件下，缩减个体并减少物质的消耗，保证种子的形成，延续其后代。藜和反枝苋的株高可矮小至 5cm，高至 300 cm，结实数可少至 5 粒，多至百万粒。当土壤中杂草籽实量很大时，其发芽率会大大降低，以避免由于群体过大而导致个体死亡率的增加。

（3）生长势（growthvigor）强 杂草中的 C_4 植物比例明显较高，全世界 18 种恶性种子杂草中 C_4 植物有 14 种，占 78%。在全世界 16 种主要作物中，只有玉米、谷子、高粱等是 C_4 植物，不到 20%。C_4 植物由于光能利用率高、CO_2 补偿点和光补偿点低，其饱和点高、蒸腾系数低，而净光合速率高，因而能够充分利用光能、CO_2 和水进行有机物的生产。所以，杂草要比作物表现出较强的竞争能力，这就是 C_3 作物田中 C_4 杂草疯长成灾的原因。如稻田中的稗草、碎米莎草，花生田中的马唐、狗尾草、反枝苋、马齿苋、香附子等（曾青等，2002）。还有许多杂草能以其地下根、茎的变态器官避开逆境，繁衍扩散，当其地上部分受伤或地下部分被切断后，能迅速恢复生长、传播繁殖。

4. 杂合性（heterozygosity） 由于杂草群落的混杂性、种内异花授粉，基因重组、基因突变和染色体数目的变异性，一般杂草基因型都具有杂合性，这也是保证杂草具有较强适应性的重要因素。杂合性增加了杂草的变异性，从而大大增强了抗逆性能，特别是在遭遇恶劣环境条件如低温、旱、涝以及使用除草剂治理杂草时，可以避免整个种群的覆灭，使物种得以延续。

5. 拟态性（mimiery） 稗草与水稻伴生、野燕麦或看麦娘与麦类作物伴生、亚麻荠与亚麻伴生、狗尾草与谷子伴生等,这是因为它们在形态、生长发育规律以及对生态因子的需求等方面有许多相似之处,很难将这些杂草与其伴生的作物分开或从中清除。杂草的这种特性被称之为对作物的拟态性,这些杂草也被称为伴生杂草。它们给除草,特别是人工除草带来了极大的困难。例如,狗尾草经常混杂在谷子中,被一起播种、管理和收获,在脱皮后的小米中仍可找到许多狗尾草的籽实。此外,杂草的拟态性还可以经与作物的杂交或形成多倍体等使杂草更具多态性。

6. 与作物争夺生存空间的能力强　杂草与作物争夺生存空间包括地上部分枝叶竞争与地下根茎竞争,杂草多为 C_4 植物,要比作物表现出较强的竞争能力。例如,刺儿菜是一种多年生耐旱、耐盐碱的杂草,其地下根状茎入土较深,地下分枝很多,积储有大量养分,枝芽发达,每个芽都能发育成新的植株。在一个生长季节内,刺儿菜的地下根状茎能向外蔓延长达 3 m 以上(郑庆伟,2014)。狗牙根等杂草的地下根状茎则更加发达。据统计,在 1 亩的田地中,根茎总长可达 60 km,有近 30 万个地下芽。这样的杂草还有很多,如香附子、空心莲子草等能成片生长。

7. 与作物争夺水分和养分能力强　植物的生长发育过程是地上部光合作用和地下部根系吸收养分和水分的有机统一。在作物整个生育过程中,水分参与其生理及生命活动的全过程,与产量形成密切相关(涂修亮,1999)。因此,杂草与作物的竞争集中在光照、水分和营养物质 3 个方面,通过影响作物的叶面积、干物质积累等指标,最终表现在产量性状指标而导致作物减产。杂草与作物间的化感作用也是竞争的表现之一,最终影响产量。胡冀宁等(2007)阐述了杂草与作物竞争的特征表现在以下 3 个方面:当田间杂草密度为 0 时,不存在杂草与作物竞争,此时作物的产量为最大产量,损失率为 0;当田间存在杂草与作物竞争时,不论杂草密度有多大,作物产量的损失率在 0～100%;当杂草密度很小时,表现为单株杂草对作物的危害力增大,此时作物产量损失率随杂草密度增加而成幂函数上升。当杂草密度增大到一定程度时,杂草种内出现竞争,单株杂草对作物的危害力随之降低,此时,随着杂草密度的增加,作物产量损失率减速增加,作物产量损失率与杂草密度呈曲线关系。

在作物整个生育过程中,水分参与其生理和生命活动的全过程,与产量形成密切相关。在杂草与作物的竞争中,对光的竞争是最主要的竞争形式,其主要因子是杂草株高和密度,其中株高是决定因素。如苍耳的株高可达 110 cm 以上,节数超过 33 个,而大豆的株高由于品种不同,一般为 60～80 cm,节数 16～18 个。其他一些阔叶杂草如简麻、藜、反枝苋等的植株高大、繁茂,对光均具有很强的竞争能力(王谦玉,2003)。

杂草与作物竞争水肥等地下资源,其竞争能力受根的长度、分布、密度和吸收能力的影响。根系庞大、入土深、分布范围广的杂草竞争能力强。在有限的水资源条件下,杂草与棉花对水分的竞争往往导致棉花叶片水势降低,比如苍耳和绿穗苋在非灌溉棉田会导致棉花片水势降低,并最终导致棉花产量降低(Wells et al.,1984;Stuart et al.,1984)。在土壤营养物质有限的情况下,随着杂草密度的增加,杂草与棉花对土壤养分的竞争逐渐增强。在土壤氮含量缺乏的条件下,杂草与棉花对营养物质的竞争主要是对氮素的竞争,此时增施氮肥可以降低杂草竞争对棉花的影响(Robinson et al.,1976)。

(二)过渡带油菜田常见杂草种类

1. 茜草科(Rubiaceae)以猪殃殃为例

猪殃殃[*Galium aparine* L. var. Tenerum(Gren. et Godr.)Reichb],茜草目、茜草科、拉

拉藤属。别名:细叶茜草、锯子草、小锯子草、活血草。

(1)形态特征 多枝、蔓生或攀缘状草本,茎有 4 棱角,棱上、叶缘、叶脉上均有倒生的小刺毛。叶纸质或近膜质,6~8 片轮生,稀为 4~5 片,叶细齿裂,经常成针状,近无柄。聚伞花序腋生或顶生,少至多花,花小,4 数,花冠黄绿色或白色。果实坚硬,球形,密被钩毛,两个联生在一起,果柄直立。

(2)生长环境 生于海拔 20~4600 m 的山坡、旷野、沟边、河滩、田中、林缘、草地。约有300 个种,分布全世界潮湿林地、沼泽、河岸和海滨。为夏熟旱作物田恶性杂草。淮河流域地区油菜田有大面积发生和危害,长江流域以南地区危害局限于山坡地油菜。

(3)对油菜田的危害 攀缘植物,与油菜争阳光、争空间,引起油菜倒伏,且可以影响油菜收割等,进而造成油菜减产。

2. 石竹科(Caryophyllaceae)

(1)繁缕[*Stellaria media*(L.)Cyr.],石竹目、石竹科、繁缕属。别名鹅肠草。

① 形态特征 直立或平卧一年生草本植物。茎纤细,蔓延地上,基部多分枝,下部节上生根,上部叉状分枝,有一行短柔毛。上部叶卵形,常有缘毛,顶端尖,基部圆形,无柄;下部叶卵形或心形,有长柄。花单生叶腋或组成顶生疏散的聚伞花序,花梗纤细,无毛或有纤毛;萼片披针形,外面有柔毛,边缘膜质;花瓣 5,白色;雄蕊 10,花丝纤细,药顶端紫色,后变蓝色;子房卵圆形,花柱 3 枚。蒴果长圆形或卵圆形,6 瓣裂;种子圆形,黑褐色,密生疣状突起。花期 2—4月,果期 5—6 月。

② 生长环境 繁缕喜温和湿润的环境,适宜的生长温度为 13~23 ℃。能适较轻的霜冻,以山坡、林下、田边、路旁为多。在中国各地广泛分布,仅新疆、黑龙江暂时未见记录。

③ 对油菜田的危害 繁缕为常见田间杂草,主要在苗期与油菜争光、争水、争土、争肥、争生长空间,导致油菜成苗数减少,形成弱苗、高脚苗。

(2)牛繁缕[*Stellaria media*(L.)Cyr.],石竹目、石竹科、鹅肠菜属。别名:鹅肠菜、鹅耳伸筋、鸡儿肠。

① 形态特征 黄河流域以北地区多为一年生草本植物,以南地区则多为二年生草本植物。较繁缕为高大,高 30~80 cm,茎紫色,上部直立,下部伏卧,无侧毛;叶对生,卵形或宽卵形,长 2~5 cm,宽 1~3 cm,上部叶常无柄或具极短柄,二歧聚伞花序,花瓣 5,白色,远长于萼片,花柱 5 枚。蒴果卵形,先端与瓣裂。种子多数褐色。繁缕和牛繁缕形态相似,主要区别为:繁缕茎侧有细毛 1 例,牛繁缕茎为紫色;繁缕花瓣比萼片短,牛繁缕花瓣远长于萼片;繁缕花柱数多为 3 枚,牛繁缕花柱数为 5 枚。

② 生长环境 喜生于潮湿环境,生于荒地、路旁及较阴湿的草地,广布全国。当地表周均温在 15~20 ℃时,牛繁缕开始发生。当周均温为 8~15 ℃时达发生高峰,当周均温在 5 ℃以下、20 ℃以上时,牛繁缕停止发生。

③ 对油菜田的危害 稻油轮作土壤含水量高,加之除草剂品种对阔叶杂草的效果均不太理想,使得牛繁缕的发生数量逐年增加,导致牛繁缕在油菜田的危害日益突出,已上升为油菜田恶性杂草。牛繁缕主要危害油菜苗期,与油菜竞争营养与空间。牛繁缕在田间的出苗高峰在油菜移栽后 3 周左右,其种群数量在 12 月中旬左右达到最大值,累计出苗数量可占全生育期的 82.19%。

(3)雀舌草(*Stellaria alsine* Grimm),石竹目、石竹科、繁缕属。别名:雪里花。

① 形态特征　雀舌草越年生草本。茎纤细,下部平卧,上部有稀疏分枝,绿色或带紫色。叶对生,无柄,长卵形或卵状披针形,两端尖锐,金缘或边缘浅波状,形似鸟雀的舌。聚伞花序顶生或腋生,花白色,花柄细长如丝,萼片5,披针形,花瓣5,雄蕊5,子房卵形,花柱2～3枚。蒴果6瓣裂,种子肾形,有皱纹突起。

② 生长环境　喜热、喜光、耐高温、不耐阴,在强光下生长发育快,开花早。生于田间、溪岸或潮湿地区。贵州、湖南、内蒙古、福建、安徽、江西、江苏、浙江、广东、云南、广西、四川、甘肃、河南、西藏等地均有分布。

③ 对油菜田的危害　雀舌草为常见田间杂草,主要在苗期与油菜争光、争水、争土、争肥、争生长空间,导致油菜成苗数减少,形成弱苗、高脚苗。

(4)麦瓶草(*Silene conoidea* L.),石竹目、石竹科、蝇子草属。

① 形态特征　一年生草本植物,高25～60 cm,全株被短腺毛。茎单生,直立,不分枝。基生叶片匙形,茎生叶片长圆形或披针形,两面被短柔毛,边缘具缘毛,中脉明显。二歧聚伞花序具数花,花直立。蒴果梨状。种子肾形,暗褐色。花期5—6月,果期6—7月。

② 生长环境　喜冷凉、潮湿、阳光充足环境,不耐酷暑,生长最适温度15～20 ℃。怕干旱和积水,喜高燥、疏松肥沃、排水佳的沙壤土。常生于麦田中或荒地草坡。广泛分布于亚洲、欧洲和非洲。在中国分布于黄河流域和长江流域各省(区),西至新疆和西藏。

③ 对油菜田的危害　麦瓶草曾是中国华北、西北地区及长江流域各地夏熟作物田的主要杂草。主要危害麦类、豆类和油菜。与油菜争光、争水、争土、争肥、争生长空间,导致油菜苗期成苗数减少,形成弱苗、高脚苗。在油菜抽薹期、花期和角果期能提升第一分枝的高度从而减少分枝数,同时减少角果数,降低千粒重。

3. 玄参科(Scrophulariaceae)

(1)波斯婆婆纳(*Veronica persica* Poir.),玄参目、玄参科、婆婆纳属。别名:阿拉伯婆婆纳。

① 形态特征　全株有毛。茎自基部分枝,下部倾卧。茎基部叶对生,有柄或近于无柄,卵状长圆形,边缘有粗钝齿。花序顶生,苞叶与茎生叶同型,互生。花单生于苞腋,花梗明显长于苞叶,花萼4裂,花冠淡蓝色,有深蓝色脉纹。蒴果肾形,宽过于长,顶端凹口开角大于90°,宿存花柱明显超过凹口。种子表面有颗粒状的突起。

② 生长环境　一年生或二年生的全球性入侵杂草。在中国的分布范围极广,19个省3个直辖市都有分布,主要生长于长江沿岸及西南部分地区的旱地,常形成优势居群。

③ 对油菜田的危害　波斯婆婆纳主要危害夏熟作物小麦、油菜等,还能危害秋熟旱作物如棉花、玉米,以及菜地、果园、茶园、草坪等。在我国长江沿岸及西南部分地区的旱地中普遍发生,常会形成优势种群,盖度最高可达100%。严重影响油菜苗期生长,为油菜田区域性恶性杂草。

(2)婆婆纳(*Veronica didyma* Tenore.),玄参目、玄参科、婆婆纳属。

① 形态特征　铺散多分枝草本植物,有短柔毛。叶片心形至卵形,在茎下部对生,上部互生,边缘有圆齿。总状花序很长,苞片叶状,下部的对生或全部互生;花梗比苞片略短;花萼裂片卵形,疏被短硬毛;花冠淡紫色、蓝色、粉色或白色,裂片圆形至卵形。蒴果近于肾形,密被腺毛,凹口约为90°角,裂片顶端圆,脉不明显,宿存的花柱与凹口齐或略过之。种子背面具横纹。

② 生长环境　一年至二年生草本植物。喜光,耐半阴,忌冬季湿涝。对水肥条件要求不

高,但喜肥沃、湿润、深厚的土壤。4 月上旬开始生长,花期 6 月—9 月,10 月底枯萎,生长适温 15~25 ℃。

③ 对油菜田的危害　主要影响油菜苗期的出苗率以及生长发育。

(3)通泉草(*Mazus japonicus* (Thunb.)O. Kuntze),玄参目、玄参科、通泉草属。别名:脓泡药、汤湿草、猪胡椒、野田菜、绿蓝花、五瓣梅、猫脚迹、尖板猫儿草、黄瓜香。

① 形态特征　通泉草为通泉草属的一年生草本植物,高 3~30 cm,无毛或疏生短柔毛。本种在体态上变化幅度很大,茎 1~5 支或有时更多,直立,上升或倾卧状上升,着地部分节上常能长出不定根,分枝多而披散,少不分枝。基生叶少到多数,有时成莲座状或早落,倒卵状匙形至卵状倒披针形,边缘具不规则的粗齿或基部有 1~2 片浅羽裂;茎生叶对生或互生,少数,与基生叶相似或几乎等大。总状花序生于茎、枝顶端,常在近基部即生花,伸长或上部成束状,通常 3~20 朵,花稀疏;花萼钟状;花冠白色、紫色或蓝色。蒴果球形;种子小而多数,黄色,种皮上有不规则的网纹。

② 生长环境　喜阳光充足、耐半阴。多生长在海拔 2500 m 以下的湿润田边、草坡、沟边、路旁及林缘。遍布全国,仅内蒙古、宁夏、青海及新疆未见。

③ 对油菜田的危害　其生长势头和适应性良好,是危害作物生长的小型野草,主要危害苗期油菜的生长发育。但四川盆地的通泉草逐渐演化成越年生杂草,且对百草枯表现出明显的耐药性。

4. 豆科(Leguminosae sp.)

救荒野豌豆(*Vicia sativa* L.),蔷薇目、豆科、野豌豆属。别名:大巢菜、薇菜、山扁豆、山木樨。

① 形态特征　茎上升或借卷须攀缘,单一或分枝,有棱,被短柔毛或近无毛。偶数羽状复叶,小叶椭圆形至长圆形,具刺尖,两面疏生短柔毛。花腋生 1~2 朵,有短花梗,花紫色,花萼筒状,被短柔毛,萼齿披针状锥形至披针状线形,旗瓣长倒卵形,顶端圆形或微凹,中部微缢缩,中部以下渐狭,翼瓣短于旗瓣,显著长于龙骨瓣。荚果稍扁压,具 4~10 粒种子。

② 生长环境　性喜温凉气候,抗寒能力强。生长在海拔 50~3000 m 的荒山、田边草丛及林中。

③ 对油菜田的危害　能攀缘油菜植株,与油菜争光、争水、争土、争肥、争生长空间。造成油菜角果数减少、倒伏、千粒重与产量降低等。

5. 十字花科(Brassicaceae Burnett)

(1)播娘蒿[*Descurainia sophia* (L.)Webb. ex Prantl],白花菜目、十字花科、播娘蒿属。别名:大蒜芥、米米蒿、麦蒿、抱娘蒿。

① 形态特征　一年生草本植物,高可达 80 cm,叉状毛,茎生叶为多,茎直立,分枝多,叶片为 3 回羽状深裂,末端裂片条形或长圆形,裂片下部叶具柄,上部叶无柄。花序伞房状,萼片直立,早落,长圆条形,花瓣黄色,长圆状倒卵形,长角果圆筒状,无毛,果瓣中脉明显。种子多数,长圆形,4—5 月开花。

② 生长环境　生于山坡、田野、农田、山地草甸、沟谷以及村旁。在我国除华南外各地均有生长。

③ 对油菜田的危害　其与作物竞争阳光、养料、水分等作物生长发育所需的物质条件。苗期常发生"草欺苗"现象,成苗株数少和形成瘦苗、弱苗、高脚苗,且使抽薹后分枝结角少,对

油菜生长和产量影响较大。

(2)遏蓝菜(*Thlaspi arvense* L.),白花菜目、十字花科、菥蓂属。别称:菥蓂、败酱草、苦盖菜、大芥。

① 形态特征　一年生草本植物,全株无毛,高 15～40 cm,茎不分枝或少分枝。幼苗子叶阔椭圆形,一边常有缺失,先端钝圆,基部圆形,有长柄。初生叶对生,近圆形,先端微凹,基部阔楔形,全缘,有长柄。基生叶早枯萎,倒卵状矩圆形,有柄。茎生叶倒披针形或矩圆状披针形。总状花序顶生或腋生,花小,白色,花瓣 4,瓣片矩圆形,下部渐狭成爪。短角果近圆形或倒宽卵形,扁平,周围有宽翅,顶端深凹缺,开裂,每室有种子 2～8 粒。种子宽卵形,表面红褐色至黑色,粗糙,有平行的"V"字形棱。

② 生长环境　生于山地草甸、沟边、村庄附近。广泛分布于东北、华北、西北及山东、河南、江苏、安徽、四川、云南、贵州、湖北等省(区)。

③ 对油菜田的危害　遏蓝菜在油菜整个生育期均表现出对作物有较强争夺养分的能力。在营养期前,遏蓝菜与油菜竞争极强,对油菜危害大。遏蓝菜在油菜 4～5 叶期、蕾薹期、盛花期、结荚期的氮、磷、钾含量都高于油菜。田间遏蓝菜发生量与油菜籽产量、单株平均角果数及单株平均分枝数呈极显著负相关。

(3)碎米荠(*Cardamine hirsuta* L.),白花菜目、十字花科、碎米荠属。别称:白带草、宝岛碎米荠、毛碎米荠、雀儿菜。

① 形态特征　一年生小草本植物,高 15～35 cm。茎直立或斜升,下部有时淡紫色,上部毛渐少。基生叶具叶柄,顶生小叶肾形或肾圆形;茎生叶具短柄;全部小叶两面稍有毛。总状花序生于枝顶,花小,花梗纤细,萼片绿色或淡紫色,长椭圆形,外面有疏毛,花瓣白色,倒卵形。长角果线形,稍扁,无毛,果梗纤细,直立开展。种子椭圆形,顶端有的具明显的翅。花期 2—4 月,果期 4—6 月。

② 生长环境　碎米荠适宜温度范围为 10～25 ℃,强光和弱光条件下都能生长,稍喜弱光,喜湿。多生于海拔 1000 m 以下的山坡、路旁、荒地及耕地的草丛中,全国均有分布。

③ 对油菜田的危害　其与作物竞争阳光、养料、水分等作物生长发育所需的物质条件,大大阻碍了油菜幼苗的正常生长。同时,病原菌和害虫可以寄生于杂草上,而日益增加的杂草密度使得油菜感染病虫害的概率也相应随之增大。

(4)荠菜[*Capsella bursa~pastoris*(L.)Medic.],白花菜目、十字花科、荠菜属。别称:地丁菜、地菜、护生草、鸡心菜、菱角菜、清明菜、地米菜。

① 形态特征　一年或越年生杂草植物,高 20～50 cm,有分枝毛或单毛。茎直立,有分枝。基生叶丛生,大头羽状分裂,长可达 10 cm,顶生裂片较大,侧生裂片较小,狭长,浅裂或有不规则锯齿,具长叶柄。茎生叶披针形,基部抱茎,边缘有缺刻或锯齿,两面有细毛或无毛。总状花序顶生和腋生;花白色。短角果倒三角形或倒心形,扁平,种子 2 行,长椭圆形,淡褐色。

② 生长环境　种子萌发的适宜温度为 15～25 ℃。性喜温暖,分布在全世界的温带地区,野生于田野。为夏熟作物主要杂草之一。

③ 对油菜田的危害　与油菜争光、争水、争养分等,导致作物幼苗生长缓慢、植株弱小,从而造成作物减产等。

6. 蓼科(Polygonaceae)

萹蓄(*Polygonum aviculare* L.),蓼目、蓼科、蓼属。别名:萹蓄竹、萹竹、蚂蚁草、猪圈草、扁猪牙。

① 形态特征　一年生草本植物,高15~50 cm。茎匍匐或斜上,基部分枝甚多,具明显的节及纵沟纹;幼枝上微有棱角。叶互生,叶柄短,亦有近于无柄者;叶片披针形至椭圆形,先端钝或尖,基部楔形,全缘,绿色,两面无毛,托鞘膜质,抱茎,下部绿色,上部透明无色,具明显脉纹,其上之多数平行脉常伸出成丝状裂片。花6~10朵簇生于叶腋,花被绿色,5深裂,具白色边缘,结果后边缘变为粉红色。瘦果包围于宿存花被内,仅顶端小部分外露,卵形,具3棱,长,黑褐色,具细纹及小点。

② 生长环境　对气候的适应性强,寒冷-山区或温暖平坝都能生长。以排水良好的沙质壤土较好。生长于田野路旁、荒地及河边等处。各地均有分布。

③ 对油菜田的危害　在油菜4~5叶期至盛花期与油菜争夺营养,影响油菜角果数与产量。

7. 菊科(Compositae)

(1)刺儿菜(*Cirsium setosum*),菊目、菊科、菊属。别名:小蓟、刺蓟、刺蓟芽、刺刺菜、小恶鸡婆。

① 形态特征　刺儿菜具长匍匐根。茎直立,无毛或有蛛丝状毛,株高20~50 cm。叶互生,基生叶片开花时凋落,茎生叶片椭圆形或长椭圆状披针形,表面绿色,背面淡绿色,全缘或有齿裂,边缘有刺。两面被有蛛丝状毛,无叶柄;头状花序单生在茎顶,雌雄异株,雄株花序小于雌株,总苞片多层具刺,花冠浅红色或紫红色,全为筒状花。瘦果长椭圆形或长卵形,略扁平,冠毛羽状。靠根芽繁殖居多。

② 生长环境　刺儿菜生于农田、路边、荒地或村庄附近,为常见杂草。刺儿菜喜生于腐殖质多的微酸性至中性土中,在我国东北、华北、华东、中南等地均有分布。

③ 对油菜田的危害　其生活力、再生力很强。每个芽均可发育成新的植株,机械中耕断根后仍能成活。其在田间易蔓延,形成群落后难于清除。因此,易发生"草欺苗"现象,导致油菜出苗率低,幼苗生长缓慢、植株弱小,抽薹后分枝结角少,对油菜生长和产量影响较大。

(2)稻槎菜(*Lapsana apogonoides* Maxim.),菊目,菊科,稻槎菜属。别名稻谷荠。

① 形态特征　一年生或二年生草本植物。茎生叶较小,通常1~2,有短柄或近无柄。头状花序常下垂,排成疏散伞房状圆锥花序,有纤细的梗,小花均为舌状花,两性,结实,花冠黄色。瘦果椭圆状披针形,扁平,淡黄褐色,上部收缩,顶端有突出的细刺,或两侧各具1枚钩刺,果棱多条,无冠毛。花期4—5月。

② 生长环境　湖南、江苏、广西、安徽、陕西、福建、江西、广东、浙江、云南等地均有分布,生长于海拔500~2500 m的地区,常生于田野、荒地和路边。

③ 对油菜田的危害　为夏熟作物田杂草。多发生于稻、麦或稻、油菜轮作田。在初春,当麦类和油菜等作物生长前、中期时,大量发生,危害重,是区域性的恶性杂草。

(3)苦苣菜(*Sonchus oleraceus* L.),菊目、菊科、苦苣菜属。别名:苦菜、苦荬菜、小鹅菜。

① 形态特征　一年生或二年生草本植物。根圆锥状,垂直直伸,有多数纤维状的须根。茎直立,单生。基生叶羽状深裂,全形长椭圆形或倒披针形。头状花序,在茎枝顶端排成紧密的伞房花序或总状花序。全部总苞片顶端长急尖,外面无毛或外层或中内层上部沿中脉有少数头状具柄的腺毛。舌状小花多数,黄色。瘦果褐色,长椭圆形或长椭圆状倒披针形,压扁,每面各有3条细脉,肋间有横皱纹,顶端狭,无喙,冠毛白色,单毛状,彼此纠缠。

② 生长环境　生于山坡或山谷林缘、林下或平地田间、空旷处或近水处,海拔 170～3200 m。分布于全球温带及亚热带地区。

③ 对油菜田的危害　与作物竞争阳光、养料、水分等作物生长发育所需的物质条件,大大阻碍了作物幼苗的正常生长,影响作物最终产量以及品质。

(4)小飞蓬($Conyza\ canadensis$(L.)Cronq.),菊目、菊科、白酒草属。别名:加拿大飞蓬、小蓬草、小白酒草。

① 形态特征　茎直立,株高 50～100 cm,具粗糙毛和细条纹。叶互生,叶柄短或不明显。叶片窄披针形,全缘或微锯齿,有长睫毛。头状花序有短梗,多形成圆锥状。总苞半球形,披针形,边缘膜质,舌状花直立、小,白色至微带紫色,筒状花短于舌状花。瘦果扁长圆形,具毛,冠毛污白色。

② 生长环境　常生于旷野、荒地、田边、河谷、沟旁和路边,阳性,耐寒,土壤要求排水良好但周围要有水分,易形成大片群落。是原产北美的外来杂草,在我国广泛分布于黑龙江、吉林、辽宁、内蒙古、陕西、四川、贵州、云南、山西、河北、山东、河南、安徽、江苏、湖北、江西、浙江、湖南等地。目前已侵入油菜田,在某些田块成为田间优势杂草。

③ 对油菜田的危害　小飞蓬对水分、光照、土壤养料的竞争能力较强,对油菜生长发育有较大影响。油菜在小飞蓬的竞争干扰下,单株角果数、籽粒数及产量均随其密度的增加而逐渐降低,而千粒重没有显著变化。

8. 唇形科(Labiatae)

(1)宝盖草($Lamium\ amplexicaule$ L.),管状花目、唇形科、野芝麻属。别名:珍珠莲、接骨草、莲台夏枯草。

① 形态特征　一年生或二年生植物,茎下部叶具长柄,叶片均圆形或肾形,基部截形或截状阔楔形,半抱茎,边缘具极深的圆齿;轮伞花序 6～10 花,花冠紫红或粉红色,外面除上唇被有较密带紫红色的短柔毛外,余部均被微柔毛,内面无毛环,冠筒细长,冠檐二唇形,上唇直伸,长圆形,先端微弯,下唇稍长,3 裂,中裂片倒心形,先端深凹,基部收缩,侧裂片浅圆裂片状。小坚果倒卵圆形,具 3 棱,淡灰黄色,表面有白色大疣状突起。

② 生长环境　生于路旁、林缘、沼泽草地及宅旁等地,或为田间杂草,海拔可高达 4000 m。分布于江苏、安徽、浙江、福建、湖南、湖北、河南、陕西、甘肃、青海、新疆、四川、贵州、云南及西藏等地。

③ 对油菜田的危害　宝盖草长势较猛,与作物竞争阳光、养料、水分等,容易对农作物的生长产生危害,对油菜生长和产量影响较大。

(2)鼬瓣花($Galeopsis\ bifida$ Boenn),管状花目、唇形科、鼬瓣花属。别名:野芝麻、野苏子。

① 形态特征　一年生草本植物,高 20～60 cm。茎直立,4 棱形,被瞻仰节的长刚毛及短柔毛。叶对生,被短柔毛,叶片卵状披针形或披针形。花萼钟形,花冠白、黄或粉紫红色,花盘前方呈指头状增大。小坚果倒卵状三角形,褐色,有秕鳞。

② 生长环境　生长于林缘、路旁、田边、灌丛、草地等空旷处。分布于黑龙江、吉林、内蒙古、山西、陕西、甘肃、青海、湖北西部、四川西部、贵州西北部、云南西北部及东北部、西藏等地。

③ 对油菜田的危害　为山地区油菜田主要杂草之一,发生量有逐年增加的趋势,局部地方危害较重。鼬瓣花在油菜 4 叶期至结角期与油菜竞争激烈。在油菜抽薹期和结角期与油菜

争夺氮、磷、钾,植株的氮(N)、磷(P_2O_5)、钾(K_2O)含量比油菜高 3.41%~94.08%,造成油菜减产。

9. 旋花科(Convolvulaceae)

(1)打碗花(*Calystegia hederacea* Wall),管状花目、旋花科、打碗花属。别名:打碗碗花、小旋花、面根藤、狗儿蔓、蓠秧、斧子苗、喇叭花。

① 形态特征　一年生草本杂草植物,全体不被毛,植株通常矮小。茎细,平卧,有细棱。基部叶片长圆形,顶端圆,基部戟形,上部叶片 3 裂,中裂片长圆形或长圆状披针形,侧裂片近三角形,全缘或 2~3 裂,叶片基部心形或戟形。花腋生 1 朵,苞片 2,抱萼,花冠淡紫色或淡红色,钟状。蒴果卵球形,种子黑褐色,表面有小疣。

② 生长环境　打碗花喜欢温和湿润气候,耐瘠薄、干旱,喜肥沃土壤,多生长于农田、平原、荒地及路旁。

③ 对油菜田的危害　杂草生长繁殖速度快,能迅速覆盖地面。整个生育期与油菜争光、争水、争肥,其生长过程大量消耗土壤养分和水分,影响油菜的正常生长发育。

(2)田旋花(*Convolvulus arvensis* L.),管状花目、旋花科、旋花属。别名:小旋花、中国旋花、箭叶旋花、野牵牛、拉拉菀。

① 形态特征　多年生草质藤本植物,近无毛,根状茎横走,茎干平卧或缠绕,有棱。叶片戟形或箭形,全缘或 3 裂,先端近圆形或微尖,有小突头,中裂片卵状椭圆形,狭三角形,披针状椭圆形或线性,侧裂片开展或呈耳形。花 1~2 朵腋生,苞片 2,远离花萼。花冠漏斗形,粉红色、白色,有不明显的 5 浅裂。蒴果球形或圆锥形,无毛,种子椭圆形,无毛。

② 生长环境　田旋花生于耕地及村边路旁,喜潮湿肥沃土壤,常生长于农田内外、荒地、草地、路旁沟边,枝多叶茂,相互缠绕。

③ 对油菜田的危害　地下茎蔓延迅速常形成单优势群落,对农田危害较严重,在有些地区成为恶性杂草,不仅直接影响油菜生长,而且能导致油菜倒伏,有碍机械收割。

10. 大戟科(Euphorbiaceae)

泽漆(*Euphorbia helioscopia* L.),大戟目、大戟科、大戟属。别名:五朵云、五灯草、五凤草、猫儿眼草、奶浆草。

① 形态特征　一年生或二年生草本植物,高 10~30 cm,全株含乳汁。茎基部分枝,茎丛生,基部紫红色,上部淡绿色。叶互生,叶片倒卵形或匙形。总花序多歧聚伞状,顶生,有 5 个伞梗,每个伞梗生 3 个小伞梗,每个小伞梗又第 3 回分为 2 叉,杯状聚伞花序钟形,总苞顶端 4 裂,黄绿色。蒴果球形,3 裂,光滑。种子褐色,卵形,有明显的凸起网纹,具白色半圆形种阜。

② 生长环境　生于沟边、路旁、田野。分布于除新疆、西藏以外的全国各省(区、市),以江苏、浙江较多。

③ 对油菜田的危害　油菜生长会因泽漆对水、肥、气、热、光的竞争导致营养生长受抑制,产量降低。

11. 牻牛儿苗科(Geraniaceae)

野老鹳草(*Geranium carolinianum* L.),牻牛儿苗目、牻牛儿苗科、老鹳草属。

① 形态特征　全株被柔毛,子叶基部心形,先端微凹,叶缘有睫毛,具叶柄,真叶掌状深裂,叶缘有长睫毛,花瓣淡红色,蒴果顶端有长喙。

② 生长环境　野老鹳草喜温暖湿润气候,耐寒、耐湿。喜阳光充足。常见于荒地、田园、

路边和沟边。分布于河南、江苏、浙江、江西、四川及云南。

③对油菜田的危害　野老鹳草生活力、适应性强,生存竞争能力强,它以种子繁殖,落籽性很强,该草抗、耐药性强,因此近年已成为江淮地区冬油菜田新的优势种群,发生范围广,密度高,危害重。

12. 桑科(Moraceae)

以葎草为例。

葎草[*Humulus scandens*(Lour.)Merr.],荨麻目、桑科、葎草属。别名:拉拉秧、拉拉藤、五爪龙。

①形态特征　多年生攀缘草本植物,茎、枝、叶柄均具倒钩刺。叶片纸质,肾状五角形,掌状,基部心脏形,表面粗糙,背面有柔毛和黄色腺体,裂片卵状三角形,边缘具锯齿;雄花小,黄绿色,圆锥花序,雌花序球果状,苞片纸质,三角形,子房为苞片包围,瘦果成熟时露出苞片外。

②生长环境　常生于沟边、荒地、废墟、林缘边。我国除新疆、青海外,南北各省(区)均有分布。

③对油菜田的危害　适应能力非常强,适生幅度特别宽,油菜生长前期与作物争水、争肥,争空间及阳光。在油菜生长后期迅速蔓生、攀缘,有碍作物的收割,尤其是机械收割。

13. 禾本科(Gramineae)

(1)看麦娘(*Alopecurus aequalis* Sobol.),莎草目、禾本科、看麦娘属。别名:麦娘娘、棒槌草、晃晃草、麦陀陀、山高粱。

①形态特征　一年生草本植物,秆少数丛生,细瘦,光滑,节处常膝曲,叶鞘光滑,短于节间,叶舌膜质,叶片扁平。圆锥花序圆柱状,灰绿色,小穗椭圆形或卵状长圆形,颖膜质,基部互相连合,脊上有细纤毛,侧脉下部有短毛,外稃膜质,先端钝,等大或稍长于颖,下部边缘互相连合,隐藏或稍外露,花药橙黄色。

②生长环境　适生于潮湿土壤,在干燥环境中其籽实生命力降低,甚至丧失。主要分布于华东、中南、陕西等省(区)。

③对油菜田的危害　种子成熟随风脱落,带稃颖漂浮水面传播。为长江流域、西南及华南等地区稻茬麦、油菜田危害最为严重的杂草,其次在黄河流域的部分地区亦有分布和危害。常和牛繁缕、雀舌草、茵草、稻槎菜、猪殃殃、大巢菜或和日本看麦娘混生成一定组成的杂草群落。长江以南山区多和雀舌草、稻槎菜组成群落,沿江地区的低洼田地则多和牛繁缕、茵草组成群落,长江以北单季稻茬麦田则和猪殃殃、大巢菜等组成杂草群落。

(2)日本看麦娘(*Alopecurus japonicus* Steud.),莎草目、禾本科、看麦娘属。

①形态特征　越年生或一年生草本植物。幼苗看麦娘和日本看麦娘的幼苗区别不大,主茎和分枝簇生,向四周匍匐生长,并在节间处生出不定根;基部茎秆和叶鞘呈紫褐色,真叶为线形,仅有3条叶脉,第一张真叶顶端圆钝,第二张和第三张真叶顶端尖锐;叶舌膜质透明呈剑形,没有凹痕。成株拔节抽茎后,看麦娘的叶片通体光滑无毛,而日本看麦娘的叶片上部粗糙、下部光滑。花穗是区别两者最主要的特征,看麦娘的花药橙黄色,日本看麦娘的花药淡白色或白色;看麦娘穗子、颖壳、籽粒都比较小,日本看麦娘的穗子、颖壳、籽粒都比较大;日本看麦娘的颖壳上有芒,而看麦娘的芒很小。

②生长环境　草丛、草甸、沟边、开阔地、湿地、水边、田边潮湿地、田中均有生长。分布于长江中下游地区以及广东、广西、贵州、云南、陕西南部和河南。

③ 对油菜田的危害　常和看麦娘混生,有时也成纯种群,局部地区发生数量大,严重危害油菜苗期生长与发育。与看麦娘相比,日本看麦娘竞争力更强,危害更严重。近年来安徽、江苏、四川等地普遍反映,日本看麦娘对精喹禾灵、高效吡氟禾草灵等药剂表现出明显的耐药性,安徽中部与南部危害甚烈。

(3)野燕麦(*Avena fatua* L.),莎草目、禾本科、燕麦属。别名:乌麦、铃铛麦、燕麦草。

① 形态特征　一年生草本植物。须根较坚韧。秆直立,高可达120 cm,叶鞘松弛,叶舌透明膜质,叶片扁平,微粗糙,圆锥花序开展,金字塔形,含小花,第一节颖草质,外稃质地坚硬,第一外稃背面中部以下具淡棕色或白色硬毛,芒自稃体中部稍下处伸出。颖果被淡棕色柔毛,腹面具纵沟。

② 生长环境　喜生于湿润、肥沃的土壤上,低湿农田、河床或水边湿润处常见,在我国各省均有分布。在低温环境下,相较于其他杂草,野燕麦的幼苗生长良好,且随着温度的升高,发芽率迅速降低。

③ 对油菜田的危害　野燕麦是世界十大恶性杂草之一,该杂草对光合作用资源具有很强的竞争力,同时还可以传播病菌与蚜虫。争光和生长空间使作物光合作用受阻,导致作物生长发育受影响、成熟延迟、籽粒秕瘦等。是油菜田重要杂草,长江流域及西南稻区稻茬麦和油菜地危害尤其严重。并且在我国的黄淮流域油菜产区寒冷冬季多发年份时,野燕麦草害的发生危害加重。近年来,江苏等地报道,野燕麦对精噁唑禾草灵表现出明显的耐药性。

(4)硬草[*Sclero chloadura*(L.)Beauv.],莎草目、禾本科、硬草属。

① 形态特征　一年生草本植物。秆簇生,高5~15cm,自基部分枝,膝曲上升。叶鞘平硬草滑无毛,中部以下闭合;叶舌短,膜质,顶端尖;硬草叶片线状披针形,无毛,上面粗糙。圆锥花序紧密,分枝粗短;小穗含3~5小花,线状披针形,第一颖长约为第二颖长之半,具3~5脉;外稃革质,具脊,顶端钝,具7脉。

② 生长环境　生于荒芜田野,为田间杂草,在稍盐碱性的土壤发生数量较大,分布于安徽、江苏、江西、广西等省(区)。

③ 对油菜田的危害　为夏熟作物田杂草,江淮地区为其危害的重发区。且在南京地区的调查中发现,一些长期使用绿麦隆、绿黄隆的田块,耐药性杂草日本看麦娘、硬草取代敏感杂草看麦娘成为群落优势种。

(5)菵草[*Beckmannia syzigachne*(Steud.)Femald],莎草目、禾本科、菵草属。别名:菵米、水稗子。

① 形态特征　一年生草本植物。秆直立,叶鞘无毛,多长于节间;叶舌透明膜质,叶片扁平,粗糙或下面平滑。圆锥花序分枝稀疏,直立或斜升;小穗扁平,圆形,灰绿色;颖草质;边缘质薄,白色,背部灰绿色,具淡色的横纹;外稃披针形,常具伸出颖外之短尖头;花药黄色,颖果黄褐色,长圆形,先端具丛生短毛。

② 生长环境　适生于水边及潮湿处,在我国大部分地域均有分布。是一种危害较为严重的农田杂草。

③ 对油菜田的危害　为长江流域及西南地区稻茬麦和油菜田主要杂草,在安徽、江苏、浙江3省的长江附近地区大量发生,尤在地势低洼、土壤黏重的田块危害严重。菵草根系极为发达,在大肥、大水条件下生长迅速,抽穗后顶叶又宽又长,严重影响油菜的光合作用,造成油菜减产。

(6)早熟禾(*Poa annua* L.),莎草目、禾本科、早熟禾属。别名:小鸡草。

① 形态特征 一年生或冬性禾草植物。秆直立或倾斜,质软,高可达 30 cm,平滑无毛。叶鞘稍压扁,叶片扁平或对折,质地柔软,常有横脉纹,顶端急尖呈船形,边缘微粗糙。圆锥花序宽卵形,小穗卵形,含小花,绿色;颖质薄,外稃卵圆形,顶端与边缘宽膜质,花药黄色,颖果纺锤形。

② 生长环境 早熟禾适生于阴湿环境,主要分布于油菜、甜菜、谷类、蔬菜等作物及草坪、果园和苗圃园等,也可生于森林草原带、沙漠地区的绿洲和海拔 1700～4800 m 的高海拔地区,是世界广布性杂草之一。在我国,早熟禾主要发生于垄、宅旁、路边,在局部地区危害较重。

③ 对油菜田的危害 据报道湖南常德市、四川夹江县、江苏如皋市、安徽安庆市等油菜杂草以早熟禾等为优势种。江苏、安徽、四川三地及湖南部分地区近年来普遍反映对苯氧羧酸类除草剂表现出极为显著的耐药性,成为当地重发的主要难防杂草。

(7)棒头草(*Polypogon fugax* Nees ex Steud.),莎草目、禾本科、棒头草属。别名:棒槌草。

① 形态特征 一年生禾本科杂草植物,株高 15～75cm,叶光滑无绒毛,花序为穗状。叶舌膜质,一般 2 裂或者茎尖端为不整齐的齿裂,圆长形,叶片又扁又平,质地粗糙或者背部较光滑。穗大部分为灰绿色,部分为灰绿色带点紫色;颖无很大差异,呈长圆形,比较粗糙;从裂口伸出芒,且细直,粗糙。颖果椭圆形。

② 生长环境 棒头草具有广泛的适应性,经常发生于低洼、潮湿、土壤肥沃的地区,属于喜湿性杂草,可在作物田、蔬菜田、苗圃、育秧田、城市绿地等发生,尤以水改旱时发生量大,危害严重。棒头草在许多亚热带及温带地区的危害逐步加重,我国除东北地区和西北地区外均有分布。

③ 对油菜田的危害 种子受水浸泡,有利于解除休眠,因而在稻茬麦田棒头草的发生量远比大豆等旱茬地多。水稻—油菜轮作模式下的油菜地,由于水稻田水分充足,有助于打破棒头草休眠,且排水后仍保持湿润,所以棒头草种子在油菜田里发芽率和成活率都比较高,成为油菜田主要杂草之一。

(三)防除措施

1. 农艺防除 利用农田耕作、栽培技术和田间管理等控制和减少农田土壤中杂草种子基数,抑制杂草的出苗和生长,减轻草害,降低农作物产量和质量损失的杂草防治策略。

(1)预防措施 通过人为活动或动物、风力,防止路边、沟渠、田边杂草进入田内。因此,要及时清除田边、地头杂草,切断杂草进入农田的途径;精选油菜种子,去除杂质;减少秸秆还田时杂草种子传播;施用腐熟有机肥料,防止杂草随肥料入田。

(2)轮作控草 合理安排作物茬口布局,实行不同作物以及不同复种方式的换茬轮作。作物茬口、复种方式的改变都会导致杂草群落发生变化,如牛繁缕等较难防除的杂草,可采用油菜和小麦轮作换茬的方式防除。此外,采取水旱轮作的方式,使得喜旱杂草种子对潮湿环境不适数量减少,从而显著降低其危害性。也可在符合条件的地区,将水田改作旱田,在干旱环境下使得喜湿杂草种子大量死亡,减轻杂草危害。

(3)适度密植,培育壮苗 育苗移栽地区进行合理密植并加强田间管理,能有效增强油菜植株的抗逆性,形成壮苗达到以苗压草。直播油菜也应适度密植、培育壮苗并加强田间栽培管理措施,形成以苗压草态势,促进油菜生长。同时使用高温堆肥法,可杀灭田间杂草种子,有利培育油菜壮苗,促进生长发育。

(4)中耕培土,机械深耕　中耕培土能有效减轻杂草危害,尤其在移栽后杂草发生期及越冬期间,对油菜田进行中耕培土,加强油菜田中后期人工锄草,可减少田间杂草,减轻草害影响。对油菜田进行机械深翻耕,可将杂草种子翻入深层土壤,能显著减少杂草的出苗数量。同时,机械除草效率高、无污染、灭草快,对土壤中微生物的活动及作物秸秆降解有较好的效果。

(5)增施氮肥,平衡施肥　胡文诗等(2017)试验表明油菜生物量和氮素积累量对施氮量和播种量的敏感度大于杂草,通过增施氮肥和提高播种量可以提高油菜的氮素竞争力,抑制杂草的生长。唐静等(2018)研究表明,长期平衡施肥(氮、磷、钾处理)有助于增加冬油菜根茎粗、有效分枝数、角果数和最终产量,降低杂草总生物量,提高杂草群落多样性。与氮、磷、钾处理相比,－N、－P 和－K 均会不同程度地降低籽粒、茎秆、角壳和杂草的养分吸收量,尤以－P 处理降幅最为明显。

(6)覆盖治草　在作物田间利用有生命的植物(作物群体、其他)或无生命的物体(如秸秆、稻壳、泥土或腐熟有机肥、水层、色膜)在一定的时间内遮盖一定的地表或空间,阻挡杂草的萌发和生长的方法。

2. 化学防除　油菜化学防治主要为封闭除草和苗期除草。油菜播种后及时封闭除草。每亩用 90% 乙草胺 50～60 mL 或 50% 乙草胺 70～80 mL 兑水 15～20 kg 机械喷雾,土壤湿度过大适量减少用药。苗期除草田间杂草以禾本科杂草为主,在杂草 2～4 叶期,每亩用 10% 精喹禾灵 30～35mL 兑水 40～50 kg 机械喷雾;田间杂草以阔叶杂草为主,在油菜 5～6 叶期,每亩用 50% 草除灵 30～35mL 兑水 40～50 kg 机械喷雾;田间杂草以禾本科杂草和阔叶杂草混生,在油菜 5～6 叶期,每亩用 21.2% 喹·胺·草除灵 40～50 mL,或用 18% 精喹·草除灵 100～150 mL 兑水 40～50 kg 机械喷雾。进行油菜化学防治需要注意积水,0 ℃ 以下的低温条件下不要用药;不能重喷、漏喷,同时注意对周边作物的影响;上茬使用过莠去津的田块,不播种油菜。目前,常用的油菜除草剂兼除单、双子叶的效果有限,通常对禾本科类杂草防治效果较好的除草剂会对阔叶杂草防治效果较差,使用这类除草剂能显著减少后茬油菜田禾本科杂草数量;若在油菜茬后种植水稻,稻茬后再种小麦,则稻田和麦田中的看麦娘等禾本科杂草会大大减少。油菜后茬麦田中主要是阔叶杂草,使用针对阔叶杂草防治效果较好的苯甲合剂除草剂,既能防除麦田中的阔叶杂草,又可减少下茬油菜田阔叶杂草的种子数量,最终实现良性循环。实行油菜、小麦、水稻调茬交替使用除草剂,可以显著减少各草种,对顽固型杂草有较好防治作用,同时可调节地力,改良土壤,可使各茬作物全面增产。

3. 生物防除　生物防除也成为防除农田杂草的手段之一。杂草的生物防除是指利用杂草的天敌昆虫、病原微生物等来防除杂草。其特点是对环境和作物安全、控制效果持久、防除成本低廉等,是控制或延缓杂草抗药性的有效措施。Perkins 等(1924)从墨西哥等地引进天敌昆虫防除恶性杂草马樱丹,取得了成功,开创了杂草生物防治的先例;中国研究人员刘志海等用"鲁保 1 号"菟丝子盘长孢状刺盘孢的代谢物防除大豆田菟丝子是国内利用微生物防除杂草的先例(刘志海,1964)。南京农业大学强胜团队明确紫茎泽兰链格孢菌的致病毒素——细交链格孢菌酮酸为杀草谱广、活性高、作用速度快的新型光系统抑制剂,与靶标杂草 D1 蛋白的256 位氨基酸结合后,会阻断光合电子传递链活性,引起过能量化,并导致叶绿体活性氧迅速爆发,引起叶绿体结构破坏,大量活性氧扩散到整个细胞中,进一步引起膜脂过氧化、细胞膜破裂、细胞器解体、细胞核浓缩和 DNA 断裂,导致细胞死亡和组织坏死,可最终杀死杂草(Chen et al.,2017)。近年来,一些国家和地区对一些危害大、难以用其他手段防除的恶性杂草都先后采取了生物防治措施,并取得了显著成效,但对油菜田杂草的生物防治国内外还未有报道。

第二节　非生物胁迫及其应对

一、水分胁迫

(一)发生时期

作物水分亏缺是指作物吸水速度低于失水速度,造成作物体内水分不足而妨碍正常生理活动的现象。中国地域辽阔,地形复杂,加之季风气候显著,致使气象灾害种类繁多,其中干旱按季节可分为春旱、夏旱和秋旱。过渡带是中国重要的油菜种植带,虽然降雨充沛,但全年降水不均匀,季节性干旱频繁发生,尤其容易发生秋旱和春旱。油菜整个生长季节需水量较大,水分不足严重影响其生长发育,尤其是油菜蕾花期是需水的临界期,干旱导致的油菜总产损失每年平均达 20% 以上。

谢素华等(2001)连续 17 年对四川省人民渠平原灌区油菜需水量及需水规律作了系统的测定和分析,油菜全生育期需水为 200～300 mm,平均需水量 234.9 mm,需水强度为 1.20 mm/d。油菜生长前期植株小,气温较低,生长缓慢,所以耗水量少,多年平均日需水量 0.74 mm;开花期植株生长旺盛,日需水量增大,平均 1.34 mm;成熟期由于气温高,日平均气温 17.2 ℃,加之叶面积下降,株间蒸发增大,所以耗水量也很大,平均日耗水 2.40 mm。油菜株间蒸发量历年平均为 74.9 mm,约占总需水量的 31.9%。生产 1000 g 油菜籽需耗水 1 m³左右。但随着产量水平的不同,需水系数也有一定差异,亩产 150～165 kg,需水系数为 0.88～1.02;亩产 170～196 kg,需水系数 0.78～0.86;亩产在 150 kg 以下,需水系数 1.20～1.54。

张永忠(2003)在 1996—2000 年对甘肃省平凉市冬油菜需水量进行了分析,结果发现冬油菜全生育期平均需水量为 472.5 mm,其中,叶面蒸腾量为 202 mm,占总需水量的 42.8%;棵间蒸发量为 270.5 mm,占需水量的 57.2%。冬油菜全生育期平均需水强度 1.7 mm/d,现蕾—角果期需水强度最大,为 4.9 mm/d,其次是角果—成熟期,需水强度为 3.8 mm/d,越冬—返青期需水强度最小,为 0.4 mm/d。多年平均冬油菜亩产为 135.2 kg,需水系数为 3.49 mm/kg。

翟益民等(2005)分析江苏南通冬油菜需水量试验,发现冬油菜需水强度从移栽到角果期,随气温升降而同步变化,其后至成熟期,尽管气温继续上升,但由于油菜根茎叶衰老,蒸腾量减少,需水强度则下降,呈双峰型的变化;苗前期日需水强度平均为 1.49 mm,只需少量灌水;开盘期油菜生长慢,腾发量呈最低值,平均日需水强度为 1.09 mm;蕾薹期时随着气温回升,油菜开始进入旺盛的营养生长和生殖生长,腾发量随之增加,其平均日需水强度为 1.65 mm;需水高峰发生在开花—角果期,这两个时期是油菜营养生长和生殖生长进入最旺盛的阶段,平均日需水强度达 3.14 mm;成熟期由于油菜进入衰老阶段,生理需水日趋下降,平均日需水强度为 2.61 mm。

陆庆楠等(2018)对油菜全生命过程中水分需求规律进行总结和分析,不同地区油菜生育期需水量变化范围为 3000～4000 m^3/hm^2,需水关键期出现在开花期和角果期。同时不同生育期油菜需水量与当时土壤含水量的多少密切相关,相应灌水量以达到田间持水量的相应百分比为宜,上限约为田间持水量的 80%,下限约为田间持水量的 30%。油菜不同生育期的需水量也有所不同,苗前期只需少量灌水;蕾薹期油菜进入营养生长与生殖生长阶段,其蒸腾、蒸发量也随之加大,就需要较大的灌水量;而用水量高峰则发生在开花期和角果期,这两个时期是油菜营养生长和生殖生长最旺盛的阶段。

(二)水分胁迫对油菜生长和生理活动的影响

油菜生长发育对干旱反应比较敏感,干旱胁迫会导致植株正常生长发育受阻甚至严重受损,其具体表现因不同生育阶段而异。薹花期缺水花芽分化减少,单株角果数量会减少;角果发育成熟期如果缺水,则千粒重降低,产量和品质下降,而且干旱容易造成蚜虫和菜青虫危害。在过渡带地区,9—10 月份易发生秋旱,易造成直播油菜播种期偏晚,出苗不整齐;移栽的油菜也会出叶缓慢,绿叶面积小,抗灾能力差。

耿站军等(2008)曾采用盆栽试验,通过对不同基因型油菜(渝油 20、陇油 4、陇 2-1、青油 331-2)的叶片丙二醛(MDA)含量、根系活力、生物产量、抗氧化物酶超氧化物歧化酶和过氧化物酶(SOD、POD)活性以及叶细胞膜透性的测定分析,研究了水分胁迫对油菜生态适应性的影响。结果表明,随水分胁迫程度的加强,4 种不同基因型油菜幼苗的 MDA 含量、叶细胞膜透性以及 SOD 和 POD 活性均逐渐增加,而随水分胁迫程度的减小,4 种不同基因型油菜幼苗的根系活力和地上生物产量均逐渐提高,但各生理生化指标变化趋势不尽一致,反映了油菜对水分胁迫适应性反应途径的多样性。4 种不同油菜基因型品种综合抗旱生态适应性强弱为:青油 331-2 最强,陇 2-1、陇油 4 次之,渝油 20 相对最差。

李震等(2012)曾通过盆栽试验分析了 17 个不同基因型甘蓝型油菜对苗期水分胁迫的生理响应及抗旱性差异。结果表明,水分胁迫下不同油菜材料 9 个生理生化指标的抗旱系数(Dc)存在显著差异,其中叶片萎蔫指数(WI)的变异系数和改良潜力最大。17 份材料的平均隶属函数值(AS)变幅在 0.12～0.94。相关分析表明 AS 与 9 个生理生化指标达显著或极显著相关,其中相关性最高的是 WI 和叶绿素含量,而且 WI 还与其余的 8 个生理生化指标具有很高的相关性。利用隶属函数法和系统聚类法对供试材料的抗旱性进行了评价分级,发现两种分类方法的评价结果一致,均可将供试油菜材料划分为不抗、低抗、中抗和高抗 4 种类型。鉴定获得了华杂 10 号、B108、Q2 和中双 7 号 4 份高度抗旱材料(AS＞0.75)。由于 WI 与苗期综合抗旱性高度相关,且测定简便,因此,叶片萎蔫指数可作为油菜苗期抗旱性鉴定的关键指标。

王琼等(2012)曾在盆栽条件下研究连续渍水胁迫对 2 个甘蓝型油菜品种中双 9 号和中油杂 12 号苗期根系形态及生理活性的影响。结果表明,渍水处理初期(前 5 d)两个油菜品种根系超氧自由基阴离子(O_2^-)产生速率均较对照显著提高,超氧化物歧化酶(SOD)活性较对照显著升高,活性氧累积引起的细胞膜脂过氧化程度(MDA 含量)变化不显著,根系生物量及形态参数未发生显著变化。但随着渍水时间延长至 5 d 后,根系 O_2^- 产生速率继续加快而 SOD 和过氧化氢酶(CAT)活性显著降低,细胞膜脂过氧化程度(MDA 含量)显著提高;根系组织坏死严重,根生物量显著降低;根系形态发生显著变化,根表面积、根体积、主根长和总根长显著降低,平均根直径显著增加,须根数量明显减少。

严自斌(2013)曾采用旱棚盆栽研究土壤水分胁迫对白菜型油菜根系发育、根系活力、组织水状态和根冠比的影响。结果表明,土壤水分胁迫能促使白菜型油菜的根幅、主根长度、末级支根系、根系活力等增加,杂交种增加幅度大于常规品种。开花期和成熟期抗旱性强的品种BWC(束缚水含量)/FWC(自由水含量)值和根冠相比较大。

张静等(2011)采用不同渗透势聚乙二醇(PEG 6000)模拟干旱胁迫处理,观察油菜种子的萌发及生长状况。结果表明,干旱胁迫不同程度降低了油菜种子的萌发速率和出苗速率,$-0.5 \sim -1.0$ MPa 处理的最终发芽率随着渗透势的降低而显著降低,较对照降低了 3.9%~86.9%,在$-0.6 \sim -1.0$ MPa 渗透势范围内不能成苗;试验 7 d 后将不同胁迫条件下未萌发的种子转入蒸馏水后均迅速萌发,第 8 d 发芽率达到 97.3%~98.3%,与对照差异不显著。干旱胁迫降低了种子活力,随着渗透势的降低,种子的平均发芽天数增长 0.1~1.5 d,发芽指数降低了 2.9%~96.45%,幼苗活力指数($-0.1 \sim -0.5$ MPa)降低了 5.0%~23.8%。干旱胁迫同时降低茎长和根长,但茎长的降低幅度明显大于根长,根/茎比值表现较强的增加趋势。

白鹏等(2014)介绍,针对长江流域特别是长江上游春季降水偏少易导致干旱的特点,研究水分胁迫对油菜蕾薹期生理特性及农艺性状的影响,采用盆栽试验,在遮雨网室对两种抗旱性不同的油菜品种中双 10 号(抗旱性弱)和 94005(抗旱性强)蕾薹期进行干旱胁迫,以各性状的抗旱系数研究油菜相关生理指标及农艺性状的变化,在此基础上筛选出适用于该区域油菜蕾薹期抗旱性鉴定的指标。试验结果是随着干旱时间的延长,两种油菜的叶片净光合速率、气孔导度、蒸腾速率、胞间 CO_2 浓度、RWC(自由水含量)、叶绿素含量、RuBP 羧化酶活性、株高、茎粗、一次分枝数以及单株产量抗旱系数均呈下降趋势,下降幅度与胁迫时间成正相关。其中,气孔导度、蒸腾速率抗旱系数下降幅度与材料抗旱性成正相关,其余指标则与材料抗旱性成负相关。抗旱性弱的材料气孔限制值、水分利用率抗旱系数分别呈现出上升—下降与一直下降的趋势,抗旱性强的材料则均为上升趋势。POD、SOD、CAT 活性、可溶性糖以及可溶性蛋白相对值随着干旱胁迫时间的延长先升高后下降,抗旱性强的材料增加幅度高于抗旱性弱的材料;细胞膜透性、丙二醛(MDA)含量和脯氨酸相对值随干旱胁迫时间的延长呈上升趋势。对干旱胁迫下的油菜蕾薹期和复水后的成熟期相关指标之间的关系进行分析表明,干旱胁迫下,产量与净光合速率、RWC、叶绿素含量和一次分枝数抗旱系数呈极显著正相关,与细胞膜透性、MDA 含量抗旱系数呈显著负相关。主成分分析将单株产量、净光合速率、胞间 CO_2 浓度、气孔限制值、水分利用率、RWC、叶绿素、RuBP 羧化酶、SOD、POD、CAT、细胞膜透性、MDA、可溶性糖、株高、茎粗及一次分枝数划分为第一主成分;将叶片气孔导度、蒸腾速率、脯氨酸、可溶性蛋白划分为第二主成分。试验结论是第一主成分的各指标变化与品种抗旱性密切相关,在油菜抗旱品种选育时可作为油菜蕾薹期抗旱性鉴定的主要指标;第二主成分的各指标则是次要鉴选指标。

(三)水分胁迫的应对措施

1. 选用抗(耐)旱品种 曾德志等(2017)介绍,用 20% 的 PEG-6000 溶液模拟干旱胁迫,蒸馏水处理作对照。胁迫处理 5 d 后,测定各材料的根长和发芽指数的耐旱系数,用以评价不同来源的甘蓝型油菜(*Brassica napus* L.)种质资源材料的耐旱性。为探究种子品质性状与种子萌发期耐旱性的关系,将所测耐旱性指标与种子品质测试结果进行相关分析。结果表明,93份双低材料平均根长耐旱系数为 0.53,平均发芽指数耐旱系数为 0.93,两指标变异范围均较大,表明该批油菜品系耐旱性具有丰富的遗传差异,其中 26 份材料具有较强的耐旱性,可以作为耐旱性材料加以利用。相关分析结果表明,发芽指数耐旱系数与所测品质性状关系不显著,仅与根长耐旱系数呈极显著正相关。根长耐旱系数与硬脂酸和二十碳烯酸含量呈显著负相关,与蛋白质含量呈极显著负相关,与含油率和硫代葡萄糖苷含量呈显著正相关。因此初步推测在双低油菜抗旱品系的选育过程中,应注重低硬脂酸、低二十碳烯酸、低蛋白质和高油材料的选育。

李淑娟等(2014)以 40 个不同甘蓝型油菜品种(系)为材料,采用 PEG-6000 模拟生理干旱胁迫和盆栽极限干旱胁迫等方法进行耐旱种质资源的筛选,并对干旱胁迫下叶绿素含量、类胡萝卜素含量、脯氨酸含量、丙二醛(MDA)含量、可溶性糖含量、可溶性蛋白含量、超氧化物歧化酶(SOD)活性、过氧化氢酶(CAT)活性、过氧化物酶(POD)活性的变化进行了研究。筛选鉴定出一批耐旱性甘蓝型油菜品种:YAU200908、湘油 15 号、YAU200903、YAU200907、YAU200906、YAU200904。生理生化分析表明,在干旱胁迫下,油菜叶片中叶绿素、类胡萝卜素的含量随干旱程度的加剧而降低,脯氨酸、可溶性糖、可溶性蛋白、MDA 的含量及 SOD、CAT、POD 的酶活性则随着干旱程度的加剧而升高。在抗旱性强的材料中,其类胡萝卜素的含量显著减少,脯氨酸、可溶性糖、MDA 的含量及 SOD、CAT 的酶活性显著增加,可作为油菜抗旱性鉴定的生理生化指标。

杨春杰等(2008)选择 7 个干旱胁迫下发芽能力不同的甘蓝型油菜品种进行完全双列杂交,将亲本及 F1 代种子在 10%PEG 模拟干旱胁迫条件下发芽,测定相对单株鲜重、相对茎长、相对成苗率、相对发芽率、相对发芽势和相对活力指数,对发芽性状进行一般配合力(GCA)和特殊配合力(SCA)遗传分析。结果表明,一般配合力方差在 42 个组合间各性状达到了极显著水平,特殊配合力方差在 42 个组合间除了相对活力指数外的各性状也达到了极显著水平。其中,中双 9 号上述 6 性状的一般配合力效应值最高分别为 0.0656、0.0708、0.1185、0.1048、0.1096 和 0.0861;中双 6 号一般配合力效应虽然不高,但其组合中双 6 号×西农长角和中双 6 号×中双 10 号的特殊配合力效应较高,是耐旱性较强的组合。

熊洁等(2015)在人工控水条件下,以 30 个油菜品种(品系)为材料,研究初花期干旱胁迫对不同基因型油菜株高、分枝数、主花序长、角果数、角果粒数、千粒质量、产量等的影响。结果表明,干旱胁迫下,油菜株高、一次分枝数、主花序长、主花序角果数、单株角果数、角果粒数、单株产量显著减小,而千粒质量表现出增加的趋势。株高、一次分枝数、主花序长、主花序角果数、角果长度、单株角果数、角果粒数、单株产量的耐旱系数与耐旱性综合评价值呈极显著相关,这些指标可以作为耐旱性鉴定的辅助指标。以耐旱性综合评价值为标准进行聚类分析,将供试 30 个品种(品系)划分为耐旱型、较耐旱型、不耐旱型 3 种类型,其中耐旱型品种为丰油730、阳光 2009、浔油 8 号。

刘婷婷等(2019)采用盆栽法模拟春季干旱,对不同品种油菜苗期的生物量和根系进行观察,结果表明,苗期连续 10 d 干旱,土壤含水量低于 5.76%时油菜幼苗出现死亡现象,土壤含水量减少约 50%。甘蓝型油菜的水分利用率和根冠比均高于白菜型和芥菜型油菜。芥菜型油菜最低;根系鲜重与含水量和水分利用效率呈正相关关系。说明甘蓝型油菜抗旱性强于白菜型和芥菜型,且杂交品种陇油 10 号和青杂 5 号抗旱性比常规品种陇油 2 号强。

2. 农艺措施 主要是节水补充灌溉和施肥等措施。例如:

邹小云等(2015)为了明确花期水分胁迫下施氮对油菜产量形成、产量性能及氮肥利用效率的影响,以 2 个氮高效基因型(Monty 和湘油 15)和 2 个氮低效基因型(R210 和 Bin270)为供试材料,在不同氮水平(低氮 0.05 g/kg,中氮 0.2 g/kg,高氮 0.4 g/kg),研究了花期水分胁迫下氮肥对不同氮效率基因型油菜产量、产量性能及氮肥利用效率的影响。结果表明,水分胁迫明显抑制了油菜的产量、产量性能和氮素吸收利用能力;就不同施氮量看,少量或过量施氮影响油菜产量及产量性能,所有供试材料的单株角果数、干物质量、收获指数和产量在中氮(0.2 g/kg)处理效果表现最好;水分对油菜生长发育的影响大于氮素养分,氮高效基因型对水分胁迫具有一定的减缓作用;适量供氮能够减轻水分胁迫对油菜生长发育的影响,氮高效基因型较氮低效基因型对水分和氮素胁迫具有更强的适应性。

谷晓博等(2016)为确定甘蓝型冬油菜在返青期水分胁迫条件下的适宜施氮量及其对水分胁迫的补偿效应,曾采用桶栽试验,在返青期设置每桶施纯氮 0(N0)、0.2 g(N1)、0.4 g(N2)、0.6 g(N3)和 0.8 g(N4)5 个施氮水平(折合为 0 kg/hm²、30 kg/hm²、60 kg/hm²、90 kg/hm²和 120 kg/hm²)及水分亏缺(D,土壤含水率为 50%~55%田间持水率)和充分供水(W,土壤含水率为 70%~80%田间持水率),研究施氮量对返青期水分胁迫后复水冬油菜生长指标、叶绿素含量、光合速率、籽粒产量和水分利用效率的补偿效应,并对不同处理下各指标利用主成分分析进行评价。结果表明,在相同水分条件下,地上部干物质量、叶绿素含量、光合速率、籽粒产量和水分利用效率均随施氮量的增加呈先增加后降低的趋势,并在 N3 达到最大。返青期干旱胁迫后复水,各施氮处理冬油菜的地上部干物质量、叶绿素含量、光合速率、产量及产量构成均表现出一定程度的补偿效应,补偿效果随施氮量的增加先增加后降低,在 N3 施氮量下补偿效果最好。在 N3 施氮水平下,D 处理冬油菜的各生长指标、叶绿素含量和籽粒产量均与 W 处理无显著差异,表现为等效补偿效果;而 D 处理冬油菜初花期的光合速率显著大于 W 处理,表现为超补偿效果。N3D 处理的产量比 N3W 处理降低 2.2%,水分利用效率提高 3.8%。氮肥偏生产力和油菜籽粒的含油率均随施氮量的增加而降低;油菜籽粒的蛋白质含量随施氮量的增加而增加。与 N0 相比,2 种水分处理下 N3 的平均氮肥偏生产力降低 6.2%,籽粒含油率降低 13.0%,但产量提高 87.6%,水分利用效率提高 32.9%,籽粒的蛋白质含量提高 24.6%。对各指标进行主成分分析发现,N3 与 D 处理的主成分分析综合得分最高。试验结论是 N3 与 D 处理对促进冬油菜生长,提高产量和水分利用效率,保证品质的综合效果最好。

朱宗河等(2016)以 2 个油菜品种为材料,在播后 30~100 d 的苗期干旱胁迫后采取"水""水+钾肥""水+钾肥+赤霉素""水+尿素""水+尿素+赤霉素"5 种复水处理,研究干旱胁迫后各复水措施对油菜生长、产量及品质的影响,分析不同复水措施增产的成因。结果表明:苗期干旱胁迫后,与未复水对照相比,除在皖油 19 中"水"处理未显著提高地上部干重和"水+尿素"处理未显著提高总根干重外,5 种干旱恢复措施都显著提高了天禾油 11 和皖油 19 的地上部干重、总根干重、小区产量和产油量;5 种复水处理对 2 个油菜品种的地上部干重、总根干重、小区产量和产油量,平均增幅分别达到 11.6%、22%、19%和 23.7%。5 种复水措施中,地上部干重、总根干重、籽粒产量、产油量增幅最大的都是"水+尿素+赤霉素",分别增加 24.7%、27.7%、34.2%、36.8%;与未复水对照相比,5 种复水措施产量增幅由高到低依次为:"水+尿素+赤霉素""水+尿素""水+钾肥+赤霉素""水+钾肥"和"水"。关联及相关分析表明,5 种复水措施促进增产的主要原因是复水显著增加了单株总角果数。

赵国莘(2012)采用盆栽试验方法,研究了不同水氮条件对油菜氮素利用效率的影响。结果表明:油菜氮素利用效率与氮肥用量、灌水控制水平关系极为密切,且水肥交互效应明显。油菜氮素利用效率随着氮肥用量的增加而显著降低;在施用氮肥的条件下,随灌水控制水平的提高而提高;在不施氮肥时适当提高灌水控制水平能提高油菜的氮素利用效率。水肥协调供应是油菜高产和提高氮素利用效率的重要措施。综合考虑,灌水水平控制在田间持水量的80%、施氮量为 0.12 g/kg 的组合是最优的。

张莹等(2018)以油菜为供试作物,用盆栽试验的方法研究不同灌水控制上限、氮素用量对油菜产量及其硝酸盐、亚硝酸盐含量的影响,探讨了不同水氮条件栽培的油菜植株体在贮存期间的硝酸盐、亚硝酸盐含量的变化特点。结果表明,供水越充足(灌水控制上限值越高)、氮素用量越多,油菜产量越高;而油菜收获采摘时硝酸盐和亚硝酸盐含量随灌水控制上限值增高而下降、随氮素用量增加而上升;采摘后 8 d 贮存期间硝态氮含量呈高—低—高—低趋势变化,而亚硝酸盐则呈一单峰态变化,在贮存 2~4 d 硝酸、亚硝酸盐含量均有峰值出现;水分栽培条件对贮存期间油菜植株体硝酸和亚硝酸含量有显著影响,同一贮存时间、不同水氮处理比较,高灌水控制上限值、低氮素用量处理硝酸盐和亚硝酸盐含量低于低灌水控制上限、高氮素用量处理。

周雪菲等(2015)为研究水钾耦合对油菜苗期光合特性的影响,采用紫色土盆栽试验,通过设置不同水分处理(田间持水量 80%、60%、40%)和钾肥处理(1.0 g/kg、0.5 g/kg、0 g/kg 土),对油菜苗期的绿叶数、叶面积、叶绿素和光合作用值等指标进行分析,初步建立了油菜苗期光合作用水钾耦合模型。结果表明:灌水和施用钾肥均能促进油菜绿叶数增多及叶面积增长,高钾水平(1.0 g/kg 土)及适宜水分(土壤水分为田间持水量 80%)处理组合效果最明显,且施钾效果大于灌水;在相同钾肥处理水平下,一定程度干旱能提高油菜叶绿素的累积量,钾肥的施用对叶绿素累积无显著作用,但在一定程度上能缓解干旱带来的不利影响;试验范围内,光合作用值随着灌水量增加而增加,随施钾量增加先减少后增加,水分的影响效应大于钾肥。

(四)湿害及其应对

过渡带地区易出现阴雨连绵天气,苗期遇到湿害,排水不良田块易发生猝倒、烂根,死苗现象严重。开花结果期春雨连绵,土壤渍水影响根系活力,黄叶多,株高降低,分枝部位提高,主花序变短,一次和二次有效分枝减少,角果数、粒数均有不同程度降低,花器脱落,结实率降低,其中尤以角果数最多。土壤渍水并导致田间湿度增大,病原物生殖快,油菜的抵抗力弱,从而诱发病害。因此,花角期春雨多、湿害加重,是过渡带油菜减产的重要原因。

鞠英芹等(2017)利用江淮地区 43 个气象台站 1960—2010 年 10 月至翌年 5 月的降水量和日照资料,构建了江淮地区全生育期油菜涝渍综合指标,并对其进行了经验正交函数分解和小波分析。结果表明,油菜涝渍在播种期至冬前苗期、越冬期至抽薹期、开花期至灌浆期的第一模态的空间分布呈全区一致型,第二模态显示前两个发育期阶段呈现"东西分布型",而开花期至灌浆期呈现"南北分布型",第三模态都呈现"南北分布型"。越冬期至抽薹期在第一模态时间系数有略微上升趋势,其余发育期均呈下降趋势。对第一模态的时间系数进行分析发现,江淮地区油菜涝渍存在多时间尺度特征,而且播种期至冬前苗期最显著的周期是准 3 年,越冬期至抽薹期和开花期至灌浆期最显著的周期均为准 4 年,从而为油菜涝渍的监测、评估、区划提供了依据。

曹宏鑫等(2015)介绍,渍害是长江流域油菜生产中的多发性气象灾害,为了定量研究花期渍害影响下油菜生长及产量,预报及防控油菜花期渍害影响,以浙平四号和华油杂 16 为试验材料,通过分析花期渍害对浙平四号油菜生长及产量的影响规律,提出了油菜地上部单株干重、产量及产量构成渍害影响因子,初步建立了花期渍害影响下油菜地上部单株干重、产量及产量构成模型,渍害干重影响因子为一元二次方程,渍害产量影响因子则呈对数方程。经利用水分控制盆栽试验资料检验,结果表明华油杂 16 油菜地上部单株干重及单株产量实测值与模拟值相关系数(r)、绝对误差(da)、绝对误差占实测值比率(dap)及 RMSE 值分别为 0.9499、0.89 g/株、4.55%、1.09 g/株和 0.9201、7.89 g/株、39.02%、8.58 g/株。花期渍害下油菜地上部单株干重模拟精度较高,而单株产量的模拟精度较低,说明花期渍害在盆栽试验条件下的表现与田间试验有明显不同。所建模型可与本项目组先期研制的油菜生长模型结合,在进一步检验并获得区域和地点尺度天气预报、模型参数后可用于花期渍害发生时油菜生长及产量预报。

敖礼林等(2017)介绍了油菜渍害的防控措施。主要是选择适宜地块和抗(耐)湿的油菜品种、抓实整地开沟、重视中耕培土和清沟排水、受害田科学追肥、预防倒伏等。

龙光桥(2010)介绍,油菜田间发生渍害可造成幼苗地下部分根系发育受阻、地上部分植株生长缓慢或停滞即"僵苗"。渍害继续发展、持续时间长则会导致成块烂根死苗。后期田间发生渍害易出现油菜早衰和植株倒伏。总之,油菜在生长期间遭遇渍害,可导致油菜株高、茎粗、根粗、根长、绿叶数、叶面积、干重等均不同程度地降低,有效分枝数、单株角果数和粒数不同程度地减少等,最后造成减产损失。同时,渍害后土壤水分过多,田间湿度大,有利于各种病菌的繁殖和传播,使菌核病、霜霉病、根肿病和杂草等大量发生和蔓延,造成渍害次生灾害。防治渍害最有效的措施在于降低地下水位,降低土壤水分含量,具体应对方法:一是深挖主沟和围沟、健全沟系、力求主沟、支沟畅通无阻;二是要在冬前抓紧时间进行中耕;三是遇持续多雨天气要切实加强清沟排渍工作;四要补施速效肥;五要防止倒伏发生;六要注意防止次生灾害的发生。

雷利琴等(2020)介绍,在持续的降雨情况下油菜渍害时有发生,油—稻轮作的油菜田尤为严重。渍害严重影响冬油菜的生产,冬油菜不同生长时期的渍害表现各不相同。油菜渍害的预防措施:一是建立畅通无阻的沟渠网络系统,主沟和围沟都要深挖,两厢沟之间的间隔不能太宽,否则地块中间位置离沟太远容易积水;二是培育根系发达的菜苗,主要是在冬季前抓紧时间进行中耕除草,改善土壤氧气环境,避免土壤养分损失,促进根系发育,增强冬油菜的耐渍性;三是及时加强清沟排渍工作,遇持续多雨天气时,要及时进行清沟沥水,保证雨住田干,另外,阴雨转晴的天气里要及时进行中耕松土,以保持土层良好的通气环境。渍害的治理措施:一是补施速效肥增强抵抗力;二是预防发生倒伏;三是避免暴发次生灾害。

二、温度胁迫

油菜是长日照作物,性喜冷凉或较温暖的气候,苗期其生长发育的最适温度为 25～36 ℃,当温度超过 36 ℃或低于 3.3 ℃时,会表现出明显的高温伤害或影响种子萌发,甚至会导致冻害的产生,最终影响后续的生长发育。在过渡带油菜的秋(冬)播条件下,根据当地的气候条件,温度胁迫主要表现为低温胁迫。据王敏等(2013)介绍,2008 年发生的持续低温雨雪冰冻灾害使长江流域多个省份的油菜受冻,造成大面积的减产。

(一)低温对油菜生长的影响

张晓红等(2015)介绍,为了探讨冬季低温对油菜抗寒生理特性的影响,于 2011—2012 年度、2012—2013 年度进行田间试验。以 4 个甘蓝型油菜品种为试验材料,在大田栽培条件下研究冬季自然低温对油菜功能叶脯氨酸、可溶性糖(SS)、可溶性蛋白(SP)、丙二醛(MDA)含量以及超氧化物歧化酶(SOD)、过氧化物酶(POD)、过氧化氢酶(CAT)酶活性的影响。结果表明,日均温降至 5 ℃以下,多数生理指标出现升高或降低现象,至 3 ℃以下开始表现一定的生理性伤害,0 ℃以下则伤害加重。不同生理指标对低温的反应不同,随着日均温降低至 5 ℃以下,脯氨酸和可溶性糖含量上升,二者均在日均温降至 0 ℃以下时达到最大值;而 CAT 活性在日均温降至 5 ℃左右时明显升高并出现最大值,SOD 活性则在 3 ℃左右达到最高;SP、MDA 含量在日均温降至 10 ℃、5 ℃和 0 ℃时呈先下降后上升的趋势。不同生理指标比较,以功能叶可溶性糖含量随环境温度下降而迅速升高的反应最明显;脯氨酸含量、SOD 和 CAT 酶活性等指标能相对稳定地反映不同品种的抗寒性差异。根据不同品种在低温下的农艺性状表现及田间冻害指数,结合生理指标变化差异,认为 4 个品种中抗寒性相对较强的为"华双 5号"。

刘海卿等(2016)曾介绍,为阐明低温胁迫下激素含量对冬油菜枯叶期的调控和对抗寒性的响应,以 8 份不同抗寒等级的白菜型和甘蓝型冬油菜为材料,利用盆栽试验,待幼苗长至 5～6 片真叶时在人工气候箱中进行低温处理(25 ℃、10 ℃、2～5 ℃),分析低温胁迫后冬油菜内源 ABA、GA 含量和叶绿素的变化。回归分析表明温度与 ABA 含量存在显著的负相关,随着温度的降低,内源 ABA 含量呈先缓慢(10 ℃)后迅速上升(2～5 ℃)的趋势,且温度处理间、温度与品种互作间差异极显著;由于激素间的拮抗作用 GA 含量变化则恰好相反。当在 0 ℃以上低温时,品种间 ABA 含量无明显差异,当温度降到 5 ℃,白菜型冬油菜 ABA 含量明显高于甘蓝型,抗寒性强的品种高于抗寒性弱的品种。ABA 含量的升高导致叶绿素含量的变化,随着温度的降低,叶绿素含量呈先降低后增加的趋势,但总体呈下降趋势,且白菜型冬油菜和甘蓝型冬油菜之间存在不同的响应机制,这种作用使白菜型冬油菜叶绿素含量低于甘蓝型冬油菜,导致白菜型冬油菜枯叶期提前,提早进入越冬期,增加了对低温冻害的御性和避性。因此,随着温度的降低冬油菜叶片 ABA 含量上升,叶绿素降解,白菜型冬油菜更早进入枯叶期,枯叶期较早和降温后 ABA 含量高是白菜型冬油菜抗寒性较强的主要原因。

刘自刚等(2016)曾研究了低温胁迫下白菜型冬油菜差异蛋白质组学及光合特性。结果表明,与原种植区(天水)相比,冬油菜北移后苗期生长习性由半直立逐渐变为匍匐生长;冬前低温阶段叶片气孔导度(G_s)、胞间 CO_2 浓度 C_i 明显下降,蒸腾速率(T_r)明显上升,弱抗寒的天油品种冬前低温下叶片气孔处于关闭或半关闭状态、净光合速率(P_n)下降,而强抗寒的陇油品种叶片气孔仍完全开放、P_n 明显升高;北移区冬油菜日出叶数减少,根长、根直径增加。冬油菜北移后,苗期匍匐生长,强抗寒品种叶片光合作用增强,弱抗寒品种减弱,有机物被优先分配到根部。

许耀照等(2020)选用白菜型冬油菜品种陇油 7 号(强抗寒)和天油 4 号(弱抗寒),调查自然降温过程中冬油菜幼苗干物质分配、光合特征、叶绿素荧光参数和叶绿素荧光诱导动力学曲线等指标。结果发现，随着自然温度的下降，两个白菜型冬油菜根部干物质分配率增加，P_n、T_r、叶绿素荧光诱导动力学曲线 O-J-I-P 的 F_o（20 s 时荧光，O 相）、F_k（300 μs 时荧光，K 相）、F_j（2 ms 的荧光强度，J 相）和 F_m（最大荧光，P 相）均下降，说明低温下光合作用的抑制有利于根部干物质的分配。在冬前低温下白菜型冬油菜光系统受到损伤，发生光抑制现象，表现为 PSII 受体库的大小（Area）、光合性能指数（PI）、最大荧光（F_m）和 PSⅡ 的最大光化学效率（F_v/F_m）下降，初始荧光（F_o）上升。与弱抗寒品种天油 4 号相比，强抗寒品种陇油 7 号的 P_n、F_m、F_v/F_m、PSⅡ 的潜在活性（F_v/F_o）、F_{k-j}（QA 被还原能力）和 F_{j-i}（QB 含快还原 PQ 库）均较低，说明冬前低温条件下，陇油 7 号光合能力下降，由非气孔因素引起，低温导致光抑制增强。综上，白菜型冬油菜抗寒性与冬前低温下叶片光合特性以及干物质积累有关，弱的光合作用可减弱白菜型冬油菜地上部生长和根系物质消耗，有利于白菜型冬油菜根部干物质积累，以增强其抗寒性。

王仕林等（2012）为鉴定不同栽培类型油菜的抗寒性，选取 3 种栽培类型（甘蓝型、芥菜型和白菜型）油菜的幼苗，采用人工气候箱控温的方法，对油菜幼苗在不同程度的低温胁迫处理后叶片内丙二醛含量变化进行了研究。结果表明，油菜叶片丙二醛含量总体上随温度下降及低温胁迫时间延长而逐渐增加；油菜叶片丙二醛含量的变化幅度及具体变化规律因栽培类型和低温处理条件而异；3 种类型油菜中，白菜型油菜的抗寒性强。

（二）低温胁迫的应对措施

1. 选用耐低温品种　王敏等（2013）曾以不同来源的 16 个甘蓝型油菜骨干系亲本为材料，对温度胁迫处理前后超氧化物歧化酶（SOD）活性、过氧化氢酶（CAT）活性、丙二醛（MDA）含量、可溶性蛋白含量、脯氨酸（Pro）含量、电导率和叶绿素含量的变化进行了研究。结果表明：电导率、可溶性蛋白、MDA 含量和 Pro 含量变化在材料间存在显著差异，在一定程度上反映了甘蓝型油菜品种的抗逆性强弱，可作为甘蓝型油菜苗期鉴定抗逆性强弱筛选的生理指标，叶绿素、SOD 活性和 CAT 活性变化趋势不明显，不宜作为抗逆性鉴定的生理指标。对多个生理指标综合分析后证明单一生理指标对材料抗逆性筛选比较困难。通过对温度胁迫下材料的电导率、可溶性蛋白、Pro 含量及 MDA 含量比较得知，15 号材料在温度胁迫条件下表现出较强的耐热性与抗寒性，2 号材料表现出较好的抗寒性，可以作为育种材料加以利用。

曹金华等（2013）在大田栽培条件下，研究比较 10 个甘蓝型油菜品种（系）的抗寒（冻）性和塑膜保温（对照）的增产效果。结果表明，自然越冬条件下各品种（系）均遭受不同程度的冻害，冻害指数亦存在较大差异，品系 1 和品系 2 冻害指数较低，抗寒性较好，品系 6 冻害指数达 84.8%，抗寒性差。油菜越冬期塑膜保温棚内温度比自然越冬区高 5~13 ℃；各品种（系）均表现出不同幅度的增产效果，品系 6 的产量最低，但增产幅度最大，品系 2 和品系 3 在两种越冬条件下的产量均较高。塑膜保温条件下的单株角果数显著高于自然越冬的，使产量得以提高。试验筛选出品系 2 和品系 3 两份抗寒、高产稳产的甘蓝型油菜新品系。

黄虎兰等（2014）采用电导法对 17 个甘蓝型油菜品种的抗寒性进行了研究，并对低温处理后各品种电解质的外渗率及其临界致死低温进行了分析。结果表明，这 17 个油菜品种的抗寒性由强到弱依次为：沣油 792＞沪油 21＞中农油 2008＞德油 8 号＞沣油 730＞沣油 682＞中双 11 号＞中双 4 号＞华油杂 9 号＞浙双 3 号＞沣油 958＞华湘油 12 号＞秦优 9 号＞沣油 520＞沣油 5103＞沣油 737＞华航 901。上述前 9 个品种在湖南可自然越冬，后 3 个品种在湖南推广宜避开湘北地区,中等耐低温的其余 5 个品种在湖南湘北地区推广时宜采取有效的栽培技术措施来控制低温冻害。

王凯音等(2016)以超强抗寒性冬油菜品种陇油 7 号分别与抗寒性品种延油 2 号和耐寒性品种天油 2 号的杂交后代(F1、F2、BC1)为研究对象,对各世代越冬率进行统计并结合亲本及杂交后代的 CAT、POD、SOD 酶活性变化研究,分析它们之间的抗寒性关系。结果表明:不同抗寒性品种杂交后代的越冬率均介于 2 个亲本之间,但不同世代越冬率存在较大差异;母本的抗寒性越强,在 F1 代中,后代的越冬率越高,F1 代的自交后代(F2)越冬率比 F1 代的低;在 BC1 中,后代的越冬率变化范围较大,既有低于 F2 代自交后代的杂交组合(天 2×陇 7)×天 2,也有高于 F1 代的杂交组合(陇 7×天 2)×陇 7,以抗寒性强的品种作轮回亲本可以使回交一代的越冬率明显升高。低温胁迫后,2 个群体不同世代的保护酶活性均增加,在群体 1 中,F1 代的 CAT 平均值从降温后比降温前升高了,F2 从 8.41 U/g 到 15.72 U/g,BC1 从 10.62 U/g 到 19.20 U/g。对越冬率与保护性酶进行回归分析,回归方程为 $Y=1.208+2.698X_1+1.154X_2+0.163X_3$($Y$ 为越冬率,X_1 为 CAT 活性,X_2 为 POD 活性,X_3 为 SOD 活性),可得出越冬率与 CAT 酶、POD 酶、SOD 酶活性的关系呈极显著正相关,说明保护性酶活性越强,越冬率越高,抗寒性也就越好。

2. 综合农艺措施

(1)地膜覆盖　地膜覆盖可以有效地提高土壤温度,促进作物发育,生产实践证明,地膜覆盖是油菜栽培史上的一个重大突破,是保证旱地油菜高产的一条新途径。地膜栽培是提高油菜产量的重要措施之一,具有增温、节水、灭草、促早熟、减少霜冻害等优势,从而提高油菜种植的效益。邢胜利等(2000)介绍,油菜覆盖地膜后,由于地膜的阻隔作用,限制了土壤吸收热量的传导交换及水蒸气的损失,使地温提高,土壤蒸发量大大减少,增强地膜油菜对不良环境的适应力。在陕西省永寿县试验,覆膜比露地 5 cm 地温增加积温 341.6 ℃·d,耕层 20 cm 土层平均地温提高 1.9 ℃。彬县农业技术推广站测定油菜覆膜田块 0～10 cm 地温较露地高出 2.2 ℃。王军威等(2011)通过连续 3 年的试验结果表明,在稻茬迟播油菜上使用地膜覆盖能明显促进油菜的生长发育,形成较为理想的壮苗越冬,进一步增强稻茬迟播油菜抗寒、抗病和抗倒伏的能力,大多数经济性状得到明显改善,平均增产 25.3%,经济效益十分显著,为解决迟播油菜的产量低难题找到了答案。孙永玲等(2000)试验表明,油菜地膜覆盖可以有效地解决晚茬迟播油菜晚茬不晚苗的矛盾,可增(保)温、保墒,改善油菜生长发育的外部环境条件,提高油菜秧苗素质和生长发育速度。试验表明:直播盖膜和移栽盖膜分别较露地栽培(CK)增产 8.04% 和 8.9%。油菜覆膜栽培的主要技术是:精细整地,施足基肥;及时破膜,精细管理;土壤足墒时移栽等。敖礼林(2015)介绍,油菜地面覆盖地膜栽培是一种实用、高效的新技术,有明显的增产、增效作用。冬油菜地面覆膜栽培有较好的保温、促长、保水、保肥、抗旱、抑草、防水肥流失、防寒抗冻等作用,油菜籽可增产 20%～30%,经济效益和社会效益显著。

(2)中耕培土　中耕培土可以疏松土壤,增厚根系土层,阻挡寒风侵袭,有减轻油菜冻害作用。李继红(2011)介绍,在苏南地区冬前一般结合人工除草进 2～3 次中耕除草,最后一次在越冬前或越冬初期封行前进行,结合施肥培土壅根进行。高脚苗培土以后,根茎变短,促进根系发育,也有利于保暖。培土要培厚、培实,一般以根部周围加厚 3～5 cm 为宜。虞华美(2011)介绍,在赣东北地区,油菜防冻的具体措施是化雪后及时清理厢沟、腰沟、围沟,排除雪水,降低田间湿度,促进油菜生长。利用清沟土壤培土壅蔸护根,减轻冻害对根系的伤害,拔根掀苗严重的田块要做好培土壅蔸护根工作。包燕宏(2012)介绍,越冬油菜受冻的部位多为缩茎段,因此,培土、盖土、覆草、壅根是增温挡风、防冻的有效办法,也可以减轻叶片水分蒸发和受冻。文拥军(2014)介绍,在安徽省舒城县,为了防止倒伏,减轻菌核病和草害的发生,可以进行培土壅根、中耕松土,不仅可以改善油菜田的土壤环境,还能调节土壤湿度,提高地温。

(3)重施腊肥 农谚说:"千浇万浇,不如腊肥一浇。"这充分说明油菜施腊肥的作用。腊肥施用时间以冬至前 10~15 d 为宜,一般每亩施农家肥 1200~1500 kg,或土杂肥 2500~3000 kg,可提高土温 2~3 ℃,起到冬施春发的效果(葛丽君等,2010)。邓力超(2013)介绍,油菜防冻重施基肥尤为重要,以有机肥为主,在越冬前或越冬初期,在油菜行间增施土杂肥、厩肥、堆肥、人粪尿和草木灰等有机肥。文拥军(2014)介绍,安徽省舒城县在施肥上,应早施腊肥,在油菜越冬前,适时施足腊肥,对促进根叶生长、促进春发有重要作用。腊肥应以有机肥为主,配施磷钾肥。据相关资料表明,腊肥占油菜整个生育需肥量的 20% 左右。对于因播期、田地肥力不足、晚栽等原因而形成的弱苗,可以提高施苗肥,用人畜粪便加入一定的尿素对水浇菜苗。

(4)灌水防冻 邓力超(2013)介绍,在冰冻或寒潮来临前对油菜田灌水,能起到保温作用,减轻冻害,尤其是对干冻的防止效果更好。灌水应随灌随排,保持土壤湿润,以免因涝伤根,防止水分过多而引起拔根现象。葛丽君等(2010)介绍,油菜田在寒潮来临前灌 1 次水,可稳定地温,供给菜苗越冬期间的水分,有效地防止干冻。杨毅(2015)介绍,冻后灌水,应掌握在尾暖头的晴天中午进行,以使受冻突起的表面层沉实下去,确保油菜根部与土壤紧密接触,有利于保苗稳根。

(5)冻后补救 寒潮过后及时查苗,对出现根拔现象的油菜田,及时培土壅根 8~10 cm,防止断根死苗。遇雨雪天气及早排除田间积水,避免渍水妨碍根系生长,在解冻时撒草木灰,并及时对叶面喷施清水,以缓和水分失调,防止失水死鄂;解冻后及时追施速效肥料,以促发分枝,增加着果部位,对于主茎破裂的蕾薹和严重受冻的叶片要及时摘除(杨毅,2015)。在油菜田解冻后,撒施火土灰或草木灰,并及时向叶部喷清水,防止油菜缺水死苗;出现拔根现象的油菜,及时碎土培蔸 7~10 cm 厚,防止断根死苗。对破裂蕾薹和严重受冻害叶片及时摘除,并及时追施速效肥料,及早恢复油菜长势,尽量减轻损失(曹涤环等,2007)。寒潮过后,要及时查苗,发现拔根要及时培土扶苗;雨雪天气,要及早排除田间积水,要避免积水过多妨碍根系生长发育。在解冻时,对油菜及时撒施一次草木灰或对叶片喷洒一次清水,对防止冻害和避免失水死苗都有比较好的效果(王强,2009)。

三、其他胁迫

(一)盐碱胁迫

土壤盐碱化是制约油菜产量的主要因素之一,盐胁迫影响养分运输和分布,造成植物营养失衡,导致油菜发育迟缓,植株矮小,严重威胁着中国的油菜生产。

侯林涛等(2017)为了利用分子标记方法选育油菜耐盐品种,选用来自 GH06 与 P174 杂交后通过单粒传法连续自交获得的高世代重组自交系群体,以含 16 g/L NaCl 的 Hoagland 溶液培养幼苗进行盐胁迫处理 25 d 后,分别测定叶和根的鲜重及干重,根据已构建的高密度 SNP 遗传连锁图谱进行数量性状座位(QTL)定位,在 QTL 物理区间筛选耐盐相关基因并以极端表型材料进行 qRT-PCR 分析。采用复合区间作图法(CIM),在对照和盐胁迫处理中共检测到 19 个 QTL,其中与盐胁迫相关的有 6 个,可解释的表型变异 7.16%~16.15%,分布在 A02、A04 和 C03 染色体上,将 QTL 置信区间序列和拟南芥中与盐胁迫相关的基因比对分析,共找到 8 个候选基因。对其中 4 个候选基因在极端表型材料中的表达分析表明,BnaA02g14680D 与 BnaA02g14490D 基因在盐胁迫处理后的 48 h 或 72 h 表达量均高于对照组,即基因的表达由盐胁迫引起,而 BnaC03g64030D 在敏感型材料中的相对表达量高于在耐盐型材料中,BnaC03g62830D 在敏感型材料中没有明显变化,但在耐盐型材料中呈现先升高后降低的表达特征,其表达可能会增强植株对盐胁迫的耐受力。本研究为油菜耐盐基因功能挖掘和油菜耐盐品种选育奠定基础。

刘国红等(2012)采用盆栽沙培试验,研究了不同浓度(0、50 mmol/L、100 mmol/L、200 mmol/L、300 mmol/L)氯化钠(NaCl)胁迫 10 d 和 30 d 对油菜幼苗干质量、叶绿素(Chl)含量、净光合速率(P_n)、气孔导度(G_s)、细胞间 CO_2 浓度(C_i)、蒸腾速率(T_r)、水分利用效率($E_{w,u}$)和气孔限制值(L_s)等的影响。结果表明,在 NaCl 胁迫下,油菜幼苗植株干质量显著降低,长期高盐胁迫下油菜干质量降低更显著;随 NaCl 浓度的增加,叶绿素(Chl)含量、Chl a /Chl b 比值均呈先升高后降低的变化趋势,处理 10 d,叶绿素含量、叶绿素 a/b 比值在 NaCl 浓度为 200 mmol/L 条件下达最大值,处理 30 d,在 NaCl 浓度为 100 mmol/L 条件下达最大值。在 50~100 mmol/L NaCl 胁迫下,油菜叶片的 P_n、x_i 和 L_s 所受影响均很小;高盐胁迫下,其 P_n、G_s、C_i 和 R_t 均显著下降,而 $E_{w,u}$ 和 L_s 则显著上升。相关分析显示,植株干质量与叶绿素含量、叶绿素 a/b 比值间无相关性,与 Na^+、Cl^- 含量、$E_{w,u}$ 和 L_s 间呈显著负相关($P<0.01$),与根冠比、K^+、Ca^{2+} 含量、K^+/Na^+、Ca^{2+}/Na^+ 比值、K^+ 与 Na^+ 的选择性比率〔$S(K^+,Na^+)$〕,Ca^{2+} 与 Na^+ 的选择性比率〔$S(Ca^{2+},Na^+)$〕,P_n、G_s、C_i 和 T_r 间呈显著正相关($P<0.01$)。上述结果表明,200 mmol/L NaCl 胁迫 10 d 和 30 d、300 mmol/L NaCl 胁迫 10 d,油菜幼苗光合抑制主要来自气孔限制,而 300 mmol/L NaCl 胁迫 30 d,气孔限制和非气孔限制在油菜幼苗光合抑制中均具有重要作用。Na^+、Cl^-、K^+、Ca^{2+} 含量、$E_{w,u}$、L_s、根冠比、K^+/Na^+、Ca^{2+}/Na^+ 比值、$S(K^+,Na^+)$,$S(Ca^{2+},Na^+)$,P_n、G_s、C_i 和 T_r 均可作为油菜生长盐适应性的评价指标。

杨瑛等(2012)为比较不同供氮形态下油菜对盐胁迫的响应,通过供应铵态氮和硝态氮,探讨盐胁迫对油菜幼苗生物量、光合作用、离子含量等的效应。结果表明:非盐胁迫条件下的硝态氮处理的植株生物量和叶片光合参数均显著高于其他处理;在盐胁迫条件下,两种供氮形态处理油菜的生长和光合均受到明显抑制,其中铵态氮处理表现的抑制效应较显著,且其光合抑制主要来自气孔限制。在两种供氮条件下,盐胁迫使得植株 Na^+ 浓度均显著增加,其中铵态氮处理的叶片和叶柄中 Na^+ 浓度的增幅大于硝态氮处理,而其根中 Na^+ 浓度则小于硝态氮处理。盐胁迫导致两种供氮形态下整株和叶柄中 K^+ 浓度均显著降低,而在根中,则只造成硝态氮处理的 K^+ 浓度的显著降低。在整株水平上,盐胁迫下铵态氮处理的 K^+、Na^+ 的选择性比率(SK,Na)要显著低于硝态氮处理。综上,在盐胁迫条件下,硝态氮处理对 K^+ 吸收维持较高的相对选择性是其耐盐性高于铵态氮处理的重要原因。

葛均筑等(2019)总结了近几年盐碱地油菜多用途综合开发利用的研究技术进展,展望了进一步的研究方向,譬如播期与播种量、垄沟栽培降盐碱、微咸水综合利用等栽培技术对油菜品质和产量的调控效应研究,促进盐碱地多用途油菜综合利用的技术研发,以期为美丽乡村建设、"乡村振兴战略"等国家战略指导下的种植业结构调整、油菜绿肥还田减施化肥降低面源污染、畜牧业亟需的青贮饲料多样化开发提供技术支撑。

(二)重金属胁迫

土壤重金属污染的日益加剧严重威胁着农产品的质量安全。黎红亮等(2015)研究表明,油料作物特别是油菜对重金属有较强的耐受性和吸收能力,继而导致的食品安全问题更严重。刘燕等(2010)研究硒对镉铅胁迫下油菜生长的影响,低浓度硒促进油菜的生长,高浓度硒抑制油菜的生长,硒对镉铅胁迫下油菜种子活力指数的影响最大。低浓度硒增强油菜重金属抗性,高浓度硒削弱油菜重金属抗性。低浓度硒减轻了镉铅对油菜叶绿素的胁迫作用,高浓度硒加重了镉铅对油菜叶绿素的胁迫作用。低浓度硒能在一定程度上缓解重金属污染对油菜的危害。郑本川等(2017)研究表明,随着镉胁迫浓度的增加,相对发芽势和相对成苗率呈现先增长后降低的趋势,在 5 mg/L 时最高。镉胁迫对幼苗生长的影响表现为根长>苗长>苗鲜重>苗含水量。在不同浓度镉胁迫下,不同甘蓝型油菜品系间的相对根长、相对苗长、相对苗鲜重和相对苗含水量差异达极显著水平,而相对发芽势和相对成苗率,除 5 mg/L 浓度下的相对成苗率达极显著水平外,品系间差异都不明显,说明油菜幼苗生长比种子萌发对重金属胁迫更为敏感。金诚等(2015)研究表明,低浓度铅、锌处理下,油菜生长得到促进,茎叶生长优势大于根系。随着外源重金属的投加,土壤中铅、锌主要赋存形态较对照均由紧结合态向松结合态转化,重金属生物有效性提升;可交换态铅、碳酸盐结合态锌分别是油菜不同部位吸收铅、锌的主要贡献形态。油菜在低浓度胁迫水平对铅、锌的富集能力和转移能力强于高浓度胁迫水平,且油菜对铅、锌的富集、迁移系数均随土壤中对应元素或共存元素生物有效态含量的增大而减小。所有处理中,油菜茎叶中的铅含量均超出了食品安全限量指标,建议在此类土壤种植叶菜类蔬菜前进行相关指标检测。

(三)其他元素胁迫

油菜需硼量较大,长江流域属于缺硼地区,油菜种植区域已经推广硼肥施用技术,施肥不当或硼肥逐年累积造成的硼毒害现象时有发生。方益华(2000)通过水培试验研究硼毒胁迫下油菜体内氮、硼代谢之间的关系。结果表明,高硼胁迫下油菜根系活力减弱,膜透性增加,抑制了根系对氮的吸收,使作物体内硝态氮含量锐减;高硼胁迫还影响油菜体内氮的运输,最终导致蛋白质合成受阻;高硼胁迫下硝酸还原酶活性显著下降,油菜体内氨态氮积累,蛋白氮含量下降。段碧辉等(2014)研究表明,高硼胁迫条件下油菜幼苗地上部和地下部干物质重显著降低,与正常硼处理相比分别降低 20.1% 和 32.0%;硼含量和累积量显著增加,与正常硼处理相比分别增加 2.95 倍和 2.97 倍;油菜幼苗因硼毒害导致叶片内抗氧化酶(过氧化氢酶(CAT)、过氧化物酶(POD)和抗坏血酸过氧化物酶(APX))的活性和非酶抗氧化物(谷胱甘肽(GSH))含量显著降低,与正常硼处理相比,CAT、POD 和 APX 活性分别降低 19.7%、11.0% 和 15.0%;而过氧化氢(H_2O_2)和丙二醛(MDA)含量显著增加,比正常硼处理分别增加 19.0% 和 18.5%。李鸣凤等(2019)研究表明,施硫可通过增加细胞壁提取率、降低果荚细胞壁硼含量,缓解过量硼对油菜果荚的伤害。代晶晶等(2017)研究表明,正常锌营养下油菜地上部生物量显著高于锌缺乏条件下,不同锌营养条件下喷施锌肥对油菜地上部生物量都没有显著影响。

正常锌营养下油菜地上部镉含量极显著低于锌缺乏条件下;正常锌营养下喷施 $ZnSO_4$ 使得普通油菜寒绿的地上部镉含量显著低于对照处理,降幅为 27.22%;喷施锌肥主要通过抑制根部镉吸收来降低油菜的地上部镉含量,正常锌营养下油菜地上部锌含量极显著高于锌缺乏条件下;喷施锌肥显著提高油菜地上部和根部锌含量。正常锌营养下油菜地上部铁含量极显著低于锌缺乏条件下,锌营养条件对油菜地上部锰和铜含量没有显著影响;不同锌营养条件下喷施锌肥可使油菜地上部铁、锰、铜含量显著升高或降低,但是并没有显著影响油菜微量元素的营养平衡。

四、灾害性天气及其应对

油菜生长发育过程中受灾害性天气的影响较多,过渡带地区常见的灾害性天气有雨雪、霜冻、干热风、冰雹、暴风雨等。

(一)发生地区和时期

1. 雨雪 雨雪持续过长,可能导致油菜叶片折断、叶片受冻等危害,给油菜带来损失(郭水连等,2019)。入春后,过渡带地区油菜正处于蕾薹期,是产量形成的重要时期,如遇低温、阴雨、寡照天气,会造成油菜春季起身晚、发棵慢,生育期推迟 5~7 d,对产量影响较大。

2. 霜冻 霜冻易发生在冬季的 1—2 月。油菜属冬季作物,对低温有一定的耐受能力,但当气温下降到 -3 ℃时,导致叶片组织细胞间隙或细胞内部结冰,叶片僵化皱缩,叶色发紫,低温持续时间越长,叶片组织受冻越严重。随着天气的变暖,叶内冰晶吸热融化,组织内水分供应失调,叶片就会因缺水呈烫伤状,最后叶片变黄、变白,受冻部分枯萎,造成整株死亡(蒋德赏等,2009)。

3. 干热风 又叫火风、热风、干旱风,是指高温、低湿并伴随一定风力的大气干旱现象。其气象要素主要表现为少雨干燥、气温偏高多风。干热风的一般指标是:14 时前后空气相对湿度≤30%,日最高气温≥30 ℃,风力≥3 m/s,俗称"三三制"。气象要素越大于此基本指标,其危害越重。由于干热风主要发生在油菜角果发育成熟后期,因此对油菜的危害很大。

4. 冰雹 雹灾主要危害农业生产,使农作物茎叶和果实遭受损伤,造成农作物减产或绝收。3 月油菜易受雨雪冰雹灾害,会折枝、落花死角等。油菜等作物地上部分叶片被打折、断裂,或打成空洞,部分嫩芽、嫩枝折断,恢复缓慢,光合作用受到严重影响,导致农作物大幅度减产。但油菜如果及时采取灾后补救措施,能挽回一定的损失。

(二)应对措施

1. 雨雪霜冻

(1)清沟排渍 雪后结冰容易引起田埂倒塌和沟渠堵塞,化冰雪后要利用晴好天气彻底清理田内三沟(厢沟、围沟和排水沟),及时清沟沥水,降低田间湿度,提高土壤通透性,减轻冻害和渍害对油菜的双重影响。解冻后可利用清沟的土壤进行培土壅根,特别是拔根掀苗现象比较严重的田块更要注意培土壅根,以减轻冻害对根系的伤害。

(2)摘除冻薹,清理冻叶 对已经受冻的早薹油菜,融冻后应在晴天及时摘除冻薹,以促进基部分枝生长,弥补冻害损失。切忌雨天进行,以免造成伤口腐烂。要及时清除呈明显水渍状的冻伤叶片,防止冻伤累及整个植株,对明显变白或干枯的叶片要及时摘除(文拥军,2014)。

(3)提高土壤地温　冰雪过后,有条件的地方及时中耕松土,提高地温;同时可用有机肥、草木灰、开沟土、稻草等覆盖,既可增温防冻,又可以在开春后向油菜提供持续养分。

(4)追施速效肥　解冻后配合培土壅根,补施追肥,每亩追施 5~7 kg 尿素,以促进恢复生长和促进分枝的生长。对弱苗和受冻害的油菜田块,可适当增加追肥用量。叶片受冻的油菜,要普遍追肥,每亩追施 3~5 kg 尿素,长势较差的田块可适当增加用量,使其尽快恢复生长。在追施氮肥的基础上,要适量补施钾肥,每亩施氯化钾 3~4 kg 或者根外喷施磷酸二氢钾 1~2 kg,以增加细胞质浓度,增强植株的抗寒能力,促灌浆壮籽(勤农,2010)。另外,每亩可用硼肥 50 g、磷酸二氢钾 100 g 混合后兑水 50 kg 进行叶片喷施,促进花芽分化。

(5)加强病害防治　油菜受冻后,较正常油菜更容易感病,要加强油菜病虫害的防治。对发生菌核病的田块,要及时喷施多菌灵、甲基硫菌灵和代森锰锌等进行防治;对发生蚜虫危害的田块,要及时用蚜虱净、抗蚜威等喷雾防治。

2. 冰雹

(1)田间管理　对倒伏的油菜,采取扶正措施,防治植株贴地腐烂。但若植株枝条相互牵扯,扶正过程会导致枝条折断,则不宜再操作。及时摘除中下部老、黄、病叶及被冰雹打断的茎叶,改善田间通风透光条件,减少病害发生。清沟排渍,保持畅通,防止渍害发生及加重倒伏。对受损严重的田块(85%以上),可尽早将其翻耕作为绿肥,为下茬作物的种植做好准备(白桂萍等,2019)。

(2)及时施肥　对受损不严重的水浇地油菜田,灾后 3~5 d 撒施尿素 75~90 kg/hm²,可以加速促进油菜恢复生长。对尚处于初花阶段的田块,每亩混合喷施 0.5%尿素水溶液和 0.2%~0.3%磷酸二氢钾溶液 50~60 kg,并加 100 g 硼砂,促进油菜恢复生长。灾后 7~8 d 油菜新叶出现后,叶面喷施磷酸二氢钾 2.2~3.0 kg/hm² 加生命素 750 mL/hm² 或氨基酸 375 mL/hm² 或者芸苔素内酯 150 mL/hm² 等,可以激活油菜生长,增强光合效率,提高抗逆能力。

(3)及时防治病虫害　受灾油菜损伤较多,易感染病害,每亩可用 40%菌核净(纹枯利)可湿性粉剂 1000~1500 倍液、50%多菌灵粉剂 500 倍液、70%甲基托布津可湿性粉剂 500~1500 倍液防治油菜菌核病等病害。

3. 干热风

(1)品种选择　选用抗旱、耐热的中早熟品种,花期集中,角果期灌浆迅速,避开干热风危害的时期,减少瘪粒,增加千粒质量及含油率(杜春芳等,2010)。

(2)栽培措施　在干热风易发地区,种植前要培肥土壤,增施有机肥,促进根系发育,提高植株抗性。

(3)化学调控　可在苗期喷施 100~200 mg/kg 的多效唑,调整植株株型,增强抗性,减轻干热风危害。

参考文献

敖礼林,宋孝才,2017.油菜的湿(渍)害及综合防控[J].科学种养(1):18-19.

敖礼林,2018.油菜软腐病的发生及其综合高效防治[J].科学种养(1):35.

敖礼林,2015.油菜地面覆膜丰产高效栽培新技术[J].农村百事通(19):31-32.

白桂萍,李英,贾东海,等,2019.中国油菜种植[M].北京:中国农业科学技术出版社.

白鹏,冉春艳,谢小玉,2014.干旱胁迫对油菜蕾薹期生理特性及农艺性状的影响[J].中国农业科学,47(18):3566-3576.

包燕宏,2012.油菜冻害的发生原因及防治措施[J].现代农业科技(19):56-56,58.

蔡丽,2008.油菜病毒株系鉴定和抗病相关基因研究及转基因漂移评价[D].武汉:华中农业大学.

曹涤环,庄庆丰,2007.油菜冬季防冻保苗技术措施[J].农家顾问(12):31-32.

曹宏鑫,杨太明,蒋跃林,等,2015.花期渍害胁迫下冬油菜生长及产量模拟研究[J].中国农业科技导报,17(1):137-145.

曹金华,张书芬,朱家成,等,2013.不同甘蓝型油菜品种(系)抗寒性分析[J].中国油料作物学报,35(10):308-312.

陈国华,高军,2008.长江流域油菜病虫害发生及综合防治技术[J].中国种业(10):64-65.

陈俊华,2017.信阳油菜立枯病发生规律和防治措施[J].植物医生,30(2):50-51.

陈礼洪,赵康平,蒋桂武,等,2015.土壤汞污染对油菜的氧化胁迫效应[J].环境化学(2):241-246.

陈亮,2018.油菜猝倒病的类症鉴别及防治措施[J].农业灾害研究,8(6):10-11.

陈奇,袁金海,孙万仓,等,2017.低温胁迫下白菜型冬油菜与春油菜叶片光合特性及内源激素变化比较[J].中国油料作物学报,39(1):37-46.

代晶晶,徐应明,王林,等,2017.不同锌营养下喷施锌肥对油菜生长和元素含量的影响[J].环境化学,36(5):1017-1025.

邓根生,宋建荣,2015.秦岭西段南北麓主要作物种植[M].北京:中国农业科学技术出版社.

邓力超,2013.油菜冻害防治[J].湖南农业(11):19.

丁和明,2014.油菜主要病害的发生及防治技术[J].植物医生(2):18-19.

杜春芳,咸拴狮,李建勋,等,2010.晋南地区油菜主要气象灾害与减灾避灾对策[J].山西农业科学,38(8):57-60.

杜卫兵,叶永忠,张秀艳,等,2002.河南主要外来有害植物的初步研究[J].河南科学,20(1):52-55.

段碧辉,刘新伟,矫威,等,2014.硒减轻油菜幼苗硼毒害机理的研究[J].中国农业科学,47(11):2126-2134.

范桂萍,2005.油菜/蚕豆间作控制病虫害研究[J].云南农业科技(6):9-12.

方华明,童玥,曾令益,等,2019.江汉平原油菜根肿病流行规律及栽培应对措施[J].中国油料作物学报,41(1):101-108.

方益华,2000.高硼胁迫对油菜氮代谢的影响[J].中国油料作物学报(3):54-56.

葛均筑,张垚,梁茜,等,2019.耐盐碱多用途油菜综合利用技术的研究进展[J].土壤科学,7(4):312-316.

葛丽君,冯海连,左端荣,2010.油菜越冬期防冻保苗技术[J].安徽农学通报,16(24):146-147.

耿站军,钟颖,杨瑞吉,2008.水分胁迫对不同基因型油菜的生态适应性影响[J].干旱地区农业研究,26(6):159-162.

谷晓博,李援农,赵娅丹,等,2016.不同施氮水平对返青期水分胁迫下油菜补偿效应的影响[J].中国生态农业学报,24(5):572-581.

顾德兴,徐炳声,1992.宝盖草的繁育系统[J].西北植物学报,12(1):70-78.

管致和,王树,1980.蚜虫唾液对白菜芜菁花叶病毒致病力的影响[J].北京农业大学学报,15(1):83-86.

郭仁迪,刘海卿,武军艳,等,2017.抗寒复合剂对白菜型冬油菜生长发育及产量性状的影响[J].干旱地区农业研究,35(4):263-269.

郭水连,陈兴鹃,章起明,等,2019.持续阴雨寡照天气对油菜生长的影响分析[J].吉林农业(14):81-81.

郭水良,刘鹏,1994.浙江金衢盆地的野生牧草资源[J].国土与自然资源研究(1):61-65.

郭水良,1995.外域杂草的产生、传播及生物与生态学特性的分析[J].广西植物,15(1):89-95.

郭水良,王勇,曹同,2006.杂草繁殖方式的多样性及其对环境的适应[J].上海师范大学学报(自然科学版)(3):103-110.

国恩杰,2015.油菜常见病害的发生与防治[J].农民致富之友(17):58-58.

郝仲萍,侯树敏,黄芳,等,2019.吡虫啉包衣对油菜发育和蚜虫抗性发展的不利影响[J].中国农技推广,35(S1):141-143.

贺春贵,王国利,范玉虎,等,1998a.油菜新害虫——油菜叶露尾甲研究[J].西北农业学报,7(4):18-23.

贺春贵,范玉虎,邹亚暄,1998b.油菜花露尾甲的为害及对产量的影响[J].植物保护学报(1):15-19.

贺春贵,2001.油菜花露尾甲的发生规律及药剂防治[J].植物保护(1):15-17.

洪海林,李国庆,余安安,等,2012.油菜灰霉病发生规律与防治技术初报[J].湖北植保(3):38.

侯林涛,王腾岳,荐红举,等,2017.甘蓝型油菜盐胁迫下幼苗鲜重和干重 QTL 定位及候选基因分析[J].作物学报,43(2):179-189.

侯树敏,胡宝成,胡本进,等,2013.安徽冬油菜新害虫——油菜叶露尾甲[J].中国油料作物学报,35(6):692-696.

胡本进,侯树敏,李昌春,等,2012.安徽省油菜新害虫-叶露尾甲研究初报[C]//安徽省昆虫学会、安徽省植物病理学会 2012 年学术年会论文集:165-169.

胡冀宁,孙备,李建东,等,2007.植物竞争及在杂草科学中的应用[J].作物杂志(2):12-15.

胡稳奇,1990.蚜传植物病毒的非蚜传株系研究新进展[J].植物保护(3):40-41.

胡文诗,刘秋霞,任涛,等,2017.提高冬油菜播种量和施氮量抑制杂草生长的机理研究[J].植物营养与肥料学报,23(01):137-143.

黄彩云,2017.油菜常见病虫害的防治[J].农业开发与装备(5):172-172.

黄虎兰,曹钟洋,汤彬,等,2014.17 个甘蓝型油菜品种抗寒性的电导法测定[J].湖南农业科学(21):1-3.

黄亮,2018.吡虫啉种衣剂包衣处理对油菜种子萌发及苗期害虫发生的影响研究[D].临安:浙江农林大学.

姜道宏,2016.油菜病虫害防治[M].武汉:湖北科技出版社.

蒋德赏,王世杰,2009.雨雪冰冻灾害对油菜的影响及防治对策[J].广西农学报,24(s1):61-62.

蒋明,曹家树,丁炳扬,等,2004.新外来杂草——裂叶月见草的生物学特性及防控对策[J].生物学通报(9):20-21.

金诚,赵转军,南忠仁,等,2015.绿洲土 pb—Zn 复合胁迫下重金属形态特征和生物有效性[J].环境科学,36(5):1870-1876.

鞠英芹,杨霏云,马德栗,等,2017.江淮地区油菜渍害的时空分布[J].自然灾害学报(6):136-146.

孔德晶,王月,孙万仓,等,2014.北方白菜型冬油菜 F_2 主要生理生化特性的变异与抗寒性相关分析[J].草业学报,23(4):79-86.

孔占忠,2013.探究油菜虫害的生物防治法[J].中国农业信息(15):102-102.

雷利琴,李小芳,李倩,等,2020.冬油菜渍害发生特点与防治措施浅析[J].南方农业,14(6):15,17.

黎红亮,杨洋,陈志鹏,等,2015.花生和油菜对重金属的积累及其成品油的安全性[J].环境工程学报,9(5):2488-2494.

李继红,2011.油菜冻害的发生原因及防御措施[J].现代农业科技(2):98.

李鸣凤,刘新伟,王海彤,等,2019.高硼土壤增施硫肥对油菜硼吸收与分配的影响[J].中国农业科学,52(5):874-881.

李强,顾元国,侯玉林,等,2011.不同冬油菜品种抗寒性研究[J].新疆农业科学(5):804-809.

李强生,荣松柏,胡宝成,等,2013.中国油菜黑胫病害分布及病原菌鉴定[J].中国油料作物学报,35(4):415-423.

李儒海,强胜,2007.杂草种子传播研究进展[J].生态学报,(12):5361-5370.

李儒海,强胜,邱多生,等,2008.长期不同施肥方式对稻油两熟制油菜田杂草群落多样性的影响[J].生物多样性(02):118-125.

李淑娟,程量,彭少丹,等,2014.耐旱性甘蓝型油菜品种的筛选及其在干旱胁迫下生理生化特征的研究[J].农业科学与技术(英文版),15(4):596-604,615.

李亚宁,张丽红,殷艳艳,等,2018.磺胺抗生素对油菜的氧化胁迫效应及其联合作用[J].环境污染与防治,40(5):503-507.

李震,吴北京,陆光远,等,2012.不同基因型油菜对苗期水分胁迫的生理响应[J].中国油料作物学报,24(1):33-39.

林玉发,2000.油菜根腐病的发生及防治技术[J].农业科技通讯(5):31.

刘国红,姜超强,刘兆普,等,2012.盐胁迫对油菜幼苗生长和光合特征的影响[J].生态与农村环境学报,28(2):157-164.

刘海卿,孙万仓,刘自刚,等,2015.北方寒旱区白菜型冬油菜抗寒性与抗旱性评价及其关系[J].中国农业科学,48(18):3743-3756.

刘海卿,方园,武军艳,等,2016.低温胁迫下内源 ABA、GA 及比值对白菜型和甘蓝型冬油菜抗寒性的影响[J].中国生态农业学报,24(11):1529-1538.

刘红敏,周顺玉,2010.油菜病虫害及其无公害综合治理技术[J].安徽农学通报(上半月刊),16(11):269-270.

刘京宝,刘祥臣,王晨阳,等,2014.中国南北过渡带主要作物栽培[M].北京:中国农业科学技术出版社.

刘婷婷,庞进平,徐一涌,2019.干旱胁迫对不同油菜品种苗期生物量和根系的影响[J].甘肃农业科技(6):4-8.

刘旭,2004.油菜主要病虫害及防治方法[J].四川农业科技(10):28.

刘燕,蒋光霞,2010.硒对镉、铅复合污染下油菜重金属抗性的影响[J].安徽农业科学,38(21):11096-11098.

刘志海,1964.大豆菟丝子防治研究初报(1)——形态与生物学特性研究[J].山东农业科学(04):24-30.

刘自刚,张长生,孙万仓,等,2014.不同生态区冬前低温下白菜型冬油菜不同抗寒品种(系)的比较[J].作物学报,40(2):346-354.

刘自刚,袁金海,刘万全,等,2016.低温胁迫下白菜型冬油菜差异蛋白质组学及光合特性分析[J].作物学报,42(10):1541-1550.

龙光桥,2010.油菜渍害的危害及其防治[J].湖南农业(12):15.

陆庆楠,庄文化,2018.油菜水肥需求规律及一体化施用技术研究进展[J].中国农学通报,34(12):6.

闫耀礼,杨好伟,2000.播娘蒿的生物学特性[J].河南农业科学(6):24.

罗辉林,于永春,2016.油菜病虫害发生特点及防治对策[J].农业与技术,36(6):86.

马国华,黄学林,2001.禾本科植物无融合生殖(综述)[J].热带亚热带植物学报,9(1):83-92.

马骊,孙万仓,刘自刚,等,2016.白菜型与甘蓝型冬油菜抗寒机理差异的研究[J].华北农学报,31(1):147-154.

马梅,刘冉,郑春芳,等,2014.油菜素内酯对盐渍下油菜幼苗生长的调控效应及其生理机制[J].生态学报,35(6):1837-1844.

马晓渊,1997.多年生杂草的繁殖特性[J].杂草科学(4):6-8.

米吉换,2009.春油菜白斑病的发生与防治[J].青海农技推广(1):62.

强胜,2001.杂草科学面向生物科学时代的机遇与挑战(下)[J].世界农业(05):42-43.

强胜,李儒海,邱多生,等,2008 长期不同施肥方式对稻油两熟制油菜田杂草群落多样性的影响[J].生物多样性,16(2):118-125.

勤农,2010.雨雪后油菜抢救方法[J].农村实用技术(11):38.

饶卫华,敖礼林,2014.油菜黑腐病的危害及高效综合防治措施[J].乡村科技(21):17.

荣松柏,胡宝成,陈凤祥,等,2015.油菜黑胫病对油菜产量及农艺性状的影响[J].作物杂志(06):159-

161,167.

邵登魁,2006.油菜抗白粉病鉴定及相关的生理生化特性研究[D].兰州:甘肃农业大学.

孙永玲,郭高,童存泉,等,2000.地膜覆盖对油菜生长发育的影响及其产量效应[J].安徽农业科学,28(6):730-733.

唐静,黄菲,李继福,等,2018.冬油菜与杂草对长期不同施肥的差异性适应[J].土壤(2):291-297.

涂修亮,胡秉民,1999.杂草与作物竞争模型研究进展[J].生态学杂志(6):54-58.

汪谨桂,丁邦元,2007.油菜病虫害发生特点及防治对策[J].现代农业科技(2):54.

汪小凡,陈家宽,1999.矮慈姑的传粉机制与交配系统[J].云南植物研究,21(2):225-231.

王迪轩,龙霞,2013.春季要搞好油菜白锈病的早防早治[J].农药市场信息(3):41.

王华弟,孙祥良,朱金良,2010.油菜病毒病发生流行的调查研究[C]//中国植物病理学会2010年学术年会论文集:431-432.

王军,张凯,2013.安康市旱作油菜田杂草种类调查初报[J].陕西农业科学,59(1):19-21.

王军,李明智,张凯,2014.安康市油菜田杂草种群特征调查分析[J].陕西农业科学,60(3):51-55.

王军威,程辉,胡建涛,等,2011.地膜覆盖在稻茬迟播油菜上的效果研究[J].耕作与栽培(1):25,29.

王凯音,孙万仓,刘自刚,等,2016.不同抗寒性白菜型冬油菜杂交后代保护性酶活性与越冬率分析[J].西南农业学报,29(11):2529-2535.

王梅菊,刘晨,吴明德,等,2018.油菜内生细菌多样性分析及菌株CanL-30生防潜力评估[J].中国油料作物学报,40(2):258-268.

王敏,曲存民,刘晓兰,等,2013.温度胁迫下甘蓝型油菜苗期生理生化指标的研究[J].作物杂志(2):53-59.

王谦玉,2003.豆田主要杂草与大豆的竞争作用及防除阈值的研究[D].哈尔滨:东北农业大学.

王强,2009.油菜防冻保苗十技巧[J].农家科技(1):13.

王琼,张春雷,李光明,等,2012.渍水胁迫对油菜根系形态与生理活性的影响[J].中国油料作物学报,34(2):157-162.

王绕成,2012.油菜病毒病防治研究[J].农技服务,29(5):615-616.

王圣玉,李丽丽,1990.我国南方油菜病毒病的发生和病原血清学鉴定[J].植物保护,16(6):2-4.

王仕林,黄辉跃,唐建,等,2012.低温胁迫对油菜幼苗丙二醛含量的影响[J].湖北农业科学,51(20):4467-4469.

王秀英,张秀玲,刘柏,2005.防除恶性杂草——少花蒺藜草[J].新农业(5):39-40.

文雁成,王东国,2014.油菜根腐病的识别与防治[N].河南科技报,08-19(B07).

文拥军,2014.油菜低温冻害防治技术[J].现代农业科技(9):88.

吴新华,许兴旺,2016.油菜软腐病危害症状及防治措施[J].园艺与种苗(5):53-55.

吴晔滨,2003.粗糙一枝黄花入侵上海[J].植物杂志(4):8-9.

肖建天,师桂英,2016.三种不同类型冬油菜的抗寒性比较[J].农业科技与信息(31):99-101.

谢素华,杨明高,2001.人民渠平原灌区油菜需水量及需水规律研究[J].四川水利(1):33-35.

邢胜利,王晨光,李思训,2000.油菜地膜覆盖栽培技术的研究进展[J].陕西农业科学(1):35-36,39.

熊洁,邹晓芬,邹小云,等,2015.干旱胁迫对不同基因型油菜农艺性状和产量的影响[J].江苏农业学报(3):494-499.

徐来升,蔡同润,陈仲宜,1980.蔬菜病毒病研究 I.侵染青菜的烟草花叶病毒(群)[J].上海农业科技(3):28-31.

徐汝梅,叶万辉,2003.生物入侵(理论与实践)[M].北京:科学出版社.

徐潇龙,王现芝,2011.几种油菜病虫害的发生与综合防治[J].河南农业(5):34.

徐小伟,2017.油菜主要病虫害发生特点及综合防治策略[J].安徽农学通报(12):74-75.

徐正浩,王一平,2004.外来入侵植物成灾的机制及防除对策[J].生态学杂志,23(3):124-127.

许耀照,孙万仓,方彦,等,2020.北方寒旱区不同抗寒性白菜型冬油菜幼苗物质转运和光合荧光动力学特征[J].中国油料作物学报,42(1):91-101.

薛汉军,2014.油菜病害的发生与防治技术[J].陕西农业科学,60(6):119-120.

薛汉军,2015.油菜的虫害及防治措施[J].陕西农业科学,61(7):52-54.

严自斌,2013.土壤水分胁迫对白菜型油菜根系发育的影响[J].种子,32(12):35-36.

燕瑞斌,陈旺,吴金水,等,2019.高巧种衣剂拌种对油菜苗期蚜虫防治效果评价[J].中国农技推广,35(S1):151-153.

杨春杰,程勇,邹崇顺,等,2008.模拟干旱胁迫下不同甘蓝型油菜品种发芽能力的配合力与遗传效应分析[J].作物学报,34(10):1744-1749.

杨龙,吴明德,张静,等,2018.油菜黑胫病研究进展[J].中国油料作物学报,40(5):730-736.

杨宁宁,孙万仓,刘自刚,等,2014.北方冬油菜抗寒性的形态与生理机制[J].中国农业科学,47(3):452-461.

杨清坡,刘万才,黄冲,2018.近10年油菜主要病虫害发生危害情况的统计和分析[J].植物保护,44(3):24-30.

杨荣明,2010.油菜主要虫害的种类及防治[J].农家致富(20):38.

杨毅,2015.油菜防冻保苗技术措施[J].乡村科技(10):5.

杨瑛,马梅,郑青松,等,2012.不同供氮形态下油菜幼苗对盐胁迫的响应[J].植物营养与肥料学报,18(5):1220-1227.

于树华,毛汝兵,唐维,等,2008.中国种子植物杂草分布区类型分析[J].西南农业学报(4):1189-1192.

虞华美,2011.油菜冻害防治技术措施[J].现代农业(8):46.

袁金海,刘自刚,孙万全,等,2017.白菜型冬油菜反复低温与恢复过程中叶片的差异蛋白分析[J].分子生物育种,14(1):307-314.

曾德志,杨华伟,向仕华,等,2017.甘蓝型油菜种质资源耐旱型鉴定与筛选[J].湖北农业科学,56(1):10-12.

曾青,朱建国,刘刚,等,2002.开放式空气CO_2浓度增高条件下C3作物(水稻)与C4杂草(稗草)的竞争关系[J].应用生态学报(10):1231-1234.

翟益民,唐合年,葛妹兰,等,2005.油菜需水量试验分析[J].江苏水利(10):18-21.

张桂宾,2004.开封地区主要外来入侵植物的研究[J].河南大学学报(自然科学版),34(1):56-59.

张静,崔颖,孙尧,等,2011.不同程度干旱胁迫对油菜种子萌发及幼苗生长特性的影响[J].干旱地区农业研究,29(2):164-167,179.

张凯,慕小倩,孙晓玉,等,2013.温度变化对油菜及其伴生杂草种苗生长和幼苗生理特性的影响[J].植物生态学报,37(12):1132-1141.

张美翠,尹姣,李克斌,等,2014.地下害虫蛴螬的发生与防治研究进展[J].中国植保导刊,34(10):20-28.

张晓红,冯梁杰,杨特武,等,2015.冬季低温胁迫对油菜抗寒生理特性的影响[J].植物生理学报(5):737-745.

张兴甫,王永,李春生,等,2017.油菜蚜虫黄色版诱杀技术研究[J].湖北植保(2):1-4.

张莹,郑丽红,2018.栽培水氮条件及采后贮存时间对油菜产量及其硝酸盐含量的影响[J].土壤通报,49(1):126-132.

张永忠,2003.平凉市冬油菜需水量试验结果分析[J].甘肃水利水电技术,39(4):331-333.

张跃进,姜玉英,冯晓东,等,2009年全国农作物重大病虫害发生趋势[J].中国植保导刊,29(3):33-36.

张智,张耀文,任军荣,等,2013.多效唑处理后油菜苗在低温胁迫下的光合及生理特性[J].西北农业学报,22(10):103-107.

赵国苹,2012.水分—氮肥配合对油菜氮素利用效率的影响[J].安徽农学通报,18(3):73-74,76.

赵贤雷,2019.油菜花叶病毒的研究进展及其防治[J].生物化工,5(5):158-162.

郑本川,李浩杰,张锦芳,等,2017.镉胁迫对甘蓝型油菜种子萌发和幼苗生长的影响[J].农业科学与技术(英文版),18(4):591-595,601.

郑庆伟,2014. 刺儿菜的识别与化学防控[J]. 农药市场信息(21):47.

周雪菲,尹霄,李东旭,等,2015. 水钾耦合对油菜苗期光合特性的影响[J]. 节水灌溉(3):1-4.

朱峰,2016. 油菜主要病虫害发生特点及防治对策研究[J]. 农民致富之友(10):110.

朱洪庆,于善谦,陈剑平,2004. 长叶车前花叶病毒上海分离物(RMV sh)基因组全序列的测定,侵染性克隆的构建及外源基因的表达[C]//中国植物病理学会2004年学术年会论文集:253-254.

朱宗河,郑文寅,周可金,等,2016. 不同复水措施对油菜生长、产量及品质性状的影响[J]. 干旱地区农业研究,34(6):204-208,265.

邹小云,刘宝林,宗来强,等,2015. 施氮量与花期水分胁迫对不同氮效率油菜产量性能及氮肥利用效率的影响[J]. 华北农学报,30(2):220-226.

Chen S,Qiang S,2017. Recent advances in tenuazonic acid as a potential herbicide[J]. Pesticide Biochemistry and Physiology,252-257.

Gaetan S,Madia M,2007. First Report of Canola Powdery Mildew Caused by Erysiphe polygoni in Argentina [J]. Plant Disease,88(10):1163-1163.

Hao Z P,Zhan H X,Gao L L,et al,2020. Possible effects of leaf tissue characteristics of oilseed rape Brassica napus on probing and feeding behaviors of cabbage aphids Brevicoryne brassicae[J]. Arthropod Plant Interactions,1-12.

Perkins R C L,Swezey OH,1924. The introduction into Hawaii of insects that attack lantana[R]. Bulletin of the experiment station of the Hawaiian sugar planters association,2:1-130.

Qiang S,2002. Weed diversity of arable land in China [J]. Journal of Korean Weed Science,22(3).

Raman H,McVittie B,Pirathiban R,et al,2020. Genome-Wide Association Mapping Identifies Novel Loci for Quantitative Resistance to Blackleg Disease in Canola. Frontiers in Plant Science,https://doi:10. 3389/fpls. 01184.

Robinson E L,1976. Yield and height of cotton as affected by weed density and nitrogen level[J]. Weed Science,24(1): 40-42.

Shukla D D,Ward C W,Brunt A A,1994. Turnip mosaic virus. In: The Potyviridae CAF INTERNATIONAL,Wallingford,Oxon 0X10 8DE,UK,385-389.

Stuart B L,Harrison S K,Abernathy JR,et al,1984. The response of cotton(Gossypium hirsutum) water relations to smooth pigweed (Amaranthus hybridus) competition[J]. Weed Science,32(1): 126-132.

Tian B,Xie J,Fu Y,et al,2020. A cosmopolitan fungal pathogen of dicots adopts an endophytic lifestyle on cereal crops and protects them from major fungal diseases. ISME J,14:3120-3135;https://doi. org/10. 1038/s41396-020-00744-6.

Wells J W,Abernathy J R,Gipson J R,1984. The effect of common cocklebur interference on cotton water relations[C] // Proceed-ing of the 37th Southern Weed Science Society. Las Cruces,NM,USA:SWSS,313.

West J S,Kharbanda P D,Barbetti M J,et al,2010. Epidemiology and management of Leptosphaeria maculans (phoma stem canker) on oilseed rape in Australia,Canada and Europe[J]. Plant Pathology,50(1).

Zhang H,Xie J,Fu Y,et al,2020. 2 kb mycovirus converts a pathogenic fungus into beneficial endophyte for Brassica napus protection and yield enhancement. Molecular Plant 13:1-14.

第五章　油菜品质与利用

第一节　油菜品质

一、油菜籽(油)的成分(营养品质)

油菜籽的化学成分非常复杂,按照各成分被人或动物摄入之后产生有利或不利影响,可将其划分为营养因子成分和抗营养因子成分。营养因子成分是指可给动物提供能量、机体构成成分和组织修复以及生理调节功能的成分;抗营养因子成分则指能破坏或阻碍动物对营养物质的消化利用,并对其健康和生长性能产生不良影响的成分。

油菜籽中含有的营养因子成分比较丰富,如油脂、蛋白质、碳水化合物等。营养物质含量一般占籽粒重量的80%以上,其主要存在种仁中,但是种皮中也会有少量的油脂和蛋白质存在。油脂是油菜籽中含量最高的营养物质,通常以基本油脂和贮藏油脂两种形式存在,两种油脂分别约占油脂总量的5%和95%。前者是细胞原生质的恒定组成物质,必须破碎细胞壁才能将其提取,而后者存在于籽粒体中,很容易被提取。油菜籽中蛋白质的含量约占籽粒重量的25%,蛋白质绝大部分存在于种仁中,种皮中含量非常低。油菜籽中的蛋白质大部分以贮藏态的单纯蛋白质形式存在,以蛋白体的形式存在于细胞质中。油菜籽在完全成熟后碳水化合物绝大部分以可溶性糖的形式存在,主要是蔗糖,几乎没有淀粉存在。碳水化合物是光合作用的产物,因此碳水化合物对油菜的产量和品质产生着非常重要的影响(Mawson et al. ,1994)。

油菜籽中的抗营养因子成分包括硫代葡萄糖苷、植酸、多酚类物质等。硫代葡萄糖苷是一种含硫的阴离子亲水性植物次生代谢产物,油菜籽中的硫代葡萄糖苷以盐的颗粒形式存在种子胚的细胞质中(Major et al. ,1990)。硫代葡萄糖苷本身是无毒的,但是由于油菜籽粒液泡的特定蛋白体中存在葡萄糖硫苷酶,因此,当植物细胞组织遭到破坏的时候,比如在刀切或咀嚼的过程中,葡萄糖苷酶被释放出来,并将硫代葡萄糖苷水解生成异硫氰酸盐、腈、噁唑烷硫酮等有毒的产物(Wallig et al. ,2002)。普通油菜籽中硫代葡萄糖苷含量一般为2.0%～4.5%,低硫苷油菜品种含量在0.7%以下。油菜籽中的植酸和多酚类物质含量均在2%左右。两者因能与蛋白质或锌、钙、镁等金属离子络合形成多元复合物,多数会在蛋白体内以球状体形式存在,因此,会对蛋白质和金属离子的吸收造成很大影响。

除上述成分之外,油菜籽中还含有少量的维生素、固醇、磷脂、色素、生物碱等生物活性成分及钙、铁、锌、锰、硒等矿物质成分。

(一)营养因子

1. 油脂　油脂是油菜籽中最主要的组成成分之一,占比约40%。油菜籽中的油脂主要是由脂肪酸和甘油形成的甘油三酯,脂肪酸是甘油三酯的最主要组成成分,约占90%(SamuleL et al.,1995)。油菜籽的脂肪酸种类有50种左右,菜籽油中的主要脂肪酸一般是指含量均在1%以上的棕榈酸(C16：0)、硬脂酸(C18：0)、油酸(C18：1)、亚油酸(C18：2)、亚麻酸(C18：3)、二十碳烯酸(C20：1)、芥酸(C22：1)7种。有研究表明,油菜籽中脂肪酸的生物合成主要是通过油酸向两个方面进行:一是通过碳链的减饱和作用,以油酸作为前体,由油酸(C18：1)→亚油酸(C18：2)→亚麻酸(C18：3),即随着脂肪酸不饱和度的增加,或双价的增多,由油酸合成亚油酸和亚麻酸;另一个途径则是通过碳链的延长作用,以油酸作为前体,把一个乙酸分子加到油酸的羧基末端组成二十碳烯酸,再加上另一个乙酸分子组成芥酸(刘后利,2000)。脂肪酸中各组分间的相互关系为:将脂肪酸分为两组,一组为棕榈酸、油酸、亚油酸、亚麻酸,另一组为二十碳烯酸和芥酸,各组内成分之间呈正相关,两组成分之间呈负相关(刘定富等,1989)。

棕榈酸和硬脂酸是油菜籽中最主要的短链饱和脂肪酸,两者的含量分别约为2%和3%。饱和脂肪酸一般被认为是导致血胆固醇浓度升高的重要因素之一,但是18个碳原子的硬脂酸对血胆固醇的浓度影响比较小,因为其被摄入后能迅速地脱饱和而转化为不饱和脂肪酸。油酸是油菜籽中含量最高的单不饱和脂肪酸,在低芥酸油菜品种中,其含量约为60%。研究表明,食用单不饱和脂肪酸与食用碳水化合物一样,不会导致血胆固醇的浓度升高(StenderS et al.,1995)。亚油酸和亚麻酸是油菜籽中最主要的多不饱和脂肪酸,在低芥酸油菜品种中,两者含量分别约为20%和10%。亚油酸在人体内不能自主合成,必须从食物中摄取,是必需脂肪酸。亚油酸是能使血胆固醇浓度下降的最主要脂肪酸之一,并且能够防止胆固醇在血管壁上沉积形成动脉粥样硬化,降低心脑血管疾病发生概率和调节内分泌的功能(FitzpatrickK et al.,1998)。亚麻酸也是必需脂肪酸,其被人体吸收后,通过延长和减饱和作用生成二十碳五烯酸和二十二碳六烯酸。亚麻酸除了与亚油酸一样,具有降低血胆固醇浓度的作用外,亦能降低血小板和血压,增强血管弹性,但是因其不饱和度较高,易氧化使油脂变质产生异味,因此是加工环节中需克服的主要难题。二十碳烯酸和芥酸是油菜籽中主要的长链脂肪酸,在低芥酸油菜品种中两者含量较低,均在3%以下。芥酸是十字花科芸薹属植物中的特征脂肪酸,因其在人体内的吸收利用率很低,容易引起血管壁增厚和心肌脂肪沉积,且易导致人体冠心病和脂肪肝的发生,所以被认为是油菜籽中一大不良脂肪酸。

2. 蛋白质 油菜籽中蛋白质的含量约占20%,其中主要的贮藏蛋白质包括12S球蛋白和2S清蛋白两类,前者占蛋白质含量的25%～65%,后者为13.4%～46.1%。此外,还有分子量较小的如硫堇、胰岛素抑制剂和脂转移蛋白质(Bérot et al.,2005)。油菜籽中12S球蛋白由六聚体组成,平均分子量大约为300 kDa,等电点大约为7.2(Schwenke et al.,1981)。在中性pH和高离子强度时构象稳定,在极端的pH和尿素溶液中可完全分解为6个亚基,每个亚基由a链和b链两条多肽链组成,分子量大约为30 kDa和20 kDa,并通过二硫键连接。疏水性的b侧链位于蛋白质分子内部,强亲水性的a-链C末端区域位于蛋白质分子的表面。油菜籽12S球蛋白质含有一个由38个氨基酸残基组成的亲水性分支,许多甘氨酸-谷酰胺重复单位位于a-链的中间部分,在蛋白质的表面形成一个环,因此,a-链的C末端区域对油菜籽蛋白质的12S球蛋白的功能性特别重要(周瑞宝,2008)。2S清蛋白含量比12S球蛋白低,是高碱性的蛋白质,等电点约为11.0,分子量为12.5～14.5 kDa,由两条多肽链组成,分子量分别为4.5 kDa和10 kDa,并依靠2个二硫键连接(Monsalve et al.,1990)。

油菜籽蛋白质的组成及结构决定了其相应的理化特性,包括溶解性、乳化性及乳化稳定性、发泡性及泡沫稳定性、持水性、凝胶性等,不同的理化特性影响着菜籽蛋白在食品工业中的应用。

(1)溶解性　蛋白质在特定溶剂中的溶解能力大小不同。水剂法提取的菜籽蛋白质在pH4.2～7.2的溶解度都很小(均在40％以下),在 pH 10.0 以上溶解度才能达到60％(任国谱等,1994);油菜籽蛋白质的溶解性不如大豆蛋白质好,碱性条件下、高离子浓度时溶解性比较好,胡志和等(2000)研究结果显示,不同离子对油菜籽蛋白质溶解性的强弱顺序为 $Mg^{2+} >$ $Ca^{2+} > Na^{+}$;油菜籽分离蛋白质和多肽的水溶性随温度变化不大,在小于 100 ℃时均对热稳定。

(2)乳化性及乳化稳定性　乳化性是指蛋白质产品能将油水结合在一起形成乳状液的能力。乳化稳定性是指油水乳状液保持稳定的能力。油菜籽分离蛋白质具有乳化剂特征结构,同时含有亲水基团和亲油基团。研究结果显示,油菜籽蛋白质的乳化性比其他植物蛋白质的都高(Yoshie-Stark et al.,2008),球蛋白乳化性指数低于清蛋白和分离蛋白质。

(3)发泡性及泡沫稳定性　发泡性是指蛋白质产品搅打时捕捉气体形成泡沫的能力。泡沫稳定性是指泡沫维持能力,即泡沫间液膜保持液体不析出的能力。杨国燕等(2007)研究结果显示,油菜籽分离蛋白质和油菜籽蛋白质肽的起泡性和泡沫稳定性均较好,两种主要的蛋白质体系即2S清蛋白和12S球蛋白决定了油菜籽蛋白质整体的营养和功能特性,都表现出很高的发泡性和泡沫稳定性;姜绍通等(2009)研究结果进一步显示,清蛋白的起泡性和泡沫稳定性优于球蛋白,这是因为清蛋白界面张力相对较小,对泡沫的形成比较有利。

(4)持水性　蛋白质的持水性是指蛋白质制品在一定条件下承受热加工后保持水分的能力,其本质是蛋白质分子物理截留水的能力。胡志和等(2000)研究结果显示,油菜籽蛋白质的持水性与其溶解性规律相似,在高离子浓度(0.8M)时持水性较高,当离子浓度超过1M时持水性显著下降。随着 pH 值的增大,在等电点之前持水性逐渐降低,等电点之后逐渐上升,在等电点处(pH3.7)最差。在碱性条件下、离子浓度较高(1M)时,油菜籽蛋白质持水性比大豆蛋白质好。

(5)凝胶性　含有非极性氨基酸残基的蛋白质可能形成混凝剂凝胶,而含亲水性氨基酸的蛋白质更可能形成透明凝胶。研究结果表明,油菜籽蛋白质处于两种主要组成蛋白质的等电点之间时(即 pH 大约为 9.0),凝胶强度最大;纯化的球蛋白在 pH6.0 和 8.0 时凝胶强度最大;清蛋白凝胶稳定性相较球蛋白弱(Schwenke et al.,1998)。

活性油菜籽蛋白质通过适当酶水解或一定化学改性可得到大量具有生物活性的肽类、少量的游离氨基酸、糖类以及无机盐等成分。研究结果表明,油菜籽蛋白质经酶处理后所得肽类成分具有清除自由基活性的特性。张寒俊等(2004)以双低油菜籽分离蛋白质为原料,采用风味蛋白酶酶解制备油菜籽蛋白质活性肽,在最佳条件下具有较强的抗氧化性和羟自由基清除能力。周鸿翔等(2009)研究结果表明,在最佳水解工艺条件下,碱性蛋白质酶水解油菜籽蛋白质制备的多肽对羟自由基清除率达 14.65％。其他生物活性油菜籽蛋白质及其肽的生物活性还表现为胆汁酸抑制作用、促进细胞生长的活性、增加免疫功能、抑制 HIV 蛋白酶活性和肿瘤细胞的活性(彭瑛等,2011)。张欢欢等(2020)通过对双低油菜籽蛋白质水解产生的氨基酸含量进行测定,结果表明,双低油菜籽蛋白质中含有 19 种氨基酸,包含 17 种组成人体蛋白的氨基酸、鸟氨酸和羟脯氨酸;总氨基酸含量(鸟氨酸、羟脯氨酸除外)在 809.99～855.11 mg/g 蛋白质,必需氨基酸占氨基酸总量的 34.4%～35.5%,必需氨基酸与非必需氨基酸的含量之比为 0.524～0.543,分别接近 FAO/WHO 标准规定的 40% 和 60%。其中谷氨酸含量最高,谷氨酸是一种鲜味氨基酸,它能与 NaCl 反应生成谷氨酸钠盐(味精)(吴晓江等,2011);精氨酸、脯氨酸含量次高,精氨酸占氨基酸总量的比例在 7.00%～8.02%,精氨酸是维持婴幼儿生长发育必不可少的氨基酸,具有治疗血氨增高引起的肝昏迷、改善性欲的作用(黄程等,2018);脯氨酸含量是植物抗旱、抗寒育种的重要生理指标;此外,必需氨基酸中亮氨酸、赖氨酸的含量较高,亮氨酸能与异亮氨酸和缬氨酸协调修复肌肉,控制血糖,并给身体组织提供能量(李杨梅等,2017);赖氨酸能促进食欲,对幼儿生长和发育有促进作用,还能提高钙的吸收,加速骨骼生长,同时也是合成大脑神经再生性细胞等重要蛋白质所需的必需氨基酸。

综上所述,油菜籽蛋白质是一种优良的植物蛋白质,也是一种具有开发潜力的优质蛋白质。近年来随着对油菜籽蛋白质中已知和未知组分的分离、结构、生物活性、理化特性及改性研究的不断深入,油菜籽蛋白将作为一种全新的优质蛋白质广泛应用于多个领域。

3. 碳水化合物　油菜籽中碳水化合物的含量占饼粕总干物质的 20% 以上,在菜籽中发挥着贮存物质、结构支撑物及水合机械保护等作用。相关研究表明,油菜籽中的碳水化合物主要为多糖,Siddiqui I R 等人利用甲基化反应研究了菜籽多糖各糖残基的链接方式及一种水溶性菜籽多糖的结构,通过甲基化数据推测出,多糖的平均单元是由 25 个糖残基组成,其中有 9 个非还原末端,包括 3 个 Gal 残基、5 个 Xyl 残基、1 个 Guc 残基;支链有 8 个 Glc 残基(通过 4,6 位);剩余的 8 个非末端残基由 2 个(1→6)-Glc、1 个(1→2)-Xyl、5 个(1→4)-Glc 残基组成(Siddiqui et al.,1971)。另有研究结果显示,脱脂菜籽粕中主要的非纤维素多糖是阿拉伯聚糖、阿拉伯半乳糖、鼠李半乳聚糖和半纤维素聚合物。朱建飞等(2010)采用糖醇乙酰酯衍生物气相色谱法和 1-苯基-3-甲基-5-吡唑啉酮柱前衍生化高效液相色谱法测定单糖组分,得出菜籽多糖级分 WPS-1 主要由 Ara 组成,还含有少量的 Gal、Glc 等单糖。对比通过甲基化分析以及一维 NMR 对菜籽多糖级分 WPS-1 的结构表征进行了研究,得出 WPS-1 的主体部分主要是由(1→5)键和(1→2)键连接的 Ara 残基组成的多支链 α-阿拉伯聚糖。

目前,对菜籽多糖的研究报道不多。有人对菜籽多糖的生物活性进行了初步研究,发现其具有抗氧化、抑瘤等作用。有的研究表明,菜籽多糖在体内、外均具有明显的抗氧化作用,菜籽多糖具有还原能力及抑制与氧化有关酶的活性可能是其抗氧化的机理。严奉伟等研究了菜籽多糖的抑瘤作用及其机理,结果表明菜籽多糖在小鼠体内具有抑制 S180 肉瘤的作用,能增进荷瘤小鼠免疫力、清除自由基与抑制 LDH 活性可能是其抑制肿瘤的机理;另外发现菜籽多糖能显著降低糖尿病小鼠血糖水平,增加糖尿病小鼠胸腺与脾脏指数,提高血清抗活性氧单位,降低肝匀浆丙二醛(MDA)含量。朱建飞等(2010)研究表明,菜籽多糖可能对淋巴细胞和巨噬细胞的免疫功能具有调节作用。

(二)抗营养因子

1. 硫代葡萄糖苷　硫代葡萄糖苷(简称硫苷)是油菜籽及其饼粕中的主要抗营养因子,普通油菜籽中硫代葡萄糖苷含量一般为 2.0%～4.5%,"双低"油菜籽中硫苷的含量要求在 0.7% 以下或饼粕中硫苷含量在 30 $\mu mol/g$ 以下。硫苷由 β-D-葡萄糖、磺酸肟和氨基酸的侧链 R 组成,根据侧链 R 的不同,硫苷在结构上可分为脂肪族硫苷、芳香族硫苷和吲哚族硫苷。硫苷的生物合成包括 3 个部分:氨基酸侧链的延伸、核心结构的形成以及次级侧链的修饰。田艳等(2020)对已经报道的 189 种硫苷及其降解结构和名称进行了整理,其中含硫侧链硫苷 50 个,脂肪族及其醇、酮类硫苷 41 个,烯烃醇类 13 个,芳香族硫苷 22 个,苯甲酸酯类硫苷 11 个,吲哚族硫苷 11 个,多糖基和其他硫苷 41 个。

硫苷在油菜籽中通常以钾盐形式存在,本身无毒,在芥子水解酶的作用下,会产生有毒的噁唑烷硫酮(OZT)、异硫氰酸酯(ITC)和硫氰酸酯等。噁唑烷硫酮影响机体对碘的利用,阻碍甲状腺素的合成,引起腺垂体的促甲状腺素分泌增加,导致甲状腺肿大,同时还影响肾上腺皮质和脑垂体,使肝脏功能受损,引起新陈代谢紊乱,影响蛋白质、氨基酸的生物合成,导致造血功能下降和贫血。此外,还抑制生殖系统发育,破坏繁殖机能,使家禽蛋的保存品质下降,不同程度地影响家禽的生长发育,甚者导致中毒死亡。异硫氰酸酯有辛辣味,长期或大量饲喂会引起肠炎。

近年来随着对硫苷研究的深入,其降解产物抗癌抗肿瘤、消炎抑菌等生理功能逐渐被报道。许多研究报告表明,摄入十字花科植物与罹患许多癌症的风险之间存在强烈的负相关关系(臧海军等,2007)。十字花科植物中硫苷及其降解产物的摄入能有效降低脑肿瘤、肝癌、肺癌、结肠癌、前列腺癌、膀胱癌、乳腺癌、宫颈癌、舌癌、食管腺癌等癌症的发病率。代梅等(2017)研究表明,硫苷具有抗氧化作用,尤其是其降解产物异硫氰酸酯(ITC),通过调节核因子 E2 相关因子抗氧化反应元件信号通路诱导 II 相酶活性,对脂质过氧化物进行清除,从而达到抗氧化目的。相关研究表明,硫苷的降解产物硫氰酸酯(ITC)对各种细菌性病原体具有抑制活性;主要对金黄色葡萄球菌、伤寒沙门氏菌、枯草芽孢杆菌、埃希氏大肠杆菌抑制效果明显,但随着异硫氰酸酯(ITC)浓度的降低,抑菌效果减弱(李向果等,2014);烯丙基异硫氰酸酯可有效降低红霉素对化脓性链球菌的最低抑菌浓度(Palaniappan et al.,2010);烯丙基异硫氰酸酯和苯乙基异硫氰酸酯均可与链霉素对大肠杆菌、铜绿假单胞菌等革兰阴性菌产生协同作用(Maria et al.,2010);Freitas 等(2013)将苯乙基异硫氰酸酯与氨基糖苷类庆大霉素混合使用,观察到苯乙基异硫氰酸酯可以显著提高庆大霉素对 11 株大肠杆菌的抗菌活性。

2. 植酸 植酸即环己六醇六磷酸酯,在菜籽饼粕中含量为 4%～8%。油菜籽中的植酸是一种重要的败质因子,它与蛋白酶抑制剂、蚕豆素、外源凝集素、甲状腺致肿素、生氰化合物等天然抗营养物质一样,会影响人体或动物对粮油食品与饲料中矿质元素和蛋白质的消化、吸收及利用。

植酸的分子结构决定其具有极强的螯合化学特性。其在很宽的 pH 值范围内均带负电荷(pH 3～4 时尤甚),能与带正电荷的 Ca^+、Zn^{2+}、Cu^{2+}、Mg^+、Fe^{2+}、Fe^{3+}、Mn^{2+}、Cd^{2+} 等许多二价或多价金属离子螯合形成溶解度很低的络合物,称之为植酸盐。这些难溶性植酸盐络合物,是植酸在粮油籽粒中的主要存在方式。它们的形成使上述金属离子不易为人或单胃动物所利用,极大地降低了食物中矿质元素生物效能,其中 Ca、Zn 等必需矿质元素的生物学有效性平均只有 34%、42%,导致幼儿易患佝偻病,成人体内易出现"钙质负平衡"现象,即钙质的排出量大于摄入量(王云,2004),而畜禽动物表现出厌食、消瘦、生长机能衰退、蛋白质吸收能力降低等缺锌症状(Anjou,et al.,1978)。

植酸也能有效地与蛋白质分子形成螯合物。在低于蛋白质等电点 pH 介质的酸性条件下,蛋白质带正电,植酸带负电,两者可生成植酸—蛋白二元复合物。而在高于蛋白质等电点 pH 介质的碱性条件下,蛋白质和植酸都带负电,能以上述金属阳离子为桥生成植酸—金属阳离子—蛋白质三元复合物。这些复合物形成不仅使蛋白质可溶性明显下降,而且大大降低粮油食品中蛋白质生物效价与消化率,影响蛋白质的功能特性。更应值得重视的是,植酸及其不完全水解产物还能抑制蛋白质、淀粉水解酶和脂肪酶等一系列水解消化酶活性,会严重影响动物的正常代谢与生殖能力(王志刚,2005)。

植酸中含有大量的有机磷,它是粮油籽粒中磷的主要贮备形态。有研究表明,油菜籽在成熟过程中,叶和根会将磷酸都转移到籽粒内,而转移的绝大部分磷最后被发现在植酸内,并以植酸磷的形态贮藏在细胞质的球状蛋白体中。由于植酸中的磷酸基团与金属离子或蛋白质分子螯合在一起形成植酸磷,从而极难被非反刍动物所消化利用,导致磷的生物学有效性平均只有23%。

3. 多酚　多酚类化合物是指结构上含有两个或两个以上酚羟基的化合物,是广泛存在于植物中的一类重要的次级代谢产物。多酚类物质又可分为溶剂可萃取的组分,即可溶性多酚和与植物细胞壁中的纤维素、蛋白质等以酯键结合存在的溶剂不可直接萃取的组分,即不溶性多酚。在大豆、油菜、花生和棉籽四大油料作物中,油菜籽中多酚含量最高,总酚达到639.9 mg/100 g,是大豆中多酚含量(23.4 mg/100 g)的近30倍。多酚在植物的生长过程中起着保护植物防止紫外线辐射性损伤、抗害虫、病毒和细菌的侵害以及植物荷尔蒙的调节作用。然而菜籽多酚也是限制菜籽粕深加工利用的次级代谢产物,菜籽多酚的存在使菜籽粕的加工产品如菜籽蛋白、菜籽肽等具有味苦、收敛性。油菜籽中的酚类化合物主要包括酚酸和单宁两大类,其可能与蛋白质结合,使菜籽粕变成棕黑色,并带有不良气味,影响菜籽粕的营养特性及食用价值。有学者研究结果表明,菜籽单宁会与蛋白质疏水结合,从而影响人体对蛋白质的吸收,也会抑制机体内的多种酶活性(吴谋成等,1998)。

尽管菜籽多酚在菜籽蛋白或菜籽肽的产品加工过程中要作为不利因素而首先除去,但由于多酚类物质普遍的具有抗氧化性、抑菌作用等生理化性,基于菜籽中较高的总酚含量,对菜籽多酚的活性研究也成为科技人员感兴趣的课题之一。Matthaus 等(2002)在比较各种油料作物提取物的抗氧化能力时发现,在用 DPPH 法、β-胡萝卜素褪色法和 ESR 分析中,各种油料作物的提取物都有较为良好的抗氧化能力,而且菜籽多酚提取物的抗氧化能力最突出;T. Usha 等人发现在菜籽油中加入菜籽多酚后,能有效抑制其中的氢过氧化物和丙醛的生成,而且证明其与 α-/γ-母育酚有抗氧化效应的协同增效作用。严奉伟等(2005)通过对所提取的菜籽多酚进行纯化,得到组分1和组分2,分别测定了两个组分在化学模拟体系、小鼠线粒体、小鼠血清与肝匀浆中的抗氧化作用。两个组分均在化学反应体系中具有还原能力,能清除活性氧,抑制脂肪氧合酶的活性。在体外试验中,菜籽多酚能抑制线粒体膜的肿胀,增加小鼠血清抗活性氧能力,抑制小鼠肝线粒体与小鼠肝组织匀浆丙二醛的生成。发现菜籽多酚可以通过自身的还原性保护生物体的其他还原性成分而发挥抗氧化作用,也能够通过抑制机体内与氧化相关的酶而在体内发挥抗氧化作用。但他们的工作局限于菜籽多酚的提取,做的纯化工作并未对菜籽多酚进行结构鉴定,也没有检测出抗氧化能力最强组分的结构。

(三)其他成分

1. 甾醇　甾醇因其呈固态又称固醇,是一种以环戊烷全菲(甾核)为骨架的一种醇类化合物。甾醇分为植物甾醇、动物甾醇和菌类甾醇三类(Piironen et al.,2000)。植物甾醇主要成分为4-无甲基甾醇、4-甲基甾醇和4,4'-二甲基甾醇三类,存在于植物种子中(雷炳福,2002)。油菜籽和菜籽油中均含有一定量的植物甾醇(0.5%～1.0%),其中约一半为谷甾醇,其次为菜油甾醇,少量菜籽甾醇和燕麦甾醇以及微量的豆甾醇(TabeeE et al.,2008)。油菜中植物甾醇以游离甾醇、酯化甾醇和糖苷的形式存在。不同植物油甾醇的种类和含量往往不同,同理,甾醇的含量和组成也可用来衡量菜籽油的品质。人体只能从膳食中摄取植物甾醇,因为本身不能合成植物甾醇,但甾醇在人体里的吸收率较低,且植物甾醇在肠道中吸收率不同。菜油甾醇的吸收最好,豆甾醇的吸收最差(管伟举等,2006);含双键的植物甾醇被饱和成相应的甾烷醇后几乎不被吸收,菜油甾醇例外,植物甾醇被酯化成相应的甾醇酯后吸收率增强(胡学烟等,2000)。动物的性别不同对植物甾醇的吸收率也不同,一般雌性的动物比雄性动物的吸收要好(盛漪等,2002)。

植物甾醇是一种重要的天然甾体,具有许多重要生理功能,最引人注目的是降低胆固醇功效(李月等,2004)。医学界关于甾醇对血脂的作用开展了 20 多项的临床研究表明,甾醇酯可以降低 14% 的低密度蛋白胆固醇(LDL-C),对于胆固醇水平过高的儿童也有同样的功效,而对人体健康有益的高密度脂蛋白胆固醇(HDL-C)和甘油三酯的水平却没有影响(贾代汉等,2005)。关于植物甾醇降低血中胆固醇机理尚未完全阐明,目前有几种主要理论(Piironen et al.,2000):①低吸收机制:植物甾醇和植物甾醇烷醇可将小肠中胆固醇沉淀下来,使其呈不溶解状态,因此不能被吸收。②阻碍胆固醇溶于胆汁酸机制。胆固醇能溶于小肠内腔胆汁酸微胶束,是被吸收的必要条件;而植物甾醇存在可将胆固醇替换出来,使之不能经过胆汁酸微胶束运送到达小肠绒毛吸收部位,例如 β-谷甾醇阻碍胆固醇的吸收作用。③竞争结合位点机制。在小肠微绒毛膜吸收胆固醇时植物甾醇将与胆固醇相互竞争,阻碍对胆固醇的吸收。

另外一些研究表明,甾醇在抑制肿瘤、防治心脏病、抗癌、防治前列腺疾病和调节免疫功能等方面都有重要作用(柯有甫等,2013)。有学者研究证明,植物甾醇对机体某些癌症如乳腺癌、肠癌、胃癌等发生和发展有一定的抑制作用。Mellanen 等(1996)指出,日服 3 g 甾醇或饱和性甾醇可使心脏病发生率下降 15%～40%。由于植物甾醇在化学结构上类似于胆甾醇,对防治前列腺疾病和乳腺疾病有较好的作用。许多研究者认为它在体内表现出一定的激素活性,且无激素副作用(唐传核,2001)。美国、欧洲和日本等国家对植物甾醇在医药中的应用理论和技术的研究较多,也有一定的突破。目前国外应用最多的是在医药方面,如作为甾体激素药物的原料、降低胆固醇的药物,抗炎退热及抗肠癌、宫颈癌、皮肤癌、肺癌、前列腺癌等。在食品领域应用方面主要趋向于作为预防心血管疾病的功能性活性成分(杨振强等,2006)。

2. 磷脂　油菜籽和菜籽毛油中含有丰富的磷脂,磷脂是一类含磷的类脂化合物,是生物膜的基本组成成分,又是脂蛋白的载体。已知的磷脂有磷脂酰胆碱(PC=15%～48%)、磷脂酰乙醇胺(PE=3%～19%)、磷脂酰肌醇(PI=5%～29%)、甘油磷脂酸(PA=2%～67%)、磷脂酰丝氨酸(PS=0.1%～15%)和溶血磷脂酰乙醇胺(LPE=1%～12%)。甘油磷脂酸和部分磷脂酰乙醇胺以钙盐或者镁盐存在,在不同存储条件的油菜籽中,磷脂还会以溶血化合物形式存在(Nieuwenhuyzen et al.,2010)。磷脂中含有的高度不饱和脂肪酸是人体不饱和脂肪酸的重要来源,因而磷脂具有重要的生物学活性。例如,增强神经系统的激动性,协助和促进食物消化、吸收和利用,增强机体耐力和精力,改善心脏和大脑的功能等(沈晓京等,1994)。特别是其中的磷脂酰胆碱(PC,又名卵磷脂)更具有独特的保健功能。

磷脂分子是由极性和非极性两部分组成的典型兼溶性分子,有良好的乳化功能,由于诸多结构特点及功能活性使其在医药、化妆品、食品和保健品等许多行业被广泛应用。①预防和治疗脂肪肝。磷脂对脂肪代谢起到重要作用,磷脂可降低血清胆固醇含量,促进脂肪在磷脂的作用下乳化成细小的微粒由肝脏通过血液输送出去,避免脂肪在肝脏内的积聚,从而起到抗脂肪肝、预防和治疗肝硬化的作用。②预防和治疗胆结石。若胆汁中胆固醇过多或磷脂减少,会形成致石性胆汁,在胆汁中析出胆固醇结晶而形成胆结石。磷脂在胆汁中形成的微胶粒有助于胆汁中的胆固醇呈溶解状态(刘炳智等,2001;刘小杰等,2001)。③改善脑功能。磷脂被机体消化吸收后释放出胆碱,胆碱随血液进入大脑,在乙酰化酶的作用下生成乙酰胆碱,促使细胞活化,加快大脑细胞之间信息传递速度,从而提高反应能力和记忆力。老年人血液中胆碱含量降低,从而引起脑疲劳、记忆力下降和老年性痴呆等症状,因此磷脂可改善脑功能,防治老年性痴呆症。④抗衰老作用。人细胞膜胆固醇/磷脂(CH/PL)、神经磷脂/磷脂酰胆碱(SM/PC)分子比随年龄增加而明显升高,成为生物膜老化的基本特征。磷脂有利于增加生物膜的流动性,增加脂肪酸的不饱和度,减少游离脂肪酸,磷脂可保护生物膜免受人体代谢过程中产生的自由基损伤,有利于延缓细胞的衰老。有研究表明,磷脂可有效降低 CH/PL、SM/PC 的比值,且能提高细胞代谢能力,增强细胞消除过氧化脂质的能力,从而起到延缓衰老的作用(唐传核,2001;王仲礼,2003)。

二、油菜籽(油)品质的影响因素

(一)品种及生育进程的影响

1. 油菜籽(油)品质的品种差异　不同油菜品种具有不同的遗传背景和基因型,进而决定了油菜籽的不同品质。

2. 生育进程的影响　油菜生产发展面临的主要问题是在提高油菜籽产量的同时还需要对油菜籽的品质进行改良。油菜籽成熟过程中其品质会随着生育进程不断变化。

李延莉等(2009)对成熟过程中不同甘蓝型双低油菜品种的含油率、芥酸、硫苷以及多种脂肪酸含量进行了测定,结果表明:各品种油菜种子的含油率与品种的生育期长短呈正相关,研究中种子含油率随成熟期的延长而增加;不同双低油菜品种中芥酸含量变化不明显,研究认为,由于所选材料均为双低油菜品种,芥酸含量本身很低,不同品种之间虽存在一定差异,但其含量与各品种收获时间的早晚无显著关系;硫苷含量在达到一定程度后,部分油菜品种中硫苷的含量随着成熟期的延长有所降低,到达一定量后趋于稳定,也有部分品种随成熟期的延长先降低后增加,之后又趋于稳定,总的来说,油菜籽的收获时间与硫苷的含量关系不大,而与品种自身遗传特性有关;而脂肪酸中棕榈酸随收获时间的延长逐步降低,硬脂酸和油酸的含量变化不明显,亚油酸有增加的趋势,亚麻酸含量随成熟期延长逐渐增加,随后趋于稳定。

尹亚军(2015)通过对不同时间采收的 3 个油菜品种(1 个杂交种、1 个常规种、1 个菜薹品种)的千粒重、油脂含量、蛋白质含量、主要脂肪酸含量等指标的变化规律进行研究,结果表明:油菜籽在成熟过程中,千粒重、油脂含量、蛋白质含量均呈先上升后趋于平缓的变化趋势,其中,千粒重和油脂含量分别在终花后 35 d 左右达到最大值,蛋白质含量分别在终花后 32 d 左右达到最高值。总糖含量均呈现下降趋势,3 个品种分别在终花后 35~38 d 降至最低值。硫代葡萄糖苷含量变化因品种而异,其中杂交种和常规种的变化不明显,菜薹品种的硫代葡萄糖苷含量明显上升。3 个品种油菜籽在成熟过程中,总糖含量与油脂含量、蛋白质含量、硫代葡萄糖苷含量之间均呈现极显著的负相关,其他指标(蛋白质、油脂、硫代葡萄糖苷)间则呈现显著或极显著的正相关,各品种各指标间的相关系数因品种不同而有所差异。3个品种油菜籽在成熟过程中,饱和脂肪酸(棕榈酸和硬脂酸)含量总体均呈下降趋势,其中棕榈酸和硬脂酸的含量分别在终花后35~38 d降至最低水平;不饱和脂肪酸中,油酸含量总体均呈上升趋势,亚油酸含量呈现一定的下降趋势,但变化幅度较小,杂交油菜品种的亚麻酸含量呈现小幅波动趋势,而常规油菜品种的亚麻酸含量呈小幅上升趋势,两者分别在终花后35 d和38 d达到最高水平,菜薹品种的亚麻酸含量呈先上升后又有所下降的趋势。3个品种中长链脂肪酸(二十碳烯酸和芥酸)含量均较低,呈现一定范围的波动趋势。通过对脂肪酸相关性进行分析发现,3个品种油菜籽的硬脂酸含量和棕榈酸含量之间均呈现高度的极显著正相关,而油酸含量与硬脂酸含量、棕榈酸含量均呈极显著负相关,其他脂肪酸含量之间的相关性则因品种的不同而有所差异。

(二)环境和人为措施的影响

1. 环境条件的影响 油菜籽的品质除受基因型控制外,环境因素对其影响也很大。徐亚丽(2012)综述了环境条件对油菜品质的影响,主要包括光照、温度、水分、土壤、纬度和海拔等生态因素对油菜主要品质的影响。

(1)光照条件 光照条件是影响作物发育及其产量形成的重要生态学因子之一。油菜属于长日照作物,即在较长的日照条件下才能正常开花结实,而冬性油菜属于弱感光类型(刘后利,2000)。前人研究发现,光照强度和日照时数对油菜的生长发育、产量及品质有显著影响。彭善立等(1994)研究指出,油菜冬前苗期各性状(叶面积指数、茎叶干重等性状)与冬前日照时数之间呈显著的正相关。全生育期内日照时数、活动积温与株高、一次有效分枝数、单株有效角果数等经济性状呈显著的正相关。汪剑鸣等(1997)研究发现,油菜生育期间的日照时数越多,产量越高,中后期日照时数多,产量亦越高。张子龙(2007)研究表明,油菜种子含油量随光照强度的增加而提高,种子形成期光照减弱至自然光强的1/4,含油量比对照降低16.63%。较短的日照时数有利于芥酸的合成和积累,反之则有利于油酸、亚麻酸的合成和积累(沈蕙聪,1997)。

(2)温度 温度条件也是影响油菜产量及品质形成的重要生态学因子。彭善立等(1994)研究表明,油菜冬前苗期叶面积指数、茎叶干重等性状与冬前活动积温之间呈显著的正相关。汪剑鸣等(1997)研究指出,昼夜温差大,白天气温较高,光合作用强,晚上气温较低,呼吸消耗少,光合作用积累物质较多,油菜产量更高。冷锁虎等(2002)认为,温度对油菜苗期叶片的光合强度影响很大,在较低的温度(<20 ℃)条件下随着温度的升高,光合强度也升高;但温度过高,光合强度则下降。油菜部分脂肪酸的组成与其生育期平均气温和总积温有关,硬脂酸含量随气温升高和积温增加而相对下降,油酸和芥酸含量随气温升高和积温增加而相对增加。张子龙(2007)研究指出,油菜种子含油量与角果和种子发育期间的平均最高温度呈显著负相关,角果和种子发育期间的平均最高温度每上升1 ℃,油菜种子含油量下降0.66%。还有研究表明,油菜角果成熟期,16~17 ℃的日均温可能有利于脂肪的积累,但角果发育期过高的日均温会使籽粒含油量下降(胡立勇等,2015)。

(3)水分 油菜是需水较多的一种作物,在生长期间雨量充沛,产量表现较好,其种子含油量也较高。但相关研究表明,1.64~5.33 mm/d降水量范围内,降水量与含油量却呈负相关。

此外,现蕾期的降水量与亚麻酸含量呈负相关(张子龙,2007)。花期的降水量也是影响芥酸、油酸、亚油酸的主要气象因子之一,花期的降水量与芥酸、亚油酸呈不显著的正相关,与油酸呈不显著的负相关。现蕾期降水量与亚麻酸含量呈负相关。开花前后的干旱影响油菜的籽粒品质,干旱会降低菜籽含油量,增加菜籽蛋白质的含量。另外,土壤水分含量对植物根系及土壤养分有效性都有很大的影响。欧光华等(2003)试验表明,花果期持续受渍,会降低单株的有效角果数、千粒重等,进而对油菜产量与含油量产生影响,随着持续受渍的加重,油菜产量呈明显下降趋势。

(4)土壤　土壤结构、质地、腐殖质含量、肥力状况、酸碱度等都对油菜品质有直接影响。原苏联的研究表明,4个不同的甘蓝型油菜品种种植在重黏土比种植在石灰性轻壤质黄土上含油量平均高1.35%。张子龙等(2007)研究发现,油菜籽含油量、蛋白质含量与土壤中腐殖质含量呈正相关,且除了直接影响油菜品质外,还能通过提供油菜生长所必需的营养元素,进而影响油菜品质。另有研究指出,油菜种植在中性和微碱性土壤上,含油量较高;在酸性土壤上次之;在碱性土壤上含油量最低。从pH值看,在pH 5~6时含油量较高,pH 4时次之,pH 7~8时最低。

(5)纬度和海拔　据研究表明,高纬度地区的生态条件,有利于降低芥酸含量,提高油酸、亚油酸含量,而亚麻酸不受影响。张子龙等研究指出,中国西北地区油菜含油量平均为40.39%,华中地区平均为35.39%,长江中下游地区为33%~37%。可见不同纬度对油菜含油量也有一定影响。一般来说,同一油菜品种,种植地区纬度越高,油菜含油量越高;纬度越低,其含油量也越低,但在高纬度地区生长的油菜,蛋白质含量不及低纬度地区的高(张子龙,2002)。海拔高度对油菜含油量也有较大影响,据中国农业科学院油料作物研究所在湖北省原恩施地区的研究结果表明,同一油菜品种在不同海拔高度地点种植,其含油量有随海拔增加而增高的趋势,海拔从450 m到1500 m增加了1050 m,油菜含油量从38.33%到45.72%增加了7.39%。王国槐等(2001)研究表明,同一播期不同地点产量差异较大,高纬度地区的产量明显大于低纬度地区,反映了油菜产量的生态差异,山丘区和高纬地区的产量潜力比平原和低纬地区大。张晓春等(2012)以3个不同含油量甘蓝型油菜品种为材料,比较分析同一地区不同海拔条件对油菜主要农艺性状、产量构成因素、产量和品质的影响,结果表明:随海拔高度的增加,株高、分枝高度、一级分枝、二级分枝、主序无效果数、籽粒蛋白质含量减小;主序无效果率、千粒重、籽粒含油量逐渐增加;有效角果数、果粒数、产量表现为先减小后增加。品质指标的变异分析表明,芥酸和硫苷受环境因素的影响较大。

2. 人为措施的影响　人为措施对油菜品质的影响主要体现在不同栽培因子方面,栽培因子主要包括播种期、种植密度、施肥、植物生长调节剂等。栽培因子能够通过调节油菜生长期间不同的光温条件、水分亏盈、生长发育进程,平衡个体与群体间的矛盾,进而影响油菜品质。

(1)播期　研究表明不同播期对油菜品质有一定的影响。张子龙等研究发现,种子、胚以及皮壳含油量和皮壳纤维素含量随播期推迟而下降,而皮壳率和胚蛋白质含量随播期推迟而上升(张子龙等,2006)。姚祥坦等(2009)研究表明,播期对油菜籽中芥酸和硫代葡萄糖苷含量的影响不大,而对蛋白质和含油量影响较大,随着播种期的变化,菜籽蛋白含量和含油量之间存在相互消长的作用。钟林光等(2010)研究发现,油菜籽硫苷和芥酸含量随播期推迟先下降后上升,在中间播期含油量最低,蛋白质含量变化趋势则相反,在中间播期最高。刘念等（2015）的研究也得出了相似的结论，他们认为在适宜播期内，含油量和芥酸随播期推迟而下降。但也有学者认为，播期对油菜农艺性状和产量形成有重要影响，而对籽粒含油量、油酸含量和亚油酸含量等品质指标无显著性影响（吴永成等，2015）。

（2）密度　密度对油菜品质影响主要体现在含油量和蛋白质含量等方面。官春云等（2001）研究适当增加种植密度能够促进籽粒磷脂酸磷酸酯酶活性提高，致使油菜籽粒的含油量升高，同时还可以抑制油菜籽粒、果壳、叶片中谷氨肽胺合成酶活性，但会降低种子中蛋白质含量。张树杰等（2012）研究也发现，油菜主序角果种子含油量大于分枝角果种子含油量，而提高种植密度会使单株分枝数减少，主序角果数占单株角果数比重增加，因而平均种子含油量也会增加。张子龙等（2006）通过研究不同密度和氮素水平下甘蓝型黄籽油菜主要品质性状的变化，肯定了高密度下油菜胚蛋白质含量降低，但种子含油量跟密度的关系因基因型不同而异。高建芹等（2005）研究发现，含油量随密度增加先上升后下降，但对籽粒蛋白质含量影响较小。也有研究认为，密度对油菜籽粒的含油量、蛋白质影响不是很明显，但过高过低均能造成含油量和蛋白质含量的降低。

（3）施肥　施肥对油菜品质有较显著的影响。李宝珍等（2005）试验研究了氮、磷、钾、硼对甘蓝型黄籽油菜产量和品质的影响，结果表明，氮、磷、钾、硼单因子对产量和产油量的影响均是氮＞磷＞硼＞钾，对含油量的影响是氮＞硼＞磷＞钾，对蛋白质的影响为氮＞硼＞钾＞磷。施肥模型寻优结果表明施氮 163.7～179.2 kg/hm²、磷 85.0～95.0 kg/hm²、钾 100.7～124.3 kg/hm²、硼 6.7～8.3 kg/hm²，可使黄籽油菜产油量达到 1000 kg/hm²，饼粕蛋白质含量达 40% 以上；饼粕蛋白质含量大于 45% 时，各养分因子取值区域是施氮 236.6～255.4 kg/hm²、施磷 80.3～99.7 kg/hm²、施钾 103.2～126.8 kg/hm²、施硼肥 8.9～10.3 kg/hm²。曹伟等（2015）研究表明，氮肥对优质杂交油菜的含油率、芥酸、硫苷、种子蛋白质产生极显著的影响，对油酸影响不显著。对亚油酸、亚麻酸、花生烯酸的影响因品种而显著程度不同。含油率与施氮量间呈极显著的负相关，芥酸、花生烯酸与施氮量间呈极显著正相关，亚麻酸与施氮量间呈显著或极显著正相关，硫苷、亚油酸与施氮量间呈显著或极显著负相关，油酸与施氮量间呈不显著或显著正相关；各品质性状与施氮量间的相关性是完全一致的，只是相关显著程度不同。在氮、磷、钾处理平衡施肥条件下，施加硼肥能显著降低硫苷和芥酸含量，显著增加油菜含油量，油酸、蛋白质含量；继续增施锌肥对油菜含油量没有显著影响，但能进一步显著降低硫苷和芥酸含量，并显著提高油菜油酸和蛋白质含量；油菜硫苷对氮肥施用量具有拐点效应，油菜芥酸含量随着氮肥施用量的增加而显著降低，氮肥施用过高显著降低含油量，氮肥施用量对蛋白质的影响趋势和油酸一致，即先随施氮量的增加而显著增加，而进一步增施氮肥则无显著变化。

（4）植物生长调节剂　相关研究表明，植物生长调节剂对油菜品质会产生显著影响。Balcerek 等（1983）研究结果表明，油菜喷施矮壮素使产量增加 17% 的同时，脂肪、蛋白质含量也均增加，可促进油菜根系对磷的吸收以及向地上部分的转移，促进基肥中碳胺的吸收和再分配，提高叶片和角果 CO_2 的同化量并促进同化产物向籽粒的转移（叶庆富等，1998）。王保仁等（1993）研究结果表明，喷施赤霉素、多效唑、青霉素有一定增加油酸或亚油酸含量的作用，但作用较小。王国槐等（2001）研究结果表明，花期使用谷粒饱能促进油菜角果发育和种子形成，果皮叶绿素含量增加，亚油酸含量增加，亚麻酸、芥酸及硫苷含量降低。

(三)加工工艺及储存条件的影响

1. 加工工艺的影响

(1)制油工艺对菜籽油品质的影响　不同的制油工艺对菜籽出油率及品质有显著影响。目前国内的制油工艺主要有物理压榨(冷榨、热榨)、溶剂(如正己烷)浸出、水酶法、超(亚)临界流体萃取法等。冷榨法属于物理挤压压榨法,加压不升温,可以最大程度保留油脂的营养物质,但出油率相对较低;热榨法是油料经过高温蒸炒工序后再进行机械压榨的制油工艺,出油率优于冷榨法,但营养物质会有一定程度的损失。溶剂浸出法是利用有机溶剂(如正己烷)的"相似相溶"原理实现的,出油率高,缺点是其他非油脂物质和有机溶剂残留,需要进一步的化学精炼。水酶法是近年来开发利用的一种新的制油工艺,它是在对油料进行机械破碎的基础上,采用酶降解油料植物细胞获得油脂。超临界 CO_2 流体萃取法和亚临界流体萃取法都是新型取油技术,超(亚)临界流体萃取方法萃取目标准确,能较好地保留油品和菜粕的营养成分,但都存在设备投入大、运行成本高等问题。近年来,中国农业科学院油料作物研究所研发的"7D功能型菜籽油"加工技术融合了微波调质、低温低残油压榨、低温绿色精炼、生香与风味控制等技术,极大提高了菜籽油的营养品质,具有轻简高效、全程绿色化生产、技术标准化、生产自动化、产品高值化等特点。

目前菜籽油制取工艺最常用的是物理压榨与溶剂浸出2种。孔建等(2019)比较了压榨法与浸出法制备的菜籽油中脂肪酸含量的变化,结果表明:2种制油方法中脂肪酸各组分差异比较明显。浸出法制菜籽油中的棕榈酸、硬脂酸、亚油酸、亚麻酸均比压榨法高,分别高出9.80%、9.29%、6.85%、4.22%;浸出法制菜籽油中花生烯酸、山嵛酸和芥酸分别比压榨法低12.89%、5.26%和46.57%;两种方法制备菜籽油中的油酸和花生酸差异较小。所以,不同的制油工艺对油菜籽中的脂肪酸提取量和破坏量是不同的,压榨工艺由于对油菜籽的高温处理以及机械研磨,会使亚麻酸、亚油酸等不饱和脂肪酸破坏,从而影响食用油的营养品质。张亮等(2017)研究了不同制油工艺对菜籽油品质的影响,结果表明:大多数制油工艺对菜籽油的脂肪酸和甘三酯组成无显著性影响;水酶法制得菜籽油的酸值相对较高,为 0.995mg/g,但富含 β-胡萝卜素、植物多酚,含量分别为 5.40 mg/kg 和 152.08 mg/kg;浸出菜籽毛油富含生育酚和植物甾醇,含量分别为 833.74 mg/kg 和 6607.35 mg/kg;精炼菜籽油的酸值(KOH)最低,仅为 0.233 mg/g,但精炼菜籽油的微量营养成分相对较少。分别以氧化诱导时间和 DPPH 自由基清除能力为指标,对不同制油工艺制得菜籽油的氧化稳定性进行评价,结果表明:水酶法制得菜籽油稳定性最强,精炼法制得菜籽油稳定性最弱,而浸出菜籽毛油、热榨菜籽油和冷榨菜籽油介于其间,这一性质与油中的植物多酚和 β-胡萝卜素含量呈显著正相关。张盛阳等(2017)测定了传统工艺压榨的菜籽油(1号)和冷冻凝香工艺压榨的菜籽油(2号)品质及主要挥发性风味成分的区别。通过测定酸值、过氧化值、磷、色泽、生育酚、植物甾醇和反式酸,比较2种工艺对菜籽油品质的影响。采用固相微萃取(SPME)方法顶空萃取富集挥发性成分,以气相色谱-质谱联用仪(GC-MS)检测并进行初步分析。结果表明:冷冻凝香工艺压榨的菜籽油(2号)的理化指标均优于传统工艺压榨的菜籽油(1号);经 GC-MS 检测和分析,冷冻凝香工艺压榨的菜籽油(2号)的主要挥发性风味成分硫苷降解产物相对含量提高,氧化挥发物(醛、醇、酮)以及杂环类物质的相对含量相对降低。由此看出,冷冻凝香工艺既能提高菜籽油的品质,又能增加菜籽油的特殊风味物质硫苷降解产物,起到了留香提味的作用。

(2)加工工艺对菜籽油品质的影响 加工工艺对菜籽油营养成分及品质影响显著。若按照菜籽油等级来进行描述,油菜籽经高温蒸炒、压榨后获得的毛油或预榨油,经过简单的脱胶处理可得四级油,此类油中一般杂环类成分种类和相对含量较高;毛油经过脱酸去掉容易氧化的物质后可得三级油,此类油营养成分会少量流失,但抗氧化性会得到一定的改善;再经脱色和脱臭处理后可得二级油,此类油通常颜色清亮,且少有异味,下锅不易起烟,但营养成分进一步流失;再经脱脂等处理后可得一级油,此类油酸值、磷含量、色泽、过氧化值均有显著下降。其中将毛油或预榨油经过脱胶、脱酸、脱色、脱臭和脱脂等工艺进行处理的过程称为精炼。

菜籽油精炼是一个涉及物理与化学变化的过程,在这一过程中,菜籽油损失了一些天然的微量物质,也引入或产生了多种其他微量物质,而这些微量物质的变化对菜籽油的品质具有决定性影响。菜籽油经精炼后,其酸值、磷含量、色泽、过氧化值均有显著下降,并达到国家标准,这对菜籽油品质的提升有很好的作用。但在精炼过程中,生育酚、植物甾醇这两类有利于菜籽油品质的微量物质有所损失,据数据统计,其中生育酚平均损失23.47%,植物甾醇损失率高达37.61%,同时,反式脂肪酸这类对人体健康不利的微量物质含量也升至3.02%,这说明菜籽油在精炼过程中脱除不合乎需要的微量物质的同时,过度损失了油中有价值的成分,并且生成了不利于菜籽油品质的反式脂肪酸;各精炼工序对不同微量物质的影响是不同的,如脱胶工序对磷含量影响最为显著,脱臭工序对生育酚含量的影响较为显著。

万楚筠等(2007)采用磷脂酶A1(Lecitaseultra)对菜籽油进行脱胶实验,研究该酶对菜籽油脱胶及品质的影响,结果表明:磷脂酶A1在菜籽油脱胶中发挥了重要作用,能使菜籽油磷含量显著降低。通过正交试验得出磷脂酶A1应用于菜籽油脱胶的最佳工艺参数:pH 4.82、酶解温度37 ℃、加酶量150LU/kg油,油水混合物总含水量为2.69%,酶反应时间为3h,在此条件下脱胶油的磷含量为6.97 mg/kg。同时,脱胶后菜籽油的酸价与过氧化值上升,色泽变浅,棕榈酸、油酸的含量下降,亚油酸、亚麻酸、花生烯酸、芥酸的含量有所上升,其他几种脂肪酸的含量变化不大。

谢丹等(2012)研究结果表明,脱臭工序对菜籽油品质的影响最大。因其对生育酚、植物甾醇、反式酸的影响很大,而这3类物质对菜籽油的氧化稳定性及其食用油品质有很大的决定作用。因此,在菜籽油的精炼工艺中,采取适度的脱臭工艺条件对菜籽油品质有着很大的改善。菜籽油在脱臭过程中,各微量物质含量与脱臭温度及时间存在相关性,具体为:油酸值、过氧化值、色泽、生育酚含量、甾醇含量随着脱臭温度的升高、脱臭时间的延长呈现下降的趋势,而反式酸含量呈现逐步上升的趋势;脱臭温度及时间对菜籽油的酸值、过氧化值、色泽、生育酚含量、甾醇含量有显著影响,两者中脱臭温度的影响又明显大于脱臭时间;且仅脱臭温度对反式酸的生成量有显著影响,脱臭时间对其无影响。因此,在脱臭阶段温度是影响脱臭菜籽油品质的重要因素。采取合适的脱臭温度对菜籽油品质的保持有着重要意义。

周润松等(2017)以脱色菜籽油为原料,分析在不同脱臭温度(190~270 ℃)、不同脱臭时间(40~120 min)下,脱色菜籽油酸值、过氧化值、反式亚油酸、反式亚麻酸、植物甾醇、生育酚、β-胡萝卜素、总酚、抗氧化性的变化情况。结果表明:随着脱臭温度的升高,脱臭时间的增加,除反式脂肪酸含量逐渐增加外,其他指标都下降。脱臭温度需要达到230 ℃,菜籽油的酸值才能达到国家标准;菜籽油的过氧化值在脱臭温度达到230 ℃后变化显著;菜籽油反式亚油酸、反式亚麻酸在270 ℃下降速率远大于其他脱臭温度;脱臭温度达到250 ℃后,菜籽油植物甾醇、生育酚、总酚、β-胡萝卜素含量以及抗氧化性显著降低；在脱臭时间达到 80 min 后，继续增加脱臭时间对生育酚、总酚、β-胡萝卜素含量以及抗氧化性影响不显著。

2. 储藏条件的影响　菜籽油在储存过程中，不可避免地会受空气、水、光照、热、微生物、金属离子等诸多因素的影响，易发生自动氧化、光氧化等一系列复杂的变化，导致氧化酸败，产生醛、酮等有机物质。油脂酸败会破坏其中所含的维生素，而且在接触其他食物时，还会破坏其他食物的维生素，并且对机体酶系统（如琥珀酸氧化酶、细胞色素氧化酶等）也有损害作用。目前国内外的研究主要认为温度、光照、空气、容器的材质与透光性以及抗氧化剂是影响油脂品质的因素。

程建华等（1992）研究了 26 份菜籽油中胡萝卜素含量及其储藏期的变化以及对油脂储藏品质的影响。二级菜籽油胡萝卜素含量为 30%。室温储存一年后，胡萝卜素分解率为 14%，储存两年其分解率为 20%左右。随着胡萝卜素的分解，油脂品质降低。钟静等（2012）研究结果表明：在常温储存的 100 d 内，菜籽油中水分及挥发物含量、色泽随储存时间的延长几乎没有发生变化，亚麻酸含量有微量的减小；酸值随储存时间的延长增长幅度很小，增长率仅为 6.3%；而过氧化值随储存时间的延长增长很明显，平均增长率为 27.2%，过氧化值是表明菜籽油在储存过程中品质变化的一个最敏感指标。在同一温度下，随着储藏时间的延长，菜籽油中水分含量基本不变，但酸值和过氧化值逐渐升高，水分含量越高，酸值和过氧化值升高越明显，菜籽油的酸值和过氧化值与水分和储藏时间具有显著的线性关系；在同一水分下，随着储藏时间的增加，其酸值和过氧化值不断增加，温度越高，酸值和过氧化值增加越明显；菜籽油的酸值和过氧化值与温度和储藏时间具有显著的线性关系；在储藏温度和时间相同的情况下，光照与避光保藏相比，酸值和过氧化值增加明显；菜籽油的过氧化值与储藏时间和光照具有显著的线性关系。

周天智等（2017）研究发现，罐储时菜籽油的水分及挥发物、色泽、气味、滋味、加热试验（280 ℃）等指标在储藏期间变化均较平稳，酸值和过氧化值均呈不断上升趋势，且不同年限的菜籽油其过氧化值上升幅度明显高于酸值。油罐容量越大，满罐存储时其存油品质的稳定性越好。罐内上、中、下层酸值变化差异不明显，上层和底层的过氧化值明显高于中层。严格控制好入罐油品质量，菜籽油储藏 4~5 年后酸值、过氧化值等质量指标仍可保持在国家限量标准以内。

第二节　油菜的利用

一、提取菜籽油

（一）通用工艺流程

当前，我国提取菜籽油的工艺有压榨法、浸出法和水酶法等，其中技术最成熟、应用最广泛的方法主要是压榨法和浸出法。不同的提取方法对菜籽油的出油率、产品质量等方面有显著的影响。

1. 压榨法 用机械挤压的方式生产制作菜籽油,称之为压榨法。根据油菜籽压榨之前的预处理温度又可分为冷榨法和热榨法。

(1)冷榨 是指整粒油菜籽或料坯不经热处理或在低于 65 ℃的加热条件下,经低温榨油机压榨而获得油脂的制油技术。冷榨制油法对油料种子加压而不升温,仅使用过滤或离心等物理手段去除杂质而获得成品油,过滤后的冷榨油颜色清凉,呈黄色,很少杂质,食用时不起泡沫,油烟少,对油脂和饼粕营养物质也没有影响,避免油脂高温加工过程中产生有害物质如反式脂肪酸、极性物质等,保留了油中的活性成分。冷榨制油技术出油率相对较低,但能保证得到高品质的油脂和饼粕,已成为油脂工业的重要组成部分(图 5-1)。

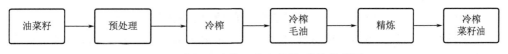

图 5-1 菜籽油冷榨工艺流程图(常海滨制图)

(2)热榨 是将油料经过蒸炒处理后再进行压榨的制油工艺。蒸炒,就是将油菜籽或者料坯,经过加水(湿润)、加热(蒸坯)、干燥(炒坯)等处理,使之成为适合压榨的熟坯的过程。油菜籽或坯料的蒸炒一般采用湿蒸炒和干蒸炒两种方法。在菜籽油的制取工艺过程中,蒸炒是很重要的工序之一。蒸炒时由于水分和温度的作用,使油菜籽内部状态发生了复杂的物理、化学变化,这些变化有利于从菜籽中提取油脂,可以有效提高出油率。菜籽经过高温烘炒,使菜籽里面独特的香味充分释放出来,这种香味是其他植物油无法替代的。但是炒的温度高,榨出的菜籽毛油里面的渣粒小,很难过滤干净,有少量的沉淀物,烟点低,食用时油烟大,高温使菜籽里面的磷脂也释放到菜籽油中,颜色偏棕黄色(图 5-2)。

图 5-2 菜籽油热榨工艺流程图(常海滨制图)

2. 浸出法 浸出法制油是应用萃取的原理,选用某种能够溶解油脂的有机溶剂,经过对油料的接触(浸泡或喷淋),使油料中的油脂被萃取出来的一种制油方法。其基本过程是:把油料坯(或预榨饼)浸于选定的溶剂中,使油脂溶解在溶剂内,形成混合油,然后将混合油与固体残渣(粕)分离,混合油再按不同的沸点进行蒸发、汽提,使溶剂汽化变成蒸气与油分离,从而获得油脂(浸出毛油)。溶剂蒸汽则经过冷凝、冷却回收后继续使用。粕中也含有一定数量的溶剂,经脱溶烘干处理后即得干粕,脱溶烘干过程中挥发出的溶剂蒸气仍经冷凝、冷却回收使用。在浸出之前,料坯的细胞组织应最大限度地被破坏。因为油脂从完整细胞中扩散出来的过程较为缓慢,细胞组织破坏得越厉害,扩散阻力越小,浸出效率越高(图 5-3)。

图 5-3 菜籽油浸出工艺流程图(常海滨制图)

浸出法与其他制油方法相比具有明显的优点,其一是浸出法制油的出油率比其他制油法的出油率高,浸出法提油后粕残油在 1%以下,这对合理利用油料资源有着现实的意义;其二是提油后的油料粕含蛋白质较高,可作为家畜及动物饲料生产的原料;其三是加工费用低,由于采用非机械方法,尤其是生产规模的增大,其加工成本降得更低;其四是浸出法较容易实现自动化控制生产,浸出法属化工生产单元的组合,很容易实现温度、压力、液位、真空、流量、料位的自动控制;其五是生产环境好,因其是封闭性生产,无泄漏、无粉尘,且温度低,生产环境比压榨方法的生产环境好;其六是生产的毛油质量好,因浸出法生产采用的是有机溶剂,它具有溶解的选择性,在油脂浸出过程中对非脂类脂溶性杂质进行有效的控制,其控制方法可以靠溶剂的性能、浸出的温度、浸出过程中添加其他溶剂的方法来实现。因此,浸出法制油具有出油率高、劳动强度低、工作环境佳、粕的质量好等优点,较之压榨法,浸出法制油是一种先进的制油方法,目前已普遍使用。

目前国际上浸出通常用的浸出溶剂是含己烷的溶剂,各国使用的标准不同,有工业己烷,也有比工业己烷含量低的溶剂。浸出制油存在的一个最大问题就是存在溶剂残留,目前油脂工业上应用最广的正己烷,已被证明对神经系统有明显的毒害作用。现在油脂工业正在研究替代己烷的溶剂,同时还在研究功能性溶剂来达到某种功能性浸出的目的。

3. 精炼　油脂精炼是指对毛油的精致处理,其目的是去除毛油中所含的固体杂质、游离脂肪酸、胶质、磷脂、蜡、色素、异味及有害物质等,以提高油脂的使用价值,从油脂精炼的副产品中也可以提取一些有用的成分用于制药、化工、食品、纺织等方面。

油脂精炼是一个比较复杂而具有灵活性的工艺过程。在精炼某个工序中,可能会结合采用几种不同方法来完成其工艺操作,例如菜籽毛油的碱炼脱酸是利用碱液与菜籽毛油中的游离脂肪酸进行中和反应来脱除菜籽毛油中的游离脂肪酸,这是典型的化学方法;但中和反应后生成的皂角会对菜籽毛油中的其他部分杂质、色素等产生吸附作用,这却是典型的物理化学方法。另外,工艺中生成的油—皂两相一般采用重力沉降或离心机来进行分离,这又是典型的机械方法。因此,各种精炼工艺大都不能将其截然分开。只有各种方法的科学而又有效地结合才能提高精炼效率,达到精炼目的(图5-4)。

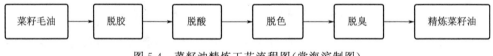

图5-4　菜籽油精炼工艺流程图(常海滨制图)

菜籽毛油输送进菜籽油精炼工段,经菜籽油精炼的脱胶、脱酸、脱色和脱臭处理,毛菜籽油中的各种杂质去除干净,即可得到精炼菜籽油。根据国家相关标准,除了橄榄油和特种油脂之外,按照其精炼程度,菜籽油、大豆油、花生油等,一般分为4个等级,级别越高,其精炼程度越高。

一级油和二级油的精炼程度较高,经过了脱胶、脱酸、脱色、脱臭等过程,具有无味、色浅、烟点高、炒菜油烟少、低温下不易凝固等特点。精炼后,一、二级油有害成分的含量较低,但同时也流失了很多营养成分,如菜籽油中的胡萝卜素在脱色的过程中就会流失。三级油和四级油的精炼程度较低,只经过了简单脱胶、脱酸等程序,其色泽较深,烟点较低,在烹调过程中油烟大。由于精炼程度低,三、四级食用油中杂质的含量较高,但同时也保留了部分胡萝卜素、叶绿素、维生素E等。无论是一级油还是四级油,只要其符合国家卫生标准,就不会对人体健康产生任何危害,消费者可以放心选用。一、二级油的纯度较高,杂质含量少,可用于较高温度的烹调,如炒菜等;三、四级油不适合用来高温加热,但可用于做汤和炖菜,或用来调馅等。消费者可根据自己的烹调需要和喜好进行选择。

(二)提取工艺对菜籽油品质的影响

由中国农业科学院油料作物研究所产品加工与营养学研究团队研发的"功能型菜籽油 7D 产地绿色高效加工技术",以国产双低优质油菜籽为原料,采用具有独立自主知识产权的油菜籽细胞微波破壁提质生香、低温物理压榨、绿色物理精制与质量控制等新型油脂制备专利技术加工制成"7D 功能型菜籽油"。该菜籽油不饱和脂肪酸高达 93%,富含人体必需 ω3 脂肪酸(9%~10%);脂类伴随物活性成分含量高,canolol 含量(800 mg/kg)是同类产品的 2~8 倍;维生素 E 丰富,其中 γ-维生素 E(270 mg/kg)是同类产品的 2~3 倍;菜油甾醇超过 2400 mg/kg,是同类产品的 2~4 倍;ω6:ω3 接近 4:1,符合世界卫生组织(WHO)/联合国粮农组织(FAO)推荐的(1~6):1 的标准;安全性好,不产生反式脂肪酸,未检出生物毒素和重金属;具有浓郁独特的坚果香味;色泽金黄透亮,感官稳定性好,氧化诱导期超过 15 h,是同类产品的 1.3~2.3 倍;在保健方面,与同类产品相比降脂活性提高 12% 以上,抗炎活性增加 37% 以上,可预防心血管疾病、预防记忆衰退、抑制慢性炎症、降低血糖、预防和改善脂肪肝等。

韦东林等(2014)利用同一批次购进的油菜籽,采用"蒸炒—预榨—浸出""膨化—预榨—浸出"和"炒籽—压榨"3 种不同提取工艺制取的菜籽压榨毛油和浸出毛油样品,通过对酸值、过氧化值、生育酚、醇、反式脂肪酸、硫苷的测定,研究了菜籽油在不同工艺条件下油品的质量情况。研究表明:在质量品质和营养物质保留方面,采用"膨化—预榨—浸出"工艺生产的毛油质量优于"蒸炒—预榨—浸出"工艺和"炒籽—压榨"工艺,进一步验证了"膨化—预榨—浸出"工艺的优越性,即不需蒸炒,对胚片要求低,能耗低,精炼率高,产能可以提高,油脂和粕的质量可以得到改善,能够实现油菜籽的高效加工,为油菜籽加工企业的发展提供了有力的技术保障。

赵云龙等(2018)通过检测利用"物理浸提法"和"化学浸提法"2 种不同工艺提取的菜籽油样品的脂肪酸组成,探讨不同提取工艺对油脂营养价值的影响。通过油脂总极性化合物(TPC)含量测定、油脂氧化诱导时间(OIT)测定以及热重(TGA)分析法等试验,观察了不同提取工艺对菜籽油氧化稳定性的影响,主要从脂肪酸组成变化和加工性质的角度研究 2 种菜籽油的稳定性变化。试验结果表明,物理浸提法中的多不饱和脂肪酸含量高于化学浸提法,证明物理浸提法的营养价值高于化学浸提法。在相同条件下,物理浸提法中的 TPC 含量低于化学浸提法,而 OIT 值却高于化学浸提法,表明物理浸提法氧化稳定性优于化学浸提法,这可能与物理浸提法中含有更多的抗氧化性物质及微量元素有关,从 TGA 试验结果来看,2 种工艺之间无显著性差异。

孔建等(2019)为了分析不同加工工艺对菜籽油脂肪酸各组分含量的影响,从市场收集到 57 个品牌食用菜籽油,通过气相色谱法分析了每个油的脂肪酸含量,比较了不同制油方法和不同精炼等级所获得菜籽油中脂肪酸组分含量的差异。研究表明,浸出法处理对脂肪酸的损失较小,油酸、亚油酸和亚麻酸等脂肪酸含量均比压榨法高,而芥酸的含量则低于压榨法。菜籽油的精炼等级越高,油酸和亚油酸含量越高,而亚麻酸和花生烯酸的含量则越低,芥酸含量下降最为明显,一级菜籽油芥酸含量低于 1%。

宋新阳等(2019)以"秦优 10 号"油菜籽为原料压榨制备菜籽油,分析不同精炼条件下菜籽油中甾醇、生育酚保留率的变化情况,并对实验室条件下的精炼工艺条件进行优化。结果表明:以保留生育酚和甾醇为目的的脱胶最佳工艺条件为温度 60 ℃,磷酸添加量 0.2%,加水量

4％,时间 30 min;脱酸最佳工艺条件为碱液质量分数 11.06％,时间 30 min,初温 30 ℃,终温 40 ℃;脱色最佳工艺条件为活性白土添加量 3.5％,时间 20 min,温度 85 ℃;脱臭最佳工艺条件为温度 220 ℃,时间 80 min,压力 400～500 Pa。在最佳条件下,生育酚保留率为 68.15％,甾醇保留率为 79.49％,油脂损耗为 4.9％。与传统精炼工艺相比,优化后的精炼工艺条件下甾醇和生育酚保留率得到提升,油脂损耗没有明显变化。

马齐兵等(2018)为研究精炼对菜籽油品质的影响,取同一批次各精炼工序中的 4 种菜籽油(毛油、中和油、脱色油、脱臭油),对其进行分析测定,研究精炼对油脂品质的影响。结果表明:精炼后的菜籽油酸值、过氧化值、色泽、含磷量均下降;维生素 E、甾醇、多酚、角鲨烯含量显著降低,损失率分别为 27.82％、25.34％、91.21％、79.69％;反式脂肪酸和 3-氯丙醇含量变化不大。研究认为,菜籽油的精炼要适度,进一步减轻精炼对菜籽油营养物质的损失。

张亮等(2017)以不同制油工艺制得的菜籽油为原料,比较研究了菜籽油的酸值、过氧化值、脂肪酸和甘三酯的组成及微量营养成分。结果表明:制油工艺对菜籽油的脂肪酸和甘三酯组成无显著性影响;水酶法制得菜籽油的酸值(KOH)相对较高,为 0.995mg/g,但富含 β-胡萝卜素、植物多酚,含量分别为 5.40 mg/kg、152.08 mg/kg;浸出菜籽毛油富含生育酚和植物甾醇,含量分别为 833.74 mg/kg 和 6607.35 mg/kg;精炼菜籽油的酸值(KOH)最低,仅为 0.233 mg/g,但精炼菜籽油的微量营养成分相对较少。分别以氧化诱导时间和 DPPH 自由基清除能力为指标,评价了不同制油工艺制得菜籽油的氧化稳定性,结果发现 5 种菜籽油的氧化稳定性大小是:水酶法菜籽油最强,精炼菜籽油最弱,而浸出菜籽毛油、热榨菜籽油和冷榨菜籽油介于其间,这一性质和油中的植物多酚和 β-胡萝卜素含量呈显著正相关。

(三)加工工艺对菜籽油风味的影响

张欢欢等(2020)以庆油 3 号双低油菜籽为实验材料,研究微波和烘烤预处理对冷榨双低菜籽油的酸价、过氧化值、脂肪酸组成和挥发性风味成分的影响。设置 7 种油菜籽预处理,分别是:对照组(未经预处理)、微波 1 min(800 W)、微波 90 s(800 W)、微波 2 min(800 W)、180 ℃烘烤 5 min、180 ℃烘烤 10 min、180 ℃烘烤 15 min。预处理后进行冷榨制油,并将冷榨菜籽油在 4000 r/min 离心 30 min,取上层油样密封保存于 4 ℃冰箱中,并在 2 周内测定完所有指标。结果表明,不同预处理组冷榨菜籽油的酸价在 0.64～0.88 mg/g,过氧化值在 1.65～1.95 mmol/kg,微波和烘烤预处理技术对冷榨菜籽油的酸价和过氧化值有影响,但其值均在冷榨菜籽油质量标准范围之内;微波和烘烤预处理技术对冷榨菜籽油的脂肪酸组成无显著影响;7 种不同预处理组菜籽油共检测出 42 种挥发性风味成分,主要的挥发性风味物质为硫化物、硫苷降解产物和杂环类化合物。微波和烘烤预处理技术对菜籽油的挥发性风味成分有显著影响,随着微波和烘烤时间的延长,菜籽油挥发性特征风味物质由以硫苷降解产物为主导转变为以吡嗪类物质为主导,整体风味由硫味、菜青味转变为让人感到愉悦的烘烤香、坚果香味。

张谦益等(2017)采用精选过的洞庭湖平原产油菜籽,经 140～150 ℃高温烘炒、螺旋压榨及粗滤后,再经脱胶及精滤后制得浓香型菜籽油。用顶空固相微萃取(HS-SPME)与气相色谱—质谱(GC—MS)联用技术对浓香菜籽油挥发性风味成分进行了鉴定,共鉴定出 39 种化合物,有 8 种硫苷降解产物,其含量最高,占挥发性成分总量的 58.46％,以甲基腈、5-氰基-1-戊烯、苯基丙腈、4-异硫氰基-1-丁烯为主;氧化挥发物(醛、醇、酮等)次之,为 27.8%,以 1,5-己二烯-3-醇、3,5-二甲氧基乙酰基苯基酮和糠醛为主;杂环类物质为 13.7%,以吡嗪类化合物为主。这些化合物的协同作用共同体现出浓香菜籽油特征性风味。

杨湄等(2010)为研究加工工艺对菜籽油主要挥发性风味成分的影响,采用固相微萃取(SPME)方法顶空萃取富集预榨菜籽毛油、浸出菜籽毛油、一级菜籽油、冷榨菜籽油和脱皮冷榨菜籽油中的挥发性成分,经气相色谱—质谱联用仪(GC—MS)检测和初步分析发现,硫苷降解产物、氧化挥发物(醛、醇、烃、酮等)、杂环类物质是构成菜籽油的主要挥发性风味成分;2-甲代-1-丙烯基-氰、5-己腈、1-丁烯基-异硫氰酸酯、苯基丙氰、2-苯基乙基异硫氰酸酯是主要硫苷降解产物;反 2-反 4-庚二烯醛、反 2-反 4-癸二烯醛、4-羟基-3,5-二甲氧基苯甲醛、壬醛等醛类物质是氧化挥发物中的主要成分。加工工艺对菜籽油风味影响显著,经高温蒸炒、压榨获得的预榨毛油中杂环类物质种类和相对含量明显高于其他菜籽油。毛油经脱胶、脱酸、脱色、脱臭、脱水等处理后,一级油中产生的醛、醇、酮、烃等氧化挥发物种类增多,相对含量提高;在一级油中未检测到硫苷降解产物。

二、菜籽油的营养功效

菜籽油俗称菜油,其风味独特,营养价值高,深受人们喜欢,是我国主要食用油之一,占全国食用油比例达 50% 以上。菜籽油富含对人体有利的不饱和脂肪酸,且不饱和脂肪酸含量中的油酸、亚油酸和亚麻酸等成分组成比例合理。菜籽油中还含有磷脂、维生素 E、多酚、角鲨烯、甾醇等生物活性成分以及对人体有益的维生素和磷、镁、钙等矿物元素,人体对其消化率高达 99%,具有降低血脂、降低胆固醇、软化血管、抗氧化、抑菌消炎、抗病毒、补虚、润肠、清肝利胆、促进大脑发育、帮助眼睛抵抗各种强光的刺激、预防老年性眼病、小儿弱视等诸多功效。

(一)双低菜籽油营养成分组成

1. 脂肪酸组成均衡 在众多植物油当中,低芥酸菜籽油的饱和脂肪酸含量低,符合人体健康的需求。随着人们对脂肪酸的深入研究,发现在多不饱和脂肪酸中,ω-6 与 ω-3 脂肪酸比例与心血管疾病、癌症、炎症以及自身免疫等其他疾病息息相关,平衡 ω-6 与 ω-3 脂肪酸比例成为营养健康的最新趋势。根据世界卫生组织、中国营养学会《中国居民膳食营养素参考摄入量》的推荐值,熊秋芳等(2014)指出,在亚麻酸质量分数不低于 5% 的前提下,饱和脂肪酸含量越低,油酸含量越高,且 ω-6 与 ω-3 比例为(1～4):1 的天然食用植物油营养价值较高。低芥酸菜籽油中 ω-6 与 ω-3 脂肪酸比例为 2,在推荐值范围之内,较其他食用植物油饱和脂肪酸含量低,油酸含量高,益于人体健康。

2. 植物甾醇含量丰富 植物甾醇是日常饮食中重要的微量营养素和功能性成分,种类繁多,其中菜油甾醇、豆甾醇、β-谷甾醇等是在各类植物食品中常见的甾醇。植物甾醇在降低心血管疾病发病率、抗炎症、抗癌、免疫调节方面有卓越功效。从常见的植物性食物的甾醇含量进行分析,中国居民膳食植物甾醇总摄入量主要来源是谷类和植物油类,两者贡献率超过80%。在常用食用植物油中,玉米胚芽油中甾醇含量最高,为 1032.07 mg/100 g,其次是芝麻油 559.27 mg/100 g 和菜籽油 517.14 mg/100 g。在常见的植物醇中,菜油甾醇能够预防冠心病,有重要的生理功能。菜籽油中菜油甾醇含量达 155 mg/100 g,在中国大宗食用植物油中含量较高。杨瑞楠等(2018)收集长江中下游200份菜籽样本,压榨制油并对菜籽油组成进行分析,发现菜籽油中醇含量在700~1000 mg/100 g,其中菜油醇占总醇的30.7%。

3. 生育酚组成均衡　生育酚,又称维生素E,是人体血浆中有效的脂溶性抗氧化物质,有α-异构体、β-异构体、γ-异构体、δ-异构体,其中α-生育酚在自然界中分布广、活性高。就生理活性而言,其活性顺序为:α-生育酚＞β-生育酚＞γ-生育酚＞δ-生育酚;对抗氧化性能而言,α-生育酚＜β-生育酚＜γ-生育酚＜δ-生育酚。植物油是生育酚的丰富来源,在不同食用植物油中,生育酚的含量和组成又有所不同。据报道,双低菜籽中α-生育酚/γ-生育酚比例大部分均为1/2。黄百芬等(2013)对市场上常见食用植物油中的生育酚含量进行测定,菜籽油中生育酚含量538 mg/kg,仅次于大豆油,含量较为丰富,且其α-生育酚较大豆油高,而α-生育酚具有预防炎症,在胆固醇代谢过程中有调节蛋白质表达、改善脂质代谢等重要生理功能。

4. 酚类物质含量高　酚类物质在植物的抗氧化过程中起着不可替代的作用。菜籽中的多酚分为酚酸和单宁,酚酸具有重要的生理功能,除延缓油脂氧化外,还具有抑菌、抗肿瘤、抗炎、抗病毒等重要的功能活性。杨瑞楠等(2018)研究发现,菜籽油中酚酸总量最高,为256.6 μg/100 g,其中芥子酸含量为236 μg/100 g。芥子酸在一定条件下会脱酸转化成菜籽酚。菜籽酚具有很强的抗氧化活性和抗诱变、抗癌等重要的生理活性,有重要的医药和营养价值。

(二)双低菜籽油营养健康功能

1. 降低动脉粥样硬化和心血管疾病发生　徐超等(2014)研究表明,总胆固醇、低密度脂蛋白胆固醇和极低密度脂蛋白胆固醇与动脉粥样硬化、心血管疾病等密切相关。一些相关机构建议降低体内总胆固醇、低密度脂蛋白胆固醇和极低密度脂蛋白胆固醇水平。杨瑞楠等(2018)研究表明,经常食用低芥酸菜籽油可降低总胆固醇、低密度脂蛋白胆固醇和极低密度脂蛋白胆固醇,但不降低对人体有益的高密度脂蛋白胆固醇,可降低心血管疾病发病率和死亡率。

王娜(2010)通过开展单不饱和脂肪酸(MUFA)的研究表明,MUFA在凝血和纤溶系统中起到良性作用,能够抑制血小板的聚集,表现抗血栓的形成;MUFA能够抑制3-羟-3甲基戊二酰辅酶A(HMG—CoA)还原酶的合成酶基因转录加强,而HMG—CoA还原酶是内源性胆固醇合成的限速酶,对于维持细胞内胆固醇动态平衡,降低动脉粥样硬化起重要作用;当食物中富含MUFA时,能够增强低密度脂蛋白的抗氧化能力,避免血管壁的激活,从而有效地保护血管内皮,在一定程度上防止心血管疾病的发生。

杨瑞楠等(2018)研究了菜籽油和红花籽油对30名健康男性血小板聚集效果的影响,发现菜籽油和红花籽油饮食组都暂时降低了血小板聚集,但是,菜籽油饮食组在血小板功能方面,能比红花油饮食带来更长时间的有益效果。这可能与低芥酸菜籽油中含有的α-亚麻酸有关,它在人体内代谢生成的EPA(二十碳五烯酸)可衍生成前列腺环素,可以扩张血管收缩和血小板凝集,减少血栓形成,使粥样硬化斑块处于稳定状态。

2. 具有免疫调节、抑菌消炎、抗病毒等作用　汪晨扬等(2021)研究认为,菜籽油中的ω-3多不饱和脂肪酸通过调节肠道菌群及其代谢产物,改善肠道屏障功能,抑制细菌移位,从而达到改善肠道微生态的作用,对脓毒症相关肠道菌群失调具有一定的治疗潜力,具有免疫调节、抑菌消炎、抗病毒等作用。

邻国虎等(2021)在武汉科技大学附属天佑医院住院的100例重型颅脑损伤患者开展肠内营养添加 ω-3 多不饱和脂肪酸治疗效果临床应用试验。2组患者在入院当天即留置胃空肠营养管,按照随机数字表分成试验组(肠内营养添加 ω-3 多不饱和脂肪酸组)和对照组(肠内营养不添加 ω-3 多不饱和脂肪酸组)各50例。应用结果表明,肠内营养添加适宜的辅助 ω-3 多不饱和脂肪酸,不仅能减轻手术后患者的炎性反应,包括C反应蛋白、白细胞介素-6、肿瘤坏死因子-α 等在内的炎症指标明显改善,而且还可以明显改善大脑的功能状态,对神经起到保护作用。

薛欢等(2020)研究表明,ω-3 多不饱和脂肪酸可以通过调控磷脂酶 A2 活性、抑制环氧合酶及前列腺素的产生,而减轻皮肤炎症反应及缓解免疫抑制状态;并且可增强皮肤对紫外线的抵抗力,减弱紫外线导致的 DNA(脱氧核糖核酸)损伤,对皮肤肿瘤具有一定的抑制作用。

3. 减缓人体衰老 在生物体内,特别是生物膜的磷脂中,不饱和脂肪酸含量极高,化学性质不稳定,易氧化,产生有细胞毒性的脂质过氧化物,破坏人体细胞正常生理功能,促使人体衰老。杨瑞楠等(2018)研究认为,低芥酸菜籽油富含芥子酸、芥子酚等多酚,其总酚含量、抗氧化能力明显强于其他常见食用植物油,可以降低脂质氧化速率,抗脂质过氧化,减缓人体衰老。

4. 有利于糖尿病患者的血糖控制 杨瑞楠等(2018)研究表明,饱和脂肪酸的摄入与胰岛素抵抗、肥胖和代谢综合征相关,同时研究发现,单不饱和脂肪酸取代饱和脂肪酸后,能提高胰岛素敏感性和血糖控制,相对于其他富含高饱和脂肪酸的油脂,食用低芥酸菜籽油会显著提高胰岛素的敏感性,降低空腹血糖水平。因此,低芥酸菜籽油可用于2型糖尿病患者的血糖控制。

5. 促进婴幼儿大脑发育,预防老年认知和脑功能障碍 DHA(二十二碳六烯酸)在大脑中主要存在于灰质部分,是人脑神经细胞膜中的主要脂质成分,也是大脑细胞优先利用的脂肪酸。在妊娠期、哺乳期和早期生活中,若 DHA 缺乏,会对大脑功能和心理健康产生巨大影响。α-亚麻酸可通过碳链延长和去饱和形成长链 ω-3 脂肪酸 DHA,过高含量的 α-亚麻酸会影响长链 ω-3 脂肪酸的生物合成。杨瑞楠等(2018)认为低芥酸菜籽油能增强 α-亚麻酸向长链 ω-3 生物转化,使大脑中的 DHA 处于稳定状态。与此同时,α-亚麻酸是一种高效的生酮脂肪酸,可通过生酮作用产生能量,绕过葡萄糖摄取障碍,降低认知能力下降的风险,预防老年认知和脑功能障碍,研究表明,摄入富含 ω-3 的菜籽油以及蔬菜和水果可以降低患痴呆的风险。

6. 有助减肥和降低致癌风险 王娜(2010)通过开展单不饱和脂肪酸(MUFA)的研究表明,富含 MUFA 的食物能阻止腹部脂肪的重新分布,从而对中心型肥胖起到了一定的预防作用;杨瑞楠等(2018)认为,食用低芥酸菜籽油可通过乙醇胺调节脂肪代谢,改善动物脂肪分布,降低腹部脂肪,有助减肥,因此,推荐肥胖人群和心血管病人群食用低芥酸菜籽油。

李殿鑫等(2006)研究认为,ω-3 多不饱和脂肪酸可以抑制肿瘤细胞增殖,促进细胞凋亡,对乳腺癌、结肠癌等癌症治疗效果显著。因此,富含 ω-3 脂肪酸的低芥酸菜籽油对保护人们免于乳腺癌、结肠癌和前列腺癌等癌症具有一定效果。

三、综合利用

(一)蛋白质的利用

菜籽饼粕作为油菜籽取油后的副产物,含有多种具有较高利用价值的成分,如菜籽蛋白、植酸(菲汀)、菜籽多酚、菜籽多糖等。其中菜籽饼粕的粗蛋白含量在 35%～45%,菜籽蛋白消化率为 95%～100%,蛋白效价为 2.8～3.5,比大豆蛋白高。富含谷物中所缺少的含硫氨基酸与碱性氨基酸,可弥补谷物氨基酸的缺陷,甚至与酪蛋白相当,氨基酸组成与世界卫生组织(WHO)和联合国粮农组织(FAO)的推荐值十分接近。因此菜籽蛋白是一种非常优良的蛋白质,可用于饲用浓缩蛋白、蛋白饮料、肉制品添加剂、面食添加剂、天然保鲜剂和其他食品添加剂,其酶解产物还可获得功能性多肽。

1. 作为动物补充蛋白质利用　菜籽粕的粗蛋白含量在 35%～45%,其营养价值与大豆饼粕相近。但是菜籽粕中含有硫代葡萄糖苷,在本身芥子酶的分解下可以生成异硫氰酸酯、硫氰酸酯等物质,都有一定毒性,能损害动物的内脏器官,使动物的甲状腺肿大和降低动物的生长率。菜籽粕中的植酸能与菜籽粕中的矿物质离子牢固地结合,形成难溶性的植酸盐络合物,降低矿物质元素的生物效能;还可以与蛋白质结合,形成不溶性的络合物,阻止蛋白质酶解,降低消化利用率。菜籽粕中的单宁可结合动物体内的脂肪酶、胰蛋白酶、淀粉酶而使之失活,影响动物的消化吸收机能,导致动物生长迟滞,同时单宁具有涩味和辛辣味,影响菜籽粕的适口性和动物采食量。因此,要大量利用其作饲料就要对菜籽粕中的有毒成分进行脱毒处理。

张璞等(1996)介绍了油菜粕中蛋白质的综合利用,认为菜籽饼脱毒方法中的芥子酶钝化法、湿法钝化法、催化分解法等均有不同的局限,难以大规模推广,并认为生物化学脱毒法是目前比较实用的方法。该脱毒法的原理是:在菜籽饼中添加天然硫苷酶制剂和化学添加剂水溶液,控制适宜的温湿度,使硫苷类物质在硫苷酶的作用下迅速分解。分解生成的异硫氰酸酯、恶唑烷硫酮、硫氰酸酯等有毒物以及饼中原有的这些有毒分解产物与化学添加剂中的金属离子发生螯合作用,形成高度稳定的络合物,从而不被畜禽吸收,达到去毒的目的。该脱毒方法的显著特点是:脱毒效率高,效果稳定,不污染环境,费用低廉。经测定,脱毒后饼中硫苷残留量小于 0.3%,达到了欧盟和中国试行的标准要求,成品饼得率大于 92%,蛋白质含量相对提高,其中几种必需氨基酸和限制性氨基酸含量均有所提高。特别是去除了菜籽饼原有的辛辣苦涩味,饼粕带有香味,且质地松散,适口性明显改善,可以作为精饲喂养畜禽,经饲喂试验,用该工艺生产的脱毒菜籽饼替代大豆粕喂鸡,不仅饲喂安全,无毒副作用,而且大幅度降低了饲料成本。

易中华等(2007)研究发现,不管是在奶牛饲料中,还是在肉牛饲料中,都可以以双低菜粕取代豆粕或棉粕作为单独的蛋白质增补料。对于蛋鸡饲料,饲料中添加双低菜粕作为蛋白质补充料时,添加量应控制在 10%以内,对于生长期的家禽,如肉鸡、火鸡、水禽及未满一年的小母鸡,在其日粮饲料中添加较高比例的双低菜粕对死亡率增加没有关系。但是,为保证家禽的良好生长性状,家禽的日粮饲料中的能量和可消化氨基酸的含量必须增加。钱珍等(2008)研究认为,在利用双低菜粕作为畜禽蛋白质补充料添加时,其添加量应根据不同畜禽进行合理添加,认为蛋鸡、小鸡、仔猪、生长猪、乳牛的添加比例分别是 10%、20%、10%、18%、25%。

2. 作为食品工业蛋白质利用　一般油菜饼粕中蛋白质含量在 35%～45%,其中,必需氨基酸组成与大豆蛋白以及国际粮农组织和世界卫生组织推荐的蛋白质非常相近,它的蛋白质营养价值等于或优于好的动物蛋白,氨基酸平衡比大豆蛋白好,是一种很好的全价蛋白。

党斌等(2010)以热榨油菜菜籽粕为原料,采用碱溶酸沉法提取菜籽蛋白,并对其功能性质进行了研究。结果表明:在 pH 12、提取时间 50 min、提取温度 40 ℃、料液比 1∶40、提取次数为 3 次的条件下菜籽蛋白的提取率达到 56.35%。其中 pH 值对菜籽蛋白提取率的影响最大,料液比和提取次数次之，提取温度对菜籽蛋白提取率的影响最小，且 pH 值对菜籽蛋白提取率的影响达极显著水平。

黄亮等（2009）研究认为，分离纯化的油菜籽蛋白品质可与大豆饼粕相媲美，可用作人造肉、肉类填料、烘烤食品、营养饮料和其他加工食品的配料，成为人类理想的优化食物结构绿色营养资源，具有广阔的发展前景。实践表明，将菜籽蛋白用于生产香肠有很好的稳定效果；添加 5%～15%于面包、饼干中，营养性强，风味独特；添加 33%于碎肉中，生物价由 76.3%提高到 86.3%，而当碎肉中加入相等比例的大豆粉时，结果并未提高混合肉的营养价值。

3. 作为生物活性和理化特性的肽类利用　成兰英等（2010）研究发现，油菜籽蛋白质通过适当酶水解或一定化学改性可得到大量具有生物活性和理化特性的肽类，表现为抗氧化性、胆汁酸抑制作用、促进细胞生长的活性、增加免疫功能、抑制 HIV 蛋白酶活性和肿瘤细胞的活性等作用。此外，还可以用油菜籽蛋白质酶解液制备酰化肽，通过酰化处理改善油菜籽肽表面性质，增加其乳化性、起泡性及泡沫稳定性，从而获得具有表面活性的油菜籽肽。研究认为，油菜籽蛋白质活性肽作为功能因子用于保健食品有巨大的开发潜力，菜籽肽相关产品的开发将是今后一段时间的研究重点。

（二）油菜薹食用

中国素有食用油菜薹的历史，《本草纲目》有云："芸薹，寒菜，胡菜，薹菜，油菜。此菜易起薹，须采薹食，则分枝必多，故名全薹。"其性凉，味甘，入肝、脾、肺经，具有活血化瘀、解毒消肿、润肠通便、强身健体等功效。甘蓝型油菜是甘蓝和白菜经过杂交加倍以后进化而来，甘蓝和白菜都是人们喜爱的可口蔬菜，油菜薹做蔬菜具有天然的起源和进化的科学基础。经过育种家的努力，现在的双低油菜品种芥酸和硫苷含量显著降低，油菜薹味美营养好，吃起来具有丝丝甜味，同时其钙、硒以及果糖含量均显著高于红菜薹、花菜、白萝卜等其他蔬菜，是一种健康美味的蔬菜。

1. 油菜薹感官品质　油菜薹具有色泽翠绿、甜度高、纤维素含量低等特点，无论清炒、焯水凉拌、下火锅等均具有色泽青绿、口感脆嫩、风味独特等特点，和青菜薹等相比，油菜薹不容易"出水"，比较"耐炒"，出锅后造型也比较好看，不会"软塌塌"，能够强烈引起人的食欲。同时，油菜薹的生长采摘期一般在冬春季，气温偏低，虫害发生较轻，基本不使用化学药剂进行防治，是公认的绿色健康蔬菜。综合分析，油菜薹是一种具有较高感官品质的蔬菜。

2. 油菜薹营养品质　油菜薹富含对人体有益的膳食纤维、可溶性糖、胡萝卜素、维生素 A、维生素 B_1、维生素 C、维生素 E、钙、硒、钾及其他矿物质元素等，同时对人体有害的镉元素含量较低，其综合营养品质优于常见蔬菜。

湖北省农业农村厅的检测结果表明，油菜薹相较于湖北地区经常食用的红菜薹和白菜薹，其热量较低，富含胡萝卜素、维生素 A、维生素 C 和钙，营养品质较高（表 5-1）。

浙江省农业科学院的检测结果表明，油菜薹相较于大众经常食用的上海青，其锌、硒、维生素 C、维生素 B_1、维生素 E、可溶性糖、胡萝卜素等对人体有益的元素含量均较高，营养品质较高（表 5-2）。

中国农业科学院油料作物研究所检测结果表明，中油高维 1 号等 3 个油菜薹品种和常见蔬菜品种比较，对人体比较有利的硒、钙含量较高，而对人体非必需的有害元素镉的含量较低

（表 5-3）。

上海市农业科学院的检测结果表明，油菜薹相较于上海青，其对人体比较有利的硒元素含量较高（表 5-4）。

表 5-1　几种菜薹品质分析结果（100 g 菜薹含量）（湖北省农业农村厅提供）

检测指标	甘蓝型油菜薹	红菜薹	白菜薹
热量(kJ)	83.6	121	105
膳食纤维(g)	1	0.9	1.7
胡萝卜素(μg)	1110	80	960
维生素 A(μg)	185	13	160
维生素 C(μg)	54	57	44
钙(mg)	92	26	96

表 5-2　油菜薹与青菜（上海青）品质比较（浙江省农业科学院提供）

营养元素指标	油菜薹	上海青
锌(mg/kg)	6	4.2
硒(mg/kg)	0.0083	0.0052
维生素 C(mg/100 g)	43.8	16.2
维生素 B_1(mg/100 g)	0.041	0.039
维生素 E(mg/100 g)	0.766	0.666
可溶性糖(g/100 g)	0.92	0.56
β-胡萝卜素(g/kg)	0.038	0.021

表 5-3　油菜薹与其他蔬菜微量元素比较（中国农业科学院油料作物研究所提供）

样品	硒 (mg/kg)	镉 (mg/kg)	钙 (mg/kg)	镁 (mg/kg)	铁 (mg/kg)	锌 (mg/kg)
白萝卜	0.074	0.142	6021	4002	1315	26.5
生菜	0.111	0.463	5877	6455	3431	40.2
上海青	0.07	0.579	13313	7424	1310	36.2
包菜	0.064	0.04	3396	3302	130.5	14.7
大白菜	.	.	4872	3713	55.04	48.8
花菜	0.088	0.118	4156	3879	433.2	47.8
红菜薹	0.171	0.206	3529	4599	242.8	74.4
菠菜	0.093	0.299	6105	14867	7568	102.6
莴苣	0.088	0.57	6817	8771	1050	48.6
中油高维 1 号	0.133	0.1	10354	5738	145.5	31.2
中油高硒 1 号	0.149	0.194	13122	4163	235.3	31.5
中油高硒 2 号	0.283	0.232	13120	6470	169.1	28.5

表 5-4　油菜薹与其他蔬菜微量元素比较(上海市农业科学院提供)

样品	铁($\mu g/g$)	锰($\mu g/g$)	铜($\mu g/g$)	锌($\mu g/g$)	硒($\mu g/kg$)
油菜薹 1	118.798	23.735	4.337	3.665	12.467
油菜薹 2	124.612	36.817	4.880	3.810	10.529
上海青 1	139.893	27.857	7.410	6.081	5.919
上海青 2	298.539	39.333	9.733	7.003	4.884

3. 油菜薹产业发展典型案例　依托油菜薹用技术的发展和推广,全国也出现了产生较好经济效益的典型案例,对推动油菜薹产业发展提供了较好的借鉴。

2020 年 12 月,由中国富硒产业研究院富硒油菜科研创新团队依托企业——安康天瑞塬生态农业有限公司种植的硒滋圆 1 号、硒滋圆 2 号富硒油菜薹在汉滨区水景湾社区千鹏源果蔬超市、万友超市、喜盈门超市陆续上市。该菜薹营养丰富、颜色翠绿、口感脆嫩,备受市民青睐。经中国富硒产业研究院富硒油菜科研创新团队努力,目前这 2 个品种已在汉滨、汉阴、镇坪等县成功试种共 20 多亩,播种后 2 个月即可采摘,一次种植可采摘 3~4 茬,亩产量可达600~800 kg,综合效益显著。

2019 年以来,湖北健鼎农业科技有限公司联合黄冈市黄州区强农种植合作社,开展油菜薹种植、销售等活动,种植品种以硒滋圆 1 号、大地 95、狮山菜薹等专用型油菜薹品种为主,通过对接本地最大连锁超市黄商集团进行销售,同时还通过微信等线上平台销售,部分产品发往上海、苏州等地。平均亩产油菜薹 600 kg,超市批发价 7.6 元/kg,线上零售价 10 元/kg,亩利润达到 3500 元以上,效益可观。

2020 年,汉阴县平梁镇兴汉农机专业合作社在中国富硒产业研究院富硒油菜科研创新团队和王汉中院士工作站专家团队技术指导下,流转 350 亩土地,采用机械直播和人工直播的方式种植中油杂 19、硒滋圆 1 号、硒滋圆 2 号等新品种油菜,利用"家在陕南汉阴富硒农产品直营店"销售;从田间地头采摘到市民餐桌,只需 1 h,油菜薹颜色翠绿、口感脆嫩、营养丰富,广受群众欢迎。实现亩产菜薹 500~700 kg,亩产值近万元。

2020 年,河南省信阳市商城县鄢岗镇尹岗村天运种养植合作社种植油蔬两用型油菜新品种"大地 199"400 余亩,冬春季幼苗、抽薹当菜吃,夏季收籽榨油;冬季油菜薹由原耕电子商务有限公司负责网上销售,累计销售 5000 多 t,网销油菜薹 15 t,每亩可增收 1500~2000 元。

湖北省荆州市荆州区弥市镇农世佳蔬菜产销专业合作社是一家专门从事蔬菜种植、加工与销售的合作社。近几年来,通过种植油菜薹进行脱水油菜薹生产,产品远销沿海地区,并特供海军,企业实现年利润 50 万元,并带动周边菜薹种植 500 亩,辐射周边农户 1000 多户。

2020 年 10 月 16 日,安徽省天长市天天吃农业发展有限公司生产的"天天吃油菜薹"亮相合肥滨湖全国农展会,该产品以独特的口感、幽香绵长的回味让所有品尝者赞不绝口,成为本届农交会的一个亮点。11 月 15 日,天天吃农业发展有限公司在滁州市举行"20 万亩油菜薹"助农项目落户天长仪式,举办以油菜薹新品为代表的新农业结构的助农工程、产业布局、品牌建设、渠道拓展等为主题的发布会。计划在天长市共同投资建设 20 万亩菜稻种植加工基地。建成全球首家规模最大的集种、加、销为一体的百亿产值可食用性油菜薹现代农业项目,该项目的实施预计可帮助项目农户亩均增收 1000 元。

4. 油菜薹生产技术要点　油菜薹栽培以获得高产优质菜薹为主要目的,其栽培技术与常

规油菜生产略有差异,栽培技术要点如下:

(1)优选品种　应选用抗逆性强、抗病虫性好,生育期中熟偏早,早生、快发、长势旺,摘薹后再生能力和分枝能力强,菜薹纤维含量低、食用口感佳、营养价值高的"双低"油菜品种或油菜薹专用品种。薹用专用品种主要有中油高硒1号、硒滋圆1号、硒滋圆2号、大地95、狮山菜薹、油薹929等;如果收获菜薹后继续生产籽粒的,可以选用大地199、华油杂62、中油杂19等"油蔬两用"品种。

(2)适时早播　以9月上中旬播种、10月上中旬移栽为宜。为平衡上市,使优质油菜薹提早到春节前后上市,各地应因地制宜确定播期,同时为确保持续供应,可以每隔10 d左右分批播种。

(3)合理密植　为确保油菜薹的商品特性,种植密度应合理确定,一般以8000～10000株/亩为宜,过密或过稀菜薹外观及食用品质难保证。

(4)适时采摘　最适采摘期由品种特性、生态区域、播种时期、季节气候、栽培技术等因素综合决定。一般而言,主薹生长至一定程度,即薹高40 cm左右,花蕾轻微发黄或与顶叶平齐时可以开始采摘。采收主薹后继续采收侧薹可以增加产量,延长采收期。采摘后,如果继续采摘侧枝或者生产籽粒的,建议追施尿素3.5～5.0 kg/亩。

(5)病虫防治　按照"预防为主、综合防治、病虫同防"的原则,优先采用农业防治、生物防治、物理防治技术以及有机食品或绿色食品专用农药进行防治。油菜"一菜两用"田块,田间分枝多,通风透光稍差,菌核病可能偏重发生,花期应注意防治菌核病。

5. 油菜薹产业发展建议　油菜薹用技术是提高油菜综合效益的一种补充手段,各地应坚持在以"油用"为前提的条件下,结合市场需求和经济效益适度发展。针对油菜薹产业发展,提出如下建议:

(1)市场定位要合理　油菜属于冬季作物,菜薹采摘期间病虫害较少,基本不用化学农药,安全性较好。从国家权威部门提供的检测报告来看,油菜薹的营养品质普遍高于传统的蔬菜品种,非常利于人体健康。同时,油菜薹特有的口感和加工特性也受到消费者的认可。因此,应当把油菜薹定位为一种中高端蔬菜,从品种选择、种植、采摘、加工等环节需加强标准化操作,确保油菜薹产业长远发展。

(2)加强专用品种的选育和应用　当前,油菜薹产业尚处于初级发展阶段,可供选择的专用油菜薹品种不多,基本都是"双低"品种,但并不是仅仅"双低"就适合做菜薹,不同品种之间在菜薹口感、营养指标、采摘特性等方面存在较大差异。建议育种单位要加大油菜薹专用品种的选育,种植户也要选用菜薹专用油菜品种,确保菜薹的品质,才能更好地稳定油菜薹市场。

(3)适合在城郊发展　从推广经验来看,城市人群对油菜薹的健康食用特性接受度较高,尝试和食用的意愿较高,对价格的接受能力较强。从市场反馈的信息表明,城区销售点销量较大,县、乡销售点销量逐步减少。因此,种植户要想实现油菜薹更高的经济效益,建议重点在城郊发展油菜薹产业,便于及时供应市场,同时可以减少物流、仓储等费用,又能以较高的市场价获得回报。

(4)提高油菜薹深加工能力　当前的油菜薹以鲜食为主,又受到传统蔬菜品种的冲击,市场销量毕竟有限。近年来,有的地方尝试将油菜薹开发成腌菜、酸菜、脱水蔬菜等产品,取得了不错的市场效益。因此,要使油菜薹产业更好的发展,必须进一步加大油菜薹深加工技术的研发,丰富油菜薹的产品种类,提高产品保质期限,实现产业链的延长和价值的提升。

（5）加大宣传推广力度　油菜薹虽然是一种健康美味的蔬菜,但是目前尚未被消费者广泛接受,他们还停留在传统的认知中,认为油菜薹不能食用或者口感差,甚至不愿意尝试,更没有把油菜薹放在和红菜薹、白菜薹、上海青等传统蔬菜同等重要的位置。因此,要充分的利用电视、报纸等各种媒介,对油菜薹的营养价值进行宣传和科普,突出油菜薹的功能型和康养型,提高广大消费者对油菜薹的认可度。

（6）加强油菜薹产业标准化建设　当前,油菜薹产业尚处在发展的初级阶段,各个地方在发展油菜薹产业方面也相对随意,在品种选择、栽培技术、采摘技术、保鲜储藏、深加工、产品溯源等方面均缺乏统一的要求和标准,种植油菜薹的主体仍以小、散农户为主,市场买卖也较随意,品牌创建意识相对薄弱,这对油菜薹产业做大做强造成一定的制约。因此,各地在发展油菜薹产业的同时必须加强与蔬菜专业合作社或者企业的对接,从种植、包装、加工、储藏、运输、市场选择、宣传推广、品牌创建、产品溯源等方面进行全程支持和指导,推动产业的健康有序发展,实现油菜薹产业的提档升级。

（三）油菜饲用

饲料油菜是利用冬季空闲耕地种植复种一季以收获青饲料为目的的油菜生产。随着国家粮改饲政策的逐步推行,饲料油菜在全国的推广面积逐年增加。饲料油菜具有容易种植、耐冷凉环境、生长快、产量高、饲喂效果好、营养丰富、生态效益显著、耐盐碱、种植成本低、易推广等特性,是一种冬季高产优质的补充性青饲草料,对解决养殖业冬季缺少青饲料和种植业结构调整具有重要意义。利用秋闲地和冬闲田种植饲料油菜,不仅可以缓解冬春饲料短缺的问题,还能提高土地使用率,减少土壤裸露,延长土地绿色覆盖期,在北方干旱地区具有明显的改善沙尘污染的作用。

1. 饲料油菜营养品质研究　饲料油菜的利用形式多样,既可鲜饲,又能青贮,可以单独饲喂,也可以与其他干料进行混合利用,具有很好的饲用价值。研究表明,饲料油菜盛花期营养含量最高,无论鲜食还是青贮都是最佳的利用时期。值得注意的是,鲜油菜直接饲喂或者青贮时,由于其水分含量较高,需要经过一定的自然脱水或与其他干料混合利用。

刘明等（2019）研究发现,盛花期饲料油菜产量和粗蛋白含量最高,荚果初期产量和粗蛋白含量降低,粗纤维含量增加,影响收割效果和饲喂品质。随着生育期的推进,粗脂肪和灰分呈降低趋势,碳水化合物和热量逐渐上升。叶片中粗蛋白含量高于茎秆,粗纤维含量低于茎秆,在生产上做饲料应选择叶片大而厚的油菜品种。油菜青贮前后的养分含量变化不大,其中单独青贮的养分要高于与玉米秸秆混合青贮和带芯玉米粉碎后青贮的养分。油菜单独青贮后,与玉米粉和豆粕制成配合饲料喂养东北民猪,不但提高猪肉的食用品质,而且提高猪肉的产品出品率,进而提高商品价值。

赵娜等（2021）以饲料油菜华油杂 62 为材料,添加不同来源碳水化合物进行青贮比较试验,研究高水分饲料油菜青贮技术。试验分为 5 组,分别将 20% 的各碳水化合物原料（麸皮、玉米粉、米糠、玉米淀粉）与高水分饲料油菜混合青贮,青贮 45 d 后进行感官评定并测定营养成分、pH 值、有机酸含量等。结果表明,添加各碳水化合物原料均可以显著降低油菜的含水量至 70% 以下。油菜添加上述碳水化合物青贮后,可改善青贮感官品质,显著提高乳酸含量,降低 pH 值;其中,玉米粉组青贮后因感官评分高、乳酸含量最高且氨态氮含量最低,被认为玉米粉与油菜混贮青贮效果最佳。

陈景瑞等(2019)将饲料油菜与花生秧、酒糟、玉米粉、稻草按照不同的比例制成混合青贮料，以全株青贮玉米饲料为对照，测定了油菜混合青贮饲料的感官品质、营养成分含量和生产成本。结果表明：油菜青贮饲料中油菜与玉米粉的比例为85：15时，与对照组相比粗蛋白、粗脂肪含量极显著增加，青贮饲料品质最优，但生产成本上升27.07%。全株油菜单一青贮饲料与对照组相比，粗蛋白、粗脂肪、粗纤维、酸性洗涤纤维含量极显著增加，全株油菜单一青贮pH值为4.16，饲料品质尚好，生产成本下降11.74%。说明全株油菜单一青贮饲料品质尚好，生产成本低廉，在实际生产应用中具有一定的推广潜力。

2. 饲料油菜饲喂家畜效果研究 饲料油菜营养丰富，口感较好，适合于饲喂牛、羊、猪、鸡、鸭等各种家禽，具有显著的提高动物精子质量、增加产蛋量和品质、增加体重、提高肉类品质、提高产奶量、增强免疫力等功效，是一种高品质的饲料补充。

高佳滨等(2020)在吉林省白城市畜牧科学研究院以德国肉用美利奴种公羊为研究对象，研究添加饲料油菜对种公羊精液品质的影响。试验组和对照组的种公羊每天饲喂相同的基础精料和玉米青贮粗饲料，试验组每只种公羊每天添加1.5 kg鲜油菜，分两次饲喂，每次0.75 kg，对照组种公羊不饲喂鲜油菜，其他条件相同。调查结果显示，在饲喂饲料油菜20 d后，种公羊的射精量和精子活力开始有差异变化，45 d后，试验组种公羊的射精量和精子密度明显比对照组多。试验认为添加适量鲜油菜可以使种公羊的射精量、精子密度显著增加，从而增加有效射精量，提高受精率，提升精液的品质。毛鑫等(2019)研究发现，饲料油菜作为一种优质饲料原料，制作成发酵全混合日粮育肥湖羊羔羊，适口性好，采食量高，育肥效果优于青贮玉米发酵全混合日粮，是长江流域冬春饲料短缺季节进行肥羔生产的较好选择。李晓峰等(2017)在青贮饲用油菜对山羊肉用性能的影响研究中发现，饲喂青贮饲用油菜的肉羊平均日增重54g、屠宰率49.5%、胴体净肉率80%，比饲喂全株青贮玉米分别提高了28.6%、3.3%、1.1%。毛鑫等(2020)将夷陵山羊母羊及其羔羊随机分为试验组和对照组，自由采食基础日粮，试验组每天额外补饲1 kg新鲜饲料油菜。结果表明，额外补饲1 kg新鲜饲料油菜不会降低哺乳母羊的采食量，试验组羔羊体质量和母羊体质量的增长量显著高于对照组，试验组母羊和羔羊全部存活，而对照组母羊和羔羊存活率分别为90.00%和76.47%；试验组母羊血清总胆固醇含量显著高于对照组，试验组羔羊的血清尿素氮的含量显著低于对照组，试验组的经济效益为对照组的2.12倍。试验表明，饲料油菜作为青绿饲料饲喂哺乳母羊有助于羔羊体质量的增长和维持母羊体质量。

王亚犁(2005)在利用饲用油菜复合青贮育肥秦川牛的试验研究中，试验组饲喂良好的饲用油菜和玉米秸秆的复合青贮饲料，而对照组仅饲喂玉米秸秆青贮饲料。试验结果显示，饲用油菜与玉米秸秆复合青贮饲喂秦川牛，试验组每头牛增重32.7 kg，比对照组多8.4 kg；每头牛平均日增重1.09 kg，比对照组多0.28 kg，从增重效果看，差异性极其显著。范海瑞(2016)在全株青贮油菜饲喂奶水牛的研究中发现，在饲喂奶水牛的粗饲料中添加40%全株油菜青贮饲料的试验组，其产奶量显著高于未添加油菜青贮饲料的对照组，而且试验组奶水牛的牛奶中高密度脂蛋白含量为1.23%，显著高于对照。杨华等(2017)通过在湖北鹏乐农业开发有限公司开展青贮饲料油菜饲喂西门塔尔杂交牛和夏洛莱杂交牛喂育试验，试验结果表明饲喂青贮饲料油菜较青贮玉米饲料肉牛日增重更快，效果更好，具有一定的推广应用潜力。

谭占坤等(2018)利用不同比例的青贮油菜混合料饲喂藏猪，研究发现生长期藏猪饲粮中添加20%的青贮油菜使藏猪平均日增重增加0.25 kg，经济效益最佳。因此，青贮油菜用于生长期藏猪饲料配比,产生较好的经济效益。

3. 饲料油菜的种植

(1)种植模式　饲料油菜适应广泛,种植技术简单,只要能满足油菜生长基本条件的区域均可种植。西北、东北地区收获小麦后,可以利用冬前光温种植一季饲料油菜,也可以春夏季节种植两季饲料油菜;长江流域等冬油菜区域夏作收获后可以种植饲料油菜,也可以采用饲料油菜加两季青贮玉米生产模式。

(2)品种选择　饲料油菜的品种应因地制宜进行选择,在生产实践中,较多"双低"油菜品种都可以用作饲料油菜,主要品种有饲油 1 号、饲油 2 号、饲油 36、华协 11 号、华油杂 62 等,各地在品种筛选试验的基础上进行选择。

(3)合理施肥　饲料油菜的施肥基本同常规油菜生产,但要适当增加氮肥使用量。汪波等(2018)认为增施氮肥能增加油菜根、茎、叶、角果等器官的重量,显著提高或改善复种油菜株高、叶面积指数、相对生长率以及群体同化率和生长率,高氮肥水平更有利于油菜干物质积累和群体形态结构建成,特别对促进抽薹期至成熟期的干物质积累最为显著,亦可显著提高油菜生物产量。

(4)种植密度　在西北和东北地区,由于生长时间短,又以收获营养体为目的,因此必须加大饲料油菜的种植密度,增加播种量能显著提高复种油菜叶面积指数以及群体同化率,获得高产。在长江流域地区利用冬闲田种植饲料油菜,其生长周期较长,播种量低于北方地区,密度以当地适宜密度为准。

(四)油菜花用

油菜因花期较长、种植规模大而具备很高的观赏价值,因此,初春观赏金黄灿烂的油菜花成为人们踏青的首选。近年来,乡村旅游特别是创意农业、休闲观光产业大量涌现,各地每年围绕油菜花的景观效果纷纷举办油菜花节,使得"油菜花海"成为重要的旅游资源,为当地人们带来了可观的收入。近几年来,通过育种家们不断的努力,选育出了花色多彩的油菜品种,丰富的油菜花色因其变异类型具有极高的美学和观赏价值,应用于观光农业以后,提高了油菜观赏效果。

1. 油菜花海旅游经济　当前,中国很多地方依托油菜花海,举办油菜花节,大搞油菜花旅游经济,产生了较好的经济效益和社会效益,云南罗平、江西婺源、陕西汉中、江苏兴化、青海门源等都是大家耳熟能详的油菜观花旅游胜地。据统计,云南罗平油菜花节期间平均接待游客 200 万人次,旅游综合收入 17 亿元左右;江西婺源油菜花旅游节期间综合收入 30 亿元左右,平均每天达到 1 亿元;2018 年江苏兴化举办"千垛菜花旅游节",组织了旅游、经济、文化 9 个板块共 28 项活动,旅游节庆活动硕果累累,旅游总收入 18.2 亿元,共达成签约项目 85 项,项目总投资 191.8 亿元。近年来,城市周边油菜花海也逐步得到发展,上海奉贤、重庆潼南、南京高淳等均依托大城市周边的独特地理位置发展油菜花种植,吸引周边城市旅游者,以较小的投入取得了巨大的经济效益。

2. "如何留住人"是发展油菜花旅游经济的关键　油菜花种出来很容易,但如何"以花为媒"搞好观花经济不是一件容易的事情,而其中的关键就是如何留住人。只要人留下,就会产生吃、喝、玩、乐等消费,才会刺激经济发展。2019 年 2 月罗平油菜花节开幕,先后举办的活动有:在罗平菜花节主会场举办文艺演出活动、举行著名画家画罗平活动、举行"罗平之春"诗会、举行李浩仟文化扶贫慈善演唱会、举办罗平国际花海马拉松赛、举办云南罗平国际花海山地自行车节活动、举办小黄姜国际养生文化活动、举办罗平国际蜜蜂文化活动、举行彩灯文化艺术节、举办沪滇协作商贸洽谈及招商引资项目推介活动、在九龙瀑布群和多依河风景区举办民族民俗文化活动。整个活动从 2 月持续到 4 月,留住旅游者的不仅是罗平的油菜花,更是罗平的优美风景、风土人情、民族文化、音乐美食、社会活动等。所以油菜花只是个媒介,如何让人留下来就要看当地政府和相关组织怎么搭台唱戏了。

3. 油菜观花利用技术　油菜观花旅游是利用油菜开花期间吸引游客观花旅游的行为,花期也是油菜生长发育的必经阶段,不需要额外的投入,油菜的种植按照正常的油菜种植技术即可。最近几年来,一些景区人为打造油菜花海来吸引顾客,取得了很好的效果,主要做法和技术包括以下方面。

(1)打造图案　当前,经过育种家的努力,已经选育出了粉色、红色、白色、橘红色等不同油菜花色品种,可与各种文化和景色搭配,构造不同的造型,起到点缀作用,已成为亮丽地方旅游的一张名片。特殊花色油菜种子稀少,价格较贵,不宜大面积种植,适合作为修饰和点缀使用。

(2)延长花期　适当延长油菜花期可以增加观花天数,增加油菜花旅游经济收入。据统计油菜花期每延长 1d 就可以获得综合经济效益 1 亿元左右。延长油菜花期技术主要有:选用花期较长的品种、油菜采摘主茎增加分枝、适当增施肥料、营养液喷施等。

(3)反季节观花　近几年,有些地区利用反季节油菜种植技术发展旅游经济,取得较好效果。2020 年 11 月,由中国农业科学院油料作物研究所专家李俊等在荆州松滋市沧水镇打造的反季节油菜花海吸引了大批的游客参观,取得较好的经济效益。

(五)油菜绿肥

土壤中有机质含量对于土壤的保肥、保水能力至关重要。近几十年来,由于农业生产中长期施用化肥,造成了土壤板结、养分含量降低、有机质含量较低等问题。绿肥还田是增加土壤有机质含量、改良土壤理化性质、培肥土壤地力的有效方式。油菜适应性广且生育期短、种植成本低但营养成分高,具有很好的肥田效果,因而近年常被用来作为绿肥种植,达到无机换有机、小肥换大肥的效果。

王利民等(2019)研究认为,绿肥油菜在盛花期翻压能达到最大肥效,与传统的紫云英相比,具有生产成本低、营养成分均衡、干物质积累量大、碳氮比更利于微生物发酵分解等特性。姚琳等(2020)研究认为,绿肥油菜易腐熟,腐解过程中能释放大量养分及异硫氰酸酯类物质,能有效杀死土壤中的病原菌、虫卵、杂草等。油菜根系分泌的有机酸能使难溶解的磷转化为易于吸收的状态,提高土壤潜在肥力,粗长的根系能对土壤形成穿刺效应,改善土壤通气状况,提高土壤酶活性,增强土壤微生物和土壤生化活性。

刘慧等(2020)通过在新疆生产建设兵团第八师 146 团盐碱地开展油菜绿肥翻压还田试验,发现油菜作绿肥翻压还田可显著提高新疆盐碱地区土壤中氮、磷、钾养分含量,显著降低可溶性盐基离子含量,随着还田年限增加,对干旱区盐碱地土壤的改良效果显著,有助于后茬棉花产量提高。王丹英等(2012)通过在杭州市富阳区连续 4 年开展油菜作绿肥还田试验,结果表明,油菜盛花期还田能提高土壤有机质、全氮和全磷含量,培肥地力;增加稻田土壤的总孔隙度,减少容重,改善土壤物理性状;增加后季水稻生长过程中土壤的脲酶和酸性磷酸酶活性,从而提高供试水稻品种的产量,能以远低于紫云英的生产成本取得类似的水稻增产效果。刘正琼等(2019)研究认为,油菜作绿肥处理烟田,可使烟叶化学成分协调性更好,烟田土壤细菌群落多样性更高,从而提升烟叶品质。春油菜作绿肥套种马铃薯可减少马铃薯播种时化肥施用量的15%~20%。近年来,油菜作绿肥被广泛地应用于果园、茶园等林间空地,通过套种提高土壤肥力、改善小气候生态环境、提升产品品质和经济效益。

绿肥油菜播种期弹性较大,可在9—11月秋播,也可在2月初春播,至4月下旬均可达到盛花。目前已选育出的绿肥专用品种有油肥1号、油肥2号等,各地也可以选用适合当地种植的油菜品种。绿肥油菜的种植密度可以适当加大,且注意在苗期施用追肥,促进成苗,后期可以少施肥或不施肥。翻压还田以盛花期为宜,此时油菜植株碳氮比合适,非常益于压青作绿肥后的发酵分解。

(六)油菜蜜用

油菜花蜜腺多且花期长,是很好的蜜源植物。每年油菜花盛开后,养蜂人追逐各地油菜花期养蜂采蜜,使得油菜蜜成为全国最大宗、稳产的蜜种,$1hm^2$油菜花可产蜜约15 kg,年产量占全国蜂蜜总产量的50%。油菜花蜜味清香,具有舒张血管、补肾护肝的作用,是市场畅销品,具有很好的经济价值。

马吉成(2018)研究认为,油菜花粉中含有丰富的蛋白质、糖、黄酮类化合物等,是一种纯天然,具有抗氧化、抗衰老功能的保健食品。花粉富含蛋白、维生素、黄酮类等功能性物质,具有抗氧化、抗衰老、抗动脉粥样硬化等功效,对男性的前列腺疾病有很好的预防和治疗效果。蜂王浆具有辅助降血糖、降血脂、降血压、抗菌消炎、抗衰老等功效。

韩月鑫等(2019)对云南省5个品种的油菜花泌蜜量研究发现,不同品种的油菜花泌蜜量、花蜜总糖量和总糖质量浓度也不一样,并且花蜜总糖质量浓度均随温度升高而升高、随湿度增加而小幅降低,温度22℃左右、相对湿度65%左右时油菜花蜜总糖质量浓度最高。

巴特杰尔格里等(2016)研究表明,蜜蜂为油菜授粉时具有显著的增产提质效果,主要通过提高单株有效角果数和每角粒数促进油菜增产。

蜜蜂对化学农药敏感,因此,在油菜田中要注意农药的正确选择与使用,作为蜜源用的油菜,要选用抗病虫害能力强的品种,特别是在花期,要严格控制农药用量,保障蜜蜂与蜂蜜产品的安全。

(七)油菜副产品综合利用

1. 油菜饼粕生物肥料利用 菜籽饼粕是优质的有机肥料,养分完全,肥效持久,适于各类土壤和多种作物,尤其对瓜果、烟草、棉花等作物能显著提高产量并改善品质。菜籽饼粕肥可作基肥、种肥和追肥,一般经过微生物作用后加工制备成生物肥料,效果较佳。未发酵油饼作种肥时,应避免与种子直接接触,以免影响种子萌发,沟施或穴施均可。作基肥时也可将饼肥碾碎施用,一般宜在播种前2~3周施入,不宜在播种时施用,因为易产生高温和生成甲酸、乙酸、乳酸等有机酸,对种子发芽及幼苗生长均有不利影响。饼肥用作追肥时,必须经过腐熟。菜籽饼是生产绿色安全粮油产品和果蔬的首选肥料,与其他有机肥、菌剂及有机制剂混合制成专用生物肥,效果更佳。

2. 菜籽油化工用途 菜籽油除了食用之外,还可以加工作为重要的化工原料。黄凤洪(2008)研究认为,双低菜籽油的不饱和脂肪酸含量较高,可用作环氧化原料,用作塑料加工的增塑剂和热稳定剂、非离子型乳化剂等;通过催化加氢将菜籽油脂分子中的不饱和脂肪酸转化为饱和脂肪酸,可大大改变油脂的物化性质,可以用作起酥油、人造奶油等食用或工业用等;将双低菜籽油进行磺化处理,就可以得到菜籽太古油,其主要用作皮革加脂剂;利用硫、磷极压元素对菜籽油进行化学改性制得(多)羟基磷酸酯,经胺化或中和后可得到亲油性或水乳性极压润滑剂。

3. 菜籽皮开发利用 随着菜籽脱皮加工技术的发展,占菜籽质量15%~18%的菜籽皮成为菜籽加工中除菜籽油和菜籽饼粕之外的第一大副产品。黄凤洪(2008)研究认为,菜籽皮作为食用菌栽培的培养基,可提高产量20%~30%,而且菌体的粗蛋白含量也要高于其他几种方法5%~10%;采用菜籽皮制作的环保餐具,使用后不会对环境产生任何危害,相反菜籽皮降解后还是一种营养物质,有利于环境保护;可以从菜籽皮中提取多酚类物质和原花青素;菜籽皮中纤维素含量较高,是反刍动物饲料的良好原料。

4. 油菜能源利用 菜籽油在精炼过程中会产生大量的含游离脂肪酸、中性油、肥皂的角料,这些原料可以用来生产生物柴油;可以将油菜秸秆做成致密型燃料,直接燃烧,或进一步加工制成生物碳;利用秸秆气化技术,可以将秸秆生成高品位、易输送、利用率高的一氧化碳、氢等气体燃料;还可以利用生物质热化学液化技术,将油菜秸秆制成生物质油。

(八)其他利用

油菜除了上述主要用途之外,随着技术的发展,油菜综合利用途径不断得到拓展。黄凤洪(2008)利用油菜脱皮取油后的油脚提取各种磷脂产品。中国农业科学院油料作物研究所在国内外首次采用超临界CO_2萃取和分子蒸馏联用从双低菜籽脱臭馏出物中提取天然维生素E、植物甾醇,并以天然维生素E、植物甾醇为原料,研究设计具有调节血脂功能的保健产品配方,开发出了获得国家卫生部保健食品批号的中油牌康欣宁调脂软胶囊,其调节血脂效果极为显著。宋海燕等(2015)利用油菜秸秆富含纤维素、半纤维素、木质素和矿物质元素等特点,用来栽培大球盖菇、平菇、金针菇、蟹味菇、草菇和香菇等。刘正琼等(2019)把油菜秸秆经过氨化处理后,加工成动物粗饲料。蒋娜娜等(2020)研制出了油菜花茶、油菜芽苗菜、油菜花护肤品、油菜饼干、油菜花酒、油菜文创产品、油菜盆栽花卉等油菜衍生产品。

参考文献

巴特杰尔格里,牛平,2016.蜜蜂采集油菜花蜜对油菜产量的影响[J].农村科技(9):20-21.

陈景瑞,旦增卓嘎,向守宏,等,2019.不同方法调制的油菜青贮饲料营养成分与生产成本评价[J].黑龙江畜牧兽医(17):119-122.

成兰英,王梅,2010.油菜籽蛋白质的结构、生物活性和理化特性[J].生命的化学,30(06):972-976.

代梅,高林,吴继红,2017.西兰花中硫代葡萄糖苷的研究进展[J].食品研究与开发(6):221-226.

党斌,杨希娟,孙小凤,等,2010.春油菜籽蛋白的提取工艺优化及性质研究[J].粮油加工(12):29-33.

范海瑞,2016.青贮油菜与微贮金针菇菌糠的营养价值评定及饲喂奶水牛效果[D].武汉:华中农业大学.

高佳滨,袁英良,郭艳芹,等,2020.添加鲜油菜对德肉美种公羊精液品质的影响[J].吉林畜牧兽医,41(12):1-2.

高建芹,戚存扣,浦惠明,等,2005.施氮量和栽培密度对宁油12号产量及品质的影响[J].江苏农业科学(6):

40-41.

官春云,唐湘如,2001.油菜栽培密度与几种酶活性及产量和品质的关系[J].湖南农业大学学报(自科版),027
(004):264-267.

管伟举,谷克仁,李永端,2006.磷脂酶 A1 水解大豆浓缩磷脂研究[J].粮食与油脂(5):4.

韩月鑫,孙超,张传利,等,2019.不同油菜品种花蜜化学成分及含量研究[J].云南农业大学学报(自然科学),
34(4):571-575.

胡立勇,辛佳佳,刘佳欢,等,2015.干旱对油菜花期生理特性及产量的影响[C]//中国作物学会(Crop Science
Society of China).中国作物学会——2015 年学术年会论文摘要集:1.

胡学烟,孙冀平,王兴国,等,2000.植物甾醇的发展前景[J].西部粮油科技,26(5):34-36.

胡志和,安寿,刘剑虹,等,2000.金属离子及 pH 值对菜籽蛋白溶解性及持水性的影响[J].食品科学(21):
12-15.

黄百芬,谭莹,姚建花,等,2013.浙江省居民常用食用植物油中 4 种生育酚异构体的含量分析[J].营养学报,
35(1):78-82.

黄程,雷艳萍,李晓媚,等,2018.L-精氨酸对糖尿病大鼠勃起功能障碍的治疗作用[J].中国药理学通报,34
(11):1521-1527.

黄凤洪,2008.油菜多层次加工与综合利用技术[J].农产品加工(7):25-27.

黄亮,冯菲,郑菲,2009.油菜籽饼粕中蛋白和肽的制取[J].中国粮油学报,24(9):119-123.

贾代汉,周岩民,王恬,2005.植物甾醇降胆固醇作用研究进展[J].中国油脂,30(5):55-58.

姜绍通,潘牧,郑志,等,2009.菜籽粕贮藏蛋白制备及功能性质研究[J].食品科学,30(8):29-32.

蒋娜娜,刘佳佳,肖美丽,等,2020.多功能油菜研究新突破[J].长江蔬菜(8):32-35.

柯有甫,高文谦,曾乐谦,等,2013.植物雌激素防治激素依赖性肿瘤研究进展[J].世界肿瘤研究,3(2):3.

孔建,赵小光,赵兴忠,等,2019.菜籽油不同加工工艺对脂肪酸组分含量的影响[J].陕西农业科学,65(12):
48-50.

邰国虎,蒋伟,2021.ω-3 多不饱和脂肪酸在重型颅脑损伤者中的临床应用[J/OL].重庆医学,50(5):1-5.

雷炳福,2002.油脂脱臭馏出物的组成与市场前景[J].中国油脂(1):75-78.

冷锁虎,夏建飞,胡志中,等,2002.油菜苗期叶片光合特性研究[J].中国油料作物学报(4):12-15,20.

李宝珍,王正银,李加纳,等,2005.氮磷钾硼对甘蓝型黄籽油菜产量和品质的影响[J].土壤学报,42(3):
479-487.

李殿鑫,陈银基,周光宏,等,2006.n-3 多不饱和脂肪酸分类、来源与疾病防治功能[J].中国食物与营养(6):
52-54.

李向果,汝应俊,年芳,等,2014.西兰花叶中硫代葡萄糖苷酸水解产物的体外和体内抗菌试验[J].甘肃农业大
学学报(2):55-60.

李晓锋,索效军,杨前平,等,2017.青贮饲用油菜对山羊肉用性能的影响研究[J].中国饲料(15):12-14.

李延莉,杨立勇,王伟荣,等,2009.甘蓝型双低油菜籽成熟过程中的品质变化分析[J].上海农业学报,25(04):
104-106.

李杨梅,贺稚非,任灿,等,2017.四川白兔的氨基酸组成分析及营养价值评价[J].食品与发酵工业,43(3):
217-223.

李银水,余常兵,胡小加,等,2012.直播油菜密度对植株农艺性状和产量的影响[J].湖南农业科学(15):
22-25.

李月,陈锦屏,段玉峰,2004.植物甾醇功能及开发前景展望[J].粮食与油脂(5):11-13.

刘炳智,王涛,2001.大豆成分的功能及其应用研究进展[J].食品研究与开发,22(2):4.

刘定富,1989.油菜芥酸含量表型分类的一种方法[J].中国油料(1):4.

刘慧,李子玉,白志贵,等,2020.油菜绿肥翻压还田对新疆盐碱土壤的改良效果研究[J].农业资源与环境学

报,37(6):914-923.

刘后利,2000.油菜遗传育种学[M].中国农业大学出版社.

刘明,毕影东,何鑫森,等,2019.饲料油菜青贮加工品质及生猪的饲喂效果研究[J].饲料研究,42(9):51-54.

刘念,汤天泽,范其新,等,2015.不同地点、播期和氮肥施用量对特高芥酸油菜经济及品质性状的影响[J].甘肃农业大学学报,189(03):68-72,79.

刘小杰,袁长贵,2001.大豆磷脂的研究进展[J].中国食品添加剂(4):5.

刘正琼,王洪锦,2019.油菜多功能开发利用研究综述[J].现代农业科技,(24):1-2,6.

刘忠松,官春云,陈社员,等,1998.芥菜型油菜与甘蓝型油菜种间杂种二代分离观察[J].中国油料作物学报(4):6-10.

马吉成,2018.蜂蜜能提高男性性功能[J].蜜蜂杂志,38(12):46.

马齐兵,包李林,熊巍林,等,2018.精炼对菜籽油品质的影响[J].中国油脂,43(6):16-18,35.

毛鑫,赵家宇,刘桂琼,等,2019.饲料油菜FTMR的羔羊强度育肥效果研究[J].中国饲料(11):66-68.

毛鑫,刘桂琼,姜勋平,等,2020.饲料油菜鲜饲对哺乳母羊和羔羊体质量和血清生化指标的影响[J].河南农业科学,49(5):161-167.

欧光华,朱建强,张文英,等,2003.棉花、大豆、油菜关键生育期排渍指标研究[J].长江流域资源与环境,12(1):93-98.

彭善立,官春云,1994.不同播种期油菜与气象因子的关系[J].作物研究(3):31-34.

彭瑛,蔡力创,2011.精氨酸的保健作用及其调控研究进展[J].湖南理工学院学报(自然科学版),24(1):59-62.

钱珍,刘晓宇,高政,等,2008.双低油菜加工产品的综合开发利用[J].农产品加工(学刊)(4):47-50,79.

任国谱,董新伟,刘福堂,1994.食用菜籽蛋白的提取及其功能特性的研究[J].烟台大学学报(4):29-34.

沈惠聪,周伟军,江宇,1997.单、双低油菜品种的油分和脂肪酸组分的稳定性分析[J].浙江农业大学学报(02):115-119.

沈晓京,赖炳森,1994.蛋黄磷脂的开发与利用[J].中国医药工业杂志,25(5):3.

盛漪,华伟,谷文英,2002.植物甾醇降胆固醇生理功能及其研究进展[J].粮食与油脂(12):25-26.

宋海燕,胡殿明,2015.油菜秸秆栽培食用菌研究综述[J].生物灾害学,38(4):277-283.

宋新阳,鞠兴荣,陈冲,等,2019.精炼工艺条件对菜籽油活性物质的影响[J].中国油脂,44(12):14-19.

谭占坤,商振达,刘锁珠,2018.青贮油菜在生长期藏猪饲粮中的应用研究[J].中国饲料(6):47-50.

唐传核,2001.植物甾醇及其生理功能研究概况[J].西部粮油科技,26(2):5.

沈晓京,赖炳森,1994.蛋黄磷脂的开发与利用[J].中国医药工业杂志,25(5):3.

田艳,邓放明,卿志星,等,2020.十字花科植物中硫代葡萄糖苷类物质的结构与功能研究进展[J].食品科学,41(1):12.

万楚筠,黄凤洪,夏伏建,等,2007.酶处理对菜籽油脱胶及品质的影响[J].食品科学(5):194-198.

汪波,宋丽君,王宗凯,等,2018.我国饲料油菜种植及应用技术研究进展[J].中国油料作物学报,40(5):695-701.

汪晨扬,伍静,2021.Omega-3多不饱和脂肪酸对脓毒症相关肠道菌群失调的治疗潜力[J].中国现代医学杂志,31(4):71-75.

汪剑鸣,杨爱卿,陈永元,1997.气象因子与油菜产量关系的初步研究[J].江西农业学报,9(1):6-11.

王保仁,章竹芳,黄崧,等,1993.不同甘蓝型油菜种子脂肪酸的积累及药剂对其含量的影响[J].中国油料(1):12-15.

王丹英,彭建,徐春梅,等,2012.油菜作绿肥还田的培肥效应及对水稻生长的影响[J].中国水稻科学,26(1):85-91.

王国槐,官春云,陈社元,2001.油菜生态特性研究——油菜的播期与产量的生态和生物差异[J].江西农业大学学报(2):174-177.

王利民,王飞,邢世和,等,2019.紫云英翻压还田对水稻土有机碳转化的影响机制研究进展[J].福建农业科技
　　(8):66-70.

王娜,2010.单不饱和脂肪酸对心血管疾病的作用机制[J].中国实用医药,5(23):256-257.

王亚犁,2005.利用饲用油菜复合青贮育肥秦川牛试验研究[J].中国草食动物(3):37-38.

王云,2004.影响粮油营养价值的天然有害成分[J].粮食科技与经济(4):44-45.

王志刚,2005.油菜籽饼粕中植酸的提取及其结构鉴定研究[D].杭州:浙江大学.

王仲礼,2003.论大豆磷脂的功能及其应用[J].中国调味品(11):4.

韦东林,魏冰,孟橘,等,2014.不同加工工艺制取菜籽油理化性质的研究[J].粮食与食品工业,21(6):18-22.

吴谋成,张燕,1998.油菜籽饼中单宁的提取,分离与纯化制备[J].华中农业大学学报(3):294-299.

吴晓江,王振宇,郑洪亮,等,2011.红松仁蛋白氨基酸组成分析及营养价值评价[J].食品工业科技,32(1):
　　267-270.

吴永成,徐亚丽,彭海浪,等,2015.播期及种植密度对直播油菜农艺性状和产量品质的影响[J].西南农业学报
　　(2):96-100.

谢丹,金青哲,王兴国,2012.精炼对菜籽油品质的影响[J].中国油脂,37(1):1-5.

熊秋芳,张效明,文静,等,2014.菜籽油与不同食用植物油营养品质的比较—兼论油菜品质的遗传改良[J].中
　　国粮油学报,29(6):122-128.

徐超,张卓,王晓红,等,2014.大豆异黄酮对高胆固醇模型大鼠血清胆固醇浓度和肝脏胆固醇代谢的影响[J].
　　中华疾病控制杂志,18(10):986-990.

徐亚丽,2012.不同生态区条件下播期和密度对直播油菜农艺性状,产量及品质的影响[D].雅安:四川农业
　　大学.

薛欢,王佩茹,王秀丽,2020.ω-3多不饱和脂肪酸对皮肤肿瘤的作用及机制研究进展[J].中国皮肤性病学杂
　　志,34(10):1201-1204.

严奉伟,罗祖友,薛照辉,等,2005.菜籽多酚级分-1的体外抗氧化作用及其机制[J].中国粮油学报,20(5):5.

杨国燕,陈栋梁,刘莉,等,2007.菜籽分离蛋白及菜籽分离肽的功能特性研究[J].食品科学(28):54-56.

杨华,熊明清,余陵峰,等,2017.青贮饲料油菜对肉牛增重效果的研究[J].中国饲料(2):16-18.

杨湄,刘昌盛,周琦,等,2010.加工工艺对菜籽油主要挥发性风味成分的影响[J].中国油料作为学报,32(4):
　　551-557.

杨瑞楠,张良晓,毛劲,等,2018.双低菜籽油营养功能研究进展[J].中国食物与营养,24(11):58-63.

杨振强,谢文磊,李海涛,等,2006.植物甾醇的开发与应用研究进展[J].粮油加工(1):53-56.

姚琳,孙璇,咸拴狮,等,2020.油菜多功能利用及发展前景[J].粮食与油脂,33(11):32-35.

姚祥坦,张敏,张月华,等,2009.浙北稻田直播油菜播种期和密度优化的研究[J].浙江农业科学(4):728-731.

尹军军,2015.油菜籽成熟过程中主要成分变化研究[D].长沙:湖南农业大学.

叶庆富,1998.MTL对油菜生理的调控作用[J].中国油料作物学报(1):42.

易中华,吴兴利,2007.双低菜籽粕的饲用价值及其在畜禽饲料中的应用[J].饲料与畜牧(6):29-34.

臧海军,张克英,2007.菜籽饼粕中硫代葡萄糖苷的危害与脱毒措施研究[J].饲料工业,28(2):62-64.

张寒俊,刘大川,王兴国,2004.双低油菜籽浓缩蛋白的制备及其功能特性的研究[J].中国粮油学报(03):
　　51-56.

张欢欢,曾志红,高飞虎,等,2020.预处理技术对冷榨双低菜籽油品质及挥发性风味成分的影响[J].食品科
　　学,41(18):233-238.

张亮,李世刚,曹培让,等,2017.制油工艺对菜籽油微量成分和氧化稳定性的影响[J].中国油脂,42(2):1-6.

张璞,李殿荣,1996.油菜饼粕中蛋白质的综合利用[J].西部粮油科技(1):62-65.

张谦益,包李林,熊巍林,等,2017.浓香菜籽油挥发性风味成分的鉴定[J].粮食与油脂,30(3):78-80.

张盛阳,孙建军,杜京京,等,2017.冷冻凝香工艺对菜籽油品质及主要挥发性风味成分的影响[J].安徽农业科学,45(29):65-67,71.

张树杰,李玲,张春雷,2012.播种期和种植密度对冬油菜籽粒产量和含油率的影响[J].应用生态学报,23(05):1326-1332.

张晓春,石有明,尹学伟,等,2012.不同海拔高度间甘蓝型油菜产量和品质的差异[J].西南农业学报,25(6):2000-2004.

张子龙,谌利,王贵学,等,2004.地理位置与甘蓝型黄籽油菜粒色关系的研究[J].西南大学学报:自然科学版,26(2):201-202.

张子龙,2007.甘蓝型黄籽油菜主要营养特性及其产量和品质的形成与调控规律研究[D].重庆:西南大学.

张子龙,2002.环境对甘蓝型黄籽油菜粒色及其相关品质性状的影响[D].重庆:西南农业大学.

张子龙,李加纳,唐章林,等,2006.环境条件对油菜品质的调控研究[J].中国农学通报,(2):124-129.

赵娜,杨雪海,魏金涛,等,2021.不同碳水化合物源对饲料油菜青贮品质的影响[J].中国油料作物学报,43(02):236-240.

赵云龙,周中凯,2018.不同提取工艺对菜籽油脂肪酸组成和加工性质的影响[J].粮食与油脂,31(1):42-44.

中国农业科学院油料作物研究所产品加工与营养学研究团队,2019.功能型菜籽油7D产地绿色高效加工技术[J].中国油料作物学报,41(3):485.

钟静,金宁,李浩杰,2012.菜籽油在常温储存过程中品质变化的研究[J].粮食储藏,41(4):39-41.

钟林光,王朝晖,2010.播期和种植密度对油菜品种湘杂油7号产量及品质的影响[J].广西农业科学(6):24-26.

周鸿翔,邱树毅,何永芳,等.2009.菜籽多肽的制备及羟基自由基的清除作用[J].中国酿造(6):45-48.

周瑞宝,2008.植物蛋白功能原理与工艺[M].北京:化学工业出版社.

周润松,何荣,鞠兴荣,等,2017.脱臭工艺对菜籽油品质及抗氧化性的影响[J].粮食科技与经济,42(6):63-67.

周天智,陈军,王东,等,2017.菜籽油实罐储存品质变化规律研究[J].粮食储藏,46(2):40-47.

朱建飞,严奉伟,吴谋成,2010.菜籽多糖研究进展[J].食品工业科技,31(12):366-368,372.

Anjou K O S,Fecske A J,Krook C G,et al,1978. Production of rapeseed protein concentrate for human consumption[J]. US.

Awad S S,Fagan S,Abudayyeh S,et al,2002. Preoperative evaluation of hepatic lesions for the staging of hepatocellular and metastatic liver carcinoma using endoscopic ultrasonography[J]. American Journal of Surgery,184(6):601-604.

Balcerek K,Wawryk R,Rafalowicz J,1983. The influence of microsphere diameter on the coefficient of thermal conductivity of microsphere insulation[J]. Cryogenics,23(8):441-443.

Bérot S,Compoint J P,Larré C,et al,2005. Large scale purification of rapeseed proteins(Brassica napus L.). [J]. Journal of Chromatography B Analytical Technologies in the Biomedical & Life Sciences,818(1):35-42.

Dufour V,Stahl M,Baysse C,2015. The antibacterial properties of isothiocyanates[J]. Microbiology,161(Pt 2):229-43.

Fitzpatrick K,Parham A,1998. The effects of access density on operating speed[J]. Ite Journal,68.

Freitas E,Aires A,Rosa E A D S,et al.,2013. Antibacterial activity and synergistic effect between watercress extracts,2-phenylethyl isothiocyanate and antibiotics against 11 isolates of Escherichia coli from clinical and animal source.[J]. Letters in Applied Microbiology,266-273.

Grubb C D,Abel S,2006. Glucosinolate metabolism and its control[J]. Trends in Plant Science,11(2):89-100.

Leitersdorf E,2001. Cholesterol absorption inhibition:filling an unmet need in lipid-lowering management[J]. European Heart Journal Supplements(suppl_E):E17-E23.

Major D J ,Frédéric Baret,Guyot G ,1990. A ratio vegetation index adjusted for soil brightness[J]. International-al Journal of Remote Sensing,11(5):727-740.

Mathaus B,2002. Antioxidant activity of extracts obtained from residues of different oilseeds. [J]. J Agric Food Chem,50(12):3444-3452.

Matthus B ,Aitzetmüller K,Friedrich H,2002 . Description of the database "Seed Oil Fatty Acids" (SOFA) [J]. Agro Food Industry Hi Tech,13(6):38-43.

Mawson R, Heaney R K, Zdunczyk Z , et al, 1994. Rapeseed meal-glucosinolates and their antinutritional effects. Part 3. Animal growth and performance[J]. Food / Nahrung,38(2):167-177.

Mellanen P,Petanen T ,Lehtimaki J ,et al,1996. Wood-derived estrogens: studies in vitro with breast cancer cell lines and in vivo in trout. [J]. Toxicology & Applied Pharmacology,136(2):381-388.

Monsalve R I,et al,1990. Purification and characterization of proteins from the 2S fraction from seeds of the Brassiceae family. J Exp Botany,41: 89-94.

Nieuwenhuyzen W V,Mabel C. Tomás,2010. Update on vegetable lecithin and phospholipid technologies[J]. European Journal of Lipid Science and Technology,110(5):472-486.

Palaniappan K,Holley R A,2010. Use of natural antimicrobials to increase antibiotic susceptibility of drug re-sistant bacteria[J]. International Journal of Food Microbiology,140(2-3):164-168.

Piironen V,Lindsay D G,Miettinen T A ,et al,2000. Plant sterols: biosynthesis,biological function and their importance to human nutrition[J]. Journal of the Science of Food & Agriculture,80(7):939-966.

Saavedra M J,Borges A,Dias C,et al,2010. Antimicrobial Activity of Phenolics and Glucosinolate Hydrolysis Products and their Synergy with Streptomycin against Pathogenic Bacteria[J]. Medicinal Chemistry,6(3).

Schwenke K D et al,1998. Heat-Induced gelation of rapeseed proteins:Effect of protein interaction and acetyla-tion. JAOCS,75: 83-87.

Schwenke K D,Raab B,Linow K J,et al,1981. Isolation of the 12 S globulin from Rapeseed (Brassica napus L.) and characterization as a "neutral" protein On seed proteins. Part 13[J]. Nahrung/Food,25(3): 271-280.

Siddiqui I R,Wood P J ,1971. Structural investigation of water-soluble,rape-seed (Brassica campestris) poly-saccharides : Part I. Rape-seed amyloid[J]. Carbohydrate Research,17(1):97-108.

Stender S,Dyerberg J,Holmer G ,et al,1995. The influence of trans fatty acids on health: a report from the Danish Nutrition Council. [J]. Clinical Science,88(4):375-392.

Tabee E ,Azadmard-Damirchi S,Gerstad J M ,et al,2008. Effects of α-Tocopherol on Oxidative Stability and Phytosterol Oxidation During Heating in Some Regular and High-Oleic Vegetable Oils[J]. Journal of the A-merican Oil Chemists Society,85(9):857-867.

Wallig M A,Belyea R L,Tumbleson M E,2002 . Effect of pelleting on glucosinolate content of Crambe meal [J]. Animal Feed Science & Technology,99(1-4):205-214.

Yoshie-Stark Y,Wada Y,Sche A,2008. Chemical composition,functional properties,and bioactivities of rape-seed protein isolates[J]. Food Chemistry,107(1):32-39.

附录:中国过渡带油菜主要种植品种

序号	品种名称	品种来源	登记号	选育单位	适宜种植区域
1	汉油8号	312A×750R	国审油 2012001,陕审油 2012001	汉中市农业科学研究所	四川、重庆、云南、贵州、陕西的汉中和安康
2	汉油9号	1003-2AB×08-H16	GPD油菜(2020)610074	汉中市农业科学研究所	四川、重庆、湖北、湖南、安徽、江苏、陕西的汉中和安康
3	邡油777	Z11×Y4	GPD油菜(2019)510073	汉中市农业科学研究所、四川邡牌种业有限公司	湖北、湖南、江西、安徽、江苏、浙江、四川、重庆、贵州、云南、河南信阳、陕西汉中和安康、新疆、甘肃、青海
4	秦优7号	陕3A×恢复系K407	GPD油菜(2018)610118	陕西省杂交油菜研究中心	黄淮地区、陕西、河南、江苏、安徽、浙江、上海、湖南、湖北、江西、贵州
5	秦优10号	2168A×5009C	GPD油菜(2017)610193	咸阳市农业科学研究院	浙江、上海、安徽与江苏淮河以南、陕西关中和陕南
6	沣油737	湘5A×6150R	GPD油菜(2017)430090	湖南省农科院作物研究所	湖南、湖北、江西、安徽、浙江、江苏、上海、重庆、四川、贵州、云南、广西、福建、河南信阳、陕西的汉中和安康、内蒙古、甘肃、青海、新疆伊犁
7	华油杂62	2063A×05-P71-2	GPD油菜(2018)420200	湖北国科高新技术有限公司,华中农业大学	湖北、湖南、江西、上海、浙江、安徽与江苏淮河以南、内蒙古、新疆、甘肃、青海
8	中油杂11	6098A×R6	国审油 2005007	中国农业科学院油料作物研究所	四川、贵州、云南、重庆、湖南、湖北、江西、浙江、上海、安徽与江苏淮河以南、陕西汉中
9	中油杂2号	8908A×(陕2C×227选系)	国审油 2001004	中国农业科学院油料作物研究所	湖北、湖南、江西、安徽
10	油研10号	27821A×942	GPD油菜(2017)520031	贵州省农业科学院油料研究所、贵州禾睦福种子有限公司	贵州、四川、云南、重庆、湖南、湖北、江西、浙江、上海、安徽与江苏淮河以南
11	信优2508	401AB×2512-2C	豫审油 2009002	信阳市农业科学院	河南省黄河以南
12	信油杂2906	9106A×2512C-2	豫审油 2014008,GPD油菜(2019)410188	信阳市农业科学院	河南省中南部

续表

序号	品种名称	品种来源	登记号	选育单位	适宜种植区域
13	信优 2405	2405A×2416C	豫审油 2007001	信阳市农业科学研究院	河南省南部
14	绵油 11 号	绵恢 6 号×绵 9AB-1	国审油 2002004	四川省绵阳市农业科学研究所	四川、重庆、贵州、云南
15	中双 11 号	（中双 9 号/2F10）/26102	GPD 油菜(2017)420052	中国农业科学院油料作物研究所	安徽与江苏淮河以南、浙江、上海、湖北、湖南、江西、四川、云南、贵州、重庆、陕西的汉中和安康
16	扬油 4 号	2051/扬油 1 号/镇 8705	苏审油 200101	江苏省里下河地区农业科学研究所	江苏省淮河以南
17	宁杂 11 号	G2A×P10	国审油 2007007,GPD 油菜(2018)320172	江苏省农业科学院经济作物研究所	四川、重庆、贵州、云南、陕西的汉中和安康
18	宁杂 1818	宁油 18 号×088018	国审油 2013016,GPD 油菜(2018)320174	江苏省农业科学院经济作物研究所	上海、浙江、安徽与江苏淮河以南
19	宁杂 19 号	宁 A7×05N370	国审油 2010033,GPD 油菜(2018)320310	江苏省农业科学院经济作物研究所	上海、浙江、安徽与江苏淮河以南
20	德油 8 号	156A-3×97-114R	国审油 2004021,国审油 2003025	李厚英、王华	贵州、四川、重庆、云南、湖南、湖北、江西、浙江、上海、安徽与江苏淮河以南
21	丰油 10 号	22A×P287	国审油 2010014,GPD 油菜(2018)410134	河南省农业科学院经济作物研究所	四川、重庆、贵州、云南昆明和罗平、陕西的汉中和安康、河南省南部、安徽与江苏淮河以北
22	华油杂 50	RG430A×J6-57R	GPD 油菜(2017)420204	华中农业大学，武汉联农种业科技有限责任公司	四川、重庆、云南、贵州、陕西的安康和汉中、湖北、湖南、江西、安徽与江苏淮河以南、上海、浙江、新疆、内蒙古、甘肃、青海海拔 2600m 以下地区
23	大地 199	中双 11CA×R11	GPD 油菜(2017)420056	中国农业科学院油料作物研究所,武汉中油科技新产业有限公司,武汉中油大地希望种业有限公司	湖北、湖南、江西、上海、浙江、江苏和安徽两省淮河以南、四川、贵州、云南、重庆、陕西汉中、河南信阳
24	信油杂 2803	7104A×2512-2C	GPD 油菜(2019)410187	信阳市农业科学院	河南省中南部

续表

序号	品种名称	品种来源	登记号	选育单位	适宜种植区域
25	中油杂19	中双11号×zy293	GPD油菜(2017)420053	中国农业科学院油料作物研究所	上海、浙江、安徽与江苏淮河以南、湖北、湖南、江西、四川、云南、贵州、重庆、陕西的汉中和安康
26	博油9号	博1A×恢1209	GPD油菜(2020)410076	陈震、汪萍、马松欣	河南省中南部
27	中核杂418	Y204A×069032	GPD油菜(2017)340036	安徽省农业科学院作物研究所	上海、浙江、安徽与江苏淮河以南
28	天禾油11	5C650×R160	GPD油菜(2017)340152	安徽天禾农业科技股份有限公司	上海、浙江、安徽与江苏淮河以南
29	浙油50	沪油15/浙双6号	国审油2011013GPD油菜(2018)330350	浙江省农科院作物与核技术利用研究所	浙江、湖北、江西、安徽与江苏淮河以南
30	沪油17	(中双4号/8920)/中双4号	GPD油菜(2017)310126	上海市农业科学院作物育种栽培研究所	上海、浙江、江苏、安徽
31	阳光2009	中双6号/X22	国审油2011009，GPD油菜(2018)420036	武汉中油阳光时代种业科技有限公司，中国农业科学院油料作物研究所	湖北、湖南、江西
32	华油杂9号	986A×7-5	GPD油菜(2017)420065	武汉联农种业科技有限责任公司，华中农业大学	江苏及安徽淮河以南地区、浙江、上海、湖北、湖南、重庆、贵州
33	中双9号	(中油821/双低油菜品系84004)/中双4号变异株系	GPD油菜(2017)420055	中国农业科学院油料作物研究所	湖南、湖北、江西
34	华油杂12号	195A×7-5	国审油2006005，GPD油菜(2017)420063	武汉联农种业科技有限责任公司，华中农业大学	湖北、湖南、江西、云南、贵州、四川、重庆、陕西汉中
35	圣光86	206A×L-135	GPD油菜(2017)420019	武汉联农种业科技有限责任公司，华中农业大学	四川、重庆、云南、贵州、陕西的安康和汉中、湖北、湖南、江西、安徽和江苏淮河以南、上海、浙江
36	中油杂7819	A4×23008	国审油2009006，GPD油菜(2018)420028	武汉中油阳光时代种业科技有限公司，中国农业科学院油料作物研究所	湖北、湖南、江西

续表

序号	品种名称	品种来源	登记号	选育单位	适宜种植区域
37	陕油28	9024A×1521C	陕审油2014002,GPD油菜(2019)610096	西北农林科技大学	陕南平坝及浅山丘陵区
38	秦优28	2168A×8628C	陕审油2014003GPD油菜(2018)610179	咸阳市农业科学研究院	陕西的汉中和安康,江苏、安徽两省淮河以南、浙江、湖北、湖南、江西、四川
39	庆油3号	0911×Zy-13	GPD油菜(2018)500070	重庆中一种业有限公司,重庆市农业科学院	湖北、湖南、江西、安徽、四川、重庆、贵州、云南、陕西的汉中和安康
40	绵新油28	036A×28C	国审油(2008)011,GPD油菜(2018)510385	绵阳市新宇生物科学研究所,绵阳新宇种业有限公司	重庆、陕西、江苏淮河以南、安徽淮河以南、浙江、上海
41	荣华油10号	H16A×Y7	GPD油菜(2018)610198	陕西荣华农业科技有限公司	江苏、安徽、浙江、上海、河南、陕西关中、山西运城、甘肃陇南
42	汉油6号	1003-2AB×06-862	GPD油菜(2020)610075	汉中市农业科学研究所	四川、重庆、贵州、云南、湖北、湖南、江西、安徽、江苏、浙江、河南、陕西的汉中和安康
43	汉油7号	汉3A×4R	GPD油菜(2019)610100	汉中市农业科学研究所	湖北、湖南、江西、安徽、江苏、浙江、上海、陕西的汉中和安康
44	汉油1618	汉3A×772R	陕油登字2016003号	汉中市农业科学研究所	陕西汉中、安康
45	汉油12号	312A×Q10R	GPD油菜(2020)610056	汉中市农业科学研究所	陕西汉中、云南、贵州、四川、重庆、湖北、湖南、江西、安徽、江苏、浙江
46	汉油13号	汉3A×6702R	GPD油菜(2019)610101	汉中市农业科学研究所	陕西的汉中和安康、四川、重庆、云南、贵州、湖北、湖南、江西、安徽、江苏、浙江
47	汉油14号	汉3A×14R	GPD油菜(2020)610055	汉中市农业科学研究所	陕西汉中、云南、贵州、四川成都、重庆、湖北、湖南、江西、安徽、江苏、浙江
48	汉油28	汉3A×C1R	GPD油菜(2019)610195	汉中市农业科学研究所	陕西汉中、安康
49	汉油1428	汉3A×S12R	GPD油菜(2019)610196	汉中市农业科学研究所	陕西汉中、安康
50	浙油51	9603/宁油10号	GPD油菜(2017)330005	浙江省农业科学院作物与核技术利用研究所,浙江勿忘农种业股份有限公司	浙江、上海、安徽与江苏淮河以南、湖南、江西、湖北